Mastery of Mathematics II

数学II

Core編

基本大全

学びエイド 香川 亮 著

受験研究社

この本の執筆にあたって

数学や算数を「好き」と答える学生の割合は，年齢が上がるにつれて減っていくそうです。それは，数学が**積み上げの学問**であることに他ならないからでしょう。だからこそ，基礎となる部分の学びは数学の学習の上では最も重要になります。では，基礎の学びを充実させる秘訣はなにか？それは問題を解くときに**「お！できる！楽しい！」と感じる体験**を積み重ねることです。そのためには暗記ではなく，「なるほど！」と理解し，納得することが重要です。本書では，**「なるほど！」**となる手助けになるように全ページに動画も準備しました。ぜひ活用してください。

ただし，この「なるほど！」は頭の中の話で，本当の実力にはなっていませんし，テストで高得点も狙えません。例題や演習問題を必ず**自分の手で解く**という作業を欠かさないようにしてください。自分の手で答えを導き出せるようになって初めて自分の実力になるのです。

また，本書の大きな目標は，「答えを出す」だけではなく，**「合理的な解き方で答えを導く力」**を読者の皆さんに身につけてもらうことです。登山に例えるならば，難しい問題を解くというのは険しい道のりの山に挑むようなものです。今後の大学入試では，いかにしてその山の頂上までたどり着いたかという，その途中経過も問われる時代になっています。登り方をじっくり考える，そういった読み方を心掛けて欲しいと思います。

最後になりましたが，本書の出版にあたっては，編集部の皆さんには根気強く自分のこだわりに付き合って頂きました。そして何よりも本書の出版を応援してくれた家族に感謝しています。

本書が読者の皆さんの充実した数学学習の手助けとなれば幸いです。さあ，ページをめくってさっそく始めていきましょう！

学びエイド　香川 亮

Akira Kagawa

特長と使い方

Point 1　学習内容や学習順序は「基本大全」におまかせ！

初めて数学を学ぶ方がいちばん悩むのが

“「何」を「どこまで」学べばよいのか？”

という点です。数学は奥の深い学問の１つです。学べば学ぶほど様々な知識や問題が湧き出てきます。でも１つのことにこだわってしまうとなかなか先に進むことができません。かといって飛ばして進めていいものかどうか…。
適切なアドバイザーがいないと見極めが難しいところです。

「基本大全」では，学習順序について悩むことがないように，
「Basic 編」「Core 編」の２分冊で構成されています。

「Basic 編」…基本の考え方や公式・定理の習得を目的としています。
「Core 編」…入試によく出る典型問題の考え方の習得を目的としています。

これら２冊を**「Basic 編」→「Core 編」**の順で，飛ばさずに進めていくことで無理なく効果的に力をつけることができます。
また，学習進度や理解度に応じて学習内容を厳選することで，学習意欲を落とさず，効率的に学んでいくことができます。
例えば，第１章 式と証明の「相加平均と相乗平均の不等式」の学習において，
Basic 編では基本的な公式の扱い方を解説していますが，Core 編では公式を扱うときの注意点など，さらに一歩踏み込んだ内容を解説しています。

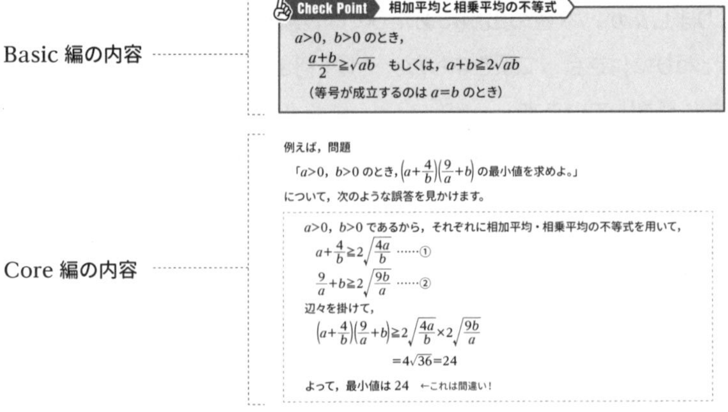

Basic 編の内容

Check Point　相加平均と相乗平均の不等式

$a>0$，$b>0$ のとき，

$\frac{a+b}{2} \geqq \sqrt{ab}$　もしくは，$a+b \geqq 2\sqrt{ab}$

（等号が成立するのは $a=b$ のとき）

Core 編の内容

例えば，問題

「$a>0$，$b>0$ のとき，$\left(a+\frac{4}{b}\right)\left(\frac{9}{a}+b\right)$ の最小値を求めよ。」

について，次のような誤答を見かけます。

$a>0$，$b>0$ であるから，それぞれに相加平均・相乗平均の不等式を用いて，

$a+\frac{4}{b} \geqq 2\sqrt{\frac{4a}{b}}$ ……①

$\frac{9}{a}+b \geqq 2\sqrt{\frac{9b}{a}}$ ……②

辺々を掛けて，

$\left(a+\frac{4}{b}\right)\left(\frac{9}{a}+b\right) \geqq 2\sqrt{\frac{4a}{b}} \times 2\sqrt{\frac{9b}{a}}$

$= 4\sqrt{36} = 24$

よって，最小値は 24　←これは間違い！

Point 2 疑問に答えるイントロダクション

演習問題に取り組む前に，演習問題で扱う公式や定理などをくわしく学べるようになっています。また，必要に応じて例題とその考え方を掲載しています。

必ず覚えておきたい重要な公式，定理などを載せています。

Advice 大切なポイントや補足事項などを載せています。

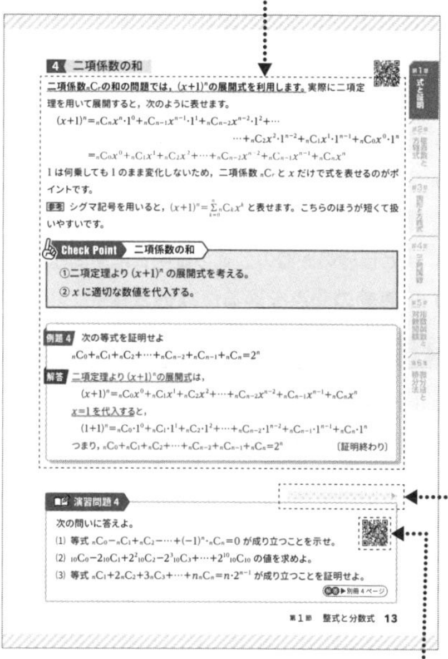

4 二項係数の和

二項係数${}_nC_r$の和の問題では，$(x+1)^n$の展開式を利用します。実際に二項定理を用いて展開すると，次のように表せます。

$$(x+1)^n={}_nC_nx^n\cdot1^0+{}_nC_{n-1}x^{n-1}\cdot1^1+{}_nC_{n-2}x^{n-2}\cdot1^2+\cdots$$
$$\cdots+{}_nC_2x^2\cdot1^{n-2}+{}_nC_1x^1\cdot1^{n-1}+{}_nC_0x^0\cdot1^n$$
$$={}_nC_0x^0+{}_nC_1x^1+{}_nC_2x^2+\cdots+{}_nC_{n-2}x^{n-2}+{}_nC_{n-1}x^{n-1}+{}_nC_nx^n$$

1は何乗しても1のまま変化しないため，二項係数${}_nC_r$とxだけで式を表せるのがポイントです。

参考 シグマ記号を用いると，$(x+1)^n=\sum_{k=0}^{n}{}_nC_kx^k$と表せます。こちらのほうが短くて扱いやすいです。

Check Point 二項係数の和

①二項定理より$(x+1)^n$の展開式を考える。

②xに適切な数値を代入する。

例題 4 次の等式を証明せよ

$${}_nC_0+{}_nC_1+{}_nC_2+\cdots+{}_nC_{n-2}+{}_nC_{n-1}+{}_nC_n=2^n$$

解答 二項定理より$(x+1)^n$の展開式は，

$$(x+1)^n={}_nC_0x^0+{}_nC_1x^1+{}_nC_2x^2+\cdots+{}_nC_{n-2}x^{n-2}+{}_nC_{n-1}x^{n-1}+{}_nC_nx^n$$

$x=1$を代入すると，

$$(1+1)^n={}_nC_0\cdot1^0+{}_nC_1\cdot1^1+{}_nC_2\cdot1^2+\cdots+{}_nC_{n-2}\cdot1^{n-2}+{}_nC_{n-1}\cdot1^{n-1}+{}_nC_n\cdot1^n$$

つまり，${}_nC_0+{}_nC_1+{}_nC_2+\cdots+{}_nC_{n-2}+{}_nC_{n-1}+{}_nC_n=2^n$ 〔証明終わり〕

演習問題 4

次の問いに答えよ。

(1) 等式${}_nC_0-{}_nC_1+{}_nC_2-\cdots+(-1)^n\cdot{}_nC_n=0$が成り立つことを示せ。

(2) ${}_{10}C_0-2{}_{10}C_1+2^2{}_{10}C_2-2^3{}_{10}C_3+\cdots+2^{10}{}_{10}C_{10}$の値を求めよ。

(3) 等式${}_nC_1+2{}_nC_2+3{}_nC_3+\cdots+n{}_nC_n=n\cdot2^{n-1}$が成り立つことを証明せよ。

解答▶別冊4ページ

第1節 整式と分数式 13

Point 3 付箋を貼って上手にインプット

この部分には，解説動画の最後に述べているまとめのコメントを，付箋に書きこんで貼りつけておきましょう。

このようにすることで知識の定着をはかることができます。また，付箋を貼っておくことで，自分がどこまで勉強したかの確認などが後からできます。

が成り立つことを

10 の値を求めよ。

二項係数の和は
$(x+1)^n$の展開式を
考えて数字を代入！

Point 4 解説動画で理解が深まる

各ページのQRコードから著者の香川先生の解説動画を視聴することができます。

QRコードを読み取る→シリアル番号「711475」を入力→動画を視聴

また，動画の一覧から選んで視聴することもできます。

下のQRコードを読み取るか，URLを入力する→「動画を見る」をクリック
→シリアル番号「711475」を入力→視聴したい動画をクリック

https://www.manabi-aid.jp/service/gyakuten

推奨環境	（PC）OS：Windows10以降 あるいは macOS Big Sur以降 Webブラウザ：Chrome / Edge / Firefox / Safari （スマートフォン / タブレット）iPhone / iPad iOS14以降のSafari / Chrome Android 11以降のChrome

目 次

本書に関する最新情報は，小社ホームページにある**本書の「サポート情報」**をご覧ください。(開設していない場合もございます。)
なお，この本の内容についての責任は小社にあり，内容に関するご質問は直接小社におよせください。

第1章 式と証明

第1節 整式と分数式

1 $x^3+y^3+z^3-3xyz$ の因数分解

Check Point $x^3+y^3+z^3-3xyz$ の因数分解

$$x^3+y^3+z^3-3xyz=(x+y+z)(x^2+y^2+z^2-xy-yz-zx)$$

証明 3次の対称式 x^3+y^3 は，

$$x^3+y^3=(x+y)^3-3xy(x+y)$$

であるから，両辺に z^3-3xyz を加えて，

$$\begin{aligned}&x^3+y^3+z^3-3xyz\\&=(x+y)^3-3xy(x+y)+z^3-3xyz\\&=(x+y)^3+z^3-3xy(x+y+z)\quad\cdots\cdots①\end{aligned}$$

さらに，$(x+y)^3+z^3$ において，$x+y=A$ とおくと，

$$\begin{aligned}&(x+y)^3+z^3\\&=A^3+z^3\\&=(A+z)(A^2-Az+z^2)\\&=\{(x+y)+z\}\{(x+y)^2-(x+y)z+z^2\}\end{aligned}$$

$a^3+b^3=(a+b)(a^2-ab+b^2)$

A を $x+y$ に戻す

これを①に代入して，

$$\begin{aligned}&x^3+y^3+z^3-3xyz\\&=\{(x+y)+z\}\{(x+y)^2-(x+y)z+z^2\}-3xy(x+y+z)\\&=(x+y+z)\{(x+y)^2-(x+y)z+z^2\}-3xy(x+y+z)\\&=(x+y+z)\{(x+y)^2-(x+y)z+z^2-3xy\}\\&=(x+y+z)(x^2+y^2+z^2-xy-yz-zx)\end{aligned}$$

$x+y+z$ でくくる

〔証明終わり〕

この公式は，3乗の和の因数分解の公式

$$x^3+y^3=(x+y)(x^2+y^2-xy)$$

と似ていますね。

(別の考え方)　x, y, z を解にもつ t の 3 次方程式の 1 つは,

$$(t-x)(t-y)(t-z)=0$$
$$\iff t^3-(x+y+z)t^2+(xy+yz+zx)t-xyz=0$$

ここで, $t=x$ が解であるから代入すると,

$$x^3-(x+y+z)x^2+(xy+yz+zx)x-xyz=0$$

つまり,

$$x^3=(x+y+z)x^2-(xy+yz+zx)x+xyz \quad \cdots\cdots ①$$

$t=y$, z も解であるから同様にして,

$$y^3=(x+y+z)y^2-(xy+yz+zx)y+xyz \quad \cdots\cdots ②$$
$$z^3=(x+y+z)z^2-(xy+yz+zx)z+xyz \quad \cdots\cdots ③$$

①, ②, ③の辺々を加えると,

$$x^3+y^3+z^3=(x+y+z)(x^2+y^2+z^2)-(xy+yz+zx)(x+y+z)+3xyz$$

右辺の $3xyz$ を左辺に移項して, 右辺の残りを $x+y+z$ でくくると,

$$x^3+y^3+z^3-3xyz=(x+y+z)(x^2+y^2+z^2-xy-yz-zx)$$ 〔証明終わり〕

演習問題 1

次の式を因数分解せよ。

(1) $x^3+8y^3-z^3+6xyz$

(2) $\dfrac{1}{8}x^3+y^3+\dfrac{3}{2}xy-1$

解答▶別冊 1 ページ

2 3文字の対称式

2文字 x，y の対称式が和 $x+y$，積 xy の基本対称式で表せるのと同様に，**3文字の対称式も必ず基本対称式で表せることがわかっています。3文字 x，y，z の基本対称式は，和 $x+y+z$ と2つずつの積の和 $xy+yz+zx$ と積 xyz です。**ただし，3文字の対称式の変形は，次のような展開や因数分解の公式を用いるのがポイントです。

$$(x+y+z)^2=x^2+y^2+z^2+2xy+2yz+2zx$$

$$x^3+y^3+z^3-3xyz=(x+y+z)(x^2+y^2+z^2-xy-yz-zx)$$

例題1 $x+y+z=3$, $xy+yz+zx=2$, $xyz=1$ のとき，$x^2+y^2+z^2$, $x^3+y^3+z^3$ の値を求めよ。

解答

$$(x+y+z)^2=x^2+y^2+z^2+2xy+2yz+2zx$$

$$(x+y+z)^2=x^2+y^2+z^2+2(xy+yz+zx)$$

この式に与えられた式の値を代入すると，

$$3^2=x^2+y^2+z^2+2\cdot 2$$

$$\boldsymbol{x^2+y^2+z^2=5}$$ … 答

また，

$$x^3+y^3+z^3-3xyz=(x+y+z)(x^2+y^2+z^2-xy-yz-zx)$$

$$x^3+y^3+z^3-3xyz=(x+y+z)\{x^2+y^2+z^2-(xy+yz+zx)\}$$

よって，式の値を代入すると，

$$x^3+y^3+z^3-3\cdot 1=3\cdot(5-2)$$

$$\boldsymbol{x^3+y^3+z^3=12}$$ … 答

演習問題 2

$\alpha+\beta+\gamma-(\beta\gamma+\gamma\alpha+\alpha\beta)=3$，$\beta\gamma+\gamma\alpha+\alpha\beta+\alpha\beta\gamma=-2$，
$\alpha+\beta+\gamma-\alpha\beta\gamma=1$ のとき，

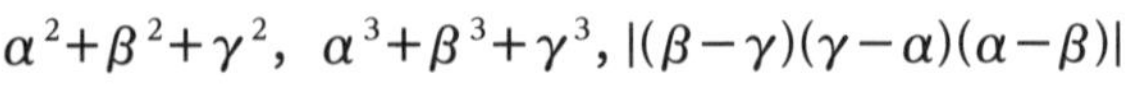

$$\alpha^2+\beta^2+\gamma^2,\ \alpha^3+\beta^3+\gamma^3,\ |(\beta-\gamma)(\gamma-\alpha)(\alpha-\beta)|$$

の値をそれぞれ求めよ。

解答▶別冊1ページ

3　3 次の展開・因数分解の応用

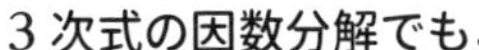

3 次式の因数分解でも，

　①**共通因数でくくる**　②**公式の利用**　③**最低次数の文字について整理**

という基本の考え方は変わりません。

例題 2　$x^3-3(a+1)x^2+2(a^2+5a-2)x-8(a^2-a)$ を因数分解せよ。

解答

$$
\begin{aligned}
&x^3-3(a+1)x^2+2(a^2+5a-2)x-8(a^2-a) \\
=&(2x-8)a^2-(3x^2-10x-8)a+x^3-3x^2-4x \\
=&2(x-4)a^2-(3x+2)(x-4)a+x(x+1)(x-4) \\
=&(x-4)\{x^2+(1-3a)x+2a(a-1)\} \\
=&\boldsymbol{(x-4)(x-2a)(x-a+1)}
\end{aligned}
$$
… 答

最低次数の文字 a で整理

部分ごとに因数分解

共通因数でくくる

{　} 内を x の 2 次式とみて，下のようにたすき掛け

$$
\begin{array}{cccc}
1 & \diagdown\!\!\!\!\diagup & -2a \longrightarrow & -2a \\
1 & & -(a-1) \longrightarrow & -a+1 \\
\hline
 & & & 1-3a
\end{array}
$$

どの 2 文字を入れかえても，もとの式と符号だけが変わる式のことを交代式といいます。交代式には次のような性質があります。

- **2 文字 x，y の交代式は，$x-y$ を因数にもち，残りの因数は対称式になる。**
- **3 文字 x，y，z の交代式は，$(x-y)(y-z)(z-x)$ を因数にもち，残りの因数は対称式になる。**

Advice　$x-y$ の 2 文字を入れかえると，$y-x=-(x-y)$ と符号が逆になるので，$x-y$ は交代式です。また，$(x-y)(y-z)(z-x)$ の x と y を入れかえると，$(y-x)(x-z)(z-y)=-(x-y)(y-z)(z-x)$ となり，符号が逆になります。y と z，z と x を入れかえても同様なので，$(x-y)(y-z)(z-x)$ も交代式です。

例題 3　$ab(a-b)+bc(b-c)+ca(c-a)$ を因数分解せよ。

考え方　この式は交代式です。試しに，a と b を入れかえてみると，

$$ba(b-a)+ac(a-c)+cb(c-b)=-\{ab(a-b)+bc(b-c)+ca(c-a)\}$$

となり，符号が逆になることが確認できます。

解答 この式は3文字 a, b, c の交代式であるから，$(a-b)(b-c)(c-a)$ を因数にもつ。与えられた式は a, b, c の3次式で，$(a-b)(b-c)(c-a)$ も1次式3つの積であるから3次式である。よって，k を定数とすると，

$$ab(a-b)+bc(b-c)+ca(c-a)=k(a-b)(b-c)(c-a)$$

とおくことができる。両辺の a^2b の係数を求めて比較すると，

$$1=-k \quad \text{つまり,}\ k=-1$$

よって，

$$ab(a-b)+bc(b-c)+ca(c-a)=\boldsymbol{-(a-b)(b-c)(c-a)} \ \cdots \text{答}$$

別解 a について整理（b, c でもよい）すると，

$$\begin{aligned}
&ab(a-b)+bc(b-c)+ca(c-a) \\
&=(b-c)a^2-(b^2-c^2)a+bc(b-c) \quad \leftarrow a\text{について整理} \\
&=(b-c)a^2-(b-c)(b+c)a+bc(b-c) \\
&=(b-c)\{a^2-(b+c)a+bc\} \quad \leftarrow \text{共通因数でくくる} \\
&=(b-c)(a-b)(a-c) \quad \leftarrow \{\ \ \}\text{内を}\,a\,\text{の2次式とみて因数分解} \\
&=\boldsymbol{-(a-b)(b-c)(c-a)} \ \cdots \text{答}
\end{aligned}$$

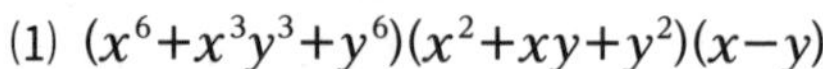

演習問題 3

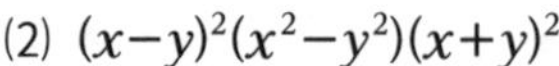

次の(1)，(2)の式は展開せよ。(3)〜(7)の式は因数分解せよ。

(1) $(x^6+x^3y^3+y^6)(x^2+xy+y^2)(x-y)$

(2) $(x-y)^2(x^2-y^2)(x+y)^2$

(3) x^6-26x^3-27

(4) $(a+b)(b+c)(c+a)+abc$

(5) $2x^3-(4a+1)x^2+2(a-3)x+12a$

(6) $(a-b)^3+(b-c)^3+(c-a)^3$

(7) $a^3(b-c)+b^3(c-a)+c^3(a-b)$

解答▶別冊2ページ

4 二項係数の和

二項係数${}_n\mathrm{C}_r$の和の問題では，$(x+1)^n$の展開式を利用します。実際に二項定理を用いて展開すると，次のように表せます。

$$(x+1)^n={}_n\mathrm{C}_n x^n\cdot 1^0+{}_n\mathrm{C}_{n-1}x^{n-1}\cdot 1^1+{}_n\mathrm{C}_{n-2}x^{n-2}\cdot 1^2+\cdots$$
$$\cdots+{}_n\mathrm{C}_2 x^2\cdot 1^{n-2}+{}_n\mathrm{C}_1 x^1\cdot 1^{n-1}+{}_n\mathrm{C}_0 x^0\cdot 1^n$$
$$={}_n\mathrm{C}_0 x^0+{}_n\mathrm{C}_1 x^1+{}_n\mathrm{C}_2 x^2+\cdots+{}_n\mathrm{C}_{n-2}x^{n-2}+{}_n\mathrm{C}_{n-1}x^{n-1}+{}_n\mathrm{C}_n x^n$$

1は何乗しても1のまま変化しないため，二項係数${}_n\mathrm{C}_r$とxだけで式を表せるのがポイントです。

参考 シグマ記号を用いると，$(x+1)^n=\sum_{k=0}^{n}{}_n\mathrm{C}_k x^k$と表せます。こちらのほうが短くて扱いやすいです。

Check Point 二項係数の和

①二項定理より$(x+1)^n$の展開式を考える。

②xに適切な数値を代入する。

例題 4 次の等式を証明せよ

$${}_n\mathrm{C}_0+{}_n\mathrm{C}_1+{}_n\mathrm{C}_2+\cdots+{}_n\mathrm{C}_{n-2}+{}_n\mathrm{C}_{n-1}+{}_n\mathrm{C}_n=2^n$$

解答 二項定理より$(x+1)^n$の展開式は，

$$(x+1)^n={}_n\mathrm{C}_0 x^0+{}_n\mathrm{C}_1 x^1+{}_n\mathrm{C}_2 x^2+\cdots+{}_n\mathrm{C}_{n-2}x^{n-2}+{}_n\mathrm{C}_{n-1}x^{n-1}+{}_n\mathrm{C}_n x^n$$

$x=1$を代入すると，

$$(1+1)^n={}_n\mathrm{C}_0\cdot 1^0+{}_n\mathrm{C}_1\cdot 1^1+{}_n\mathrm{C}_2\cdot 1^2+\cdots+{}_n\mathrm{C}_{n-2}\cdot 1^{n-2}+{}_n\mathrm{C}_{n-1}\cdot 1^{n-1}+{}_n\mathrm{C}_n\cdot 1^n$$

つまり，${}_n\mathrm{C}_0+{}_n\mathrm{C}_1+{}_n\mathrm{C}_2+\cdots+{}_n\mathrm{C}_{n-2}+{}_n\mathrm{C}_{n-1}+{}_n\mathrm{C}_n=2^n$ 〔証明終わり〕

演習問題 4

次の問いに答えよ。

(1) 等式${}_n\mathrm{C}_0-{}_n\mathrm{C}_1+{}_n\mathrm{C}_2-\cdots+(-1)^n\cdot{}_n\mathrm{C}_n=0$が成り立つことを示せ。

(2) ${}_{10}\mathrm{C}_0-2{}_{10}\mathrm{C}_1+2^2{}_{10}\mathrm{C}_2-2^3{}_{10}\mathrm{C}_3+\cdots+2^{10}{}_{10}\mathrm{C}_{10}$の値を求めよ。

(3) 等式${}_n\mathrm{C}_1+2{}_n\mathrm{C}_2+3{}_n\mathrm{C}_3+\cdots+n{}_n\mathrm{C}_n=n\cdot 2^{n-1}$が成り立つことを証明せよ。

解答▶別冊4ページ

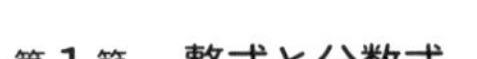

5 二項定理の応用問題

ある数の小数第 n 位までの値や下 n 桁の値を求めるときは，その数を 10^k と 1 の和や差で表し，二項定理の利用を考えます。1 を何乗しても 1 のまま変化しないことや 10 を何乗しても 0 が増えたり減ったりするだけであることに着目します。

例題 5 1.01^{10} の値を小数第 4 位まで正確に求めよ。

考え方〉 10^k と 1 の和で表して二項定理の利用を考えます。

解答 二項定理より，

$$1.01^{10}=(0.01+1)^{10} \quad \leftarrow 10^{-2} \text{ と 1 の和で表す}$$

（0.01 ← 10^{-2}）

$$={}_{10}C_0\cdot0.01^0+{}_{10}C_1\cdot0.01^1+{}_{10}C_2\cdot0.01^2+{}_{10}C_3\cdot0.01^3+{}_{10}C_4\cdot0.01^4+\cdots\cdots+{}_{10}C_{10}\cdot0.01^{10}$$

$$=1+0.1+0.0045+0.00012+0.0000021+\cdots+{}_{10}C_{10}\cdot0.01^{10}$$

（0.00012 ← 第 4 項，0.0000021 ← 第 5 項）

この式から<u>第 5 項以降は小数第 4 位までの数字に影響しない</u>ことがわかる。

よって，小数第 4 位までを正確に計算すると，

$1+0.1+0.0045+0.0001=$ **1.1046** … 答

演習問題 5

次の問いに答えよ。

(1) $(0.99)^{10}$ の値を小数第 4 位まで正確に求めよ。

(2) 101^{100} の下 5 桁の値を求めよ。

(3) 3^{132} の下 3 桁の値を求めよ。

解答▶別冊 4 ページ

6 整式の除法と式の値

「$x=\alpha$のときの整式 $f(x)$ の値」を求めるには，$f(x)$ に $x=\alpha$を代入します。

分子の次数が大きい分数式に代入する場合は，そのまま代入するのではなく，分子を分母で割ってから代入することで，計算が楽になる場合があります。

例題 6 $x=\sqrt{3}+1$ のとき，$\dfrac{x^2+x+1}{x-1}$ の値を求めよ。

解答 分数式において筆算より，

$$
\begin{array}{r}
x+2 \\
x-1\,\big)\,\overline{x^2+x+1} \\
\underline{x^2-x} \\
2x+1 \\
\underline{2x-2} \\
3
\end{array}
$$

であるから，

$$
\begin{aligned}
\frac{x^2+x+1}{x-1}&=\frac{(x-1)(x+2)+3}{x-1} \\
&=x+2+\frac{3}{x-1}
\end{aligned}
$$

分子の次数を下げる

ここで $x=\sqrt{3}+1$ を代入すると，

$$
\begin{aligned}
&(\sqrt{3}+1)+2+\frac{3}{(\sqrt{3}+1)-1} \\
&=\sqrt{3}+3+\frac{3}{\sqrt{3}} \\
&=\sqrt{3}+3+\frac{3\sqrt{3}}{\sqrt{3}\cdot\sqrt{3}} \\
&=\mathbf{2\sqrt{3}+3}
\end{aligned}
$$

… 答 ←もちろん，直接代入しても求められます

次数の高い整式 $f(x)$ に $x=\alpha$を代入するとき，**$f(x)$ より次数が低く，$x=\alpha$を代入すると 0 となる式$g(x)$ を求めて**，$f(x)$ を $g(x)$ で割ることを考えます。

このとき，商を $q(x)$，余りを $r(x)$ とすると，

$$f(x)=g(x)\cdot q(x)+r(x)$$ ← $r(x)$ は 0 か，$g(x)$ より次数の低い整式

$x=\alpha$のとき，$g(\alpha)=0$ であるので，

$$
\begin{aligned}
f(\alpha)&=0\cdot q(\alpha)+r(\alpha) \\
&=r(\alpha)
\end{aligned}
$$

と計算できます。

余り $r(x)$ の次数はもとの式 $f(x)$ の次数よりも低いため，$r(x)$ に代入する計算は $f(x)$ に代入する計算よりも楽になります。

Check Point　次数の高い式の値

代入して 0 となる式で割り，その余りに代入する。

例題 7　$x=2+\sqrt{5}$ のとき，$-2x^3+7x^2-2x$ の値を求めよ。

考え方　まず，$x=2+\sqrt{5}$ を代入すると 0 になる式をつくります。

解答　条件より，

$$x=2+\sqrt{5}$$
$$x-2=\sqrt{5}$$

根号を右辺に分離する

両辺を 2 乗して，

$$(x-2)^2=5$$
$$x^2-4x-1=0 \quad \leftarrow x=2+\sqrt{5} \text{ で } 0 \text{ となる式}$$

よって，$-2x^3+7x^2-2x$ を x^2-4x-1 で割ると，

$$\begin{array}{r} -2x-1 \\ x^2-4x-1 \,\big)\, \overline{-2x^3+7x^2-2x} \\ -2x^3+8x^2+2x \\ \hline -x^2-4x \\ -x^2+4x+1 \\ \hline -8x-1 \end{array}$$

であるから，

$$-2x^3+7x^2-2x=(x^2-4x-1)(-2x-1)+(-8x-1)$$

となる。

ここで，$x=2+\sqrt{5}$ とすると，$x^2-4x-1=0$ であるから，

$-2x^3+7x^2-2x$ に $x=2+\sqrt{5}$ を代入した値は，

余り $-8x-1$ に $x=2+\sqrt{5}$ を代入した値に等しい。

よって，求める式の値は，

$$-8x-1=-8(2+\sqrt{5})-1$$
$$=\mathbf{-17-8\sqrt{5}} \cdots \text{答} \quad \leftarrow \text{余りに代入する}$$

別解 次のように繰り返し代入して次数を下げる方法もあります。

$x=2+\sqrt{5}$ より，

$x^2-4x-1=0 \iff x^2=4x+1$ ←次数を下げる式

であるから，

$$
\begin{aligned}
-2x^3+7x^2-2x &= -2x\cdot x^2+7x^2-2x \\
&= -2x(4x+1)+7(4x+1)-2x \quad \text{(3 次式を 2 次式に次数下げ)} \\
&= -8x^2+24x+7 \\
&= -8(4x+1)+24x+7 \quad \text{(2 次式を 1 次式に次数下げ)} \\
&= -8x-1 \\
&= -8(2+\sqrt{5})-1 \quad (x=2+\sqrt{5}\ \text{を代入}) \\
&= \mathbf{-17-8\sqrt{5}}
\end{aligned}
$$

… 答

演習問題 6

$x=\dfrac{3+\sqrt{5}}{2}$ のとき，$x^4-x^3-6x^2+9x-4$ の値を求めよ。ただし，$x=\dfrac{3+\sqrt{5}}{2}$ を代入して 0 となる式をつくり，次の(1)，(2)の方法で求めよ。

(1) 整式の割り算を利用して次数を下げる。

(2) 繰り返し代入して次数を下げる。

解答▶別冊 5 ページ

第2節　等式と不等式の証明

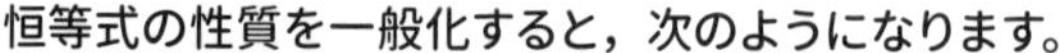

1　恒等式の証明

恒等式の性質を一般化すると，次のようになります。

Check Point　恒等式の性質

x についての 2 つの整式

$$A(x)=a_0x^n+a_1x^{n-1}+a_2x^{n-2}+\cdots+a_{n-1}x+a_n$$

$$B(x)=b_0x^n+b_1x^{n-1}+b_2x^{n-2}+\cdots+b_{n-1}x+b_n$$

において，$A(x)=B(x)$ が x についての恒等式であるならば，

$$a_0=b_0,\ a_1=b_1,\ a_2=b_2,\ \cdots,\ a_n=b_n$$

証明　$A(x)=B(x)$ より，$A(x)-B(x)=0$ であるから，

$$(a_0-b_0)x^n+(a_1-b_1)x^{n-1}+\cdots+(a_{n-1}-b_{n-1})x+(a_n-b_n)=0$$

この等式は x についての恒等式であるから，$x=0$ でも成り立つ。

よって，

$a_n-b_n=0$　つまり，$a_n=b_n$

このとき，

$$(a_0-b_0)x^n+(a_1-b_1)x^{n-1}+\cdots+(a_{n-1}-b_{n-1})x=0$$

次に，$x \neq 0$ のとき，両辺を x で割ると，

$$(a_0-b_0)x^{n-1}+(a_1-b_1)x^{n-2}+\cdots+(a_{n-1}-b_{n-1})=0 \quad \cdots\cdots①$$

ここで，一般に n 次以下の x の整式 P，Q について等式 $P=Q$ が $n+1$ 個の異なる x の値について成り立つとき，この等式は x についての恒等式であることがわかっている。

このことより，等式①が $x=0$ 以外のすべての x について成り立つとき，等式①は x についての恒等式である。

よって，等式①は $x=0$ でも成り立つので，

$a_{n-1}-b_{n-1}=0$　つまり，$a_{n-1}=b_{n-1}$

以上を同様に繰り返すことにより，

$$a_{n-2}=b_{n-2},\ a_{n-3}=b_{n-3},\ \cdots,\ a_1=b_1,\ a_0=b_0$$

よって，$A(x)=B(x)$ が x についての恒等式ならば，

$a_0=b_0$，$a_1=b_1$，$a_2=b_2$，…，$a_n=b_n$　〔証明終わり〕

演習問題 7

次の問いに答えよ。

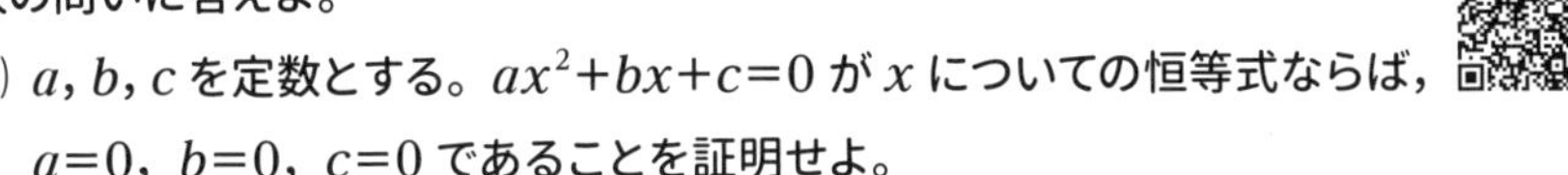

(1) a, b, c を定数とする。$ax^2+bx+c=0$ が x についての恒等式ならば，$a=0$，$b=0$，$c=0$ であることを証明せよ。

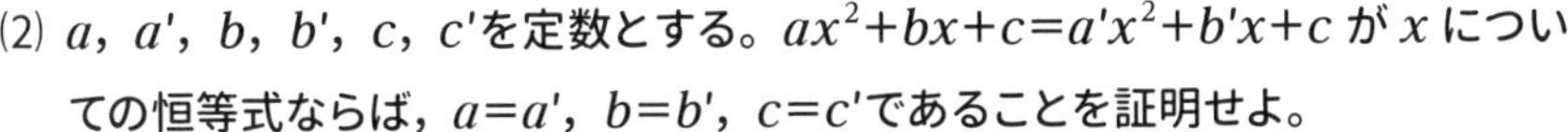

(2) a，a'，b，b'，c，c'を定数とする。$ax^2+bx+c=a'x^2+b'x+c$ が x についての恒等式ならば，$a=a'$，$b=b'$，$c=c'$であることを証明せよ。

解答▶別冊 6 ページ

2 「少なくとも～」「すべてが～」の証明

「少なくとも1つが～に等しい」ことを証明する問題は，次のように積の形をつくることで示すことができます。

Check Point　少なくとも1つが～に等しい

x，y，z のうち，少なくとも1つが a に等しい

$\iff (x-a)(y-a)(z-a)=0$

例題 8　$x+y+z=xy+yz+zx$，$xyz=1$ ならば，x，y，z のうち少なくとも1つは1に等しいことを証明せよ。

解答　$(x-1)(y-1)(z-1)=0$ であることを示せばよい。

$$\begin{aligned}(x-1)(y-1)(z-1)&=xyz-(xy+yz+zx)+(x+y+z)-1\\&=1-(x+y+z)+(x+y+z)-1 \quad \text{←条件式を代入}\\&=0\end{aligned}$$

よって，

$x-1=0$ または $y-1=0$ または $z-1=0$

つまり，x，y，z のうち少なくとも1つは1に等しい。　〔証明終わり〕

この証明問題は，結論から逆算して示すタイプの問題になります。

また，「すべてが～に等しい」ことを証明する問題では，実数の性質である

x，y が実数であるとき，$x^2+y^2=0$ ならば $x=y=0$

を利用します。

Check Point　すべてが～に等しい

x，y，z のすべてが a に等しい

$\iff (x-a)^2+(y-a)^2+(z-a)^2=0$

演習問題 8

次の問いに答えよ。

(1) $x+y+z=\dfrac{1}{x}+\dfrac{1}{y}+\dfrac{1}{z}=1$ のとき，実数 x，y，z のうち少なくとも 1 つは 1 に等しいことを示せ。

(2) 実数 a，b，c が $a+b+c=ab+bc+ca=3$ を満たしているとき，a，b，c はすべて 1 に等しいことを示せ。

(3) $\dfrac{1}{x}+\dfrac{1}{y}+\dfrac{1}{z}=\dfrac{1}{x+y+z}$ ならば，実数 x，y，z のいずれか 2 つの和は 0 に等しいことを示せ。

(4) a，b，c を 0 でない実数の定数とする。3 つの 2 次方程式

$$ax^2+2bx+c=0$$
$$bx^2+2cx+a=0$$
$$cx^2+2ax+b=0$$

がすべて重解をもつのは $a=b=c$ の場合しかないことを証明せよ。

解答▶別冊 6 ページ

3 相加平均・相乗平均の不等式と最大・最小問題

○に変数を含むとき，○と $\dfrac{\square}{\bigcirc}$ のような 2 式は，積をとると変数を打ち消せることに着目して，相加平均・相乗平均の不等式の利用を考えます。

例題 9 x の関数 $f(x)=2x+\dfrac{1}{x}$ の $x>0$ の範囲における最小値を求めよ。

解答 $x>0$，$2x>0$ であるから，相加平均・相乗平均の不等式より，

$$f(x)=2x+\frac{1}{x}\geqq 2\sqrt{2x\cdot\frac{1}{x}}$$
$$=2\sqrt{2}$$

等号成立は $2x=\dfrac{1}{x}$ のときであるから，$2x+\dfrac{1}{x}=2\sqrt{2}$ に代入すると，

$$2x+2x=2\sqrt{2}$$
$$x=\frac{\sqrt{2}}{2}$$ ←$2x=\dfrac{1}{x}$ を解いてもよい

よって，**$x=\dfrac{\sqrt{2}}{2}$ のとき最小値 $2\sqrt{2}$** … 答

この例題で注意しないといけないのは $2\sqrt{2}$ をとる x の値が存在するかどうかを確認しないといけない点です。$f(x)\geqq 2\sqrt{2}$ となったときに，最小値が $2\sqrt{2}$ とすぐに判断してはいけません。

例えば，$g(x)=x^2+1\geqq 0$ という式は正しい不等式です。

「≧」という記号は「> または =」という意味ですから，等号が成り立たなくても問題ありません。

よって，$g(x)\geqq 0$ であっても，$g(x)=0$ が最小値である必要はありません。次のグラフからわかる通り，最小値は $g(0)=1$ です。

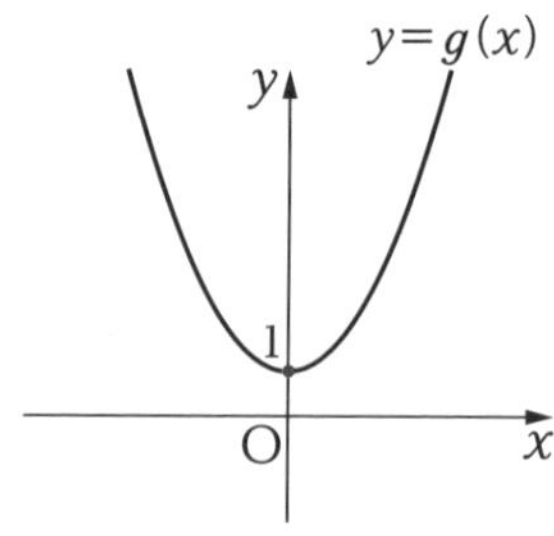

このように，**等号があっても等号が成立するかどうかは別問題です。**

例えば，問題

「$a>0$，$b>0$ のとき，$\left(a+\dfrac{4}{b}\right)\left(\dfrac{9}{a}+b\right)$ の最小値を求めよ。」

について，次のような誤答を見かけます。

> $a>0$，$b>0$ であるから，それぞれに相加平均・相乗平均の不等式を用いて，
>
> $a+\dfrac{4}{b} \geqq 2\sqrt{\dfrac{4a}{b}}$ ……①
>
> $\dfrac{9}{a}+b \geqq 2\sqrt{\dfrac{9b}{a}}$ ……②
>
> 辺々を掛けて，
>
> $$\left(a+\frac{4}{b}\right)\left(\frac{9}{a}+b\right) \geqq 2\sqrt{\frac{4a}{b}} \times 2\sqrt{\frac{9b}{a}}$$
> $$=4\sqrt{36}=24$$
>
> よって，最小値は 24　←これは間違い！

確かに $\left(a+\dfrac{4}{b}\right)\left(\dfrac{9}{a}+b\right)$ の値が 24 以上であることは間違っていませんが，最小値は 24 ではありません。

前に述べた通り，**最小値が 24 であればこの不等式の等号が成り立つことになります。**

しかし，それぞれの相加平均・相乗平均の不等式の等号成立の条件は，

①では $a=\dfrac{4}{b} \Longleftrightarrow ab=4$

②では $\dfrac{9}{a}=b \Longleftrightarrow ab=9$

このように**等号の成立する条件が異なっています**。つまり，①と②の等号が同時には成立しないということです。このような場合は，**展開して，1 つの相加平均・相乗平均の不等式で考える**のがポイントになります。

例題 10　$a>0$，$b>0$ のとき，$\left(a+\dfrac{4}{b}\right)\left(\dfrac{9}{a}+b\right)$ の最小値を求めよ。

解答

$$\left(a+\frac{4}{b}\right)\left(\frac{9}{a}+b\right)=9+ab+\frac{36}{ab}+4$$　←まず展開する

$$=ab+\frac{36}{ab}+13$$

ここで，$ab>0$，$\dfrac{36}{ab}>0$ であるから，相加平均・相乗平均の不等式より，

第1章 式と証明　第2章 複素数と方程式　第3章 図形と方程式　第4章 三角関数　第5章 指数関数と対数関数　第6章 微分法と積分法

$$ab+\frac{36}{ab} \geqq 2\sqrt{ab \times \frac{36}{ab}}$$

$$=2\sqrt{36}=12 \quad \cdots\cdots ①$$

これより，

$$ab+\frac{36}{ab}+13 \geqq 12+13$$

$$=25$$

最小値をとるのは①において等号成立のときで，$ab=\frac{36}{ab}$ のときである。

$ab+\frac{36}{ab}=12$ に代入して，

$$ab+ab=12$$

$$ab=6$$ ← $ab=\frac{36}{ab}$ を解いてもよい

よって，**$ab=6$ のとき最小値 25** … 答

等号成立を確認したのは，不等式だけでは最小値とは確定できないからです。**等号が成立することを示せたときに，初めて 25 が最小値であると言える**わけです。この問題では，$ab=6$ となる正の数 a，b は存在しますから「等号が成立する→最小値は 25」とわかるわけです。

Advice 例えば，与式が $\left(a+\frac{6}{b}\right)\left(\frac{2}{a}+\frac{b}{3}\right)$ であれば，それぞれのかっこ内での相加平均・相乗平均の不等式の等号成立の条件は $ab=6$ で等しくなります。このような場合は別々に計算しても問題ありません。

例題 11 $x>2$ のとき，$\frac{x^2+26x-55}{x-2}$ の最小値を求めよ。

考え方 分子を分母で割って，分子の次数が分母の次数より小さくなるように変形します。

解答 $x^2+26x-55$ を $x-2$ で割ると，商 $x+28$，余り 1 となるので，

$$x^2+26x-55=(x-2)(x+28)+1$$

これより，

$$\frac{x^2+26x-55}{x-2}=\frac{(x-2)(x+28)+1}{x-2}$$

$$=x+28+\frac{1}{x-2}$$

$$=x-2+\frac{1}{x-2}+30$$

（$x+28=(x-2)+30$ と考え，$○+\frac{□}{○}$ の形をつくる）

ここで，$x>2$ より，$x-2>0$，$\frac{1}{x-2}>0$ であるから，相加平均・相乗平均の不等式を用いると，

$$x-2+\frac{1}{x-2} \geqq 2\sqrt{(x-2)\cdot\frac{1}{x-2}}$$
$$=2 \quad \cdots\cdots ①$$

これより，

$$\frac{x^2+26x-55}{x-2}=x-2+\frac{1}{x-2}+30 \geqq 2+30$$
$$=32$$

最小値をとるのは①において等号成立のときで，$x-2=\frac{1}{x-2}$ のときである。

$x-2+\frac{1}{x-2}=2$ に代入して，

$x-2+(x-2)=2$

$x=3$ ←等号が成立する x が $x>2$ の範囲で存在することが示された

よって，**$x=3$ のとき最小値 32** … 答

○＋$\frac{□}{○}$ の形の式があるとき，相加平均・相乗平均の不等式を用いると，○と $\frac{□}{○}$ の積の部分は変数が打ち消される，ということがいちばんのポイントになります。

○に変数を含む○＋$\frac{□}{○}$ の形の式で，相加平均・相乗平均の不等式をイメージするのは1つのパターンとして覚えてもらいたいところです。

演習問題 9

次の問いに答えよ。

(1) $a>0$ のとき，$9a+\frac{1}{a}$ の最小値を求めよ。また，そのときの a の値を求めよ。

(2) $x>0$ のとき，$\frac{x^2+x+2}{x}$ の最小値を求めよ。また，そのときの x の値を求めよ。

(3) $x>2$ のとき，$\frac{x^2}{x-2}$ の最小値を求めよ。また，そのときの x の値を求めよ。

解答▶別冊 7 ページ

4 3変数・4変数の相加平均・相乗平均の不等式

相加平均と相乗平均の不等式は3変数や4変数でも成立します。

Check Point　3変数の相加平均・相乗平均の不等式

$a>0$, $b>0$, $c>0$ のとき，

$$\frac{a+b+c}{3} \geqq \sqrt[3]{abc} \quad \text{もしくは，} \quad a+b+c \geqq 3\sqrt[3]{abc}$$

（等号が成立するのは $a=b=c$ のとき）

3変数での相加平均・相乗平均の不等式は，因数分解の公式を用いて証明できます。

証明　$a+b+c \geqq 3\sqrt[3]{abc}$ を示す。

$\sqrt[3]{a}=X$, $\sqrt[3]{b}=Y$, $\sqrt[3]{c}=Z$ とおくと，$X>0$，$Y>0$，$Z>0$ であり，

$$(\text{左辺})-(\text{右辺})=a+b+c-3\sqrt[3]{abc}=X^3+Y^3+Z^3-3XYZ$$

$$=(X+Y+Z)(X^2+Y^2+Z^2-XY-YZ-ZX) \quad \leftarrow \text{因数分解の公式}$$

$$=(X+Y+Z)\cdot\frac{1}{2}(2X^2+2Y^2+2Z^2-2XY-2YZ-2ZX)$$

$$=(X+Y+Z)\cdot\frac{1}{2}\{(X^2-2XY+Y^2)+(Y^2-2YZ+Z^2)+(Z^2-2ZX+X^2)\}$$

$$=(X+Y+Z)\cdot\frac{1}{2}\{(X-Y)^2+(Y-Z)^2+(Z-X)^2\} \geqq 0 \quad \leftarrow X+Y+Z>0$$

よって，$a+b+c-3\sqrt[3]{abc} \geqq 0 \Leftrightarrow a+b+c \geqq 3\sqrt[3]{abc}$ が成り立つことが示された。

〔証明終わり〕

等号が成り立つのは，$X=Y$，$Y=Z$，$Z=X$，つまり，$X=Y=Z$ のときであるから $a=b=c$ のときである。

式変形の途中で出てきた次の不等式は**変形を覚えておきたい**有名な絶対不等式です。

$$a^2+b^2+c^2-ab-bc-ca=\frac{1}{2}\{(a-b)^2+(b-c)^2+(c-a)^2\} \geqq 0$$

Check Point　4変数の相加平均・相乗平均の不等式

$a>0$, $b>0$, $c>0$, $d>0$ のとき，

$$\frac{a+b+c+d}{4} \geqq \sqrt[4]{abcd} \quad \text{もしくは，} \quad a+b+c+d \geqq 4\sqrt[4]{abcd}$$

（等号が成立するのは $a=b=c=d$ のとき）

4 変数での相加平均・相乗平均の不等式は，2 変数の相加平均・相乗平均の不等式を繰り返し用いて示します。

証明 $a+b+c+d \geqq 4\sqrt[4]{abcd}$ を示す。

相加平均・相乗平均の不等式より，$a+b \geqq 2\sqrt{ab}$，$c+d \geqq 2\sqrt{cd}$ ……①

辺々を加えると，$(a+b)+(c+d) \geqq 2\sqrt{ab}+2\sqrt{cd}$ ……②

さらに相加平均・相乗平均の不等式より，

$$2\sqrt{ab}+2\sqrt{cd} \geqq 2\sqrt{2\sqrt{ab}\times 2\sqrt{cd}} = 2\sqrt{4\sqrt{abcd}}$$
$$= 4\sqrt[4]{abcd} \quad \cdots\cdots ③$$

$\sqrt[m]{\sqrt[n]{x}} = \sqrt[mn]{x}$

よって，②，③より，$(a+b)+(c+d) \geqq 2\sqrt{ab}+2\sqrt{cd} \geqq 4\sqrt[4]{abcd}$

以上より $a+b+c+d \geqq 4\sqrt[4]{abcd}$ が示された。〔証明終わり〕

等号は①と③の両方の等号が成立するときで，①より $a=b$ かつ $c=d$，③より $\sqrt{ab}=\sqrt{cd}$

同時に成立するのは，$a=b$ かつ $c=d$ かつ $ab=cd$　よって，$a=b=c=d$ のとき。

もしかしたら気がついたかもしれませんが，n 個の正の変数 x_1，x_2，…，x_n においても相加平均・相乗平均の不等式が成立します。

$$\frac{x_1+x_2+\cdots+x_n}{n} \geqq \sqrt[n]{x_1\times x_2\times\cdots\times x_n}$$ ←右辺は n 乗根

演習問題 10

1 a，b，c を正の数とするとき，次の不等式が成り立つことを示せ。

$$2\left(\frac{a+b}{2}-\sqrt{ab}\right) \leqq 3\left(\frac{a+b+c}{3}-\sqrt[3]{abc}\right)$$

2 a，b，c を正の数とする。2 変数の相加平均・相乗平均の不等式 $a+b \geqq 2\sqrt{ab}$ が成立することを利用して，3 変数の相加平均・相乗平均の不等式 $a+b+c \geqq 3\sqrt[3]{abc}$ が成立することを示したい。$a+b+c=3m$ とおくとき，次の問いに答えよ。

(1) 不等式 $4m \geqq 2(\sqrt{ab}+\sqrt{cm})$ が成り立つことを示せ。

(2) (1)の結果を利用して，不等式 $a+b+c \geqq 3\sqrt[3]{abc}$ が成り立つことを示せ。

解答▶別冊 8 ページ

5 コーシー・シュワルツの不等式

相加平均・相乗平均の不等式のような絶対不等式の１つに**コーシー・シュワルツの不等式**があります。

Check Point　コーシー・シュワルツの不等式①

$(a^2+b^2)(x^2+y^2) \geqq (ax+by)^2$

（等号が成立するのは $\dfrac{x}{a}=\dfrac{y}{b}$ のとき）

証明 $(a^2+b^2)(x^2+y^2)-(ax+by)^2$

$=(a^2x^2+a^2y^2+b^2x^2+b^2y^2)-(a^2x^2+2abxy+b^2y^2)$

$=a^2y^2-2abxy+b^2x^2$

$=(ay-bx)^2 \geqq 0$　←平方完成

よって，$(a^2+b^2)(x^2+y^2) \geqq (ax+by)^2$ が示された。　〔証明終わり〕

また，等号が成立するのは $ay-bx=0$ のとき。

つまり，$\dfrac{x}{a}=\dfrac{y}{b}$ のとき。

数学Ｃの「ベクトル」を用いて証明する方法も有名です。「ベクトル」を学んだら，必ず確認してほしい証明です。

証明 $\vec{u}=(a,\ b)$，$\vec{v}=(x,\ y)$ とおく。

２つのベクトルのなす角を θ とするとき，内積の定義より，

$\vec{u}\cdot\vec{v}=|\vec{u}||\vec{v}|\cos\theta$

また，$\vec{u}\cdot\vec{v}=ax+by$, $|\vec{u}|=\sqrt{a^2+b^2}$, $|\vec{v}|=\sqrt{x^2+y^2}$ より，

$ax+by=\sqrt{a^2+b^2}\sqrt{x^2+y^2}\cos\theta$

辺々を２乗すると，

$(ax+by)^2=\left(\sqrt{a^2+b^2}\right)^2\left(\sqrt{x^2+y^2}\right)^2\cos^2\theta$

$(ax+by)^2=(a^2+b^2)(x^2+y^2)\cos^2\theta$ ……①

ここで，$0 \leqq \cos^2\theta \leqq 1$ であるから，

$(a^2+b^2)(x^2+y^2)\cos^2\theta \leqq (a^2+b^2)(x^2+y^2)$ ……②

①，②より，$(a^2+b^2)(x^2+y^2) \geqq (ax+by)^2$ が示された。　〔証明終わり〕

また，②より，等号成立は $\cos\theta=\pm1$ のときであるから，

$\theta=0,\ \pi$

このとき，$\vec{u} /\!/ \vec{v}$ であるから，

$\vec{v}=k\vec{u}$（k は定数）

よって，$(x,\ y)=k(a,\ b)$

成分どうしを比較すると，

$x=ak,\ y=bk$

よって，$\dfrac{x}{a}=\dfrac{y}{b}(=k)$ のとき。

Check Point　コーシー・シュワルツの不等式 ②

$$(a^2+b^2+c^2)(x^2+y^2+z^2) \geqq (ax+by+cz)^2$$

（等号が成立するのは $\dfrac{x}{a}=\dfrac{y}{b}=\dfrac{z}{c}$ のとき）

証明　$(a^2+b^2+c^2)(x^2+y^2+z^2)-(ax+by+cz)^2$

$=(b^2z^2-2bcyz+c^2y^2)+(c^2x^2-2cazx+a^2z^2)+(a^2y^2-2abxy+b^2x^2)$

$=(bz-cy)^2+(cx-az)^2+(ay-bx)^2 \geqq 0$　←平方完成

よって，$(a^2+b^2+c^2)(x^2+y^2+z^2) \geqq (ax+by+cz)^2$ が示された。　〔証明終わり〕

等号が成立するのは，$bz-cy=0,\ cx-az=0,\ ay-bx=0$ のとき。

つまり，$\dfrac{x}{a}=\dfrac{y}{b}=\dfrac{z}{c}$ のとき。

参考　もちろんこちらも空間ベクトルの内積を考えることで証明することができます。

コーシー・シュワルツの不等式を一般化すると，次のようになります。

$$(a_1{}^2+a_2{}^2+\cdots+a_n{}^2)(b_1{}^2+b_2{}^2+\cdots+b_n{}^2) \geqq (a_1b_1+a_2b_2+\cdots+a_nb_n)^2$$

つまり，

$$\left(\sum_{k=1}^{n} a_k{}^2\right)\left(\sum_{k=1}^{n} b_k{}^2\right) \geqq \left(\sum_{k=1}^{n} a_kb_k\right)^2$$

例題 12 次の問いに答えよ。

(1) $2x+y=3$ のとき，x^2+y^2 の最小値を求めよ。また，そのときの x，y の値も求めよ。

(2) $x+2y+3z=6$ を満たすとき，$x^2+4y^2+9z^2$ の最小値を求めよ。また，そのときの x，y，z の値も求めよ。

考え方〉2 乗の和の形では，コーシー・シュワルツの不等式の利用を考えます。

解答 (1) コーシー・シュワルツの不等式より，

$$(2^2+1^2)(x^2+y^2) \geqq (2x+y)^2$$
$$5(x^2+y^2) \geqq 3^2$$
$$x^2+y^2 \geqq \frac{9}{5}$$

等号は $\frac{x}{2}=\frac{y}{1}$ のとき成立するので，$2x+y=3$ との連立方程式を解くと，

$$(x,\ y)=\left(\frac{6}{5},\ \frac{3}{5}\right)$$

よって，$(x,\ y)=\left(\frac{6}{5},\ \frac{3}{5}\right)$ のとき最小値 $\frac{9}{5}$ … 答

(2) コーシー・シュワルツの不等式より，

$$(1^2+1^2+1^2)\{x^2+(2y)^2+(3z)^2\} \geqq (1\cdot x+1\cdot 2y+1\cdot 3z)^2$$
$$3(x^2+4y^2+9z^2) \geqq 6^2$$
$$x^2+4y^2+9z^2 \geqq 12$$

等号は $\frac{x}{1}=\frac{2y}{1}=\frac{3z}{1}$ のとき成立するので，$x+2y+3z=6$ との連立方程式を解くと，

$$(x,\ y,\ z)=\left(2,\ 1,\ \frac{2}{3}\right)$$

よって，$(x,\ y,\ z)=\left(2,\ 1,\ \frac{2}{3}\right)$ のとき最小値 12 … 答

コーシー・シュワルツの不等式も相加平均・相乗平均の不等式と同様，最小値を求めるには等号成立の確認が必要です。

コーシー・シュワルツの不等式は，相加平均・相乗平均の不等式の問題にも応用できます。次の例題 **13** は，**p.23** の例題 **10** と同じ問題ですが，コーシー・シュワルツの不等式を利用して解いてみましょう。

例題13 $a>0$，$b>0$ のとき，$\left(a+\dfrac{4}{b}\right)\left(\dfrac{9}{a}+b\right)$ の最小値を求めよ。

解答 コーシー・シュワルツの不等式より，

$$\left(a+\frac{4}{b}\right)\left(\frac{9}{a}+b\right)$$
$$=\left\{(\sqrt{a})^2+\left(\frac{2}{\sqrt{b}}\right)^2\right\}\left\{\left(\frac{3}{\sqrt{a}}\right)^2+(\sqrt{b})^2\right\}$$ ←2 乗の和と考える
$$\geqq\left(\sqrt{a}\cdot\frac{3}{\sqrt{a}}+\frac{2}{\sqrt{b}}\cdot\sqrt{b}\right)^2$$
$$=25$$

等号は $\dfrac{\frac{3}{\sqrt{a}}}{\sqrt{a}}=\dfrac{\sqrt{b}}{\frac{2}{\sqrt{b}}}$ のとき成立するので，**$ab=6$ のとき，最小値 25** … 答

相加平均・相乗平均の不等式のように，展開してから考える必要がないのが楽ですね。

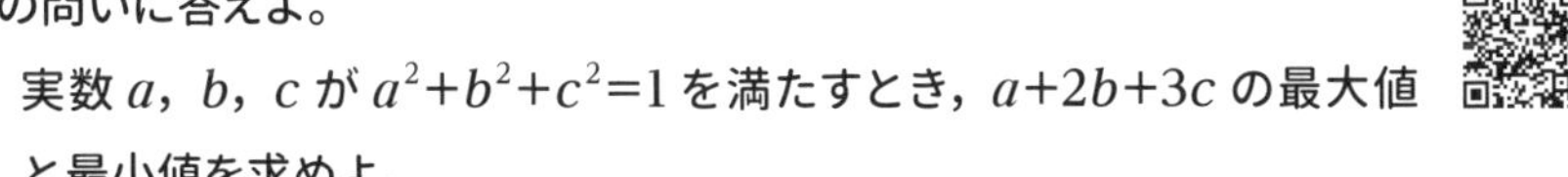

演習問題 11

次の問いに答えよ。

(1) 実数 a，b，c が $a^2+b^2+c^2=1$ を満たすとき，$a+2b+3c$ の最大値と最小値を求めよ。

(2) 実数α，β，γが$\alpha+2\beta+3\gamma=6$ を満たしているとき，$\alpha^2+2\beta^2+3\gamma^2$ の最小値を求めよ。

(3) $x>0$，$y>0$，$z>0$，$x+y+z=1$ のとき，次の不等式を証明せよ。

$$\frac{1}{x}+\frac{1}{y}+\frac{1}{z}\geqq 9$$

解答▶別冊 9 ページ

第2章 複素数と方程式

第1節 複素数

1 虚数係数の 2 次方程式の解

係数に虚数を含む 2 次方程式の解は，実部と虚部に分けて両辺を比較して解きます(複素数の相等)。解の公式を用いることもできますが，途中に難しい変形が必要なので，ふつうは考えません。また，**虚数には大小がありません**ので，判別式 D が虚数になる場合，D は正でも負でもありません。よって，**判別式は重解をもつかどうかの判定以外では用いることができません。**

例題14 x の方程式 $(1+i)x^2+(1-i)x-m=0$ が実数解をもつような実数 m の値を定め，この方程式の実数解を求めよ。

解答 実数解をαとして，$x=\alpha$を代入すると，

$$(1+i)\alpha^2+(1-i)\alpha-m=0$$

$$(\alpha^2+\alpha-m)+(\alpha^2-\alpha)i=0$$

$\alpha^2+\alpha-m$ も$\alpha^2-\alpha$も実数であるから，実部と虚部をそれぞれ両辺で比較して，

$\alpha^2+\alpha-m=0$ ……①，$\alpha^2-\alpha=0$ ……② ←複素数の相等

②より$\alpha(\alpha-1)=0$ であるから，$\alpha=0$，1

これを①に代入して，$\alpha=0$ のとき $m=0$，$\alpha=1$ のとき $m=2$

よって，**$m=0$ のとき実数解は $x=0$，$m=2$ のとき実数解は $x=1$** … 答

演習問題 12

次の問いに答えよ。

(1) x の方程式 $2(1+i)x^2-(1+7i)x-3(1-2i)=0$ の実数解を求めよ。

(2) 実数 a に対して，x の方程式 $(1+i)x^2+(a-i)x+2(1-ai)=0$ が実数解をもつとき，a の値とこの方程式の実数解を求めよ。

(3) x の方程式 $a(1+i)x^2+(1+a^2i)x+a^2+i=0$ が実数解をもつときの実数 a の値を求めよ。

解答▶別冊 10 ページ

2 複素数の平方根

複素数の平方根は，実数の平方根のようにそのままルート記号を付けるだけでは求めたことになりません。複素数の平方根を求めるためには，求めたい**平方根を $a+bi$（a，b は実数）の形で表し，2 乗してもとの複素数と比べて複素数の相等条件を利用します。**

例題15 $3-4i$ の平方根を求めよ。

解答 $3-4i$ の平方根を $a+bi$（a，b は実数）とすると，

$$(a+bi)^2=a^2+2abi+b^2i^2=a^2-b^2+2abi$$

a^2-b^2 も $2ab$ も実数であり，これが $3-4i$ に等しいので，実部と虚部を比較すると，

$$a^2-b^2=3 \quad \cdots\cdots①,\quad 2ab=-4 \quad \cdots\cdots②$$ ←複素数の相等

$b \neq 0$ であるから②より，$a=-\dfrac{2}{b}$

これを①に代入して整理すると，

$$b^4+3b^2-4=0 \quad (b^2-1)(b^2+4)=0$$

b は実数より $b^2+4>0$ であるから，$b^2-1=0$ より $b=\pm1$

このとき，$a=\mp2$（複号同順）

以上より，$3-4i$ の平方根は $\boldsymbol{\pm(2-i)}$ … 答

参考 上の例題の解答を利用して，2 次方程式 $x^2-ix+i-1=0$ の解を次のように求めることができます。解の公式より，

$$x=\frac{i\pm\sqrt{(-i)^2-4\cdot1\cdot(i-1)}}{2}=\frac{i\pm\sqrt{3-4i}}{2}$$

ここで，$\sqrt{3-4i}=\pm(2-i)$ であるから，

$$x=\frac{i\pm(2-i)}{2} \quad つまり \quad x=\frac{i+2-i}{2},\ \frac{i-2+i}{2}$$

よって，$\boldsymbol{x=1,\ -1+i}$ … 答

演習問題 13

純虚数 $18i$ の平方根を求めよ。

解答▶別冊 11 ページ

3 解の配置問題と解と係数の関係

数学Ⅰで学んだように，2 次方程式の解の配置問題は，「判別式」，「軸の位置」，「端点の y 座標の符号」に着目して解きますが，**解の符号に関する条件が与えられたときは，「解と係数の関係」を利用するのも有効です。**

例題16 2 次方程式 $x^2-2(a-3)x+4a=0$ が異なる 2 つの正の解をもつような定数 a の値の範囲を求めよ。また，異なる 2 つの実数解が異符号となる場合の定数 a の値の範囲を求めよ。

解答 $f(x)=x^2-2(a-3)x+4a$ とおくとき，$y=f(x)$ のグラフと x 軸が $x>0$ の範囲に共有点を 2 つもつ場合を考える。

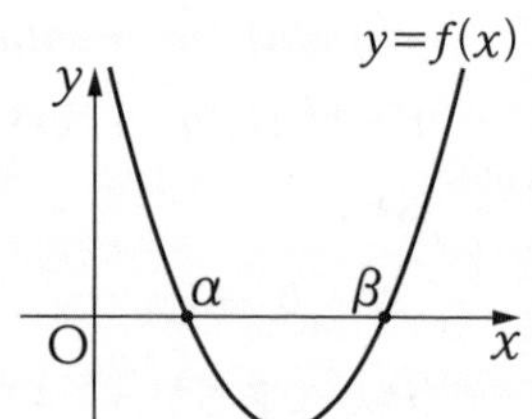

$f(x)=0$ の 2 つの解を α，β とすると，解と係数の関係より，

$\alpha+\beta=2(a-3)$，$\alpha\beta=4a$

$f(x)=0$ の判別式を D として，α，β は実数であることに注意すると，異なる 2 つの正の解をもつための条件は次の通り。

$$\begin{cases} D>0 & \leftarrow \text{異なる 2 つの実数解をもつ} \\ \alpha+\beta>0 & \\ \alpha\beta>0 & \end{cases} \text{（2 つの正の解をもつ）} \iff \begin{cases} (a-3)^2-4a>0 \quad (a-1)(a-9)>0 \quad a<1,\ 9<a \\ 2(a-3)>0 \quad a>3 \\ 4a>0 \quad a>0 \end{cases}$$

共通部分をとると，$\boldsymbol{a>9}$ … 答

同様にして，異なる 2 つの実数解が異符号となる場合は $\alpha\beta<0$ を調べればよく，

（$\alpha\beta<0$ ならば常に $D>0$）

$\alpha\beta=4a<0$　よって，$\boldsymbol{a<0}$ … 答

演習問題 14

2 次方程式 $x^2+(k+1)x+k+4=0$ が次の解をもつような定数 k の値の範囲を求めよ。

(1) 異なる 2 つの正の解　　(2) 異符号の実数解

解答▶別冊 11 ページ

4　3 次方程式の解と係数の関係

3 次方程式 $ax^3+bx^2+cx+d=0$ が，3 つの解 α，β，γ をもつとき，

$$ax^3+bx^2+cx+d=a(x-\alpha)(x-\beta)(x-\gamma) \quad \leftarrow x^3 \text{ の係数 } a \text{ に注意}$$

$$=ax^3-a(\alpha+\beta+\gamma)x^2+a(\alpha\beta+\beta\gamma+\gamma\alpha)x-a\alpha\beta\gamma$$

とできます。

これが，x についての恒等式となるので，係数を比較すると，

$$\begin{cases} b=-a(\alpha+\beta+\gamma) \\ c=a(\alpha\beta+\beta\gamma+\gamma\alpha) \\ d=-a\alpha\beta\gamma \end{cases} \Longleftrightarrow \begin{cases} \alpha+\beta+\gamma=-\dfrac{b}{a} \\ \alpha\beta+\beta\gamma+\gamma\alpha=\dfrac{c}{a} \\ \alpha\beta\gamma=-\dfrac{d}{a} \end{cases}$$

←左辺に解，右辺に係数を集める

Check Point　3 次方程式の解と係数の関係

3 次方程式 $ax^3+bx^2+cx+d=0$ の解が α，β，γ のとき，

$$\begin{cases} \alpha+\beta+\gamma=-\dfrac{b}{a} \\ \alpha\beta+\beta\gamma+\gamma\alpha=\dfrac{c}{a} \\ \alpha\beta\gamma=-\dfrac{d}{a} \end{cases}$$

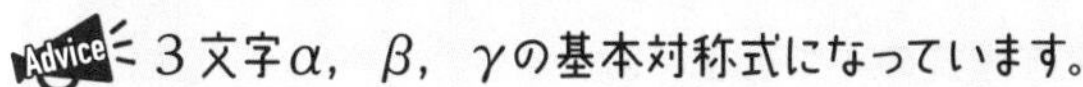

Advice　3 文字 α，β，γ の基本対称式になっています。

例題 17　3 次方程式 $x^3+3x^2-4x+2=0$ の 3 つの解を α，β，γ とするとき，次の式の値を求めよ。

(1)　$\alpha^2+\beta^2+\gamma^2$

(2)　$\alpha^3+\beta^3+\gamma^3$

考え方　**p.10** で学んだ 3 文字の対称式の変形を利用します。

解答　(1)　解と係数の関係より，

$$\alpha+\beta+\gamma=-3,\quad \alpha\beta+\beta\gamma+\gamma\alpha=-4,\quad \alpha\beta\gamma=-2$$

ここで，

$$(\alpha+\beta+\gamma)^2=\alpha^2+\beta^2+\gamma^2+2(\alpha\beta+\beta\gamma+\gamma\alpha)$$

であるから，

$(-3)^2=\alpha^2+\beta^2+\gamma^2+2\cdot(-4)$

$\alpha^2+\beta^2+\gamma^2=\mathbf{17}$ … 答

(2) $\alpha^3+\beta^3+\gamma^3-3\alpha\beta\gamma=(\alpha+\beta+\gamma)\{\alpha^2+\beta^2+\gamma^2-(\alpha\beta+\beta\gamma+\gamma\alpha)\}$

であるから,

$\alpha^3+\beta^3+\gamma^3-3\cdot(-2)=(-3)\cdot\{17-(-4)\}$

$\alpha^3+\beta^3+\gamma^3=\mathbf{-69}$ … 答

演習問題 15

1 3 次方程式 $x^3-x^2+2x-3=0$ の 3 つの解を α, β, γ とするとき, 次の式の値を求めよ。

(1) $\alpha^2+\beta^2+\gamma^2$

(2) $\dfrac{1}{\alpha}+\dfrac{1}{\beta}+\dfrac{1}{\gamma}$

(3) $\alpha^3+\beta^3+\gamma^3$

2 3 次方程式 $x^3-3x+5=0$ の 3 つの解を α, β, γ とするとき, 次の 3 つの数を解にもつ x の 3 次方程式の 1 つを求めよ。

(1) 2α, 2β, 2γ

(2) $\alpha+\beta$, $\beta+\gamma$, $\gamma+\alpha$

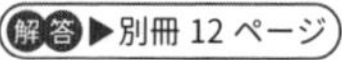
解答▶別冊 12 ページ

5 解と係数の関係の応用

2 次方程式と 3 次方程式における解と係数の関係を利用する様々な応用問題に触れておきましょう。

例題18 2 次方程式 $x^2+6x+k=0$ の 2 つの解の比が 1：2 であるとき，2 つの解と定数 k の値を求めよ。

解答 解の比より 2 つの解をα，2α $(\alpha \neq 0)$ とおくことができる。

解と係数の関係より，

$\alpha+2\alpha=-6$，$\alpha \cdot 2\alpha=k$

よって，

$3\alpha=-6$，$2\alpha^2=k$

であるから，これを解くと，

$\alpha=-2$，$k=8$

以上より，2 つの解は，

$\boldsymbol{x=-2,\ -4}$ … 答

定数 k の値は，$\boldsymbol{k=8}$ … 答

2 次方程式の解をα，βとするときの$\alpha^n+\beta^n$ の値の求め方について考えます。

n が小さければ，

$\alpha^2+\beta^2=(\alpha+\beta)^2-2\alpha\beta$

$\alpha^3+\beta^3=(\alpha+\beta)^3-3\alpha\beta(\alpha+\beta)$

を利用することを考えますが，n が大きく高次式になるものは，数学 B「数列」で学ぶ**漸化式(前の項から次の項をただ 1 通りに定める規則を示す等式)をつくって求める**方法があります。

例題19 2 次方程式 $x^2-2x+3=0$ の 2 つの解をα，βとし，$S_n=\alpha^n+\beta^n$(n は自然数) とおく。次の問いに答えよ。

(1) S_{n+2} を S_{n+1} と S_n で表せ。

(2) (1)の結果を利用して，次の値を求めよ。

①$\alpha^2+\beta^2$　　②$\alpha^3+\beta^3$　　③$\alpha^7+\beta^7$

解答 (1) α，βは方程式の解であるから代入すると，

$$\alpha^2-2\alpha+3=0,\ \beta^2-2\beta+3=0$$

それぞれの両辺にα^n，β^nを掛けると，

$$\alpha^{n+2}-2\alpha^{n+1}+3\alpha^n=0,\ \beta^{n+2}-2\beta^{n+1}+3\beta^n=0$$

この２式を加えて，

$$(\alpha^{n+2}+\beta^{n+2})-2(\alpha^{n+1}+\beta^{n+1})+3(\alpha^n+\beta^n)=0$$

$$S_{n+2}-2S_{n+1}+3S_n=0$$

よって，$\boldsymbol{S_{n+2}=2S_{n+1}-3S_n}$ … **答** ←漸化式

(2) ①解と係数の関係より，

$$\alpha+\beta=2,\ \alpha\beta=3$$

これより，

$$\begin{aligned}S_2&=\alpha^2+\beta^2\\&=(\alpha+\beta)^2-2\alpha\beta\\&=4-6\\&=\boldsymbol{-2}\ \cdots\ \textbf{答}\end{aligned}$$

② $S_3=\alpha^3+\beta^3$ であるから，(1)の漸化式において $n=1$ とすると，

$$\begin{aligned}S_3&=2S_2-3S_1\\&=2\cdot(-2)-3\cdot2\quad(S_1=\alpha+\beta=2)\\&=\boldsymbol{-10}\ \cdots\ \textbf{答}\end{aligned}$$

③ $S_7=\alpha^7+\beta^7$ であるから，同様にして，

$$\begin{aligned}S_7&=2S_6-3S_5\\&=2(2S_5-3S_4)-3S_5\quad(S_6=2S_5-3S_4)\\&=S_5-6S_4\\&=(2S_4-3S_3)-6S_4\quad(S_5=2S_4-3S_3)\\&=-4S_4-3S_3\\&=-4(2S_3-3S_2)-3S_3\quad(S_4=2S_3-3S_2)\\&=-11S_3+12S_2\\&=-11\cdot(-10)+12\cdot(-2)\\&=\boldsymbol{86}\ \cdots\ \textbf{答}\end{aligned}$$

演習問題 16

1 次の問いに答えよ。

(1) 2 次方程式 $x^2-kx+k-3=0$ の 2 つの解の差が 3 であるとき，定数 k の値と 2 つの解を求めよ。

(2) 2 次方程式 $4x^2-2x+a=0$ の 2 つの解が $\sin\theta$, $\cos\theta$ で表されるとき，定数 a の値を求めよ。

(3) 定数 k を正の整数とする。2 次方程式 $x^2-kx-7=0$ が整数の解をもつとき，k の値を求めよ。

(4) 2 次方程式 $ax^2-4ax+a-3=0$ の左辺が，完全平方式〈$a(x-\alpha)^2$ の形の式〉になるように定数 a の値を定め，方程式の解を求めよ。

2 次の連立方程式を解け。

(1) $\begin{cases} x+y=6 \\ xy=4 \end{cases}$　　(2) $\begin{cases} x+y=-2 \\ x^2+y^2=20 \end{cases}$

3 次の問いに答えよ。

(1) 方程式 $x^3+ax^2+bx+2=0$ が異なる 3 つの整数解をもつように定数 a，b の値を定めよ。

(2) 3 次方程式 $x^3-x^2+2x-3=0$ の 3 つの解を α，β，γ とする。このとき，$\alpha^2+\beta^2+\gamma^2$，$\alpha^3+\beta^3+\gamma^3$，$\alpha^5+\beta^5+\gamma^5$ の値を求めよ。

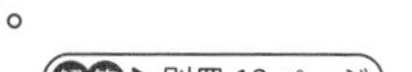

解答▶別冊 13 ページ

6 解の変換

2 次方程式 $x^2-9x+4=0$ の解の 1 つが $x=\alpha$ であるとき，代入できて，

$$\alpha^2-9\alpha+4=0 \quad \cdots\cdots ①$$

と表せます。この式は次のように式変形することができます。

$$4\alpha^2-36\alpha+16=0 \quad \leftarrow \text{両辺を 4 倍した}$$
$$(2\alpha)^2-18(2\alpha)+16=0 \quad \cdots\cdots ②$$

①式は方程式 $x^2-9x+4=0$ の解の 1 つが $x=\alpha$ であることを表しています。同様にして，**②式は方程式 $x^2-18x+16=0$ の解の 1 つが $x=2\alpha$ であることを表していると考えることができます。**

このように，ある方程式から別の解をもつ方程式をつくることを解の変換といいます。

例題20 2 次方程式 $x^2-9x+4=0$ の 2 つの解を α，β とするとき，$\dfrac{1}{\alpha}$，$\dfrac{1}{\beta}$ を 2 つの解にもつ方程式の 1 つを求めよ。

解答 $x=\alpha$ が解であるから代入できて，

$$\alpha^2-9\alpha+4=0$$

$\alpha \neq 0$ であるから，（両辺を $\alpha^2(\neq 0)$ で割る）

$$1-\frac{9}{\alpha}+\frac{4}{\alpha^2}=0$$
$$4\left(\frac{1}{\alpha}\right)^2-9\cdot\frac{1}{\alpha}+1=0$$

これは，方程式 $4x^2-9x+1=0$ が $x=\dfrac{1}{\alpha}$ を解にもつことを表している。$x=\beta$ についても同様であるから求める方程式の 1 つは，

$$\boldsymbol{4x^2-9x+1=0} \quad \cdots \text{答}$$

参考 結果的に，ある方程式の解の逆数を解にもつ方程式は，もとの方程式と係数の順番が左右逆になった方程式になることがわかります。

このような問題は，解と係数の関係を用いて考えることもできますが，解の変換を用いるほうが，簡単に求められます。ただし，問題を解いてわかる通り，**解の変換は 2 つの解が同じ形でないとできません。**

例えば，「$\alpha+\beta$，$\alpha\beta$ を解にもつ方程式を求めよ。」であれば，解と係数の関係を用いることになります。

演習問題 17

1 2 次方程式 $x^2+x-3=0$ の 2 つの解をα，βとするとき，次の 2 数を解にもつ方程式の 1 つを求めよ。

(1) $-\alpha$，$-\beta$

(2) 3α，3β

(3) $\dfrac{1}{\alpha}$，$\dfrac{1}{\beta}$

2 3 次方程式 $x^3+2x^2-x+4=0$ の 3 つの解をα，β，γとするとき，

$\dfrac{1}{\alpha}+\dfrac{1}{\beta}+\dfrac{1}{\gamma}$，$\dfrac{1}{\alpha\beta}+\dfrac{1}{\beta\gamma}+\dfrac{1}{\gamma\alpha}$

の値を求めよ。

第2節 高次方程式

1 因数定理と高次方程式の応用

高次式の因数分解では，因数定理

$P(\alpha)=0 \Longleftrightarrow P(x)$ は $(x-\alpha)$ を因数にもつ

を用いて考えます。そこで問題になるのが「**$P(\alpha)=0$ となる α は何なのか?**」ということです。もちろん，いろいろな数を代入し，試行錯誤しながら求めてもよいのですが，α の候補を絞る方法があります。

例えば，整数 a，b，c に対して 3 次方程式 $x^3+ax^2+bx+c=0$ が有理数の解 $x=\dfrac{q}{p}$（p，q は互いに素な整数）をもつ場合を考えてみましょう。$x=\dfrac{q}{p}$ を代入して，

$$\left(\frac{q}{p}\right)^3+a\left(\frac{q}{p}\right)^2+b\cdot\frac{q}{p}+c=0 \quad \cdots\cdots①$$

$$q^3+apq^2+bp^2q+cp^3=0$$

$$q^3=p(-aq^2-bpq-cp^2)$$

よって，**p は q^3 の約数ですが p と q は互いに素であるから，$p=\pm1$ しかない**ことになります。考えられる方程式の解は $x=\dfrac{q}{\pm1}=\pm q$ となります。つまり，x^3 の係数が 1 である **3 次方程式 $x^3+ax^2+bx+c=0$（a，b，c は整数）が有理数の解をもつならば，必ず整数解であることがわかります。**

さらに，①に $p=1$ を代入すると，

$$q^3+aq^2+bq+c=0$$

$$c=q(-q^2-aq-b)$$

となるので，q は c の約数であることがわかります。

つまり，**3 次方程式 $x^3+ax^2+bx+c=0$（a，b，c は整数）の解に有理数の解がある場合，それは定数項の約数である**ことがわかります。これは，$p=-1$ の場合も同様です。

また，このことは一般に 3 次方程式だけでなく，n 次方程式すべてで成り立ちます。

例題21 方程式 $x^3+3x^2-4x-12=0$ を解け。

考え方 定数項 -12 の約数に着目します。

解答 $x=2$ のとき左辺は　←-12 の約数から探す

$$2^3+3\cdot2^2-4\cdot2-12=0$$

となるので $x=2$ はこの方程式の解であるとわかる。つまり，方程式の左辺は $(x-2)$ を因数にもつことがわかる。

組立除法より，

$$\begin{array}{r|rrrr} 2 & 1 & 3 & -4 & -12 \\ & & 2 & 10 & 12 \\ \hline & 1 & 5 & 6 & 0 \end{array}$$

であるから，

$$x^3+3x^2-4x-12=0 \iff (x-2)(x^2+5x+6)=0$$
$$\iff (x-2)(x+2)(x+3)=0$$

よって，$x=2$，-2，-3 … 答

x^3 の係数が 1 ではない場合も同様に考えてみましょう。整数 a，b，c，d $(a \neq 1)$ に対して 3 次方程式 $ax^3+bx^2+cx+d=0$ が $x=\dfrac{q}{p}$ (p，q は互いに素な整数) を解にもつとき，$x=\dfrac{q}{p}$ を代入して，

$$a\left(\frac{q}{p}\right)^3+b\left(\frac{q}{p}\right)^2+c\cdot\frac{q}{p}+d=0$$
$$aq^3+bpq^2+cp^2q+dp^3=0 \quad \cdots\cdots ②$$

よって，②より，

$$aq^3=-p(bq^2+cpq+dp^2)$$

p は aq^3 の約数ですが，p と q は互いに素であるから，**p は a の約数**とわかります。

また，②より，

$$q(aq^2+bpq+cp^2)=-dp^3$$

q は dp^3 の約数ですが，p と q は互いに素であるから，**q は d の約数**とわかります。

つまり，この方程式が有理数の解をもつならばその値は，

$$x=\frac{d\text{の約数}}{a\text{の約数}}$$

という形になることがわかります。3 次方程式だけでなく，一般に整数係数の方程式が有理数の解をもてば，

$$x=\frac{\text{定数項の約数}}{\text{最高次の項の係数の約数}}$$

となります。

例題22 方程式 $24x^3-26x^2+9x-1=0$ を解け。

考え方 解の候補は $x=\dfrac{-1\text{ の約数}}{24\text{ の約数}}$ です。

解答

$x=\dfrac{1}{2}$ のとき左辺は,

$$24\left(\frac{1}{2}\right)^3-26\left(\frac{1}{2}\right)^2+9\cdot\frac{1}{2}-1=0$$

となるので, $x=\dfrac{1}{2}$ はこの方程式の解であるとわかる。つまり, 方程式の左辺は $\left(x-\dfrac{1}{2}\right)$ を因数にもつとわかる。

組立除法より,

$\frac{1}{2}$	24	−26	9	−1
		12	−7	1
	24	−14	2	0

であるから,

$$24x^3-26x^2+9x-1=0 \iff \left(x-\frac{1}{2}\right)(24x^2-14x+2)=0$$

$$\iff (2x-1)(12x^2-7x+1)=0$$

$$\iff (2x-1)(3x-1)(4x-1)=0$$

たすき掛け

よって, $x=\dfrac{1}{2},\ \dfrac{1}{3},\ \dfrac{1}{4}$ … 答

演習問題 18

次の方程式を解け。

(1) $x^3+3x^2-x-3=0$

(2) $2x^4+5x^3+3x^2-x-1=0$

(3) $2x^3+x^2+2x+1=0$

解答▶別冊 17 ページ

2 剰余の定理と整式の除法の応用

整式の除法の余りを求める問題で，実際に割り算をして余りを求めることができないときは，割り算の原理を利用して考えます。また，**余りの次数が，割る式の次数より低い点**に着目して，余りの式を文字を使って表します。

例題23 整式 $P(x)$ を $(x-1)^2$ で割ったときの余りが $4x-5$ で，$x+2$ で割ったときの余りが -4 である。$P(x)$ を $(x-1)^2(x+2)$ で割ったときの余りを求めよ。

解答 $P(x)$ を $(x-1)^2(x+2)$ で割ったときの商を $Q(x)$，余りを ax^2+bx+c とすると，

$$P(x)=(x-1)^2(x+2)Q(x)+ax^2+bx+c \quad \cdots\cdots①$$

↑ 3 次式で割った余りは 2 次式(文字 3 つ)

とおける。

> 考え方 ここで，条件「$(x-1)^2$ で割ったときの余りが $4x-5$」「$x+2$ で割ったときの余りが -4」より剰余の定理を利用すると，$P(1)$ と $P(-2)$ の値しか求められず，a，b，c の 3 文字を決定することができません。そこで，①の式の余りに条件を盛り込むことで文字を減らして求めることを考えます。

①を $(x-1)^2$ で割ったとき，前半部分 $(x-1)^2(x+2)Q(x)$ は $(x-1)^2$ で割り切れるので，余りが出ない。よって，①を $(x-1)^2$ で割ったときの余りは，ax^2+bx+c を $(x-1)^2$ で割ったときの余りに等しい。

ax^2+bx+c を $(x-1)^2$ で割ったときの商は a であるから，

↑筆算で確かめてみましょう

$$ax^2+bx+c=(x-1)^2\cdot a+(4x-5) \quad \cdots\cdots②$$

②を①に代入して，

$$P(x)=(x-1)^2(x+2)Q(x)+a(x-1)^2+(4x-5)$$

↑余りに条件を盛り込んで文字を減らしました

$x+2$ で割ったときの余りが -4 であるから，剰余の定理より，

$$P(-2)=-4$$

よって，

$$a(-2-1)^2+\{4\cdot(-2)-5\}=-4$$

$$a=1$$

②より，余りは，

$$1\cdot(x-1)^2+(4x-5)=\boldsymbol{x^2+2x-4} \quad \cdots \text{答}$$

演習問題 19

1 整式 $P(x)$ を $(x-1)(x+2)$ で割ったときの余りが $7x$，$x-3$ で割ったときの余りが 1 のとき，$P(x)$ を $(x-1)(x+2)(x-3)$ で割ったときの商を $Q(x)$，余りを ax^2+bx+c（a，b，c は定数）とする。

このとき，整式 $P(x)$ を $(x-1)(x+2)$ で割ったときの余りが $7x$ であることから，

$$P(x)=(x-1)(x+2)(x-3)Q(x)+\boxed{}$$

次の問いに答えよ。

(1) $\boxed{}$ に入る式を a，x のみで表せ。

(2) $P(x)$ を $(x-1)(x+2)(x-3)$ で割ったときの余りを求めよ。

2 整式 $f(x)$ を $x+4$ で割ると 3 余り，$(x+2)^2$ で割ると割り切れるという。このとき $f(x)$ を $(x+4)(x+2)^2$ で割った余りを求めよ。

3 整式 $f(x)$ を x^2+6 で割った余りが $x-5$，$x-1$ で割った余りが 3 であるとき，$f(x)$ を $(x^2+6)(x-1)$ で割ったときの余りを求めよ。

4 x^8 を $(x+1)^2$ で割った余りを求めよ。

解答▶別冊 18 ページ

3 高次方程式の共役解

2 つの複素数α，βについて，次のことが成り立ちます。

Check Point　共役な複素数に関する定理

複素数α，βに対して，共役な複素数を$\overline{\alpha}$，$\overline{\beta}$とするとき，

[1] $\overline{\alpha}\pm\overline{\beta}=\overline{\alpha\pm\beta}$　[2] $\overline{\alpha}\times\overline{\beta}=\overline{\alpha\times\beta}$　[3] $(\overline{\alpha})^n=\overline{\alpha^n}$

参考 [1]，[2] は$\alpha=a_1+b_1i$，$\beta=a_2+b_2i$ などとおいて計算することで示すことができます。[3] は [2] で$\alpha=\beta$として示すことができます。

また，実数係数の方程式では，次のことが成り立ちます。

Check Point　実数係数の方程式の解

a，b を実数とする。
実数係数の方程式が虚数 $a+bi$ を解にもつとき，それと共役な複素数 $a-bi$ も必ず解にもつ。

このことは，「共役な複素数に関する定理」を利用して証明することができます。
a，b，c，d を実数の定数として，3 次方程式 $ax^3+bx^2+cx+d=0$ について証明してみましょう。この方程式が虚数解 z をもつとき，**共役な複素数$\overline{z}$を方程式の左辺に代入して 0 になることを示します。**

証明 z は解であるから代入して，

$az^3+bz^2+cz+d=0$ ……①

このとき，3 次方程式の左辺に$\overline{z}$を代入すると，

$$\begin{aligned}
&a(\overline{z})^3+b(\overline{z})^2+c\overline{z}+d\\
&=\overline{a}(\overline{z})^3+\overline{b}(\overline{z})^2+\overline{c}\cdot\overline{z}+\overline{d}\\
&=\overline{a}\cdot\overline{z^3}+\overline{b}\cdot\overline{z^2}+\overline{c}\cdot\overline{z}+\overline{d}\\
&=\overline{az^3}+\overline{bz^2}+\overline{cz}+\overline{d}\\
&=\overline{az^3+bz^2+cz+d}\\
&=\overline{0}\\
&=0
\end{aligned}$$

実数の虚部は 0 なので，p が実数ならば，$p=\overline{p}$
共役複素数の定理 [3]
共役複素数の定理 [2]
共役複素数の定理 [1]
①を代入

これは，$x=\overline{z}$ が 3 次方程式 $ax^3+bx^2+cx+d=0$ の解であることを表している。つまり，$x=z$ が解ならば，共役な複素数 $x=\overline{z}$ も解であることが示された。

〔証明終わり〕

この結果は一般に n 次方程式でも成り立ちます。

このことと**解と係数の関係を組み合わせて利用する**と，次のような解答を考えることができます。

例題24 a，b を実数の定数とする。3 次方程式 $x^3+ax^2+bx-4=0$ の解の 1 つが $x=1+i$ であるとき，定数 a，b の値とこの方程式の残りの解を求めよ。

解答 a，b は実数であり，$x=1+i$ を解にもつので $x=1-i$ も解である。
↑実数係数の方程式であることを述べること　↑共役な複素数も解

もう 1 つの解を α とすると，解と係数の関係より，

$$\begin{cases}(1+i)+(1-i)+\alpha=-a\\(1+i)(1-i)+\alpha(1+i)+\alpha(1-i)=b\\\alpha(1+i)(1-i)=4\end{cases}\iff\begin{cases}2+\alpha=-a\\2+2\alpha=b\\2\alpha=4\end{cases}$$

これらを解くと，$\alpha=2$，$a=-4$，$b=6$

以上より，

$a=-4$，$b=6$，残りの解は $x=1-i$，2 … 答

「基本大全 Basic 編」の**例題 37** では，与えられた 1 つの解を代入して答えを求めましたが，上記の解法のほうがより簡潔に求められます。

演習問題 20

1 a，b を実数の定数とする。3 次方程式 $x^3+ax^2+bx-10=0$ の解の 1 つが $1-3i$ であるとき，定数 a，b の値とこの方程式の残りの解を求めよ。

2 a,b を実数の定数とする。4 次方程式 $x^4-10x^3+ax^2-118x+b=0$ が $2+3i$ を解とするとき，残りの解をすべて答えよ。

（解答 ▶別冊 21 ページ）

4 高次方程式の重解

2 次方程式は解を 2 つしかもたないので，重解をもつ場合，解は重解のみになります。しかし，3 次以上の高次方程式では解を 3 つ以上もつので，重解をもつとき，重解でない解をもつ場合があるので注意が必要です。

例題 25 3 次方程式 $3x^3-(3+a)x^2+a=0$ が重解をもつとき，定数 a の値とそのときの重解を求めよ。

考え方〉因数定理を用いて，解のうち 1 つを探します。

解答 $f(x)=3x^3-(3+a)x^2+a$ とおく。

$$f(1)=3-(3+a)+a=0$$

であるから，$x=1$ はこの方程式の解の 1 つである。

つまり，$f(x)$ は $x-1$ を因数にもつ。 ←因数定理

組立除法より，

$$\begin{array}{c|cccc} 1 & 3 & -(3+a) & 0 & a \\ & & 3 & -a & -a \\ \hline & 3 & -a & -a & 0 \end{array}$$

よって，

$$f(x)=(x-1)(3x^2-ax-a)=0 \quad \cdots\cdots①$$

この方程式が重解をもつのは，次の(i)，(ii)の場合である。

(i) $3x^2-ax-a=0$ が $x=1$ を解にもつとき（重解が $x=1$）

$x=1$ を代入して，

$$3-a-a=0 \quad \text{よって，} a=\frac{3}{2}$$

このとき，

$$f(x)=(x-1)\left(3x^2-\frac{3}{2}x-\frac{3}{2}\right)$$
$$=\frac{3}{2}(x-1)(2x^2-x-1)$$
$$=\frac{3}{2}(x-1)^2(2x+1)$$

よって，$f(x)=0$ の解は，$x=1$，$-\frac{1}{2}$（重解は $x=1$）

(ii) $3x^2-ax-a=0$ が重解をもつとき

判別式が 0 に等しいときであるから，

$(-a)^2-4\cdot3\cdot(-a)=0$

よって，$a(a+12)=0$ より $a=0,\ -12$

$a=0$ のとき，①より，

$f(x)=3x^2(x-1)$

よって，$f(x)=0$ の解は，$x=1,\ 0$（重解は $x=0$）

$a=-12$ のとき，①より，

$f(x)=(x-1)(3x^2+12x+12)=3(x-1)(x+2)^2$

よって，$f(x)=0$ の解は，$x=1,\ -2$（重解は $x=-2$）

(i)，(ii)より，

$a=\frac{3}{2}$ のとき重解は $x=1$，$a=0$ のとき重解は $x=0$，
$a=-12$ のとき重解は $x=-2$ …答

別解 (i)，(ii)の場合分けのところでは，解と係数の関係を用いることもできる。

(i) $3x^2-ax-a=0$ が $x=1$ を解にもつとき

つまり $f(x)=0$ が $x=1$ を重解にもつとき，もう1つの解をαとおくと

$3x^2-ax-a=0$ において，解と係数の関係より，

$$\begin{cases} 1+\alpha=\frac{a}{3} \\ 1\cdot\alpha=-\frac{a}{3} \end{cases}$$

これらを解くと，$\alpha=-\frac{1}{2}$，$a=\frac{3}{2}$

(ii) $3x^2-ax-a=0$ が重解をもつとき

重解をβとおくと $3x^2-ax-a=0$ において，解と係数の関係より，

$$\begin{cases} \beta+\beta=\frac{a}{3} \\ \beta\cdot\beta=-\frac{a}{3} \end{cases}$$

←「2つの解はβとβ」と考える

これらを解くと，$\beta^2+2\beta=0$ より$\beta=0,\ -2$

$\beta=0$ のとき $a=0$，$\beta=-2$ のとき $a=-12$

方程式 $(x-1)^2(2x+1)=0$ の解 $x=1$ をこの方程式の2重解といいます。また，方程式 $(x-1)^3(2x+1)=0$ の解 $x=1$ をこの方程式の3重解といいます。高次方程式の解の個数を，2重解は2個の解，3重解は3個の解と数えることにすると，**n 次方程式は複素数の範囲では必ず n 個の解をもつ**ことが知られています。

演習問題 21

1 3 次方程式

$$x^3-(2a+3)x^2+(5a+9)x-(3a+7)=0$$

が重解をもつような定数 a の値を求めよ。

2 a を実数の定数とする。x の整式

$$f(x)=x^3+(a-2)x^2+(a^2-12a+17)x-2a^2+20a-34$$

について，次の問いに答えよ。

(1) $f(x)$ は $x-2$ で割り切れることを示せ。

(2) 方程式 $f(x)=0$ が異なる 3 つの実数解をもつような a の値の範囲を求めよ。

3 m を定数とする。4 次方程式

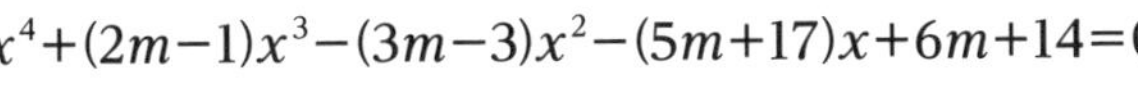

$$x^4+(2m-1)x^3-(3m-3)x^2-(5m+17)x+6m+14=0$$

について，次の問いに答えよ。

(1) この方程式は m の値に関わらず整数解を 2 つもつ。その整数解を答えよ。

(2) この方程式が 2 重解をもつような m の値を求めよ。

解答▶別冊 22 ページ

5 相反方程式

方程式 $2x^4+x^3+3x^2+x+2=0$ のように係数が左右対称である方程式を相反方程式（そうはん）といいます。相反方程式は，方程式の次数が偶数次の場合と奇数次の場合で，解法が次のように定まっています。

Check Point 相反方程式の解法

[1] 偶数次の場合

$x \neq 0$ を確認して，真ん中の項の $x^{\bullet}$ で割る→ $x+\dfrac{1}{x}=t$ とおく

[2] 奇数次の場合

$x=-1$ を解にもつ→ $(x+1)$ を因数にもつので因数分解（因数定理）

→残りの因数は偶数次の相反方程式になる

例題26 次の方程式を解け。

(1) $6x^4+5x^3-38x^2+5x+6=0$　　(2) $x^5+x^4+x^3+x^2+x+1=0$

解答 (1) $x=0$ は解ではないので，←割る前に 0 でないことの確認

両辺を x^2 で割ると，←真ん中の項の次数は 2

$$6x^2+5x-38+\frac{5}{x}+\frac{6}{x^2}=0$$

$$6\left(x^2+\frac{1}{x^2}\right)+5\left(x+\frac{1}{x}\right)-38=0$$

$$6\left\{\left(x+\frac{1}{x}\right)^2-2x\cdot\frac{1}{x}\right\}+5\left(x+\frac{1}{x}\right)-38=0$$

← $a^2+b^2=(a+b)^2-2ab$ の変形

ここで，$x+\dfrac{1}{x}=t$ とおくと，

$6(t^2-2)+5t-38=0$　$6t^2+5t-50=0$

$(2t-5)(3t+10)=0$　よって，$t=\dfrac{5}{2}$，$-\dfrac{10}{3}$

(i) $t=\dfrac{5}{2}$ のとき

$x+\dfrac{1}{x}=\dfrac{5}{2}$　$2x^2-5x+2=0$

$(2x-1)(x-2)=0$　よって，$x=\dfrac{1}{2}$，2

(ii) $t=-\dfrac{10}{3}$ のとき

$x+\dfrac{1}{x}=-\dfrac{10}{3}$　$3x^2+10x+3=0$

$(3x+1)(x+3)=0$　よって，$x=-\dfrac{1}{3}$，-3

以上より，$\boldsymbol{x=\dfrac{1}{2}}$**，2，$-\dfrac{1}{3}$，$-3$** … 答

(2) $x=-1$ を左辺に代入すると，

$(-1)^5+(-1)^4+(-1)^3+(-1)^2+(-1)+1=0$

であるから，$x=-1$ は方程式の解である。

つまり，$x+1$ を因数にもつから，←因数定理

$x^5+x^4+x^3+x^2+x+1=0$

$(x+1)(x^4+x^2+1)=0$　組立除法より変形

ここで，方程式 $x^4+x^2+1=0$ は相反方程式である。←偶数次の相反方程式

$x^4+x^2+1=0$ において，$x=0$ は解ではないので，←割る前に 0 でないことの確認

両辺を x^2 で割ると，←真ん中の項の次数は 2 次

$x^2+1+\dfrac{1}{x^2}=0$

$\left(x+\dfrac{1}{x}\right)^2-2x\cdot\dfrac{1}{x}+1=0$　$a^2+b^2=(a+b)^2-2ab$ の変形

ここで，$x+\dfrac{1}{x}=t$ とおくと，

$t^2-1=0$　よって，$t=\pm1$

(i) $t=1$ のとき

$x+\dfrac{1}{x}=1$　$x^2-x+1=0$　よって，$x=\dfrac{1\pm\sqrt{3}i}{2}$

(ii) $t=-1$ のとき

$x+\dfrac{1}{x}=-1$　$x^2+x+1=0$　よって，$x=\dfrac{-1\pm\sqrt{3}i}{2}$

以上より，$\boldsymbol{x=-1}$**，$\dfrac{1\pm\sqrt{3}i}{2}$，$\dfrac{-1\pm\sqrt{3}i}{2}$** … 答

演習問題 22

次の方程式を解け。

(1) $6x^4+31x^3+51x^2+31x+6=0$

(2) $x^5-x^4-3x^3-3x^2-x+1=0$

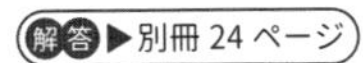
解答▶別冊 24 ページ

第3章 図形と方程式

第1節 点と直線

1 座標の利用

長さに関する図形の証明では，座標を与えて考えることが1つの方法になります。その際に，座標を与える点を**座標軸上や座標軸に対称にとる**などして計算量を減らす工夫がポイントになります。
↑0が多く，文字の少ない座標にする

例題27 △ABCの辺BCの中点をMとするとき，次の等式

$$AB^2+AC^2=2(AM^2+BM^2)$$

が成り立つことを示せ。（中線定理の証明）

解答 次の図のように，$A(b,\ c)$，$B(-a,\ 0)$，$C(a,\ 0)$とすると，辺BCの中点Mは原点Oと一致する。
座標軸上に対称にとる

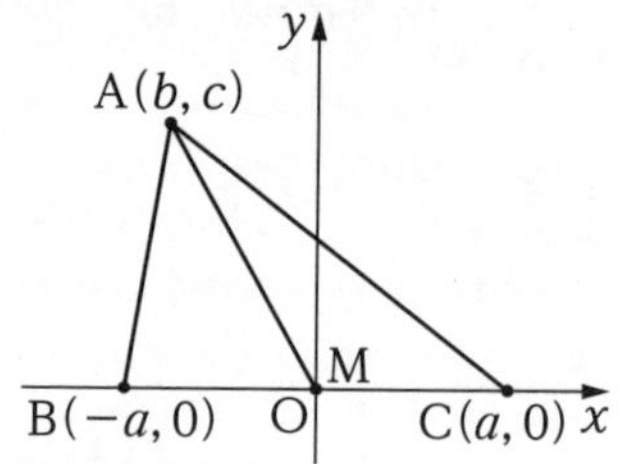

このとき，

$$\begin{aligned}(\text{左辺})&=AB^2+AC^2\\&=\{(a+b)^2+c^2\}+\{(a-b)^2+c^2\}\\&=2(a^2+b^2+c^2)\end{aligned}$$

$$\begin{aligned}(\text{右辺})&=2(AM^2+BM^2)\\&=2\{(b^2+c^2)+a^2\}\\&=2(a^2+b^2+c^2)\end{aligned}$$

以上より，

$$AB^2+AC^2=2(AM^2+BM^2)$$

〔証明終わり〕

演習問題 23

1 2点 A(1, 4), B(4, 3) から等距離にある x 軸上の点と y 軸上の点の座標を求めよ。

2 3点 A(5, 4), B(−2, 3), C(3, −1) を頂点にもつ平行四辺形の第4の頂点 D の座標を求めよ。

3 平行四辺形でない四角形の2組の対辺の中点を結ぶ2つの線分と，2つの対角線の中点を結ぶ線分は1点で交わる。また，その点で3つの線分はそれぞれ2等分される。このことを証明せよ。

4 長方形 ABCD と任意の点 P に対して，等式

$$PA^2+PC^2=PB^2+PD^2$$

が成り立つことを証明せよ。

5 △ABC において，辺 BC を 2：1 に内分する点を D とするとき，等式

$$AB^2+2AC^2=3(AD^2+2CD^2)$$

が成り立つことを証明せよ。

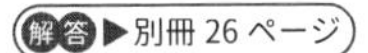
解答▶別冊 26 ページ

2 直線上の２点間の距離

直線上の２点間の距離の求め方は，２点間の距離の公式を用いる方法だけではありません。**直線の傾きを利用することで，２点の x 座標（または y 座標）の差から求めることができます。**

例題28 次の問いに答えよ。

(1) 放物線 $y=x^2-4x+5$ と直線 $y=x+1$ の交点間の距離を求めよ。

(2) 放物線 $y=2x^2-8x+7$ と直線 $y=2x+1$ の交点間の距離を求めよ。

考え方 (2)解と係数の関係を利用することで，交点の座標を求めずに x 座標の差を求めることができます。

解答 (1) 放物線と直線の方程式を連立して y を消去すると，

$x^2-4x+5=x+1$

$x^2-5x+4=0$

$(x-1)(x-4)=0$

よって，交点の x 座標は，$x=1$，4 であるから，交点の x 座標の差は，

$4-1=3$

直線の傾きが 1 であるから，次の図より交点間の距離は x 座標の差の $\sqrt{2}$ 倍に等しい。

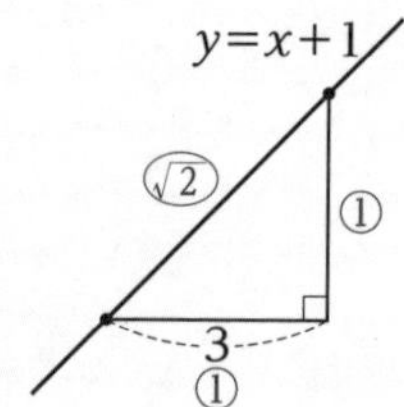

よって，交点間の距離は，

$3\cdot\sqrt{2}=3\sqrt{2}$ … 答

(2) 放物線と直線の方程式を連立して y を消去すると，

$2x^2-8x+7=2x+1$

$2x^2-10x+6=0$

$x^2-5x+3=0$ ……① ←解くには解の公式が必要

①の２つの解を α，β $(\alpha<\beta)$ とすると，解と係数の関係より，

$\alpha+\beta=5$，$\alpha\beta=3$

よって，交点の x 座標の差は，

$$\begin{aligned}\beta-\alpha&=\sqrt{(\beta-\alpha)^2}\\&=\sqrt{(\alpha+\beta)^2-4\alpha\beta}\\&=\sqrt{5^2-4\cdot3}\\&=\sqrt{13}\end{aligned}$$

直線の傾きが 2 であるから，次の図より交点間の距離は x 座標の差の$\sqrt{5}$倍に等しい。

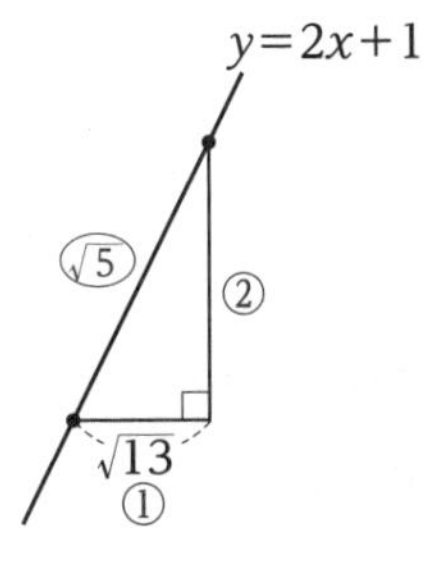

よって，交点間の距離は，

$\sqrt{13}\cdot\sqrt{5}=\boldsymbol{\sqrt{65}}$ … 答

演習問題 24

1 放物線 $y=-\frac{1}{2}x^2-2x+2$ と直線 $y=-\frac{1}{4}x+1$ の交点間の距離を求めよ。

2 円 $(x-1)^2+(y-2)^2=4$ と直線 $x+y-4=0$ の交点間の距離を次のそれぞれの方法で求めよ。

(1) 中心と直線の距離を用いて解く。

(2) 連立した式の 2 つの解をα，β $(\alpha<\beta)$ として，解と係数の関係を利用して解く。

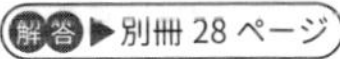
解答▶別冊 28 ページ

3 2直線の位置関係(一般形)

$b_1 \neq 0$ かつ $b_2 \neq 0$ であるとき，2直線

$l_1 : a_1x+b_1y+c_1=0 \qquad l_2 : a_2x+b_2y+c_2=0$

はそれぞれ

$$y=-\frac{a_1}{b_1}x-\frac{c_1}{b_1} \qquad y=-\frac{a_2}{b_2}x-\frac{c_2}{b_2}$$

と変形できます。

2直線が平行 $\iff$ 傾きが等しい

2直線が垂直 $\iff$ 傾きの積が-1

であるから，

$$l_1 /\!/ l_2 \iff -\frac{a_1}{b_1}=-\frac{a_2}{b_2} \iff a_1b_2-a_2b_1=0$$

$$l_1 \perp l_2 \iff \left(-\frac{a_1}{b_1}\right)\times\left(-\frac{a_2}{b_2}\right)=-1 \iff a_1a_2+b_1b_2=0$$

よって，次のようにまとめることができます。

Check Point　2直線の位置関係(一般形) ①

> 2直線 $l_1 : a_1x+b_1y+c_1=0$，$l_2 : a_2x+b_2y+c_2=0$ において，
>
> $l_1 /\!/ l_2 \iff a_1b_2-a_2b_1=0$
>
> $l_1 \perp l_2 \iff a_1a_2+b_1b_2=0$

ここで，上の関係式が x 軸や y 軸に平行な直線の場合も成り立つかどうかを考えます。

$b_1=0$ のとき，$l_1 : a_1x+c_1=0$ となり，l_1 は y 軸に平行な直線を表します。

・$l_1 /\!/ l_2$ ならば，l_2 も y 軸に平行な直線となるので，

$b_2=0$

よって，$a_1b_2-a_2b_1=a_1\cdot 0-a_2\cdot 0=0$ となり，上の関係式を満たします。

・$l_1 \perp l_2$ ならば，l_2 は x 軸に平行な直線(つまり傾きが 0)となるので，

$a_2=0$

よって，$a_1a_2+b_1b_2=a_1\cdot 0+0\cdot b_2=0$ となり，この場合も上の関係式を満たします。

また，これらは $b_2=0$ のときも同様に成り立ちます。

つまり，上の **Check Point**「2直線の位置関係(一般形)」は，x 軸に平行な直線や y 軸に平行な直線(傾きをもたない直線)の場合も常に成り立つことがわかります。

Advice 次のように覚えるとよいでしょう。

・平行 → 斜めに掛けて引き算=0

$l_1 : a_1x+b_1y+c_1=0$

$\qquad\qquad\qquad\qquad \leftarrow a_1b_2-a_2b_1=0$

$l_2 : a_2x+b_2y+c_2=0$

・垂直 → 縦に掛けて足し算=0

$l_1 : a_1x+b_1y+c_1=0$

$\qquad\qquad\qquad\qquad \leftarrow a_1a_2+b_1b_2=0$

$l_2 : a_2x+b_2y+c_2=0$

例題 29 直線 $ax+6y+5=0$ が直線 $2x+3y-6=0$ に平行であるときと垂直であるときの a の値を求めよ。

解答 **平行であるとき**の条件は，

$a\cdot3-2\cdot6=0$ ←斜めに掛けて引き算=0

よって，$\boldsymbol{a=4}$ … 答

垂直であるときの条件は，

$a\cdot2+6\cdot3=0$ ←縦に掛けて足し算=0

よって，$\boldsymbol{a=-9}$ … 答

2 直線が平行であるときの特殊な状況として，「2 直線が一致している」というのがあります。つまり重なっているときです。例えば，2 直線

$l_1 : x+2y+3=0$ と $l_2 : 2x+4y+6=0$

において，l_2 は両辺を 2 で割ると $x+2y+3=0$ になり，l_1 と同じ方程式になるので，この 2 直線は一致します。2 直線が一致するとき，**l_1 と l_2 のように各係数の比はすべて等しくなります**（l_2 の各係数はすべて l_1 の 2 倍になっています）。

よって，次のような関係式が成り立ちます。

Check Point 2 直線の位置関係（一般形）②

2 直線 $l_1 : a_1x+b_1y+c_1=0$，$l_2 : a_2x+b_2y+c_2=0$ が一致するとき，

$$\frac{a_2}{a_1}=\frac{b_2}{b_1}=\frac{c_2}{c_1}$$

例題30 2直線 $l_1:2x+ay+1=0$ と $l_2:bx-6y+2=0$ が一致するとき，定数 a と b の値を求めよ。

解答 2直線の各係数の比が等しいときであるから，

$$\frac{b}{2}=\frac{-6}{a}=\frac{2}{1}$$

これを解くと，$\boldsymbol{a=-3}$，$\boldsymbol{b=4}$ … 答

演習問題 25

1 2直線 $l_1:6x+(2a-1)y-12=0$，$l_2:(a+2)x+(a+3)y+1=0$ を考える。

(1) l_1 と l_2 が平行かつ一致しない場合の定数 a の値を定めよ。

(2) l_1 と l_2 が垂直となるときの定数 a の値を定めよ。

2 3直線 $x-2y=-2$，$3x+2y=12$，$kx-y=k-1$ が三角形をつくらないように定数 k の値を定めよ。

解答▶別冊 29 ページ

4 様々な直線の表し方

一般に直線の方程式は,

①通る 2 点　②傾きと通る 1 点

などから定めることができます。その他の直線の方程式を定める方法を考えてみましょう。

次の図のように，直線の x 切片が a，y 切片が b(ただし，$a \neq 0$，$b \neq 0$) であるとします。

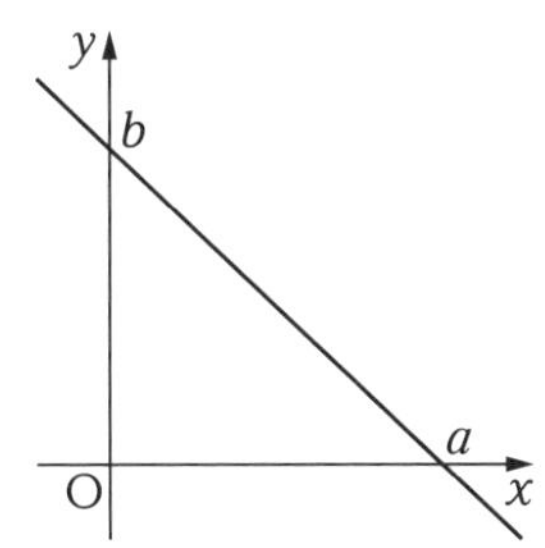

このとき，直線の傾きは $-\dfrac{b}{a}$ であるから，直線の方程式は,

$$y=-\frac{b}{a}x+b \iff \frac{x}{a}+\frac{y}{b}=1$$

この形を切片形といいます。**分母の値が x 切片，y 切片に等しくなっている**ので，x 切片と y 切片から直線の方程式を定めることができます。

Check Point　切片形

x 切片が a，y 切片が b の直線の方程式は,

$$\frac{x}{a}+\frac{y}{b}=1$$

次に，p.58 の「2 直線の位置関係(一般形)①」を利用して，直線 l：$ax+by+c=0$ に平行な直線や垂直な直線の式を定める方法を考えます。

直線 l と原点を通る直線 $ax+by=0$ では，**平行なときの関係式 $a \cdot b - a \cdot b = 0$ が成り立つ**ので，直線 $ax+by=0$ は直線 l に平行な直線です。

直線 $ax+by=0$ を x 軸方向に x_1，y 軸方向に y_1 平行移動すると，通る点が原点から $(x_1,\ y_1)$ となります。よって，$(x_1,\ y_1)$ を通り，直線 l：$ax+by+c=0$ に平行な直線は,

$$a(x-x_1)+b(y-y_1)=0$$

であるとわかります。

同様にして，直線 l と原点を通る直線 $bx-ay=0$ では，**垂直なときの関係式 $a\cdot b+b\cdot(-a)=0$ が成り立つ**ので，直線 $bx-ay=0$ は直線 l に垂直な直線です。
直線 $bx-ay=0$ を x 軸方向に x_1，y 軸方向に y_1 平行移動すると，通る点が原点から $(x_1,\ y_1)$ となります。よって，$(x_1,\ y_1)$ を通り，直線 l：$ax+by+c=0$ に垂直な直線は，

$$b(x-x_1)-a(y-y_1)=0$$

であるとわかります。

Check Point　平行な直線・垂直な直線

点 $(x_1,\ y_1)$ を通り，直線 $ax+by+c=0$ に対して，

平行な直線：$a(x-x_1)+b(y-y_1)=0$

垂直な直線：$b(x-x_1)-a(y-y_1)=0$

演習問題 26

1 次の図のように，xy 平面上の原点 O を通らない直線 l へ下ろした垂線 OH の長さを h，OH が x 軸の正の向きとでなす角を θ とする。このとき，直線 l の方程式を h と θ を用いて表せ。

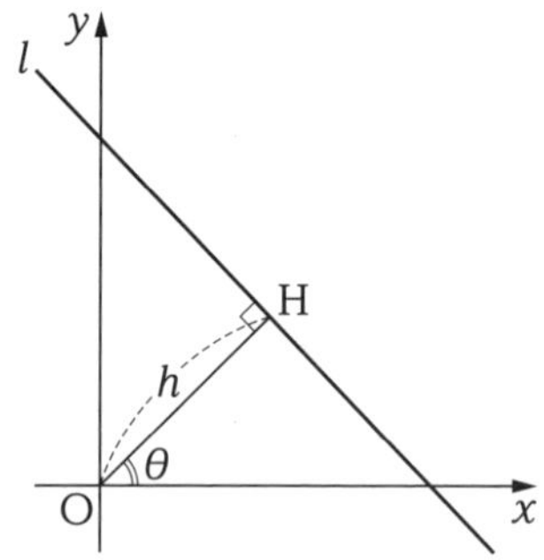

2 次の直線の方程式を求めよ。

(1) 点 $(-2,\ 2)$ を通り，直線 $3x-2y+1=0$ に平行な直線

(2) 点 $(3,\ 4)$ を通り，直線 $2x+5y-2=0$ に垂直な直線

解答▶別冊 30 ページ

5 2 直線の位置関係と連立方程式

連立 1 次方程式

$$\begin{cases} y=f(x) \\ y=g(x) \end{cases}$$

の解は，2 直線 $y=f(x)$ と $y=g(x)$ の共有点の x 座標，y 座標の組と考えることができます。よって，次の(i)～(iii)のように **2 直線の位置関係から，連立 1 次方程式の解の個数について判別することができます。**

(i) 2 直線が交わるとき

2 直線は共有点を 1 つもつので，連立 1 次方程式の解も 1 つ存在する。

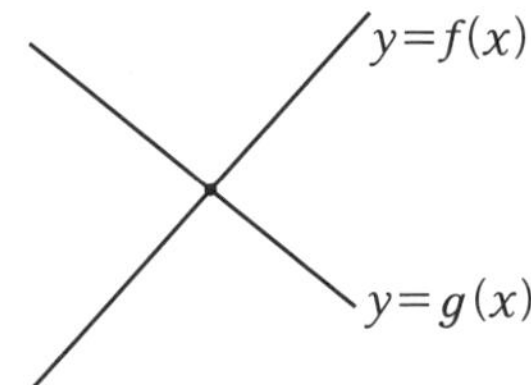

(ii) 2 直線が平行で一致しないとき

2 直線は共有点をもたないので，連立 1 次方程式の解も存在しない。

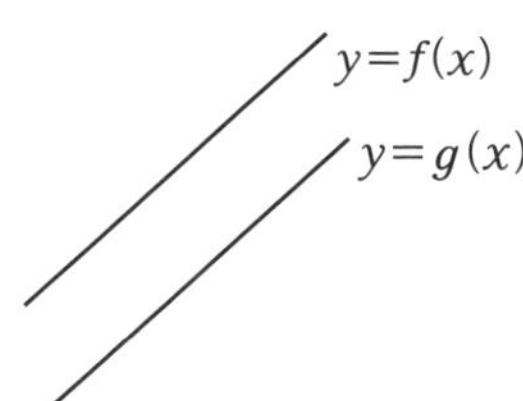

(iii) 2 直線が一致するとき

2 直線は一致するので，解は無数に存在する。

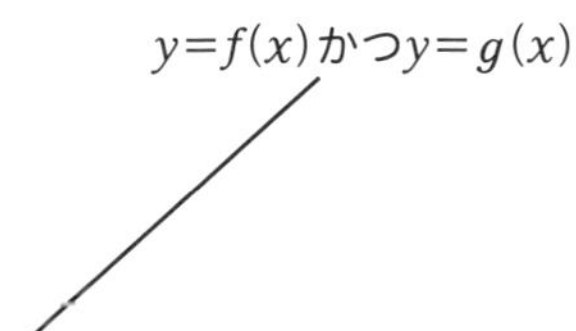

第1章 式と証明
第2章 複素数と方程式
第3章 図形と方程式
第4章 三角関数
第5章 指数関数と対数関数
第6章 微分法と積分法

例題31 連立方程式 $\begin{cases} ax+y=1 \\ 4x+ay=2 \end{cases}$ の解について，次の問いに答えよ。

⑴ 解をもたないときの定数 a の値を求めよ。

⑵ 無数の解をもつときの定数 a の値を求めよ。

⑶ ただ1組の解をもつときの定数 a の条件を答えよ。

解答 ⑴ 連立方程式を2直線の方程式と考える。解をもたない条件は，2直線が平行で一致しないことである。

平行である条件は，

$a \cdot a-4 \cdot 1=0$　$a^2=4$　よって，$a=\pm 2$

$a=2$ のとき，2直線はともに $2x+y=1$ を表すので一致する。よって，条件を満たさない。

$a=-2$ のとき，2直線は $-2x+y=1$ と $2x-y=1$ を表し一致していない。

以上より，$\boldsymbol{a=-2}$ … 答

⑵ 無数の解をもつための条件は，2直線が一致することである。

⑴の結果より，$\boldsymbol{a=2}$ … 答

⑶ ただ1組の解をもつための条件は，2直線が平行でないことである。

⑴の結果より，$\boldsymbol{a \neq \pm 2}$ … 答

演習問題 27

連立方程式

$\begin{cases} 2x+6y-3=0 \\ ax-4y+b=0 \end{cases}$

について次の条件を求めよ。

⑴ 解をもたないための条件

⑵ 無数の解をもつための条件

⑶ ただ1組の解をもつための条件

解答▶別冊 31 ページ

6　2直線を表す式

変数 x，y を含む式を $f(x, y)$ や $g(x, y)$ などと書くことがあります。

直線の方程式は $(x, y$ の 1 次式$)=0$ で表されるので，「**方程式 $f(x, y)=0$ の表すグラフが 2 直線になる**」ことを示すには，「**その方程式の左辺を 2 つの x，y の 1 次式に因数分解する**」ことを考えます。

例題32　方程式 $3x^2-4xy+y^2=0$ の表すグラフが 2 直線であることを示し，その 2 直線の方程式を答えよ。

解答　与えられた方程式は

$$3x^2-4xy+y^2=0$$
$$(3x-y)(x-y)=0$$

たすき掛け

↑2 つの x，y の 1 次式に因数分解できる

よって，$3x-y=0$ または $x-y=0$ であり，2 直線を表している。〔証明終わり〕

2 直線の方程式は $\boldsymbol{y=3x}$ **または** $\boldsymbol{y=x}$ … 答

別解　解の公式を用いて，与えられた方程式を y について解くと，

$y=2x\pm\sqrt{(2x)^2-3x^2}=2x\pm x$　よって，$\boldsymbol{y=3x}$ **または** $\boldsymbol{y=x}$ … 答

演習問題 28

方程式 $x^2-xy-6y^2+2x+ky-3=0$ が 2 直線を表すように k の値を定め，その 2 直線の方程式を定めたい。そのとき，次の問いに答えよ。

(1) 左辺は 2 次の項に着目すると，定数 p，q を用いて

$(x+\boxed{}\,y+p)(x-\boxed{}\,y+q)$

と因数分解できる。$\boxed{}$ に当てはまる数を答えよ。

(2) $x^2-xy-6y^2+2x+ky-3=(x+\boxed{}\,y+p)(x-\boxed{}\,y+q)$

が x，y についての恒等式となることに注意して，k の値を定めよ。また，この方程式の表す 2 直線の方程式を求めよ。

解答▶別冊 31 ページ

7 直線に関する対称点の応用問題

折れ線の長さの最小値は，直線に関する対称な点を利用して求めることができます。

例題33 定点 A(5, 4), B(3, 0) に対して，動点 P を直線 l：$3x-2y+6=0$ 上にとる。次の問いに答えよ。

(1) 線分 AP と線分 BP の長さの和 AP+BP の最小値を求めよ。

(2) (1)のときの点 P の座標を求めよ。

解答 (1) まず，直線 l に関する A の対称点 A′の座標を求める。

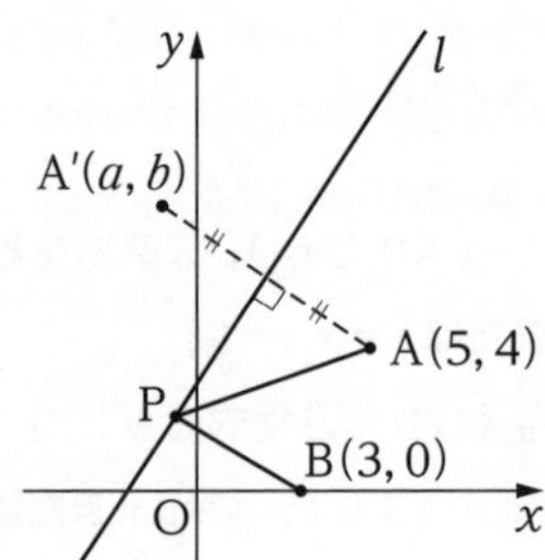

直線 $3x-2y+6=0$ より，

$$y=\frac{3}{2}x+3$$

直線 l に関する点 A と対称な点を A′ (a, b) とする。

AA′⊥l より，傾きの積が-1 に等しいので，

$$\frac{b-4}{a-5}\cdot\frac{3}{2}=-1$$

$$3(b-4)=-2(a-5)$$

$$2a+3b=22 \quad \cdots\cdots①$$

また，A と A′の中点 $\left(\frac{a+5}{2},\ \frac{b+4}{2}\right)$ は直線 l 上にあるので，

$$3\cdot\frac{a+5}{2}-2\cdot\frac{b+4}{2}+6=0$$

$$3(a+5)-2(b+4)+12=0$$

$$3a-2b=-19 \quad \cdots\cdots②$$

①，②より，$a=-1$，$b=8$ であるから，

A′ $(-1,\ 8)$

AP+BP=A'P+BP であり，この長さが最も短くなるのは 3 点 A'，P，B が一直線上に並ぶように点 P をとるときである。

よって，AP+BP の最小値は線分 A'B の長さに等しい。

次の図より，AP+BP の最小値は，

$$A'B=\sqrt{(3-(-1))^2+(0-8)^2}$$
$$=\mathbf{4\sqrt{5}}$$ … 答

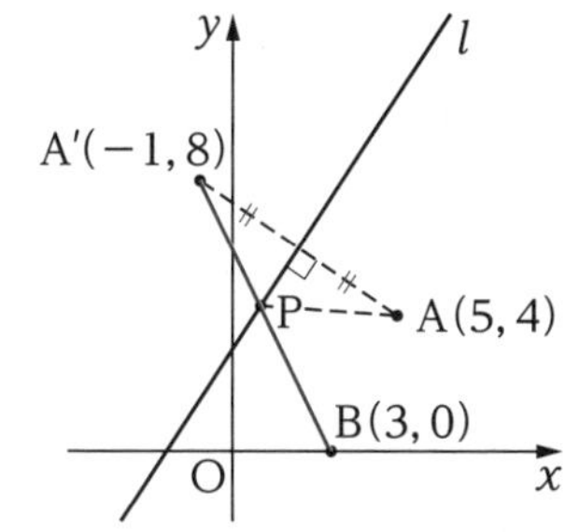

(2) 直線 A' B の方程式は，

$y=-2x+6$

点 P は直線 l と直線 A' B の交点であるから，

$\mathbf{P\left(\frac{6}{7},\ \frac{30}{7}\right)}$ … 答

演習問題 29

1 xy 平面上に 2 点 A(3，2)，B(8，9) をとる。点 P が直線 $y=x-3$ 上を動くとき，次の問いに答えよ。

(1) AP+PB の最小値を求めよ。

(2) (1)のときの点 P の座標を求めよ。

2 直線 l：$y=3x$ 上を点 P が動き，直線 m：$y=\frac{1}{2}x$ 上を点 Q が動いている。定点 A(2，3) を考えたとき△APQ の周の長さの最小値を求めよ。

解答▶別冊 32 ページ

8 点と直線の距離の公式の証明と応用問題

Check Point 点と直線の距離

点$(x_1,\ y_1)$と直線 $ax+by+c=0$ の距離 d は，

$$d=\frac{|ax_1+by_1+c|}{\sqrt{a^2+b^2}}$$

「基本大全 Basic 編」では点$(x_1,\ y_1)$を通り，直線 $ax+by+c=0$ に垂直な直線との交点の座標を求めて証明しましたが，ここではその他の様々な証明方法を考えてみましょう。

証明 1　まず，0 でない傾きをもつ直線 $y=mx+n$ で考える。

$A(x_1,\ y_1)$として，B，C，D，H を右の図のようにとり，**相似な直角三角形 ABH と直角三角形 CBD を考える。**直線の傾きが m であるから，

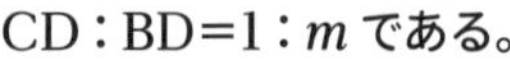

CD：BD$=1：m$ である。

相似な図形の対応する辺の比は等しいから，

　AB：CB＝AH：CD

よって，$|y_1-(mx_1+n)|：\sqrt{1+m^2}=d：1$ であるから，←B の y 座標は mx_1+n

$$d=\frac{|y_1-mx_1-n|}{\sqrt{1+m^2}}$$

ここで，$ax+by+c=0$ は，$b\neq0$ ならば $y=-\frac{a}{b}x-\frac{c}{b}$ であるから，

$m=-\frac{a}{b}$，$n=-\frac{c}{b}$ とおくと，　↑$y=mx+n$ に対応させる

$$d=\frac{|ax_1+by_1+c|}{\sqrt{a^2+b^2}}$$

が得られる。

また，これは $a=0$ または $b=0$ のときも成り立つ。つまり，傾きが 0 の直線および傾きをもたない直線でも成り立つ。　〔証明終わり〕

証明 2　**コーシー・シュワルツの不等式（p.28参照）を利用する。**

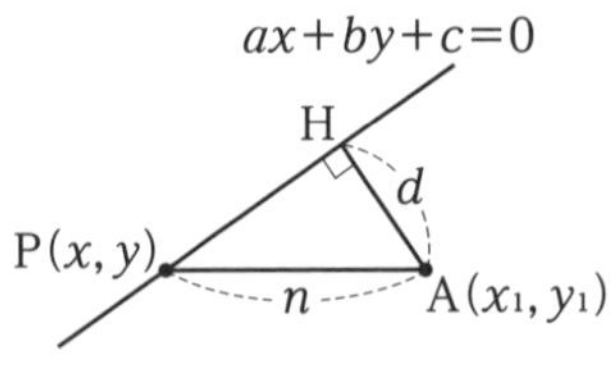

右の図のように，直線 $ax+by+c=0$ 上に点 P$(x,\ y)$ をとり，定点 $A(x_1,\ y_1)$ との距離が

$n=\sqrt{(x-x_1)^2+(y-y_1)^2}$ であることに着目すると，コーシー・シュワルツの不等式より，

（2 乗の和の形）

$$(a^2+b^2)\{(x-x_1)^2+(y-y_1)^2\} \geqq \{a(x-x_1)+b(y-y_1)\}^2$$

$$(a^2+b^2)n^2 \geqq \{a(x-x_1)+b(y-y_1)\}^2$$

$$n^2 \geqq \frac{\{a(x-x_1)+b(y-y_1)\}^2}{a^2+b^2}$$

n は正であるから，

$$n \geqq \frac{|a(x-x_1)+b(y-y_1)|}{\sqrt{a^2+b^2}}=\frac{|ax+by-ax_1-by_1|}{\sqrt{a^2+b^2}}$$

ここで，$\mathrm{P}(x,\ y)$ は直線 $ax+by+c=0$ 上の点であるから，$ax+by=-c$ とできるので，

$$n \geqq \frac{|-c-ax_1-by_1|}{\sqrt{a^2+b^2}}=\frac{|ax_1+by_1+c|}{\sqrt{a^2+b^2}}$$ ←$|-A|=|A|$

等号成立は $\dfrac{x-x_1}{a}=\dfrac{y-y_1}{b} \iff b(x-x_1)-a(y-y_1)=0$ のときである。

p.62 より，これは点 $\mathrm{A}(x_1,\ y_1)$ を通り，直線 $ax+by+c=0$ に垂直な直線を表す。つまり，$\mathrm{P}(x,\ y)$ が直線 $ax+by+c=0$ 上にあることと直線 $b(x-x_1)-a(y-y_1)=0$ 上にあることの両方を満たすのは，点 P が点 H に一致するときであるから，そのとき距離 n は点 $\mathrm{A}(x_1,\ y_1)$ と直線 $ax+by+c=0$ との距離 d に等しい。以上より，

$$d=\frac{|ax_1+by_1+c|}{\sqrt{a^2+b^2}}$$

〔証明終わり〕

演習問題 30

1 右下の図のように，定点 $\mathrm{A}(x_1,\ y_1)$ から直線 $l：ax+by+c=0$ に下ろした垂線の交点を H とする。また，直線上に y 座標が y_1 の点 M と x 座標が x_1 の点 N をとり，$\mathrm{AM}=m$，$\mathrm{AN}=n$，$\mathrm{AH}=d$ とする。
このとき，△AMN の面積に着目して $d=\dfrac{|ax_1+by_1+c|}{\sqrt{a^2+b^2}}$ となることを証明せよ。

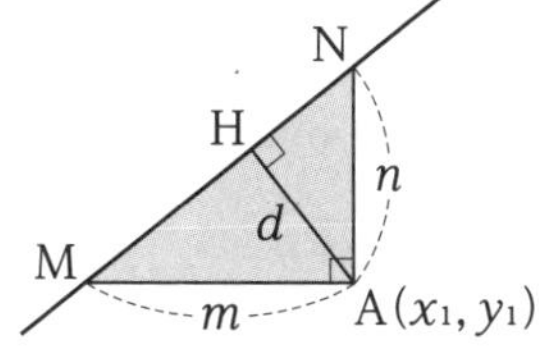

2 直線 $x-2y-2=0$ を l，放物線 $y=x^2$ 上の点を P とする。点 P と直線 l の距離が最小となるとき，点 P の座標を求めよ。また，そのときの距離を求めよ。

解答▶別冊 33 ページ

9 2直線の交点を通る直線の方程式

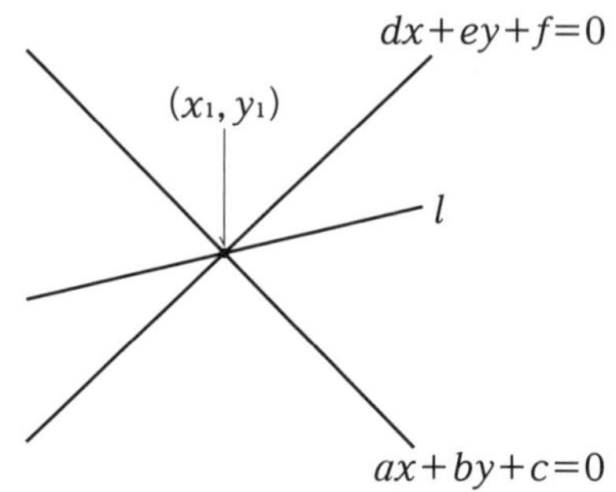

図のように，直線 $ax+by+c=0$ と $dx+ey+f=0$ が点 $(x_1,\ y_1)$ で交わっているとします。

点 $(x_1,\ y_1)$ は2直線上にあるので，

　$ax_1+by_1+c=0$ かつ $dx_1+ey_1+f=0$ ……①

が成り立ちます。

このとき，k を定数として，

　直線 l：$(ax+by+c)+k(dx+ey+f)=0$　← x，y の1次式なので直線を表します

を考えます。

この式の左辺に $x=x_1$，$y=y_1$ を代入すると，①より，

　$(ax_1+by_1+c)+k(dx_1+ey_1+f)=0+k\cdot 0=0$

となり，$(x_1,\ y_1)$ は直線 l 上の点であることがわかります。

以上の結果より，**直線 l：$(ax+by+c)+k(dx+ey+f)=0$ も点 $(x_1,\ y_1)$ を通る直線である**ことがわかりました。

Check Point　2直線の交点を通る直線の方程式

> 2直線 $f(x,\ y)=0$，$g(x,\ y)=0$ の交点を通る直線の方程式は，
> k を定数として，
>
> 　$f(x,\ y)+k\cdot g(x,\ y)=0$　ただし，直線 $g(x,\ y)=0$ のみ除く。

参考　直線 $g(x,\ y)=0$ も交点を通る直線の1つですが，$g(x,\ y)=0$ を表す k の値は存在しないので，**$f(x,\ y)+k\cdot g(x,\ y)=0$ では $g(x,\ y)=0$ のみ表すことができない**点に注意しましょう。直線 $f(x,\ y)=0$ は $k=0$ とすることで表すことができます。

例題34 2 直線 $2x+y-5=0$ と $3x-2y-11=0$ の交点と点 $(1,\ -2)$ を通る直線の方程式を求めよ。

解答 直線 $3x-2y-11=0$ は点 $(1,\ -2)$ を通らないので，2 直線の交点を通る直線の方程式は，k を定数として，

↑ k を掛けるほうのグラフは表せない

$$(2x+y-5)+k(3x-2y-11)=0 \quad \cdots\cdots ①$$

これが $(1,\ -2)$ を通るので代入すると，

$$(2\cdot1-2-5)+k\{3\cdot1-2\cdot(-2)-11\}=0$$

よって，$k=-\dfrac{5}{4}$

これを①に代入して，

$$(2x+y-5)-\frac{5}{4}(3x-2y-11)=0$$

$$8x+4y-20-5(3x-2y-11)=0$$

$$\boldsymbol{x-2y-5=0}$$ … 答

実際に 2 直線 $2x+y-5=0$ と $3x-2y-11=0$ の交点を求めて，その交点と点 $(1,\ -2)$ の 2 点から直線の方程式を求めることもできますが，公式のほうが簡潔に求められますね。

演習問題 31

1 2 直線 $y=-\dfrac{2}{5}x+\dfrac{13}{5}$ と $y=\dfrac{3}{2}x+\dfrac{9}{2}$ の交点と点 $(-2,\ -3)$ を通る直線の方程式を求めよ。

2 2 直線 $4x-3y+5=0$，$x+2y-7=0$ の交点を通る直線が次のようなとき，直線の方程式を求めよ。

(1) 直線 $2x+5y-4=0$ に平行である。

(2) 直線 $2x+5y-4=0$ に垂直である。

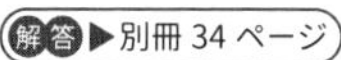
解答▶別冊 34 ページ

第2節　円

1　円の方程式の応用問題

円の方程式を求めるときは，

① $(x-p)^2+(y-q)^2=r^2$　←中心と半径を用いた形

② $x^2+y^2+lx+my+n=0$　←中心と半径を必要としない形

のいずれかの形の方程式で考えます。状況に応じて使い分けることが大切です。

例題35　中心が直線 $y=2x+3$ 上にあり，2 点 (1，0)，(2，2) を通る円の方程式を求めよ。

解答　中心が直線 $y=2x+3$ 上にあるので，中心の座標を $(t, 2t+3)$ とおくことができる。
半径を $r(r>0)$ とすると，円の方程式は，

$(x-t)^2+\{y-(2t+3)\}^2=r^2$　←中心と半径を用いた形

と表すことができる。2 点 (1，0)，(2，2) を通るので，それぞれ代入すると，

$(1-t)^2+(-2t-3)^2=r^2 \iff 5t^2+10t+10=r^2$

$(2-t)^2+(-2t-1)^2=r^2 \iff 5t^2+5=r^2$

以上 2 式を連立して解くと，

$t=-\dfrac{1}{2}$，$r=\dfrac{5}{2}$

よって，求める円の方程式は，

$\left(x+\dfrac{1}{2}\right)^2+(y-2)^2=\dfrac{25}{4}$ … 答

また，$x^2+y^2+lx+my+n=0$ の形が必ず円を表すとは限りません。**平方完成を行い半径の値に着目します**。

例題36　方程式 $x^2+y^2-4x+10y+34=0$ は円を表すか。

解答　$x^2+y^2-4x+10y+34=0$

$(x-2)^2+(y+5)^2=-5$

右辺は負であるから，半径の 2 乗を表さない。

よって，方程式 $x^2+y^2-4x+10y+34=0$ は**円を表さない**。… 答

演習問題 32

1 次の円の方程式を求めよ。

(1) 点 $(-2,\ -1)$ を通り，x 軸，y 軸に接する円

(2) 中心が直線 $x+2y+8=0$ 上にあり，点 $(-2,\ -5)$ を通り，y 軸に接する円

(3) 点 $(3,\ 0)$ で x 軸に接し，かつ，直線 $4x-3y+12=0$ に接する円

(4) $\mathrm{A}(1,\ 3)$，$\mathrm{B}(-2,\ -2)$，$\mathrm{C}(3,\ -5)$ において，$\triangle\mathrm{ABC}$ の外接円

(5) 2 点 $(1,\ 2)$，$(3,\ 4)$ を通り，x 軸から長さ 6 の線分を切り取る円

2 方程式 $x^2+y^2+tx-(t+3)y+\dfrac{5}{2}t^2=0$ が円を表すとき，t のとりうる値の範囲を求めよ。

解答▶別冊 35 ページ

2 円と直線の位置関係の応用問題

円と直線の位置関係を判別するときは，「中心と直線の距離」と「半径」の大小比較をしますが，**直線が定点通過をしている場合は図形的に解釈する**ことで解きやすくなることがあります。このとき，

　$y-b=m(x-a)$ は，**定点 $(a,\ b)$ を通り傾きが m の直線**

であることを利用します。

例題37 円 $x^2+y^2=2$ と直線 $y=m(x-2)$ の位置関係を m の値によって場合を分けて答えよ。

解答 直線 $y=m(x-2)$ は，定点 $(2,\ 0)$ を通り傾きが m の直線である。

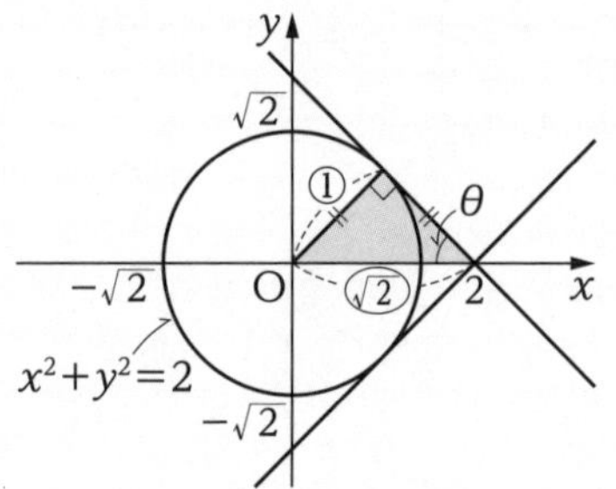

上の図のように，直線が円と第 1 象限で接するときの x 軸となす角を θ とすると，色のついた三角形の 3 辺の比が $1:1:\sqrt{2}$ であるから $\theta=\dfrac{\pi}{4}$ とわかる。よって，円と第 1 象限で接している接線の傾きは $m=-1$ である。この接線と x 軸対称であることから，円と第 4 象限で接している接線の傾きは $m=1$ である。

したがって，下の図より，

$$\begin{cases} -1<m<1 \text{ のとき，異なる 2 点で交わる} \\ m=\pm1 \text{ のとき，接する} \\ m<-1 \text{ または } m>1 \text{ のとき，共有点をもたない} \end{cases}$$ …**答**

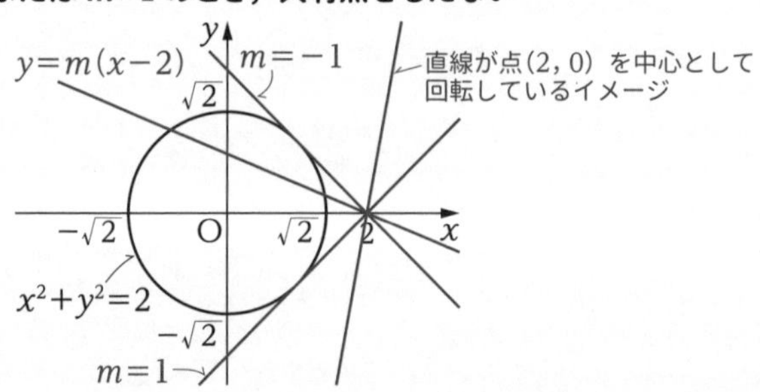

別解 $y=m(x-2)$ より，$mx-y-2m=0$

円 $x^2+y^2=2$ と直線 $mx-y-2m=0$ が接するとき，円の中心 (0, 0) と直線 $mx-y-2m=0$ の距離が円の半径 $\sqrt{2}$ に等しくなるから，

$$\frac{|m\cdot 0-0-2m|}{\sqrt{m^2+(-1)^2}}=\sqrt{2}$$

$$|2m|=\sqrt{2m^2+2}$$

$$4m^2=2m^2+2$$

両辺を 2 乗する

$m=\pm 1$　←接するときの傾きの値

よって，前ページの図より，

$-1<m<1$ のとき，異なる 2 点で交わる
$m=\pm 1$ のとき，接する … 答
$m<-1$ または $m>1$ のとき，共有点をもたない

Advice 図をかいて考えたおかげで，接線の傾きを容易に求めることができましたね。

円の外部の点から円周上の点に引いた線分の長さの最大値・最小値を求めるときは，**円の外部の点と円の中心を通る直線に着目**します。図形的に考えるのがポイントです。

例題38 円 $x^2+y^2-2x-6y+5=0$ と円外の点 A(5, 4) がある。円周上の点を P とするとき，線分 AP の長さの最小値と最大値を求めよ。

解答 $x^2+y^2-2x-6y+5=0$ より，$(x-1)^2+(y-3)^2=5$

であるから，次の図のように，円の中心は B(1, 3)，半径は $\sqrt{5}$ である。

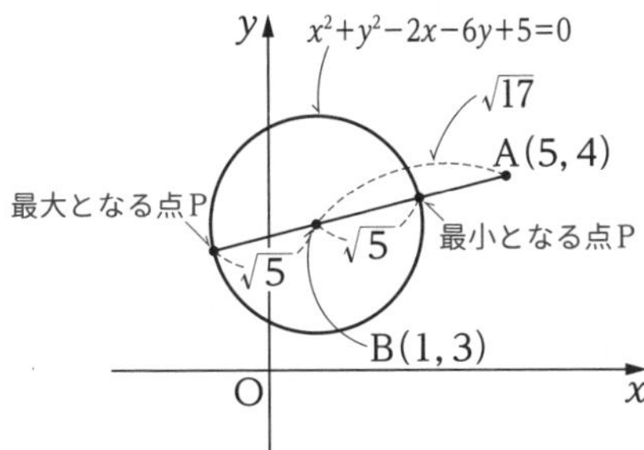

中心 B(1, 3) と点 A(5, 4) との距離は，

$$AB=\sqrt{(5-1)^2+(4-3)^2}=\sqrt{17}$$

であり，APが最小・最大となるのは，いずれも3点A，B，Pが図のように同一直線上にあるときである。円の半径が$\sqrt{5}$であることに注意すると，

APの**最小値は，$\sqrt{17}-\sqrt{5}$** … 答

APの**最大値は，$\sqrt{17}+\sqrt{5}$** … 答

演習問題 33

1 次の問いに答えよ。

(1) 円 $x^2+y^2=5$ と直線 $y=m(x-5)$ が異なる2点で交わる定数 m の値の範囲を求めよ。

(2) 円 $x^2+y^2=1$ と直線 $y=m(x+2)$ が共有点をもたないような定数 m の値の範囲を求めよ。

2 円 $(x-5)^2+(y+3)^2=9$ の周上を動く点をP，直線 $x-2y+2=0$ 上を動く点をQとする。

(1) Qを直線 $x-2y+2=0$ 上の点 $(2,\ 2)$ で固定して考えるとき，PQの長さの最小値を求めよ。

(2) 円 $(x-5)^2+(y+3)^2=9$ の周上を動く点Pと直線 $x-2y+2=0$ 上を動く点Qの距離PQの最小値を求めよ。

3 円 $x^2+y^2+2x-y=0$ 上の動点Pと2定点A$(1,\ -1)$，B$(-1,\ 1)$に対し，△PABの面積が最大になるときの点Pの座標と，そのときの△PABの面積を求めよ。

解答▶別冊38ページ

3 円の接線の応用問題

円 $x^2+y^2=r^2$ の外部の点 P$(x_1,\ y_1)$ から引いた 2 本の接線の接点の座標を Q$(a,\ b)$，R$(c,\ d)$ とします。

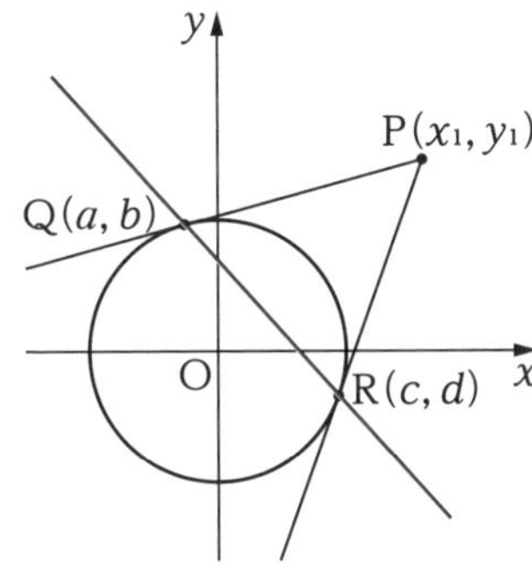

接点 Q，R における接線の方程式はそれぞれ，

$ax+by=r^2$，$cx+dy=r^2$ ←接線の公式

となります。そしていずれも点 P$(x_1,\ y_1)$ を通るので代入すると，

$ax_1+by_1=r^2$，$cx_1+dy_1=r^2$

このとき，**この 2 式は直線 $x_1x+y_1y=r^2$ に点 Q$(a,\ b)$，R$(c,\ d)$ を代入した式と考えることができます**。本来は $ax+by=r^2$，$cx+dy=r^2$ に $(x_1,\ y_1)$ を代入した式ですが，逆に考えます。

つまり，**直線 $x_1x+y_1y=r^2$ は 2 接点 Q と R を通る直線の方程式を表していると考えることができます。**

この直線 QR のことを「極線」といいます。式の形は，点 (x_1, y_1) が円 $x^2+y^2=r^2$ 上の接点であるときの接線の方程式と全く同じ式になります。

Check Point 接線と極線

円 $x^2+y^2=r^2$ において $x_1x+y_1y=r^2$ は，

- 点$(x_1,\ y_1)$ が円上の点であるとき，点$(x_1,\ y_1)$ における接線の方程式を表す
- 点$(x_1,\ y_1)$ が円外の点であるとき，点$(x_1,\ y_1)$ から円 $x^2+y^2=r^2$ へ引いた 2 つの接線の接点を通る直線（極線）の方程式を表す

演習問題 34

1 円 $x^2+y^2=25$ について，次の問いに答えよ。

(1) 1 点 $(7,\ -1)$ からこの円に引いた 2 本の接線の接点を結ぶ直線の方程式を求めよ。

(2) 2 つの接点間の距離を求めよ。

2 次の 2 つの曲線の両方に接する直線の方程式を求めよ。

(1) 円 $x^2+y^2=4$ と円 $(x-5)^2+y^2=25$

(2) 円 $x^2+y^2=4$ と放物線 $y=x^2+8$

3 原点を通り互いに直交する 2 直線があり，ともに円 $x^2+y^2-4x-6y+a=0$ の接線になるとする。このとき定数 a の値を求めよ。

4 放物線 $y=x^2$ と直線 $y=1$ の両方に接し，その中心が y 軸上にある円の中心の y 座標の値を求めよ。ただし，円の中心の y 座標は 1 より大きいものとする。

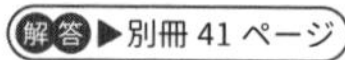

4 2つの円の交点を通る直線や曲線の方程式

p.70 で，2 直線 $f(x, y)=0$，$g(x, y)=0$ の交点を通る直線の方程式は，k を定数として，$f(x, y)+k\cdot g(x, y)=0$ で表すことができることを学びました。このことは $f(x, y)=0$，$g(x, y)=0$ を円としても同じように成り立ちます。

Check Point　2つの円の交点を通る直線や曲線の方程式

> 2つの円 $f(x, y)=0$，$g(x, y)=0$ の交点を通る直線や曲線の方程式は，k を定数として，
>
> $f(x, y)+k\cdot g(x, y)=0$　ただし，$g(x, y)=0$ のみ除く。

- **p.65** で説明したように，$f(x, y)$ や $g(x, y)$ は変数 x，y を含む式のことです。$f(x, y)=0$ や $g(x, y)=0$ は，円では $x^2+y^2+ax+by+c=0$ のことを表します。
- $g(x, y)=0$ も交点を通る曲線(円)の1つですが，**$f(x, y)+k\cdot g(x, y)=0$ では $g(x, y)=0$ のみ表すことができない**点に注意しましょう。円 $f(x, y)=0$ は $k=0$ とすることで表すことができます。
- この式で表される直線や曲線は，**「2つの円の交点をすべてを通る」直線や曲線を表します**。つまり，交点1つだけを通るものは表せません。
- この式で表される直線や曲線は **1次式または2次式のみ**です。当然ですが3次以上の曲線を表すことはできません。

例題39 2点で交わる2つの円 $x^2+y^2-2x-6y+5=0$ と $x^2+y^2-8x-2y+8=0$ について，次の問いに答えよ。

(1) 2円の交点と点 $(1, 2)$ を通る円の方程式を求めよ。

(2) 2円の交点を通る直線の方程式を求めよ。

解答 (1) 求める円は $x^2+y^2-8x-2y+8=0$ ではないので，k を定数として，
↑k を掛けるほうのグラフは表せない

$(x^2+y^2-2x-6y+5)+k(x^2+y^2-8x-2y+8)=0$ ……①

とおくことができる。条件より点 $(1, 2)$ を通るので代入すると，

$-4+k=0$ より $k=4$

これを①に代入すると，

$(x^2+y^2-2x-6y+5)+4(x^2+y^2-8x-2y+8)=0$

$5x^2+5y^2-34x-14y+37=0$

$$x^2+y^2-\frac{34}{5}x-\frac{14}{5}y+\frac{37}{5}=0 \cdots \text{答}$$

(2) 2 円の交点を通る直線も(1)と同様に，

$$(x^2+y^2-2x-6y+5)+k(x^2+y^2-8x-2y+8)=0 \quad \cdots\cdots ①$$

とおくことができる。求める方程式は 1 次式でないといけないので x^2 と y^2 の係数に着目すると $k=-1$ とわかる。←直線は次数が 1 次

$k=-1$ を①に代入すると，

$$(x^2+y^2-2x-6y+5)-(x^2+y^2-8x-2y+8)=0$$

$$6x-4y-3=0 \cdots \text{答}$$

結果的に，2 円の交点を通る直線の方程式は $f(x,\ y)-g(x,\ y)=0$ で求められることがわかりました。ただし，**2 円が交わっていることが前提である**ということを忘れないようにしましょう。

演習問題 35

1 2 つの円 $C_1：x^2+y^2=3$，$C_2：x^2+y^2-5x+y+4=0$ について，次の問いに答えよ。

(1) C_1 と C_2 は異なる 2 点で交わることを証明せよ。

(2) C_1 と C_2 の交点と点 $(1,\ 2)$ を通る円の方程式を求めよ。

2 2 つ の 円 $C_1：x^2+y^2+2x-9=0$，$C_2：x^2+y^2-6x-4y+3=0$ について，次の問いに答えよ。

(1) C_1 と C_2 の共有点を通る直線の方程式を求めよ。

(2) C_1 と C_2 の共有点と点 $(1,\ -4)$ を通る円の方程式を求めよ。

3 2 つの円

$C_1：x^2+y^2+x-2y-5=0$

$C_2：x^2+y^2-5x-5y+10=0$

について，次の問いに答えよ。

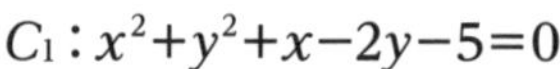
(1) C_1 と C_2 の交点を通る直線の方程式を求めよ。

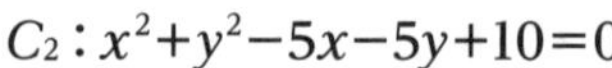
(2) C_1 と C_2 の交点の座標を求めよ。

解答▶別冊 44 ページ

第3節　軌　跡

1　軌跡の応用問題

例題40 円 $C:(x-4)^2+y^2=4$ と直線 $l:y=mx$ が異なる2点A，Bで交わっているとき，次の問いに答えよ。

(1) m の値の範囲を求めよ。

(2) m の値が変化するとき，弦ABの中点Mの軌跡を求めよ。

解答 (1) C と l を連立して y を消去すると，

$(m^2+1)x^2-8x+12=0$ ……①

C と l が異なる2点で交わるためには，①が異なる2つの実数解をもてばよい。それは判別式 D が正となるときであるから，

$\frac{D}{4}=(-4)^2-(m^2+1)\cdot 12>0$　よって，$-\frac{1}{\sqrt{3}}<m<\frac{1}{\sqrt{3}}$ … 答

(2) 2点A,Bの x 座標は①の2つの解であるから，2つの解を $x=\alpha$，β とすると，解と係数の関係より，

$\alpha+\beta=\frac{8}{m^2+1}$ ……②

2点A，Bの座標は $(\alpha,\ m\alpha)$，$(\beta,\ m\beta)$ であるから，弦ABの中点Mの座標を $(X,\ Y)$ とすると，

$(X,\ Y)=\left(\frac{\alpha+\beta}{2},\ \frac{m(\alpha+\beta)}{2}\right)=\left(\frac{4}{m^2+1},\ \frac{4m}{m^2+1}\right)$

②を代入

$X\neq 0$ であるから，$\frac{Y}{X}=\frac{\frac{4m}{m^2+1}}{\frac{4}{m^2+1}}=m$　←まず分母を消去

この式を $X=\frac{4}{m^2+1}$ に代入すると，$X=\frac{4}{\left(\frac{Y}{X}\right)^2+1}$　← m を消去

$X=\frac{4X^2}{X^2+Y^2}$　$1=\frac{4X}{X^2+Y^2}$　$X^2+Y^2-4X=0$　$(X-2)^2+Y^2=4$

ここで，(1)より，$-\frac{1}{\sqrt{3}}<m<\frac{1}{\sqrt{3}} \iff -\frac{1}{\sqrt{3}}<\frac{Y}{X}<\frac{1}{\sqrt{3}}$

$X=\frac{4}{m^2+1}>0$ であるから，$-\frac{1}{\sqrt{3}}X<Y<\frac{1}{\sqrt{3}}X$

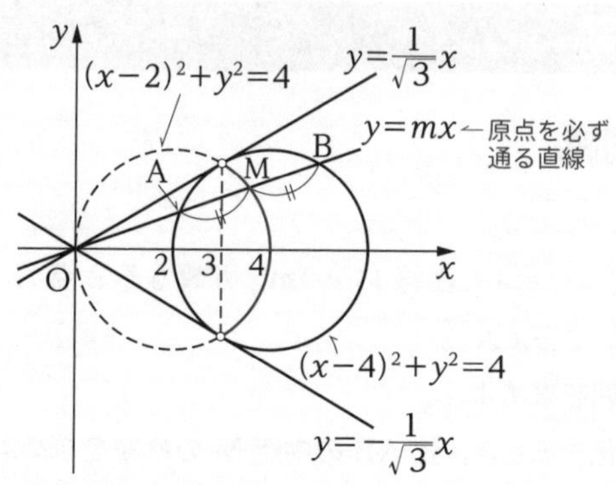

よって，図のように，円 $(x-2)^2+y^2=4$ において，2 直線 $y=\pm\frac{1}{\sqrt{3}}x$ の間の部分が求める軌跡である。

円 $(x-2)^2+y^2=4$ と直線 $y=\pm\frac{1}{\sqrt{3}}x$ の交点の x 座標は 3 であるから，求める軌跡は，**中心 (2，0)，半径 2 の円の $3<x\leqq4$ の部分** … 答

別解 変域 $3<x\leqq4$ は次のように求めることもできる。

(1)より $-\frac{1}{\sqrt{3}}<m<\frac{1}{\sqrt{3}}$ であるから，$0\leqq m^2<\frac{1}{3}$

これより，$1\leqq m^2+1<\frac{4}{3}$　$4\geqq\frac{4}{m^2+1}>3$

つまり，$3<X\leqq4$

演習問題 36

1 直線 $y=mx$ と円 $(x-2)^2+y^2=1$ との交点を P，Q とし，弦 PQ の中点を R とする。m を変化させるとき，R の軌跡を求めよ。

2 円 C：$x^2+y^2=1$ と 2 点 A(3，0)，B(3，3) がある。点 A を通る傾き m の直線が円 C と異なる 2 点 P，Q で交わるとき，△BPQ の重心 G の軌跡を求めよ。

3 原点を O とする。点 P が直線 $x+y=5$ の上を動くとき，OP･OQ=20 を満たす半直線 OP 上の点 Q の軌跡を求めよ。

4 2 直線 $2x+y-3=0$，$x-2y+1=0$ のつくる角の二等分線の方程式を求めよ。

解答▶別冊 46 ページ

2 和と積でつくる軌跡

2 変数 x, y の和と積を座標とする点の軌跡を求める問題は, **$x+y=X$, $xy=Y$ などとおき, 対称式の変形などを利用して, 点 (X, Y) の軌跡を求めます。** またその際に, **x, y が実数であるための X, Y の条件を確認する必要があります。**

実数 x, y が $x^2+y^2=1$ を満たすとき, 点 $(x+y, xy)$ の軌跡を求め, 図示することを考えてみます。

$x^2+y^2=1 \iff (x+y)^2-2xy=1$

$x+y=X$, $xy=Y$ とおくと, $X^2-2Y=1$ つまり, $Y=\frac{1}{2}X^2-\frac{1}{2}$ ……①

図示すると, 次の図のようになります。

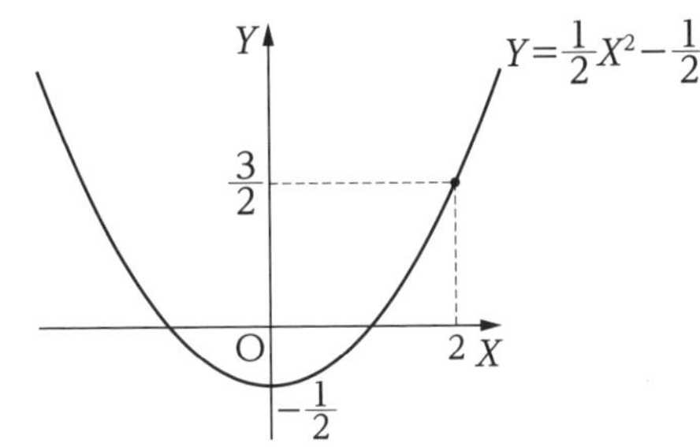

しかし, この図は**求める軌跡ではありません。**

例えば, 上の図では $(X, Y)=\left(2, \frac{3}{2}\right)$ が軌跡上にある点ですが, これは

$X=x+y=2$, $Y=xy=\frac{3}{2}$

を表し, この式を解くと $(x, y)=\left(\frac{2\pm\sqrt{2}i}{2}, \frac{2\mp\sqrt{2}i}{2}\right)$〈複号同順〉となり, **$x$, y が実数である条件に反しています。** つまり, X, Y が実数であっても, そのとき x, y が実数とは限らないのです。では, x, y が実数であるための X, Y の条件はどのように求めるのでしょうか?

$x+y=X$, $xy=Y$ であるから, 解と係数の関係より, **x, y は t の 2 次方程式**

$t^2-Xt+Y=0$ ←文字は t 以外の文字でも構いません

の 2 つの解であると考えることができます。そして, **x, y は実数であるから, この方程式の判別式は 0 以上でないといけない**ことがわかります。判別式を D とすると,

$D=(-X)^2-4\cdot1\cdot Y\geqq0$

$Y\leqq\frac{1}{4}X^2$ ……②

よって，**②の領域内の①の軌跡を求めればよい**ということになります。

$y=\frac{1}{2}x^2-\frac{1}{2}$ と $y=\frac{1}{4}x^2$ の共有点の x 座標は，$\pm\sqrt{2}$ であるから，求める軌跡は，次の図のように放物線 $y=\frac{1}{2}x^2-\frac{1}{2}$ の $-\sqrt{2}\leqq x\leqq\sqrt{2}$ の部分になります。

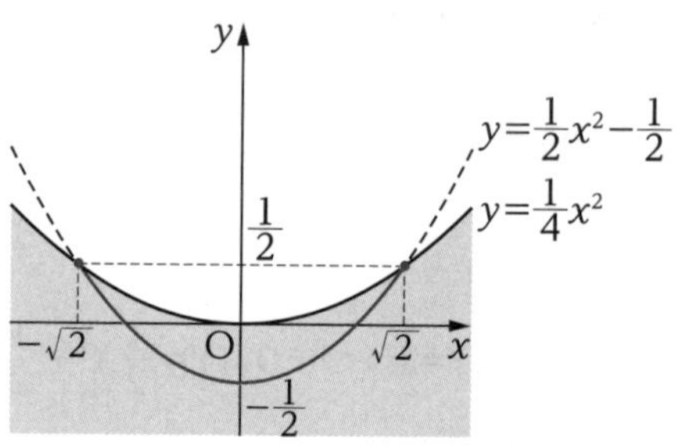

演習問題 37

1 実数 x，y が $x^2+y^2+x+y=1$ を満たしながら変わるとき，点 $\mathrm{P}(x+y,\ xy)$ の描く図形を求めよ。

2 2 次方程式 $(1+t)x^2-2tx+(1-t)=0$ の 2 つの実数解を α，β とし，$t>0$ とするとき，次の問いに答えよ。

(1) $\alpha\beta$ のとりうる値の範囲を求めよ。

(2) $X=\alpha\beta$，$Y=\alpha+\beta$ とするとき，点 $\mathrm{P}(X,\ Y)$ の描く図形を求めよ。

解答▶別冊 49 ページ

3 2直線の交点の軌跡

2直線の交点の軌跡は，基本は交点の座標を $(X,\ Y)$ とおき X，Y のみの式を考えます。このとき，交点の座標を求めようとするのは，効率が良くない場合が多いです。そこで，**X，Y が2直線上にあることを利用して，その2直線に X，Y を代入する**ことを考えます。または，2直線の位置関係に着目して軌跡を考えることもできます。

例題41 2直線 $y=m(x+2)$，$my=2-x$ の交点をPとする。m がいろいろな実数値をとって変わるとき，点Pの軌跡を求めよ。

解答 交点 $P(X,\ Y)$ とおく。交点Pは2直線 $y=m(x+2)$，$my=2-x$ の上にあるので，それぞれの直線の方程式に X，Y を代入すると，

$$\begin{cases} Y=m(X+2) & \cdots\cdots① \\ mY=2-X & \cdots\cdots② \end{cases}$$

(i) $Y\neq 0$ のとき，②より $m=\dfrac{2-X}{Y}$ であるから，

①に代入すると，$Y=\dfrac{(2-X)(X+2)}{Y}$　← m を消去

よって，$X^2+Y^2=4$

ただし，$Y\neq 0$ より $(2,\ 0)$，$(-2,\ 0)$ は除く。

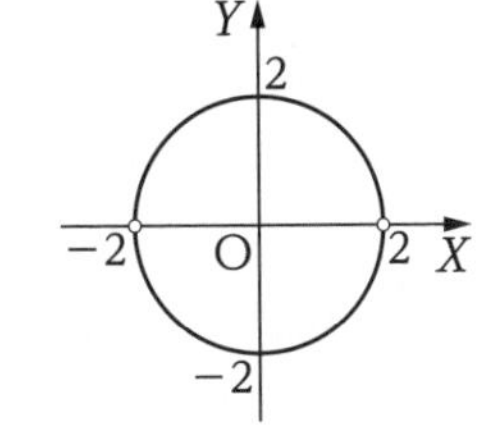

(ii) $Y=0$ のとき，①，②は $\begin{cases} 0=m(X+2) \\ 0=2-X \end{cases}$ であるから，両方の式を満たすのは，

$X=2$（このとき $m=0$）

よって，$(X,\ Y)=(2,\ 0)$ は求める軌跡上の点である。

(i)，(ii)より，点Pの軌跡は，

円 $x^2+y^2=4$，ただし，点 $(-2,\ 0)$ は除く。… 答

別解 この2直線が直交していて，かつ，定点を通過していることに気づくことで，次のように軌跡を考えることもできます。

2直線は $mx-y+2m=0$，$x+my-2=0$ であるから，x，y の係数に着目すると，$m\cdot 1+(-1)\cdot m=0$ より，直交条件を満たしていることがわかる。

また，$mx-y+2m=0 \Longleftrightarrow (x+2)m-y=0$ であるから，
この直線は点 $A(-2,\ 0)$ を必ず通る。
$x+my-2=0 \Longleftrightarrow (x-2)+my=0$ であるから，
この直線は点 $B(2,\ 0)$ を必ず通る。
（定点通過の確認）

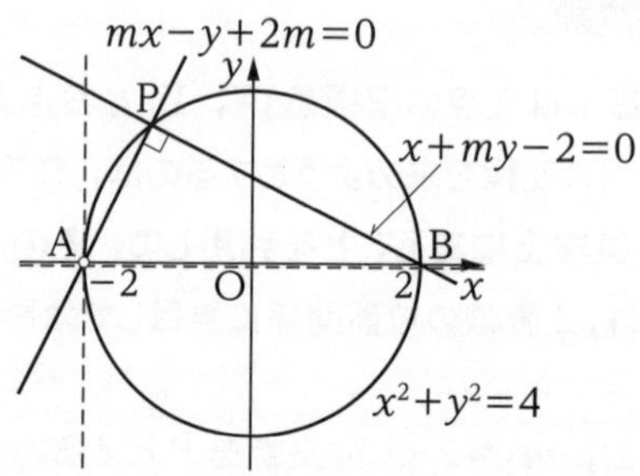

2 直線は直交しているので，交点 P は 2 定点 A，B を直径の両端とする円 $x^2+y^2=4$ の，点 A，B を除く円周上に存在することがわかる。

ただし，直線 $mx-y+2m=0$ は必ず y を含む式なので，A$(-2,\ 0)$ を通る直線のうち $x=-2$ を表すことができない。また，直線 $x+my-2=0$ は必ず x を含む式なので，B$(2,\ 0)$ を通る直線のうち $y=0$ を表すことができない。よって，2 直線 $x=-2$，$y=0$ の交点 $(-2,\ 0)$ は表すことができない。

また，$m=0$ のとき 2 直線は $y=0$ と $x=2$ となり，点 B で直交している。

以上より，求める軌跡は，

円 $x^2+y^2=4$，ただし，点 $(-2,\ 0)$ は除く。 … 答

演習問題 38

1 k がすべての実数をとるとき，2 直線 $kx-y+5k=0$，$x+ky-5=0$ の交点 P の軌跡を求めよ。

2 a, b を $a \neq -b$ を満たす実数の組とする。直線 l:$ax+by-2(a+b)=0$ に原点 O から垂線を下ろし，直線 l との交点を P とする。このとき，点 P の軌跡を求めよ。

解答▶別冊 50 ページ

第4節 領　域

1 領域の応用問題

領域の最大・最小問題では，(最大値や最小値を求める式)$=k$ とおいて k のとりうる値を考えますが，最大値や最小値を求める式が x，y 以外の文字を含む場合は，**x，y 以外の文字の値が変化することでどのようにグラフに影響するか**に気をつける必要があります。

例題42 次の問いに答えよ。

(1) 円 $x^2+y^2-4x-2y=0$ 上の点 $(3,\ 3)$ における接線の方程式を求めよ。

(2) x，y が不等式 $x \geqq \dfrac{3}{2}$，$y \geqq 2x-3$，$x^2+y^2-4x-2y \leqq 0$ を満たすとき，$ax+y\ (a>0)$ の最大値を求めよ。

考え方 (2) a の値によって $ax+y=k$ は変化します。領域内のどこを通るとき最大値をとるかに着目します。

解答 (1) $x^2+y^2-4x-2y=0 \iff (x-2)^2+(y-1)^2=5$ であるから，点 $(3,\ 3)$ における接線の方程式は，

$(3-2)(x-2)+(3-1)(y-1)=5$ ←円の接線の公式

$\iff$ **$x+2y=9$** … 答

(2) $x^2+y^2-4x-2y \leqq 0 \iff (x-2)^2+(y-1)^2 \leqq 5$ であるから，領域は次の図の斜線部分。ただし，境界線は含む。

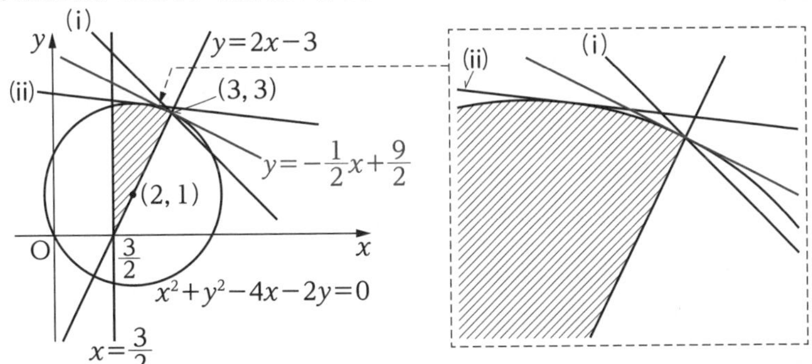

$ax+y=k$ ……①とおく。$ax+y=k$ より $y=-ax+k$ であるから，**k は傾きが $-a(<0)$ である直線の y 切片を表している**。よって，図の領域を通り，傾きが $-a$ である直線のうち，y 切片 k が最大となるものを探せばよい。(1)より，

円 $x^2+y^2-4x-2y=0$ 上の点 (3，3) における接線の方程式は，

$x+2y=9 \iff y=-\frac{1}{2}x+\frac{9}{2}$

図より，直線の傾き $-a$ と接線の傾き $-\frac{1}{2}$ の大小で分けて考える。

(i) $-a<-\frac{1}{2}$ つまり $a>\frac{1}{2}$ の場合

点 (3，3) を通るとき y 切片 k は最大になる。 ←円と接しない

①に $x=3$，$y=3$ を代入して，$k=3a+3$

(ii) $-\frac{1}{2}\leqq -a<0$ つまり $0<a\leqq\frac{1}{2}$ の場合

円と接するとき y 切片 k が最大になる。このとき，中心 (2，1) と直線 $ax+y-k=0$ との距離が半径 $\sqrt{5}$ に等しくなるから，

$\frac{|2a+1-k|}{\sqrt{a^2+1}}=\sqrt{5}$　$|2a+1-k|=\sqrt{5(a^2+1)}$

$2a+1-k=\pm\sqrt{5(a^2+1)}$　$k=2a+1\pm\sqrt{5(a^2+1)}$

最大値であるから，$k=2a+1+\sqrt{5(a^2+1)}$

(i)，(ii)より，

$$\begin{cases} a>\frac{1}{2}\text{のとき，最大値 } 3a+3 \\ 0<a\leqq\frac{1}{2}\text{のとき，最大値 } 2a+1+\sqrt{5(a^2+1)} \end{cases}$$ …**答**

演習問題 39

1 連立不等式 $\begin{cases} x^2+y^2-2x-2y-3\leqq 0 \\ (x^2-1)(y^2-1)\geqq 0 \end{cases}$ の表す領域の面積を求めよ。

2 連立不等式 $\begin{cases} 3x+2y\leqq 22 \\ x+4y\leqq 24 \\ x\geqq 0,\ y\geqq 0 \end{cases}$ の表す領域を D とする。また，a を正の実数とする。点 $(x,\ y)$ が領域 D を動くとき，$ax+y$ の最大値を求めよ。

3 a は正の定数とする。点 $(x,\ y)$ は条件 $a|x|+|y|\leqq a$ を満たす。$y-(x+1)^2$ の最小値を求めよ。

(解答▶別冊 52 ページ)

2 通過領域（逆像法）

例えば，t を実数とするとき直線 $y=(2t-1)x-2t^2+2t$……①は t の値によってさまざまな直線を表します。このとき，**①が表す様々な直線は，通ることができる領域と通ることができない領域が存在します**。この直線の通ることができる領域について考えてみましょう。

まずは領域を考える前に，直線①が通る点を探していくことにします。例えば，点 (1，1) は通るでしょうか？
それは①に代入して成り立つ実数 t が存在すれば，直線①が通る点と判断できます。
実際に代入すると，

$$1=(2t-1)\cdot 1-2t^2+2t$$
$$2t^2-4t+2=0$$

この方程式の判別式を D とすると，

$$\frac{D}{4}=(-2)^2-2\cdot 2=0$$

となり，**実数解 t をもつことがわかります**。（もちろん，方程式を解いて $t=1$ が求められることから確認してもいいですね。）つまり，**条件を満たすので (1，1) は通る点である**ことがわかります。

次に，(0，1) は通るでしょうか？
実際に代入すると，

$$1=(2t-1)\cdot 0-2t^2+2t$$
$$2t^2-2t+1=0$$

この方程式の判別式を D とすると，

$$\frac{D}{4}=(-1)^2-2\cdot 1=-1$$

となり，**実数解 t をもたないことがわかります**。つまり，**条件を満たさないので (0，1) は通らない点である**ことがわかります。

では，任意の点 $(x_1,\ y_1)$ ではどうでしょうか？
この点もこれまでと同様に，**①に代入してできた t についての方程式の判別式で通るかどうかが決まる**ことがわかります。実際に代入すると，

$$y_1=(2t-1)x_1-2t^2+2t$$
$$2t^2-(2+2x_1)t+x_1+y_1=0$$

この方程式が実数解 t をもてばよい。つまり，判別式 D の値が 0 以上となればよいので，

$$\frac{D}{4}=\{-(1+x_1)\}^2-2(x_1+y_1)\geqq 0$$

$$x_1{}^2+1-2y_1\geqq 0 \quad \text{つまり，} y_1\leqq \frac{1}{2}x_1{}^2+\frac{1}{2}$$

これが，任意の点 $(x_1,\ y_1)$ の満たす領域であるから，x_1，y_1 を x，y におき換えて，

$$y\leqq \frac{1}{2}x^2+\frac{1}{2}$$

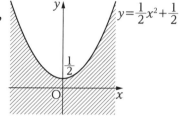

よって，直線①の通ることができる領域は右の図の斜線部分になります。ただし，境界線は含みます。

実際に t に様々な実数を代入して確かめてみると，

$t=0$ のとき $y=-x$

$t=1$ のとき $y=x$

$t=2$ のとき $y=3x-4$

⋮

などとなり，右の図のようにいずれも先ほど求めた領域内を通過していることがわかります。

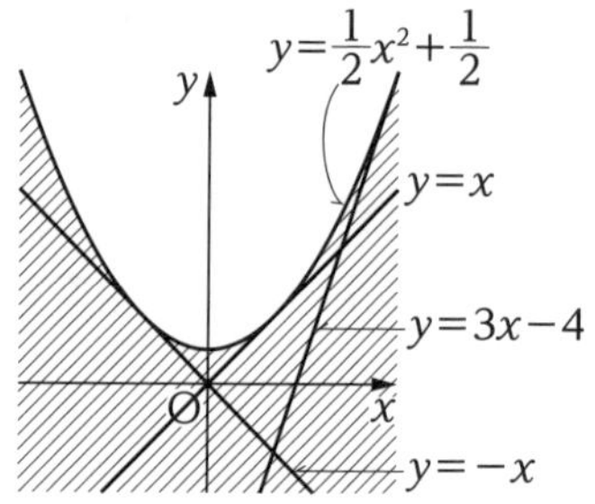

以上のように，t の存在条件から $(x,\ y)$ の存在範囲を求める方法を逆像法（逆手流）といいます。

Check Point　通過領域（逆像法）

x，y 以外の文字の存在条件に着目する。

演習問題 40

1 a を実数とするとき，直線 $y=2ax+1-a^2$ の通過する領域を求めよ。

2 a が $-1\leqq a\leqq 1$ の範囲を動くとき，xy 平面上の放物線
$C：y=(x-a)^2-2a^2+1$ が通過する領域を求め，図示せよ。

解答▶別冊 55 ページ

3 通過領域(順像法)

p.89 で例として扱った問題

「t を実数とするとき，直線 $y=(2t-1)x-2t^2+2t$ ……①の通ることができる領域」について，別の解法を考えてみましょう。

任意の点 $(x_1,\ y_1)$ の変化を考えるのは難しいので，**x 座標を固定したときの y 座標のとりうる値の範囲**だけを考えます。

例えば,x 座標が 0 のときの y 座標のとりうる値の範囲を考えます。①で $x=0$ とすると，

$$y=-2t^2+2t=-2\left(t-\frac{1}{2}\right)^2+\frac{1}{2}$$

となるので，y 座標のとりうる値の範囲は $y \leqq \frac{1}{2}$ とわかります(上に凸の放物線であることに注意してください)。

次に，x 座標が 1 のときの y 座標のとりうる値の範囲を考えます。①で $x=1$ とすると，

$$y=-2t^2+4t-1=-2(t-1)^2+1$$

となるので，y 座標のとりうる値の範囲は $y \leqq 1$ とわかります。

さらに,x 座標が 2 のときの y 座標のとりうる値の範囲を考えます。①で $x=2$ とすると，

$$y=-2t^2+6t-2=-2\left(t-\frac{3}{2}\right)^2+\frac{5}{2}$$

となるので，y 座標のとりうる値の範囲は $y \leqq \frac{5}{2}$ とわかります。

同様の作業を繰り返すと，$x=3$ のとき $y \leqq 5$，$x=4$ のとき $y \leqq \frac{17}{2}$，……となり，さらに x が負の場合も $x=-1$ のとき $y \leqq 1$，$x=-2$ のとき $y \leqq \frac{5}{2}$，$x=-3$ のとき $y \leqq 5$，$x=-4$ のとき $y \leqq \frac{17}{2}$，……と求められます。

ここで，求めた範囲を図示すると次の左図のようになります。そして，代入する x の値をさらに細かくしていくと右図のようになり，直線①の通ることができる領域が見えてくることがわかります。

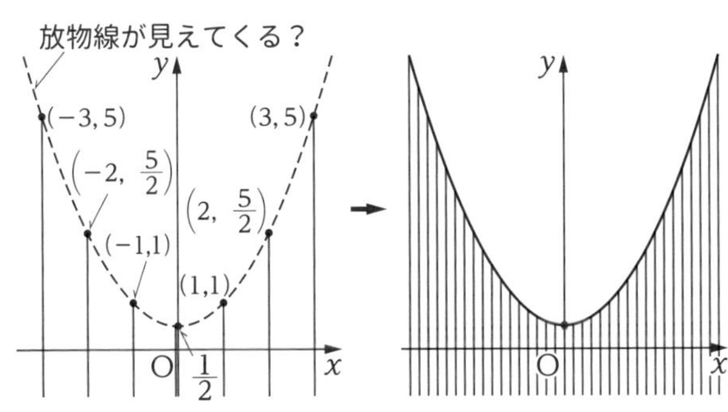

次に，任意の x 座標 x_1 ではどうでしょうか？ x 座標が x_1 のときの y 座標のとりうる値の範囲を考えます。①で $x=x_1$ として，t の 2 次式とみると，

$$y=(2t-1)x_1-2t^2+2t=-2\left(t-\frac{x_1+1}{2}\right)^2+\frac{x_1{}^2+1}{2}$$

となるので，y 座標のとりうる値の範囲は $y \leqq \frac{x_1{}^2+1}{2}$ とわかります。x_1 はすべての実数値をとりうるから，x_1 を x におき換えて，$y \leqq \frac{x^2+1}{2}$

よって，直線①の通ることができる領域は右の図の斜線部分になります。ただし，境界線は含みます。

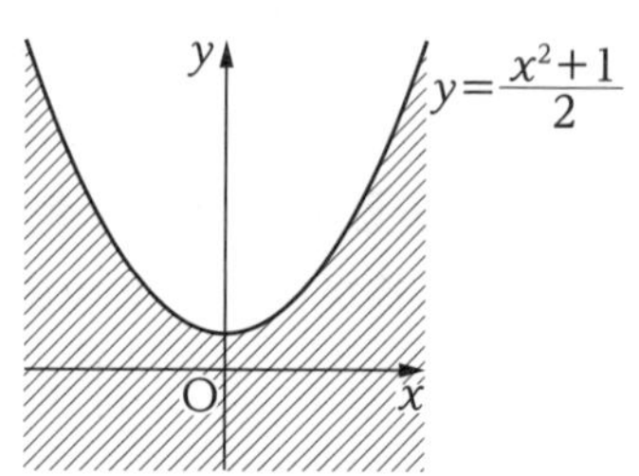

以上のように，x 座標または y 座標を固定して，動かす 1 文字の存在範囲を求める方法を順像法といいます。

Check Point　通過領域（順像法）

1 文字を固定して，もう 1 文字のとりうる値の範囲を考える。

ここで問題になるのは，「逆像法」と「順像法」の使い分けになります。**x，y 以外の文字が 2 次式となるのであれば逆像法で判別式を用いるのが有効**で，**それ以外の次数の場合や定義域がついていて煩雑な場合は順像法が有効である**と一般的に考えることができます。

演習問題 41

1 k が 0 以上の実数値をとるとき，直線 $2kx+y+k^2=0$ が通る領域を図示せよ。

2 xy 平面上に円 $C：x^2+(y+2)^2=4$ がある。中心 $(a，0)$，半径 1 の円を D とする。C と D が異なる 2 点で交わるとき，次の問いに答えよ。

(1) a のとりうる値の範囲を求めよ。

(2) C と D の 2 つの交点を通る直線が通過する領域を図示せよ。

解答▶別冊 56 ページ

4 正領域・負領域

$y=f(x)$ のグラフの上側の部分は $y>f(x)$ の表す領域，下側の部分は $y<f(x)$ の表す領域ですが，この $f(x)$ を移項すると，

$y>f(x) \iff y-f(x)>0$，$y<f(x) \iff y-f(x)<0$

となり，正負を表す不等式になります。つまり，**グラフとの上下関係が変化すると $y-f(x)$ の符号が変化する**ということです。

このように，不等式の各項を左辺または右辺のどちらかにすべて移項して，正負について考える（正領域・負領域の考え方といいます）と処理が楽になる問題があります。

$y>f(x)$ を移項して $y-f(x)>0$ としましたが，y を移項すると $f(x)-y<0$ となり，負を表す不等式になります。「正領域・負領域」とは考え方であって，グラフの上側が「正領域」，下側が「負領域」などと決まっているわけではありません。

例題43 直線 $2x+y-4=0$ に関して，点 P(3，2) と同じ側にある点は O(0，0)，A(2，3)，B(1，−1)，C(3，−1) のいずれであるか。当てはまる点をすべて答えよ。

解答 $f(x,\ y)=2x+y-4$ とおく。P(3，2) を代入すると，

$f(3,\ 2)=6+2-4=4>0$

であるから，P と同じ側にある点は $f(x,\ y)>0$ を満たす点である。

O を代入：$f(0,\ 0)=-4<0$

A を代入：$f(2,\ 3)=3>0$

B を代入：$f(1,\ -1)=-3<0$

C を代入：$f(3,\ -1)=1>0$

以上より，**A と C** … 答

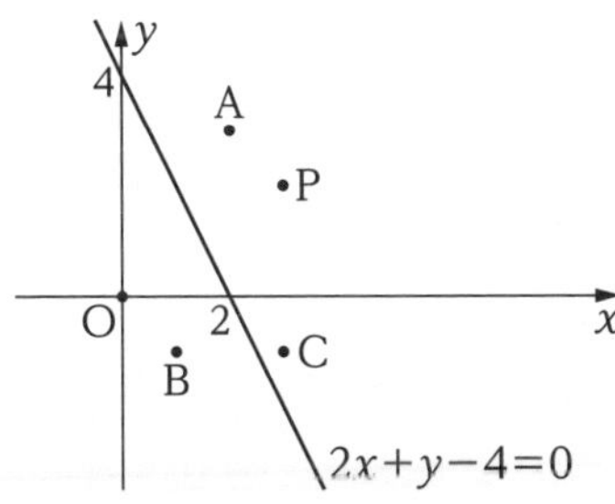

演習問題 42

1 xy 平面上の 2 点 P(1, 3), Q(2, 3) を結ぶ線分 PQ と放物線 $y=x^2+ax+b$ が 1 点で交わっているとき，次の問いに答えよ。

(1) a, b の間に成り立つ関係を求めよ。

(2) ab 平面上の点 $(a,\ b)$ の存在範囲を図示せよ。

2 A(1, 0), B(3, 0), C(−1, 2), D(−1, 3) とおく。直線 $y=ax+b$ が線分 AB，線分 CD の両方と共有点をもつような点 $(a,\ b)$ の存在範囲を図示せよ。

3 t を実数とする。円 $(x-t)^2+(y-5)^2=25$ が 2 点 A(−1, 1), B(1, 1) のいずれかのみを内部(ただし，境界線は含まない)に含むような t の値の範囲を定めよ。

解答▶別冊 59 ページ

5 和と積の領域

実数 x，y が $x^2+y^2+x+y \leqq 1$ を満たしながら動くとき，点 $\mathrm{P}(x+y,\ xy)$ の描く領域を考えます。点 P の境界線を描くために $x+y=X$，$xy=Y$，つまり $\mathrm{P}(X,\ Y)$ とおきます。このとき，領域を表す不等式は，

$$x^2+y^2+x+y \leqq 1$$
$$(x+y)^2-2xy+x+y \leqq 1$$
$$X^2-2Y+X \leqq 1$$

よって，$Y \geqq \dfrac{1}{2}(X^2+X-1)$

この不等式が表す領域を図示すると次の図のようになります。

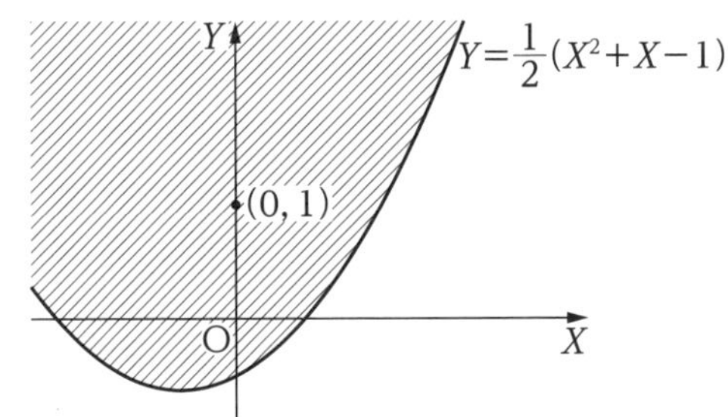

しかし，この図は**正しくありません。**

例えば，上の図では $(X,\ Y)=(0,\ 1)$ が領域内の点ですが，これは

$$X=x+y=0,\quad Y=xy=1$$

を表し，この式を解くと $(x,\ y)=(i,\ -i)$，$(-i,\ i)$ となり x，y が実数である条件に反しています。つまり，X，Y が実数であっても，そのとき x，y が実数とは限らないのです。では，x, y が実数であるための X, Y の条件はどのように求めるのでしょうか？

$x+y=X$，$xy=Y$ であるから，**解と係数の関係より x，y は t の 2 次方程式**

$t^2-Xt+Y=0$ ←文字は t 以外の文字でも構いません

の 2 つの解であると考えることができます。そして，**x，y は実数であるから，この方程式の判別式は 0 以上でないといけない**ことがわかります。判別式を D とすると，

$$D=(-X)^2-4\cdot1\cdot Y \geqq 0 \iff Y \leqq \frac{1}{4}X^2$$

これが x，y が実数であるための X，Y の条件になります。先ほどの領域との共通部分を考えると次の図のようになり，これが点 $\mathrm{P}(X,\ Y)$ の描く領域となります。ただし，境界線は含みます。

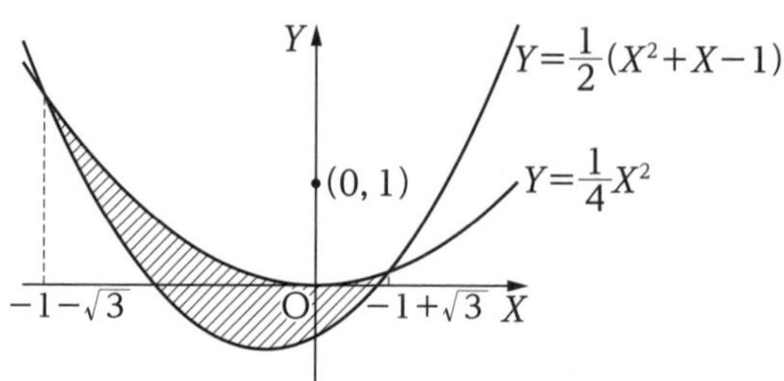

Advice 今度は (0, 1) が領域外の点となり，条件に合う結果になったことも確認できます。

演習問題 43

1 不等式 $x^2+y^2<x+y$ を満たす点 (x, y) の集合に属するすべての点 (x, y) に対して，$u=x+y$，$v=xy$ で与えられる点 (u, v) 全体の集合はどのような集合か。u，v 平面上に図示せよ。

2 実数 x，y が $x^2+xy+y^2 \leqq 3$ を満たして動くとき，$xy-2x-2y$ のとりうる値の最大値と最小値を求めよ。

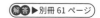

解答▶別冊 61 ページ

6 領域と証明

領域の包含関係を利用して証明問題を考えることがあります。

数学Ⅰ「集合と命題」で学ぶ

条件 a を満たす集合を A，条件 b を満たす集合を B とするとき，

$A \subset B \Longleftrightarrow a \Longrightarrow b$ は真である

を利用します。

例題44 $x^2+y^2-1<0$ であるならば，$x^2+y^2-4x+3>0$ であることを示せ。

解答 $x^2+y^2-1<0$ の表す領域を A，$x^2+y^2-4x+3>0$ の表す領域を B とする。

$x^2+y^2-1<0$ であるならば，$x^2+y^2-4x+3>0$ であることを示すには，

領域 A が領域 B に含まれていること $(A \subset B)$ を示せばよい。（同値）

$A : x^2+y^2-1<0 \Longleftrightarrow x^2+y^2<1$

$B : x^2+y^2-4x+3>0 \Longleftrightarrow (x-2)^2+y^2>1$

以上を図示すると，次の図のようになる。

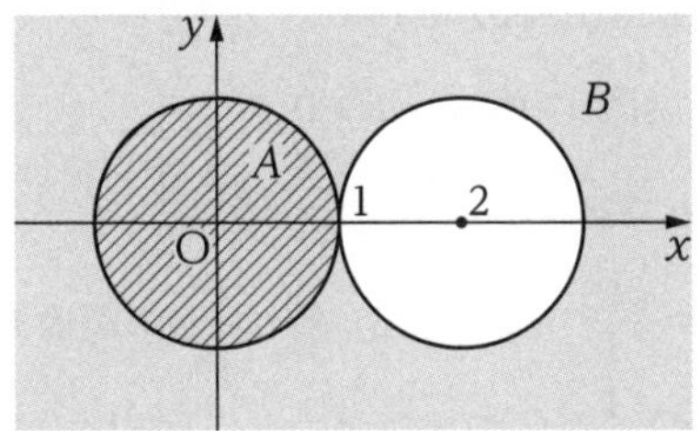

図のように，領域 A は領域 B に含まれているので，

$x^2+y^2-1<0$ であるならば，$x^2+y^2-4x+3>0$ である。　〔証明終わり〕

演習問題 44

1 $x^2+y^2<2$ ならば $x+y<2$ であることを証明せよ。

2 $x^2+y^2 \leqq 1$ であることは，$x^2+y^2 \leqq y$ であるための必要条件か，または十分条件か答えよ。

解答▶別冊 62 ページ

第4章 三角関数

第1節 三角関数

1 三角関数の応用問題

ここでは，三角関数のさまざまな応用問題を考えてみましょう。三角関数以外の知識が必要な問題もあります。

例題45 $0<\theta<\frac{\pi}{4}$ で，$\frac{1}{\sin\theta}+\frac{1}{\cos\theta}=\sqrt{15}$ のとき，$\tan\theta$ の値を求めよ。

解答 $\frac{1}{\sin\theta}+\frac{1}{\cos\theta}=\sqrt{15}$ より，$\cos\theta+\sin\theta=\sqrt{15}\sin\theta\cos\theta$ ……①

①の両辺を2乗すると，←和は2乗すると積が出てくる

$(\cos\theta+\sin\theta)^2=15\sin^2\theta\cos^2\theta$

$15\sin^2\theta\cos^2\theta-2\sin\theta\cos\theta-1=0$

$(3\sin\theta\cos\theta-1)(5\sin\theta\cos\theta+1)=0$

←$\sin\theta\cos\theta$ をひとかたまりとみて，たすき掛け

$0<\theta<\frac{\pi}{4}$ であるから，$\sin\theta>0$，$\cos\theta>0$

よって，$\sin\theta\cos\theta>0$ であるから，$\sin\theta\cos\theta=\frac{1}{3}$

①より $\cos\theta+\sin\theta=\frac{\sqrt{15}}{3}$ であるから，解と係数の関係より $\sin\theta$，$\cos\theta$ は t の2次方程式 $t^2-\frac{\sqrt{15}}{3}t+\frac{1}{3}=0$ つまり $3t^2-\sqrt{15}t+1=0$ の2つの解である。

これを解くと，$t=\frac{\sqrt{15}\pm\sqrt{15-4\cdot3\cdot1}}{6}=\frac{\sqrt{15}\pm\sqrt{3}}{6}$

$0<\theta<\frac{\pi}{4}$ では $\sin\theta<\cos\theta$ であるから，$\sin\theta=\frac{\sqrt{15}-\sqrt{3}}{6}$，$\cos\theta=\frac{\sqrt{15}+\sqrt{3}}{6}$

よって，$\tan\theta=\frac{\sin\theta}{\cos\theta}=\frac{\sqrt{15}-\sqrt{3}}{\sqrt{15}+\sqrt{3}}=\boldsymbol{\frac{3-\sqrt{5}}{2}}$ … 答

例題46 △ABC の内角をそれぞれ A，B，C とするとき，等式 $\cos(B+C)=-\cos A$ が成り立つことを証明せよ。

解答 三角形の内角の和は π であるから，$A+B+C=\pi$ つまり $B+C=\pi-A$

よって，$\cos(B+C)=\cos(\pi-A)=-\cos A$ 〔証明終わり〕

演習問題 45

1 次の問いに答えよ。

(1) $\tan\theta=t$ とおくとき，$\dfrac{1+\sin\theta}{1-\sin\theta}+\dfrac{1-\sin\theta}{1+\sin\theta}$ を t を用いて表せ。

(2) $\cos140°=\alpha$ とするとき，$\tan220°$の値をαを用いて表せ。

2 次の問いに答えよ。

(1) $\sin\theta+\cos\theta=\dfrac{1}{3}$ のとき，$\sin^4\theta-\cos^4\theta$ の値を求めよ。

(2) $\sin^3\theta-\cos^3\theta=1$ のとき，$\sin\theta-\cos\theta$ の値を求めよ。

(3) $0\leqq\theta\leqq\pi$ とする。放物線 $y=x^2-2(\sin\theta-\cos\theta)x+\sin^3\theta-\cos^3\theta$ の頂点の座標を $(p,\ q)$ とするとき，q を p を用いて表せ。また，p の値の範囲を求めよ。

3 $\theta=\dfrac{\pi}{5}$ とする。このとき，次の式の値を求めよ。

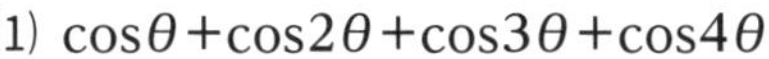

(1) $\cos\theta+\cos2\theta+\cos3\theta+\cos4\theta$

(2) $\sin\theta+\sin3\theta+\sin5\theta+\sin7\theta+\sin9\theta$

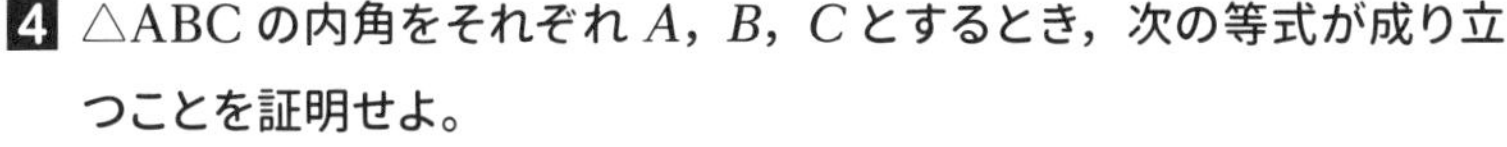

4 △ABC の内角をそれぞれ A，B，C とするとき，次の等式が成り立つことを証明せよ。

(1) $\cos\dfrac{B+C}{2}=\sin\dfrac{A}{2}$　　(2) $\tan\dfrac{A}{2}\tan\dfrac{B+C}{2}=1$

5 次の図は，ある三角関数のグラフである。あとの問いに答えよ。

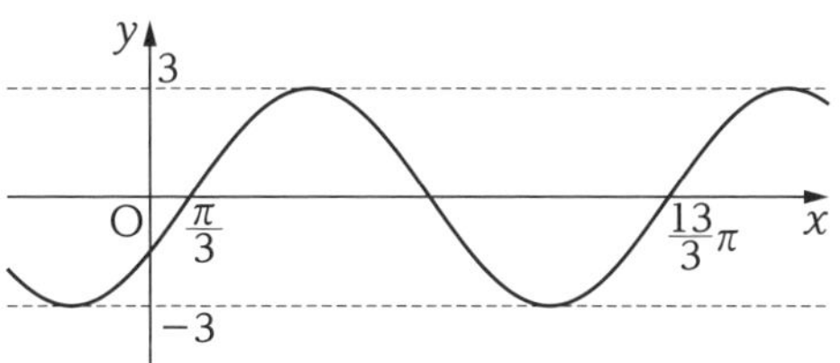

(1) このグラフをサインの式で表せ。

(2) このグラフと直線 $x=2\pi$ に関して対称なグラフを，サインの式で表せ。

解答▶別冊 64 ページ

2 単位円周上の点

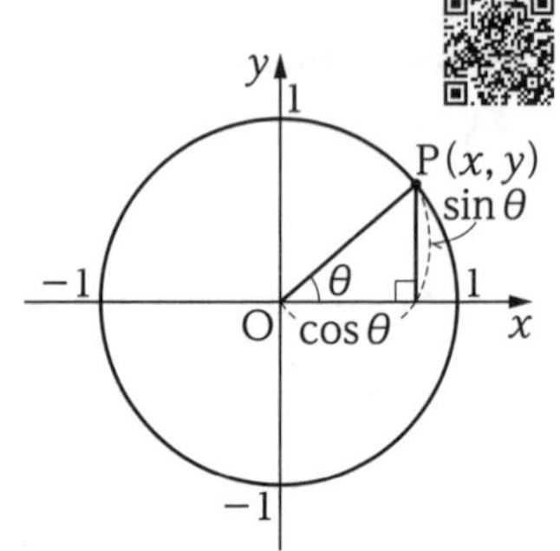

右の図のように，角θの動径と単位円の交点を点 P(x, y) とすると，**cosθは点 P の x 座標の値と等しくなり，sinθは点 P の y 座標の値と等しくなります。**

1 次の sinθと cosθが混在した式が出てくる問題では，このことを利用すると，三角関数の合成を行うよりも簡単に処理できる場合もあります。

例題47 方程式 $\sin\theta+2\cos\theta=k\left(0\leqq\theta\leqq\dfrac{\pi}{2}\right)$ が異なる 2 つの解をもつときの k の値の範囲を求めよ。

考え方 単位円周上の点 (x, y) を考える。

解答 角θの動径と単位円の交点を点 (x, y) とすると，

$x=\cos\theta$, $y=\sin\theta$

つまり，方程式 $\sin\theta+2\cos\theta=k$ は，

$y+2x=k$ かつ $x^2+y^2=1$　ただし，$0\leqq y\leqq 1$, $0\leqq x\leqq 1$ ← $0\leqq\theta\leqq\dfrac{\pi}{2}$であるため

つまり，$\sin\theta+2\cos\theta=k$ が異なる 2 つの解をもつとは，直線 $2x+y-k=0$ ……① と単位円 $x^2+y^2=1$ の $0\leqq y\leqq 1$, $0\leqq x\leqq 1$ の部分……② が異なる 2 点で交わるということである。

k は直線①の切片を表しているので，円の一部分②と直線①が 2 交点をもつとき，k が最小となるのは直線①が点 (1, 0) を通るときである。①に $x=1$, $y=0$ を代入すると，

$k=2\cdot1+0=2$

円の一部分②と直線①が接するとき，円の中心 (0, 0) と直線①との距離が半径 1 に等しいので，

$\dfrac{|2\cdot0+1\cdot0-k|}{\sqrt{2^2+1^2}}=1$　つまり，$k=\sqrt{5}$

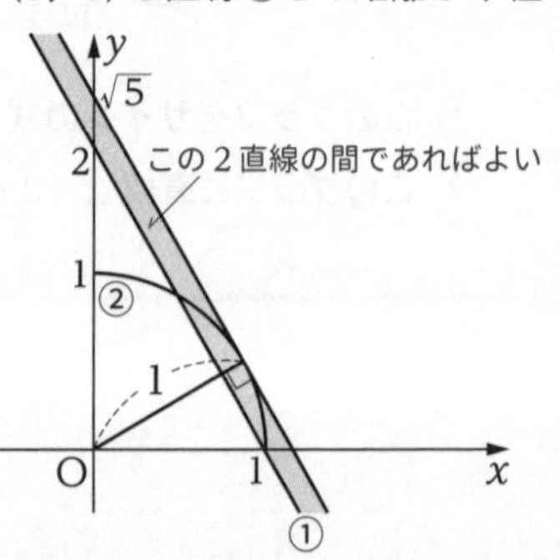

異なる 2 点で交わるには，右の図のように，直線①が点 (1, 0) を通る場合と，直線①が円の一部分②に接する場合の間であればよい(ただし，②に接する場合は交点が 1 つなので除く)。以上より，$\mathbf{2\leqq k<\sqrt{5}}$ … 答

Advice もちろん，三角関数の合成を用いて考えることもできます。しかし，角の変域が $0 \leqq \theta \leqq \dfrac{\pi}{2}$ であるため簡単ではありません。こういった場合は，単位円周上の点で考えたほうが速いです。

演習問題 46

1 $0 \leqq \theta < 2\pi$ のとき，次の不等式を解け。

(1) $\sin\theta > \cos\theta$

(2) $\sqrt{3}\sin\theta + \cos\theta < -1$

2 関数 $f(\theta) = \dfrac{2-\sin\theta}{2-\cos\theta}$ の $0 \leqq \theta < 2\pi$ における最大値と最小値を求めよ。

3 方程式 $k\cos\theta + \sin\theta = 1$ が $0 \leqq \theta \leqq \dfrac{\pi}{6}$ の範囲で解をもつような正の数 k の値の範囲を求めよ。

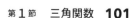

解答▶別冊 68 ページ

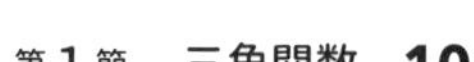

3 三角関数の最大・最小問題

三角関数の最大値や最小値を求める問題では，三角関数の種類をそろえてグラフの利用を考えます。その際，$\sin\theta$ や $\cos\theta$ を文字でおき換えてグラフを考えますが，**おき換えた文字の変域に注意が必要です。**

例題48 $0 \leqq \theta < 2\pi$ とするとき，関数 $y=\sin^2\theta-\cos^2\theta-2\sin\theta-1$ の最大値と最小値を求めよ。

また，そのときの θ の値を求めよ。

考え方 $\sin\theta$ の 1 次の項があるので，$\cos\theta$ を $\sin\theta$ に直すことを考えます。

解答

$y=\sin^2\theta-\cos^2\theta-2\sin\theta-1$

$=\sin^2\theta-(1-\sin^2\theta)-2\sin\theta-1$ ← $\sin^2\theta+\cos^2\theta=1$ を用いて $\sin\theta$ にそろえる

$=2\sin^2\theta-2\sin\theta-2$

ここで，$\sin\theta=t$ とおくと，

$y=2t^2-2t-2$

$=2\left(t-\dfrac{1}{2}\right)^2-\dfrac{5}{2}$

となり，頂点の座標が $\left(\dfrac{1}{2}，-\dfrac{5}{2}\right)$，下に凸である放物線とわかる。

$0 \leqq \theta < 2\pi$ より $-1 \leqq \sin\theta \leqq 1$ つまり $-1 \leqq t \leqq 1$ であることに注意すると，グラフは次の図のようになる。

↑おき換えは変域チェック

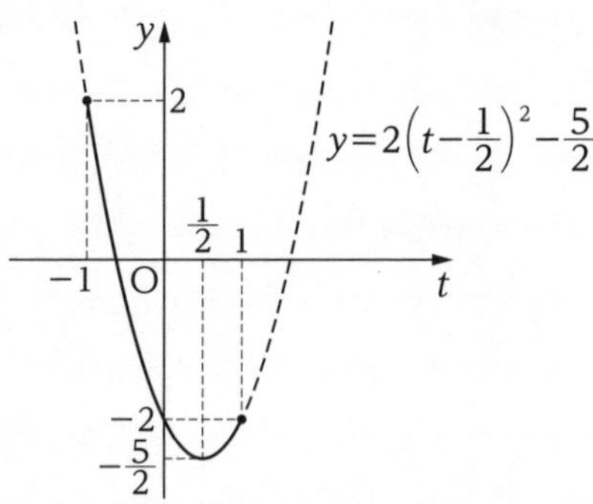

グラフより，$t=-1$ つまり $\sin\theta=-1$ のとき，最大値 2 をとる。

また，$t=\dfrac{1}{2}$ つまり $\sin\theta=\dfrac{1}{2}$ のとき，最小値 $-\dfrac{5}{2}$ をとる。

よって，θ の値を求めると，

$\theta=\dfrac{3}{2}\pi$ のとき最大値 2，$\theta=\dfrac{\pi}{6}$，$\dfrac{5}{6}\pi$ のとき最小値 $-\dfrac{5}{2}$ … 答

演習問題 47

1 次の問いに答えよ。

(1) 関数 $y=\cos^2 x+3\sin x-5$（x はすべての実数）の最大値，最小値とそのときの x の値を求めよ。

(2) 関数 $y=3\cos^2\theta+3\sin\theta-1$ の $\dfrac{\pi}{2}\leqq\theta\leqq\dfrac{7}{6}\pi$ における最大値，最小値とそのときの θ の値を求めよ。

2 a を実数とする。$0\leqq\theta\leqq\pi$ のとき，関数 $y=a\cos\theta-2\sin^2\theta$ において，次の問いに答えよ。

(1) 最大値を求めよ。

(2) 最小値を求めよ。

3 関数 $y=\sin^2 x+a\cos x+b$ の最大値が 2，最小値が -1 のときの定数 a，b の値を求めよ。

4 三角関数の方程式・不等式の応用問題

方程式 $f(x)=k$ の実数解についての問題で，**実数解そのものを求めない場合**，次のことに着目して，グラフをかいて考える方法があります。

Check Point　方程式の実数解とグラフ

方程式 $f(x)=k$ の実数解
　$\Longleftrightarrow$ 関数 $y=f(x)$ のグラフと直線 $y=k$ の共有点の x 座標

例題49　方程式 $2\sin^2\theta+\cos\theta=a$ $(0\leqq\theta\leqq\pi)$ が実数解をもつように定数 a の値の範囲を求めよ。

解答
$2\sin^2\theta+\cos\theta=a$
$2(1-\cos^2\theta)+\cos\theta=a$　←$\sin^2\theta+\cos^2\theta=1$ を用いて $\cos\theta$ にそろえる

ここで，$\cos\theta=t$ とおくと，$0\leqq\theta\leqq\pi$ より $-1\leqq t\leqq1$ の範囲において，
←おき換えは変域チェック

$2(1-t^2)+t=a$

$-2\left(t-\frac{1}{4}\right)^2+\frac{17}{8}=a$

よって，$-1\leqq t\leqq1$ において，関数 $y=-2\left(t-\frac{1}{4}\right)^2+\frac{17}{8}$ のグラフと直線 $y=a$ が共有点をもつ a の値の範囲を求めればよい。

右の図より，共有点をもつ a の値の範囲は，

$\boldsymbol{-1\leqq a\leqq\frac{17}{8}}$ … 答

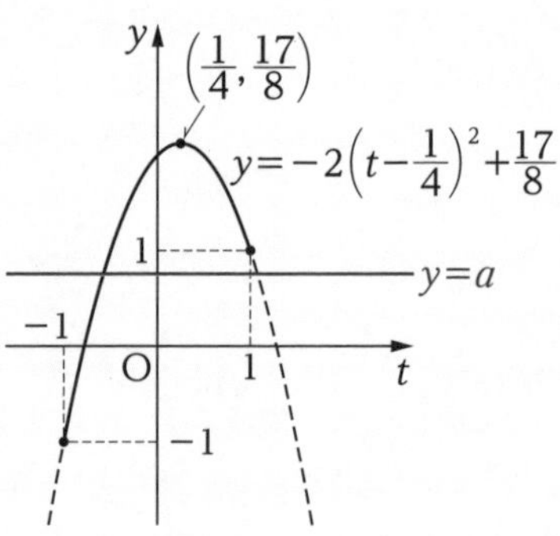

不等式 $f(x)>0$ や $f(x)<0$ などでは，関数 $f(x)$ のグラフと x 軸の上下関係で考えます。
三角関数を含む場合は，文字でおき換えて方程式と同様にグラフをかいて考えます。

例題50 $0 \leqq \theta \leqq \dfrac{\pi}{2}$ を満たすθのどんな値に対しても，不等式
$\cos^2\theta + 2m\sin\theta - 2m - 2 < 0$ が成り立つような m の値の範囲を求めよ。

解答
$\cos^2\theta + 2m\sin\theta - 2m - 2 < 0$
$(1 - \sin^2\theta) + 2m\sin\theta - 2m - 2 < 0$ ←$\sin^2\theta + \cos^2\theta = 1$ を用いて$\sin\theta$にそろえる

$\sin\theta = t$ とおくと，$0 \leqq \theta \leqq \dfrac{\pi}{2}$ より $0 \leqq t \leqq 1$ の範囲において，

$t^2 - 2mt + 2m + 1 > 0$

$(t-m)^2 - m^2 + 2m + 1 > 0$

よって，$f(t) = (t-m)^2 - m^2 + 2m + 1$ とおくと，0≦t≦1 において，関数 $y = f(t)$ のグラフが t 軸より上にあるような m の値の範囲を考える。よって，$f(t)$ の最小値に着目して，軸の位置で場合を分ける。

(i) $m < 0$ のとき，最小値 $f(0) = 2m + 1$
$2m + 1 > 0$ より $m > -\dfrac{1}{2}$ であるから，$-\dfrac{1}{2} < m < 0$ ……① ←$m<0$ であることに注意

(ii) $0 \leqq m \leqq 1$ のとき，最小値 $f(m) = -m^2 + 2m + 1 = -(m-1)^2 + 2$
$0 \leqq m \leqq 1$ で常に$-(m-1)^2 + 2 > 0$ が成り立つから，$0 \leqq m \leqq 1$ ……②

(iii) $1 < m$ のとき，最小値 $f(1) = 2 > 0$ であるから，
$1 < m$ ……③

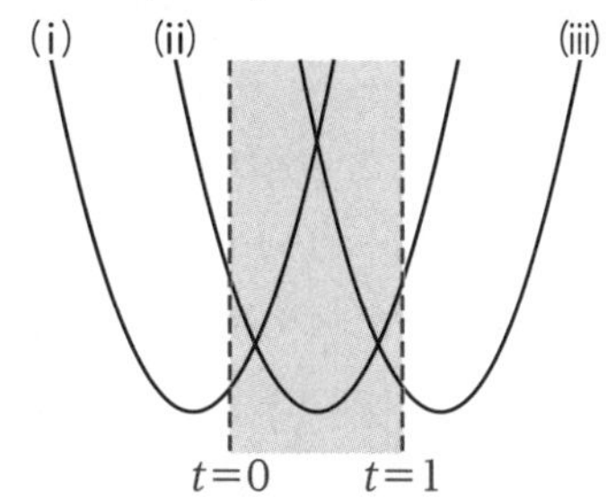

①または②または③より，$\boldsymbol{m > -\dfrac{1}{2}}$ … **答**

演習問題 48

1 方程式 $\cos^2\theta + \sin\theta + a + 1 = 0$ が $0 \leqq \theta \leqq \pi$ の範囲で解をもつように a の値の範囲を求めよ。

2 方程式 $4\cos^2 x + a\cos x + 1 = 0$ の解 x が存在し，かつ，すべて $\dfrac{\pi}{2} < x < \dfrac{3}{2}\pi$ の範囲にあるような a の値の範囲を求めよ。

3 $a\sin^2 x + 6\sin x + 1 \geqq 0$ が常に成り立つような a の値の範囲を求めよ。

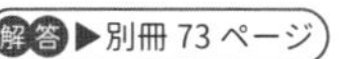
解答▶別冊 73 ページ

5 三角関数の方程式の解の個数

p.104 の例題 49 のように，三角関数を含む方程式で解そのものを求めない場合，文字でおき換えてグラフの共有点として考えました。

ここで気をつけなければいけないのは，例えば $0 \leqq \theta < 2\pi$ の範囲では，**$\sin\theta$ や $\cos\theta$ の値 1 つに対して，対応する角が 2 つ存在する場合がある**という点です。つまり，**$\sin\theta$ や $\cos\theta$ の値の個数と，対応する角 θ の個数が一致しない場合がある点に注意しないといけません。**

三角関数を含む方程式での解の個数を考える際には，**おき換えた関数のグラフと，三角関数のグラフの両方を並べてかく**と考えやすくなります。

例題 51 $0 \leqq \theta < 2\pi$ とするとき，方程式 $\sin^2\theta + \cos\theta + 1 - k = 0$ について，次の条件を満たすような，実数 k のとりうる値や，値の範囲を求めよ。

(1) この方程式が異なる 2 つの実数解をもつ。

(2) この方程式が異なる 3 つの実数解をもつ。

解答 (1) $\sin^2\theta + \cos\theta + 1 - k = 0$

$(1 - \cos^2\theta) + \cos\theta + 1 - k = 0$　←$\sin^2\theta + \cos^2\theta = 1$ を用いて $\cos\theta$ にそろえる

ここで，$\cos\theta = t$ ……①とおくと，$-1 \leqq t \leqq 1$ の範囲において，

$(1 - t^2) + t + 1 = k$　←文字定数は分離しておく

$-t^2 + t + 2 = k$

$-\left(t - \frac{1}{2}\right)^2 + \frac{9}{4} = k$ ……②

$f(t) = -\left(t - \frac{1}{2}\right)^2 + \frac{9}{4}$ とおくと，$-1 \leqq t \leqq 1$ において，関数 $y = f(t)$ のグラフと直線 $y = k$ の共有点を考える。①より，$t = \cos\theta$ のグラフも並べてかくと次のページの図 1 のようになる。

$y = f(t)$ と $y = k$ のグラフの共有点 1 つに対して，その共有点の t 座標に対応する異なる角 θ が 2 つ存在する。ただし，共有点の t 座標が 1 や -1 のときはそれぞれ $\theta = 0$ や $\theta = \pi$ の 1 つだけになることに注意する。

以上より，方程式が異なる 2 つの実数解をもつのは，$y = f(t)$ と $y = k$ のグラフが 1 つの共有点をもち，その共有点の t 座標が -1 でないときである。

よって，$\boldsymbol{k = \frac{9}{4}}$，$\boldsymbol{0 < k < 2}$ … 答

(2) 図 2 のように，方程式が異なる 3 つの実数解をもつのは，$y=f(t)$ と $y=k$ のグラフが異なる 2 つの共有点をもち，そのうちの 1 つが $t=1$ で交わっているときである。つまり，$\boldsymbol{k=2}$ … 答

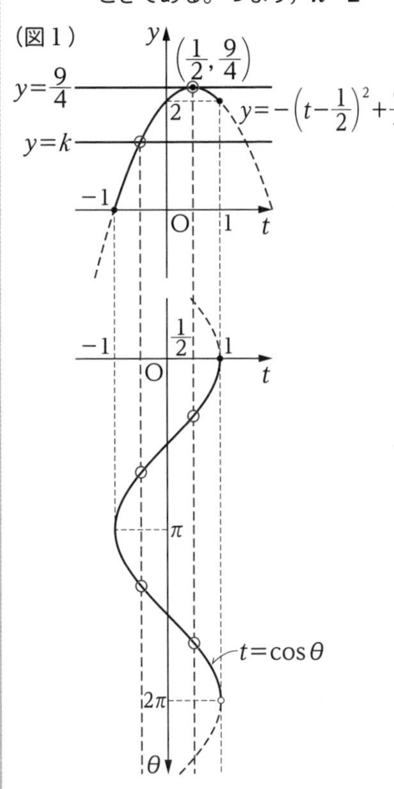

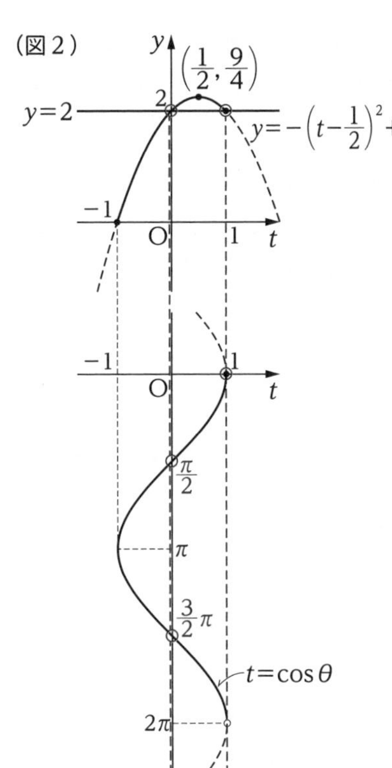

演習問題 49

1 $0 \leqq \theta < 2\pi$ とする。方程式 $4\cos^2\theta+4\cos\theta-4a-3=0$ が実数解 θ を 3 つもつような定数 a の値を定めよ。

2 次の問いに答えよ。

(1) $0 \leqq x < 2\pi$ とする。$\sin x+\cos x$ のとりうる値の範囲を求めよ。

(2) 方程式 $\sin x+\cos x+2\sqrt{2}\sin x\cos x=a$ $(0 \leqq x < 2\pi)$ の解の個数を定数 a の値で場合分けして答えよ。

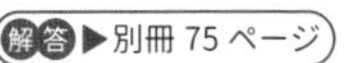
解答▶別冊 75 ページ

第2節 加法定理

1 加法定理の証明

「基本大全 Basic 編」では直角三角形を組み合わせて，加法定理の証明を考えました。ここでは，2 点間の距離の公式と余弦定理を用いた証明を考えてみましょう。

次の図のように，角α，角βの動径と単位円の交点をそれぞれ A，B とすると，点 A，B の座標は，$A(\cos\alpha, \sin\alpha)$，$B(\cos\beta, \sin\beta)$ と表すことができます。ここで，線分 AB の長さに着目します。

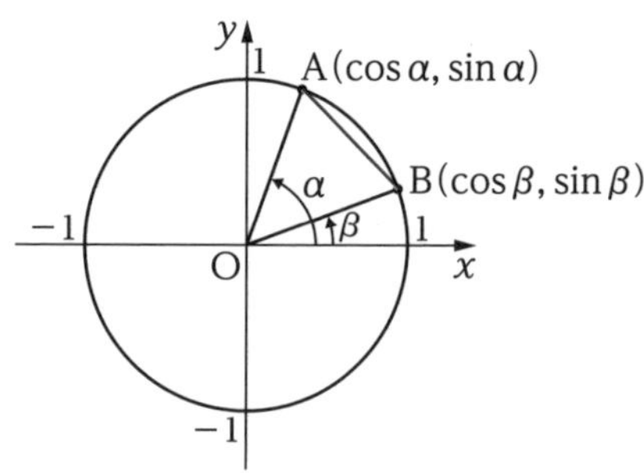

2 点間の距離の公式より，

$$AB^2=\left\{\sqrt{(\cos\alpha-\cos\beta)^2+(\sin\alpha-\sin\beta)^2}\right\}^2$$
$$=(\cos^2\alpha+\sin^2\alpha)+(\cos^2\beta+\sin^2\beta)-2(\cos\alpha\cos\beta+\sin\alpha\sin\beta)$$
$$=2-2(\cos\alpha\cos\beta+\sin\alpha\sin\beta) \quad \cdots\cdots ①$$

△OAB において，**余弦定理を用いると**，

$$AB^2=1^2+1^2-2\cdot1\cdot1\cdot\cos(\alpha-\beta)$$
$$=2-2\cos(\alpha-\beta) \quad \cdots\cdots ②$$

①と②を比較すると，

$$\cos(\alpha-\beta)=\cos\alpha\cos\beta+\sin\alpha\sin\beta \quad \cdots\cdots ③$$ 〔証明終わり〕

③において，$\beta\to-\beta$とおくと，

$$\cos(\alpha+\beta)=\cos\alpha\cos(-\beta)+\sin\alpha\sin(-\beta)$$
↓ $\sin(-\theta)=-\sin\theta$, $\cos(-\theta)=\cos\theta$
$$=\cos\alpha\cos\beta-\sin\alpha\sin\beta$$ 〔証明終わり〕

③において，$\alpha\to\frac{\pi}{2}-\alpha$とおくと，

$$\cos\left(\frac{\pi}{2}-\alpha-\beta\right)=\cos\left(\frac{\pi}{2}-\alpha\right)\cos\beta+\sin\left(\frac{\pi}{2}-\alpha\right)\sin\beta$$

$\downarrow$ $\sin\left(\frac{\pi}{2}-\theta\right)=\cos\theta$, $\cos\left(\frac{\pi}{2}-\theta\right)=\sin\theta$

$$\cos\left\{\frac{\pi}{2}-(\alpha+\beta)\right\}=\sin\alpha\cos\beta+\cos\alpha\sin\beta$$

$\downarrow$ $\cos\left(\frac{\pi}{2}-\theta\right)=\sin\theta$

$\sin(\alpha+\beta)=\sin\alpha\cos\beta+\cos\alpha\sin\beta$ ……④ 〔証明終わり〕

④において，$\beta\to-\beta$とおくと，

$\sin(\alpha-\beta)=\sin\alpha\cos(-\beta)+\cos\alpha\sin(-\beta)$

$\downarrow$ $\sin(-\theta)=-\sin\theta$, $\cos(-\theta)=\cos\theta$

$=\sin\alpha\cos\beta-\cos\alpha\sin\beta$ 〔証明終わり〕

演習問題 50

1 右の図のように，原点 O を中心とする単位円を考え，動径 OP の角をα，動径 OQ の角を$\alpha+\beta$，動径 OR の角を$-\beta$ $(\alpha>0,\ \beta>0)$とする。単位円と x 軸の交点を A とするとき，AQ と PR の長さに着目して余弦（コサイン）の加法定理

$\cos(\alpha+\beta)=\cos\alpha\cos\beta-\sin\alpha\sin\beta$

が成立することを証明せよ。

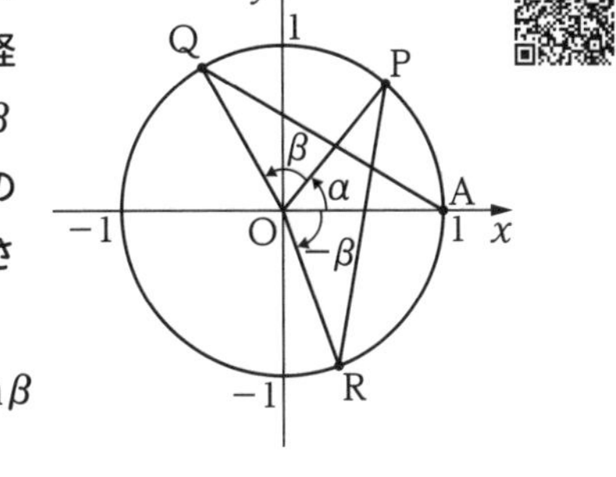

2 右の図の三角形を利用して，正弦（サイン）の加法定理

$\sin(\alpha+\beta)=\sin\alpha\cos\beta+\cos\alpha\sin\beta$

$\left(ただし，0<\alpha<\frac{\pi}{2},\ 0<\beta<\frac{\pi}{2}\right)$

が成り立つことを証明せよ。

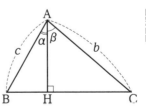

解答▶別冊 77 ページ

2 加法定理の応用問題

角が和の形や差の形で表されている三角関数では，加法定理が有効です。

例題52 $0<\alpha<\dfrac{\pi}{2}$，$-\dfrac{\pi}{2}<\beta<0$ とする。$\tan\alpha=2$, $\tan\beta=-3$ であるとき，次の値を求めよ。

(1) $\tan(\alpha-\beta)$　　　　(2) $\alpha-\beta$

考え方 $\tan\alpha$, $\tan\beta$ の値から角 α，β を求めることができなくても，$\tan(\alpha-\beta)$ の値から角 $\alpha-\beta$ を求められる場合があります。

解答 (1) $\tan(\alpha-\beta)=\dfrac{\tan\alpha-\tan\beta}{1+\tan\alpha\tan\beta}=\dfrac{2-(-3)}{1+2\cdot(-3)}=\mathbf{-1}$ … 答

(2) $0<\alpha<\dfrac{\pi}{2}$，$-\dfrac{\pi}{2}<\beta<0$ であるから，$0<\alpha-\beta<\pi$ ← $0<-\beta<\dfrac{\pi}{2}$ との和をとる

よって，(1)の結果より $\tan(\alpha-\beta)=-1$ となる角は，$\alpha-\beta=\dfrac{\mathbf{3}}{\mathbf{4}}\pi$ … 答

次の例題のような三角関数の連立方程式では，2 式の両辺をそれぞれ 2 乗して左辺どうし，右辺どうしを足すことで，加法定理の逆を利用することができます。

例題53 連立方程式 $\begin{cases}\sin x+\sin y=1 & \cdots\cdots① \\ \cos x+\cos y=\sqrt{3} & \cdots\cdots②\end{cases}$ を解け。ただし，$0\leqq x\leqq\pi$，$0\leqq y\leqq\pi$ とする。

解答 ①，②の両辺をそれぞれ 2 乗すると，

$$\begin{cases}\sin^2 x+2\sin x\sin y+\sin^2 y=1 \\ \cos^2 x+2\cos x\cos y+\cos^2 y=3\end{cases}$$

2 式を足すと，

$$(\sin^2 x+\cos^2 x)+2(\cos x\cos y+\sin x\sin y)+(\sin^2 y+\cos^2 y)=4$$

$$1+2\cos(x-y)+1=4$$ ← 加法定理の逆

$$\cos(x-y)=1$$

$0\leqq x\leqq\pi$，$0\leqq y\leqq\pi$ より $-\pi\leqq x-y\leqq\pi$ であるから，← $-\pi\leqq -y\leqq 0$ との和をとる

$x-y=0$ つまり $x=y$

これを①，②に代入すると，$2\sin x=1$ より，$\sin x=\dfrac{1}{2}$

$2\cos x=\sqrt{3}$ より，$\cos x=\dfrac{\sqrt{3}}{2}$　よって，$x=\dfrac{\pi}{6}$

$x=y$ であるから，$x=\frac{\pi}{6}$，$y=\frac{\pi}{6}$ … 答

別解 p.100 で学んだ「単位円周上の点」の考え方を利用することもできる。角 x の動径と単位円の交点が $(\cos x, \sin x)$，角 y の動径と単位円の交点が $(\cos y, \sin y)$ とおける。与式の両辺をそれぞれ 2 で割ると，

$$\begin{cases} \frac{\sin x+\sin y}{2}=\frac{1}{2} \\ \frac{\cos x+\cos y}{2}=\frac{\sqrt{3}}{2} \end{cases}$$

これは，点 $(\cos x, \sin x)$ と点 $(\cos y, \sin y)$ の中点の座標が $\left(\frac{\sqrt{3}}{2}, \frac{1}{2}\right)$ であることを表している。$\left(\frac{\sqrt{3}}{2}, \frac{1}{2}\right)$ は単位円周上の点であるから，点 $(\cos x, \sin x)$ と点 $(\cos y, \sin y)$ の中点の座標が $\left(\frac{\sqrt{3}}{2}, \frac{1}{2}\right)$ であるのは，$(\cos x, \sin x)$ と $(\cos y, \sin y)$ がともに $\left(\frac{\sqrt{3}}{2}, \frac{1}{2}\right)$ に等しいときである。

$0\leqq x\leqq\pi$，$0\leqq y\leqq\pi$ であることに注意すると，$x=\frac{\pi}{6}$，$y=\frac{\pi}{6}$ … 答

演習問題 51

1 $0\leqq\alpha\leqq\pi$，$0\leqq\beta\leqq\pi$ とする。

連立方程式 $\begin{cases} \sin\alpha+\sin\beta=1 \\ \cos\alpha+\cos\beta=1 \end{cases}$ を解け。

2 $\frac{\pi}{3}<\alpha<\beta<\gamma<\frac{\pi}{2}$ とする。$\tan\alpha=2$, $\tan\beta=4$, $\tan\gamma=13$ であるとき，次の値を求めよ。

(1) $\tan(\alpha+\beta+\gamma)$　　(2) $\alpha+\beta+\gamma$

3 $-\frac{\pi}{2}<x<y<\frac{\pi}{2}$ とする。$\tan x+\tan y=1$, $\tan(x+y)=\frac{1}{2}$ のとき，次の値を求めよ。

(1) $\tan x$, $\tan y$　　(2) $\cos(x-y)$

4 右の図のように，平面上に OA=2，OB=6, OC=c，$\angle\mathrm{AOC}=\frac{\pi}{2}$ となる点がある。このとき，$\angle\mathrm{ACB}=\theta$ として θ が最大となるときの $\tan\theta$ の値を求めよ。

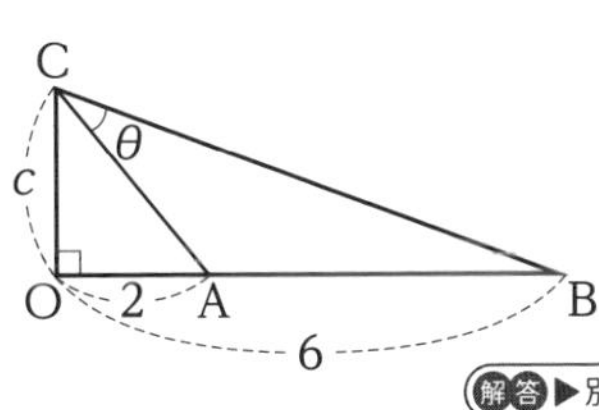

解答▶別冊 78 ページ

3 回転移動

ある点を原点 O を中心としてθだけ回転させた点の座標は，加法定理を利用して求めることができます。

次の図のように原点 O を中心とした半径 r の円があるとき，点 P の座標は

$(x_0,\ y_0)=(r\cos\alpha,\ r\sin\alpha)$

と表すことができます。

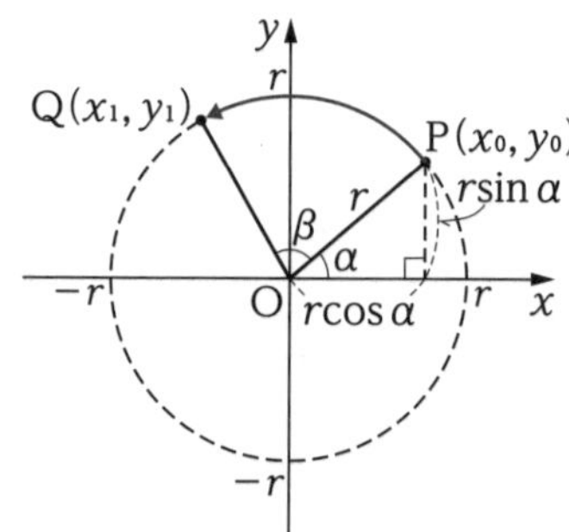

この点からさらにβだけ回転した点 Q の座標の求め方を考えます。動径 OQ と x 軸の正の向きとのなす角が$\alpha+\beta$となるので，

$(x_1,\ y_1)=(r\cos(\alpha+\beta),\ r\sin(\alpha+\beta))$

よって，加法定理を用いると，

$(x_1,\ y_1)=\underline{(r(\cos\alpha\cos\beta-\sin\alpha\sin\beta),\ r(\sin\alpha\cos\beta+\cos\alpha\sin\beta))}$

x 座標はコサインの加法定理，y 座標はサインの加法定理

$=(r\cos\alpha\ \cos\beta-r\sin\alpha\ \sin\beta,\ r\sin\alpha\ \cos\beta+r\cos\alpha\ \sin\beta)$

$=(x_0\cos\beta-y_0\sin\beta,\ y_0\cos\beta+x_0\sin\beta)$

と表せることがわかります。

例題54 右の図のように，外接円の中心を原点 O に一致させた正方形 ABCD がある。点 A の座標が (1，2) であるとき，残り 3 点の座標を加法定理を利用してそれぞれ求めよ。

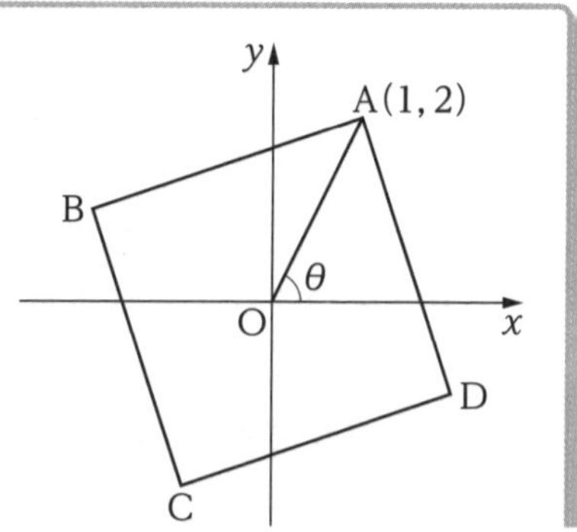

解答 $OA=\sqrt{5}$ であるから，OA と x 軸の正の向きとのなす角をθとすると，点 A の座標は，

$$(1,\ 2)=(\sqrt{5}\cos\theta,\ \sqrt{5}\sin\theta)$$

OB は OA を$\dfrac{\pi}{2}$だけ回転させたものであるから，点 B の座標を $(x_1,\ y_1)$ とすると，

$$x_1=\sqrt{5}\cos\left(\theta+\frac{\pi}{2}\right)=\sqrt{5}\left(\cos\theta\cos\frac{\pi}{2}-\sin\theta\sin\frac{\pi}{2}\right)$$
$$=1\cdot0-2\cdot1=-2$$

（$\sqrt{5}\cos\theta=1$，$\sqrt{5}\sin\theta=2$）

$$y_1=\sqrt{5}\sin\left(\theta+\frac{\pi}{2}\right)=\sqrt{5}\left(\sin\theta\cos\frac{\pi}{2}+\cos\theta\sin\frac{\pi}{2}\right)$$
$$=2\cdot0+1\cdot1=1$$

（$\sqrt{5}\cos\theta=1$，$\sqrt{5}\sin\theta=2$）

よって，**B(−2，1)** … 答

同様にして，OC は OA を π だけ回転させたもの，OD は OA を $\dfrac{3}{2}\pi$ だけ回転させたものであるから，$C(x_2,\ y_2)$，$D(x_3,\ y_3)$ とおくと，

$$x_2=\sqrt{5}\cos(\theta+\pi)=\sqrt{5}(\cos\theta\cos\pi-\sin\theta\sin\pi)=1\cdot(-1)-2\cdot0=-1$$
$$y_2=\sqrt{5}\sin(\theta+\pi)=\sqrt{5}(\sin\theta\cos\pi+\cos\theta\sin\pi)=2\cdot(-1)+1\cdot0=-2$$

よって，**C(−1，−2)** … 答

$$x_3=\sqrt{5}\cos\left(\theta+\frac{3}{2}\pi\right)=\sqrt{5}\left(\cos\theta\cos\frac{3}{2}\pi-\sin\theta\sin\frac{3}{2}\pi\right)$$
$$=1\cdot0-2\cdot(-1)=2$$
$$y_3=\sqrt{5}\sin\left(\theta+\frac{3}{2}\pi\right)=\sqrt{5}\left(\sin\theta\cos\frac{3}{2}\pi+\cos\theta\sin\frac{3}{2}\pi\right)$$
$$=2\cdot0+1\cdot(-1)=-1$$

よって，**D(2，−1)** … 答

演習問題 52

右の図のように，外接円の中心を原点 O に一致させた正三角形 ABC がある。点 A の座標が (3，4) であるとき，残り 2 点 B，C の座標をそれぞれ求めよ。

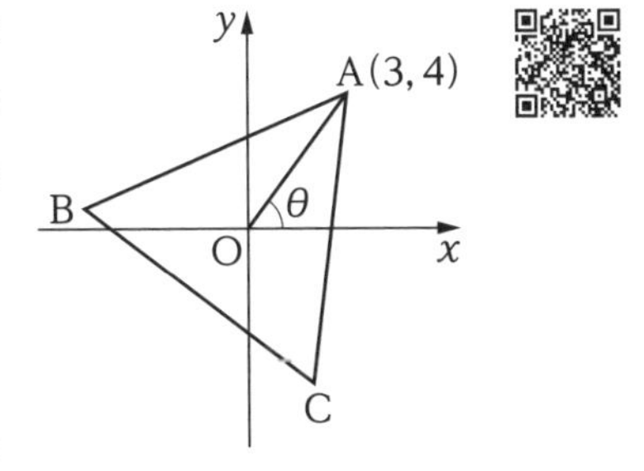

解答 ▶ 別冊 81 ページ

4 2倍角の公式と最大・最小問題

p.102 で学んだように，三角関数の最大値や最小値を求める問題では，三角関数の種類をそろえてグラフの利用を考えます。ここでは，**三角関数の種類だけでなく，角もそろえるために，2倍角の公式を利用します。**

例題55 関数 $y=-2\cos 2\theta-4\sin\theta-3$ の最大値と最小値，およびそのときの θ の値を求めよ。ただし，$0 \leqq \theta < 2\pi$ とする。

考え方〉まず，2倍角の公式を用いて三角関数の種類と角をそろえることを考えます。コサインの2倍角ではどの公式を使うのかを考えましょう。

解答

$y=-2\cos 2\theta-4\sin\theta-3$
$=-2(1-2\sin^2\theta)-4\sin\theta-3$ ← 角を θ にそろえる+$\sin\theta$ にそろえる
$=4\sin^2\theta-4\sin\theta-5$

ここで，$\sin\theta=t$ とおくと，

$y=4t^2-4t-5$
$=4\left(t-\frac{1}{2}\right)^2-6$

$0 \leqq \theta < 2\pi$ より $-1 \leqq \sin\theta \leqq 1$ つまり $-1 \leqq t \leqq 1$ であることに注意すると，グラフは次の図のようになる。
↑おき換えは変域チェック

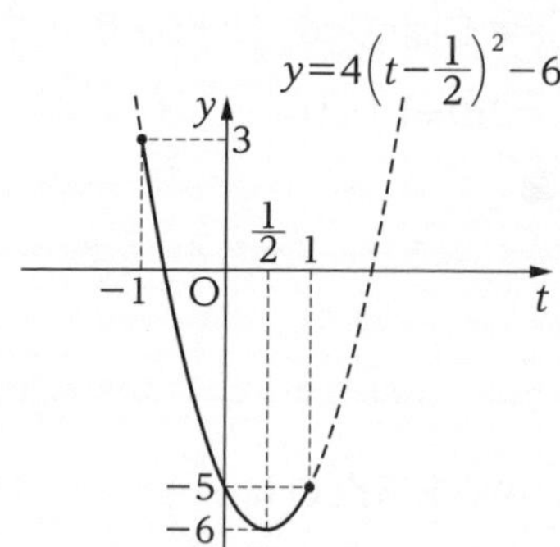

グラフより，$t=-1$ で最大値3

このとき，$t=\sin\theta=-1$ であるから，$\theta=\frac{3}{2}\pi$

また，$t=\frac{1}{2}$ で最小値 -6

このとき，$t=\sin\theta=\frac{1}{2}$ であるから，$\theta=\frac{\pi}{6}$，$\frac{5}{6}\pi$

以上より，

$\theta=\frac{3}{2}\pi$ **のとき最大値 3，** $\theta=\frac{\pi}{6}$，$\frac{5}{6}\pi$ **のとき最小値** -6 … 答

演習問題 53

1 関数 $y=2\cos 2x+4\cos x-2$ の $0\leqq x<2\pi$ における最大値と最小値，またそのときの x の値を求めよ。

2 a を定数とする。関数 $f(x)=-\frac{1}{2}\cos 2x+2a\cos x+\frac{1}{2}$ について $f(x)$ の最大値と最小値を求めよ。ただし，$0\leqq x<2\pi$ とする。

3 k を定数とするとき，関数 $y=4\sin x-k\cos 2x$ の最大値と最小値を求めよ。ただし，$0\leqq x\leqq 2\pi$ とする。

解答▶別冊 82 ページ

5 $\tan\frac{\theta}{2}$と $\sin\theta$，$\cos\theta$

$\sin\theta$，$\cos\theta$の値は，$\tan\frac{\theta}{2}$を用いて表すことができます。分母に 1 があると考えて，$\sin^2\alpha+\cos^2\alpha=1$ を利用するところがポイントです。

$$\sin\theta=\sin\left(2\times\frac{\theta}{2}\right)$$

2 倍角の公式 $\sin 2\alpha=2\sin\alpha\cos\alpha$

$$=2\sin\frac{\theta}{2}\cos\frac{\theta}{2}$$

$\cos^2\alpha+\sin^2\alpha=1$

$$=\frac{2\sin\frac{\theta}{2}\cos\frac{\theta}{2}}{\cos^2\frac{\theta}{2}+\sin^2\frac{\theta}{2}}$$

分子と分母を $\cos^2\frac{\theta}{2}$で割る

$$=\frac{2\cdot\frac{\sin\frac{\theta}{2}}{\cos\frac{\theta}{2}}}{1+\left(\frac{\sin\frac{\theta}{2}}{\cos\frac{\theta}{2}}\right)^2}$$

$$=\frac{2\tan\frac{\theta}{2}}{1+\tan^2\frac{\theta}{2}}$$

$$\cos\theta=\cos\left(2\times\frac{\theta}{2}\right)$$

2 倍角の公式 $\cos 2\alpha=\cos^2\alpha-\sin^2\alpha$

$$=\cos^2\frac{\theta}{2}-\sin^2\frac{\theta}{2}$$

$\cos^2\alpha+\sin^2\alpha=1$

$$=\frac{\cos^2\frac{\theta}{2}-\sin^2\frac{\theta}{2}}{\cos^2\frac{\theta}{2}+\sin^2\frac{\theta}{2}}$$

分子と分母を $\cos^2\frac{\theta}{2}$で割る

$$=\frac{1-\left(\frac{\sin\frac{\theta}{2}}{\cos\frac{\theta}{2}}\right)^2}{1+\left(\frac{\sin\frac{\theta}{2}}{\cos\frac{\theta}{2}}\right)^2}$$

$$=\frac{1-\tan^2\frac{\theta}{2}}{1+\tan^2\frac{\theta}{2}}$$

以上より，$\sin\theta$と$\cos\theta$の値は，次のように表すことができます。

Check Point　$\tan\frac{\theta}{2}$と$\sin\theta$，$\cos\theta$

$\tan\frac{\theta}{2}=t$とすると，

$$\sin\theta=\frac{2t}{1+t^2},\ \cos\theta=\frac{1-t^2}{1+t^2}$$

ただし，nを整数とすると，$\theta\neq(2n-1)\pi$

Advice これは，2倍角の公式と同様に角を半分にする式と考えることができますが，タンジェントのみで表すことができる点が異なります。特にサインの2倍角の公式はサインとコサインの2つの三角関数を用いますが，この公式ではタンジェントのみで表せるため，式の値の変化を考える際に便利な形といえます。

証明　別の証明方法も考えておきましょう。$\tan\frac{\theta}{2}=t$とします。

$$\begin{aligned}\cos\theta&=\cos\left(2\times\frac{\theta}{2}\right)\\&=2\cos^2\frac{\theta}{2}-1\\&=2\cdot\frac{1}{1+\tan^2\frac{\theta}{2}}-1\\&=\frac{2}{1+t^2}-1\\&=\frac{1-t^2}{1+t^2}\end{aligned}$$

（2倍角の公式 $\cos2\alpha=2\cos^2\alpha-1$）

（$\frac{1}{\cos^2\alpha}=1+\tan^2\alpha$）

〔証明終わり〕

また，この結果を用いると，

$$\begin{aligned}\sin\theta&=\tan\theta\times\cos\theta\\&=\tan\left(2\times\frac{\theta}{2}\right)\times\cos\theta\\&=\frac{2\tan\frac{\theta}{2}}{1-\tan^2\frac{\theta}{2}}\times\cos\theta\\&=\frac{2t}{1-t^2}\times\frac{1-t^2}{1+t^2}\\&=\frac{2t}{1+t^2}\end{aligned}$$

（2倍角の公式 $\tan2\alpha=\frac{2\tan\alpha}{1-\tan^2\alpha}$）

〔証明終わり〕

参考 前ページのCheck Pointより,

$$\tan\theta=\frac{\sin\theta}{\cos\theta}=\frac{\dfrac{2t}{1+t^2}}{\dfrac{1-t^2}{1+t^2}}=\frac{2t}{1-t^2}$$

が成り立つこともわかります。これはタンジェントの 2 倍角の公式そのものですね。

演習問題 54

1 次の問いに答えよ。

(1) $\tan\dfrac{\theta}{2}=t$ とするとき, $\sin\theta$, $\cos\theta$ を t を用いて表せ。

(2) $\sin\theta+\cos\theta=\dfrac{1}{5}$ のとき, $\tan\dfrac{\theta}{2}$ の値を求めよ。

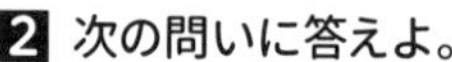

2 次の問いに答えよ。

(1) $\tan x=t$ とするとき, $\sin 2x$, $\cos 2x$ を t で表せ。

(2) $-\dfrac{\pi}{4}\leqq x\leqq\dfrac{\pi}{4}$ のとき, $\dfrac{2+\sin 2x}{1+\cos 2x}$ の最大値と最小値を求めよ。

3 $-\pi<x<\pi$の範囲で方程式

$$(\sqrt{3}+1)\cos^2\frac{x}{2}+\frac{\sqrt{3}-1}{2}\sin x-1=0$$

を解け。

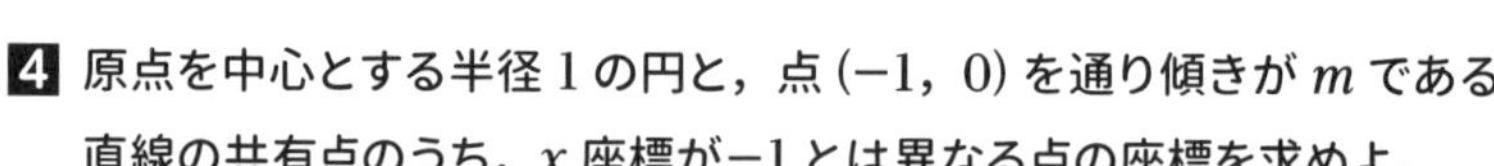

4 原点を中心とする半径 1 の円と, 点 $(-1,\ 0)$ を通り傾きが m である直線の共有点のうち, x 座標が-1とは異なる点の座標を求めよ。

解答▶別冊 85 ページ

6 3倍角の公式

3倍角の公式は，2倍角の公式と同様に，**$3\theta=2\theta+\theta$とおいて加法定理より導くことができます。**また，この考え方を応用すれば，何倍角の公式でも導くことができます。

$$
\begin{aligned}
\sin 3\theta &= \sin(2\theta+\theta) \\
&= \sin 2\theta\cos\theta+\cos 2\theta\sin\theta \quad \text{（加法定理）} \\
&= 2\sin\theta\cos\theta\cdot\cos\theta+(1-2\sin^2\theta)\sin\theta \quad \text{（2倍角の公式）} \\
&= 2\sin\theta\cos^2\theta+(1-2\sin^2\theta)\sin\theta \\
&= 2\sin\theta(1-\sin^2\theta)+\sin\theta-2\sin^3\theta \quad \text{（}\sin\theta\text{にそろえる）} \\
&= 3\sin\theta-4\sin^3\theta
\end{aligned}
$$

〔証明終わり〕

$$
\begin{aligned}
\cos 3\theta &= \cos(2\theta+\theta) \\
&= \cos 2\theta\cos\theta-\sin 2\theta\sin\theta \quad \text{（加法定理）} \\
&= (2\cos^2\theta-1)\cos\theta-2\sin\theta\cos\theta\cdot\sin\theta \quad \text{（2倍角の公式）} \\
&= 2\cos^3\theta-\cos\theta-2\cos\theta\sin^2\theta \\
&= 2\cos^3\theta-\cos\theta-2\cos\theta(1-\cos^2\theta) \quad \text{（}\cos\theta\text{にそろえる）} \\
&= -3\cos\theta+4\cos^3\theta
\end{aligned}
$$

〔証明終わり〕

Check Point　3倍角の公式

$\sin 3\theta=3\sin\theta-4\sin^3\theta$　　$\cos 3\theta=-3\cos\theta+4\cos^3\theta$

参考　動画では，ちょっとした覚え方を紹介しています。

演習問題 55

1 $0\leqq\theta<2\pi$とする。方程式$\sin 3\theta=2\cos 2\theta+1$を満たす$\theta$の値を求めよ。

2 $\theta=\dfrac{\pi}{5}$とするとき，次の問いに答えよ。

(1) $\cos 3\theta+\cos 2\theta=0$を示せ。　　(2) $\cos\theta$の値を求めよ。

3 与えられた正の実数aに対して，$0\leqq x<2\pi$の範囲で，

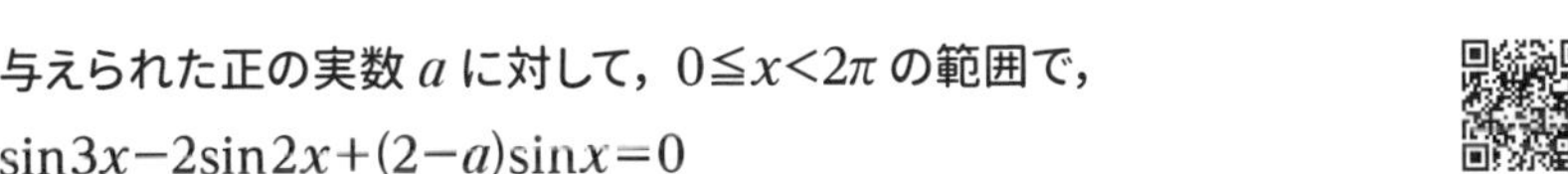

$\sin 3x-2\sin 2x+(2-a)\sin x=0$

は実数解をいくつもつか，aの値で場合を分けて答えよ。

解答▶別冊86ページ

7 積から和への変換

$\sin\alpha\cos\beta$ や $\sin\alpha\sin\beta$ などの積の形は，**$\alpha+\beta$ の加法定理と $\alpha-\beta$ の加法定理を組み合わせることで和の形で表すことができます。**

例えば，サインの加法定理

$$\sin(\alpha+\beta)=\sin\alpha\cos\beta+\cos\alpha\sin\beta$$
$$\sin(\alpha-\beta)=\sin\alpha\cos\beta-\cos\alpha\sin\beta$$

の辺々を加えると，

$$\sin(\alpha+\beta)+\sin(\alpha-\beta)=2\sin\alpha\cos\beta$$

よって，

$$\sin\alpha\cos\beta=\frac{1}{2}\{\sin(\alpha+\beta)+\sin(\alpha-\beta)\}$$

のようにして，積の形を和の形で表すことができました。
このように，サインの加法定理にはサインとコサインの積の形が現れるので，**サインとコサインの積の形を和の形に直すときはサインの加法定理を利用すればよい**ことがわかります。
同様に，コサインの加法定理にはコサインとコサインの積やサインとサインの積の形が現れるので，**サインどうしやコサインどうしの積の形を和の形に直すときはコサインの加法定理を利用すればよい**ことがわかります。
いずれも式の形が似ているので，**公式として覚えるよりも加法定理の組み合わせを考えたほうが確実**です。

Check Point　積から和への変換

[1] $\sin\alpha\cos\beta$ を和の形に直す
　→サインの加法定理を組み合わせる

[2] $\sin\alpha\sin\beta$ または $\cos\alpha\cos\beta$ を和の形に直す
　→コサインの加法定理を組み合わせる

積から和への変換方法だけでなく，**和の形に直したときの三角関数の角度が，「2角の和」と「2角の差」になる**ことも覚えておくとよいでしょう。

例題56 次の式を和（または差）の形に直せ。

(1) $\sin 5\theta \cos 3\theta$　　(2) $\sin 3\theta \sin 2\theta$

解答 (1) サインとコサインの積であるから，サインの加法定理を利用する。

$\sin(5\theta+3\theta)=\sin 5\theta \cos 3\theta+\cos 5\theta \sin 3\theta$

$\sin(5\theta-3\theta)=\sin 5\theta \cos 3\theta-\cos 5\theta \sin 3\theta$

であるから，辺々を加えると，

$\sin(5\theta+3\theta)+\sin(5\theta-3\theta)=2\sin 5\theta \cos 3\theta$

$\sin 8\theta+\sin 2\theta=2\sin 5\theta \cos 3\theta$

$\boldsymbol{\sin 5\theta \cos 3\theta=\frac{1}{2}(\sin 8\theta+\sin 2\theta)}$ … 答

(2) サインどうしの積であるから，コサインの加法定理を利用する。

$\cos(3\theta+2\theta)=\cos 3\theta \cos 2\theta-\sin 3\theta \sin 2\theta$

$\cos(3\theta-2\theta)=\cos 3\theta \cos 2\theta+\sin 3\theta \sin 2\theta$

であるから，辺々を引くと，

$\cos(3\theta+2\theta)-\cos(3\theta-2\theta)=-2\sin 3\theta \sin 2\theta$

$\cos 5\theta-\cos\theta=-2\sin 3\theta \sin 2\theta$

$\boldsymbol{\sin 3\theta \sin 2\theta=-\frac{1}{2}(\cos 5\theta-\cos\theta)}$ … 答

演習問題 56

1 次の問いに答えよ。

(1) $\sin 6\theta \sin 4\theta$を和（または差）の形に直せ。

(2) $\cos 75^\circ \sin 15^\circ$の値を求めよ。

2 $\sin 20^\circ \sin 40^\circ \sin 80^\circ$ の値を求めよ。

3 $0 \leqq x \leqq \pi$ とする。関数 $y=\cos\left(\frac{\pi}{6}+x\right)\cos\left(\frac{\pi}{6}-x\right)$ の最大値と最小値を求めよ。

解答▶別冊 88 ページ

8 和から積への変換

積の形から和の形を導くことができたように，和の形から積の形を導くこともできます。この場合も加法定理を利用して変形します。**p.120** で学んだ積から和への変換を逆にたどることを考えます。

積から和への変換では，和の形に直したときの三角関数の角度がもとの三角関数の 2 つの角の和と差になっていました。したがって，和から積への変換では，和の形の 2 つの角を和$\alpha+\beta$，差$\alpha-\beta$とおいて，加法定理を当てはめることを考えます。

例えば，$\sin x+\sin y$ において，$x=\alpha+\beta$，$y=\alpha-\beta$ ……①とおくと，

$$\sin x+\sin y=\sin(\alpha+\beta)+\sin(\alpha-\beta)$$

↓加法定理

$$=(\sin\alpha\cos\beta+\cos\alpha\sin\beta)+(\sin\alpha\cos\beta-\cos\alpha\sin\beta)$$

$$=2\sin\alpha\cos\beta$$

ここで，①をα，βの連立方程式として解くと$\alpha=\dfrac{x+y}{2}$，$\beta=\dfrac{x-y}{2}$ であるから，

$$\sin x+\sin y=2\sin\frac{x+y}{2}\cos\frac{x-y}{2}$$

とまとめることができます。

和から積への変換も，公式として覚えるよりも**変換方法を理解しておくほうが確実**です。

Check Point　和から積への変換

2 つの角を$\alpha+\beta$，$\alpha-\beta$とおいて加法定理を考える。

例題57 次の式を積の形に変形せよ。

(1) $\sin3\theta+\sin5\theta$

(2) $\cos7\theta-\cos2\theta$

解答 (1) $5\theta=\alpha+\beta$，$3\theta=\alpha-\beta$……① とおくと，

$$\sin3\theta+\sin5\theta=\sin(\alpha-\beta)+\sin(\alpha+\beta)$$

↓加法定理

$$=(\sin\alpha\cos\beta-\cos\alpha\sin\beta)+(\sin\alpha\cos\beta+\cos\alpha\sin\beta)$$

$$=2\sin\alpha\cos\beta$$

①をα，βの連立方程式として解くと，$\alpha=4\theta$，$\beta=\theta$であるから，

$\sin3\theta+\sin5\theta=\boldsymbol{2\sin4\theta\cos\theta}$ … 答

(2) $7\theta=\alpha+\beta$, $2\theta=\alpha-\beta$ ……① とおくと,

$$\cos7\theta-\cos2\theta=\cos(\alpha+\beta)-\cos(\alpha-\beta)$$

↓加法定理

$$=(\cos\alpha\cos\beta-\sin\alpha\sin\beta)-(\cos\alpha\cos\beta+\sin\alpha\sin\beta)$$

$$=-2\sin\alpha\sin\beta$$

①をα, βの連立方程式として解くと, $\alpha=\frac{9}{2}\theta$, $\beta=\frac{5}{2}\theta$であるから,

$\cos7\theta-\cos2\theta=\boldsymbol{-2\sin\frac{9}{2}\theta\sin\frac{5}{2}\theta}$ … 答

和から積への変換は方程式や不等式を解くときに利用できます。

例題58 $0\leqq\theta<2\pi$とする。方程式 $\sin3\theta+\sin\theta=0$ を解け。

考え方 3倍角の公式を用いる方法もありますが, 直接積の形をつくることができる和から積への変換のほうが楽に求めることができます。

解答 $3\theta=\alpha+\beta$, $\theta=\alpha-\beta$ ……① とおくと,

$$\sin3\theta+\sin\theta=0$$

$$\sin(\alpha+\beta)+\sin(\alpha-\beta)=0$$

$$(\sin\alpha\cos\beta+\cos\alpha\sin\beta)+(\sin\alpha\cos\beta-\cos\alpha\sin\beta)=0$$

$$2\sin\alpha\cos\beta=0$$

ここで, ①をα, βの連立方程式として解くと$\alpha=2\theta$, $\beta=\theta$であるから,

$$2\sin2\theta\cos\theta=0$$

よって, $0\leqq\theta<2\pi$, $0\leqq2\theta<4\pi$ に注意すると,

$\sin2\theta=0$ より, $2\theta=0$, π, 2π, 3π

$\theta=0$, $\frac{\pi}{2}$, π, $\frac{3}{2}\pi$

$\cos\theta=0$ より, $\theta=\frac{\pi}{2}$, $\frac{3}{2}\pi$

以上より, $\boldsymbol{\theta=0,\ \frac{\pi}{2},\ \pi,\ \frac{3}{2}\pi}$ … 答

和から積への変換でも, 変換方法だけでなく, **積の形に直したときの三角関数の角度が「2角の和の半分」と「2角の差の半分」になること**を確認しておきましょう。

第1章 式と証明
第2章 複素数と方程式
第3章 図形と方程式
第4章 三角関数
第5章 指数関数と対数関数
第6章 微分法と積分法

和から積への変換を用いる問題として，三角形の内角の関係式の問題が有名です。このときは，**内角の和がπであること**を利用します。

例題59 △ABCにおいて，等式

$$\sin A+\sin B+\sin C=4\cos\frac{A}{2}\cos\frac{B}{2}\cos\frac{C}{2}$$

が成り立つことを証明せよ。

解答

$\sin A+\sin B$

$=2\sin\frac{A+B}{2}\cos\frac{A-B}{2}$ ← 和から積への変換

$=2\sin\frac{\pi-C}{2}\cos\frac{A-B}{2}$ ← $A+B+C=\pi$より$A+B=\pi-C$

$=2\sin\left(\frac{\pi}{2}-\frac{C}{2}\right)\cos\frac{A-B}{2}$

$=2\cos\frac{C}{2}\cos\frac{A-B}{2}$ ← $\sin\left(\frac{\pi}{2}-\theta\right)=\cos\theta$

$\sin C$

$=\sin\left(2\cdot\frac{C}{2}\right)$

$=2\sin\frac{C}{2}\cos\frac{C}{2}$ ← 2倍角の公式$\left(\cos\frac{C}{2}をつくる\right)$

$=2\sin\frac{\pi-(A+B)}{2}\cos\frac{C}{2}$ ← $A+B+C=\pi$より$C=\pi-(A+B)$

$=2\sin\left(\frac{\pi}{2}-\frac{A+B}{2}\right)\cos\frac{C}{2}$

$=2\cos\frac{A+B}{2}\cos\frac{C}{2}$ ← $\sin\left(\frac{\pi}{2}-\theta\right)=\cos\theta$

であるから，

$\sin A+\sin B+\sin C$

$=2\cos\frac{C}{2}\cos\frac{A-B}{2}+2\cos\frac{A+B}{2}\cos\frac{C}{2}$

$=2\cos\frac{C}{2}\left(\cos\frac{A-B}{2}+\cos\frac{A+B}{2}\right)$ ← $2\cos\frac{C}{2}$でくくる

$=2\cos\frac{C}{2}\left(\cos\frac{A}{2}\cos\frac{B}{2}+\sin\frac{A}{2}\sin\frac{B}{2}+\cos\frac{A}{2}\cos\frac{B}{2}-\sin\frac{A}{2}\sin\frac{B}{2}\right)$ ← 加法定理

$=2\cos\frac{C}{2}\cdot 2\cos\frac{A}{2}\cos\frac{B}{2}$

$=4\cos\frac{A}{2}\cos\frac{B}{2}\cos\frac{C}{2}$ 〔証明終わり〕

演習問題 57

1 次の問いに答えよ。

(1) $\sin\theta-\sin2\theta$ を積の形に直せ。

(2) $\cos4\theta+\cos3\theta$ を積の形に直せ。

(3) $\sin105^\circ+\sin15^\circ$ の値を求めよ。

(4) $\cos195^\circ-\cos105^\circ$ の値を求めよ。

2 $\cos10^\circ+\cos110^\circ+\cos230^\circ$ の値を求めよ。

3 $0\leqq x<\pi$ とするとき，次の方程式や不等式を解け。

(1) $\cos x-\sin3x-\sin5x=0$

(2) $\sin x+\sin3x>\cos x$

4 連立不等式 $0<x<2\pi$，$0<y<2\pi$，$\cos(2x+y)<\cos x\cos(x+y)$ を満たす点 $(x,\ y)$ の存在する領域を図示せよ。

5 △ABC において，$\angle\mathrm{A}=\dfrac{\pi}{3}$ のとき，次の式のとりうる値の範囲を求めよ。

(1) $\sin B+\sin C$

(2) $\sin B\sin C$

6 △ABC において，次の等式・不等式が成り立つことを証明せよ。

(1) $\cos A+\cos B+\cos C=4\sin\dfrac{A}{2}\sin\dfrac{B}{2}\sin\dfrac{C}{2}+1$

(2) $\sin2A+\sin2B+\sin2C=4\sin A\sin B\sin C$

(3) $\cos A+\cos B\leqq2\sin\dfrac{C}{2}$

解答▶別冊 90 ページ

9 三角関数の合成の応用問題

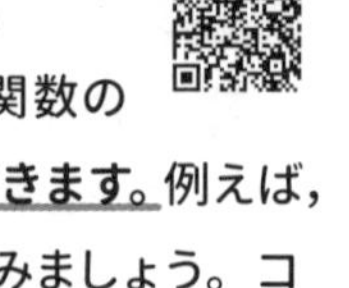

「基本大全 Basic 編」では，サインの加法定理の逆を利用して三角関数の合成を考えましたが，**コサインの加法定理を利用して合成することもできます。**例えば，$a\cos\theta+b\sin\theta$をコサインの加法定理を利用して合成することを考えてみましょう。コサインの加法定理を利用している手順以外は，サインの加法定理を利用するときの手順と同じになります。

$$a\cos\theta+b\sin\theta=\sqrt{a^2+b^2}\left(\frac{a}{\sqrt{a^2+b^2}}\cos\theta+\frac{b}{\sqrt{a^2+b^2}}\sin\theta\right)$$

ここで，

$\dfrac{a}{\sqrt{a^2+b^2}}=\cos\alpha$，$\dfrac{b}{\sqrt{a^2+b^2}}=\sin\alpha$**となる角**$\alpha$**を用意すると，** ← $\cos\theta$の隣が$\cos\alpha$　$\sin\theta$の隣が$\sin\alpha$

$$\begin{aligned}a\cos\theta+b\sin\theta&=\sqrt{a^2+b^2}(\cos\alpha\cos\theta+\sin\alpha\sin\theta)\\&=\sqrt{a^2+b^2}\cos(\theta-\alpha)\end{aligned}$$

（コサインの加法定理の逆）（$\theta-\alpha$：マイナスに注意）

以上のようにして，コサインの加法定理で合成することができました。もちろん，サインの加法定理でも合成は可能ですので，特別な指示がない限りコサインの加法定理を無理に用いる必要はありません。

ただし a，b を正の定数とするとき，**$a\cos\theta-b\sin\theta$の形の場合はコサインの加法定理での合成のほうが結果が扱いやすい形になります。**

例題60 $\cos\theta-\sqrt{3}\sin\theta$をコサインの加法定理を利用して $r\cos(\theta+\alpha)$ の形に変形せよ。ただし，$r>0$，$0<\alpha<\pi$ とする。

解答

$$\begin{aligned}\cos\theta-\sqrt{3}\sin\theta&=\sqrt{1^2+(-\sqrt{3})^2}\left(\frac{1}{2}\cos\theta-\frac{\sqrt{3}}{2}\sin\theta\right)\\&=2\left(\cos\frac{\pi}{3}\cos\theta-\sin\frac{\pi}{3}\sin\theta\right)\\&=2\cos\left(\theta+\frac{\pi}{3}\right)\ \cdots\text{答}\end{aligned}$$

（コサインの加法定理を利用する）（$\theta+\frac{\pi}{3}$：プラスに注意）

注意　差の形の合成は角度が和の形になる点に注意が必要です。

三角関数を合成するとき，例題 60 の $\dfrac{\pi}{3}$ のように角αの大きさが求められない場合もあります。その場合はαとしたまま合成を進めますが，**αがどのような三角関数の値を与える角であるかは言及しておく必要があります。**

例題61 $3\sin\theta+4\cos\theta$ の最大値と最小値を求めよ。ただし，$0\leqq\theta\leqq\dfrac{\pi}{2}$ とする。

解答

$$3\sin\theta+4\cos\theta=\sqrt{3^2+4^2}\left(\frac{3}{5}\sin\theta+\frac{4}{5}\cos\theta\right)$$

ここで，$\dfrac{3}{5}=\cos\alpha$，$\dfrac{4}{5}=\sin\alpha$ となる角 α を用意すると，← α がどのような三角関数の値を与える角かを言及しておく

$$3\sin\theta+4\cos\theta=5(\cos\alpha\sin\theta+\sin\alpha\cos\theta)$$
$$=5\sin(\theta+\alpha)$$

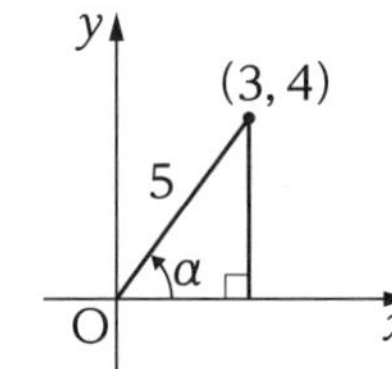

α は $\dfrac{\pi}{4}$ より大きい第 1 象限の角であることに注意すると，次の図より，$\theta+\alpha=\dfrac{\pi}{2}$ のとき最大値をとり，$\theta=\dfrac{\pi}{2}$ のとき最小値をとる。

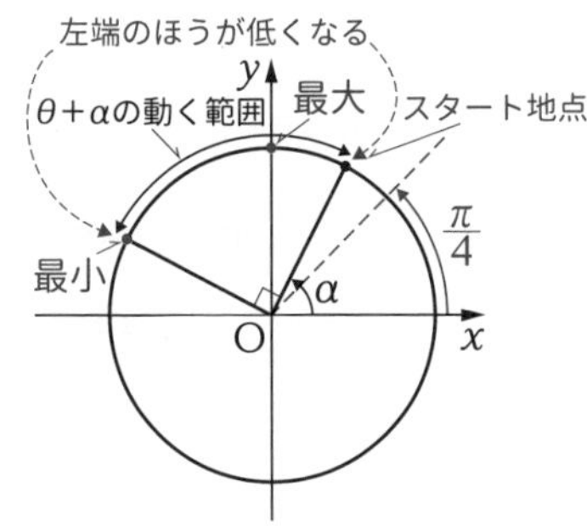

$\theta+\alpha=\dfrac{\pi}{2}$ のとき，$5\sin(\theta+\alpha)=5\cdot1=5$

$\theta=\dfrac{\pi}{2}$ のとき，$5\sin(\theta+\alpha)=5\sin\left(\dfrac{\pi}{2}+\alpha\right)=5\cos\alpha=3$ ← $\cos\alpha=\dfrac{3}{5}$

よって，**最大値 5，最小値 3** … 答

参考 最大値をとるときの $\sin\theta$, $\cos\theta$ の値が必要な場合は次のように求められる。

$\theta+\alpha=\dfrac{\pi}{2}$ より，$\theta=\dfrac{\pi}{2}-\alpha$

$$\sin\theta=\sin\left(\frac{\pi}{2}-\alpha\right)=\cos\alpha=\frac{3}{5}$$

$$\cos\theta=\cos\left(\frac{\pi}{2}-\alpha\right)=\sin\alpha=\frac{4}{5}$$

$\sin\theta+\cos\theta$（または $\sin\theta-\cos\theta$）と $\sin\theta\cos\theta$ を含む関数の最大値や最小値を求めるときは，$\sin\theta+\cos\theta=t$（または $\sin\theta-\cos\theta=t$）とおくと，両辺を 2 乗することで $\sin\theta\cos\theta$ も t で表すことができます。ただしこのとき，**t のとりうる値の範囲を三角関数の合成を利用して考える必要があります。**

例題 62 $0\leqq x<2\pi$ とする。関数 $y=3\sin 2x+6(\sin x+\cos x)+1$ の最大値と最小値を求めよ。

解答

$y=3\sin 2x+6(\sin x+\cos x)+1$

$=3\cdot 2\sin x\cos x+6(\sin x+\cos x)+1$ ……① ←2 倍角の公式

↑$\sin x$ と $\cos x$ の対称式

ここで，$\sin x+\cos x=t$ とおいて両辺を 2 乗すると，

$t^2=(\sin x+\cos x)^2=\sin^2 x+\cos^2 x+2\sin x\cos x=1+2\sin x\cos x$

よって，$\sin x\cos x=\dfrac{t^2-1}{2}$ であるから，①より，

$y=6\cdot\dfrac{t^2-1}{2}+6t+1$

$=3t^2+6t-2$

$=3(t+1)^2-5$ ……②

また，

$t=\sin x+\cos x=\sqrt{2}\sin\left(x+\dfrac{\pi}{4}\right)$ ←三角関数の合成

$-1\leqq\sin\left(x+\dfrac{\pi}{4}\right)\leqq 1$ より，$-\sqrt{2}\leqq t\leqq\sqrt{2}$ ←おき換えたら変域チェック

この範囲において②のグラフを考えると，次の図のようになる。

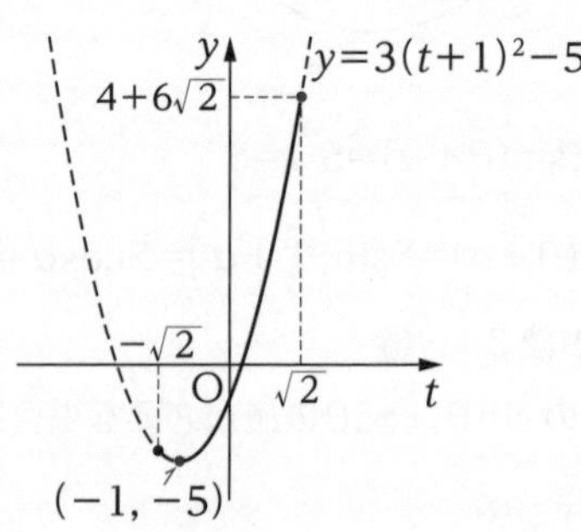

$t=-1$ のとき，**最小値 -5** … 答

$t=\sqrt{2}$ のとき，**最大値 $4+6\sqrt{2}$** … 答

演習問題 58

1 関数 $y=\sin\theta+p\cos\theta$ $\left(0\leqq\theta\leqq\dfrac{\pi}{2}\right)$ について，次の問いに答えよ。

(1) $p>0$ のとき，

$$y=\sin\theta+p\cos\theta=\sqrt{\boxed{\text{ア}}}\cos(\theta-\alpha)$$

と表すことができる。ただし，αは

$$\sin\alpha=\frac{\boxed{\text{イ}}}{\sqrt{\boxed{\text{ア}}}},\ \cos\alpha=\frac{\boxed{\text{ウ}}}{\sqrt{\boxed{\text{ア}}}},\ 0<\alpha<\frac{\pi}{2}$$

を満たすものとする。

$\boxed{\text{ア}}$，$\boxed{\text{イ}}$，$\boxed{\text{ウ}}$ に当てはまる式や数，文字を考えよ。

また，最大値とそのときのθの値を求めよ。

(2) $p<0$ のとき，最大値とそのときのθの値を求めよ。

2 $-\dfrac{\pi}{2}\leqq\theta\leqq\dfrac{\pi}{2}$ とする。

$f(\theta)=2\sin2\theta-3(\sin\theta+\cos\theta)+3$ について，$f(\theta)$ の最大値と最小値を求めよ。

3 $f(x)=5(\sin x-\cos x)^3-6\sin2x$ $(0\leqq x\leqq\pi)$

のとき，$f(x)$ の最大値と最小値を求めよ。

4 a を正の定数とし，$0\leqq\theta\leqq\pi$ とする。

$f(\theta)=\sin2\theta-2a(\sin\theta+\cos\theta)+1$ について，$f(\theta)$ の最小値と最大値を求めよ。

5 $0\leqq\theta<2\pi$ とする。

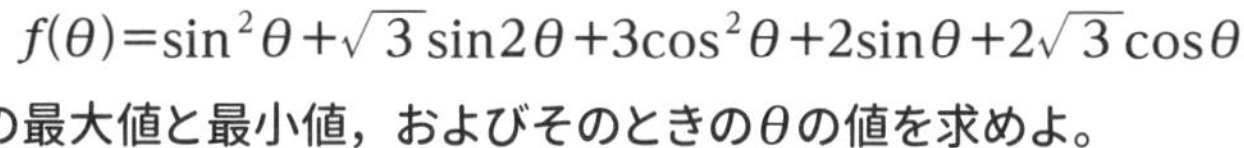

$$f(\theta)=\sin^2\theta+\sqrt{3}\sin2\theta+3\cos^2\theta+2\sin\theta+2\sqrt{3}\cos\theta$$

の最大値と最小値，およびそのときのθの値を求めよ。

解答▶別冊 96 ページ

10 半角の公式と三角関数の合成

$\sin^2\theta$（または $\cos^2\theta$）と $\sin\theta\cos\theta$ を含む式の最大・最小問題は解法が決まっています。そのため，解法そのものはしっかり覚えておきたいですが，**最終的な目的は「変化するものを１つにまとめる」という点になる**ことはしっかり理解しておきましょう。

Check Point $\sin^2\theta$（または $\cos^2\theta$）と $\sin\theta\cos\theta$ を含む式の最大・最小問題

半角の公式を利用した後で，三角関数の合成を行う。

例題63 $0\leqq\theta\leqq\dfrac{\pi}{4}$ とする。$y=2\sin^2\theta-2\sqrt{3}\sin\theta\cos\theta+2$ の最大値と最小値を求めよ。

解答
$$y=2\sin^2\theta-2\sqrt{3}\sin\theta\cos\theta+2$$
$$=2\cdot\frac{1-\cos2\theta}{2}-2\sqrt{3}\cdot\frac{\sin2\theta}{2}+2$$
（$\sin^2\dfrac{\alpha}{2}=\dfrac{1-\cos\alpha}{2}$, $\sin\alpha\cos\alpha=\dfrac{\sin2\alpha}{2}$）
$$=-(\sqrt{3}\sin2\theta+\cos2\theta)+3$$
$$=-2\sin\left(2\theta+\frac{\pi}{6}\right)+3$$
←三角関数の合成

サインの係数が負なので，サインの値が最小のとき最大値，最大のとき最小値をとる。

$0\leqq2\theta\leqq\dfrac{\pi}{2}$ であるから，次の図より，$-2\sin\left(2\theta+\dfrac{\pi}{6}\right)$ が最大となるのは $2\theta=0$ つまり $\theta=0$ のときである。

$\theta=0$ のとき $y=-2\cdot\dfrac{1}{2}+3=2$

また，$-2\sin\left(2\theta+\dfrac{\pi}{6}\right)$ が最小となるのは $2\theta=\dfrac{\pi}{3}$ つまり $\theta=\dfrac{\pi}{6}$ のときである。

$\theta=\dfrac{\pi}{6}$ のとき，$y=-2\cdot1+3=1$

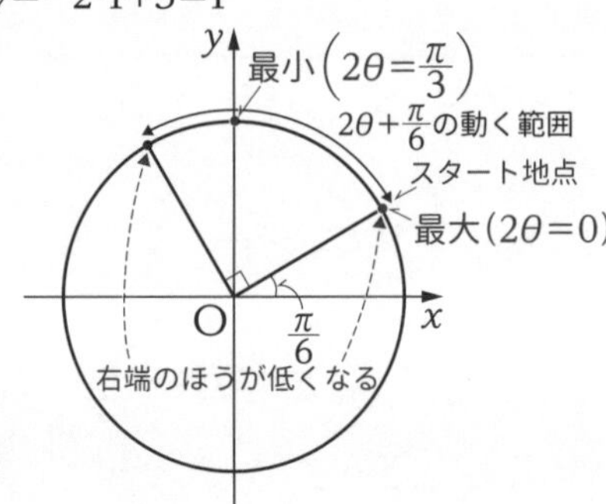

よって，

$\theta=0$ のとき**最大値 2** … 答

$\theta=\dfrac{\pi}{6}$のとき**最小値 1** … 答

演習問題 59

1 関数 $y=3\sin^2\theta-2\sqrt{3}\sin\theta\cos\theta+5\cos^2\theta$ の $0\leqq\theta\leqq\pi$ における最小値と最大値，またそのときのθの値を求めよ。

2 関数 $y=3\sin^2\theta+4\sin\theta\cos\theta+5\cos^2\theta$ の $0\leqq\theta\leqq\pi$ における最大値と最小値を求めよ。

3 不等式

$$4\cos^2\theta-2\sin\theta\cos\theta+2\sin^2\theta\leqq3 \quad (0\leqq\theta<\pi)$$

を解け。

解答▶別冊 100 ページ

第5章 指数関数と対数関数

第1節 指数・対数の計算

1 指数に関する様々な応用問題

指数法則や累乗根の性質などを用いて，指数に関する様々な応用問題にとり組みましょう。

例題64 方程式 $(\sqrt{4+\sqrt{15}})^x+(\sqrt{4-\sqrt{15}})^x=8$ を解け。

考え方〉共役な無理数や複素数では，和と積に着目します。

解答 $\alpha=(\sqrt{4+\sqrt{15}})^x$，$\beta=(\sqrt{4-\sqrt{15}})^x$ とおくと，$\alpha+\beta=8$，

$\alpha\beta=(\underline{\sqrt{4+\sqrt{15}}\cdot\sqrt{4-\sqrt{15}}})^x=(\sqrt{4^2-15})^x=1$ であるからα，βは t の 2 次方程式

↑ $a^mb^m=(ab)^m$

$t^2-8t+1=0$

の 2 つの解である。

$(\alpha, \beta)=(4\pm\sqrt{15}, 4\mp\sqrt{15})$〈複号同順〉であるから，$\alpha$の値に着目すると，

$(\sqrt{4+\sqrt{15}})^x=4+\sqrt{15}$ のとき，

$(4+\sqrt{15})^{\frac{x}{2}}=4+\sqrt{15}$　よって，$x=2$

$(\sqrt{4+\sqrt{15}})^x=4-\sqrt{15}$ のとき，$\alpha\beta=1$ より $\alpha=\dfrac{1}{\beta}=\beta^{-1}$

$\{(\sqrt{4-\sqrt{15}})^x\}^{-1}=4-\sqrt{15}$

$(4-\sqrt{15})^{-\frac{x}{2}}=4-\sqrt{15}$　よって，$x=-2$

以上より，$\boldsymbol{x=\pm2}$ … 答

例題65 $x>0$，$y>0$ とする。連立方程式 $\begin{cases} x^{xy}=y^{100} & \cdots\cdots① \\ y^{xy}=x^{100} & \cdots\cdots② \end{cases}$ を解け。

考え方〉底が 1 の場合に注意します。

解答 ①，②の辺々を掛けると，$(xy)^{xy}=(xy)^{100}$

よって，$xy=1$ または $xy=100$　←底が 1 の場合に注意

$xy=1$ のとき，①，②より $x=y^{100}$，$y=x^{100}$

y を消去すると，$x=x^{10000}$ より $x=1$　よって，$y=1$ である。

$xy=100$ のとき，①，②より $x^{100}=y^{100}$，$y^{100}=x^{100}$

よって，$x=y$ であるから，$xy=100$ より $x=y=10$ である。

以上より，$(x,\ y)=(1,\ 1)$，$(10,\ 10)$ … 答

例題 66 3つの数 $\sqrt{3}$，$\sqrt[3]{7}$，$\sqrt[4]{12}$ の大小を調べて，小さい順に並べよ。

考え方〉底をそろえることができないので，それぞれを n 乗して根号をはずすことを考えます。

解答

$\sqrt{3}=3^{\frac{1}{2}}$，$\sqrt[3]{7}=7^{\frac{1}{3}}$，$\sqrt[4]{12}=12^{\frac{1}{4}}$

2，3，4 の最小公倍数が 12 であることに着目して，

それぞれを 12 乗した数の大小を比較する。

$\left(3^{\frac{1}{2}}\right)^{12}=3^6=729$ $\quad\left(7^{\frac{1}{3}}\right)^{12}=7^4=2401$ $\quad\left(12^{\frac{1}{4}}\right)^{12}=12^3=1728$

それぞれ底が 1 より大きいので，12 乗した数の大小と，12 乗する前の数の大小関係は一致する。よって，$\sqrt{3}$，$\sqrt[4]{12}$，$\sqrt[3]{7}$ … 答

演習問題 60

1 $x=(\sqrt{5}+2)^{\frac{1}{3}}$，$y=(\sqrt{5}-2)^{\frac{1}{3}}$ のとき，$x-y$ の値を求めよ。

2 $x>0$，$y>0$，$z>0$ とする。連立方程式 $\begin{cases} x^y=z \\ y^z=x \\ z^x=y \end{cases}$ を解け。

3 次の3つの数の大小を調べて，小さい順に並べよ。

(1) 2^{40}，3^{30}，5^{20} $\qquad$ (2) $\sqrt{3}$，$\sqrt[3]{5}$，$\sqrt[4]{8}$

4 $0<a<b$ のとき，$A=a^ab^b$，$B=a^bb^a$ とする。このとき，次のそれぞれの方法で A と B の大小を調べよ。

(1) $\dfrac{A}{B}$ を利用する $\qquad$ (2) $A-B$ を利用する

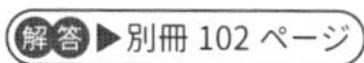

解答▶別冊 102 ページ

2 対数に関する様々な応用問題

対数の定義や対数の性質などを用いて，対数に関する様々な応用問題にとり組みましょう。

例題67 不等式 $\log_9(\log_2 x-1)\leqq\frac{1}{2}$ を解け。

解答 真数は正であるから，

$\log_2 x-1>0$ かつ $x>0$　←$\log_2 x$ と $\log_9(\log_2 x-1)$ の 2 つの対数に着目

であり，$\log_2 x-1>0$ は，

$\log_2 x>1$

$\log_2 x>\log_2 2$

$x>2$　←底 >1 より大小そのまま

$x>0$ との共通部分をとると，$x>2$ ……①

この範囲において，

$\log_9(\log_2 x-1)\leqq\frac{1}{2}$

$\log_9(\log_2 x-1)\leqq\log_9 9^{\frac{1}{2}}$　←$\frac{1}{2}\times1=\frac{1}{2}\log_9 9$

$\log_2 x-1\leqq3$　←底 >1 より大小そのまま

$\log_2 x\leqq4$

$\log_2 x\leqq\log_2 2^4$　←$4=4\times1=4\log_2 2$

$x\leqq16$　←底 >1 より大小そのまま

①との共通部分をとると，$\mathbf{2<x\leqq16}$ … 答　←条件チェックを忘れずに

例題68 a，x を正の数とするとき，次の 3 つの数 A，B，C の大小を，(1)，(2)の場合について，判定せよ。

$A=\log_a x$，$B=(\log_a x)^2$，$C=\log_a(\log_a x)$

(1) $1<x<a$ のとき　　(2) $a^a<x<1$ のとき

解答 (1) $1<x<a$ より，底を a とする各辺の対数をとると，

$\log_a 1<\log_a x<\log_a a$　よって，$0<\log_a x<1$ ……①

①より，$B<A$

また，①の $\log_a x<1$ より，底を a とする両辺の対数をとると，

$\log_a(\log_a x)<\log_a 1$　よって，$\log_a(\log_a x)<0$ つまり $C<0$

A，B は正の数であるから，$\boldsymbol{C<B<A}$ … 答

(2) $a^a<1$ であるから，$0<a<1$ である。このことに注意して，$a^a<x<1$ より a を底とする各辺の対数をとると，

$\log_a a^a>\log_a x>\log_a 1$　←大小は逆向き

よって，$1>a>\log_a x>0$ ……②

②より，$B<A<1$

さらに，②の $a>\log_a x$ より，a を底とする両辺の対数をとると，

$\log_a a<\log_a(\log_a x)$　←大小は逆向き

よって，$1<C$

以上より，$\boldsymbol{B<A<C}$ … 答

演習問題 61

1 次の方程式・不等式を解け。

(1) 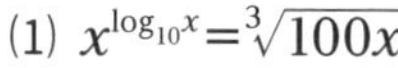 $x^{\log_{10}x}=\sqrt[3]{100x}$　　(2) $\log_a\dfrac{x}{a-1}<\log_{a^2}\left(\dfrac{x}{a-1}+2\right)$

(3) 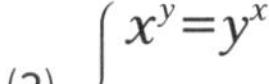 $\begin{cases} x^y=y^x \\ \log_x y+\log_y x=\dfrac{13}{6} \end{cases}$

2 x，y を実数とするとき，次の関係を満たす実数 a の値を求めよ。

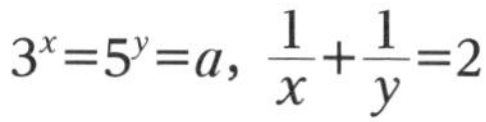
$3^x=5^y=a$，$\dfrac{1}{x}+\dfrac{1}{y}=2$

3 $2\log_{10}(a-b)=\log_{10}a+\log_{10}b$ のとき，$a:b$ の値を求めよ。

4 次の問いに答えよ。

(1) $a^2<b<a<1$ であるとき，$\log_a b$，$\log_b a$，$\log_a\dfrac{a}{b}$，$\log_b\dfrac{b}{a}$，$\dfrac{1}{2}$ を小さい順に並べよ。

(2) $x>1$ かつ $\log_2 x=\log_3 y=\log_4 z=\log_5 w$ のとき，$x^{\frac{1}{2}}$，$y^{\frac{1}{3}}$，$z^{\frac{1}{4}}$，$w^{\frac{1}{5}}$ の大小を調べよ。

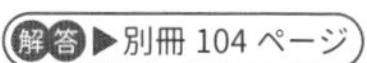
解答▶別冊 104 ページ

3 指数関数・対数関数のグラフの応用問題

指数関数や対数関数のグラフの移動に関しては，他のグラフの移動と同じ考え方で処理できますが，関数が複雑なために間違えやすいです。**いくつかの移動をまとめて考えず，1つ1つの移動について確認しながら考えることが大切です。**

例えば，関数$y=2^{-x+1}$のグラフは,$y=2^x$のグラフをどのように変形したものでしょうか？ $y=2^{-x}$のグラフは$y=2^x$のグラフをy軸に関して対称に移動したグラフ，$y=2^{x+1}$のグラフは$y=2^x$のグラフをx軸方向に-1だけ平行移動したグラフです。このことから，$y=2^{-x+1}$のグラフは$y=2^x$のグラフを「y軸に関して対称移動し，x軸方向に-1だけ平行移動したグラフ」と考えてしまう場合があります。**これは間違いです。**$y=2^x$のグラフをy軸に関して対称移動したグラフは$y=2^{-x}$，そのグラフをx軸方向に-1だけ平行移動したグラフは$y=2^{-(x+1)}=2^{-x-1}$となります。

例題69 関数$y=2^{-x+1}$のグラフは,$y=2^x$のグラフをどのように変形したものか答えよ。

解答 $y=2^{-x+1}=2^{-(x-1)}$であるから，$y=2^x$のグラフを，

y軸に関して対称移動し，x軸方向に1だけ平行移動したグラフである。 …答

（または，**x軸方向に-1だけ平行移動し，y軸に関して対称移動したグラフ**）

注意 移動の順序は入れかえられません。解答の移動の順序を入れかえて「x軸方向に1だけ平行移動し，y軸に関して対称移動したグラフ」とすると，x軸方向に1だけ平行移動して$y=2^{x-1}$，それをy軸に関して対称移動すると$y=2^{-x-1}$となってしまいます。1つの移動ごとにどのような関数の式になるか，確認することが大切です。

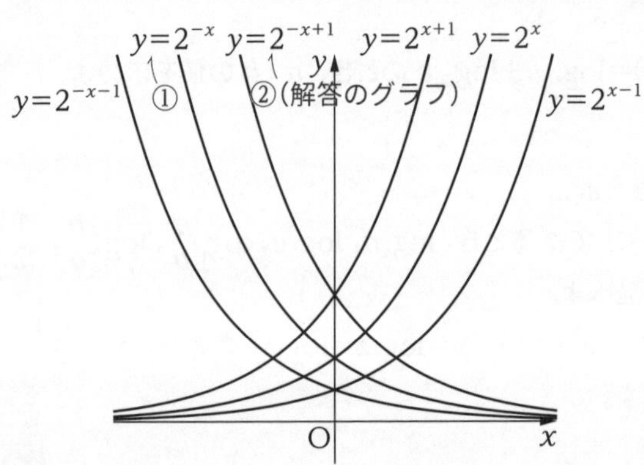

演習問題 62

1 次の問いに答えよ。

(1) 関数 $y=\log_3(54x-81)$ のグラフは，$y=\log_3 2x$ のグラフを x 軸方向に□，y 軸方向に□だけ平行移動したものである。□に当てはまる数を答えよ。

(2) 関数 $y=2^{x-3}+1$ のグラフは，$y=2^x$ のグラフをどのように変形したものか答えよ。また，そのグラフをかけ。

(3) 関数 $y=-\dfrac{2^{-x}}{4}$ のグラフは，$y=2^x$ のグラフをどのように変形したものか答えよ。また，そのグラフをかけ。

(4) 関数 $y=-\log_{\frac{1}{2}}4x$ のグラフは，$y=\log_{\frac{1}{2}}x$ のグラフをどのように変形したものか答えよ。また，そのグラフをかけ。

(5) 関数 $y=\log_3(9-x)$ のグラフは，$y=\log_3 x$ のグラフをどのように変形したものか答えよ。また，そのグラフをかけ。

2 $f(x)=\log_2\left(\dfrac{x}{\sqrt{2}}-\sqrt{2}\right)$ とするとき，次の問いに答えよ。

(1) 曲線 $y=f(x)$ は，曲線 $y=\log_2 x$ を x 軸方向，y 軸方向にそれぞれどれだけ平行移動したものか。

(2) 直線 $y=x$ に関して，曲線 $y=f(x)$ と対称な曲線を $y=g(x)$ とする。$g(x)$ を求めよ。

(3) 曲線 $y=f(x)$ と $y=\log_4(x+a)$ が異なる共有点を 2 つもつような定数 a の値の範囲を求めよ。

3 関数 $f(x)=\log_{\sqrt{2}}(x-1)$ について，次の問いに答えよ。

(1) $f(2)$，$f(3)$，$f(5)$ の値を求めて，$y=f(x)$ のグラフの概形をかけ。

(2) (1)のグラフを用いて，x についての不等式 $f(x)<2x-4$ を解け。

4 p，q を定数とする。x についての方程式 $px+q=|\log_2 x|$ の異なる 3 つの実数解の比が $1:2:3$ であるとき，これらの解を求めよ。

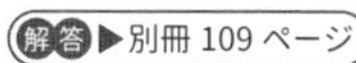
解答▶別冊 109 ページ

4 指数関数・対数関数の最大・最小問題

最大・最小問題の基本はグラフを利用して考えることです。指数関数や対数関数を組み合わせたものはグラフを直接かくことが難しいので，**文字でおき換えてかきやすいグラフに直すことを考えます。その際に，おき換えた文字の変域にも注意することを忘れないようにしましょう。**

例題70 関数 $y=9^x-2\cdot3^{x+1}+1$ $(0\leqq x\leqq 2)$ の最大値と最小値を求めよ。また，そのときの x の値を求めよ。

解答 $3^x=t$ とおく。$0\leqq x\leqq 2$ であるから，

$3^0\leqq 3^x\leqq 3^2$ つまり $1\leqq t\leqq 9$ ←おき換えた文字の変域に注意

この範囲において，

$y=(3^x)^2-2\cdot3^x\cdot3^1+1$ ← $9^x=(3^2)^x=(3^x)^2$，$3^{x+1}=3^x\cdot3^1$

$=t^2-6t+1$

$=(t-3)^2-8$

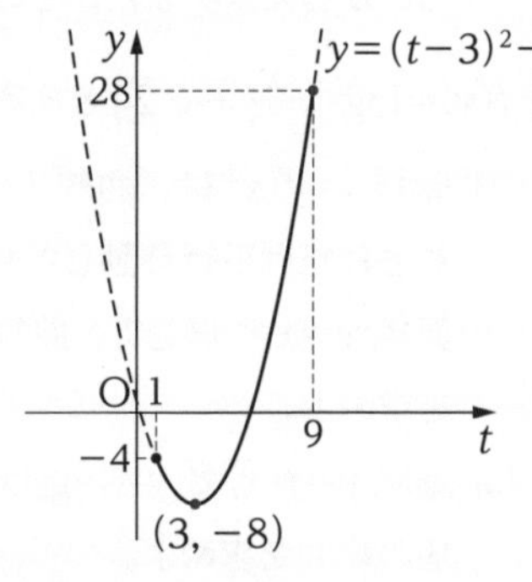

右の図より，$1\leqq t\leqq 9$ の範囲では，

$t=9$ で最大値 28 ←軸から遠いほうが最大

$t=3$ で最小値 -8

$t=9$ のとき，$3^x=9$ より，

$x=2$

$t=3$ のとき，$3^x=3$ より，

$x=1$

よって，**$x=2$ のとき最大値 28，$x=1$ のとき最小値 -8** … 答

例題71 関数 $y=\left(\log_{\frac{1}{2}}x\right)^2-\log_{\frac{1}{2}}x^2+5$ の $\dfrac{1}{8}\leqq x\leqq 1$ における最大値と最小値を求めよ。また，そのときの x の値も求めよ。

解答 $\log_{\frac{1}{2}}x=t$ とおく。$\dfrac{1}{8}\leqq x\leqq 1$ であるから，

$\log_{\frac{1}{2}}\dfrac{1}{8}\geqq\log_{\frac{1}{2}}x\geqq\log_{\frac{1}{2}}1$ ← $0<$ 底 <1 より大小逆向き

つまり，$3\geqq t\geqq 0$ ←おき換えた文字の変域に注意

この範囲において，

$y=\left(\log_{\frac{1}{2}}x\right)^2-2\log_{\frac{1}{2}}x+5$　←$\log_{\frac{1}{2}}x^2=2\log_{\frac{1}{2}}x$

$=t^2-2t+5$

$=(t-1)^2+4$

右の図より，$0 \leqq t \leqq 3$ の範囲では，

$t=3$ で最大値 8　←軸から遠いほうが最大

$t=1$ で最小値 4

$t=3$ のとき，$\log_{\frac{1}{2}}x=3$ より，

$x=\left(\frac{1}{2}\right)^3=\frac{1}{8}$

$t=1$ のとき，$\log_{\frac{1}{2}}x=1$ より，

$x=\frac{1}{2}$

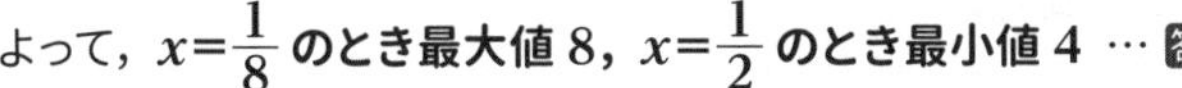

よって，**$x=\frac{1}{8}$ のとき最大値 8，$x=\frac{1}{2}$ のとき最小値 4** … 答

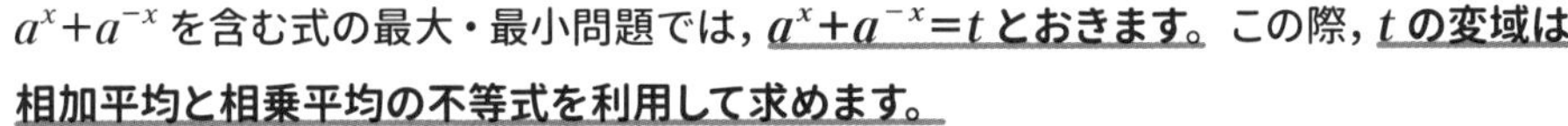

a^x+a^{-x} を含む式の最大・最小問題では，**$a^x+a^{-x}=t$ とおきます。** この際，**t の変域は相加平均と相乗平均の不等式を利用して求めます。**

例題 72　次の関数の最小値を求めよ。また，そのときの x の値を求めよ。

$y=4^x+4^{-x}-2(2^x+2^{-x})+6$

解答　$2^x+2^{-x}=t$ とおく。このとき，$2^x>0$，$2^{-x}>0$ であるから相加平均と相乗平均の不等式より，

$2^x+2^{-x} \geqq 2\sqrt{2^x \cdot 2^{-x}}=2$　つまり $t \geqq 2$ ……①　←おき換えた文字の変域に注意

①の範囲において，

$4^x+4^{-x}=(2^x)^2+(2^{-x})^2$

$=(2^x+2^{-x})^2-2\cdot 2^x \cdot 2^{-x}$　←$a^2+b^2=(a+b)^2-2ab$

$=t^2-2$

であるから，

$y=(t^2-2)-2t+6$

$=t^2-2t+4$

$=(t-1)^2+3$

①の範囲でグラフをかくと右の図のようになるから，$t=2$ のとき最小値 4

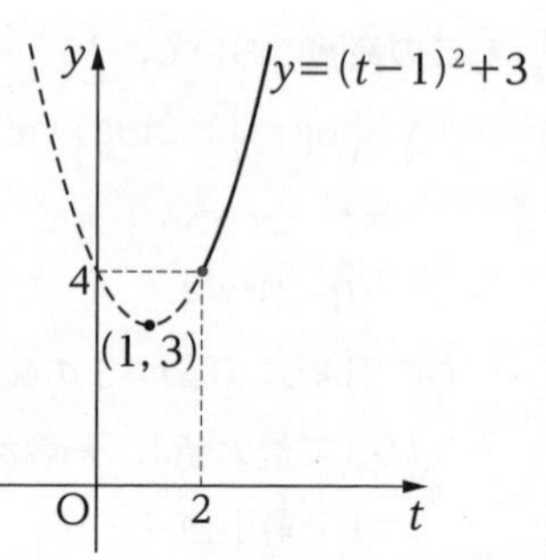

また $t=2$，つまり，①で等号が成立するのは $2^x=2^{-x}$ のときであるから，$2^x+2^{-x}=2$ に代入して，

$$2^x+2^x=2$$
$$2^x=1$$
$$x=0$$

よって，**$x=0$ のとき，最小値 4** … 答

対数の大小は真数の大小に依存しているので，対数関数の最大値や最小値を求めるときは，**真数に着目する場合もあります。**

例題73 関数 $y=\log_2(x^2-2x+3)$ $(-1\leqq x\leqq 2)$ の最大値と最小値を求めよ。また，そのときの x の値を求めよ。

解答 真数の条件より，$x^2-2x+3>0$

変形すると $(x-1)^2+2>0$ であるから $-1\leqq x\leqq 2$ の x で成り立つ。

底が 1 より大きいので，真数が最大・最小のとき，y も最大・最小となる。

よって，真数 $f(x)=x^2-2x+3=(x-1)^2+2$ のグラフを考える。

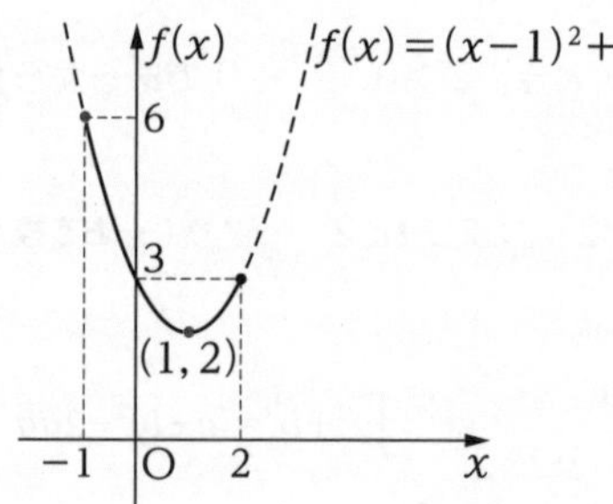

上の図より，$-1\leqq x\leqq 2$ の範囲では $x=-1$ で真数 $f(x)$ は最大値 6 をとる。

このとき，y も最大となるので，**$x=-1$ のとき最大値 $\log_2 6$** … 答

$x=1$ で真数 $f(x)$ は最小値 2 をとる。

このとき，y も最小となるので，**$x=1$ のとき最小値 $\log_2 2=1$** … 答

演習問題 63

1 次の問いに答えよ。

(1) 関数 $f(x)=3^{2x-1}-3^{x+1}$ の最小値を求めよ。

(2) 関数 $f(x)=-(4^x+4^{-x})+2(2^x+2^{-x})+3$ の最大値とそのときの x の値を求めよ。

2 次の問いに答えよ。

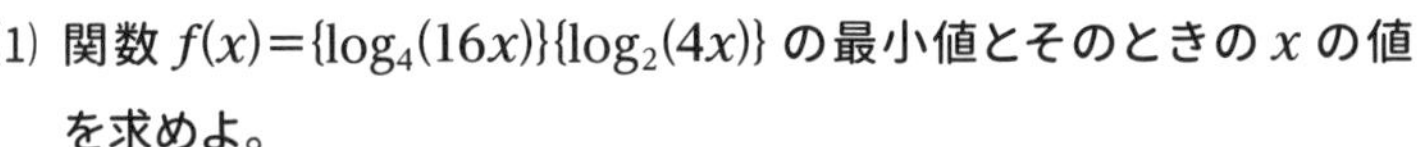

(1) 関数 $f(x)=\{\log_4(16x)\}\{\log_2(4x)\}$ の最小値とそのときの x の値を求めよ。

(2) 関数 $f(x)=\log_{\frac{1}{2}}(x^2+16)-\log_{\frac{1}{2}}x$ の最大値とそのときの x の値を求めよ。

(3) $2x+y=10$ のとき，$\log_{10}x+\log_{10}y$ の最大値を求めよ。

(4) $(\log_{10}x)^2=\log_{10}y$ のとき，xy の最小値を求めよ。

3 a，b は $ab=100$ を満たす正の数とする。

関数 $f(x)=\left(\log_{10}\dfrac{x}{a}\right)\left(\log_{10}\dfrac{x}{b}\right)$ の最小値が $-\dfrac{1}{4}$ であるとき，a，b の値を求めよ。

解答▶別冊 113 ページ

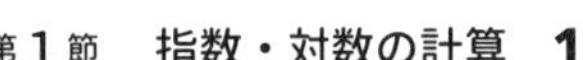

5 指数や対数を含む方程式の応用問題

指数や対数を含む方程式・不等式も，**解を求める問題では因数分解を考えるのが基本**です。また，**解を直接必要としない問題（解の個数や解の符号に関する問題など）では，解をグラフの共有点の座標として考える**のも同様です。

例題74 方程式 $-2^{2x-4}+2^{x-3}+\frac{15}{16}=a$ を満たす x の値が 2 つ存在するような定数 a の値の範囲を求めよ。

解答 $2^x=t$ とおく。$t>0$ の範囲において，←おき換えた文字の変域に注意

$-2^{2x-4}+2^{x-3}+\frac{15}{16}=a$

$-(2^x)^2\cdot2^{-4}+2^x\cdot2^{-3}+\frac{15}{16}=a$

$-\frac{1}{16}t^2+\frac{1}{8}t+\frac{15}{16}=a$

$-t^2+2t+15=16a$

ここで，$2^x=t$ であるから，t の値 1 つに対して x の値が 1 つ対応するので，方程式を満たす x が 2 つ存在する条件は，方程式 $-t^2+2t+15=16a$ が $t>0$ の異なる 2 つの実数解をもつことである。

つまり，曲線 $y=-t^2+2t+15$ と直線 $y=16a$ が $t>0$ において異なる 2 交点をもつことである。

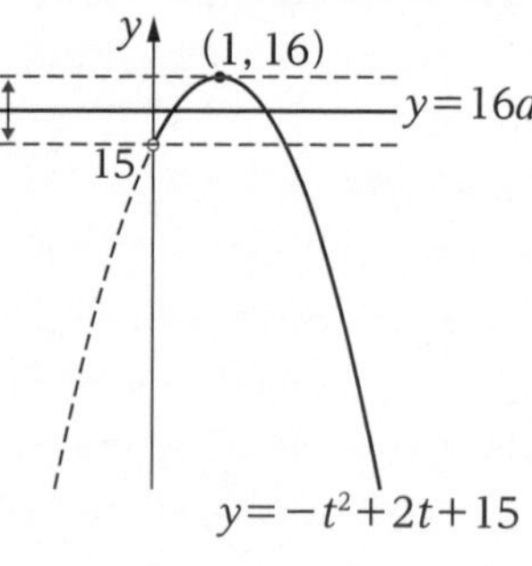

$y=-t^2+2t+15=-(t-1)^2+16$ であるから，右の図より，曲線 $y=-t^2+2t+15$ と直線 $y=16a$ が $t>0$ において異なる 2 交点をもつとき，

$15<16a<16$

よって，$\boldsymbol{\frac{15}{16}<a<1}$ … 答

例題75 方程式 $\log_a(x-a)=\log_a(x^2-2x-3)+\log_a 2$ を満たす実数 x が存在するための a の値の範囲を求めよ。

解答 真数は正であるから，$x-a>0$ かつ $x^2-2x-3=(x+1)(x-3)>0$

つまり，$x>a$ かつ $x<-1$，$3<x$ ……①

この範囲において，

$$\log_a(x-a)=\log_a(x^2-2x-3)+\log_a 2$$
$$\log_a(x-a)=\log_a 2(x^2-2x-3)$$
$$x-a=2(x^2-2x-3)$$

よって，実数 x が存在するための a の条件は，①の範囲において直線 $y=x-a$ と曲線 $y=2(x^2-2x-3)$ が共有点をもつための a の条件を考えればよい。右のグラフの x 軸との共有点より $a<3$

ただし，a は底であるから $a>0$ かつ $a\neq1$ である点に注意すると，求める a の値の範囲は，

$0<a<1$，$1<a<3$ … 答

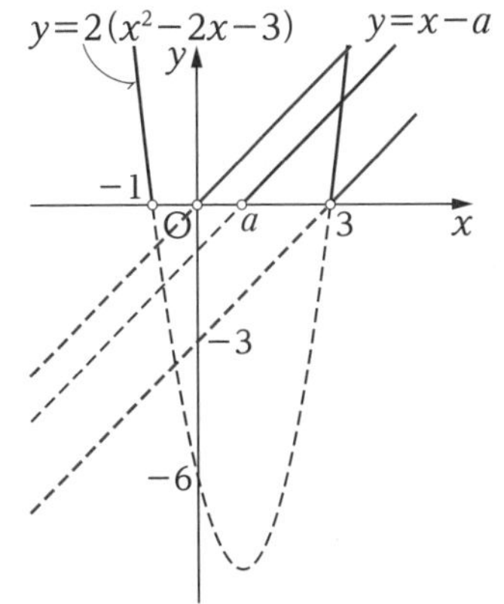

指数関数 $y=a^x$ や対数関数 $y=\log_a x$ では，x 座標 1 つに対して y 座標が 1 つしか対応しないことを覚えておきましょう。

演習問題 64

1 次の問いに答えよ。

(1) 方程式 $4^x=2^{x+1}+a$ を満たす実数 x が存在するような定数 a の値の範囲を求めよ。

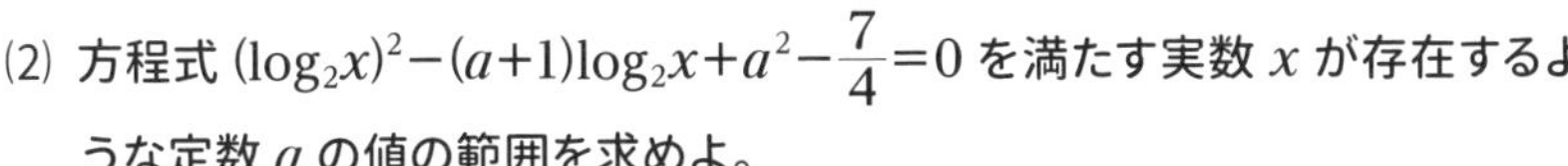

(2) 方程式 $(\log_2 x)^2-(a+1)\log_2 x+a^2-\dfrac{7}{4}=0$ を満たす実数 x が存在するような定数 a の値の範囲を求めよ。

2 方程式 $4^x-(a+1)2^{x+1}+7a-5=0$ が次の解をもつような定数 a の値の範囲を求めよ。

(1) 異なる 2 つの実数解　　(2) 異符号の解

3 方程式 $\log_a(x+1)+\log_a(2-x)=-1$ を満たす x が存在するための a の条件を求めよ。

4 方程式 $4^x+4^{-x}+a(2^x+2^{-x})+6-a=0$ が異なる 4 つの実数解をもつための定数 a の値の範囲を求めよ。

5 方程式 $\log_2(x-1)+\log_2(5-x)=\log_2(2x-a)$ の解が 1 つとなるような定数 a の値，または，a の値の範囲を求めよ。 解答▶別冊 117 ページ

6 対数を含む不等式と領域

対数を含む不等式の領域を図示する問題では，**不等式そのものの変形だけでなく，真数の条件や底の条件も忘れずに反映させることが必要です。**

例題76 不等式 $\log_x y \leqq \log_y x$ を満たす点 $(x,\ y)$ の存在領域を図示せよ。

解答 真数は正であるから，$y>0$，$x>0$ ……①

底の条件より，$x \neq 1$，$y \neq 1$ ……②

この条件の下で，

$$\log_x y \leqq \log_y x$$

$$\log_x y \leqq \frac{1}{\log_x y}$$

ここで，$\log_x y = t$ とおくと，

$$t \leqq \frac{1}{t}$$

両辺に $t^2(>0)$ を掛けて，

$$t^3 - t \leqq 0$$

$$t(t+1)(t-1) \leqq 0$$

右の $f(t)=t(t+1)(t-1)$ のグラフより，

$f(t) \leqq 0$ となる t の範囲は，

$$t \leqq -1,\ 0 \leqq t \leqq 1$$

よって，

$$\log_x y \leqq -1,\ 0 \leqq \log_x y \leqq 1$$

$$\log_x y \leqq \log_x x^{-1},\ \log_x 1 \leqq \log_x y \leqq \log_x x$$

ここで(i)，(ii)のように底の値で場合を分ける。

(i) $x>1$ のとき

$y \leqq x^{-1}$ ……③

$1 \leqq y \leqq x$ ……④

(ii) $0<x<1$ のとき

$y \geqq x^{-1}$ ……⑤

$1 \geqq y \geqq x$ ……⑥

（⑤，⑥：不等号の向きが逆向きになる）

①，②の条件の下で，(i)，(ii)を図示する。求める領域は**次の図の斜線部分になる。ただし，境界線は $y=x$，$y=\frac{1}{x}$ 上のみ含むが，点 $(0,\ 0)$，$(1,\ 1)$ は除く。**

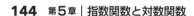

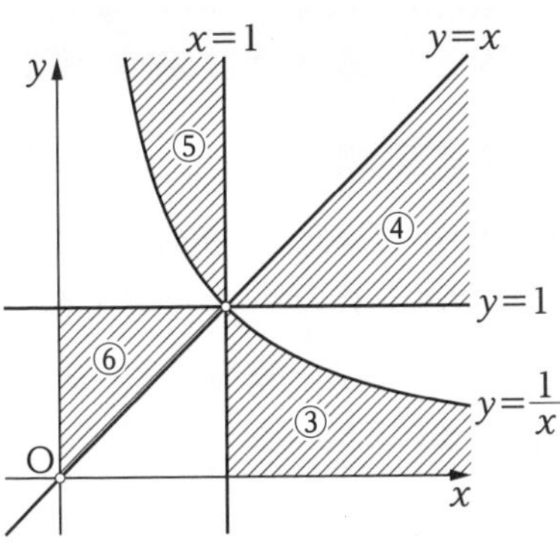

演習問題 65

1 次の不等式の表す領域を図示せよ。

(1) $(\log_x y)^2 > 2 + \log_x y$

(2) $\log_x y + 2\log_y x > 3$

(3) $\log_x y + 6\log_y x < 5$

(4) $\log_x(\log_x y) > 0$

2 点 $(x,\ y)$ が $0 < x \leqq 2$，$0 < y \leqq 2$，$y \neq 1$ の範囲で，不等式 $1 \geqq 2\log_y x$ を満たす領域を動くとき，$3x + 2y$ の最大値を求めよ。

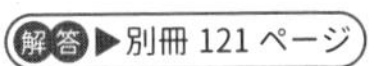

第2節 常用対数

1 桁数・小数第 n 位の応用問題

大きな数の桁数を求める問題や，小数第何位に初めて 0 でない数が現れるのかを求める問題の基本は，「10 の何乗になるか」を考えることです。その指数を求めるために常用対数が必要になります。また，数学 A で学習する n 進法に関する問題もあるので，合わせて確認しておきましょう。

例題77 10 進数 12^{100} を 2 進法で表したときの桁数を求めなさい。ただし，$\log_2 3=1.585$ とする。

考え方〉2 進法で表したときの桁数なので，2 の何乗かを考えます。

解答 $12^{100}=2^x$ となる x について考える。底を 2 とする両辺の対数をとると，

$\log_2 12^{100}=\log_2 2^x$

$x=100\log_2(2^2\cdot 3)$

$=100(2+\log_2 3)$

（$\log_2(2^2\cdot 3)=\log_2 2^2+\log_2 3=2\log_2 2+\log_2 3$）

$=100(2+1.585)=358.5$

よって，$2^{358}\leqq 12^{100}<2^{359}$ であるから，12^{100} を 2 進法で表すと，**359 桁** … 答

例題78 18^{50} は 63 桁の整数である。18^{18} は何桁の整数であるか。

解答 18^{50} は 63 桁の整数であるから，$10^{62}\leqq 18^{50}<10^{63}$

各辺の常用対数をとると，

$\log_{10}10^{62}\leqq\log_{10}18^{50}<\log_{10}10^{63}$

$62\leqq 50\log_{10}18<63$

このとき，18^{18} について常用対数をとると，$\log_{10}18^{18}=18\log_{10}18$ であるから，

$62\times\frac{18}{50}\leqq 18\log_{10}18<63\times\frac{18}{50}$

$22.32\leqq\log_{10}18^{18}<22.68$

つまり，

$10^{22}<18^{18}<10^{23}$

よって，18^{18} は **23 桁の整数** … 答

演習問題 66

1 次の問いに答えよ。

(1) 10 進数 5^{10} を 9 進法で表したときの桁数を求めなさい。

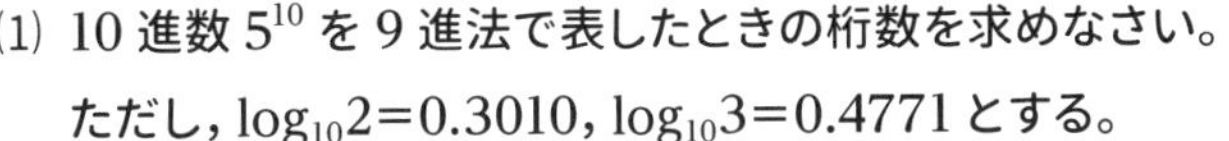

ただし，$\log_{10}2=0.3010$，$\log_{10}3=0.4771$ とする。

(2) 47^{100} は 168 桁の整数である。47^{17} の桁数を求めよ。

2 次の問いに答えよ。ただし，$\log_{10}2=0.3010$，$\log_{10}3=0.4771$ とする。

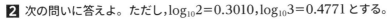

(1) $\left(\dfrac{9}{2}\right)^n$ の整数部分が 10 桁であるとき，整数 n の値を求めよ。

(2) $\left(\dfrac{2}{5}\right)^n$ を小数で表したとき，小数第 3 位に初めて 0 でない数字が現れた。整数 n の値を求めよ。

3 次の問いに答えよ。ただし，$\log_{10}2=0.3010$，$\log_{10}3=0.4771$ とする。

(1) 3^k を小数で表すとき，小数第 7 位に初めて 0 でない数字が現れ，かつ，その数字が 2 となるような整数 k の値を求めよ。

(2) 4^n+3 が 9 桁になる自然数 n を求めよ。また，そのとき 4^n+3 の最高位の数字も求めよ。

4 8.94^{18} の上 2 桁の数字を求めよ。例えば，123.456 の場合は「12」のことを指す。必要であれば，**p.222 ～ 223** の常用対数表を用いてよい。

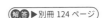

解答▶別冊 124 ページ

2 常用対数の応用問題

常用対数は，常用対数表のようにあらかじめ対数の値が与えられているために扱いやすい対数です。

例題 79 a が正の整数であるとき，不等式 $3000<\left(\frac{4}{3}\right)^a<4000$ を満たす a の値を求めよ。ただし，$\log_{10}2=0.301$, $\log_{10}3=0.477$ とする。

考え方〉指数に着目する際には対数を考えます。

解答 不等式の各辺の常用対数をとると，

$$\log_{10}3000<\log_{10}\left(\frac{4}{3}\right)^a<\log_{10}4000$$

$$\log_{10}(3\cdot10^3)<\log_{10}\left(\frac{4}{3}\right)^a<\log_{10}(4\cdot10^3)$$

$$\log_{10}3+3<a(2\log_{10}2-\log_{10}3)<2\log_{10}2+3$$

$$3.477<0.125a<3.602$$

$$27.816<a<28.816$$

よって，この範囲の整数は，$\boldsymbol{a=28}$ … 答

例題 80 不等式 $0.4<\log_{10}3<0.5$ が成り立つことを示せ。

考え方〉対数を整数ではさむことを考えます。

解答 $0.4<\log_{10}3<0.5$ より，

$$4<10\log_{10}3<5$$

$$4<\log_{10}3^{10}<5$$

このことを示す。

$3^{10}=59049$，$10^4=10000$，$10^5=100000$ であるから，

$$10^4<3^{10}<10^5$$

各辺の常用対数をとると，

$$\log_{10}10^4<\log_{10}3^{10}<\log_{10}10^5$$

$$4<\log_{10}3^{10}<5$$

よって，$0.4<\log_{10}3<0.5$ であることが示された。〔証明終わり〕

演習問題 67

1 次の問いに答えよ。ただし，$\log_{10}2=0.3010$，$\log_{10}3=0.4771$，$\log_{10}7=0.8451$ とする。

(1) $(0.8)^n$ が初めて 0.1 より小さくなるような整数 n の値を求めよ。

(2) 光があるガラス板 1 枚を通過すると，その明るさは通過する前の 10%だけ減少する。このガラス板を何枚通過すると，光の明るさは最初の半分以下になるか。

(3) 年利率 5%，1 年ごとの複利で預金するとき，元利合計（元金と利息の合計）が元金の 2 倍以上となるのは何年後か。

2 次の問いに答えよ。

(1) 不等式 $\dfrac{3}{10}<\log_{10}2<\dfrac{4}{13}$ が成り立つことを示せ。

(2) $\log_{7}2$ の小数第 1 位の数字を求めよ。

解答▶別冊 126 ページ

第6章 微分法と積分法

第1節 極　限

1 極限値の存在条件

分子と分母がともに 0 に近づく極限は不定形の極限といいます。

不定形は極限値をもつかどうかはっきりしない形のことですが，**分数の極限の問題で分母が 0 に近づく場合，極限値をもつには不定形である必要があります**（数学Ⅲの内容）。**つまり，分子も 0 に近づく必要があるというわけです。**

ただし，あくまでも必要条件であり，**分子も 0 に近づいたからといって必ず極限値が存在するわけではありません。**したがって，記述の際には必要条件であることをちゃんと明示する必要があります。

例題81 次の等式が成り立つような定数 a，b の値を求めよ。

(1) $\displaystyle\lim_{x\to 1}\frac{x^2+ax+2}{x-1}=b$

(2) $\displaystyle\lim_{x\to 2}\frac{ax^2+bx}{x-2}=1$

解答 (1) $x\to 1$ のとき，分母の式 $x-1\to 1-1=0$ であるから，極限値 b をもつためには分子において $\displaystyle\lim_{x\to 1}(x^2+ax+2)=0$ である必要がある。このとき，左辺は

$$\lim_{x\to 1}(x^2+ax+2)=1^2+a\cdot 1+2$$
$$=a+3$$

これが 0 に等しいので，

$a+3=0$　よって，$a=-3$

このとき，問題の左辺は，

$$\lim_{x\to 1}\frac{x^2-3x+2}{x-1}=\lim_{x\to 1}\frac{(x-1)(x-2)}{x-1}$$
$$=\lim_{x\to 1}(x-2)$$ ←不定形なので約分してから代入
$$=1-2$$
$$=-1$$

よって，$b=-1$ である。

以上より，$\boldsymbol{a=-3}$，$\boldsymbol{b=-1}$ … 答

(2) $x \to 2$ のとき，分母の式 $x-2 \to 2-2=0$ であるから，極限値 1 をもつためには分子において $\lim_{x \to 2}(ax^2+bx)=0$ である必要がある。このとき，左辺は

$$\lim_{x \to 2}(ax^2+bx)=a \cdot 2^2+b \cdot 2$$
$$=4a+2b$$

これが 0 に等しいので，

$4a+2b=0$　よって，$b=-2a$

このとき，問題の左辺は，

$$\lim_{x \to 2}\frac{ax^2-2ax}{x-2}=\lim_{x \to 2}\frac{ax(x-2)}{x-2}$$
$$=\lim_{x \to 2}ax$$ ←不定形なので約分してから代入
$$=2a$$

よって，

$2a=1$　つまり $a=\frac{1}{2}$

このとき，

$b=-2a=-1$

以上より，$\boldsymbol{a=\frac{1}{2}}$，$\boldsymbol{b=-1}$ … 答

演習問題 68

次の等式が成り立つような定数 a，b の値を求めよ。

(1) $\lim_{x \to 1}\frac{x^2-x}{x^2+ax+b}=\frac{1}{3}$

(2) $\lim_{x \to a}\frac{3x^2+5bx-2b^2}{x^2-(a+2)x+2a}=7$

(3) $\lim_{x \to -1}\frac{a\sqrt{x^2+8}+b}{x+1}=-\frac{2}{3}$

(4) $\lim_{x \to 0}\frac{\sqrt{2x^2+3x+5}-\sqrt{ax+5}}{x^2}=b$

(解答▶別冊 129 ページ)

2 微分係数の応用問題

微分係数の定義

$$\lim_{h \to 0}\frac{f(a+h)-f(a)}{h}=f'(a)$$

を応用することを考えます。このとき，定義の中にある h は同じ形であれば，それ以外の形でもよく，例えば，

$$\lim_{h \to 0}\frac{f(a+2h)-f(a)}{2h}=f'(a)$$ ←$h \to 0$ のとき，$2h \to 0$ も成り立つ

も成り立ちます（グラフをイメージするとよいでしょう）。つまり，

$$\lim_{h \to 0}\frac{f(a+●h)-f(a)}{●h}=f'(a)$$

が成り立つと考えます。

例題 82 関数 $f(x)$ について微分係数 $f'(a)$ が存在するとき，次の極限値を $f'(a)$ を用いて表せ。

(1) $\displaystyle\lim_{h \to 0}\frac{f(a+2h)-f(a)}{h}$

(2) $\displaystyle\lim_{h \to 0}\frac{f(a+5h)-f(a-3h)}{h}$

解答 (1) $h \to 0$ のとき，$2h \to 0$ も成り立つから，

$$\lim_{h \to 0}\frac{f(a+2h)-f(a)}{h}=\lim_{h \to 0}\frac{f(a+2h)-f(a)}{2h}\cdot 2$$
$$=\boldsymbol{2f'(a)} \cdots \text{答}$$

(2) $h \to 0$ のとき，$5h \to 0$，$-3h \to 0$ も成り立つから，

$$\lim_{h \to 0}\frac{f(a+5h)-f(a-3h)}{h}$$
$$=\lim_{h \to 0}\frac{f(a+5h)-f(a)+f(a)-f(a-3h)}{h}$$
$$=\lim_{h \to 0}\left\{\frac{f(a+5h)-f(a)}{5h}\cdot 5-\frac{f(a+(-3h))-f(a)}{-3h}\cdot(-3)\right\}$$
$$=5f'(a)+3f'(a)$$
$$=\boldsymbol{8f'(a)} \cdots \text{答}$$

微分係数は，平均変化率 $\dfrac{f(b)-f(a)}{b-a}$ の b を $a+h$ とおき換えて極限をとったものになることを「基本大全 Basic 編」で解説しましたが，おき換えずに平均変化率 $\dfrac{f(b)-f(a)}{b-a}$ を用いて微分係数を考えることもできます。

右の図において，点 B が点 A に限りなく近づいたとき，直線 AB の傾きの値が微分係数になるので，

$$\lim_{b \to a}\frac{f(b)-f(a)}{b-a}=f'(a)$$

が成り立ちます。この式を利用した問題も扱ってみます。

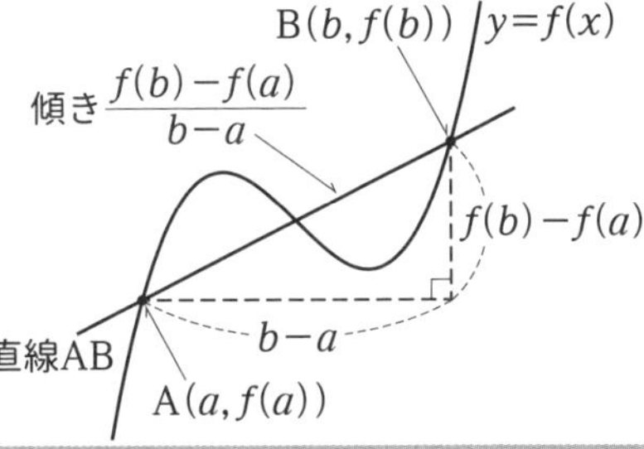

例題83 $\lim_{x \to a}\frac{xf(x)-af(a)}{x-a}$ を a，$f(a)$，$f'(a)$ を用いて表せ。

解答

$$\lim_{x \to a}\frac{xf(x)-af(a)}{x-a}=\lim_{x \to a}\frac{xf(x)-xf(a)+xf(a)-af(a)}{x-a}$$

$$=\lim_{x \to a}\left(x\cdot\frac{f(x)-f(a)}{x-a}+\frac{x-a}{x-a}\cdot f(a)\right)$$

$$=\boldsymbol{af'(a)+f(a)}$$ … 答

$f(x+y)=f(x)+f(y)$ のように，関数 $f(x)$ や $f(y)$ で表された方程式を「関数方程式」といいます。**関数方程式からもとの関数 $f(x)$ を求める問題では，導関数と微分係数の定義を用いることを考えます。**このような問題の解法は決まっているものが多いので解法の形を身につけることも意識しながら学んでいきましょう。

例題84 関数 $f(x)$ は任意の実数 x，y に対して常に

$$f(x+y)=f(x)+f(y)+xy$$

を満たすとする。このとき，次の問いに答えよ。

(1) $f(0)$ を求めよ。

(2) $f'(0)=1$ のとき，$f'(x)$ を求めよ。

解答 (1) $x=y=0$ とすると，

$$f(0+0)=f(0)+f(0)+0$$

よって，$\boldsymbol{f(0)=0}$ … 答

(2) $y=h$ とすると，

$$f(x+h)=f(x)+f(h)+xh$$

$$f(x+h)-f(x)=f(h)+xh$$

両辺を h で割る

$$\frac{f(x+h)-f(x)}{h}=\frac{f(h)}{h}+x$$

両辺において $h\to 0$ のときの極限をとると，

$$\lim_{h\to 0}\frac{f(x+h)-f(x)}{h}=\lim_{h\to 0}\left(\frac{f(h)}{h}+x\right)$$

$$f'(x)=\lim_{h\to 0}\left(\frac{f(0+h)-f(0)}{h}+x\right)$$ ←(1)より $f(0)=0$

$$=f'(0)+x$$

ここで，$f'(0)=1$ であるから，

$f'(x)=x+1$ … 答

参考 $f(x+y)=f(x)+f(y)$ 型の解法については，p.181 のCheck Point，p.182 の例題 104 を参照して下さい。

演習問題 69

1 関数 $f(x)$ について微分係数 $f'(a)$ が存在するとき，次の極限値を $f'(a)$ を用いて表せ。

(1) $\lim_{h\to 0}\frac{f(a-3h)-f(a)}{h}$

(2) $\lim_{h\to 0}\frac{f(a+5h)-f(a-h)}{3h}$

2 関数 $f(x)$ について微分係数 $f'(0)$ が存在するとき，極限値 $\lim_{h\to 0}\frac{f(2h)-f(-h)}{6h}$ を $f'(0)$ で表せ。

3 関数 $f(x)$ について微分係数 $f'(a)$ が存在するとき，極限 $\lim_{x\to a}\frac{a^2f(x)-x^2f(a)}{x-a}$ を a，$f(a)$，$f'(a)$ を用いて表せ。

4 微分可能な関数 $f(x)$ が任意の実数 x，y に対して，常に

$$f(x+y)=f(x)+f(y)+2xy-1,\ f'(0)=0$$

を満たすとき，次の問いに答えよ。

(1) $f(0)$ の値を求めよ。

(2) $f(x)$ を求めよ。

解答▶別冊 132 ページ

第2節 接線と関数の増減

1 接線の応用問題

2 次関数や 3 次関数の接線は図形的に様々な性質をもっています。実際に計算で求めることでその性質を確認してみましょう。

例題85 次の問いに答えよ。

(1) 放物線 $y=x^2$ 上の 2 点 A，B における接線の交点を P とする。A，B の x 座標を α，β $(\alpha<\beta)$ とするとき，P の座標を求めよ。

(2) (1)の結果より，相加平均と相乗平均の不等式
「$\alpha>0$，$\beta>0$ のとき，$\dfrac{\alpha+\beta}{2}\geqq\sqrt{\alpha\beta}$」が成り立つことを示せ。

解答 (1) $y=x^2$ において $y'=2x$ であるから，$x=\alpha$ における接線の方程式は，

$$y-\alpha^2=2\alpha(x-\alpha)$$
$$y=2\alpha x-\alpha^2$$

$x=\beta$ における接線の方程式も同様にして $y=2\beta x-\beta^2$ である。

2 つの接線の方程式を連立して交点の x 座標を求めると，

$$2\alpha x-\alpha^2=2\beta x-\beta^2$$
$$2(\alpha-\beta)x=\alpha^2-\beta^2$$
$$=(\alpha+\beta)(\alpha-\beta)$$
$$x=\frac{\alpha+\beta}{2}$$

$y=2\alpha x-\alpha^2$ に代入して交点の y 座標を求めると，

$$y=2\alpha\cdot\frac{\alpha+\beta}{2}-\alpha^2=\alpha\beta$$

よって，交点 P の座標は，$\left(\dfrac{\alpha+\beta}{2},\ \alpha\beta\right)$ … 答

(2) 次の図のように，$0<\alpha<\beta$ として，接点を A，B とする 2 本の接線とその交点 P をかく。

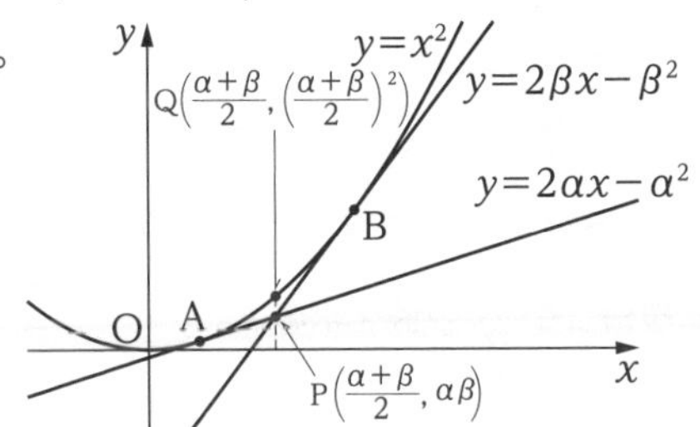

このとき，放物線 $y=x^2$ 上で x 座標が点 P と等しい点 $\mathrm{Q}\left(\dfrac{\alpha+\beta}{2}, \left(\dfrac{\alpha+\beta}{2}\right)^2\right)$ を考える。

放物線は下に凸であるから，点 Q は点 P より上側にあるので，それぞれの y 座標に着目すると，

$$\left(\frac{\alpha+\beta}{2}\right)^2 \geqq \alpha\beta$$

が成り立つ。両辺ともに正の数であるから平方根をとっても大小は変化しない。

よって，$\dfrac{\alpha+\beta}{2} \geqq \sqrt{\alpha\beta}$ 〔証明終わり〕

等号が成立するのは点 P と点 Q が一致するとき，つまり 2 つの接点 A，B が一致するときであるから $\alpha=\beta$ のときである。

相加平均と相乗平均の不等式は「基本大全 Basic 編」でも 2 つの証明方法を紹介しました。このように，相加平均と相乗平均の不等式の証明は様々な方法があることが知られています。

演習問題 70

1 点 $\mathrm{P}(a,\ b)$ から放物線 $y=x^2$ へ引いた 2 本の接線が互いに直交するとき，点 P の y 座標 b を求めよ。

2 曲線 $y=x^3+3x^2$ について，次の問いに答えよ。

(1) この曲線の接線の中で，傾きが最小となるものを求めよ。

(2) (1)で求めた接線の接点に関して，この曲線が点対称であることを証明せよ。

3 3 次関数 $f(x)=x^3+ax^2+bx$ が $x=\alpha$ で極大値をとり，$x=\beta$（ただし $\beta>0$）で極小値 0 をとるとする。このとき，次の問いに答えよ。

(1) $y=f(x)$ のグラフと x 軸との交点の x 座標に着目して，$\dfrac{\beta}{\alpha}$ の値を求めよ。

(2) $\alpha \neq \gamma$ である γ が $f(\alpha)=f(\gamma)$ を満たすとき，接線 $y=f(\alpha)$ と $y=f(x)$ の交点の x 座標に着目して $\dfrac{\gamma}{\alpha}$ の値を求めよ。

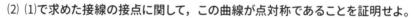

解答▶別冊 133 ページ

2 共通接線の応用問題

右の図のように，2 曲線が 1 点を共有し，その点における接線が一致する(2 曲線が接する)とき，その接線を 2 曲線の共通接線といいます。

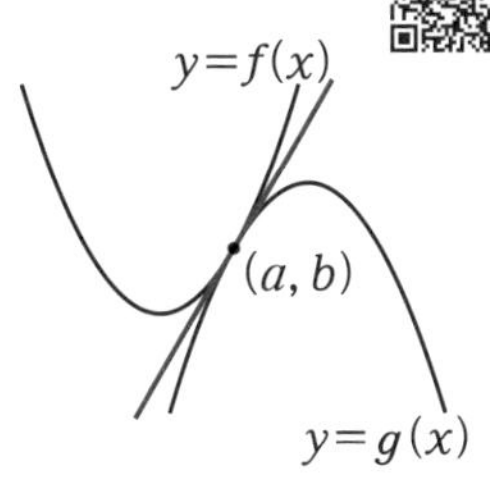

また，右の図のように，2 曲線が点を共有していなくても，2 曲線それぞれと接する接線がある場合，その接線も共通接線といいます。この場合の共通接線の求め方もいろいろ考えることができます。

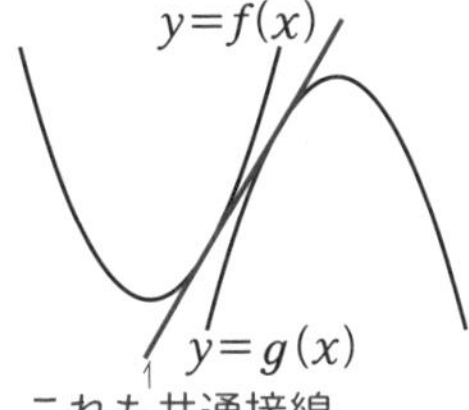

例題 86 放物線 $y=x^2+2x+2$ と $y=x^2-4x+17$ の共通接線の方程式を求めよ。

考え方 2 つの放物線は接していません。接線と放物線の方程式を連立して判別式の利用を考えるか，2 つの接点それぞれで接線を求めて一致させることを考えます。

解答 [解法 I]

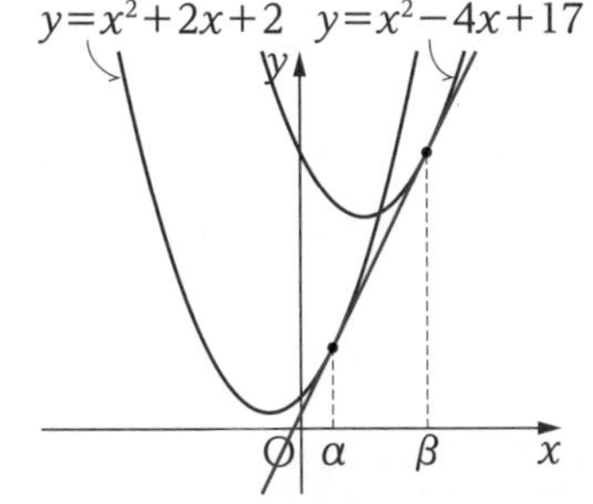

右の図のように，接点の x 座標を α，β とする。

$y=x^2+2x+2$ において $y'=2x+2$ であるから，$x=\alpha$ における接線の方程式は，

$$y-(\alpha^2+2\alpha+2)=(2\alpha+2)(x-\alpha)$$

$$y=(2\alpha+2)x-\alpha^2+2 \quad \cdots\cdots ①$$

①の方程式と $y=x^2-4x+17$ を連立して y を消去すると，

$$x^2-4x+17=(2\alpha+2)x-\alpha^2+2$$

$$x^2-(2\alpha+6)x+\alpha^2+15=0$$

接しているのでこの 2 次方程式が重解をもつ。よって，判別式を D とすると，

$$\frac{D}{4}=(\alpha+3)^2-(\alpha^2+15)=6\alpha-6=0$$

よって，$\alpha=1$ ←接点の x 座標

これを①に代入して，共通接線の方程式を求めると，

$\boldsymbol{y=4x+1}$ … 答

[解法 II]

$y=x^2+2x+2$ において $y'=2x+2$ であるから，$x=\alpha$ における接線の方程式は，

$$y-(\alpha^2+2\alpha+2)=(2\alpha+2)(x-\alpha)$$

$$y=(2\alpha+2)x-\alpha^2+2 \quad \cdots\cdots ①$$

また，$y=x^2-4x+17$ において $y'=2x-4$ であるから，$x=\beta$ における接線の方程式は，

$$y-(\beta^2-4\beta+17)=(2\beta-4)(x-\beta)$$

$$y=(2\beta-4)x-\beta^2+17 \quad \cdots\cdots ②$$

共通接線になるのは①と②の方程式が一致するときであるから，

$2\alpha+2=2\beta-4$，$-\alpha^2+2=-\beta^2+17$　←傾き，y 切片が一致

左の式より，$\beta=\alpha+3$ であるから，これを右の式に代入すると，

$$-\alpha^2+2=-(\alpha+3)^2+17$$

$6\alpha-6=0$　つまり，$\alpha=1$　←接点の x 座標

これを①に代入して，共通接線の方程式を求めると，

$\boldsymbol{y=4x+1}$ … 答

[解法 I]のほうが簡潔に求められますが，判別式を用いるので，2 次関数のグラフの場合でないといけません。
[解法 II]の場合は判別式を用いないので，3 次関数など，次数の高い関数のグラフでも有効な解法になります。

演習問題 71

1 2 つの放物線 $y=x^2$，$y=x^2-4x+8$ の共通接線の方程式を求めよ。

2 2 曲線 $y=x^3+3$，$y=x^3-1$ のどちらにも接する直線の方程式を求めよ。

3 曲線 $y=x^4-x^2+x$ 上の異なる 2 点において，この曲線に接する接線を $y=ax+b$ とするとき，a，b の値を求めよ。

解答▶別冊 136 ページ

3 極値の存在条件

多項式で表される関数 $y=f(x)$ の極値は，導関数 $y=f'(x)$ のグラフの符号が変化する点に対応しています。したがって，**関数 $f(x)$ の極値が存在するということは，導関数 $f'(x)$ の符号が変化すること**と考えることができます。
グラフで考えると，**$f'(x)$ の符号が変化するということは「$y=f'(x)$ のグラフが x 軸と接点ではない交点をもっている」**ということになります。

例題87 関数 $f(x)=x^3+3ax^2+3(a+2)x+1$ が極値をもつような定数 a の値の範囲を求めよ。

解答 $f'(x)=3x^2+6ax+3(a+2)$ であるから，極値をもつためには $y=f'(x)$ のグラフが x 軸と接点ではない交点をもてばよい。つまり，$y=f'(x)$ のグラフが x 軸と異なる 2 点で交わればよい。
よって，2 次方程式 $f'(x)=0$ の判別式が正であればよいので，判別式を D とすると，

$$\frac{D}{4}=(3a)^2-3\cdot3(a+2)$$
$$=9(a-2)(a+1)>0$$

よって，$\boldsymbol{a<-1,\ 2<a}$ … 答

逆に関数 $f(x)$ が極値をもたないとき，導関数 $f'(x)$ の符号は変化しません。$y=f(x)$ のグラフは増減が変化しないことになるので，単調増加または単調減少のいずれかであるとわかります。

Check Point 単調増加・単調減少

関数 $y=f(x)$ がある区間で，
常に $f'(x)\geqq0$ ならば，$f(x)$ はその区間で単調増加
常に $f'(x)\leqq0$ ならば，$f(x)$ はその区間で単調減少

参考 このように，等号を含む単調増加・単調減少の考え方を「広義単調増加・広義単調減少」といったりします。

例題88 関数 $f(x)=x^3+(a-4)x^2+3x+3$ が単調増加となるような定数 a の値の範囲を求めよ。

解答 $f'(x)=3x^2+2(a-4)x+3$ であるから，単調増加となるためには任意の x で $f'(x)\geqq 0$ となればよい。つまり，$y=f'(x)$ のグラフが常に x 軸より上側，または，x 軸と接していればよいので，2 次方程式 $f'(x)=0$ の判別式を D とすると，

$$\frac{D}{4}=(a-4)^2-3\cdot 3$$

$$=(a-1)(a-7)\leqq 0$$ ←判別式が 0 以下

よって，$\mathbf{1\leqq a\leqq 7}$ … 答

演習問題 72

1 関数 $f(x)=x^3+3kx^2-kx-1$ が極値をもたないような実数 k の値の範囲を求めよ。

2 3 次関数 $f(x)=x^3+ax^2+bx$ が $-1<x<1$ において極大値と極小値をもつとき，点 $(a,\ b)$ の存在する範囲を図示せよ。

3 3 次関数 $f(x)=x^3-3px^2+3px-1$ について，$1\leqq x\leqq 2$ の範囲で極小値をもつための p の値の範囲を求めよ。

4 関数 $f(x)=-x^3+(a+1)x^2-2ax+2$ が単調に減少するような定数 a の値の範囲を求めよ。

5 a，b を実数とする。関数 $y=x^3-3ax^2+bx+1$ が $0\leqq x\leqq 1$ で単調増加となるとき，点 $(a,\ b)$ の存在する領域を図示せよ。

6 4 次関数 $f(x)=x^4-4(a-1)x^3+2(a^2-1)x^2$ が極大値をもつような定数 a の値の範囲を求めよ。

解答▶別冊 139 ページ

4 極値と関数の決定

極値の座標が定まっている場合，**極値の x 座標は方程式 $f'(x)=0$ の解であることに着目して**考えていきます。ただし，**$f'(x)=0$ の解であってもその値で極値をとるとは限らない**ので逆の確認が必要であることも忘れないようにしましょう。

例題89 関数 $f(x)=2x^3+ax^2+bx+c$ は $x=2$ で極小値 4 をとり，$f(1)=8$ であるという。このとき，定数 a，b，c の値と極大値を求めよ。

解答 $f'(x)=6x^2+2ax+b$ である。$x=2$ で極小値をとるので $f'(2)=0$ が必要であり，かつ，$f(2)=4$，$f(1)=8$ である。よって，

$f'(2)=4a+b+24=0$ ……①

$f(2)=4a+2b+c+16=4$ ……②

$f(1)=a+b+c+2=8$ ……③

①～③より，$a=-6$，$b=0$，$c=12$

よって，

$f(x)=2x^3-6x^2+12$，$f'(x)=6x^2-12x=6x(x-2)$

となり，増減表は次のようになる。

x	$\cdots$	0	$\cdots$	2	$\cdots$
$f'(x)$	+	0	−	0	+
$f(x)$	↗	12	↘	4	↗

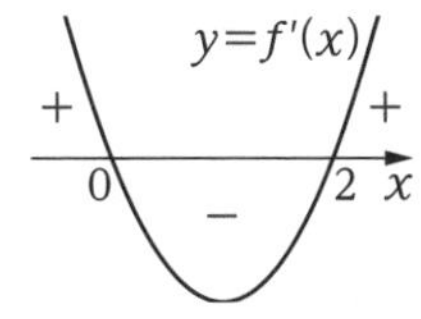

増減表より，確かに $x=2$ で極小値 4 をとっている。 ←逆の確認が必要

以上より，**$a=-6$，$b=0$，$c=12$，極大値 $f(0)=12$** … 答

3 次関数で極大値と極小値の両方の x 座標が定まっている場合，$f'(x)$ が 2 次式であることから因数分解や解と係数の関係を利用する方法があります。

例題90 関数 $f(x)=-x^3+ax^2+bx$ が $x=-3$ で極小値，$x=1$ で極大値をとるとき，定数 a，b の値と極小値，極大値をそれぞれ求めよ。

解答 $f'(x)=-3x^2+2ax+b$ であり，$x=-3$，1 で極値をとるので 2 次方程式 $f'(x)=0$ の 2 つの解が $x=-3$，1 であることが必要である。解と係数の関係より，

$-3+1=-\dfrac{2a}{-3}$，$-3\cdot1=\dfrac{b}{-3}$

これを解くと，$a=-3$，$b=9$

逆にこのとき，

$f'(x)=-3x^2-6x+9=-3(x-1)(x+3)$

であるから，増減表は次のようになる。

x	$\cdots$	-3	$\cdots$	1	$\cdots$
$f'(x)$	$-$	0	$+$	0	$-$
$f(x)$	↘	-27	↗	5	↘

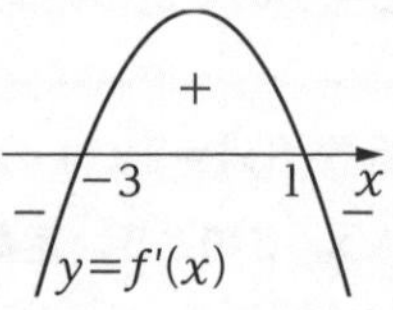

増減表より，確かに $x=-3$ で極小値，$x=1$ で極大値をとっている。←逆の確認が必要

以上より，**$a=-3$，$b=9$，極小値 $f(-3)=-27$，極大値 $f(1)=5$** … 答

演習問題 73

1 3 次関数 $f(x)=ax^3+bx^2+cx+d$ とする。$f(x)$ は $x=2$ で極小値 0 をとる。また，曲線 $y=f(x)$ は点 $(1,\ 3)$ を通り，その点における接線は点 $(0,\ 8)$ を通る。このとき，a，b，c，d の値を求めよ。

2 3 次関数 $f(x)=ax^3-6x^2+2bx+9$ が $x=-2$ で極小値をもつとき，点 $(a,\ b)$ の存在する範囲を図示せよ。

3 $x=1$ で極大値 6 をとり，$x=2$ で極小値 5 をとる 3 次関数 $f(x)$ を求めよ。

4 3 次関数 $f(x)=x^3+6x^2+ax+b$ が極大値と極小値をもち，その差が 4 となるときの a の値を定めよ。

解答▶別冊 144 ページ

第3節 グラフの応用

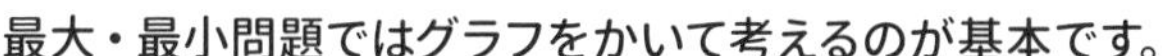

1 場合分けと最大・最小問題

最大・最小問題ではグラフをかいて考えるのが基本です。

区間（定義域）がある関数において，区間や関数に文字定数を含む場合，文字定数の値によって最大値や最小値が変化します。このとき，**最大値や最小値が現れる場所は極値または端点のいずれかである**ことに着目します。

例題91 関数 $y=x^3-2x^2+x\ (a-1\leqq x\leqq a)$ の最大値について，$x=a$ で最大値をとるときの a の値の範囲を求めよ。

解答 $f(x)=x^3-2x^2+x$ とおくと，$f'(x)=3x^2-4x+1=(3x-1)(x-1)$

よって，$f(x)$ の増減表は次のようになる。

x	…	$\frac{1}{3}$	…	1	…
$f'(x)$	+	0	−	0	+
$f(x)$	↗	極大 $\frac{4}{27}$	↘	極小 0	↗

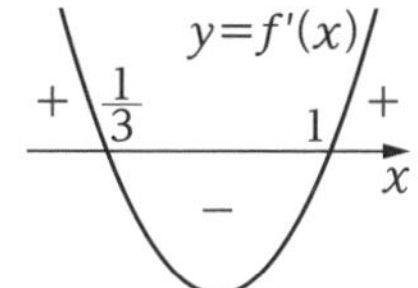

また，3次関数の対称性より $f(x)=\frac{4}{27}$ となる x は $x=\frac{1}{3}$，$\frac{4}{3}$，$f(x)=0$ となる x は $x=0$，1 であるから，次の図のようになる。

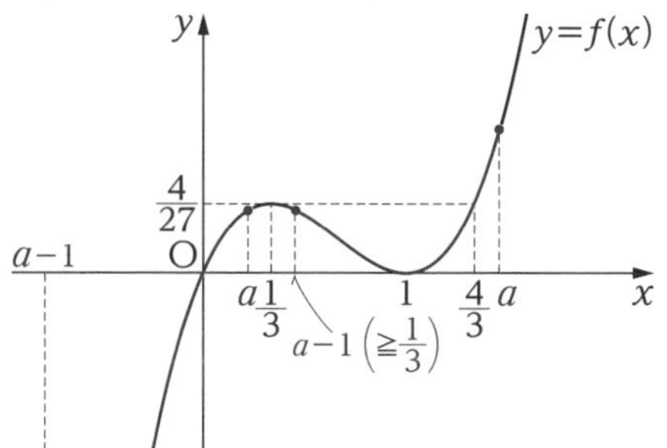

$\frac{4}{3}-\frac{1}{3}=1$ であり区間の幅も1であることに着目すると，最大値として考えられるのは，極大値である $f\left(\frac{1}{3}\right)$，端点である $f(a)$ のいずれかである。

最大値が $f(a)$ になるのはグラフより，

$\boldsymbol{a\leqq\frac{1}{3},\ \frac{4}{3}\leqq a}$ … 答

$\frac{4}{3}-\frac{1}{3}=1$ であり区間の幅も 1 であることから，区間内に極大値を含み，かつ，極大値より $f(a)$ のほうが大きくなる場合はないことがわかります。つまり，極大値を区間内に含まない場合，または $f(a)$ と極大値が等しくなる場合を考えればよいということです。

演習問題 74

1 関数 $f(x)=x^3-3a^2x$ $(0\leqq x\leqq 2)$ の最大値と最小値を求めよ。また，そのときの x の値も求めよ。ただし，$0<a<2$ である。

2 $a\geqq 0$ のとき，関数 $f(x)=x^3-3x-1$ の $-a\leqq x\leqq a$ における最大値を求めよ。

3 関数 $f(x)=x(x-2)^2$ の $0\leqq x\leqq a$ における最大値，最小値を求めよ。また，そのときの x の値も求めよ。ただし，$a>0$ とする。

4 関数 $f(x)=x^3-3ax+1$ の $-2\leqq x\leqq 2$ における最大値を求めよ。

5 k を定数とする。関数 $f(x)=kx^3-3k^2x$ $(0\leqq x\leqq 1)$ の最大値，最小値を求めよ。

6 $a>0$ とする。関数 $f(x)=2x^3-3ax^2$ $(-1\leqq x\leqq 4)$ の最大値，最小値とそれらを与える x の値を求めよ。

7 $a>0$ とする。関数 $f(x)=|x^3-3a^2x|$ の $0\leqq x\leqq 1$ における最大値を a を用いて表せ。

解答▶別冊 148 ページ

2 図形と最大・最小問題

図形の面積や長さの最大値や最小値を考える問題では，何を文字で表すかに注目します。また，文字で表したときは，**その文字のとりうる値の範囲に注意しましょう**。長さが正であることや平方根で表される場合にルート内が 0 以上である点などに注意が必要です。

例題92 放物線 $y=1-x^2$ と x 軸とで囲まれた部分に，各辺が x 軸，y 軸と平行な長方形を内接させる。このときの長方形の面積 S の最大値と，そのときの長方形の 4 頂点の座標を求めよ。

解答 次の図のように長方形 ABCD を考え，点 B の x 座標を t とすると，

$0<t<1$ ←文字のとりうる値の範囲に注意

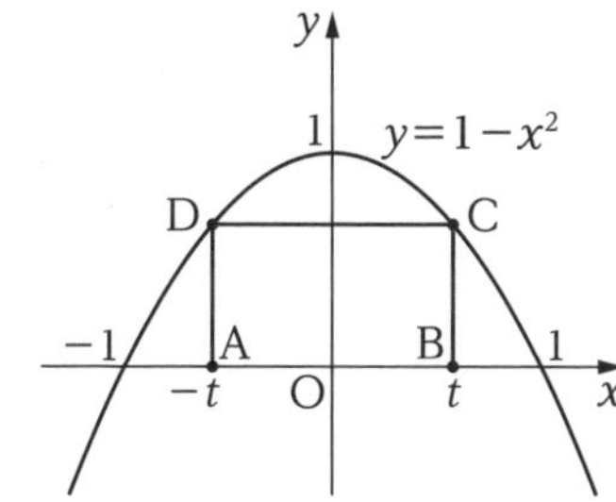

このとき，点 C の座標は $(t,\ 1-t^2)$ であるから，

長方形の縦の長さは，$|1-t^2|=1-t^2$ $(0<t<1$ より$)$

横の長さは，$2|t|=2t$

よって，長方形の面積は，$S=2t(1-t^2)$

$S=f(t)$ として，展開すると，

$f(t)=2t(1-t^2)=2t-2t^3$

よって，

$f'(t)=2-6t^2=2(1+\sqrt{3}\,t)(1-\sqrt{3}\,t)$

であるから，$f(t)$ の増減表は次のようになる。

t	0	…	$\frac{1}{\sqrt{3}}$	…	1
$f'(t)$		+	0	−	
$f(t)$		↗	極大$\frac{4\sqrt{3}}{9}$	↘	

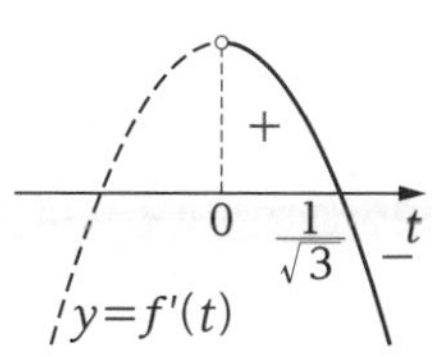

したがって，$t=\frac{1}{\sqrt{3}}$ のとき**最大値** $\frac{4\sqrt{3}}{9}$ … 答　←増減表で最大・最小は判断可能

また，このとき **4 頂点の座標は，**

$\mathrm{A}\left(-\frac{1}{\sqrt{3}},\ 0\right)$，$\mathrm{B}\left(\frac{1}{\sqrt{3}},\ 0\right)$，$\mathrm{C}\left(\frac{1}{\sqrt{3}},\ \frac{2}{3}\right)$，$\mathrm{D}\left(-\frac{1}{\sqrt{3}},\ \frac{2}{3}\right)$ … 答

参考　t の変域は，グラフより点 C(または D)の y 座標が正であることから，

$1-t^2>0$

よって，$0<t<1$ と考えることもできます。

この例題のように，場合分けが必要なければ最大値，最小値は増減表のみで求めることができ，グラフは不要になります。

演習問題 75

1 底面の半径と高さの和が 18 である円柱について，体積の最大値とそのときの底面の半径を求めよ。

2 底面は 1 辺の長さが x の正方形で，高さが y の直方体の表面積を S，体積を V とする。

$S=96$ のとき，V の最大値を求めよ。

3 半径 3 の球に内接する直円錐がある。球の中心 O は直円錐の内部にあるものとし，点 O から直円錐の底面の円の中心 C までの距離を h とするとき，次の問いに答えよ。ただし，直円錐とは底面の円の中心と頂点とを結ぶ線が，底面に垂直である円錐のことをいいます。

(1) 直円錐の体積 V を h の式で表せ。

(2) V の最大値とそのときの h の値を求めよ。

4 1 辺の長さが 20cm の正方形の紙がある。この紙の 4 すみから合同な正方形を切り取り，ふたのない直方体の箱をつくる。この箱の容積を最大とするには，切り取る正方形の 1 辺の長さを何 cm にすればよいか。

解答▶別冊 155 ページ

3 おき換えと最大・最小問題

最大・最小問題の基本はグラフの利用です。ただし，三角関数や指数関数などを含む関数ではグラフをかくためにおき換えを行います。その際に**変域もおき換わる**点に注意する必要があります。

例題93 $0 \leqq \theta \leqq \pi$ のとき，関数 $f(\theta)=2(\sin^3\theta+\cos^3\theta)+(\sin\theta+\cos\theta)$ の最大値と最小値を求めよ。

考え方 $\sin\theta+\cos\theta$ を 2 乗すると $\sin\theta\cos\theta$ が求められます。

解答 $\sin\theta+\cos\theta=t$ とおく。

$\sin\theta+\cos\theta=\sqrt{2}\sin\left(\theta+\dfrac{\pi}{4}\right)$ ←三角関数の合成

であるから，$0 \leqq \theta \leqq \pi$ の範囲では

$-\dfrac{1}{\sqrt{2}} \leqq \sin\left(\theta+\dfrac{\pi}{4}\right) \leqq 1$ より，

$-1 \leqq \sqrt{2}\sin\left(\theta+\dfrac{\pi}{4}\right) \leqq \sqrt{2}$

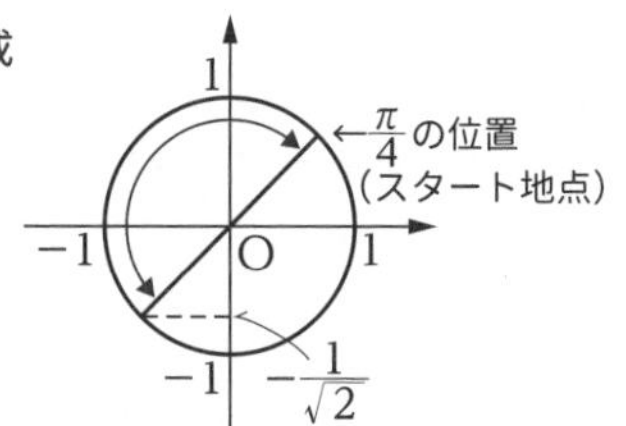

つまり，$-1 \leqq t \leqq \sqrt{2}$ ←変域もおき換わる点に注意

この条件のもとで，

$(\sin\theta+\cos\theta)^2=\sin^2\theta+\cos^2\theta+2\sin\theta\cos\theta$

$t^2=1+2\sin\theta\cos\theta$

$\sin\theta\cos\theta=\dfrac{t^2-1}{2}$

これより，

$f(\theta)=2\{(\sin\theta+\cos\theta)^3-3\sin\theta\cos\theta(\sin\theta+\cos\theta)\}+(\sin\theta+\cos\theta)$

↑ $a^3+b^3=(a+b)^3-3ab(a+b)$

$=2\left(t^3-3\cdot\dfrac{t^2-1}{2}\cdot t\right)+t$

$=-t^3+4t$

この右辺を $g(t)$ とおくと，$g'(t)=-3t^2+4$ より $g(t)$ の増減表は次のようになる。

t	-1	$\cdots$	$\dfrac{2}{\sqrt{3}}$	$\cdots$	$\sqrt{2}$
$g'(t)$		$+$	0	$-$	
$g(t)$	-3	↗	極大 $\dfrac{16\sqrt{3}}{9}$	↘	$2\sqrt{2}$

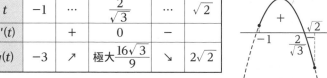

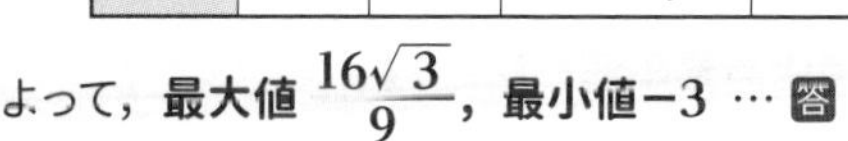

よって，**最大値 $\dfrac{16\sqrt{3}}{9}$，最小値 -3** … 答

例題94 関数 $f(x)=8^x+8^{-x}-10(4^x+4^{-x})+35(2^x+2^{-x})-55$ の最小値，およびそのときの x の値を求めよ。

考え方〉逆数の和の形では，相加平均と相乗平均の不等式で変域を確認します。

解答 $2^x+2^{-x}=t$ とおく。

$2^x>0$，$2^{-x}>0$ であるから，相加平均と相乗平均の不等式より，

$$t=2^x+2^{-x}\geqq 2\sqrt{2^x\cdot 2^{-x}}=2$$

よって，$t\geqq 2$ ←変域もおき換わる点に注意

この条件のもとで，

$$8^x+8^{-x}=(2^x)^3+(2^{-x})^3=(2^x+2^{-x})^3-3\cdot 2^x\cdot 2^{-x}(2^x+2^{-x})$$
$$=t^3-3t$$

↑ $a^3+b^3=(a+b)^3-3ab(a+b)$

$$4^x+4^{-x}=(2^x)^2+(2^{-x})^2=(2^x+2^{-x})^2-2\cdot 2^x\cdot 2^{-x}$$
$$=t^2-2$$

↑ $a^2+b^2=(a+b)^2-2ab$

であるから，

$$f(x)=(t^3-3t)-10(t^2-2)+35t-55=t^3-10t^2+32t-35$$

この右辺を $g(t)$ とおくと，

$$g'(t)=3t^2-20t+32=(3t-8)(t-4)$$

であるから，$t\geqq 2$ における $g(t)$ の増減表は次のようになる。

t	2	…	$\frac{8}{3}$	…	4	…
$g'(t)$		$+$	0	$-$	0	$+$
$g(t)$	-3	↗	極大	↘	極小-3	↗

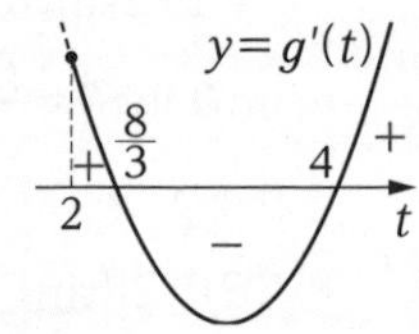

よって，$t=2$，4 のとき最小値-3

$t=2$ のときは相加平均と相乗平均の不等式の等号が成立するときで，$2^x=2^{-x}$ のときである。$2^x+2^{-x}=2$ であるから，

$2^x+2^x=2$　つまり，$2^x=1$ より $x=0$

$t=4$ のとき，$2^x+2^{-x}=4$ の両辺に 2^x を掛けて，

$$(2^x)^2-4\cdot 2^x+1=0$$
$$2^x=2\pm\sqrt{3}$$

← 2^x をひとかたまりとみて解の公式

よって，$x=\log_2(2\pm\sqrt{3})$

したがって，**$x=0$，$\log_2(2\pm\sqrt{3})$ のとき最小値-3** … 答

演習問題 76

1 関数 $f(x)=8^x-4^{x+1}+2^{x+2}-2\ (-2\leqq x\leqq 1)$ の最大値と最小値を求めよ。また，そのときの x の値も求めよ。

2 x の関数 $y=4\cdot 8^x-24\cdot 4^x+57\cdot 2^x+57\cdot 2^{-x}-24\cdot 4^{-x}+4\cdot 8^{-x}$ の最小値を求めよ。また，そのときの x の値も求めよ。

3 関数 $y=\log_2(2-x)+\log_{\sqrt{2}}(x+1)$ の最大値を求めよ。
また，そのときの x の値も求めよ。

4 $1\leqq x\leqq 125$ のとき，関数 $y=(\log_5 x)^3-\log_5 x^3$ の最大値と最小値を求めよ。また，そのときの x の値も求めよ。

5 関数 $f(x)=-4\sin x\cos^2 x+9\cos^2 x-8\sin x-1\ (0\leqq x\leqq 2\pi)$ の最大値と最小値を求めよ。また，そのときの x の値も求めよ。

6 実数 x が $0\leqq x\leqq\pi$ の範囲を動くとき，関数

$$f(x)=5(\sin x-\cos x)^3-6\sin 2x$$

について，$f(x)$ の最大値と最小値，およびそのときの x の値を求めよ。

解答▶別冊 157 ページ

4 文字が分離できない方程式の実数解の個数

方程式 $f(x)=k$ の実数解の個数は，文字定数 k を分離して $y=f(x)$ のグラフと $y=k$ のグラフの共有点の個数で考えます。ただし，k が x の係数になっているなど，**分離できない場合はそのままグラフを考えて極値の符号に着目します**。

例題95 $a>0$ とする。方程式 $4x^3-12ax+27=0$ が異なる3つの実数解をもつように実数 a の値の範囲を求めよ。

↑文字定数 a が分離できないタイプ

解答 $f(x)=4x^3-12ax+27$ とおいて，$y=f(x)$ のグラフと x 軸が異なる3つの共有点をもつための a の条件を考える。

x	$\cdots$	$-\sqrt{a}$	$\cdots$	$\sqrt{a}$	$\cdots$
$f'(x)$	$+$	0	$-$	0	$+$
$f(x)$	↗	極大	↘	極小	↗

$f'(x)=12x^2-12a=12(x^2-a)$ であるから，$a>0$ より $f(x)$ の増減表は右のようになる。$y=f(x)$ のグラフを考えると x 軸と異なる3つの共有点をもつための条件は，極大値が正，極小値が負のとき，つまり極値の積が負のときである(右の図のようなイメージ)。よって，

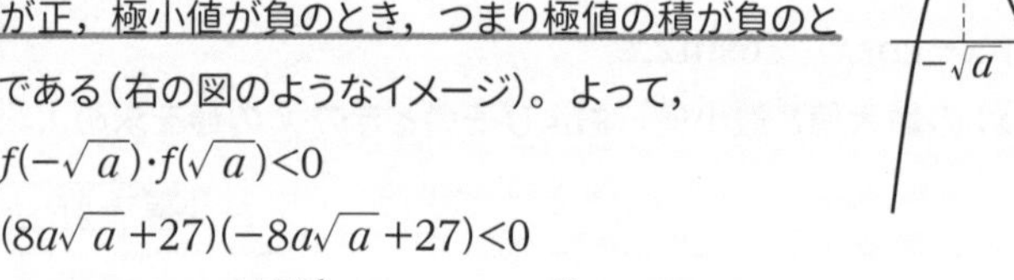

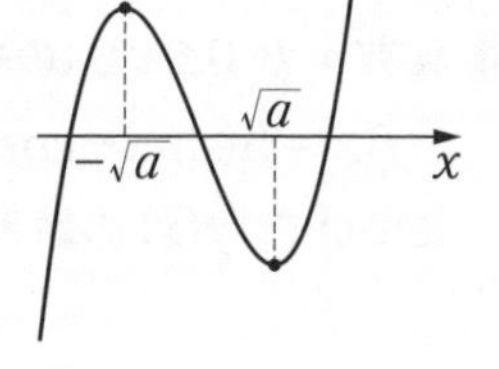

$f(-\sqrt{a})\cdot f(\sqrt{a})<0$

$(8a\sqrt{a}+27)(-8a\sqrt{a}+27)<0$

$2^6a^3>3^6 \quad a^3>\left(\dfrac{3}{2}\right)^6$ よって，$\boldsymbol{a>\dfrac{9}{4}}$ … 答

演習問題 77

1 $a>0$ とする。方程式 $x^3-3ax^2+4a=0$ の異なる実数解の個数を，実数 a の値で場合を分けて答えよ。

2 3次方程式 $x^3-\dfrac{3}{2}(a+2)x^2+6ax-2a=0$ が異なる3つの正の解をもつように定数 a の値の範囲を求めよ。

3 3次方程式 $x^3+3ax^2+3ax+a^3=0$ の実数解の個数を，実数 a の値で場合を分けて答えよ。

4 4次方程式 $2x^4-(3a+2)x^3+3ax^2+(a-b)x-(a-b)=0$ が異なる4つの実数解をもつような点 $(a,\ b)$ の存在する範囲を図示せよ。

解答▶別冊 161 ページ

5 接線の本数

接線の本数を考える問題では，**接線の本数と接点の個数の関係に着目します。**
3 次以下の関数のグラフでは，「接線の本数＝接点の個数」と考えます（4 次関数以上のグラフでは接線の本数と接点の個数が一致しない場合があるので注意が必要です）。

例題 96 点 $A(1,\ a)$ から曲線 $y=x^3+3x^2+x$ に 3 本の接線が引けるとき，a の値の範囲を求めよ。

解答 $f(x)=x^3+3x^2+x$ とすると，$f'(x)=3x^2+6x+1$ である。
接点の座標を $(t,\ t^3+3t^2+t)$ とすると接線の方程式は，

$$y-(t^3+3t^2+t)=f'(t)(x-t)$$

$$y-(t^3+3t^2+t)=(3t^2+6t+1)(x-t)$$

この直線が点 $A(1,\ a)$ を通るので，$x=1$，$y=a$ を代入すると，

$$a-(t^3+3t^2+t)=(3t^2+6t+1)(1-t)$$

$$-2t^3+6t+1=a \quad \cdots\cdots①$$

ここで，点 A から 3 本の接線が引けるとき，接点が 3 つ存在する。つまり，接点の x 座標 t が 3 つ存在するときであり，それは方程式①が異なる 3 つの実数解をもつときである。
方程式①が異なる 3 つの実数解をもつ条件は，関数 $y=g(t)=-2t^3+6t+1$ のグラフと直線 $y=a$ が異なる 3 つの共有点をもつときである。
$g'(t)=-6t^2+6=6(1-t)(1+t)$ であるから，$g(t)$ の増減表は次のようになる。

t	$\cdots$	-1	$\cdots$	1	$\cdots$
$g'(t)$	$-$	0	$+$	0	$-$
$g(t)$	↘	極小 -3	↗	極大 5	↘

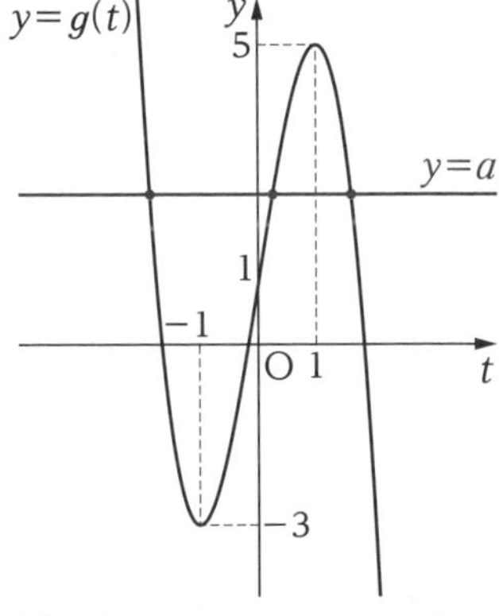

よって，グラフは右の図のようになり，$y=a$ と異なる 3 点で交わる条件は，

$-3<a<5$ … 答

演習問題 78

1 点 P$(-2,\ 0)$ を通り，曲線 $y=x^3+kx-2$ に接する直線が 3 本存在するための k の値の範囲を求めよ。

2 点 P$(1,\ 0)$ から曲線 $y=x^3+ax^2+bx$ に異なる 3 本の接線を引くことができるとき，a，b の満たす条件を求め，点 $(a,\ b)$ の存在する範囲を図示せよ。

3 点 $(a,\ 2)$ から曲線 $y=x^3-3x^2+2$ に接線を引く。接線が 1 本引けるような a の値の範囲を求めよ。また，接線が 2 本引けるような a の値を求めよ。

4 a，b，c は定数とし，$a>0$ とする。曲線 $y=-ax^3+bx+c$ の接線で点 $(0,\ t)$（t は実数）を通るものがただ 1 本存在することを示せ。

解答▶別冊 165 ページ

6 不等式の成立条件

不等式 $f(x)>0$ の証明方法の1つは，**$y=f(x)$ のグラフが x 軸より上側にある**ことを示すことです。そのためには**関数 $y=f(x)$ のグラフの最小値が0より大きいことを示せばよい**（ただし，最小値が存在するとは限りません）ことになります。

例題97 $x>0$ のとき，不等式 $ax^3-x^2+3>0$ が常に成り立つような正の数 a の値の範囲を定めよ。

解答 $f(x)=ax^3-x^2+3$ $(x>0)$ とすると，$f'(x)=3ax^2-2x=x(3ax-2)$

よって，$f(x)$ の増減表は次のようになる。

x	0	…	$\frac{2}{3a}$	…
$f'(x)$		$-$	0	$+$
$f(x)$		↘	極小 $3-\frac{4}{27a^2}$	↗

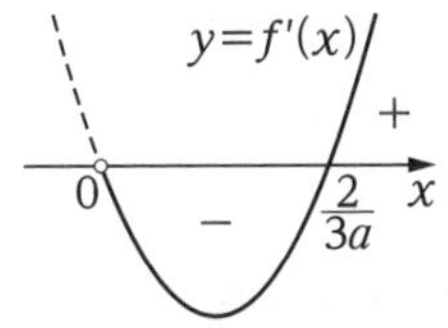

$x=\frac{2}{3a}$ で極小値かつ最小値をとる。

よって，不等式が常に成り立つ条件は，最小値が正のときであるから，

$3-\frac{4}{27a^2}>0$

$81a^2-4>0$

$(9a+2)(9a-2)>0$　$a>0$ であるから，$\boldsymbol{a>\frac{2}{9}}$ … 答

演習問題 79

1 すべての実数 x に対して，不等式 $x^4-2>4x^3-a$ が成り立つような定数 a の値の範囲を求めよ。

2 $x \geqq 0$ のとき，不等式 $x^3+2>3x$ は常に成り立つか。理由を付して答えよ。

3 $x \geqq 0$ のとき，常に $x^3-ax+1 \geqq 0$ が成り立つような実数 a の値の範囲を求めよ。

4 $x \geqq 0$ のとき，不等式 $x^3-3x^2 \geqq k(3x^2-12x-4)$ が常に成り立つような定数 k の値の範囲を求めよ。

解答 ▶別冊 168 ページ

第4節 積分計算の応用

1 1次式の積分法

不定積分は微分の逆演算ですから，積分計算の応用を考えるために微分の計算から考えます。

まず，a を定数としたとき，x の係数が 1 である x の 1 次式 $x+a$ をひとかたまりとみた関数の微分を考えてみます。

「$x+a$ をひとかたまりとみる関数」とは，関数 $y=(x+a)^2$ の $x+a$ をひとかたまりとみて $y=t^2$ と同じようにみる，ということです。要するにおき換えているのと同じことです。

$y=t^2$ を t で微分すると $y'=2t$，$t=x+a$ を戻すと $y'=2(x+a)$

これは，$y=(x+a)^2=x^2+2ax+a^2$ を x で微分すると $y'=2x+2a$ であることと同じ結果になります。

Check Point　1次式の微分法

a を定数とするとき，

$$\{(\underline{x+a})^n\}'=n(x+a)^{n-1}$$

↑ひとかたまりとみて微分

ひとかたまりとみて微分するほうが計算が楽になります。ただし，ひとかたまりとみてよいのは 1 次式のみ，かつ，**x の係数は 1 でないといけません。**

例題98 次の関数の導関数 $f'(x)$ を求めよ。

(1) $f(x)=(x-2)^3$　　(2) $f(x)=(2x-3)^4$　　(3) $f(x)=(x+1)(x+2)$

解答 (1) まず，関数 $f(x)=(x-2)^3$ を，『関数 $y=t^3$ に $t=x-2$ を代入したもの』と考えます。そこで，この $x-2$ を t というかたまりでみた式 $y=t^3$ を t で微分すると $y'=3t^2$ であり，そのあとに $t=x-2$ を代入するわけです。よって，

$f'(x)=\mathbf{3(x-2)^2}$ … 答　←●^{3} の微分のイメージで暗算する

(2) ここで紹介している計算は，x の係数が 1 でないと使えません。

$$f(x)=\left\{2\left(x-\frac{3}{2}\right)\right\}^4=2^4\left(x-\frac{3}{2}\right)^4=16\left(x-\frac{3}{2}\right)^4 \text{ であるから，}$$

↑x の係数を 1 にする。

$$f'(x)=16\cdot 4\left(x-\frac{3}{2}\right)^3 \quad \leftarrow 16\cdot ●^4 \text{ の微分のイメージで暗算する}$$

$$=\mathbf{64\left(x-\frac{3}{2}\right)^3} \cdots \text{答}$$

(3) $f(x)=(x+1)(x+2)=(x+1)\{(x+1)+1\}=(x+1)^2+(x+1)$ であるから，

$$f'(x)=2(x+1)^1+1\cdot(x+1)^0 \quad \leftarrow ●^2+●^1 \text{ の微分のイメージで暗算する}$$

$$=2(x+1)+1=\mathbf{2x+3} \cdots \text{答}$$

確認 これらの問題は，もちろん展開してから微分しても問題ありません。

次に，この微分法の逆，すなわち不定積分を考えてみましょう。ただしここでも，ひとかたまりとみる1次式の x の係数は1とします。

$$\{(x+a)^{n+1}\}'=(n+1)(x+a)^n \quad \leftarrow ●^{n+1} \text{ の微分のイメージで暗算}$$

ですから，

$$\frac{1}{n+1}\{(x+a)^{n+1}\}'=(x+a)^n$$

が成り立ちます。つまり逆に考えれば，

$$\int(x+a)^n dx=\frac{1}{n+1}(x+a)^{n+1}+C \quad (C \text{ は積分定数})$$

がいえることになります。

Check Point　1次式の積分法

a を定数とするとき，

$$\int(x+a)^n dx=\frac{1}{n+1}(x+a)^{n+1}+C \quad (C \text{ は積分定数})$$

（$x+a$：ひとかたまりとみて積分）

例題99 次の不定積分を求めよ。積分定数は C とする。

(1) $\int(x+2)^3dx$　　(2) $\int(x-3)^4dx$

(3) $\int(2x+1)^3dx$　　(4) $\int(x-1)(x+3)dx$

解答 (1) $\int(x+2)^3dx=\frac{1}{3+1}(x+2)^{3+1}+C \quad \leftarrow \int ●^3dx$ のイメージで暗算

$$=\mathbf{\frac{1}{4}(x+2)^4+C} \cdots \text{答}$$

(2) $\int (x-3)^4 dx = \dfrac{1}{4+1}(x-3)^{4+1} + C$ ←$\int$●$^4 dx$ のイメージで暗算

$= \dfrac{1}{5}(x-3)^5 + C$ … **答**

(3) 微分同様，x の係数が 1 でないと使えません。

$(2x+1)^3 = \left\{2\left(x+\dfrac{1}{2}\right)\right\}^3 = 2^3\left(x+\dfrac{1}{2}\right)^3$ であるから，

↑x の係数を 1 にする。

$\int (2x+1)^3 dx = \int 2^3\left(x+\dfrac{1}{2}\right)^3 dx$

$= 8\cdot\dfrac{1}{4}\left(x+\dfrac{1}{2}\right)^4 + C$ ←$8\int$●$^3 dx$ のイメージで暗算

$= 2\left(x+\dfrac{1}{2}\right)^4 + C$ … **答**

(4) $(x-1)(x+3) = (x-1)\{(x-1)+4\} = (x-1)^2 + 4(x-1)$ であるから，

$\int (x-1)(x+3)dx = \int \{(x-1)^2 + 4(x-1)\}dx$

$= \dfrac{1}{3}(x-1)^3 + 4\cdot\dfrac{1}{2}(x-1)^2 + C$ ←$\int$(●^{2}+4・●)dx のイメージで暗算

$= \dfrac{1}{3}(x-1)^3 + 2(x-1)^2 + C$ … **答**

Advice Check Point 「1 次式の積分法」の公式は，当然定積分でも用いることができます。

演習問題 80

1 次の関数の導関数 $f'(x)$ を求めよ。

(1) $f(x) = (x+7)^3$　(2) $f(x) = (-3x+1)^5$

(3) $f(x) = (x-2)(x-3)$　(4) $f(x) = (x+1)^2(x+3)$

2 次の不定積分を求めよ。

(1) $\int (x+2)^4 dx$　(2) $\int (3x+2)^3 dx$　(3) $\int (x-2)(x-4)dx$

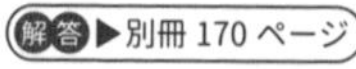

解答▶別冊 170 ページ

2 $\frac{1}{6}$公式

定積分の計算では，とても重要な応用公式があります。係数に $\frac{1}{6}$ が出てくることから通称「$\frac{1}{6}$公式」と呼ばれるものです。

Check Point　$\frac{1}{6}$公式

$$\int_{\alpha}^{\beta}(x-\alpha)(x-\beta)dx=-\frac{1}{6}(\beta-\alpha)^3$$

←$\frac{1}{6}$の前のマイナスも忘れないこと

区間と引いている数が一致

積分区間の値と，かっこ内の x から引いている数が一致している点に着目しましょう。

証明には，前回学んだ1次式の積分の知識を用います。

証明

$$\int_{\alpha}^{\beta}(x-\alpha)(x-\beta)dx$$

$x-\alpha$をつくる

$$=\int_{\alpha}^{\beta}(x-\alpha)\{(x-\alpha)-(\beta-\alpha)\}dx$$

$(x-\alpha)$ をひとかたまりとみて展開

$$=\int_{\alpha}^{\beta}\{(x-\alpha)^2-(\beta-\alpha)(x-\alpha)\}dx$$

$(x-\alpha)$ をひとかたまりとみて積分

$$=\left[\frac{1}{3}(x-\alpha)^3-(\beta-\alpha)\cdot\frac{1}{2}(x-\alpha)^2\right]_{\alpha}^{\beta}$$

↑$\beta-\alpha$は係数

$$=\left\{\frac{1}{3}(\beta-\alpha)^3-(\beta-\alpha)\cdot\frac{1}{2}(\beta-\alpha)^2\right\}-0$$

←$x=\alpha$を代入すると0になる

$$=\frac{1}{3}(\beta-\alpha)^3-\frac{1}{2}(\beta-\alpha)^3$$

$$=-\frac{1}{6}(\beta-\alpha)^3$$

〔証明終わり〕

この計算の流れは，他の公式の証明にも用いることになるので，しっかりマスターしておきましょう。

例題100 次の定積分を求めよ。

(1) $\int_{1}^{3}\{-(x-1)(x-3)\}dx$

(2) $\int_{-1}^{4}(x+1)(x-4)dx$

(3) $\int_{-2}^{1}(-x^2-x+2)dx$

第1章 式と証明
第2章 複素数と方程式
第3章 図形と方程式
第4章 三角関数
第5章 指数関数と対数関数
第6章 微分法と積分法

解答 (1) $\displaystyle\int_1^3\{-(x-1)(x-3)\}dx=-\left\{-\frac{1}{6}(3-1)^3\right\}$ ←区間と引いている数が一致しているので $\frac{1}{6}$公式

$\displaystyle=\mathbf{\frac{4}{3}}$ … 答

(2) $\displaystyle\int_{-1}^4(x+1)(x-4)dx=\int_{-1}^4\{x-(-1)\}(x-4)dx$ ←区間と引いている数が一致しているので $\frac{1}{6}$公式

$\displaystyle=-\frac{1}{6}\{4-(-1)\}^3$

$\displaystyle=\mathbf{-\frac{125}{6}}$ … 答

(3) $\displaystyle\int_{-2}^1(-x^2-x+2)dx=\int_{-2}^1\{-(x+2)(x-1)\}dx$ ←因数分解してみる

$\displaystyle=-\int_{-2}^1\{x-(-2)\}(x-1)dx$ ←区間と引いている数が一致しているので $\frac{1}{6}$公式

$\displaystyle=-\left[-\frac{1}{6}\{1-(-2)\}^3\right]$

$\displaystyle=\mathbf{\frac{9}{2}}$ … 答

演習問題 81

1 次の定積分を求めよ。

(1) $\displaystyle\int_{-1}^2(x+1)(x-2)dx$

(2) $\displaystyle\int_{2-\sqrt{2}}^{2+\sqrt{2}}(x^2-4x+2)dx$

2 方程式 $2x^2-2x-3=0$ の 2 つの解をα，β $(\alpha<\beta)$とするとき，次の問いに答えよ。

(1) $\alpha+\beta$，$\alpha\beta$の値を求めよ。

(2) 定積分$\displaystyle\int_\alpha^\beta(2x^2-2x-3)dx$を求めよ。

3 等式$\displaystyle\int_\alpha^\beta(x-\alpha)^2(x-\beta)dx=-\frac{(\beta-\alpha)^4}{12}$を証明せよ。

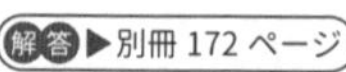
解答▶別冊 172 ページ

3 定積分の様々な問題

定積分を用いた様々な問題にとり組みましょう。定積分の計算の応用問題は技巧的な問題が多く，経験しておかないとなかなか手が出ない問題が多いです。

例題101 $f(x)$ は多項式で表される関数とする。x についての恒等式

$f(x)f'(x)=\int_0^x f(t)dt+\frac{4}{9}$ において，次の問いに答えよ。

(1) 関数 $f(x)$ の次数を求めよ。

(2) 関数 $f(x)$ を求めよ。

考え方 関数 $f(x)$ を求めるには，まず関数 $f(x)$ の次数を求めて，文字を用いて関数 $f(x)$ を具体的な関数の形に表します。

解答 (1) $f(x)$ は定数ではない。n を自然数として $f(x)$ を x の n 次式とすると，$f'(x)$ は $(n-1)$ 次式である。

よって，左辺は $n+(n-1)=2n-1$ より $(2n-1)$ 次式。← $a^m \cdot a^n=a^{m+n}$

また，右辺は積分しているので x の $(n+1)$ 次式である。←次数が1つ上がる

以上より，x についての恒等式であるから次数も等しいので，

$$2n-1=n+1$$
$$n=2$$

よって，**$f(x)$ の次数は 2** である …答

(2) (1)の結果より，定数 a，b，c を用いて $f(x)=ax^2+bx+c$ $(a \neq 0)$ とおける。

$f'(x)=2ax+b$ であるから，

$$(\text{左辺})=(ax^2+bx+c)(2ax+b)$$
$$=2a^2x^3+3abx^2+(b^2+2ac)x+bc$$

$$(\text{右辺})=\int_0^x f(t)dt+\frac{4}{9}$$
$$=\int_0^x (at^2+bt+c)dt+\frac{4}{9}$$
$$=\left[\frac{a}{3}t^3+\frac{b}{2}t^2+ct\right]_0^x+\frac{4}{9}$$
$$=\frac{a}{3}x^3+\frac{b}{2}x^2+cx+\frac{4}{9}$$

(左辺)＝(右辺)が x についての恒等式であるから係数を比較すると，

$$2a^2=\frac{a}{3}\cdots①,\ 3ab=\frac{b}{2}\cdots②,\ b^2+2ac=c\cdots③,\ bc=\frac{4}{9}\cdots④$$

$a \neq 0$ であるから，①より $a=\frac{1}{6}$

これを③に代入すると，$b^2+\frac{1}{3}c=c$ つまり $c=\frac{3}{2}b^2$

これを④に代入すると，

$$b\cdot\frac{3}{2}b^2=\frac{4}{9}$$

$$b^3=\frac{8}{27}$$

よって，$b=\frac{2}{3}$

さらに，これを $c=\frac{3}{2}b^2$ に代入して，$c=\frac{2}{3}$

また以上の値は②，④も満たしている。よって，

$$a=\frac{1}{6},\ b=\frac{2}{3},\ c=\frac{2}{3}$$

これより，求める関数 $f(x)$ は，

$$\boldsymbol{f(x)=\frac{1}{6}x^2+\frac{2}{3}x+\frac{2}{3}}$$ … 答

上の例題は「基本大全 Basic 編」の **p.278** のように，両辺を x で微分する問題のように見えますが，左辺の微分が難しいためにうまくいきません。このような場合は，「次数を決めて具体的に積分する」という流れになります。

例題 102 $f(x)=x^2+ax+b$ とする。どのような 1 次関数 $g(x)$ に対しても，$\int_0^1 f(x)g(x)dx=0$ が成り立つとき，定数 a，b の値を求めよ。

解答 p，q を定数として，$g(x)=px+q$ $(p\neq 0)$ とおく。

どのような 1 次関数 $g(x)$ に対しても，$\int_0^1 f(x)g(x)dx=0$ が成り立つということは，

どのような係数 p，q に対しても $\int_0^1 f(x)g(x)dx=0$ が成り立つということである。

つまり，$\int_0^1 f(x)g(x)dx=0$ は p，q についての恒等式といえる。

$$\int_0^1 f(x)g(x)dx=0$$

$$\int_0^1 f(x)(px+q)dx=0$$

$$p\int_0^1 xf(x)dx+q\int_0^1 f(x)dx=0$$ ←p，q について整理

$$p\int_0^1 (x^3+ax^2+bx)dx+q\int_0^1 (x^2+ax+b)dx=0$$

$$p\left[\frac{1}{4}x^4+\frac{a}{3}x^3+\frac{b}{2}x^2\right]_0^1+q\left[\frac{1}{3}x^3+\frac{a}{2}x^2+bx\right]_0^1=0$$

$$p\left(\frac{1}{4}+\frac{a}{3}+\frac{b}{2}\right)+q\left(\frac{1}{3}+\frac{a}{2}+b\right)=0$$

これが p，q についての恒等式であるから，係数を比較すると，

$$\frac{1}{4}+\frac{a}{3}+\frac{b}{2}=0 \text{ かつ } \frac{1}{3}+\frac{a}{2}+b=0$$

よって，$\boldsymbol{a=-1}$，$\boldsymbol{b=\frac{1}{6}}$ … 答

例題103 $f(x)=(x+1)^4(x-3)^3$ のとき，$\displaystyle\lim_{x\to 0}\frac{1}{x}\int_0^x f(t)dt$ を求めよ。

解答 C を積分定数として，$\int f(x)dx=F(x)+C$ とおく。つまり $F'(x)=f(x)$ である。

このとき，

$$\begin{aligned}\lim_{x\to 0}\frac{1}{x}\int_0^x f(t)dt&=\lim_{x\to 0}\frac{1}{x}\Big[F(t)\Big]_0^x\\&=\lim_{x\to 0}\frac{F(x)-F(0)}{x}\\&=\lim_{x\to 0}\frac{F(0+x)-F(0)}{x} \quad \leftarrow \text{微分係数の定義}\\&=F'(0)\\&=f(0) \quad (F'(x)=f(x))\\&=\boldsymbol{-27}\end{aligned}$$

… 答

$f(x+y)=f(x)+f(y)$ の形の関数方程式は，**微分の定義（微分係数の定義，導関数の定義）にもちこむことで関数 $f(x)$ を決定することができます。**大まかな流れは次の通りになります。

Check Point　関数方程式　$f(x+y)=f(x)+f(y)$

任意の x，y について，$f(x+y)=f(x)+f(y)$ の形の関数方程式では，

① $x=y=0$ とする。

② $y=h$ などとして，微分の定義にもちこむ。

この問題も解法が独特なので，例題を参考にして流れをつかんでいきましょう。

例題104 関数 $f(x)$ が任意の実数 x，y に対し，

$$f(x+y)=f(x)+f(y)+xy(x+y+2),\ f'(0)=0$$

を満たすとき，次のものを求めよ。

(1) $f(0)$

(2) $\lim_{h\to 0}\frac{f(h)}{h}$

(3) $f(x)$

解答 (1) $x=y=0$ とすると，

$$f(0+0)=f(0)+f(0)+0$$

よって，$\boldsymbol{f(0)=0}$ … 答

(2) $\lim_{h\to 0}\frac{f(h)}{h}=\lim_{h\to 0}\frac{f(0+h)-f(0)}{h}$　（(1)より $f(0)=0$）

$=f'(0)$　（微分係数の定義）

$=\boldsymbol{0}$ … 答

(3) $y=h$ とすると，

$$f(x+h)=f(x)+f(h)+xh(x+h+2)$$

$$f(x+h)-f(x)=f(h)+xh(x+h+2)$$

$$\frac{f(x+h)-f(x)}{h}=\frac{f(h)}{h}+x(x+h+2)$$

（両辺を h で割る）

$$\lim_{h\to 0}\frac{f(x+h)-f(x)}{h}=\lim_{h\to 0}\frac{f(h)}{h}+\lim_{h\to 0}\{x(x+h+2)\}$$

導関数の定義↓　　↓(2)の結果を用いる

$$f'(x)=0+x(x+2)$$

$$=x^2+2x$$

よって，

$$f(x)=\int f'(x)dx$$

$$=\int (x^2+2x)dx$$

$$=\frac{1}{3}x^3+x^2+C$$ （C は積分定数）

また，(1)より $f(0)=0$ であったから，求めた $f(x)$ に $x=0$ を代入すると，

$f(0)=C$ つまり $C=0$

よって，$\boldsymbol{f(x)=\frac{1}{3}x^3+x^2}$ … 答

演習問題 82

1 多項式で表される関数 $f(x)$ は，ある定数 a に対して，

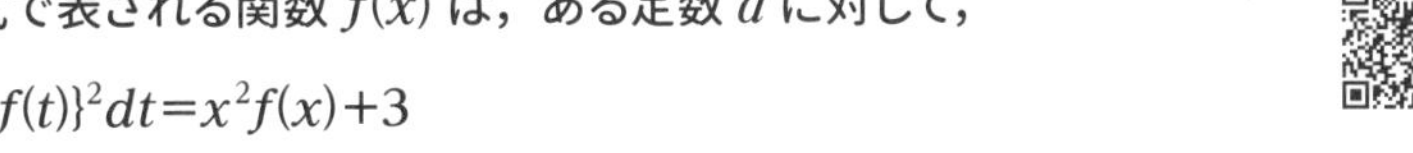

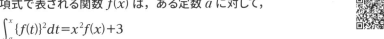

$$\int_a^x \{f(t)\}^2 dt = x^2 f(x) + 3$$

を満たしている。このとき，次の問いに答えよ。

(1) 関数 $f(x)$ の次数を求めよ。

(2) 関数 $f(x)$ と定数 a の値を求めよ。

2 多項式で表される関数 $f(x)$ が，等式

$$12\int_0^x f(t)dt + 2f(x) + 1 = x^2 f'(x)$$

を満たすとき，次の問いに答えよ。

(1) 等式の両辺の最高次の項の係数を比較して，関数 $f(x)$ の次数を求めよ。

(2) 関数 $f(x)$ を求めよ。

3 2 次関数 $f(x)$ が，$f(1)=1$ を満たし，どのような 1 次関数 $g(x)$ に対しても常に $\int_0^1 f(x)g(x)dx=0$ を満たすとき，$f(x)$ を求めよ。

4 $f(x)=2x^2-1$ のとき，次の極限値を求めよ。

$$\lim_{x\to 3}\frac{1}{x-3}\int_3^x \{f(t)-f(1)\}dt$$

5 関数 $f(x)$ が，任意の定数 a に対し，

$$f(x+a)=f(x)+f(a)+4ax-1$$

を満たすとき，次の問いに答えよ。

(1) $f(0)$ の値を求めよ。

(2) $x=0$ における微分係数が $f'(0)=3$ であるとき，$f(x)$ を求めよ。

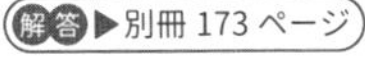

解答▶別冊 173 ページ

4 定積分で表された関数の応用問題

定積分で表された関数の基本の形は，積分区間に着目すると 2 つに分類できます。a，b を定数として，**$\int_a^b f(t)dt$ を含む場合と $\int_a^x f(t)dt$ を含む場合**です。

$\int_a^b f(t)dt$ を含む場合で注意しないといけない点は，$\int_a^b xf(t)dt$ のように，**積分内の式に変数 x を含む場合は，x を定積分の外に出しておく必要があるという点です。**

$\int_a^b xf(t)dt$ は t についての定積分ですから，変数 x を含んでいると定数ではないので文字定数でおき換えることができません。

例題 105 $f(x)=3x^2+2\int_0^1 xf(t)dt+3\int_0^2 f(t)dt$ を満たす関数 $f(x)$ を求めよ。

考え方 $\int_0^1 xf(t)dt$ は定数ではありませんから，$=k$ などとおいてはいけません。

解答 与式より，

$$f(x)=3x^2+2x\int_0^1 f(t)dt+3\int_0^2 f(t)dt \quad \leftarrow x\text{を定積分の外に出す}$$

このとき，$\int_0^1 f(t)dt=A$，$\int_0^2 f(t)dt=B$ ……①とおくと，

$$f(x)=3x^2+2Ax+3B \quad \cdots\cdots②$$

ここで，①より $A=\int_0^1 f(t)dt$，$B=\int_0^2 f(t)dt$ であったから，

$$A=\int_0^1 (3t^2+2At+3B)dt \quad \leftarrow ②\text{を利用}$$
$$=\left[t^3+At^2+3Bt\right]_0^1$$
$$=1+A+3B$$

これより，$B=-\dfrac{1}{3}$ ……③

また，

$$B=\int_0^2 (3t^2+2At+3B)dt \quad \leftarrow ②\text{を利用}$$
$$=\left[t^3+At^2+3Bt\right]_0^2$$
$$=8+4A+6B$$

③より，$A=-\dfrac{19}{12}$ ……④

③，④を②に代入して，

$$f(x)=3x^2-\frac{19}{6}x-1 \quad \cdots \text{答}$$

例題 106 次の 2 つの条件(i)，(ii)を満たす関数 $f(x)$ と定数 a の値を求めよ。

(i) $\displaystyle\int_0^x f(t)dt=\frac{x^2}{4}\int_0^a f(t)dt\ \ (a>0)$ (ii) $\displaystyle\int_0^1 f(t)dt=1$

解答 まず，$\displaystyle\int_0^a f(t)dt=A$ とおくと，$\displaystyle\int_0^x f(t)dt=\frac{A}{4}x^2$ ……①

①の両辺を x で微分すると，$f(x)=\dfrac{A}{2}x$ ……②

これと(ii)より，

$$\int_0^1 \frac{A}{2}tdt=1$$

$$\left[\frac{A}{4}t^2\right]_0^1=1$$

よって，$\dfrac{A}{4}=1$ より $A=4$

これを②に代入して，$\boldsymbol{f(x)=2x}$ … 答

これを(i)に代入して，

$$\int_0^x 2tdt=\frac{x^2}{4}\int_0^a 2tdt$$

$$x^2=\frac{a^2}{4}x^2$$

これは x についての恒等式であるから，$a^2=4$

$a>0$ より $\boldsymbol{a=2}$ … 答

演習問題 83

1 関数 $f(x)$, $g(x)$ が次の関係を満たしているとする。ただし，a は定数である。このとき，関数 $f(x)$ と $g(x)$ を求めよ。

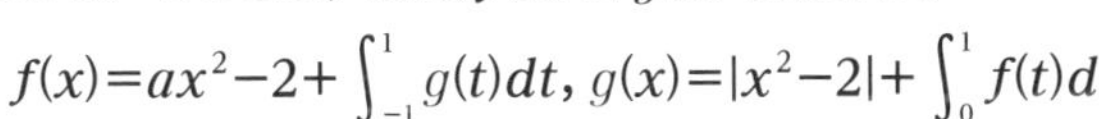

$$f(x)=ax^2-2+\int_{-1}^1 g(t)dt,\ g(x)=|x^2-2|+\int_0^1 f(t)dt$$

2 $\displaystyle f(x)=\int_0^x g(t)dt+2,\ g(x)=3x^2-6x+\int_0^1 \{f(t)+g'(t)\}dt$ で定義される関数 $f(x)$, $g(x)$ を求めよ。

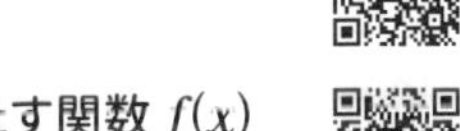

3 等式 $\displaystyle f(x)=x^2+\int_0^1 (x+t)f(t)dt$ を満たす関数 $f(x)$ を求めよ。

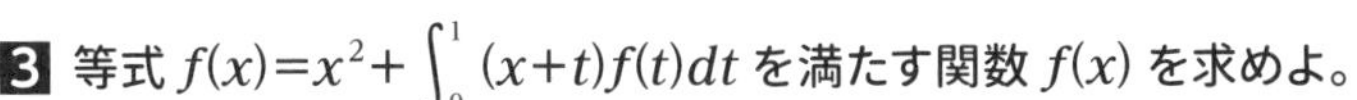

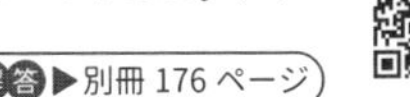

4 $\displaystyle f(x)=x+\int_0^1 g(t)dt,\ g(x)=x^2+\int_0^1 (x-t)f(t)dt$ を満たす関数 $f(x)$ と $g(x)$ を求めよ。

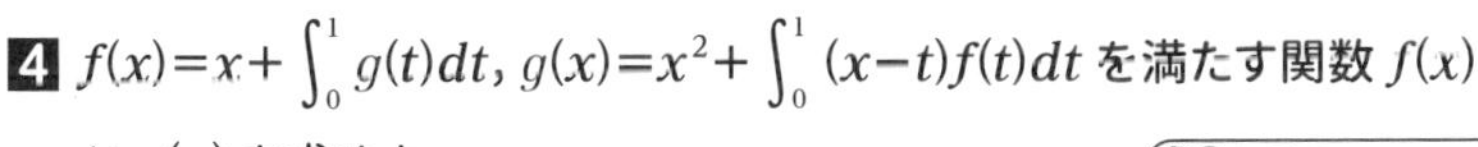

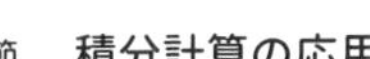

解答▶別冊 176 ページ

第5節 定積分と面積の応用

1 定積分と面積の関係

次の図のように，区間 $a \leqq x \leqq b$ 内で単調に増加する関数 $y=f(x)$ のグラフが x 軸より上側にあるとき，曲線 $y=f(x)$ と x 軸，および 2 直線 $x=a$，$x=b$ で囲まれた部分の面積が定積分 $\int_a^b f(x)dx$ で表せることは，次のように証明することができます。

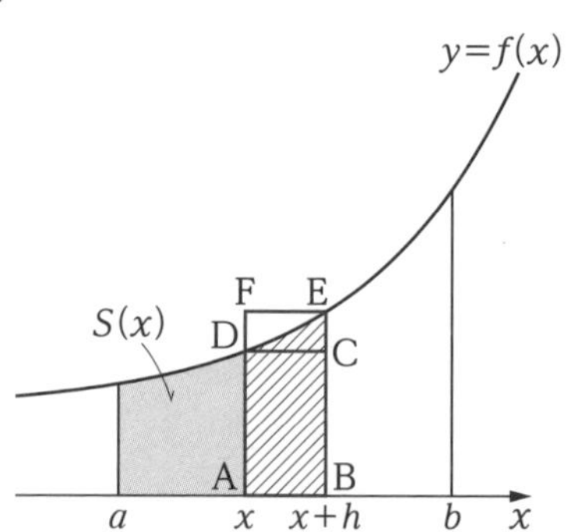

x 座標が a から x までの区間において，曲線 $y=f(x)$ と x 軸で囲まれた部分の面積を $S(x)$ とすると，x を $x+h$ $(h>0)$ まで変化させたときの $S(x)$ の増加量は，

$$S(x+h)-S(x)$$

上の図のように，x から $x+h$ までで $y=f(x)$ の最も高い部分である $f(x+h)$ を高さとする長方形 ABEF の面積と，$y=f(x)$ の最も低い部分である $f(x)$ を高さとする長方形 ABCD の面積に着目すると，

長方形 ABCD の面積 $<S(x+h)-S(x)<$ 長方形 ABEF の面積

$$h\times f(x)<S(x+h)-S(x)<h\times f(x+h)$$

$$f(x)<\frac{S(x+h)-S(x)}{h}<f(x+h)$$

（両辺を h で割る）

がいえます。**ここで，$h\to 0$ のときの極限をとる**と，

$$\lim_{h\to 0}f(x)<\lim_{h\to 0}\frac{S(x+h)-S(x)}{h}<\lim_{h\to 0}f(x+h)$$

左辺と右辺の極限値はともに $f(x)$ で等しいので，中央の極限値も

$$\lim_{h\to 0}\frac{S(x+h)-S(x)}{h}=f(x)$$

といえる（「はさみうちの原理」と呼びます）。**左辺は導関数の定義**なので，

（↑数学IIIで学習します）

$$S'(x)=f(x)$$

$h<0$ のときも同様にこの結果が示される。

この両辺を x で積分するとき，$f(x)$ の不定積分を $F(x)$，積分定数を C とすると，

$$\int S'(x)dx = \int f(x)dx$$

$$S(x) = F(x) + C \quad \cdots\cdots①$$ ←左辺の積分定数も右辺にまとめて C としています

ここで，$x=a$ のとき，面積 $S(x)$ は 0 であるから，$S(a)=0$

①より $F(a)+C=0$ であるから，

$$C = -F(a)$$

これを①に代入すると，

$$S(x) = F(x) - F(a)$$

求めるのは $x=a$ から $x=b$ までの面積 $S(b)$ であるから，

$$\begin{aligned} S(b) &= F(b) - F(a) \\ &= \Big[F(x)\Big]_a^b \\ &= \int_a^b f(x)dx \end{aligned}$$

以上より，曲線 $y=f(x)$ と x 軸，および 2 直線 $x=a$，$x=b$ で囲まれた部分の面積は，定積分 $\int_a^b f(x)dx$ で求められることが示された。　〔証明終わり〕

また，以上のことはグラフが単調に減少しているときも同様に示すことができます。

x から $x+h$ までの区間内で単調に増加または減少していない場合，h の値を小さくして区間の幅を小さくすることで単調に増加または減少する部分を考えることもできます。

演習問題 84

$0<a<b$ とする。曲線 $y=x^2$，x 軸，2 直線 $x=a$，$x=b$ で囲まれた部分の面積が $\dfrac{b^3-a^3}{3}$ で表されることを，**p.186 ～ p.187** までの解説の方法を利用して証明せよ。

解答 ▶別冊 178 ページ

2 絶対値と面積

絶対値を含む式の積分は，絶対値の中の正負で場合を分けて，絶対値をはずしてから積分を行います。

例題 107 定積分 $\int_{-2}^{1}|x|dx$ を求めよ。

考え方〉 x の正負で場合を分ける。積分区間が $-2\leqq x\leqq 1$ である点に注意する。

解答 $-2\leqq x\leqq 0$ のとき $|x|=-x$，$0\leqq x\leqq 1$ のとき $|x|=x$ であるから，

$$\int_{-2}^{1}|x|dx=\int_{-2}^{0}(-x)dx+\int_{0}^{1}xdx$$
$$=\left[-\frac{1}{2}x^2\right]_{-2}^{0}+\left[\frac{1}{2}x^2\right]_{0}^{1}$$
$$=2+\frac{1}{2}=\mathbf{\frac{5}{2}}\ \cdots\ 答$$

確認 この定積分を求めることは，右の図の色のついた部分の面積を求めていることと同じになります。$y=|f(x)|$ のグラフは常に x 軸より上側にあるので，$|f(x)|$ の積分の値は必ず面積を表すことがわかります。このことを利用すると場合分けをグラフからも考えることができ，ミスが減ります。

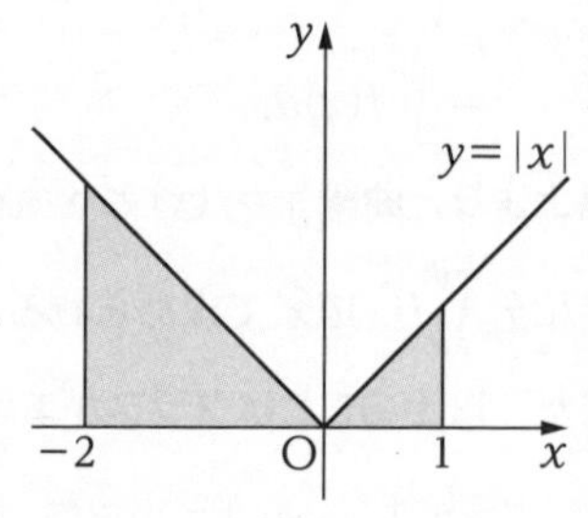

例題 108 定積分 $\int_{0}^{2}|x^2-3x+2|dx$ を求めよ。

解答 $y=|x^2-3x+2|=|(x-1)(x-2)|$ は，次の図のように $y=(x-1)(x-2)$ のグラフの x 軸より下側の部分を x 軸に関して対称に折り返したグラフである。

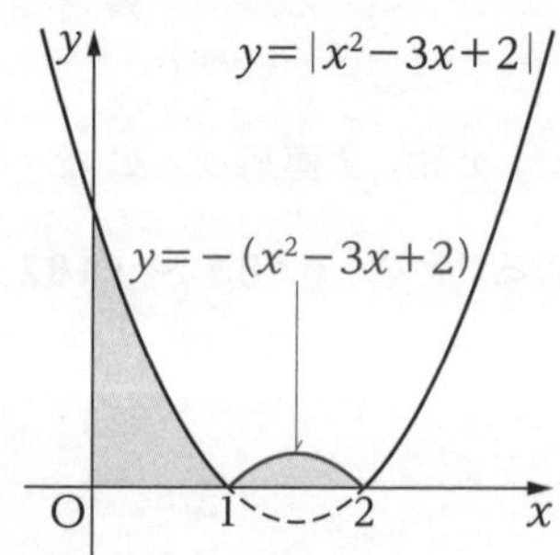

よって，求める定積分は図の色のついた部分の面積に等しい。

$$\int_0^2 |x^2-3x+2|dx=\int_0^1 (x^2-3x+2)dx+\int_1^2 \{-(x^2-3x+2)\}dx$$

$$=\int_0^1 (x^2-3x+2)dx-\int_1^2 (x-1)(x-2)dx$$

$$=\left[\frac{1}{3}x^3-\frac{3}{2}x^2+2x\right]_0^1-\left\{-\frac{1}{6}(2-1)^3\right\}$$

← $\frac{1}{6}$公式

$$=\frac{5}{6}+\frac{1}{6}=\mathbf{1}$$ … 答

例題 109 $F(x)=\int_x^{x+2} |t-2x+1|dt$ とする。$F(x)$ を求めよ。

考え方 区間 $x \leqq t \leqq x+2$ の範囲にどのグラフが入るかで場合を分けます。

解答 $y=t-2x+1$ のグラフと t 軸との交点の t 座標は，← t が変数なので x は定数扱い

$0=t-2x+1$ より $t=2x-1$

(i) $2x-1<x$ つまり $x<1$ のとき

このとき，求める定積分は右の図の色のついた部分の面積に等しい。

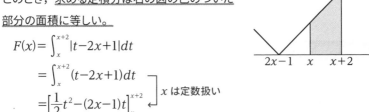

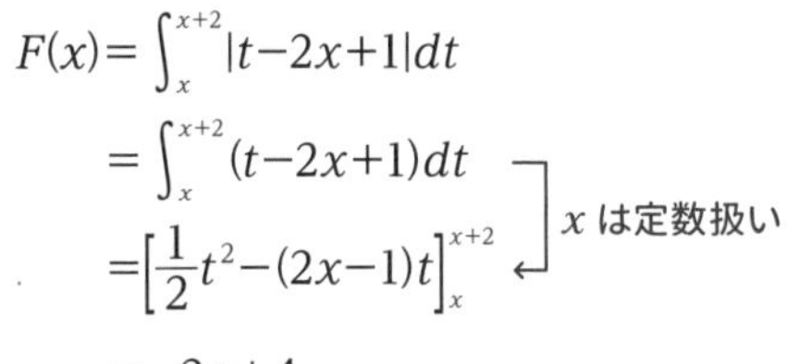

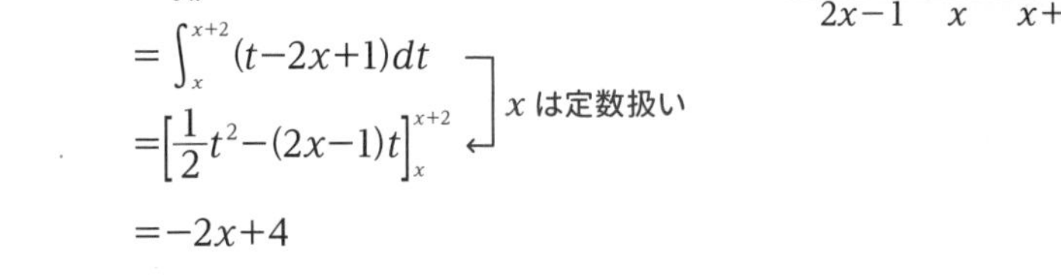

$$F(x)=\int_x^{x+2} |t-2x+1|dt$$

$$=\int_x^{x+2} (t-2x+1)dt$$

$$=\left[\frac{1}{2}t^2-(2x-1)t\right]_x^{x+2}$$

← x は定数扱い

$$=-2x+4$$

(ii) $x \leqq 2x-1 \leqq x+2$ つまり $1 \leqq x \leqq 3$ のとき

このとき，求める定積分は右の図の色のついた部分の面積に等しい。

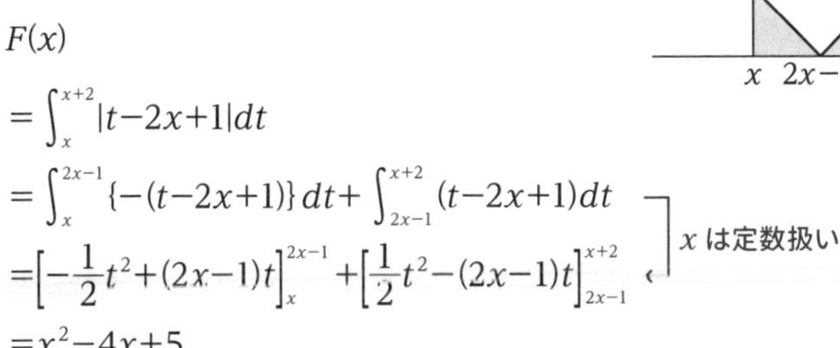

$F(x)$

$$=\int_x^{x+2} |t-2x+1|dt$$

$$=\int_x^{2x-1} \{-(t-2x+1)\}dt+\int_{2x-1}^{x+2} (t-2x+1)dt$$

$$=\left[-\frac{1}{2}t^2+(2x-1)t\right]_x^{2x-1}+\left[\frac{1}{2}t^2-(2x-1)t\right]_{2x-1}^{x+2}$$

← x は定数扱い

$$=x^2-4x+5$$

(iii) $x+2<2x-1$ つまり $x>3$ のとき

このとき，求める定積分は右の図の色のついた部分の面積に等しい。

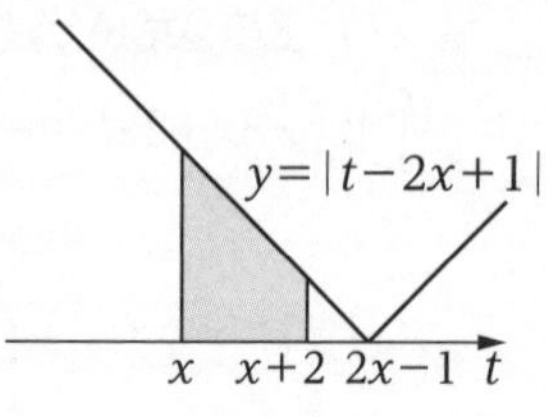

$$\begin{aligned} F(x) &= \int_x^{x+2} |t-2x+1|dt \\ &= \int_x^{x+2} \{-(t-2x+1)\}dt \\ &= \left[-\frac{1}{2}t^2+(2x-1)t\right]_x^{x+2} \\ &= 2x-4 \end{aligned}$$

x は定数扱い

以上より，

$$\begin{cases} x<1 \text{ のとき，} F(x)=-2x+4 \\ 1 \leqq x \leqq 3 \text{ のとき，} F(x)=x^2-4x+5 \\ 3<x \text{ のとき，} F(x)=2x-4 \end{cases}$$ … 答

演習問題 85

1 次の定積分を求めよ。

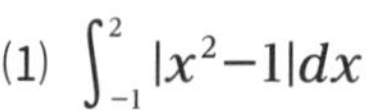

(1) $\int_{-1}^{2} |x^2-1|dx$

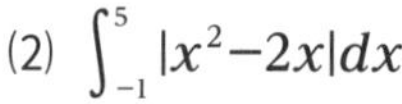

(2) $\int_{-1}^{5} |x^2-2x|dx$

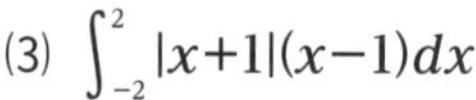

(3) $\int_{-2}^{2} |x+1|(x-1)dx$

2 定積分 $f(x)=\int_0^1 |t^2-x^2|dt$ $(0 \leqq x \leqq 2)$ について，次の問いに答えよ。

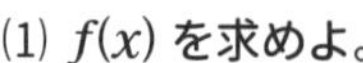

(1) $f(x)$ を求めよ。

(2) $f(x)$ の最大値および最小値を求めよ。

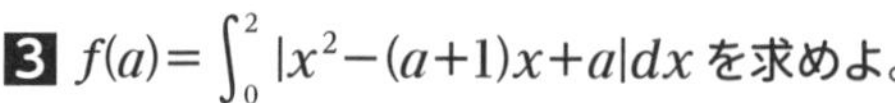

3 $f(a)=\int_0^2 |x^2-(a+1)x+a|dx$ を求めよ。

解答▶別冊 179 ページ

3 放物線と接線で囲まれた部分の面積

2 つのグラフで囲まれた部分の面積は，「上の関数－下の関数」の積分で求めることができます。ただし，放物線と接線で囲まれた部分の面積を求めるときは，計算を工夫して積分することができます。

上側にある放物線 $y=f(x)$ と，それより下側にある直線 $y=g(x)$ が $x=\alpha$ で接しているとします。この 2 つのグラフの共有点を考えるために，2 つの式を連立して y を消去すると，

$f(x)=g(x)$

$f(x)-g(x)=0$

$x=\alpha$ で接しているので，**この方程式が $x=\alpha$ を重解にもつ，つまり $f(x)-g(x)$ が $(x-\alpha)^2$ を因数にもつ**ことがわかります。$f(x)-g(x)$ は 2 次式であるから，

$f(x)-g(x)=a(x-\alpha)^2$　←実際に因数分解する必要はないということです！

└x^2 の係数に注意

と変形できることになります。a は x^2 の係数です。

放物線 $y=f(x)$ と接線 $y=g(x)$ の間の面積は，この $a(x-\alpha)^2$ を積分すればよく，**p.175 の例題 99** で学んだように，かっこ内の 1 次式をひとかたまりとみて積分することで簡単に求めることができます。

例題 110 放物線 $y=x^2-2x$ と，この放物線上の x 座標が 2 である点における接線と，直線 $x=4$ とで囲まれた部分の面積を求めよ。

解答 $y=f(x)=x^2-2x$ とおくと，$f'(x)=2x-2$ であるから，$x=2$ における点で接する接線の方程式は，

$y-f(2)=f'(2)(x-2)$ より，$y=2x-4$

以上より，求める部分は次の図の色のついた部分である。

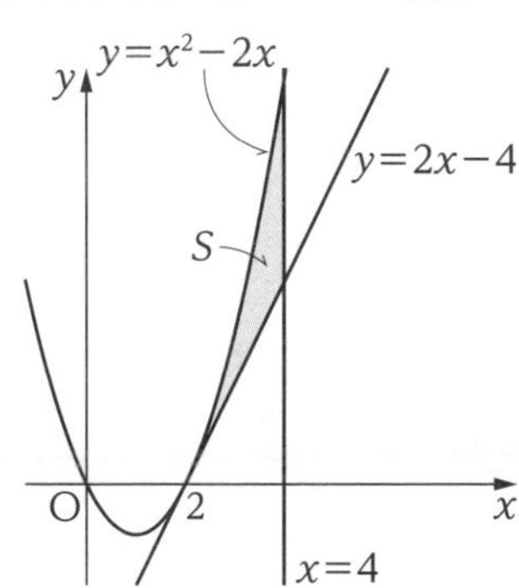

よって，求める面積を S とすると，

$$S=\int_2^4\{(x^2-2x)-(2x-4)\}dx$$

ここで，$x=2$ で接していて，かつ x^2 の係数が 1 であることから，

$$\int_2^4\{(x^2-2x)-(2x-4)\}dx=\int_2^4(x-2)^2dx$$

← $x=2$ で接しているので $(x-2)^2$ を因数にもつ（計算しなくてもわかるということです）

と変形することができる。よって，

$$\int_2^4(x-2)^2dx$$

$$=\left[\frac{1}{3}(x-2)^3\right]_2^4$$

（1 次式をひとかたまりとみて積分）

$$=\frac{1}{3}(2^3-0)=\boldsymbol{\frac{8}{3}}$$ … 答

一般化することを考えてみましょう。次の図のように，2 次関数 $y=ax^2+bx+c$ $(a>0)$ のグラフと $x=\alpha$ で接する直線 $y=px+q$ があるとします。

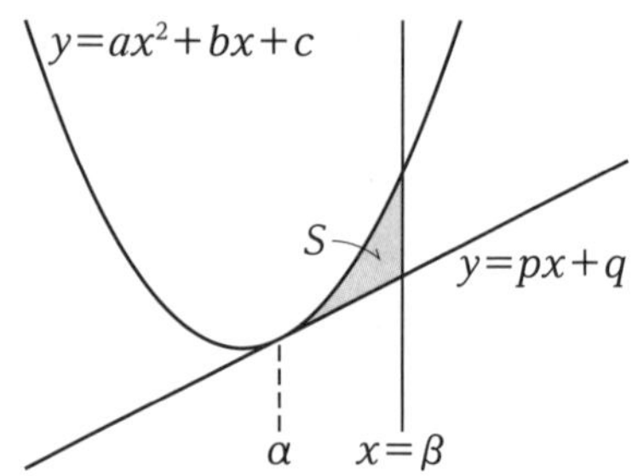

この 2 つのグラフと y 軸に平行な直線 $x=\beta$ $(\alpha<\beta)$ とで囲まれた部分の面積 S を考えます。

$$S=\int_\alpha^\beta\{(ax^2+bx+c)-(px+q)\}dx$$

（$x=\alpha$ が接点の x 座標，x^2 の係数 a に注意）

$$=\int_\alpha^\beta a(x-\alpha)^2dx$$

（かっこ内の 1 次式をひとかたまりとみて積分）

$$=\left[\frac{a}{3}(x-\alpha)^3\right]_\alpha^\beta$$

$$=\left\{\frac{a}{3}(\beta-\alpha)^3\right\}-0=\frac{a}{3}(\beta-\alpha)^3$$

また，放物線が上に凸（つまり，$a<0$）のときは，積分内の差の順序が逆になるので面積は $S=-\frac{a}{3}(\beta-\alpha)^3$ となります。

つまり，$a>0$ のとき $S=\frac{a}{3}(\beta-\alpha)^3$，$a<0$ のとき $S=-\frac{a}{3}(\beta-\alpha)^3$

これらは絶対値を用いて，次のようにまとめることができます。

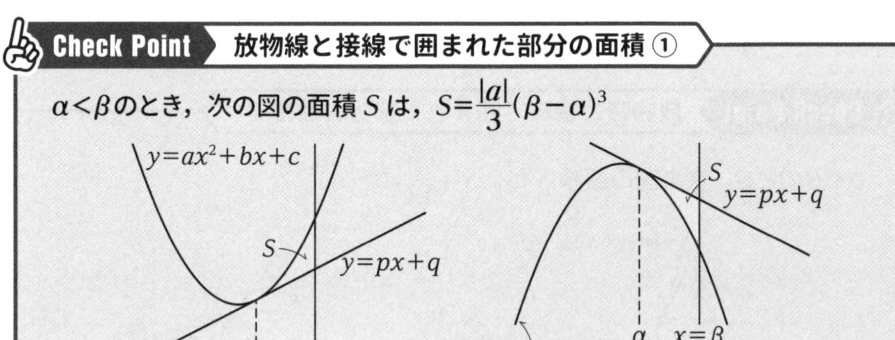

参考 この式を**例題 110** で用いれば，

$$\frac{|1|}{3}(4-2)^3=\frac{2^3}{3}=\frac{8}{3}\ \cdots \text{答}$$

となり，等しいことが確認できます。

この式はあくまでも結果を示したものなので，記述の際には途中式を記述する必要があると考えてください。マーク形式の試験での解答や検算に大変有効な結論です。また，この結果は $x=\beta$ のほうが接点の場合も成り立ちます。

次に，放物線と放物線に接する 2 つの接線で囲まれた部分の面積を考えてみましょう。上の**Check Point**「放物線と接線で囲まれた部分の面積 ①」を利用します。

接点の x 座標を α，β $(\alpha<\beta)$ とするとき，**p.155** の**例題 85** のように，放物線に接する 2 つの接線の交点の x 座標は，$x=\frac{\alpha+\beta}{2}$ となります。

右の図のように $x=\frac{\alpha+\beta}{2}$ の左右で分けたそれぞれの面積を S_1，S_2 とするとき，

Check Point「放物線と接線で囲まれた部分の面積 ①」を用いると，

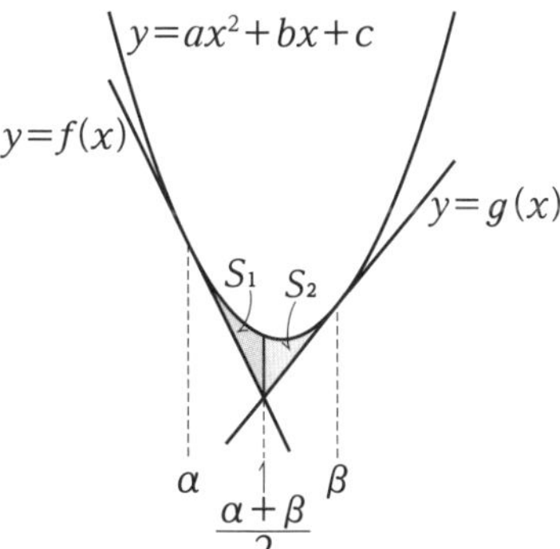

$$S_1=\frac{|a|}{3}\left(\frac{\alpha+\beta}{2}-\alpha\right)^3=\frac{|a|}{3}\left(\frac{\beta-\alpha}{2}\right)^3$$

$$S_2=\frac{|a|}{3}\left(\beta-\frac{\alpha+\beta}{2}\right)^3=\frac{|a|}{3}\left(\frac{\beta-\alpha}{2}\right)^3$$

← $S_1=S_2$ であることも覚えておきたい

求める面積は 2 つの合計なので，

$$S_1+S_2=2\cdot\frac{|a|}{3}\left(\frac{\beta-\alpha}{2}\right)^3=\frac{|a|}{12}(\beta-\alpha)^3$$

Check Point　放物線と接線で囲まれた部分の面積 ②

$\alpha<\beta$ のとき，次の図の面積 S は，$S=\frac{|a|}{12}(\beta-\alpha)^3$

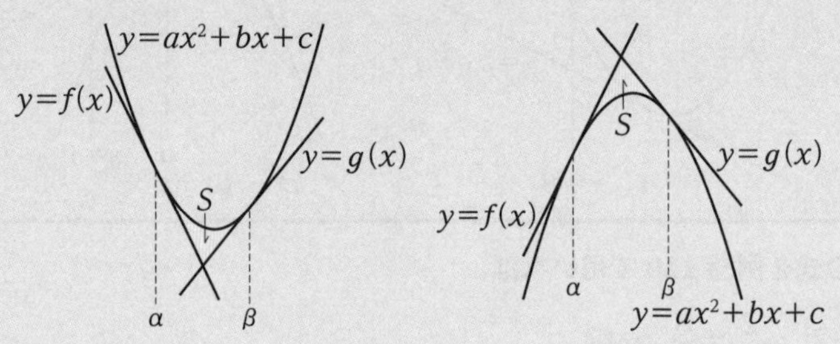

「放物線と接線で囲まれた部分の面積 ①」と同様に，この式もあくまで結果を示したものなので，記述の際には途中式を記述する必要があると考えてください。

例題111　放物線 $y=x^2+4$ について，次の問いに答えよ。

(1) 点 (1，1) から，この放物線に引いた 2 本の接線の方程式を求めよ。

(2) (1)で求めた 2 本の接線と放物線で囲まれた部分の面積を求めよ。

解答　(1) $f(x)=x^2+4$ とおくと $f'(x)=2x$ である。接点の座標を $(t,\ t^2+4)$ とおくと接線の方程式は，　←接点がわからないときの接線の方程式の求め方

$$y-(t^2+4)=f'(t)(x-t)$$

$$y=2tx-t^2+4 \quad \cdots\cdots①$$

これが点 (1，1) を通るので代入すると，

$$1=2t-t^2+4$$

$$(t+1)(t-3)=0$$

よって，$t=-1,\ 3$

これを①に代入して，

$$\boldsymbol{y=-2x+3,\ y=6x-5} \quad \cdots \text{答}$$

(2) 2 つの接点は，$t=-1,\ 3$ より，$(-1,\ 5)$，$(3,\ 13)$ になるから，グラフは次の図のようになる。

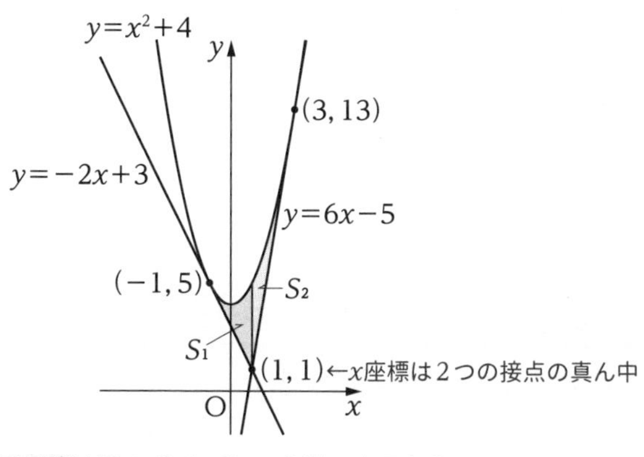

求める面積は図の S_1 と S_2 の合計であるから，

$$S_1+S_2=\int_{-1}^{1}\{(x^2+4)-(-2x+3)\}dx+\int_{1}^{3}\{(x^2+4)-(6x-5)\}dx$$

↓ $x=-1$，3 で接するので $(x+1)^2$，$(x-3)^2$ を因数にもつ

$$=\int_{-1}^{1}(x+1)^2dx+\int_{1}^{3}(x-3)^2dx$$

1 次式をひとかたまりとみて積分

$$=\left[\frac{1}{3}(x+1)^3\right]_{-1}^{1}+\left[\frac{1}{3}(x-3)^3\right]_{1}^{3}$$

$$=\frac{8}{3}+\frac{8}{3}=\mathbf{\frac{16}{3}} \cdots 答$$

参考 **Check Point**の式を用いれば，

$$\frac{|1|}{12}\{3-(-1)\}^3=\frac{4^3}{12}=\mathbf{\frac{16}{3}} \cdots 答$$

となり，等しいことが確認できます。

さらに，今度は **x^2の係数の等しい 2 つの放物線**とその共通接線で囲まれた部分の面積を考えてみましょう。ここでも，「放物線と接線で囲まれた部分の面積 ①」を利用します。

一般に，x^2 の係数が等しい 2 つの放物線の共通接線の接点の x 座標をα，β $(\alpha<\beta)$ とするとき，その 2 つの放物線の交点の x 座標は $x=\frac{\alpha+\beta}{2}$ になることがわかっています。

右の図のように $x=\frac{\alpha+\beta}{2}$ の左右で分けたそれぞれの面積を S_1，S_2 とするとき，

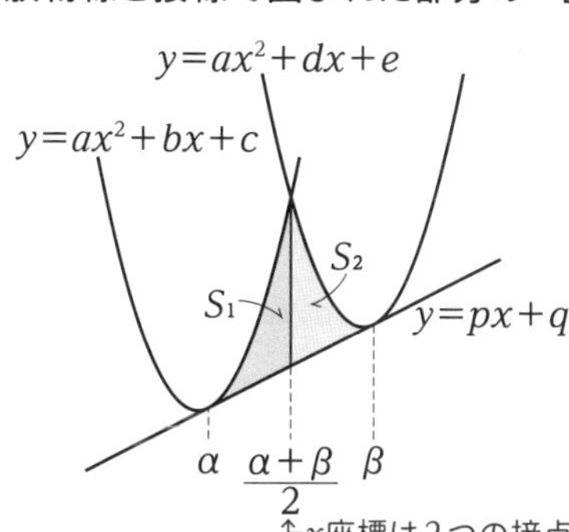

「放物線と接線で囲まれた部分の面積①」を用いると，

$$S_1=\frac{|a|}{3}\left(\frac{\alpha+\beta}{2}-\alpha\right)^3=\frac{|a|}{3}\left(\frac{\beta-\alpha}{2}\right)^3$$

$$S_2=\frac{|a|}{3}\left(\beta-\frac{\alpha+\beta}{2}\right)^3=\frac{|a|}{3}\left(\frac{\beta-\alpha}{2}\right)^3$$ ← $S_1=S_2$ であることも覚えておきたい

求める面積は 2 つの合計なので，

$$S_1+S_2=2\cdot\frac{|a|}{3}\left(\frac{\beta-\alpha}{2}\right)^3=\frac{|a|}{12}(\beta-\alpha)^3$$

Check Point　放物線と接線で囲まれた部分の面積 ③

$\alpha<\beta$ のとき，次の図の面積 S は，$S=\frac{|a|}{12}(\beta-\alpha)^3$

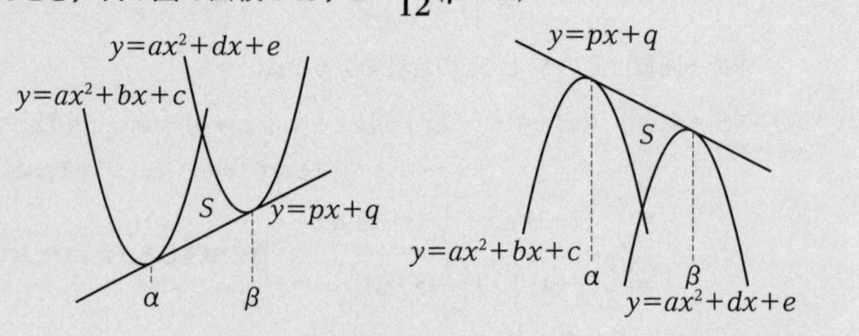

すでに述べたとおりですが，この結論は **2 つの放物線の x^2 の係数が一致していないといけません。** そうでない場合は 2 つの放物線の交点の左右で，「放物線と接線で囲まれた部分の面積 ①」の結論を 2 回用いて求めます。

例題 112　2 つの放物線 $y=x^2+4x+5$ と $y=x^2-2x+5$ の両方に接する接線 l がある。次の問いに答えよ。

(1) l の方程式を求めよ。

(2) l と 2 つの曲線とで囲まれた部分の面積を求めよ。

考え方〉共通接線の方程式の求め方は **p.157** の**例題 86** 等で扱っています。それぞれの放物線における接線の方程式をたてて，これらを一致させる方針で考えます。

解答 (1) $f(x)=x^2+4x+5$ とおくと，$f'(x)=2x+4$ であるから，$(\alpha,\ \alpha^2+4\alpha+5)$ における接線の方程式は，

$$y-(\alpha^2+4\alpha+5)=(2\alpha+4)(x-\alpha)$$

$$y=(2\alpha+4)x-\alpha^2+5\cdots\cdots①$$

同様にして，$g(x)=x^2-2x+5$ とおくと，$g'(x)=2x-2$ であるから，

$(\beta,\ \beta^2-2\beta+5)$ における接線の方程式は，

$y-(\beta^2-2\beta+5)=(2\beta-2)(x-\beta)$

$y=(2\beta-2)x-\beta^2+5$……②

この２つの直線が一致すればよいので，

$2\alpha+4=2\beta-2,\ -\alpha^2+5=-\beta^2+5$

これを解くと，$\alpha=-\dfrac{3}{2},\ \beta=\dfrac{3}{2}$ ←接点の x 座標

①または②に代入して，

$\boldsymbol{y=x+\dfrac{11}{4}}$ … 答

(2)

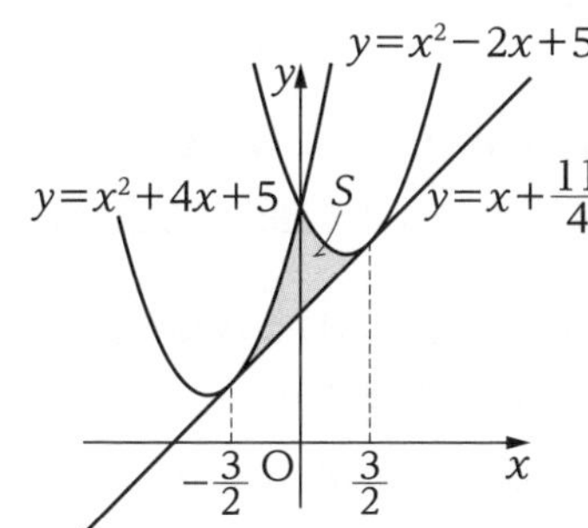

２つの放物線の方程式を連立して，交点の x 座標を求めると，

$x^2+4x+5=x^2-2x+5$

$x=0$ ←接点の x 座標から $x=\dfrac{-\frac{3}{2}+\frac{3}{2}}{2}=0$（つまり真ん中）と求めることもできる

以上より，求める面積 S は上の図の色のついた部分であるから，

$$S=\int_{-\frac{3}{2}}^{0}\left\{(x^2+4x+5)-\left(x+\frac{11}{4}\right)\right\}dx+\int_{0}^{\frac{3}{2}}\left\{(x^2-2x+5)-\left(x+\frac{11}{4}\right)\right\}dx$$

↓ $x=\pm\dfrac{3}{2}$ で接するので $\left(x+\dfrac{3}{2}\right)^2,\ \left(x-\dfrac{3}{2}\right)^2$ を因数にもつ

$$=\int_{-\frac{3}{2}}^{0}\left(x+\frac{3}{2}\right)^2dx+\int_{0}^{\frac{3}{2}}\left(x-\frac{3}{2}\right)^2dx$$

$$=\left[\frac{1}{3}\left(x+\frac{3}{2}\right)^3\right]_{-\frac{3}{2}}^{0}+\left[\frac{1}{3}\left(x-\frac{3}{2}\right)^3\right]_{0}^{\frac{3}{2}}$$

１次式をひとかたまりとみて積分

$$=\frac{9}{8}+\frac{9}{8}=\boldsymbol{\frac{9}{4}}$$ … 答

参考 **Check Point**の式を用いれば，

$$\frac{|1|}{12}\left\{\frac{3}{2}-\left(-\frac{3}{2}\right)\right\}^3=\frac{3^3}{12}=\boldsymbol{\frac{9}{4}}$$ … 答

となり，等しいことが確認できます。

演習問題 86

1 放物線 $C: y=-\frac{1}{2}x^2+x+\frac{3}{2}$ 上の点 $\left(2,\ \frac{3}{2}\right)$ における接線を l とする。次の問いに答えよ。

(1) l の方程式を求めよ。

(2) x 軸の正の部分と放物線 C と直線 l で囲まれた図形の面積を求めよ。

2 放物線 $y=-x^2+1$ とその放物線の $x=-1$ における接線と，直線 $x=\frac{1}{2}$ によって囲まれた部分の面積を求めよ。

3 放物線 $y=x^2-4x+3$ 上に点 A$(0,\ 3)$，B$(4,\ 3)$ がある。次の問いに答えよ。

(1) 点 A における接線 l，および点 B における接線 m の方程式を求めよ。

(2) l，m と放物線 $y=x^2-4x+3$ とで囲まれた部分の面積を求めよ。

4 放物線 $y=\frac{1}{2}x^2$ 上の 2 点 P，Q における接線が直交するとき，次の問いに答えよ。ただし，P の x 座標を p とし，$p>0$ とする。

(1) 2 つの接線の交点の座標を p を用いて表せ。

(2) 2 つの接線と放物線で囲まれた部分の面積を p を用いて表せ。

(3) (2)で求めた面積の最小値とそのときの点 P の座標を求めよ。

5 曲線 $y=x^2$ を C_1，曲線 $y=x^2+p(p<0)$ を C_2 とする。

(1) C_2 上の任意の点から C_1 に，常に 2 本の接線が引けることを示せ。

(2) (1)のとき，2 本の接線と C_1 で囲まれた図形の面積は一定であることを示せ。

6 2 つの放物線 C_1:$y=x^2$，C_2:$y=x^2-4x$ について，次の問いに答えよ。

(1) C_1，C_2 の共通接線 l の方程式を求めよ。

(2) C_1，C_2 と l で囲まれた部分の面積を求めよ。

7 2 つの放物線 $C_1: y=2x^2+ax$，$C_2: y=\frac{1}{2}x^2+bx+c$ がそれぞれ原点 $(0,\ 0)$ と点 $(2,\ 2)$ で直線 $y=x$ と接するとき，次の問いに答えよ。

(1) a，b，c の値を定めよ。

(2) C_1，C_2 および直線 $y=x$ で囲まれた部分の面積を求めよ。

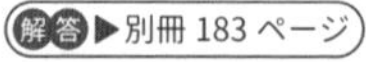
解答▶別冊 183 ページ

4 放物線と直線で囲まれた部分の面積

次の図のような放物線 $y=ax^2+bx+c\ (a>0)$ と直線 $y=px+q$ が異なる 2 点で交わるとき，その x 座標をα，$\beta(\alpha<\beta)$ とします。

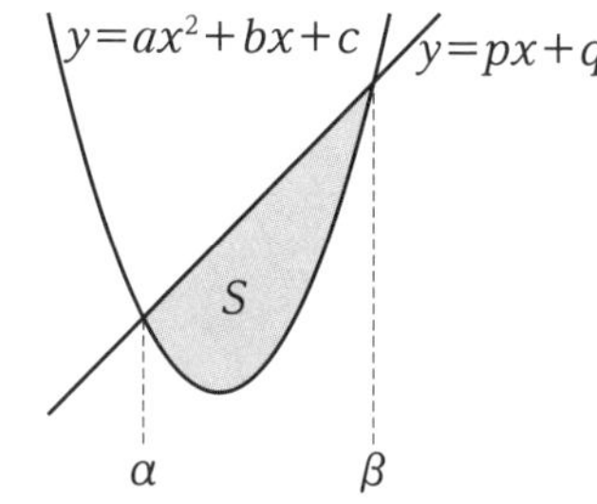

放物線と直線の方程式を連立すると，

$ax^2+bx+c=px+q$

$(px+q)-(ax^2+bx+c)=0$

交点の x 座標がα，βであるから，この方程式の解はα，βです。つまり，

$-a(x-\alpha)(x-\beta)=0$　← x^2 の係数 $-a$ に注意

と変形できることがわかります。このとき，放物線と直線で囲まれた部分の面積 S は，

$$S=\int_\alpha^\beta\{(px+q)-(ax^2+bx+c)\}dx$$

$$=-a\cdot\left\{\int_\alpha^\beta(x-\alpha)(x-\beta)dx\right\}$$

$$=-a\cdot\left\{-\frac{(\beta-\alpha)^3}{6}\right\}$$

$\frac{1}{6}$公式

$$=\frac{a}{6}(\beta-\alpha)^3$$

$a<0$ の場合，放物線と直線の上下関係が逆になるので，

$$S=\int_\alpha^\beta\{(ax^2+bx+c)-(px+q)\}dx$$

$$=a\cdot\left\{\int_\alpha^\beta(x-\alpha)(x-\beta)dx\right\}$$

$$=a\cdot\left\{-\frac{(\beta-\alpha)^3}{6}\right\}$$

$\frac{1}{6}$公式

$$=-\frac{a}{6}(\beta-\alpha)^3$$

← $a<0$ なので，この値は正の値

つまり，

$a>0$ のとき，$S=\frac{a}{6}(\beta-\alpha)^3$

$a<0$ のとき，$S=-\frac{a}{6}(\beta-\alpha)^3$

この 2 つの式も，絶対値を用いてまとめて表すことができます。

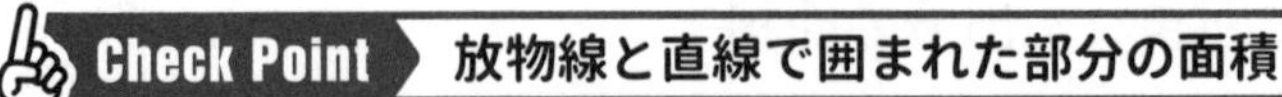

$\alpha<\beta$ のとき，次の図の面積 S は，$S=\dfrac{|a|}{6}(\beta-\alpha)^3$

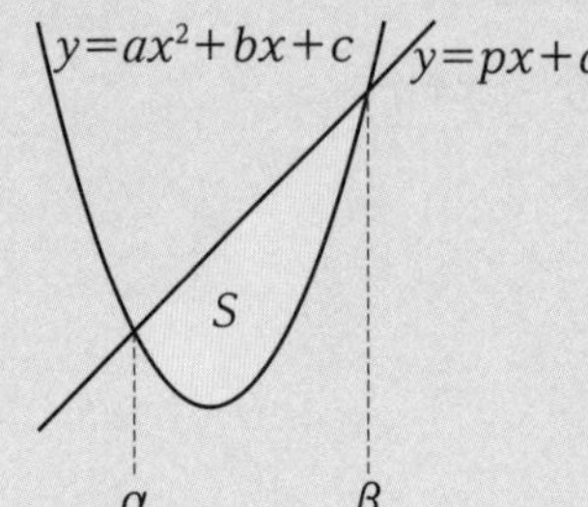

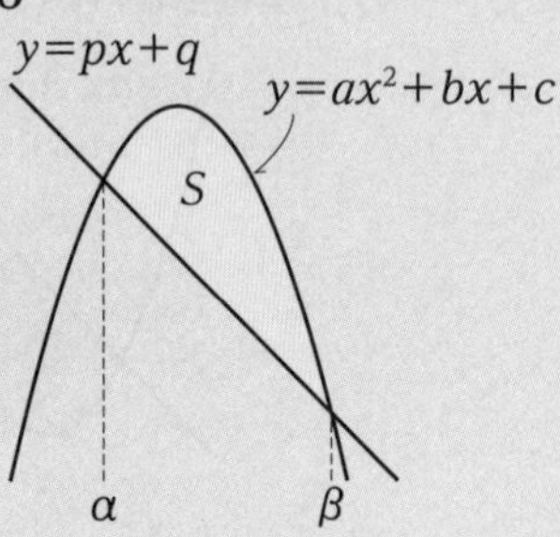

例題113 曲線 $y=x^2-x+1$ と直線 $y=x+9$ によって囲まれた図形の面積を求めよ。

解答 曲線と直線の共有点の x 座標は，

$$x^2-x+1=x+9$$
$$(x+2)(x-4)=0$$
$$x=-2,\ 4$$

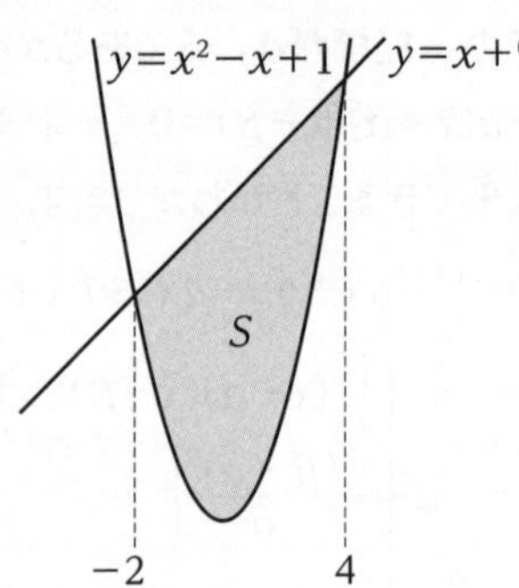

囲まれた図形の面積を S とすると，

$$\begin{aligned}
S&=\int_{-2}^{4}\{(x+9)-(x^2-x+1)\}dx\\
&=-\int_{-2}^{4}(x^2-2x-8)dx\\
&=-\int_{-2}^{4}\{x-(-2)\}(x-4)dx\\
&=-\left(-\frac{1}{6}\{4-(-2)\}^3\right)\\
&=36
\end{aligned}$$

（$\dfrac{1}{6}$公式） $=36$ … 答

参考 **Check Point**の式を用いれば，

$$\frac{|1|}{6}\{4-(-2)\}^3=\frac{6^3}{6}=36$$ … 答

となり，等しいことが確認できます。

2つの放物線で囲まれた部分の面積は，放物線と直線で囲まれた部分の面積を利用することで計算量を減らすことができる場合があります。直線をどのように引くかがポイントになります。

例題114 2つの放物線 $y=x^2-4x+2$ と $y=-x^2+2x-2$ で囲まれた部分の面積を求めよ。

解答 2つの放物線の共有点の x 座標は，

$x^2-4x+2=-x^2+2x-2$

$(x-1)(x-2)=0$

$x=1,\ 2$

ここで，2つの放物線の交点を通る直線を $y=f(x)$ とおく。

囲まれた図形の面積は S_1+S_2 であるから，

$$S_1+S_2=\int_1^2\{(-x^2+2x-2)-f(x)\}dx+\int_1^2\{f(x)-(x^2-4x+2)\}dx$$

$$=-\int_1^2(x-1)(x-2)dx-\int_1^2(x-1)(x-2)dx$$

$$=-\left\{-\frac{1}{6}(2-1)^3\right\}-\left\{-\frac{1}{6}(2-1)^3\right\}$$

（$\frac{1}{6}$ 公式）

$$=\frac{1}{6}+\frac{1}{6}=\frac{1}{3}$$ …答

直線 $y=f(x)$ の式そのものは不要で，放物線の x^2 の係数と交点の x 座標がわかれば面積が求められることがわかります。このように，**放物線と直線で囲まれた部分の面積として考え，$\frac{1}{6}$ 公式を利用することで計算量を減らすことができます。**

演習問題 87

次の問いに答えよ。

(1) 放物線 $y=2x^2-5$ と直線 $y=x-3$ で囲まれた部分の面積を求めよ。

(2) 放物線 $y=x^2-3x+2$ と x 軸で囲まれた部分の面積を求めよ。

(3) $0 \leqq x \leqq 3$ において，放物線 $y=x^2-2x+3$ と x 軸で囲まれた部分の面積を求めよ。

(4) 2つの放物線 $y=x^2+x+1$ と $y=2x^2-3x+1$ とで囲まれた部分の面積を求めよ。

(5) 放物線 $y=x^2$ と直線 $y=mx$ で囲まれた部分の面積が $\frac{9}{2}$ となるような正の定数 m の値を定めよ。

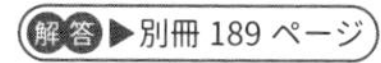
解答▶別冊 189 ページ

5 放物線と直線で囲まれた部分の面積の応用

いわゆる「$\frac{1}{6}$公式」を用いた面積の問題は様々な形が存在します。経験の必要な問題も多いため，ここでは様々なパターンを演習していきましょう。

例題 115 放物線 $y=4x-x^2$ と x 軸で囲まれた部分の面積を直線 $y=mx$ が 2 等分するとき，定数 m の値を求めよ。

考え方 $\frac{1}{6}$公式が使える組み合わせを考えます。

解答 放物線 $y=4x-x^2$ と直線の交点の x 座標は，

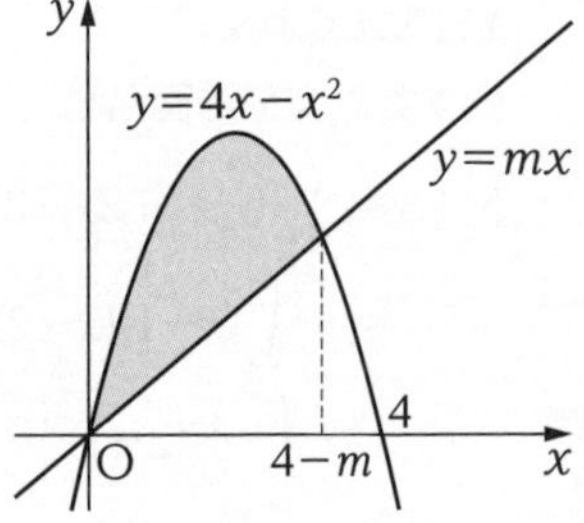

$4x-x^2=mx$

$x^2+(m-4)x=0$

$x\{x-(4-m)\}=0$

$x=0,\ 4-m$

放物線 $y=4x-x^2$ と x 軸で囲まれた部分の面積は，

$$\int_0^4(4x-x^2)dx=-\int_0^4 x(x-4)dx$$
$$=-\left\{-\frac{1}{6}(4-0)^3\right\}$$
$$=\frac{32}{3}$$

（$\frac{1}{6}$公式）

放物線 $y=4x-x^2$ と直線 $y=mx$ で囲まれた部分の面積は，

$$\int_0^{4-m}\{(4x-x^2)-mx\}dx=-\int_0^{4-m}x\{x-(4-m)\}dx$$
$$=-\left[-\frac{1}{6}\{(4-m)-0\}^3\right]$$
$$=\frac{(4-m)^3}{6}$$

（$\frac{1}{6}$公式）

これが放物線 $y=4x-x^2$ と x 軸で囲まれた部分の面積の半分になればよいので，

$\frac{(4-m)^3}{6}=\frac{32}{3}\times\frac{1}{2}$

$(4-m)^3=32$

$4-m=\sqrt[3]{32}$ （3 乗根をとる）

$\boldsymbol{m=4-2\sqrt[3]{4}}$ … 答 （$\sqrt[3]{32}=\sqrt[3]{2^3\times2^2}=2\sqrt[3]{2^2}$）

例題116 点 (1, 2) を通り，傾きが m である直線と放物線 $y=x^2$ によって囲まれる図形の面積の最小値を求めよ。また，そのときの m の値を求めよ。

解答 点 (1, 2) を通り，傾きが m である直線の方程式は，

$y-2=m(x-1)$

$y=mx-m+2$

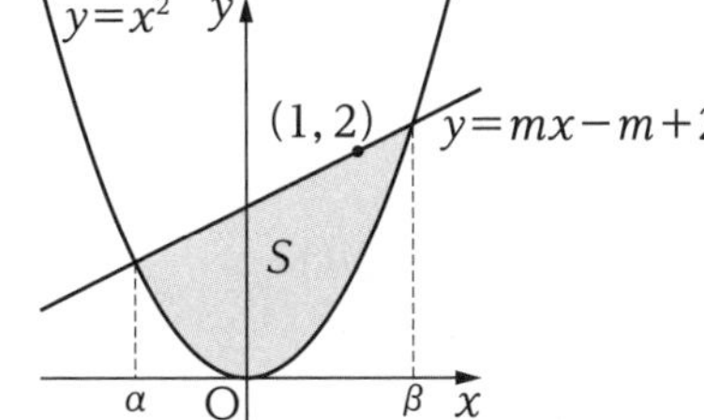

このとき，放物線と直線の方程式を連立して，

$x^2=mx-m+2$

$x^2-mx+m-2=0$ ……①

点 (1,2) は $y\geqq x^2$ の領域に存在するので放物線と直線は常に異なる 2 交点をもつ。よって，2 次方程式①の 2 つの解を α，β $(\alpha<\beta)$ とすると，解と係数の関係より，

$\alpha+\beta=m$，$\alpha\beta=m-2$

このとき，囲まれた部分の面積を S とすると，

$$S=\int_\alpha^\beta\{(mx-m+2)-x^2\}dx$$

$(mx-m+2)-x^2=0$ の 2 つの解は $x=\alpha$，β

$$=-\int_\alpha^\beta(x-\alpha)(x-\beta)dx$$

$\frac{1}{6}$公式

$$=-\left\{-\frac{1}{6}(\beta-\alpha)^3\right\}$$

$$=\frac{1}{6}(\beta-\alpha)^3 \quad \cdots\cdots②$$

ここで，$\beta-\alpha$が最小であれば，面積も最小になる。

$$\beta-\alpha=\sqrt{(\beta-\alpha)^2}$$

$$=\sqrt{(\alpha+\beta)^2-4\alpha\beta}$$

対称式の変形

$$=\sqrt{m^2-4(m-2)}$$

$$=\sqrt{(m-2)^2+4}$$

よって，$m=2$ のとき最小である。

このとき，$\beta-\alpha=2$ で，②より $S=\frac{4}{3}$

以上より，**$m=2$ のとき最小値 $S=\frac{4}{3}$** … 答

例題 117 放物線 $y=x^2+2$ 上の点 $(t,\ t^2+2)$ における接線と放物線 $y=x^2$ で囲まれた図形の面積は，t の値に関わらず一定であることを示せ。

考え方 面積を表す式に t を含まないことを示します。

解答 放物線 $y=x^2+2$ において，$y'=2x$ であるから，点 $(t,\ t^2+2)$ における接線の方程式は，

$$y-(t^2+2)=2t(x-t)$$
$$y=2tx-t^2+2$$

この接線と $y=x^2$ との交点の x 座標は，

$$x^2=2tx-t^2+2$$
$$x^2-2tx+t^2-2=0 \quad \cdots\cdots ①$$
$$\{x-(t+\sqrt{2})\}\{x-(t-\sqrt{2})\}=0$$
$$x=t-\sqrt{2},\ t+\sqrt{2}$$

よって，接線 $y=2tx-t^2+2$ と放物線 $y=x^2$ で囲まれた図形は次の図の色のついた部分。

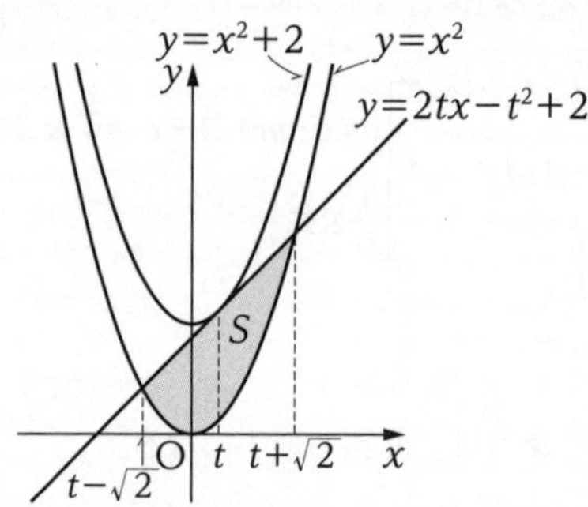

この図形の面積を S とすると，

$$S=\int_{t-\sqrt{2}}^{t+\sqrt{2}}\{(2tx-t^2+2-x^2)\}dx$$
$$=-\int_{t-\sqrt{2}}^{t+\sqrt{2}}\{x-(t+\sqrt{2})\}\{x-(t-\sqrt{2})\}dx$$
$$=-\left[-\frac{1}{6}\{(t+\sqrt{2})-(t-\sqrt{2})\}^3\right]$$
$$=\frac{8\sqrt{2}}{3}$$

（①の解は $x=t\pm\sqrt{2}$）
（$\frac{1}{6}$公式）

以上より，面積は t の値に関わらず，常に $\frac{8\sqrt{2}}{3}$ で一定である。　〔証明終わり〕

別解 ①の解を求めなくても，解と係数の関係を用いることで示すことができます。

①の２つの解をα，β（$\alpha<\beta$）とすると，解と係数の関係より，

$$\alpha+\beta=2t,\ \alpha\beta=t^2-2$$

このとき，求める面積をSとすると，

$$\begin{aligned}S&=\int_\alpha^\beta\{(2tx-t^2+2-x^2)\}dx\\&=-\int_\alpha^\beta(x-\alpha)(x-\beta)dx\\&=-\left\{-\frac{1}{6}(\beta-\alpha)^3\right\}\\&=\frac{1}{6}(\beta-\alpha)^3\end{aligned}$$

①の解は$x=\alpha$，β

$\frac{1}{6}$公式

ここで，

$$\beta-\alpha=\sqrt{(\beta-\alpha)^2}=\sqrt{(\alpha+\beta)^2-4\alpha\beta}=\sqrt{(2t)^2-4\cdot(t^2-2)}=2\sqrt{2}$$

よって，$S=\frac{1}{6}\cdot(2\sqrt{2})^3=\frac{8\sqrt{2}}{3}$

以上より，面積は接点の位置によらず，常に$\frac{8\sqrt{2}}{3}$で一定である。〔証明終わり〕

円と放物線で囲まれた部分の面積は，扇形の面積に着目します。この場合も，面積の組み合わせを考えて$\frac{1}{6}$公式の利用を考えます。

例題 118 円$x^2+y^2=3$と放物線$y=x^2+a$が２点で交わり，それぞれの交点における放物線の接線がともに原点を通るとき，次の問いに答えよ。ただし，$a>0$とする。

⑴ 定数aの値および接線の方程式を求めよ。

⑵ 円と放物線で囲まれる部分のうち上側の面積を求めよ。

解答 ⑴ 次の図のように，交点の座標をP$(s,\ t)$とおく。

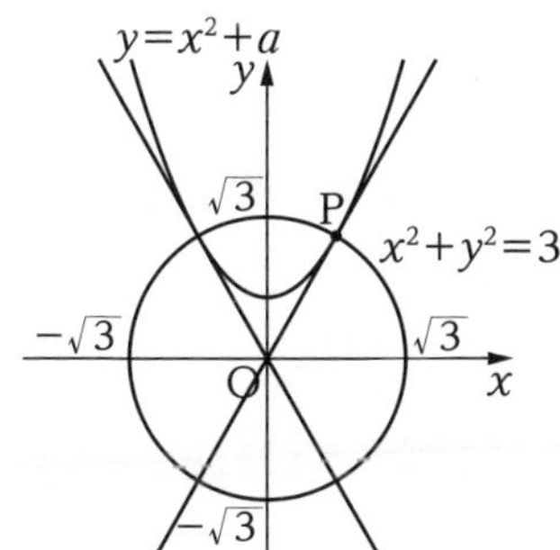

Pは円上かつ放物線上の点であるから，

$s^2+t^2=3$，$t=s^2+a$ ……①

また，放物線 $y=x^2+a$ において，$y'=2x$ であるから，Pにおける接線の方程式は，

$y-t=2s(x-s)$

これが原点を通るので $x=0$，$y=0$ を代入すると，

$t=2s^2$ ……②

②を①に代入すると，

$s^2+4s^4=3$ より，$4s^4+s^2-3=0$ ……③

$2s^2=s^2+a$ より，$s^2=a$ ……④

④を③に代入すると，

$4a^2+a-3=0 \quad (a+1)(4a-3)=0$

$a>0$ より，$\boldsymbol{a=\frac{3}{4}}$ … 答

このとき，$(s,\ t)=\left(\pm\frac{\sqrt{3}}{2},\ \frac{3}{2}\right)$ ←接点の座標

よって，**接線の方程式は，**

$\boldsymbol{y=\pm\sqrt{3}\,x}$ … 答

(2) 次の図のように，直線 $y=\frac{3}{2}$より上側の面積を S_1，下側の面積を S_2 とする。

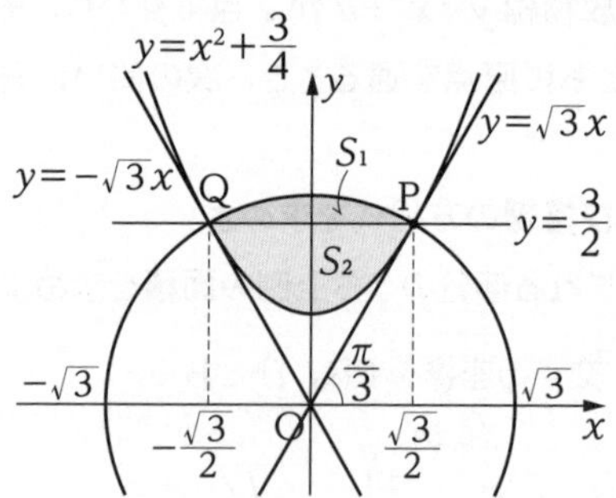

S_1は扇形OPQから三角形OPQを除いたものであるから，

$$S_1=\frac{1}{2}\cdot(\sqrt{3})^2\cdot\frac{\pi}{3}-\frac{1}{2}\cdot(\sqrt{3})^2\sin\frac{\pi}{3}$$

（$\angle$POQ：$\frac{\pi}{3}$，$(\sqrt{3})^2$：OP^2，$\text{OP}\cdot\text{OQ}$）

←扇形の面積の公式 $\frac{1}{2}r^2\theta$
三角形の面積の公式 $\frac{1}{2}ab\sin\theta$

$$=\frac{2\pi-3\sqrt{3}}{4}$$

$$S_2=\int_{-\frac{\sqrt{3}}{2}}^{\frac{\sqrt{3}}{2}}\left\{\frac{3}{2}-\left(x^2+\frac{3}{4}\right)\right\}dx$$

$$=-\int_{-\frac{\sqrt{3}}{2}}^{\frac{\sqrt{3}}{2}}\left(x-\frac{\sqrt{3}}{2}\right)\left(x+\frac{\sqrt{3}}{2}\right)dx$$

$\frac{1}{6}$公式

$$=-\left[-\frac{1}{6}\left\{\frac{\sqrt{3}}{2}-\left(-\frac{\sqrt{3}}{2}\right)\right\}^3\right]$$

$$=\frac{\sqrt{3}}{2}$$

以上より，求める面積は，

$$S_1+S_2=\frac{2\pi-3\sqrt{3}}{4}+\frac{\sqrt{3}}{2}$$

$$=\boldsymbol{\frac{2\pi-\sqrt{3}}{4}}\ \cdots\ \text{答}$$

別解 次の図のように，$x\geqq0$ の部分で，扇形OPRの面積から放物線 $y=x^2+\frac{3}{4}$ と接線 $y=\sqrt{3}x$ の間の面積を引くと考える。← **p.193**「放物線と接線で囲まれた部分の面積 ①」

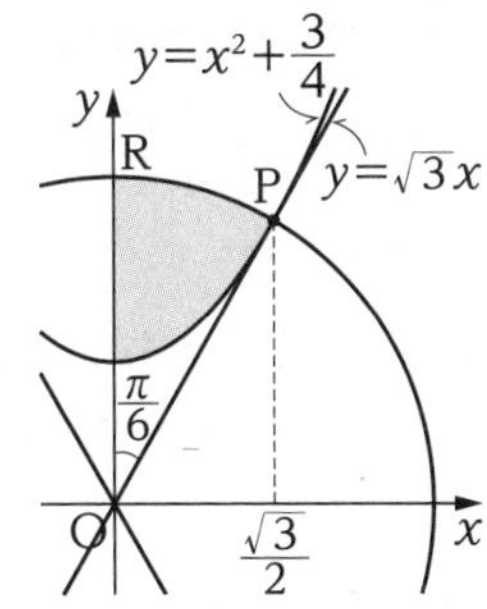

扇形 OPR の面積は，$\frac{1}{2}\cdot(\sqrt{3})^2\cdot\frac{\pi}{6}=\frac{\pi}{4}$

放物線 $y=x^2+\frac{3}{4}$ と接線 $y=\sqrt{3}x$ の間の面積は，

$$\int_0^{\frac{\sqrt{3}}{2}}\left\{\left(x^2+\frac{3}{4}\right)-\sqrt{3}x\right\}dx$$

$x=\frac{\sqrt{3}}{2}$ で接するので，$x=\frac{\sqrt{3}}{2}$ を重解にもつ

$$=\int_0^{\frac{\sqrt{3}}{2}}\left(x-\frac{\sqrt{3}}{2}\right)^2dx$$

1 次式をひとかたまりとみて積分

$$=\left[\frac{1}{3}\left(x-\frac{\sqrt{3}}{2}\right)^3\right]_0^{\frac{\sqrt{3}}{2}}$$

$$=\frac{\sqrt{3}}{8}$$

差をとると，$\frac{\pi}{4}-\frac{\sqrt{3}}{8}=\frac{2\pi-\sqrt{3}}{8}$

求める面積はこの 2 倍であるから，

$$2\times\frac{2\pi-\sqrt{3}}{8}=\boldsymbol{\frac{2\pi-\sqrt{3}}{4}}\ \cdots\ \text{答}$$

演習問題 88

1 a は $0<a<3$ を満たす定数とする。放物線 $y=-x^2+3x$ と x 軸で囲まれた部分の面積を直線 $y=ax$ が 2 等分するとき，a の値を求めよ。

2 放物線 $C: y=x^2$ 上の点 $\mathrm{P}(p,\ p^2)$ $(p>0)$ における C の接線と点 P で直交する直線を l とする。l と C で囲まれる面積の最小値と，そのときの点 P の座標を求めよ。

3 放物線 $y=x^2-2x+1$ と点 $(0,\ 2)$ を通る直線で囲まれる部分の面積の最小値を求めよ。また，そのときの直線の方程式を求めよ。

4 放物線 $y=-x^2$ 上の任意の点における接線と，放物線 $y=-x^2+4$ で囲まれた図形の面積は常に一定であることを証明せよ。

5 放物線 $y=x^2$ 上に両端をもちながら動く線分 PQ があり，PQ とこの放物線で囲まれる図形の面積は常に $\dfrac{4}{3}$ に等しい。このとき，PQ の中点 M が描く軌跡の方程式を求めよ。

6 放物線 $C: y=x^2$ がある。y 軸上に中心をもつ半径 1 の円 K が放物線と異なる 2 点で接線を共有するとき，次の問いに答えよ。

(1) 円 K の中心の座標を求めよ。

(2) 放物線 C と円 K で囲まれた図形の面積を求めよ。

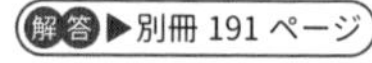
解答▶別冊 191 ページ

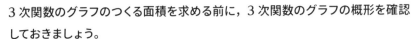

6 3次関数・4次関数と面積

3次関数のグラフのつくる面積を求める前に，3次関数のグラフの概形を確認しておきましょう。

一般に，3次関数 $y=ax^3+\cdots$ のグラフは，a の正負で大まかな形が次の図のようになることがわかっています。

また，**接線とで囲まれた部分の面積の計算では，p.177で学んだ $\frac{1}{6}$ 公式の証明方法を参考に計算を進めます。**

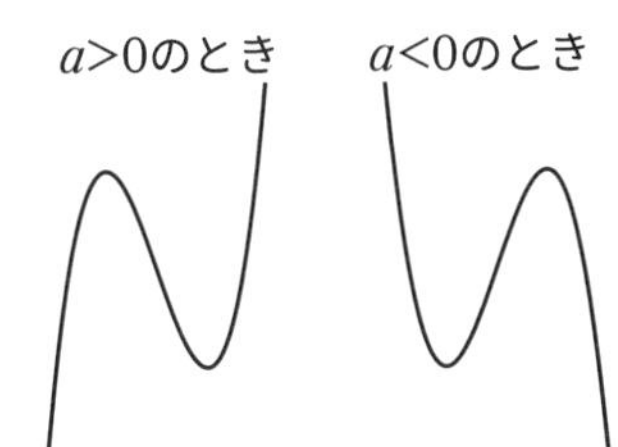

例題119 曲線 $y=x^3-x^2-kx+1$ が x 軸に接するとき，次の問いに答えよ。

(1) k の値を定めよ。

(2) この曲線と x 軸で囲まれた部分の面積 S を求めよ。

考え方 x 軸と接するとき，接点がその曲線の極値になっている点に着目します。

解答 (1) $f(x)=x^3-x^2-kx+1$ とおくと，$f'(x)=3x^2-2x-k$ であり，$x=t$ で x 軸と接しているとすると，

$f(t)=0$，$f'(t)=0$

つまり，

$t^3-t^2-kt+1=0$，$3t^2-2t-k=0$ ……①

①から k を消去すると，

$2t^3-t^2-1=0$

$(t-1)(2t^2+t+1)=0$

$2t^2+t+1=0$ の判別式を D とすると，

$D=1^2-4\cdot2\cdot1<0$

t は実数であるから，$t=1$

これを①に代入して k の値を求めると，

$k=1$ … 答

(2) (1)より，$f(x)=x^3-x^2-x+1=(x-1)^2(x+1)$ であるから，x 軸との交点の x 座標は $x=1$(接点)，-1 である。グラフは次の図のようになる。

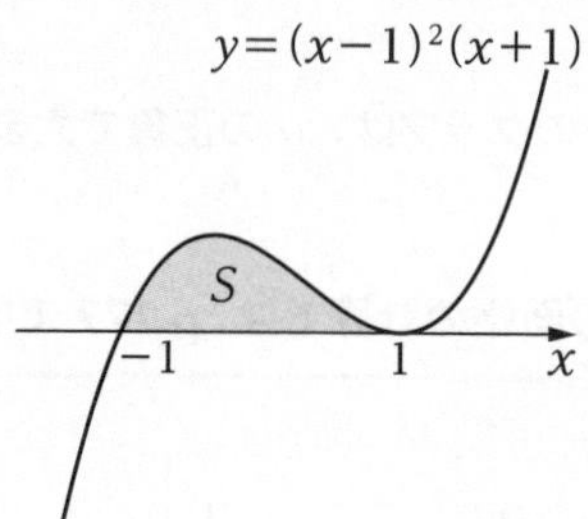

求める面積 S は，

$$S=\int_{-1}^{1}(x-1)^2(x+1)dx$$

$$=\int_{-1}^{1}(x-1)^2\{(x-1)+2\}dx \quad \leftarrow x-1 \text{ をつくる}$$

$$=\int_{-1}^{1}\{(x-1)^3+2(x-1)^2\}dx$$

$$=\left[\frac{1}{4}(x-1)^4+\frac{2}{3}(x-1)^3\right]_{-1}^{1}$$

←$x-1$ をひとかたまりとみて積分

$$=-4+\frac{16}{3}=\mathbf{\frac{4}{3}}$$ … 答

一般化することを考えてみましょう。次の図のように関数 $y=ax^3+bx^2+cx+d\ (a>0)$ のグラフと直線 $y=px+q$ が $x=\alpha$ で接し，$x=\beta\ (\alpha<\beta)$ で交わっているとします。

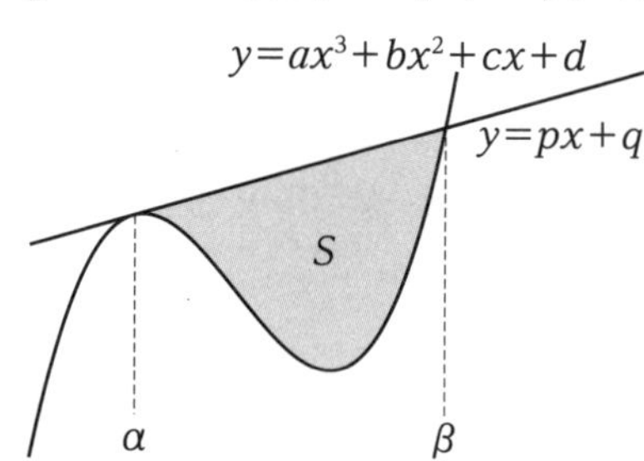

2 つのグラフの方程式を連立すると，

$$ax^3+bx^2+cx+d=px+q$$

$$(ax^3+bx^2+cx+d)-(px+q)=0$$

この方程式の解が $x=\alpha$，β($x=\alpha$ は重解)であるから，

$$a(x-\alpha)^2(x-\beta)=0 \quad \leftarrow x^3 \text{ の係数 } a \text{ に注意}$$

と変形することができます。このことに注意すると，図の面積 S は，

$$
\begin{aligned}
S&=\int_{\alpha}^{\beta}\{(px+q)-(ax^3+bx^2+cx+d)\}dx\\
&=-a\int_{\alpha}^{\beta}(x-\alpha)^2(x-\beta)dx \quad \leftarrow x^3\text{ の係数は}-a\text{ である点に注意}\\
&=-a\int_{\alpha}^{\beta}(x-\alpha)^2\{(x-\alpha)-(\beta-\alpha)\}dx \quad \leftarrow x-\alpha\text{ をつくる}\\
&=-a\int_{\alpha}^{\beta}\{(x-\alpha)^3-(\beta-\alpha)(x-\alpha)^2\}dx\\
&=-a\left[\frac{1}{4}(x-\alpha)^4-\frac{\beta-\alpha}{3}(x-\alpha)^3\right]_{\alpha}^{\beta} \quad \leftarrow x-\alpha\text{ をひとかたまりとみて積分}\\
&=\frac{a}{12}(\beta-\alpha)^4
\end{aligned}
$$

$a<0$ の場合も同様に計算すると，$S=-\dfrac{a}{12}(\beta-\alpha)^4$ ← $a<0$ なのでこの値は正

よって，絶対値を用いて，次のようにまとめて表すことができます。

Check Point　3 次関数のグラフと接線で囲まれた部分の面積

$\alpha<\beta$ のとき，次の図の面積 S は，$S=\dfrac{|a|}{12}(\beta-\alpha)^4$

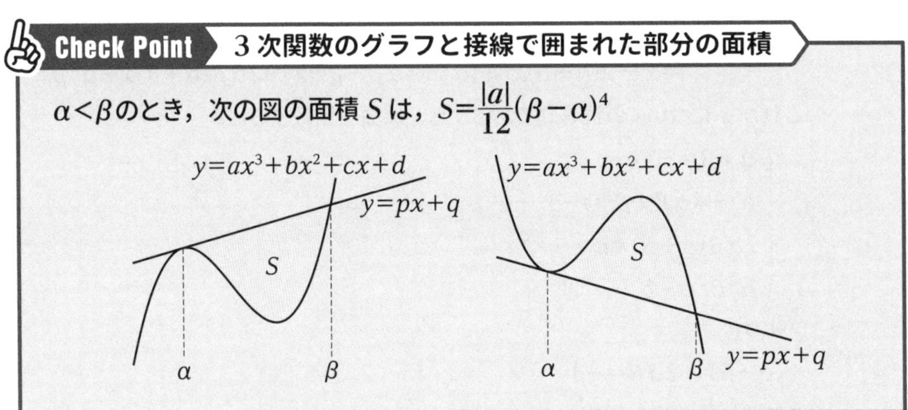

Advice　接点が $x=\beta$ でも同様の結果になります。また，この式もあくまで結果を示したものなので，直接用いるのではなく式変形を含めて記述するのがポイントとなります。

4 次関数と異なる 2 点で接する接線とで囲まれた図形の面積について考えてみましょう。

一般に，$y=ax^4+\cdots$ のグラフは，a の正負で大まかな形が右の図のようになることがわかっています。そして，この面積の計算でも $\dfrac{1}{6}$ 公式の証明方法を参考に計算を進めます。

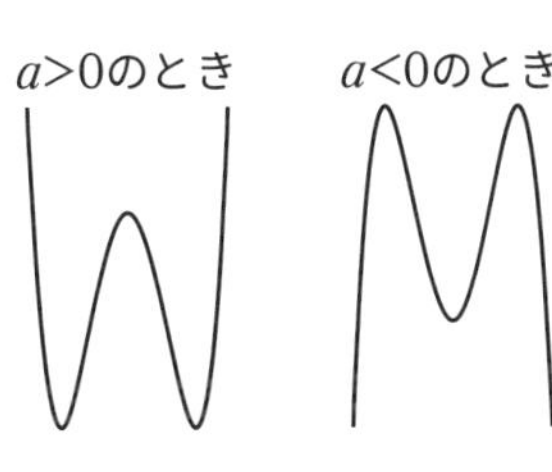

例題 120 関数 $f(x)=x^4+2x^3-3x^2$ について，次の問いに答えよ。

(1) 直線 $y=ax+b$ が曲線 $y=f(x)$ と相異なる 2 点で接するとき，a，b の値を求めよ。また，そのときの接点の座標を求めよ。

(2) (1)で求めた直線 $y=ax+b$ と曲線 $y=f(x)$ で囲まれた部分の面積を求めよ。

解答 (1) 接点の x 座標を α，β $(\alpha<\beta)$ とする。$y=ax+b$ と $y=f(x)$ を連立して y を消去すると，

$$f(x)=ax+b$$

$$x^4+2x^3-3x^2-ax-b=0$$

この方程式の重解が $x=\alpha$，β であるから，左辺は $(x-\alpha)^2(x-\beta)^2$ に等しい。

よって，　←演習問題 71 の**3**参照

$$x^4+2x^3-3x^2-ax-b=(x-\alpha)^2(x-\beta)^2$$

$$x^4+2x^3-3x^2-ax-b$$
$$=x^4-2(\alpha+\beta)x^3+(\alpha^2+4\alpha\beta+\beta^2)x^2-2\alpha\beta(\alpha+\beta)x+\alpha^2\beta^2$$

これが x についての恒等式であるから，係数を比較すると，

$$\begin{cases} \alpha+\beta=-1 & \cdots\cdots① \\ \alpha^2+4\alpha\beta+\beta^2=-3 & \cdots\cdots② \\ 2\alpha\beta(\alpha+\beta)=a & \cdots\cdots③ \\ \alpha^2\beta^2=-b & \cdots\cdots④ \end{cases}$$

②より，

$$(\alpha+\beta)^2+2\alpha\beta=-3$$

この式に①を代入して，

$$1+2\alpha\beta=-3$$

$$\alpha\beta=-2$$

この式と①より，α，β は t の 2 次方程式 $t^2+t-2=0$ の 2 つの解である。

$(t+2)(t-1)=0$ であるから，$\alpha<\beta$ より

$$\alpha=-2,\ \beta=1$$

このとき，

③より $\boldsymbol{a=4}$ … 答

④より $\boldsymbol{b=-4}$ … 答

接線の方程式が $y=4x-4$ であるから，接点の座標は $x=-2$，1 を代入して，

(−2，−12)，(1，0) … 答

(2) 求めるのは次の図の色のついた部分の面積である。

この面積を S とすると，

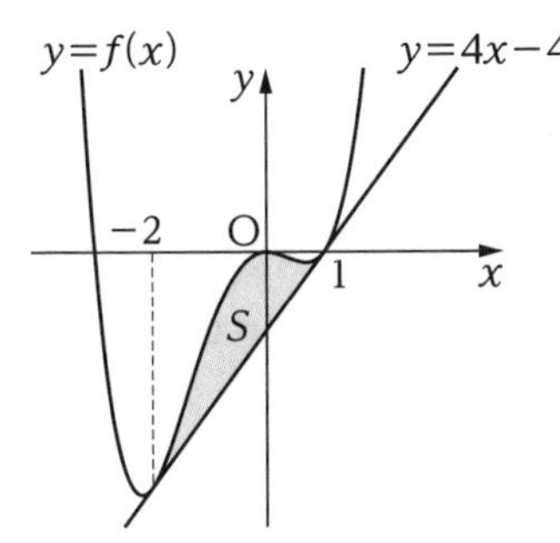

$$S=\int_{-2}^{1}\{f(x)-(4x-4)\}dx$$

$$=\int_{-2}^{1}(x+2)^2(x-1)^2dx$$ ← $x=-2$，1 で接しているので $(x+2)^2$，$(x-1)^2$ を因数にもつ

$$=\int_{-2}^{1}(x+2)^2\{(x+2)-3\}^2dx$$ ← $x+2$ をつくる

$$=\int_{-2}^{1}(x+2)^2\{(x+2)^2-6(x+2)+9\}dx$$

$$=\int_{-2}^{1}\{(x+2)^4-6(x+2)^3+9(x+2)^2\}dx$$

$$=\left[\frac{1}{5}(x+2)^5-\frac{3}{2}(x+2)^4+3(x+2)^3\right]_{-2}^{1}$$

（$x+2$ をひとかたまりとみて積分）

$$=\mathbf{\frac{81}{10}}$$ … 答

一般化することを考えてみましょう。

次の図のように，関数 $y=px^4+qx^3+rx^2+sx+t$ $(p>0)$ のグラフと直線 $y=ax+b$ が $x=\alpha$，β $(\alpha<\beta)$ で接しているとします。

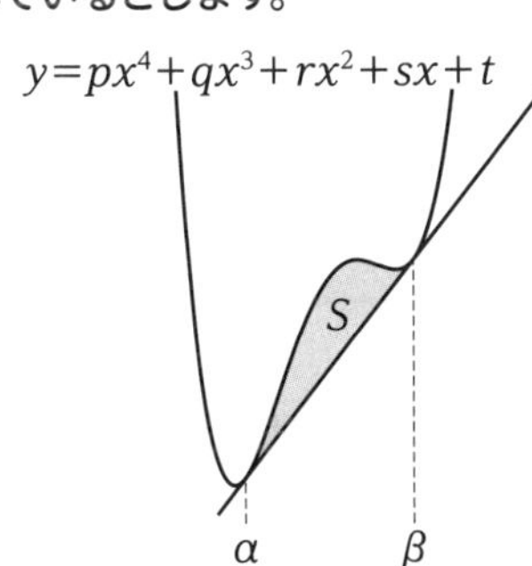

2 つのグラフの方程式を連立すると，

$$px^4+qx^3+rx^2+sx+t=ax+b$$

$$(px^4+qx^3+rx^2+sx+t)-(ax+b)=0$$

この方程式の重解が $x=\alpha$，β であるから，

$$p(x-\alpha)^2(x-\beta)^2=0$$ ← x^4 の係数 p に注意

と変形することができます。このことに注意すると，図の面積 S は，

$$S=\int_\alpha^\beta\{(px^4+qx^3+rx^2+sx+t)-(ax+b)\}dx$$

$$=p\int_\alpha^\beta(x-\alpha)^2(x-\beta)^2dx$$

$$=p\int_\alpha^\beta(x-\alpha)^2\{(x-\alpha)-(\beta-\alpha)\}^2dx$$ ← $x-\alpha$ をつくる

$$=p\int_\alpha^\beta(x-\alpha)^2\{(x-\alpha)^2-2(\beta-\alpha)(x-\alpha)+(\beta-\alpha)^2\}dx$$

$$=p\int_\alpha^\beta\{(x-\alpha)^4-2(\beta-\alpha)(x-\alpha)^3+(\beta-\alpha)^2(x-\alpha)^2\}dx$$

$$=p\left[\frac{1}{5}(x-\alpha)^5-\frac{\beta-\alpha}{2}(x-\alpha)^4+\frac{(\beta-\alpha)^2}{3}(x-\alpha)^3\right]_\alpha^\beta$$

← $x-\alpha$ をひとかたまりとみて積分

$$=\frac{p}{30}(\beta-\alpha)^5$$

$p<0$ の場合も同様に計算すると，$S=-\dfrac{p}{30}(\beta-\alpha)^5$ ← $p<0$ なのでこの値は正

よって，絶対値を用いて，次のようにまとめて表すことができます。

Check Point　4 次関数のグラフと 2 点で接する接線で囲まれた部分の面積

$\alpha<\beta$ のとき，次の図の面積 S は，$S=\dfrac{|a|}{30}(\beta-\alpha)^5$

Advice　この式もあくまで結果を示したものなので，直接用いるのではなく，式変形を含めて記述するのがポイントとなります。

演習問題 89

1 次の問いに答えよ。

(1) 曲線 $y=x^3-3x+2$ 上の点 $(2,\ 4)$ における接線ともとの曲線とで囲まれた図形の面積を求めよ。

(2) 曲線 $y=-x^3+2x-3$ 上の点 $(1,\ -2)$ における接線ともとの曲線とで囲まれた図形の面積を求めよ。

2 $\alpha \leqq x \leqq \beta$ において，曲線 $y=(x-\alpha)(x-\beta)(x-\gamma)$ と x 軸で囲まれた図形の面積 S が

$$S=\frac{1}{12}(\beta-\alpha)^3(2\gamma-\alpha-\beta)$$

で表されることを示せ。ただし，$\alpha<\beta<\gamma$ とする。

3 曲線 C_1：$y=x^3-x$ を x 軸方向に a $(a>0)$ だけ平行移動して得られる曲線を C_2 とする。2 曲線 C_1 と C_2 が共有点を 2 個もつとき，次の問いに答えよ。

(1) a のとりうる値の範囲を求めよ。

(2) C_1 と C_2 により囲まれた部分の面積 S を a で表せ。

4 関数 $f(x)=x^4-8x^3+10x^2$ について，次の問いに答えよ。

(1) 曲線 $y=f(x)$ と相異なる 2 点で接する直線の方程式を求めよ。

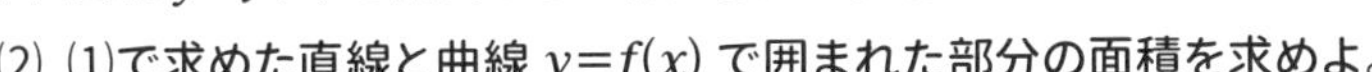

(2) (1)で求めた直線と曲線 $y=f(x)$ で囲まれた部分の面積を求めよ。

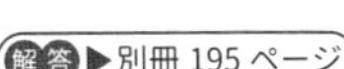

解答▶別冊 195 ページ

7 面積の比・等しい面積

囲まれる部分が 2 つ存在し，その面積の比が与えられている場合は面積をそれぞれ求めて比を考えます。その際に，放物線と直線で囲まれた部分の面積や，放物線と接線で囲まれた部分の面積に着目して計算の工夫を考えます。

例題121 放物線 $y=2x-x^2$ と x 軸で囲まれた図形を直線 $y=kx$ で分割する。このとき，$y \geqq kx$ の部分の面積を S_1，$y \leqq kx$ の部分の面積を S_2 とするとき，$S_1 : S_2 = 1 : 2$ となるような定数 k の値を求めよ。

考え方 S_2 を直接求めないのがポイントです。

解答

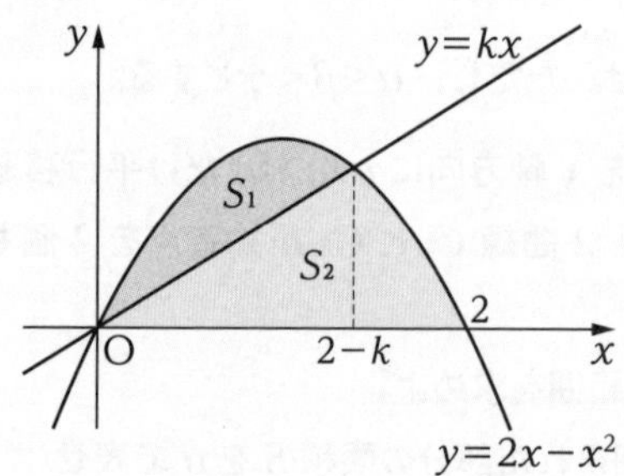

放物線 $y=2x-x^2$ と直線 $y=kx$ の交点の x 座標は，

$2x-x^2=kx$ より，$x\{x-(2-k)\}=0$ であるから，

$x=0,\ 2-k$

条件より，$S_1 : S_2 = 1 : 2$ であるから，$S_1 : (S_1+S_2) = 1 : 3$ である。

ここで，

$$S_1=\int_0^{2-k}\{(2x-x^2)-kx\}dx$$

$$=-\int_0^{2-k}x\{x-(2-k)\}dx$$

$$=-\left\{-\frac{1}{6}(2-k-0)^3\right\}=\frac{(2-k)^3}{6}$$

$\frac{1}{6}$公式

$$S_1+S_2=\int_0^2(2x-x^2)dx$$

$$=-\int_0^2 x(x-2)dx$$

$$=-\left\{-\frac{1}{6}(2-0)^3\right\}=\frac{4}{3}$$

$\frac{1}{6}$公式

以上より，$S_1 : (S_1+S_2) = 1 : 3$ であるから，

$$\frac{(2-k)^3}{6} : \frac{4}{3} = 1 : 3$$

$$(2-k)^3 = \frac{8}{3}$$

$2-k=\dfrac{2}{\sqrt[3]{3}}$　よって，$\boldsymbol{k=2-\dfrac{2}{\sqrt[3]{3}}}$ … 答

また，2 つの面積が等しいという条件のある問題では，面積を直接求めずに考えることができる場合があります。

例題 122 関数 $y=|x(x-1)|$ のグラフと直線 $y=mx$ が相異なる 3 点で交わるとき，次の問いに答えよ。

(1) m のとりうる値の範囲を求めよ。

(2) 関数 $y=|x(x-1)|$ のグラフと直線 $y=mx$ で囲まれた 2 つの部分の面積が等しいときの定数 m の値を求めよ。

考え方 $y=|x(x-1)|$ のグラフは，$y=x(x-1)$ のグラフの x 軸より下側の部分を x 軸に関して対称に折り返したグラフです。

解答 (1) $x \leqq 0$，$1 \leqq x$ のとき，$y=x(x-1)$ と $y=mx$ との交点の x 座標は，

$x(x-1)=mx$

$x\{x-(1+m)\}=0$ より，$x=0$，$1+m$

$0 \leqq x \leqq 1$ のとき，$y=-x(x-1)$ と $y=mx$ との交点の x 座標は，

$-x(x-1)=mx$

$x\{x-(1-m)\}=0$ より，$x=0$，$1-m$

次の図より，$0<1-m<1$，$1<1+m$ であるから，

$\boldsymbol{0<m<1}$ … 答

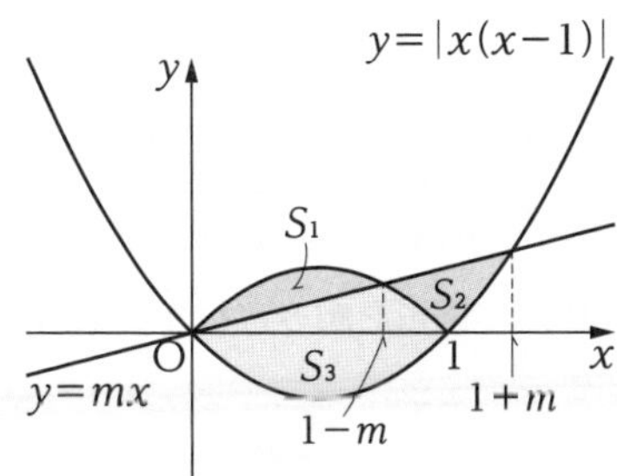

(2) (1)の図のように S_1，S_2，S_3をとる。

題意より，$S_1=S_2$であるから，両辺にS_3を加えると，

$S_1+S_3=S_2+S_3$ ←それぞれ$\frac{1}{6}$公式が使える形

$$
\begin{aligned}
S_1+S_3&=2\int_0^1\{-x(x-1)\}dx\\
&=-2\int_0^1 x(x-1)dx\\
&=-2\left\{-\frac{1}{6}(1-0)^3\right\}\\
&=\frac{1}{3}
\end{aligned}
$$

$\frac{1}{6}$公式

$$
\begin{aligned}
S_2+S_3&=\int_0^{1+m}\{mx-x(x-1)\}dx\\
&=-\int_0^{1+m}x\{x-(1+m)\}dx\\
&=-\left\{-\frac{1}{6}(1+m-0)^3\right\}\\
&=\frac{1}{6}(1+m)^3
\end{aligned}
$$

$\frac{1}{6}$公式

以上 2 つの面積が等しいので，

$\frac{1}{6}(1+m)^3=\frac{1}{3}$

$(1+m)^3=2$

よって，

$\boldsymbol{m=\sqrt[3]{2}-1}$ … 答 （$0<m<1$ を満たしている）

参考 ちなみに，S_1，S_2 を直接求めることもできます。

$$
\begin{aligned}
S_1&=\int_0^{1-m}\{-x(x-1)-mx\}dx\\
&=-\int_0^{1-m}x\{x-(1-m)\}dx\\
&=-\left\{-\frac{1}{6}(1-m-0)^3\right\}\\
&=\frac{1}{6}(1-m)^3
\end{aligned}
$$

$\frac{1}{6}$公式

$$
\begin{aligned}
S_2&=(S_2+S_3)+S_1-(S_1+S_3)\\
&=\frac{1}{6}(1+m)^3+\frac{1}{6}(1-m)^3-\frac{1}{3}
\end{aligned}
$$

このように，$\frac{1}{6}$公式を利用して図形を組み合わせる方法は知っておくとよいでしょう。

次に，**2 つのグラフが上下関係を入れ替えながら 2 つの囲む部分をつくり，その 2 つの面積が等しい場合**を考えてみます。

このような場合は定積分の性質 $\int_a^b f(x)dx+\int_b^c f(x)dx=\int_a^c f(x)dx$ を利用して解くことができます。

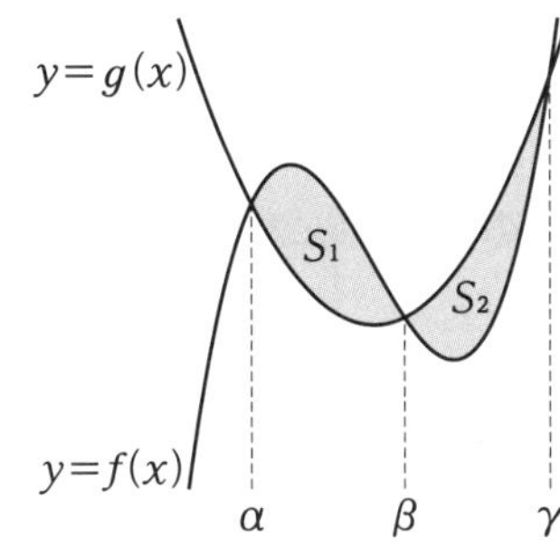

$S_1=S_2$ より，$S_1-S_2=0$ であるから，

$$\int_\alpha^\beta\{f(x)-g(x)\}dx-\int_\beta^\gamma\{g(x)-f(x)\}dx=0$$

$$\int_\alpha^\beta\{f(x)-g(x)\}dx+\int_\beta^\gamma\{f(x)-g(x)\}dx=0$$

$$\int_\alpha^\gamma\{f(x)-g(x)\}dx=0$$

（$\int_a^b f(x)dx+\int_b^c f(x)dx=\int_a^c f(x)dx$）

Check Point　面積が等しい条件

次の図で，$S_1=S_2$ のとき，

$\int_\alpha^\gamma\{f(x)-g(x)\}dx=0$　←差を端から端まで積分すると 0 になる

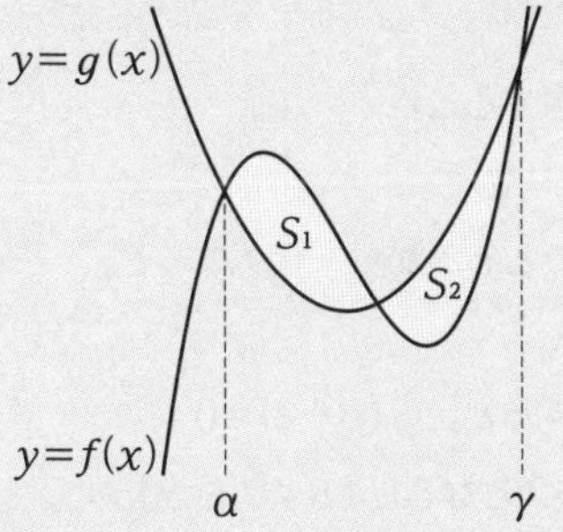

例題123 定数 k に対して，$f(x)=x^3+3x^2+kx$ とおく。曲線 $y=f(x)$ のグラフが x 軸と相異なる 3 点で交わっている。$k>0$ のとき，曲線 $y=f(x)$ のグラフと x 軸で囲まれた 2 つの図形の面積が等しくなるための k の値を求めよ。

解答 $f(x)=x(x^2+3x+k)$ であり，2 次方程式 $x^2+3x+k=0$……①の 2 つの解を α，$\beta(\beta<\alpha)$ とすると，解と係数の関係より $\alpha+\beta=-3<0$，$\alpha\beta=k>0$ であるから，

$\beta<\alpha<0$

よって，囲まれた部分は次の図のようになる。

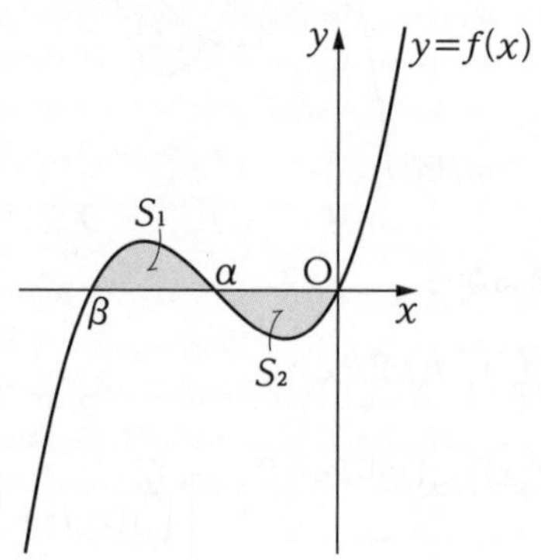

$S_1=S_2$ より，$\int_\beta^0 f(x)dx=0$

これを計算すると，

$$\int_\beta^0 (x^3+3x^2+kx)dx=0$$

$$\left[\frac{1}{4}x^4+x^3+\frac{k}{2}x^2\right]_\beta^0=0$$

$$-\frac{1}{4}\beta^4-\beta^3-\frac{k}{2}\beta^2=0$$

$\beta\neq0$ であることに注意すると，

$\beta^2+4\beta+2k=0$ ……②

また，$x=\beta$ は①の解でもあるから，代入すると，

$\beta^2+3\beta+k=0$ ……③

②，③より，k を消去すると，$\beta(\beta+2)=0$

$\beta\neq0$ であるから $\beta=-2$ となる。（$\beta<0$ を満たす）

これを②または③に代入すると，$\boldsymbol{k=2}$ … 答 （$k>0$ を満たす）

演習問題 90

1 放物線 $C: y=x^2-3x$ と x 軸で囲まれた部分を A，放物線 C と直線 $y=ax$ で囲まれた部分を B とする。

(A の面積)：(B の面積)$=27:1$ となる a の値を求めよ。

2 放物線 $C: y=-x^2+2x+1$ と x 軸の共有点を A，B とし，C と直線 $y=mx$ の共有点を P，Q，原点を O とする。ただし，$m \neq 0$，点 A は点 B より左側にある点，点 P は点 Q より左側にある点とする。

線分 OP，OA と C で囲まれた図形の面積と線分 OQ，OB と C で囲まれた図形の面積が等しいとき，m の値を求めよ。

3 曲線 $C: y=x(x-1)(x-3)$ と直線 $l: y=ax$ とがある。次の問いに答えよ。

(1) 曲線 C と直線 l とが異なる 3 点で交わるとき，a のとりうる値の範囲を求めよ。

(2) $a<3$ のとき，曲線 C と直線 l とで囲まれた 2 つの図形の面積が等しくなるように a の値を定めよ。

4 曲線 $y=x^4-2x^2+a$ が相異なる 2 点で x 軸に接している。次の問いに答えよ。

(1) a の値を求めよ。

(2) この曲線と直線 $y=b$ $(0<b<a)$ とで囲まれる 3 つの部分のうち，直線 $y=b$ より上にある部分の面積が他の 2 つの部分の面積の和に等しいとき，b の値を求めよ。

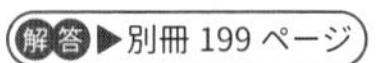
解答 ▶別冊 199 ページ

常用対数表 (1)

数	0	1	2	3	4	5	6	7	8	9
1.0	.0000	.0043	.0086	.0128	.0170	.0212	.0253	.0294	.0334	.0374
1.1	.0414	.0453	.0492	.0531	.0569	.0607	.0645	.0682	.0719	.0755
1.2	.0792	.0828	.0864	.0899	.0934	.0969	.1004	.1038	.1072	.1106
1.3	.1139	.1173	.1206	.1239	.1271	.1303	.1335	.1367	.1399	.1430
1.4	.1461	.1492	.1523	.1553	.1584	.1614	.1644	.1673	.1703	.1732
1.5	.1761	.1790	.1818	.1847	.1875	.1903	.1931	.1959	.1987	.2014
1.6	.2041	.2068	.2095	.2122	.2148	.2175	.2201	.2227	.2253	.2279
1.7	.2304	.2330	.2355	.2380	.2405	.2430	.2455	.2480	.2504	.2529
1.8	.2553	.2577	.2601	.2625	.2648	.2672	.2695	.2718	.2742	.2765
1.9	.2788	.2810	.2833	.2856	.2878	.2900	.2923	.2945	.2967	.2989
2.0	.3010	.3032	.3054	.3075	.3096	.3118	.3139	.3160	.3181	.3201
2.1	.3222	.3243	.3263	.3284	.3304	.3324	.3345	.3365	.3385	.3404
2.2	.3424	.3444	.3464	.3483	.3502	.3522	.3541	.3560	.3579	.3598
2.3	.3617	.3636	.3655	.3674	.3692	.3711	.3729	.3747	.3766	.3784
2.4	.3802	.3820	.3838	.3856	.3874	.3892	.3909	.3927	.3945	.3962
2.5	.3979	.3997	.4014	.4031	.4048	.4065	.4082	.4099	.4116	.4133
2.6	.4150	.4166	.4183	.4200	.4216	.4232	.4249	.4265	.4281	.4298
2.7	.4314	.4330	.4346	.4362	.4378	.4393	.4409	.4425	.4440	.4456
2.8	.4472	.4487	.4502	.4518	.4533	.4548	.4564	.4579	.4594	.4609
2.9	.4624	.4639	.4654	.4669	.4683	.4698	.4713	.4728	.4742	.4757
3.0	.4771	.4786	.4800	.4814	.4829	.4843	.4857	.4871	.4886	.4900
3.1	.4914	.4928	.4942	.4955	.4969	.4983	.4997	.5011	.5024	.5038
3.2	.5051	.5065	.5079	.5092	.5105	.5119	.5132	.5145	.5159	.5172
3.3	.5185	.5198	.5211	.5224	.5237	.5250	.5263	.5276	.5289	.5302
3.4	.5315	.5328	.5340	.5353	.5366	.5378	.5391	.5403	.5416	.5428
3.5	.5441	.5453	.5465	.5478	.5490	.5502	.5514	.5527	.5539	.5551
3.6	.5563	.5575	.5587	.5599	.5611	.5623	.5635	.5647	.5658	.5670
3.7	.5682	.5694	.5705	.5717	.5729	.5740	.5752	.5763	.5775	.5786
3.8	.5798	.5809	.5821	.5832	.5843	.5855	.5866	.5877	.5888	.5899
3.9	.5911	.5922	.5933	.5944	.5955	.5966	.5977	.5988	.5999	.6010
4.0	.6021	.6031	.6042	.6053	.6064	.6075	.6085	.6096	.6107	.6117
4.1	.6128	.6138	.6149	.6160	.6170	.6180	.6191	.6201	.6212	.6222
4.2	.6232	.6243	.6253	.6263	.6274	.6284	.6294	.6304	.6314	.6325
4.3	.6335	.6345	.6355	.6365	.6375	.6385	.6395	.6405	.6415	.6425
4.4	.6435	.6444	.6454	.6464	.6474	.6484	.6493	.6503	.6513	.6522
4.5	.6532	.6542	.6551	.6561	.6571	.6580	.6590	.6599	.6609	.6618
4.6	.6628	.6637	.6646	.6656	.6665	.6675	.6684	.6693	.6702	.6712
4.7	.6721	.6730	.6739	.6749	.6758	.6767	.6776	.6785	.6794	.6803
4.8	.6812	.6821	.6830	.6839	.6848	.6857	.6866	.6875	.6884	.6893
4.9	.6902	.6911	.6920	.6928	.6937	.6946	.6955	.6964	.6972	.6981
5.0	.6990	.6998	.7007	.7016	.7024	.7033	.7042	.7050	.7059	.7067
5.1	.7076	.7084	.7093	.7101	.7110	.7118	.7126	.7135	.7143	.7152
5.2	.7160	.7168	.7177	.7185	.7193	.7202	.7210	.7218	.7226	.7235
5.3	.7243	.7251	.7259	.7267	.7275	.7284	.7292	.7300	.7308	.7316
5.4	.7324	.7332	.7340	.7348	.7356	.7364	.7372	.7380	.7388	.7396

常用対数表 (2)

数	0	1	2	3	4	5	6	7	8	9
5.5	.7404	.7412	.7419	.7427	.7435	.7443	.7451	.7459	.7466	.7474
5.6	.7482	.7490	.7497	.7505	.7513	.7520	.7528	.7536	.7543	.7551
5.7	.7559	.7566	.7574	.7582	.7589	.7597	.7604	.7612	.7619	.7627
5.8	.7634	.7642	.7649	.7657	.7664	.7672	.7679	.7686	.7694	.7701
5.9	.7709	.7716	.7723	.7731	.7738	.7745	.7752	.7760	.7767	.7774
6.0	.7782	.7789	.7796	.7803	.7810	.7818	.7825	.7832	.7839	.7846
6.1	.7853	.7860	.7868	.7875	.7882	.7889	.7896	.7903	.7910	.7917
6.2	.7924	.7931	.7938	.7945	.7952	.7959	.7966	.7973	.7980	.7987
6.3	.7993	.8000	.8007	.8014	.8021	.8028	.8035	.8041	.8048	.8055
6.4	.8062	.8069	.8075	.8082	.8089	.8096	.8102	.8109	.8116	.8122
6.5	.8129	.8136	.8142	.8149	.8156	.8162	.8169	.8176	.8182	.8189
6.6	.8195	.8202	.8209	.8215	.8222	.8228	.8235	.8241	.8248	.8254
6.7	.8261	.8267	.8274	.8280	.8287	.8293	.8299	.8306	.8312	.8319
6.8	.8325	.8331	.8338	.8344	.8351	.8357	.8363	.8370	.8376	.8382
6.9	.8388	.8395	.8401	.8407	.8414	.8420	.8426	.8432	.8439	.8445
7.0	.8451	.8457	.8463	.8470	.8476	.8482	.8488	.8494	.8500	.8506
7.1	.8513	.8519	.8525	.8531	.8537	.8543	.8549	.8555	.8561	.8567
7.2	.8573	.8579	.8585	.8591	.8597	.8603	.8609	.8615	.8621	.8627
7.3	.8633	.8639	.8645	.8651	.8657	.8663	.8669	.8675	.8681	.8686
7.4	.8692	.8698	.8704	.8710	.8716	.8722	.8727	.8733	.8739	.8745
7.5	.8751	.8756	.8762	.8768	.8774	.8779	.8785	.8791	.8797	.8802
7.6	.8808	.8814	.8820	.8825	.8831	.8837	.8842	.8848	.8854	.8859
7.7	.8865	.8871	.8876	.8882	.8887	.8893	.8899	.8904	.8910	.8915
7.8	.8921	.8927	.8932	.8938	.8943	.8949	.8954	.8960	.8965	.8971
7.9	.8976	.8982	.8987	.8993	.8998	.9004	.9009	.9015	.9020	.9025
8.0	.9031	.9036	.9042	.9047	.9053	.9058	.9063	.9069	.9074	.9079
8.1	.9085	.9090	.9096	.9101	.9106	.9112	.9117	.9122	.9128	.9133
8.2	.9138	.9143	.9149	.9154	.9159	.9165	.9170	.9175	.9180	.9186
8.3	.9191	.9196	.9201	.9206	.9212	.9217	.9222	.9227	.9232	.9238
8.4	.9243	.9248	.9253	.9258	.9263	.9269	.9274	.9279	.9284	.9289
8.5	.9294	.9299	.9304	.9309	.9315	.9320	.9325	.9330	.9335	.9340
8.6	.9345	.9350	.9355	.9360	.9365	.9370	.9375	.9380	.9385	.9390
8.7	.9395	.9400	.9405	.9410	.9415	.9420	.9425	.9430	.9435	.9440
8.8	.9445	.9450	.9455	.9460	.9465	.9469	.9474	.9479	.9484	.9489
8.9	.9494	.9499	.9504	.9509	.9513	.9518	.9523	.9528	.9533	.9538
9.0	.9542	.9547	.9552	.9557	.9562	.9566	.9571	.9576	.9581	.9586
9.1	.9590	.9595	.9600	.9605	.9609	.9614	.9619	.9624	.9628	.9633
9.2	.9638	.9643	.9647	.9652	.9657	.9661	.9666	.9671	.9675	.9680
9.3	.9685	.9689	.9694	.9699	.9703	.9708	.9713	.9717	.9722	.9727
9.4	.9731	.9736	.9741	.9745	.9750	.9754	.9759	.9763	.9768	.9773
9.5	.9777	.9782	.9786	.9791	.9795	.9800	.9805	.9809	.9814	.9818
9.6	.9823	.9827	.9832	.9836	.9841	.9845	.9850	.9854	.9859	.9863
9.7	.9868	.9872	.9877	.9881	.9886	.9890	.9894	.9899	.9903	.9908
9.8	.9912	.9917	.9921	.9926	.9930	.9934	.9939	.9943	.9948	.9952
9.9	.9956	.9961	.9965	.9969	.9974	.9978	.9983	.9987	.9991	.9996

装丁・本文デザイン　ブックデザイン研究所
図　　版　京都地図研究所

※QRコードは㈱デンソーウェーブの登録商標です。

高校 基本大全 数学IIコア編

編著者　香　川　　亮
発行者　岡　本　明　剛

発行所　受験研究社
©株式会社 増進堂・受験研究社
〒550-0013 大阪市西区新町 2—19—15
注文・不良品などについて：(06)6532-1581(代表)／本の内容について：(06)6532-1586(編集)

Printed in Japan　ユニックス・高廣製本
落丁・乱丁本はお取り替えします。

数学Ⅱ

基本大全

解答編

受験研究社

高校 基本大全 数学Ⅱ Core編

解答編

第1章　式と証明

第1節　整式と分数式

演習問題1　p.9

考え方　(2) $\left(\frac{1}{2}x\right)^3+y^3+(-1)^3+\frac{3}{2}xy$ とすると，3つの3乗の和が見つかります。

(1) $x^3+8y^3-z^3+6xyz$

$=x^3+(2y)^3+(-z)^3-3\cdot x\cdot 2y\cdot(-z)$

↓ $a^3+b^3+c^3-3abc=(a+b+c)(a^2+b^2+c^2-ab-bc-ca)$

$=\{x+(2y)+(-z)\}\{x^2+(2y)^2+(-z)^2-x\cdot 2y-2y\cdot(-z)-(-z)\cdot x\}$

$=\boldsymbol{(x+2y-z)(x^2+4y^2+z^2-2xy+2yz+zx)}$ …答

(2) $\frac{1}{8}x^3+y^3+\frac{3}{2}xy-1$

$=\left(\frac{1}{2}x\right)^3+y^3+(-1)^3-3\cdot\frac{1}{2}x\cdot y\cdot(-1)$

↓ $a^3+b^3+c^3-3abc=(a+b+c)(a^2+b^2+c^2-ab-bc-ca)$

$=\left\{\frac{1}{2}x+y+(-1)\right\}\left\{\left(\frac{1}{2}x\right)^2+y^2+(-1)^2-\frac{1}{2}x\cdot y-y\cdot(-1)-(-1)\cdot\frac{1}{2}x\right\}$

$=\boldsymbol{\left(\frac{1}{2}x+y-1\right)\left(\frac{1}{4}x^2+y^2+1-\frac{1}{2}xy+y+\frac{1}{2}x\right)}$ …答

演習問題2　p.10

考え方　3文字の対称式は，展開や因数分解の公式からスタートしましょう。

$\alpha+\beta+\gamma=u$，$\beta\gamma+\gamma\alpha+\alpha\beta=v$，$\alpha\beta\gamma=w$ とおくと，

$$\begin{cases} u-v=3 \\ v+w=-2 \\ u-w=1 \end{cases}$$

この連立方程式を解くと $u=1$，$v=-2$，$w=0$

つまり，$\alpha+\beta+\gamma=1$，$\beta\gamma+\gamma\alpha+\alpha\beta=-2$，$\alpha\beta\gamma=0$

これより，

$(\alpha+\beta+\gamma)^2=\alpha^2+\beta^2+\gamma^2+2(\alpha\beta+\beta\gamma+\gamma\alpha)$ ←展開公式

$1^2=\alpha^2+\beta^2+\gamma^2+2\cdot(-2)$

であるから，$\boldsymbol{\alpha^2+\beta^2+\gamma^2=5}$ …答

$\alpha^3+\beta^3+\gamma^3-3\alpha\beta\gamma=(\alpha+\beta+\gamma)\{\alpha^2+\beta^2+\gamma^2-(\alpha\beta+\beta\gamma+\gamma\alpha)\}$ ←因数分解の公式

$\alpha^3+\beta^3+\gamma^3-3\cdot 0=1\cdot\{5-(-2)\}$

であるから，$\boldsymbol{\alpha^3+\beta^3+\gamma^3=7}$ …答

$\alpha\beta\gamma=0$ より，α，β，γ の少なくとも 1 つは 0 である。
また，$\beta\gamma+\gamma\alpha+\alpha\beta=-2$ より，0 となる文字は 1 つだけである。
↑2 つ以上の文字が 0 のとき，$\beta\gamma+\gamma\alpha+\alpha\beta=0$ となってしまう
$\gamma=0$ のとき，$\alpha+\beta=1$，$\alpha\beta=-2$ であるから，α，β は t の 2 次方程式
$t^2-t-2=0$ の 2 つの解である。 ←解と係数の関係の逆

$$t^2-t-2=0 \iff (t+1)(t-2)=0$$

よって，$(\alpha,\ \beta)=(-1,\ 2)$ または $(2,\ -1)$
$(\alpha,\ \beta)=(-1,\ 2)$ のとき，

$$|(\beta-\gamma)(\gamma-\alpha)(\alpha-\beta)|=|2\cdot1\cdot(-3)|=6$$

この値は $(\alpha,\ \beta)=(2,\ -1)$ のときも同様である。
さらに，$\alpha=0$ のときや $\beta=0$ のときも同じ値となる。よって，

$$\boldsymbol{|(\beta-\gamma)(\gamma-\alpha)(\alpha-\beta)|=6}$$ …答

演習問題 3 p.12

考え方 (6)(7)交代式であることに気がつくと因数分解が楽にできます。
(6)は $x^3+y^3+z^3-3xyz$ の因数分解を考えることもできます。

(1) (与式)$=\{(x^3)^2+x^3y^3+(y^3)^2\}(x^3-y^3)$
$=(x^3)^3-(y^3)^3$ ← $(a-b)(a^2+ab+b^2)=a^3-b^3$
$=\boldsymbol{x^9-y^9}$ …答

(2) (与式)$=(x-y)^2\cdot(x-y)(x+y)\cdot(x+y)^2$ ← x^2-y^2 を因数分解
$=(x-y)^3(x+y)^3$
$=\{(x-y)(x+y)\}^3$
$=(x^2-y^2)^3$
$=(x^2)^3-3(x^2)^2y^2+3x^2(y^2)^2-(y^2)^3$ ← $(a-b)^3=a^3-3a^2b+3ab^2-b^3$
$=\boldsymbol{x^6-3x^4y^2+3x^2y^4-y^6}$ …答

(3) $x^3=t$ とおくと，
(与式)$=t^2-26t-27$
$=(t+1)(t-27)$
$=(x^3+1)(x^3-27)$ ← $a^3\pm b^3=(a\pm b)(a^2\mp ab+b^2)$
$=\boldsymbol{(x+1)(x^2-x+1)(x-3)(x^2+3x+9)}$ …答

(4) a について降べきの順に整理する。
(与式)$=(b+c)\{a^2+(b+c)a+bc\}+abc$
$=(b+c)a^2+\{(b+c)^2+bc\}a+(b+c)bc$
ここでたすき掛けを考えると，

1	$b+c$ ⟶	$(b+c)^2$
$b+c$	bc ⟶	bc
		$(b+c)^2+bc$

よって，

$(b+c)a^2+\{(b+c)^2+bc\}a+(b+c)bc=\{a+(b+c)\}\{(b+c)a+bc\}$

$=\boldsymbol{(a+b+c)(ab+bc+ca)}$ …答

(5) a について整理する。←最低次数の文字で整理

(与式) $=(-4x^2+2x+12)a+2x^3-x^2-6x$

$=-2(2x^2-x-6)a+x(2x^2-x-6)$

$=(2x^2-x-6)(x-2a)$ ←まだ因数分解できる！

$=\boldsymbol{(2x+3)(x-2)(x-2a)}$ …答

(6) この式は 3 文字 a，b，c の交代式であるから，$(a-b)(b-c)(c-a)$ を因数にもつ。

与えられた式は a，b，c の 3 次式であるから，k を定数とすると，

$(a-b)^3+(b-c)^3+(c-a)^3=k(a-b)(b-c)(c-a)$

とおける。

両辺の a^2b の係数を比較すると，$-3=-k$

つまり，$k=3$

よって，(与式) $=\boldsymbol{3(a-b)(b-c)(c-a)}$ …答

別解 $a-b=X$，$b-c=Y$，$c-a=Z$ とおく。

このとき，$X+Y+Z=(a-b)+(b-c)+(c-a)=0$ であるから，

$X^3+Y^3+Z^3-3XYZ=(X+Y+Z)(X^2+Y^2+Z^2-XY-YZ-ZX)$ ←因数分解の公式

$=0$

$X^3+Y^3+Z^3=3XYZ$

$(a-b)^3+(b-c)^3+(c-a)^3=\boldsymbol{3(a-b)(b-c)(c-a)}$ …答

(7) この式は 3 文字 a，b，c の交代式であるから，$(a-b)(b-c)(c-a)$ を因数にもつ。

与えられた式は a，b，c の 4 次式であるから，残りの因数は 1 次の対称式となる。

よって，k を定数とすると，

$a^3(b-c)+b^3(c-a)+c^3(a-b)=(a-b)(b-c)(c-a)\cdot k(a+b+c)$

とおける。

両辺の a^3b の係数を求めて比較すると，$1=-k$

つまり，$k=-1$

よって，(与式) $=\boldsymbol{-(a-b)(b-c)(c-a)(a+b+c)}$ …答

別解 a について降べきの順に整理する。

(与式) $=(b-c)a^3-(b^3-c^3)a+b^3c-bc^3$

$=(b-c)a^3-(b-c)(b^2+bc+c^2)a+bc(b+c)(b-c)$

$=(b-c)\{a^3-(b^2+bc+c^2)a+bc(b+c)\}$

$=(b-c)\{(c-a)b^2+(c^2-ac)b+a^3-ac^2\}$ ← { } 内を b について整理

$=(b-c)\{(c-a)b^2+c(c-a)b-a(c+a)(c-a)\}$

$=(b-c)(c-a)\{b^2+cb-a(c+a)\}$

$=\boldsymbol{(b-c)(c-a)(b-a)(b+c+a)}$ …答 ← b の 2 次式とみて，たすき掛けで因数分解

演習問題 4 p.13

考え方 (1)まず，二項定理を用いて $(x+1)^n$ の展開式をつくることから始めます。

(1)二項定理より，$(x+1)^n={}_nC_0x^0+{}_nC_1x^1+{}_nC_2x^2+\cdots+\underline{{}_nC_nx^n}$ ←着目

この式に $x=-1$ を代入すると，

$(-1+1)^n={}_nC_0-{}_nC_1+{}_nC_2-\cdots+(-1)^n\cdot{}_nC_n$

よって，${}_nC_0-{}_nC_1+{}_nC_2-\cdots+(-1)^n\cdot{}_nC_n=0$ 〔証明終わり〕

(2)二項定理より，$(x+1)^{10}={}_{10}C_0x^0+{}_{10}C_1x^1+{}_{10}C_2x^2+\cdots+\underline{{}_{10}C_{10}x^{10}}$ ←着目

この式に $x=-2$ を代入すると，

$(-2+1)^{10}={}_{10}C_0\cdot(-2)^0+{}_{10}C_1\cdot(-2)^1+{}_{10}C_2\cdot(-2)^2+\cdots+{}_{10}C_{10}\cdot(-2)^{10}$

よって，${}_{10}C_0-2{}_{10}C_1+2^2{}_{10}C_2-2^3{}_{10}C_3+\cdots+2^{10}{}_{10}C_{10}=(-1)^{10}=\mathbf{1}$ …答

(3) ${}_nC_r$ の性質 $r{}_nC_r=n{}_{n-1}C_{r-1}$ を用いると，

$(\text{左辺})={}_nC_1+2{}_nC_2+3{}_nC_3+\cdots+n{}_nC_n$

$=n{}_{n-1}C_0+n{}_{n-1}C_1+n{}_{n-1}C_2+\cdots+n{}_{n-1}C_{n-1}$

$=n({}_{n-1}C_0+{}_{n-1}C_1+{}_{n-1}C_2+\cdots+{}_{n-1}C_{n-1})$

ここで，二項定理より，

$(x+1)^{n-1}={}_{n-1}C_0x^0+{}_{n-1}C_1x^1+{}_{n-1}C_2x^2+\cdots+{}_{n-1}C_{n-1}x^{n-1}$

この式に $x=1$ を代入すると，

${}_{n-1}C_0+{}_{n-1}C_1+{}_{n-1}C_2+\cdots+{}_{n-1}C_{n-1}=2^{n-1}$

以上より，

$(\text{左辺})=n({}_{n-1}C_0+{}_{n-1}C_1+{}_{n-1}C_2+\cdots+{}_{n-1}C_{n-1})=n\cdot2^{n-1}$ 〔証明終わり〕

演習問題 5 p.14

考え方 まず，二項定理を用いて $(\pm10^k\pm1)^n$ の展開式をつくることから始めます。

(1)二項定理より，

$(0.99)^{10}=(-0.01+1)^{10}$

$={}_{10}C_0\cdot(-0.01)^0+{}_{10}C_1\cdot(-0.01)^1+{}_{10}C_2\cdot(-0.01)^2+\cdots+{}_{10}C_{10}\cdot(-0.01)^{10}$

小数第 4 位までの数字に影響するのは，この展開式の第 4 項までである。よって，

${}_{10}C_0\cdot(-0.01)^0+{}_{10}C_1\cdot(-0.01)^1+{}_{10}C_2\cdot(-0.01)^2+{}_{10}C_3\cdot(-0.01)^3$

$=1-0.1+0.0045-0.00012=0.90438$

よって，小数第 4 位までは，**0.9043** …答

参考 ちなみに，展開式の第 5 項，第 6 項は，

${}_{10}C_4\cdot(-0.01)^4=0.0000021$

${}_{10}C_5\cdot(-0.01)^5=-0.0000000252$

であり，$n\geqq6$ では ${}_{10}C_n$ の値は減少するので影響しないことがわかります。

(2)二項定理より，

$101^{100}=(100+1)^{100}$

$={}_{100}C_0\cdot100^0+{}_{100}C_1\cdot100^1+{}_{100}C_2\cdot100^2+{}_{100}C_3\cdot100^3\cdots+{}_{100}C_{100}\cdot100^{100}$

下５桁に影響するのは，この展開式の第２項までである。よって，

$${}_{100}C_0\cdot 100^0+{}_{100}C_1\cdot 100^1=1+10000=\mathbf{10001}$$ …答

参考　展開式の第３項は ${}_{100}C_2\cdot 100^2=49500000$ となり，下５桁がすべて０になります。第３項以降はすべて下５桁が０になります。

(3) $3^{132}=(3^2)^{66}=9^{66}$ であるから，二項定理より，

$9^{66}=(10-1)^{66}$ ←$(\pm 10^k\pm 1)^n$ の形をつくる

$$={}_{66}C_0\cdot(-1)^{66}+{}_{66}C_1\cdot 10^1\cdot(-1)^{65}+{}_{66}C_2\cdot 10^2\cdot(-1)^{64}+\cdots+{}_{66}C_{66}\cdot 10^{66}$$

下３桁に影響するのは，この展開式の第３項までである。よって，

$${}_{66}C_0\cdot(-1)^{66}+{}_{66}C_1\cdot 10^1\cdot(-1)^{65}+{}_{66}C_2\cdot 10^2\cdot(-1)^{64}=1-660+214500$$
$$=213841$$

よって，下３桁は **841** …答

参考　展開式の第４項は ${}_{66}C_3\cdot 10^3\cdot(-1)^{63}$ となり，10^3 を掛けていることから計算しなくても下３桁がすべて０になることがわかります。

演習問題６　p.17

考え方　計算しやすいように，代入する式の次数を下げます。

まず，$x=\dfrac{3+\sqrt{5}}{2}$ より，

$$2x=3+\sqrt{5}$$
$$(2x-3)^2=(\sqrt{5})^2$$ ←根号を右辺に分離して両辺を２乗する
$$4x^2-12x+4=0$$
$$x^2-3x+1=0$$

これが $x=\dfrac{3+\sqrt{5}}{2}$ を解にもつ２次式，つまり代入して０となる式である。

(1) $x^4-x^3-6x^2+9x-4$ を x^2-3x+1 で割ると，

$$\begin{array}{r}
x^2+2x-1 \\
x^2-3x+1\,\overline{)\,x^4-x^3-6x^2+9x-4} \\
\underline{x^4-3x^3+x^2} \\
2x^3-7x^2+9x-4 \\
\underline{2x^3-6x^2+2x} \\
-x^2+7x-4 \\
\underline{-x^2+3x-1} \\
4x-3
\end{array}$$

であるから，

$$x^4-x^3-6x^2+9x-4=(x^2-3x+1)(x^2+2x-1)+4x-3$$

$x=\dfrac{3+\sqrt{5}}{2}$ とすると，$x^2-3x+1=0$ であるから，与式に $x=\dfrac{3+\sqrt{5}}{2}$ を代入した値は，余り $4x-3$ に $x=\dfrac{3+\sqrt{5}}{2}$ を代入した値に等しい。

よって，$4\cdot\dfrac{3+\sqrt{5}}{2}-3=\mathbf{3+2\sqrt{5}}$ …答

(2) $x^2-3x+1=0$ より，$x^2=3x-1$ であるから，←次数下げの式をつくる

$$
\begin{aligned}
&x^4-x^3-6x^2+9x-4\\
&=(3x-1)^2-x(3x-1)-6(3x-1)+9x-4\\
&=6x^2-14x+3\\
&=6(3x-1)-14x+3\\
&=4x-3\\
&=4\cdot\frac{3+\sqrt{5}}{2}-3\\
&=\mathbf{3+2\sqrt{5}}
\end{aligned}
$$
…答

$x^4=(x^2)^2$，$x^3=x\cdot x^2$

$x=\frac{3+\sqrt{5}}{2}$ を代入

第2節 等式と不等式の証明

演習問題7 p.19

考え方 (2)は(1)の結論を利用します。

(1) $ax^2+bx+c=0$ が x についての恒等式ならば，$x=0$，1，-1 でも等式が成り立つので，

$$
\begin{cases}
c=0\\
a+b+c=0\\
a-b+c=0
\end{cases}
$$

これを解くと，$a=b=c=0$ である。〔証明終わり〕

(2) $ax^2+bx+c=a'x^2+b'x+c$

$(a-a')x^2+(b-b')x+(c-c')=0$

この式が x についての恒等式であるから，(1)の結果より，

$a-a'=0$，$b-b'=0$，$c-c'=0$

よって，$a=a'$，$b=b'$，$c=c'$ 〔証明終わり〕

演習問題8 p.21

考え方 (1)〜(3)結論を最初に設定します。

(1) $(x-1)(y-1)(z-1)=xyz-(xy+yz+zx)+x+y+z-1=0$ を示せばよい。条件式より，

$x+y+z=1$

$\frac{1}{x}+\frac{1}{y}+\frac{1}{z}=1 \Longleftrightarrow yz+zx+xy=xyz$

であるから，

$xyz-(xy+yz+zx)+x+y+z-1=xyz-xyz+1-1=0$

よって，$(x-1)(y-1)(z-1)=0$ となり，

$x-1=0$ または $y-1=0$ または $z-1=0$

つまり x，y，z の少なくとも1つは1に等しい。〔証明終わり〕

(2) $(a-1)^2+(b-1)^2+(c-1)^2=a^2+b^2+c^2-2(a+b+c)+3=0$ を示せばよい。ここで，

$(a+b+c)^2=a^2+b^2+c^2+2(ab+bc+ca)$ であるから，

$3^2=a^2+b^2+c^2+2\cdot 3$ ←条件式を代入

$a^2+b^2+c^2=3$

よって，$a^2+b^2+c^2-2(a+b+c)+3=3-2\cdot 3+3=0$

したがって，$(a-1)^2+(b-1)^2+(c-1)^2=0$ となり，

$a-1=0$ かつ $b-1=0$ かつ $c-1=0$

つまり，a，b，c はすべて 1 に等しい。〔証明終わり〕

(3) $(x+y)(y+z)(z+x)=x^2y+xy^2+y^2z+yz^2+z^2x+zx^2+2xyz=0$ を示せばよい。

条件式より，

$\dfrac{1}{x}+\dfrac{1}{y}+\dfrac{1}{z}=\dfrac{1}{x+y+z} \iff (yz+zx+xy)(x+y+z)=xyz$

$\iff xyz+zx^2+x^2y+y^2z+xyz+xy^2+yz^2+z^2x+xyz=xyz$

$\iff x^2y+xy^2+y^2z+yz^2+z^2x+zx^2+2xyz=0$

よって，$(x+y)(y+z)(z+x)=0$ となり $x+y=0$ または $y+z=0$ または $z+x=0$

つまり x，y，z のいずれか 2 つの和は 0 に等しい。〔証明終わり〕

(4)すべての方程式が重解をもつので，判別式を D とすると，$\dfrac{D}{4}=0$ となる。

つまり，$b^2-ac=0$ かつ $c^2-ab=0$ かつ $a^2-bc=0$

となる。左辺どうし，右辺どうしを加えると，

$a^2+b^2+c^2-ab-ac-bc=0$

$2a^2+2b^2+2c^2-2ab-2ac-2bc=0$ ←両辺を 2 倍

$(a^2-2ab+b^2)+(b^2-2bc+c^2)+(c^2-2ac+a^2)=0$

$(a-b)^2+(b-c)^2+(c-a)^2=0$

a，b，c は実数であるから，この式を満たすのは $a=b$ かつ $b=c$ かつ $c=a$，つまり $a=b=c$ のときだけである。〔証明終わり〕

演習問題 9 p.25

考え方 (2)，(3)はまず分子を分母で割りましょう。

(1) $a>0$ より，$9a>0$，$\dfrac{1}{a}>0$ であるから，相加平均・相乗平均の不等式より，

$9a+\dfrac{1}{a} \geqq 2\sqrt{9a\cdot\dfrac{1}{a}}=6$

等号成立は $9a=\dfrac{1}{a}$ のときであるから，$9a+\dfrac{1}{a}=6$ に代入すると，

$9a+9a=6 \quad a=\dfrac{1}{3}$

よって，**$a=\dfrac{1}{3}$ のとき最小値 6** …答

(2) $\dfrac{x^2+x+2}{x}=\dfrac{x(x+1)+2}{x}=x+1+\dfrac{2}{x}$ ←「分子の次数 < 分母の次数」となるように変形

$x>0$，$\dfrac{2}{x}>0$ であるから，相加平均・相乗平均の不等式より，

$$x+\frac{2}{x}+1 \geqq 2\sqrt{x\cdot\frac{2}{x}}+1=2\sqrt{2}+1$$

等号成立は $x=\dfrac{2}{x}$ のときであるから，$x+\dfrac{2}{x}+1=2\sqrt{2}+1$ に代入すると，

$$x+x+1=2\sqrt{2}+1 \quad x=\sqrt{2}$$

よって，$x=\sqrt{2}$ のとき最小値 $2\sqrt{2}+1$ …答

(3) $\dfrac{x^2}{x-2}=\dfrac{(x-2)(x+2)+4}{x-2}=x+2+\dfrac{4}{x-2}$ ←「分子の次数＜分母の次数」となるように変形

$$=(x-2)+\frac{4}{x-2}+4$$ ←○＋$\dfrac{□}{○}$の形をつくる

$x>2$ より，$x-2>0$，$\dfrac{4}{x-2}>0$ であるから，相加平均・相乗平均の不等式より，

$$(x-2)+\frac{4}{x-2}+4 \geqq 2\sqrt{(x-2)\cdot\frac{4}{x-2}}+4=8$$

等号成立は $x-2=\dfrac{4}{x-2}$ のときであるから，$(x-2)+\dfrac{4}{x-2}+4=8$ に代入すると，

$$(x-2)+(x-2)+4=8 \quad x=4$$

よって，$x=4$ のとき最小値 8 …答

演習問題 10 p.27

1

考え方 $\sqrt[6]{ab}=X$，$\sqrt[3]{c}=Y$ とおいて考えます。

(右辺)－(左辺)$=(a+b+c)-3\sqrt[3]{abc}-(a+b)+2\sqrt{ab}=c-3\sqrt[3]{abc}+2\sqrt{ab}$

ここで，$\sqrt[6]{ab}=X$，$\sqrt[3]{c}=Y$ とおくと，$X>0$，$Y>0$ である。

↑2 乗根と 3 乗根の最小公倍数の 6 乗根を考える

(右辺)－(左辺)$=Y^3-3X^2Y+2X^3$ ← $Y=X$ で 0 になる

$=(Y-X)(Y^2+XY-2X^2)$ ← $(Y-X)$ を因数にもつ(因数定理)

$=(Y-X)(Y-X)(Y+2X)$

$=(Y-X)^2(Y+2X) \geqq 0$ ←右辺－左辺≧0

よって，$2\left(\dfrac{a+b}{2}-\sqrt{ab}\right) \leqq 3\left(\dfrac{a+b+c}{3}-\sqrt[3]{abc}\right)$ が示された。〔証明終わり〕

参考 この結論から，2 変数の相加平均・相乗平均の不等式が成り立つと 3 変数の相加平均・相乗平均の不等式も成り立つことが示されたことになります。

2

考え方 2 変数の相加平均・相乗平均の不等式を繰り返し用います。

(1) $a+b+c=3m>0$ であるから，$m>0$

相加平均・相乗平均の不等式より，

$$(a+b+c)+m=(a+b)+(c+m)$$

$$3m+m \geqq 2\sqrt{ab}+2\sqrt{cm}$$

$$4m \geqq 2(\sqrt{ab}+\sqrt{cm})$$ 〔証明終わり〕

(2)(1)の結果において，再び相加平均・相乗平均の不等式を用いると，

$$4m \geqq 2(\sqrt{ab}+\sqrt{cm}) \geqq 2\cdot 2\sqrt{\sqrt{ab}\cdot\sqrt{cm}}$$

$$4m \geqq 4\sqrt[4]{abcm}$$

両辺ともに正であるから，4 乗して，

$$m^4 \geqq abcm$$

$$m^3 \geqq abc$$

（$m>0$ より，両辺を m で割る）

3 乗根をとると，$m \geqq \sqrt[3]{abc} \Longleftrightarrow \dfrac{a+b+c}{3} \geqq \sqrt[3]{abc}$

以上より，$a+b+c \geqq 3\sqrt[3]{abc}$ が成り立つ。 〔証明終わり〕

演習問題 11 p.31

考え方 条件の式がコーシー・シュワルツの不等式のどの部分に当てはまるのかに注意しましょう。

(1)コーシー・シュワルツの不等式より，

$$(1\cdot a+2\cdot b+3\cdot c)^2 \leqq (1^2+2^2+3^2)(a^2+b^2+c^2)$$

$$(a+2b+3c)^2 \leqq 14\cdot 1$$

よって，$-\sqrt{14} \leqq a+2b+3c \leqq \sqrt{14}$

等号が成立するのは $a=\dfrac{b}{2}=\dfrac{c}{3}$ のときであるから，

$a+2b+3c=-\sqrt{14}$ との連立方程式を解いて，

$(a,\ b,\ c)=\left(-\dfrac{1}{\sqrt{14}},\ -\dfrac{2}{\sqrt{14}},\ -\dfrac{3}{\sqrt{14}}\right)$ のとき最小値 $-\sqrt{14}$ …答

$a+2b+3c=\sqrt{14}$ との連立方程式を解いて，

$(a,\ b,\ c)=\left(\dfrac{1}{\sqrt{14}},\ \dfrac{2}{\sqrt{14}},\ \dfrac{3}{\sqrt{14}}\right)$ のとき最大値 $\sqrt{14}$ …答

(2)コーシー・シュワルツの不等式より，

$$(1\cdot\alpha+\sqrt{2}\cdot\sqrt{2}\beta+\sqrt{3}\cdot\sqrt{3}\gamma)^2 \leqq \{1^2+(\sqrt{2})^2+(\sqrt{3})^2\}\{\alpha^2+(\sqrt{2}\beta)^2+(\sqrt{3}\gamma)^2\}$$

$$6^2 \leqq 6\cdot(\alpha^2+2\beta^2+3\gamma^2)$$

$$\alpha^2+2\beta^2+3\gamma^2 \geqq 6$$

等号が成立するのは $\alpha=\beta=\gamma$ のときであるから，$\alpha+2\beta+3\gamma=6$ との連立方程式を解くと，

$$\alpha=\beta=\gamma=1$$

よって，**$\alpha=\beta=\gamma=1$ のとき最小値 6** …答

(3)コーシー・シュワルツの不等式より，

（$x+y+z=(\sqrt{x})^2+(\sqrt{y})^2+(\sqrt{z})^2$ とみる）

$$\left(\sqrt{x}\cdot\frac{1}{\sqrt{x}}+\sqrt{y}\cdot\frac{1}{\sqrt{y}}+\sqrt{z}\cdot\frac{1}{\sqrt{z}}\right)^2 \leqq \{(\sqrt{x})^2+(\sqrt{y})^2+(\sqrt{z})^2\}\left\{\left(\frac{1}{\sqrt{x}}\right)^2+\left(\frac{1}{\sqrt{y}}\right)^2+\left(\frac{1}{\sqrt{z}}\right)^2\right\}$$

$$3^2 \leqq 1\cdot\left(\frac{1}{x}+\frac{1}{y}+\frac{1}{z}\right)$$

$$\frac{1}{x}+\frac{1}{y}+\frac{1}{z} \geqq 9$$

〔証明終わり〕

第2章　複素数と方程式

第1節　複素数

演習問題 12 p.32

考え方　複素数の相等を考えます。

(1)実数解をαとして，$x=\alpha$を代入すると，

$2(1+i)\alpha^2-(1+7i)\alpha-3(1-2i)=0$

$(2\alpha^2-\alpha-3)+(2\alpha^2-7\alpha+6)i=0$

$2\alpha^2-\alpha-3$，$2\alpha^2-7\alpha+6$ は実数であるから，実部と虚部をそれぞれ両辺で比較して，←複素数の相等

$$\begin{cases}2\alpha^2-\alpha-3=0\\2\alpha^2-7\alpha+6=0\end{cases}\iff\begin{cases}(\alpha+1)(2\alpha-3)=0\\(\alpha-2)(2\alpha-3)=0\end{cases}$$

同時に満たすのは，$\boldsymbol{\alpha=\frac{3}{2}}$ …答

(2)実数解をαとして，$x=\alpha$を代入すると，

$(1+i)\alpha^2+(a-i)\alpha+2(1-ai)=0$

$(\alpha^2+a\alpha+2)+(\alpha^2-\alpha-2a)i=0$

$\alpha^2+a\alpha+2$，$\alpha^2-\alpha-2a$ は実数であるから，実部と虚部をそれぞれ両辺で比較して，←複素数の相等

$$\begin{cases}\alpha^2+a\alpha+2=0 &\cdots\cdots①\\\alpha^2-\alpha-2a=0 &\cdots\cdots②\end{cases}$$

②より $a=\frac{1}{2}(\alpha^2-\alpha)$ を①に代入すると，

$\alpha^2+\alpha\cdot\frac{1}{2}(\alpha^2-\alpha)+2=0$

$(\alpha+2)(\alpha^2-\alpha+2)=0$

ここで，方程式$\alpha^2-\alpha+2=0$ の判別式は，

$(-1)^2-4\cdot1\cdot2<0$

であるから実数解をもたない。

よって，実数解は$\alpha=-2$

これを②に代入すると，$(-2)^2-(-2)-2a=0$ より，$a=3$

よって，$\boldsymbol{a=3}$ **のとき実数解は** $\boldsymbol{x=-2}$ …答

(3)実数解をαとして，$x=\alpha$を代入すると，

$a(1+i)\alpha^2+(1+a^2i)\alpha+a^2+i=0$

$(a\alpha^2+\alpha+a^2)+(a\alpha^2+a^2\alpha+1)i=0$

$a\alpha^2+\alpha+a^2$，$a\alpha^2+a^2\alpha+1$ は実数であるから，実部と虚部をそれぞれ両辺で比較して，←複素数の相等

$$\begin{cases}a\alpha^2+\alpha+a^2=0 &\cdots\cdots①\\a\alpha^2+a^2\alpha+1=0 &\cdots\cdots②\end{cases}$$

①－②より，←最高次の項を消去

$\alpha+a^2-(a^2\alpha+1)=0$

$(a^2-1)-(a^2-1)\alpha=0$

$(a^2-1)(1-\alpha)=0$

(i) $a=1$ のとき

①と②は共に $\alpha^2+\alpha+1=0$ となり，判別式が

$1^2-4\cdot1\cdot1<0$

であるから，実数解をもたないので不適。

(ii) $a=-1$ のとき

①と②は共に $\alpha^2-\alpha-1=0$ となり，判別式が

$(-1)^2-4\cdot1\cdot(-1)>0$

であるから，実数解をもつ。

(iii) $\alpha=1$ のとき

①と②は共に $a^2+a+1=0$ となり，判別式が

$1^2-4\cdot1\cdot1<0$

であるから，a が虚数となり不適。

以上より，$\boldsymbol{a=-1}$ …答

演習問題 13 p.33

考え方 求めたい平方根を $a+bi$ の形で表します。

$18i=(a+bi)^2$（a，b は実数）とすると，

$(a+bi)^2=a^2-b^2+2abi$

a^2-b^2，$2ab$ は実数であるから，$18i$ との実部と虚部を比較して，←複素数の相等

$$\begin{cases} a^2-b^2=0 & \cdots\cdots① \\ 2ab=18 & \cdots\cdots② \end{cases}$$

①より，$(a+b)(a-b)=0$

$a=-b$ のとき，②に代入すると $-b^2=9$ となり不適。

$a=b$ のとき，②に代入すると $b^2=9$ となり，$b=\pm3$

このとき，$a=\pm3$（複号同順）

よって，$18i=(\pm3\pm3i)^2$ であるから，

$18i$ の平方根は $\boldsymbol{3+3i}$，$\boldsymbol{-3-3i}$ …答

演習問題 14 p.34

考え方 解と係数の関係から考えます。(1)は判別式も必要です。

$x^2+(k+1)x+k+4=0$ の2つの解を α，β，判別式を D とする。解と係数の関係より，

$\alpha+\beta=-(k+1)$，$\alpha\beta=k+4$

(1)異なる 2 つの正の解をもつためには，

$$\begin{cases} D>0 \\ \alpha+\beta>0 \\ \alpha\beta>0 \end{cases} \Longleftrightarrow \begin{cases} (k+1)^2-4(k+4)>0 \quad (k+3)(k-5)>0 \quad \underline{k<-3,\ 5<k} \\ -(k+1)>0 \quad \underline{k<-1} \\ k+4>0 \quad \underline{k>-4} \end{cases}$$

共通部分をとると，$\boldsymbol{-4<k<-3}$ …答

(2)異符号の実数解をもつためには，

$\alpha\beta<0 \Longleftrightarrow k+4<0 \quad \boldsymbol{k<-4}$ …答 ←判別式 D は不要

演習問題 15 p.36

1

考え方 解と係数の関係が使える形に変形していきましょう。

解と係数の関係より，

$\alpha+\beta+\gamma=1,\ \alpha\beta+\beta\gamma+\gamma\alpha=2,\ \alpha\beta\gamma=3$

(1)$\underline{(\alpha+\beta+\gamma)^2=\alpha^2+\beta^2+\gamma^2+2(\alpha\beta+\beta\gamma+\gamma\alpha)}$ ←展開公式

$1^2=\alpha^2+\beta^2+\gamma^2+2\cdot 2$

$\alpha^2+\beta^2+\gamma^2=\boldsymbol{-3}$ …答

(2)$\dfrac{1}{\alpha}+\dfrac{1}{\beta}+\dfrac{1}{\gamma}=\dfrac{\beta\gamma+\gamma\alpha+\alpha\beta}{\alpha\beta\gamma}$

$=\boldsymbol{\dfrac{2}{3}}$ …答

(3) $\underline{\alpha^3+\beta^3+\gamma^3-3\alpha\beta\gamma=(\alpha+\beta+\gamma)\{\alpha^2+\beta^2+\gamma^2-(\alpha\beta+\beta\gamma+\gamma\alpha)\}}$ ←因数分解の公式

$\alpha^3+\beta^3+\gamma^3-3\cdot 3=1\cdot(-3-2)$

$\alpha^3+\beta^3+\gamma^3=\boldsymbol{4}$ …答

2

考え方 解と係数の関係から 3 次方程式をつくります。

解と係数の関係より，

$\alpha+\beta+\gamma=0,\ \alpha\beta+\beta\gamma+\gamma\alpha=-3,\ \alpha\beta\gamma=-5$

(1) $2\alpha+2\beta+2\gamma=2(\alpha+\beta+\gamma)=2\cdot 0=0$

$2\alpha\cdot 2\beta+2\beta\cdot 2\gamma+2\gamma\cdot 2\alpha=4(\alpha\beta+\beta\gamma+\gamma\alpha)=4\cdot(-3)=-12$

$2\alpha\cdot 2\beta\cdot 2\gamma=8\alpha\beta\gamma=8\cdot(-5)=-40$

であるから，2α，2β，2γ を解にもつ 3 次方程式の 1 つは，

$\boldsymbol{x^3-12x+40=0}$ …答

別解 この問題は本冊 **p.40** で学ぶ「解の変換」で解くこともできる。

$x=\alpha$ を代入して方程式の両辺を 8 倍すると，

$8\alpha^3-24\alpha+40=0$

$(2\alpha)^3-12\cdot 2\alpha+40=0$

とできるので，方程式 $\boldsymbol{x^3-12x+40=0}$ が 2α，2β，2γ を解にもつ方程式とわかる。

(2) $\alpha+\beta+\gamma=0$ であるから，$\alpha+\beta=-\gamma$，$\beta+\gamma=-\alpha$，$\gamma+\alpha=-\beta$ である。

$$(\alpha+\beta)+(\beta+\gamma)+(\gamma+\alpha)=(-\gamma)+(-\alpha)+(-\beta)$$
$$=-(\alpha+\beta+\gamma)=0$$ ←3つの解の和

$$(\alpha+\beta)(\beta+\gamma)+(\beta+\gamma)(\gamma+\alpha)+(\gamma+\alpha)(\alpha+\beta)$$
$$=(-\gamma)(-\alpha)+(-\alpha)(-\beta)+(-\beta)(-\gamma)$$
$$=\alpha\beta+\beta\gamma+\gamma\alpha=-3$$ ←2つずつの積の和

$$(\alpha+\beta)(\beta+\gamma)(\gamma+\alpha)=(-\gamma)(-\alpha)(-\beta)$$
$$=-\alpha\beta\gamma=5$$ ←3つの解の積

以上より，$\alpha+\beta$，$\beta+\gamma$，$\gamma+\alpha$ を解にもつ3次方程式の1つは，

$\boldsymbol{x^3-3x-5=0}$ …答

Point x^3 の係数が1のとき，$\alpha+\beta+\gamma$ は x^2 の係数と符号が逆の値，$\alpha\beta+\beta\gamma+\gamma\alpha$ は x の係数の値，$\alpha\beta\gamma$ は定数項と符号が逆の値になります。

演習問題 16 p.39

1

考え方 (3) 2次方程式の整数解には解と係数の関係が有効です。(4) 2つの解が等しいとき（重解）の解と係数の関係を考えます。

(1) 2つの解を α，$\alpha+3$ とすると，解と係数の関係より，

$$\begin{cases}\alpha+(\alpha+3)=k\\ \alpha(\alpha+3)=k-3\end{cases}$$

k を消去すると，

$$\alpha(\alpha+3)=\alpha+(\alpha+3)-3$$

$\alpha(\alpha+1)=0$　よって，$\alpha=-1,\ 0$

$\alpha=-1$ のとき $k=1$，$\alpha=0$ のとき $k=3$ であるから，

$k=1$ のとき2つの解は -1，2，$k=3$ のとき2つの解は0，3 …答

(2) 解と係数の関係より，$\begin{cases}\sin\theta+\cos\theta=\dfrac{1}{2} & \cdots\cdots① \\ \sin\theta\cos\theta=\dfrac{a}{4}\end{cases}$

①の両辺を2乗すると，

$$(\sin\theta+\cos\theta)^2=\frac{1}{4}$$

$$\sin^2\theta+\cos^2\theta+2\sin\theta\cos\theta=\frac{1}{4}$$

$$1+2\cdot\frac{a}{4}=\frac{1}{4}$$

（$\sin^2\theta+\cos^2\theta=1$）

$\boldsymbol{a=-\dfrac{3}{2}}$ …答

(3) 2つの解をα，βとおくと，解と係数の関係より，

$$\begin{cases} \alpha+\beta=k & \cdots\cdots① \\ \alpha\beta=-7 & \cdots\cdots② \end{cases}$$

①より，一方の解とkが整数であるから，もう一方の解も整数である。②より2つの解は-1と7，または-7と1である。kが正の整数であるから①より条件を満たすのは2つの解が-1と7のときで，$\boldsymbol{k=6}$ …答

(4)左辺が完全平方式になるとき，その方程式は重解をもつ。重解をαとおくと方程式$ax^2-4ax+a-3=0$の2つの解がαとαであるから，解と係数の関係より，

$$\begin{cases} \alpha+\alpha=4 \\ \alpha\cdot\alpha=\dfrac{a-3}{a} \end{cases}$$

これより，$\alpha=2$，$a=-1$　よって，$\boldsymbol{a=-1}$，**方程式の解は**$\boldsymbol{x=2}$ …答

別解 左辺が完全平方式になるとき，この方程式は重解をもつ。判別式をDとすると，

$$\frac{D}{4}=(-2a)^2-a\cdot(a-3)=3a^2+3a=3a(a+1)=0$$

2次方程式であるから，$a\neq0$　よって，$\boldsymbol{a=-1}$ …答

またこのとき，この2次方程式は

$$-x^2+4x-4=0$$

$$-(x-2)^2=0$$

よって，**方程式の解は，**$\boldsymbol{x=2}$ …答

Point 別解のように，判別式を用いて求めることができますが，判別式からはaしか求められません。解と係数の関係を用いれば，aと解の両方を一度に求めることができます。

2

考え方 和と積からx，yを解にもつ2次方程式を考えます。

Point 代入法により1文字消去して解くことも可能ですが，2次方程式の2つの解x，yの和と積と考えて，もとの2次方程式をつくるほうが速く解けます。

(1)解と係数の関係の逆より，x，yを解にもつtの2次方程式は，

$$t^2-6t+4=0$$

である。解の公式より，$t=3\pm\sqrt{5}$であるから，

$\boldsymbol{(x,\ y)=(3+\sqrt{5},\ 3-\sqrt{5})}$ **または** $\boldsymbol{(3-\sqrt{5},\ 3+\sqrt{5})}$ …答

(2) $x^2+y^2=(x+y)^2-2xy$であるから，

$20=(-2)^2-2xy$　よって，$xy=-8$

解と係数の関係の逆より，x，yを解にもつtの2次方程式は，

$$t^2+2t-8=0$$

である。$t^2+2t-8=(t+4)(t-2)$であるから，

$\boldsymbol{(x,\ y)=(-4,\ 2)}$ **または** $\boldsymbol{(2,\ -4)}$ …答

3

考え方 (1) 3 次方程式の整数解も解と係数の関係が有効です。(2) $S_n=\alpha^n+\beta^n+\gamma^n$ とおき，**例題 19** と同じ方針で考えます。

(1)異なる 3 つの整数解を α，β，$\gamma\ (\alpha<\beta<\gamma)$ とおく。

解と係数の関係より，

$$\begin{cases}\alpha+\beta+\gamma=-a & \cdots\cdots① \\ \alpha\beta+\beta\gamma+\gamma\alpha=b & \cdots\cdots② \\ \alpha\beta\gamma=-2 & \cdots\cdots③\end{cases}$$

③より，α，β，γ は整数であるから大小に注意すると，

$\alpha=-1$，$\beta=1$，$\gamma=2$

これを①，②に代入して，$\boldsymbol{a=-2}$，$\boldsymbol{b=-1}$ …答

(2)解と係数の関係より，$\begin{cases}\alpha+\beta+\gamma=1 \\ \alpha\beta+\beta\gamma+\gamma\alpha=2 \\ \alpha\beta\gamma=3\end{cases}$

$(\alpha+\beta+\gamma)^2=\alpha^2+\beta^2+\gamma^2+2(\alpha\beta+\beta\gamma+\gamma\alpha)$ ←展開公式

$1^2=\alpha^2+\beta^2+\gamma^2+2\cdot2$

$\boldsymbol{\alpha^2+\beta^2+\gamma^2=-3}$ …答

$3+\beta^3+\gamma^3-3\alpha\beta\gamma=(\alpha+\beta+\gamma)\{\alpha^2+\beta^2+\gamma^2-(\alpha\beta+\beta\gamma+\gamma\alpha)\}$

$\alpha^3+\beta^3+\gamma^3-3\cdot3=1\cdot\{-3-2\}$ ↑因数分解の公式

$\boldsymbol{\alpha^3+\beta^3+\gamma^3=4}$ …答

α，β，γ は方程式の解であるから代入すると，

$\alpha^3-\alpha^2+2\alpha-3=0$

$\beta^3-\beta^2+2\beta-3=0$

$\gamma^3-\gamma^2+2\gamma-3=0$

それぞれの両辺に α^n，β^n，γ^n を掛けて，辺々を加えると，

$(\alpha^{n+3}+\beta^{n+3}+\gamma^{n+3})-(\alpha^{n+2}+\beta^{n+2}+\gamma^{n+2})$
$\quad+2(\alpha^{n+1}+\beta^{n+1}+\gamma^{n+1})-3(\alpha^n+\beta^n+\gamma^n)=0$

ここで，$S_n=\alpha^n+\beta^n+\gamma^n$ とおくと，

$S_{n+3}-S_{n+2}+2S_{n+1}-3S_n=0$ ……①

①で $n=1$ とすると，

$S_4-S_3+2S_2-3S_1=0$

$S_3=4$，$S_2=-3$，$S_1=1$ であるから，

$S_4=4-2\cdot(-3)+3\cdot1=13$

①で $n=2$ とすると，

$S_5-S_4+2S_3-3S_2=0$

これより，$S_5=13-2\cdot4+3\cdot(-3)=-4$

よって，$\boldsymbol{\alpha^5+\beta^5+\gamma^5=-4}$ …答

演習問題 17 p.41

1

考え方 解の変換を考えます。

(1) $x=\alpha$ が解であるから代入できて，

$$\alpha^2+\alpha-3=0$$
$$(-\alpha)^2-(-\alpha)-3=0$$

これは，方程式 $x^2-x-3=0$ が $x=-\alpha$ を解にもつことを表している。$x=\beta$ についても同様であるから求める方程式の 1 つは，

$\boldsymbol{x^2-x-3=0}$ …答

別解 解と係数の関係から，$\alpha+\beta=-1$，$\alpha\beta=-3$

これより，$(-\alpha)+(-\beta)=-(\alpha+\beta)=1$，$(-\alpha)(-\beta)=\alpha\beta=-3$ であるから，求める方程式の 1 つは，

$\boldsymbol{x^2-x-3=0}$ …答

(2) $x=\alpha$ が解であるから代入できて，

$$\alpha^2+\alpha-3=0$$
$$9\alpha^2+9\alpha-27=0$$

両辺を 9 倍する

$$(3\alpha)^2+3(3\alpha)-27=0$$

これは，方程式 $x^2+3x-27=0$ が $x=3\alpha$ を解にもつことを表している。$x=\beta$ についても同様であるから求める方程式の 1 つは，

$\boldsymbol{x^2+3x-27=0}$ …答

別解 解と係数の関係から，$\alpha+\beta=-1$，$\alpha\beta=-3$

これより $3\alpha+3\beta=3(\alpha+\beta)=-3$，$3\alpha\cdot3\beta=9\alpha\beta=-27$ であるから，求める方程式の 1 つは，

$\boldsymbol{x^2+3x-27=0}$ …答

(3) $x=\alpha\,(\neq0)$ が解であるから代入できて，

$$\alpha^2+\alpha-3=0$$
$$1+\frac{1}{\alpha}-\frac{3}{\alpha^2}=0$$

両辺を $\alpha^2(\neq0)$ で割る

$$-3\left(\frac{1}{\alpha}\right)^2+\frac{1}{\alpha}+1=0$$

これは，方程式 $-3x^2+x+1=0$ が $x=\dfrac{1}{\alpha}$ を解にもつことを表している。

$x=\beta$ についても同様であるから求める方程式の 1 つは，

$\boldsymbol{-3x^2+x+1=0}$ …答 ←係数の順番が左右逆になった方程式になる

別解 解と係数の関係から，$\alpha+\beta=-1$，$\alpha\beta=-3$

これより $\dfrac{1}{\alpha}+\dfrac{1}{\beta}=\dfrac{\alpha+\beta}{\alpha\beta}=\dfrac{1}{3}$，$\dfrac{1}{\alpha}\cdot\dfrac{1}{\beta}=\dfrac{1}{\alpha\beta}=-\dfrac{1}{3}$ であるから，求める方程式の 1 つは，

$x^2-\dfrac{1}{3}x-\dfrac{1}{3}=0 \iff \boldsymbol{-3x^2+x+1=0}$ …答

2

考え方 逆数を解にもつ方程式をつくり，解と係数の関係を考えます。2 次方程式の解の変換のときと同様に考えます。

$x=\alpha\,(\neq 0)$ が解であるから代入できて，

$$\alpha^3+2\alpha^2-\alpha+4=0$$

$$1+2\cdot\frac{1}{\alpha}-\frac{1}{\alpha^2}+4\cdot\frac{1}{\alpha^3}=0$$

両辺を $\alpha^3(\neq 0)$ で割る

$$4\left(\frac{1}{\alpha}\right)^3-\left(\frac{1}{\alpha}\right)^2+2\cdot\frac{1}{\alpha}+1=0$$

これは，方程式 $4x^3-x^2+2x+1=0$ が $x=\dfrac{1}{\alpha}$ を解にもつことを表している。

$x=\beta$，γ についても同様であるから $\dfrac{1}{\alpha}$，$\dfrac{1}{\beta}$，$\dfrac{1}{\gamma}$ を解にもつ方程式の 1 つは $4x^3-x^2+2x+1=0$ である。よって，解と係数の関係より，

$$\boldsymbol{\frac{1}{\alpha}+\frac{1}{\beta}+\frac{1}{\gamma}=\frac{1}{4}}$$ …答 ←3 つの解の和

$$\boldsymbol{\frac{1}{\alpha\beta}+\frac{1}{\beta\gamma}+\frac{1}{\gamma\alpha}=\frac{1}{2}}$$ …答 ←2 つずつの積の和

第 2 節 高次方程式

演習問題 18 p.44

考え方 解は複素数の範囲で求めます。

(1) $x=-3$ のとき，左辺は 0 に等しくなる。←定数項 -3 の約数に着目

よって，左辺は $(x+3)$ を因数にもつことがわかる。←因数定理

組立除法より，

-3	1	3	-1	-3
		-3	0	3
	1	0	-1	0

であるから，

$$x^3+3x^2-x-3=0 \iff (x+3)(x^2-1)=0$$
$$\iff (x+3)(x+1)(x-1)=0$$

よって，$\boldsymbol{x=-3,\ -1,\ 1}$ …答

別解 共通因数を見つけて因数分解することもできる。

$$x^3+3x^2-x-3=0$$

$$x^2(x+3)-(x+3)=0$$

$$(x+3)(x^2-1)=0$$

$x+3$ でくくる

$$(x+3)(x+1)(x-1)=0$$

よって，$\boldsymbol{x=-3,\ -1,\ 1}$ …答

(2) $x=\frac{1}{2}$ のとき，左辺は 0 に等しくなる。← $\frac{\text{定数項の約数}}{x^4\text{ の係数の約数}}$

よって，左辺は $\left(x-\frac{1}{2}\right)$ を因数にもつことがわかる。←因数定理

組立除法より，

$$\begin{array}{c|ccccc} \frac{1}{2} & 2 & 5 & 3 & -1 & -1 \\ & & 1 & 3 & 3 & 1 \\ \hline & 2 & 6 & 6 & 2 & 0 \end{array}$$

であるから，

$2x^4+5x^3+3x^2-x-1=0 \iff \left(x-\frac{1}{2}\right)(2x^3+6x^2+6x+2)=0$

$(2x-1)(x^3+3x^2+3x+1)=0$

$x^3+3x^2+3x+1=(x+1)^3$ より，←因数分解の公式

$(2x-1)(x+1)^3=0$

よって，$\boldsymbol{x=\frac{1}{2}}$**，$\boldsymbol{-1}$** …答

(3) $x=-\frac{1}{2}$ のとき，左辺は 0 に等しくなる。← $\frac{\text{定数項の約数}}{x^3\text{ の係数の約数}}$

よって，左辺は $\left(x+\frac{1}{2}\right)$ を因数にもつことがわかる。←因数定理

組立除法より，

$$\begin{array}{c|cccc} -\frac{1}{2} & 2 & 1 & 2 & 1 \\ & & -1 & 0 & -1 \\ \hline & 2 & 0 & 2 & 0 \end{array}$$

与式 $\iff \left(x+\frac{1}{2}\right)(2x^2+2)=0$

$\iff (2x+1)(x^2+1)=0$

よって，$\boldsymbol{x=-\frac{1}{2}}$**，$\boldsymbol{\pm i}$** …答

別解 共通因数を見つけて因数分解することもできる。

$2x^3+x^2+2x+1=0$

$x^2(2x+1)+(2x+1)=0$

$(2x+1)(x^2+1)=0$　← $2x+1$ でくくる

よって，$\boldsymbol{x=-\frac{1}{2}}$**，$\boldsymbol{\pm i}$** …答

演習問題 19 p.46

1

考え方　余りに条件を盛り込むことを考えます。

(1) $P(x)$ を $(x-1)(x+2)(x-3)$ で割ったときの商が $Q(x)$，余りが ax^2+bx+c であ

（割る式が 3 次 → 余りは 2 次以下）

るから，

$P(x)=(x-1)(x+2)(x-3)Q(x)+ax^2+bx+c$

$P(x)$ を $(x-1)(x+2)$ で割ったときの余りは，ax^2+bx+c を $(x-1)(x+2)$ で割ったときの余りに等しい。ax^2+bx+c を $(x-1)(x+2)$ で割ったときの商は a であるから，

$ax^2+bx+c=(x-1)(x+2)\cdot a+7x$

とおける。よって，

$P(x)=(x-1)(x+2)(x-3)Q(x)+a(x-1)(x+2)+7x$

したがって，$\boldsymbol{a(x-1)(x+2)+7x}$ …答

(2) $P(x)$ を $x-3$ で割ると 1 余るので剰余の定理より，$P(3)=1$ であるから，

$10a+21=1$　よって，$a=-2$

よって，求める余りは，$-2(x-1)(x+2)+7x=\boldsymbol{-2x^2+5x+4}$ …答

2

考え方　余りに条件を盛り込むことを考えます。

$f(x)$ を $(x+4)(x+2)^2$ で割った余りは 2 次以下の整式であるから，余りを
（割る式が 3 次）
ax^2+bx+c とおくことができる。商を $Q(x)$ とすると，

$f(x)=(x+4)(x+2)^2Q(x)+ax^2+bx+c$

$f(x)$ は $(x+2)^2$ で割り切れるので，ax^2+bx+c も $(x+2)^2$ で割り切れる。
ax^2+bx+c を $(x+2)^2$ で割ったときの商は a であるから，

$ax^2+bx+c=a(x+2)^2$

とおける。よって，

$f(x)=(x+4)(x+2)^2Q(x)+a(x+2)^2$

$f(x)$ を $x+4$ で割ると 3 余るので剰余の定理より，$f(-4)=3$ であるから，

$4a=3$　よって，$a=\dfrac{3}{4}$

よって，求める余りは $\boldsymbol{\dfrac{3}{4}(x+2)^2}$（または，$\boldsymbol{\dfrac{3}{4}x^2+3x+3}$）…答

3

考え方　余りに条件を盛り込む方法でもよいですが，$x^2+6=0$ となる $x=\pm\sqrt{6}i$ を代入して解くこともできます。

$f(x)$ を $(x^2+6)(x-1)$ で割った余りは 2 次以下の整式であるから，余りを
（割る式が 3 次）
ax^2+bx+c とおくことができる。商を $Q(x)$ とすると，

$f(x)=(x^2+6)(x-1)Q(x)+ax^2+bx+c$

$f(x)$ を x^2+6 で割ったときの余りは，ax^2+bx+c を x^2+6 で割ったときの余りに等しい。ax^2+bx+c を x^2+6 で割ったときの商は a であるから，

$ax^2+bx+c=(x^2+6)\cdot a+x-5$

とおける。よって，

$f(x)=(x^2+6)(x-1)Q(x)+a(x^2+6)+x-5$

$f(x)$ を $x-1$ で割ると 3 余るので剰余の定理より，$f(1)=3$ であるから，

$7a-4=3$　よって，$a=1$

よって，求める余りは，$(x^2+6)\cdot 1+x-5=\boldsymbol{x^2+x+1}$ …答

別解 複素数の相等条件を用いることで解くこともできる。条件より，$f(x)$ を x^2+6 で割った商を $Q_1(x)$ とすると，

$f(x)=(x^2+6)Q_1(x)+x-5$

$x=\pm\sqrt{6}i$ をそれぞれ代入して，

$f(\sqrt{6}i)=\sqrt{6}i-5$ ……①

$f(-\sqrt{6}i)=-\sqrt{6}i-5$ ……②

また，剰余の定理より $f(1)=3$ ……③

$f(x)$ を $(x^2+6)(x-1)$ で割った余りを ax^2+bx+c，商を $Q(x)$ とおくと，

$f(x)=(x^2+6)(x-1)Q(x)+ax^2+bx+c$

①より，$f(\sqrt{6}i)=-6a+\sqrt{6}bi+c=\sqrt{6}i-5$

実部と虚部を比較して，$b=1$，$-6a+c=-5$ ……④

②より，$f(-\sqrt{6}i)=-6a-\sqrt{6}bi+c=-\sqrt{6}i-5$

これは上の条件に等しい。

③より，$f(1)=a+b+c=3 \Longleftrightarrow a+c=2$ ……⑤

④，⑤を連立して解くと，$a=1$，$b=1$，$c=1$

よって，求める余りは $\boldsymbol{x^2+x+1}$ …答

4

考え方 x^8-1 の因数分解を考えます。

$(x+1)^2$で割った余りは 1 次以下の整式であるから $ax+b$ とおける。商を $Q(x)$ とすると，（割る式が 2 次）

$x^8=(x+1)^2Q(x)+ax+b$

$x=-1$ を代入すると，

$1=-a+b$　つまり，$b=a+1$

よって，

$x^8=(x+1)^2Q(x)+ax+a+1$

$x^8-1=(x+1)^2Q(x)+a(x+1)$

$(x+1)(x-1)(x^2+1)(x^4+1)=(x+1)^2Q(x)+a(x+1)$　← $x^8-1=(x^4-1)(x^4+1)=(x^2-1)(x^2+1)(x^4+1)$

$(x-1)(x^2+1)(x^4+1)=(x+1)Q(x)+a$　← 両辺を $x+1$ で割る

$x=-1$ を代入して，

$-2\cdot 2\cdot 2=a$　つまり，$a=-8$

余りは $ax+a+1$ であったから，$\boldsymbol{-8x-7}$ …答

Point 筆算で直接求めることもできますが，次数が高いので筆算が長くなり間違えやすいです。

演習問題 20 p.48

1

考え方 実数係数の方程式は，虚数解をもつとき，それと共役な複素数も解にもちます。

a，b が実数であり，$x=1-3i$ を解にもつので $x=1+3i$ も解である。
↑実数係数であることを述べること

もう 1 つの解を α とすると，解と係数の関係より，

$$\begin{cases}(1-3i)+(1+3i)+\alpha=-a\\(1-3i)(1+3i)+\alpha(1+3i)+\alpha(1-3i)=b\\\alpha(1-3i)(1+3i)=10\end{cases}\iff\begin{cases}\alpha+2=-a\\2\alpha+10=b\\10\alpha=10\end{cases}$$

これらを解くと，$\alpha=1$，$a=-3$，$b=12$

以上より，$\boldsymbol{a=-3}$，$\boldsymbol{b=12}$，**残りの解は** $\boldsymbol{x=1+3i}$，$\boldsymbol{1}$ …答

2

考え方 4 次方程式の解と係数の関係は一般的には知られていないので，因数定理を利用します。

a，b が実数であり，$x=2+3i$ を解にもつので $x=2-3i$ も解である。
↑実数係数であることを述べること

よって，この方程式の左辺は，$\{x-(2+3i)\}\{x-(2-3i)\}=x^2-4x+13$ を因数にもつから，

$$x^4-10x^3+ax^2-118x+b$$
$$=(x^2-4x+13)(x^2+px+q)$$
↑x^2 の係数は 1 と定まる
$$=x^4+(p-4)x^3+(-4p+q+13)x^2+(13p-4q)x+13q$$

であるから，

$$x^4-10x^3+ax^2-118x+b$$
$$=x^4+(p-4)x^3+(-4p+q+13)x^2+(13p-4q)x+13q$$

これが x についての恒等式であるから，係数を比較すると，

$$\begin{cases}-10=p-4\\a=-4p+q+13\\-118=13p-4q\\b=13q\end{cases}$$

これらを解くと，$p=-6$，$q=10$，$a=47$，$b=130$ であるから，与えられた 4 次方程式は，

$$(x^2-4x+13)(x^2-6x+10)=0$$

よって，この 4 次方程式の $x=2+3i$ 以外の解は，

$\boldsymbol{x=2-3i}$，$\boldsymbol{3\pm i}$ …答
↑$x^2-6x+10=0$ の解

演習問題21 p.51

1

考え方 まず，因数定理より解を1つ求めておきます。

$f(x)=x^3-(2a+3)x^2+(5a+9)x-(3a+7)$ とおく。

$f(1)=1-(2a+3)+(5a+9)-(3a+7)=0$ ← $x=1$ は解である

であるから，$f(x)$ は $x-1$ を因数にもつ。組立除法より，

1	1	$-(2a+3)$	$5a+9$	$-(3a+7)$
		1	$-2a-2$	$3a+7$
	1	$-2a-2$	$3a+7$	0

よって，

$f(x)=(x-1)\{x^2-2(a+1)x+3a+7\}=0$

この方程式が重解をもつのは，次の(i)，(ii)の場合である。

(i) $x^2-2(a+1)x+3a+7=0$ が $x=1$ を解にもつとき（$x=1$ が重解のとき）

$x=1$ を代入して，

$1-2(a+1)+3a+7=0$　よって，$a=-6$

(ii) $x^2-2(a+1)x+3a+7=0$ が重解をもつとき

判別式が0に等しいときであるから，

$(a+1)^2-(3a+7)=0$

$(a+2)(a-3)=0$　よって，$a=-2,\ 3$

(i)，(ii)より，$\boldsymbol{a=-6,\ -2,\ 3}$ …答

2

考え方 (2) $x=2$ を解にもつことに注意しましょう。

(1) $f(2)=8+4(a-2)+2(a^2-12a+17)-2a^2+20a-34=0$ ← $x=2$ は解である

であるから，因数定理より $f(x)$ は $x-2$ を因数にもつ。つまり，$x-2$ で割り切れる。

〔証明終わり〕

(2)組立除法より，

2	1	$a-2$	$a^2-12a+17$	$-2a^2+20a-34$
		2	$2a$	$2a^2-20a+34$
	1	a	$a^2-10a+17$	0

よって，

$f(x)=0 \Longleftrightarrow (x-2)(x^2+ax+a^2-10a+17)=0$

であるから，この方程式が異なる3つの実数解をもつための条件は，方程式

$x^2+ax+a^2-10a+17=0$

が $x=2$ 以外の異なる2つの実数解をもつことである。

$x^2+ax+a^2-10a+17=0$ が $x=2$ を解にもつとき，代入すると，

$a^2-8a+21=0$

この方程式の判別式は，

$(-4)^2-1\cdot21=-5<0$

であるから実数解をもたない。つまり a の値に関わらず $x=2$ は解ではない。この下で異なる 2 つの実数解をもつのは，方程式 $x^2+ax+a^2-10a+17=0$ の判別式が正のときで，

$a^2-4\cdot1\cdot(a^2-10a+17)>0$

$3a^2-40a+68<0$

$(3a-34)(a-2)<0$　よって，$\boldsymbol{2<a<\frac{34}{3}}$ …答

Point $x^2+ax+a^2-10a+17=0$ の判別式だけで答えを求めてはいけません。$x^2+ax+a^2-10a+17=0$ が異なる 2 つの実数解をもつという条件だけでは，$x=2$ を解にもち重解になってしまう可能性があるからです。必ず「$x=2$ が解ではない」ことを示す必要があります。

3

考え方 (1)より，2 重解をもつのは 3 通りの場合が考えられます。

(1)与えられた 4 次方程式の左辺を $f(x)$ とおく。

$f(1)=1+2m-1-3m+3-5m-17+6m+14=0$

$f(2)=16+(2m-1)\cdot8-(3m-3)\cdot4-(5m+17)\cdot2+6m+14=0$

↑定数項 $6m+14$ の約数に着目

よって，m の値に関わらずもつ 2 つの整数解は，$\boldsymbol{x=1,\ 2}$ …答

(2)(1)の結果より，$f(x)$ は $x-1$，$x-2$ の両方を因数にもつ。つまり，$f(x)$ は $(x-1)(x-2)=x^2-3x+2$ を因数にもつので，整式の割り算より，

$$
\begin{array}{r|l}
 & x^2+(2m+2)x+(3m+7) \\
\hline
x^2-3x+2 & x^4+(2m-1)x^3-(3m-3)x^2-(5m+17)x+6m+14 \\
 & x^4-3x^3+2x^2 \\
\hline
 & (2m+2)x^3-(3m-1)x^2-(5m+17)x+6m+14 \\
 & (2m+2)x^3-(6m+6)x^2+(4m+4)x \\
\hline
 & (3m+7)x^2-(9m+21)x+6m+14 \\
 & (3m+7)x^2-(9m+21)x+6m+14 \\
\hline
 & 0
\end{array}
$$

よって，

$f(x)=(x-1)(x-2)\{x^2+(2m+2)x+3m+7\}$

と因数分解できる。このとき，$g(x)=x^2+(2m+2)x+3m+7$ とおくと，方程式 $f(x)=0$ が 2 重解をもつのは，次の(i)〜(iii)の場合である。

(i) $g(x)=0$ が $x=1$，2 でない重解をもつとき

$g(x)=0$ が重解をもつのは判別式が 0 に等しいときであるから，

$(m+1)^2-1\cdot(3m+7)=0$

$(m+2)(m-3)=0$

よって，$m=-2$，3

$m=-2$ のとき，

$g(x)=x^2-2x+1=(x-1)^2=0$ となり $x=1$ を重解にもつので不適。

↑ $x=1$ が3重解になってしまう

$m=3$ のとき，

$g(x)=x^2+8x+16=(x+4)^2=0$ となり $x=-4$ を重解にもつので適する。

(ii) $g(x)=0$ が $x=1$ と，$x=1$ 以外の解をもつとき

$x=1$ を代入すると，

$1+2m+2+3m+7=0$

$5m+10=0$

よって，$m=-2$

↓ $x=1$ が3重解になってしまう

(i)より，$g(x)=0$ が $x=1$ の重解をもつから不適。

(iii) $g(x)=0$ が $x=2$ と，$x=2$ 以外の解をもつとき

$x=2$ を代入すると，

$2^2+(2m+2)\cdot 2+3m+7=0$

$7m+15=0$

よって，$m=-\dfrac{15}{7}$

(i)より，$g(x)=0$ は重解をもたないから適する。

(i)〜(iii)より，$\boldsymbol{m=3,\ -\dfrac{15}{7}}$ …答

演習問題22 p.53

考え方 相反方程式は次数の偶奇で解法が異なる点に注意しましょう。

(1) $x=0$ は解ではないので，両辺を x^2 で割ると，

$6x^2+31x+51+\dfrac{31}{x}+\dfrac{6}{x^2}=0$

$6\left(x^2+\dfrac{1}{x^2}\right)+31\left(x+\dfrac{1}{x}\right)+51=0$

$6\left\{\left(x+\dfrac{1}{x}\right)^2-2x\cdot\dfrac{1}{x}\right\}+31\left(x+\dfrac{1}{x}\right)+51=0$ ← $a^2+b^2=(a+b)^2-2ab$

ここで，$x+\dfrac{1}{x}=t$ とおくと，

$6(t^2-2)+31t+51=0$

$(6t+13)(t+3)=0$

よって，$t=-\dfrac{13}{6},\ -3$

(i) $t=-\dfrac{13}{6}$ のとき

$x+\dfrac{1}{x}=-\dfrac{13}{6}$

$6x^2+13x+6=0$

$(2x+3)(3x+2)=0$

よって，$x=-\dfrac{3}{2},\ -\dfrac{2}{3}$

(ii) $t=-3$ のとき

$$x+\frac{1}{x}=-3$$

$$x^2+3x+1=0$$

よって，$x=\dfrac{-3\pm\sqrt{5}}{2}$

以上より，$\boldsymbol{x=-\dfrac{3}{2},\ -\dfrac{2}{3},\ \dfrac{-3\pm\sqrt{5}}{2}}$ …答

(2) $x=-1$ は解であるから，左辺は $x+1$ を因数にもつ。よって，

$$x^5-x^4-3x^3-3x^2-x+1=0$$

$$(x+1)(x^4-2x^3-x^2-2x+1)=0$$

組立除法より変形

方程式 $x^4-2x^3-x^2-2x+1=0$ において，$x=0$ は解ではないので，両辺を x^2 で割ると，

偶数次の相反方程式

$$x^2-2x-1-\frac{2}{x}+\frac{1}{x^2}=0$$

$$\left(x^2+\frac{1}{x^2}\right)-2\left(x+\frac{1}{x}\right)-1=0$$

$$\left\{\left(x+\frac{1}{x}\right)^2-2x\cdot\frac{1}{x}\right\}-2\left(x+\frac{1}{x}\right)-1=0$$

← $a^2+b^2=(a+b)^2-2ab$

ここで，$x+\dfrac{1}{x}=t$ とおくと，

$$(t^2-2)-2t-1=0$$

$$(t+1)(t-3)=0$$

よって，$t=-1,\ 3$

(i) $t=-1$ のとき

$$x+\frac{1}{x}=-1$$

$$x^2+x+1=0$$

よって，$x=\dfrac{-1\pm\sqrt{3}i}{2}$

(ii) $t=3$ のとき

$$x+\frac{1}{x}=3$$

$$x^2-3x+1=0$$

よって，$x=\dfrac{3\pm\sqrt{5}}{2}$

以上より，$\boldsymbol{x=-1,\ \dfrac{-1\pm\sqrt{3}i}{2},\ \dfrac{3\pm\sqrt{5}}{2}}$ …答

第1章 式と証明
第2章 複素数と方程式
第3章 図形と方程式
第4章 三角関数
第5章 指数関数と対数関数
第6章 微分法と積分法

第1節　点と直線

演習問題23　p.55

1

考え方　求める座標を文字で表します。

求める x 軸上の点の座標を $P(a,\ 0)$ とすると，点 P は A と B から等距離にあるので，

$$AP=BP$$
$$\sqrt{(1-a)^2+4^2}=\sqrt{(4-a)^2+3^2}$$
$$a^2-2a+17=a^2-8a+25$$
$$a=\frac{4}{3}$$

両辺を 2 乗

よって，**x 軸上の点の座標は，$P\left(\frac{4}{3},\ 0\right)$** …答

求める y 軸上の点の座標を $Q(0,\ b)$ とすると，点 Q は A と B から等距離にあるので，

$$AQ=BQ$$
$$\sqrt{1^2+(4-b)^2}=\sqrt{4^2+(3-b)^2}$$
$$b^2-8b+17=b^2-6b+25$$
$$b=-4$$

両辺を 2 乗

よって，**y 軸上の点の座標は，$Q(0,\ -4)$** …答

参考　一般に 2 点間の距離は根号を含み，2 乗して解くので，最初から $AP^2=BP^2$，$AQ^2=BQ^2$ などとして解き進めると記述が楽になります。

2

考え方　平行四辺形になるための条件を利用します。

対角線がそれぞれの中点で交わる四角形は平行四辺形である。D の座標を (x,y) とする。

平行四辺形 ABCD の場合，BD と AC の中点が一致するので，

$\frac{x+(-2)}{2}=\frac{5+3}{2}$ より，$x=10$

$\frac{y+3}{2}=\frac{4+(-1)}{2}$ より，$y=0$　　よって，**D(10，0)** …答

平行四辺形 ADBC の場合，CD と AB の中点が一致するので，

$\frac{x+3}{2}=\frac{5+(-2)}{2}$ より，$x=0$

$\frac{y+(-1)}{2}=\frac{4+3}{2}$ より，$y=8$　　よって，**D(0，8)** …答

平行四辺形 ABDC の場合，AD と BC の中点が一致するので，

$\frac{x+5}{2}=\frac{-2+3}{2}$ より，$x=-4$

$\frac{y+4}{2}=\frac{3+(-1)}{2}$ より，$y=-2$　　よって，**D(−4，−2)** …答

3

考え方　四角形の頂点に座標を与えて考えます。

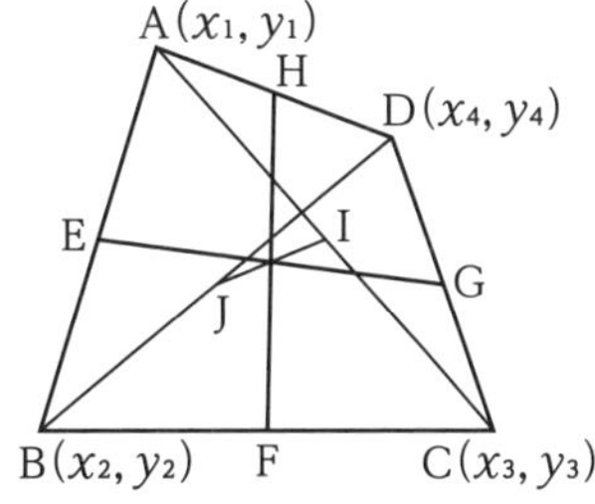

右の図のように，四角形の各頂点を $\mathrm{A}(x_1,\ y_1)$，$\mathrm{B}(x_2,\ y_2)$，$\mathrm{C}(x_3,\ y_3)$，$\mathrm{D}(x_4,\ y_4)$ とし，辺 AB，BC，CD，DA の中点をそれぞれ E，F，G，H とすると，

$$\mathrm{E}\left(\frac{x_1+x_2}{2},\ \frac{y_1+y_2}{2}\right)\quad \mathrm{F}\left(\frac{x_2+x_3}{2},\ \frac{y_2+y_3}{2}\right)$$

$$\mathrm{G}\left(\frac{x_3+x_4}{2},\ \frac{y_3+y_4}{2}\right)\quad \mathrm{H}\left(\frac{x_4+x_1}{2},\ \frac{y_4+y_1}{2}\right)$$

対角線 AC，BD の中点をそれぞれ I，J とすると，

$$\mathrm{I}\left(\frac{x_1+x_3}{2},\ \frac{y_1+y_3}{2}\right),\ \mathrm{J}\left(\frac{x_2+x_4}{2},\ \frac{y_2+y_4}{2}\right)$$

ここで，EG，HF，IJ の中点の座標が一致することを示せばよい。EG の中点の座標は，

$$\left(\frac{\frac{x_1+x_2}{2}+\frac{x_3+x_4}{2}}{2},\ \frac{\frac{y_1+y_2}{2}+\frac{y_3+y_4}{2}}{2}\right)=\left(\frac{x_1+x_2+x_3+x_4}{4},\ \frac{y_1+y_2+y_3+y_4}{4}\right)$$

同様にして，HF，IJ の中点の座標もこの座標に一致する。

よって，平行四辺形でない四角形の 2 組の対辺の中点を結ぶ 2 つの線分と，2 つの対角線の中点を結ぶ線分は 1 点で交わる。また，その点で 3 つの線分はそれぞれ 2 等分される。　〔証明終わり〕

4

考え方　長方形の頂点を座標軸上にとって考えます。

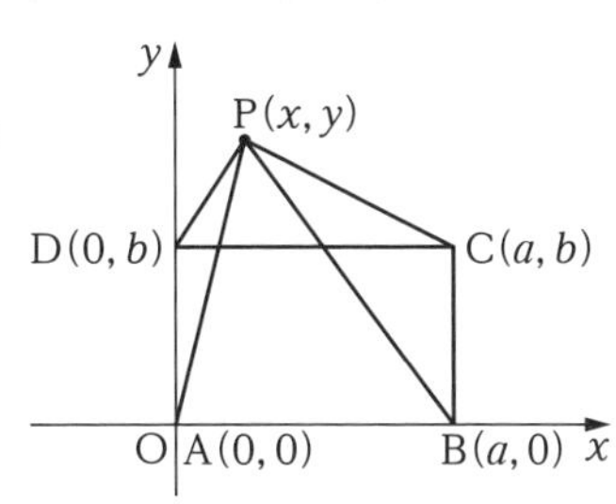

右の図のように，A を原点に一致させて辺が x 軸，y 軸と重なるように長方形を考える。$\mathrm{A}(0,\ 0)$，$\mathrm{B}(a,\ 0)$，$\mathrm{C}(a,\ b)$，$\mathrm{D}(0,\ b)$，$\mathrm{P}(x,\ y)$ とすると，

$$\mathrm{PA}^2+\mathrm{PC}^2=x^2+y^2+(x-a)^2+(y-b)^2$$

$$\mathrm{PB}^2+\mathrm{PD}^2=(x-a)^2+y^2+x^2+(y-b)^2$$

以上より，$\mathrm{PA}^2+\mathrm{PC}^2=\mathrm{PB}^2+\mathrm{PD}^2$ が成り立つ。

〔証明終わり〕

Point　頂点を座標軸上にとらなくても示せますが，計算量が非常に多くなります。

5

考え方　D が原点になるように点を用意します。

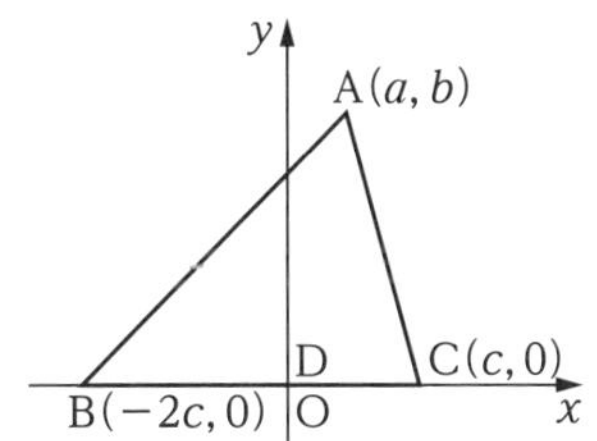

右の図のように $\mathrm{A}(a,\ b)$，$\mathrm{B}(-2c,\ 0)$，$\mathrm{C}(c,\ 0)$ とすると，点 D は原点 O に一致する。このとき，

$$\mathrm{AB}^2=(a+2c)^2+b^2,\ \mathrm{AC}^2=(a-c)^2+b^2$$

$$\mathrm{AD}^2=a^2+b^2,\ \mathrm{CD}^2=c^2$$

であるから，

$AB^2+2AC^2=(a+2c)^2+b^2+2(a-c)^2+2b^2$
$=3(a^2+b^2+2c^2)$
$3(AD^2+2CD^2)=3\{(a^2+b^2)+2c^2\}=3(a^2+b^2+2c^2)$

以上より，$AB^2+2AC^2=3(AD^2+2CD^2)$ 〔証明終わり〕

演習問題 24 p.57

1

考え方 直線の傾きに着目します。

放物線と直線の方程式を連立して y を消去すると，

$$-\frac{1}{2}x^2-2x+2=-\frac{1}{4}x+1$$
$$2x^2+7x-4=0$$
$$(2x-1)(x+4)=0$$

よって，交点の x 座標は $x=\frac{1}{2}$，-4 であるから，交点の x 座標の差は，

$$\frac{1}{2}-(-4)=\frac{9}{2}$$

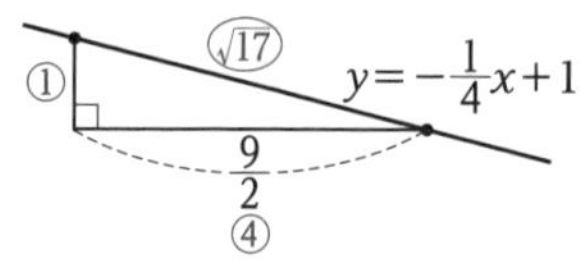

<u>直線の傾きが $-\frac{1}{4}$ であるから，右の図より交点間の距離は x 座標の差の $\frac{\sqrt{17}}{4}$ 倍に等しい。</u>

よって，交点間の距離は，$\frac{9}{2}\cdot\frac{\sqrt{17}}{4}=\mathbf{\frac{9\sqrt{17}}{8}}$ …答

2

考え方 (1)は図をかいて考えます。

(1)右の図のように A，B，C，H をとる。中心 C と直線 $x+y-4=0$ との距離 CH は，

$$CH=\frac{|1+2-4|}{\sqrt{1^2+1^2}}=\frac{1}{\sqrt{2}}$$

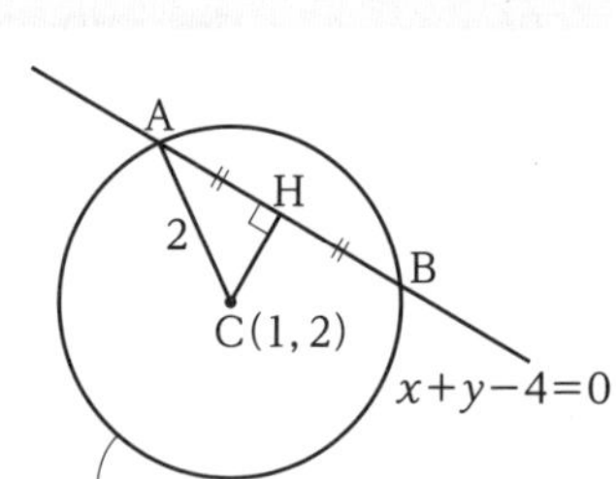

△ACH において三平方の定理より，

$$AH=\sqrt{2^2-\left(\frac{1}{\sqrt{2}}\right)^2}=\sqrt{\frac{7}{2}}$$

H は AB の中点であるから，

$$AB=2AH=2\cdot\sqrt{\frac{7}{2}}=\mathbf{\sqrt{14}}$$ …答

(2)円と直線の方程式を連立して y を消去すると，

$$(x-1)^2+\{(-x+4)-2\}^2=4$$
$$2x^2-6x+1=0$$

この方程式の 2 つの解を $x=\alpha$，$\beta\,(\alpha<\beta)$ とすると，解と係数の関係より，

$$\alpha+\beta=3,\ \alpha\beta=\frac{1}{2}$$

交点の x 座標の差は $\beta-\alpha$ であり，
直線の傾きが -1 であることに着目すると，

$$(\beta-\alpha)\cdot\sqrt{2}=\sqrt{2}\cdot\sqrt{(\beta-\alpha)^2}$$
$$=\sqrt{2}\cdot\sqrt{(\alpha+\beta)^2-4\alpha\beta}$$ ← 対称式の変形
$$=\sqrt{2}\cdot\sqrt{3^2-4\cdot\frac{1}{2}}=\sqrt{14}$$ …答

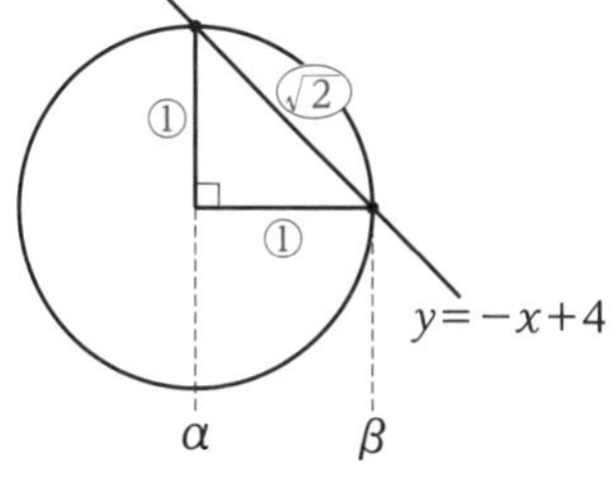

Point (2)の解法は基本的に図を必要としないので，(1)よりも簡潔に求められます。

演習問題 25 p.60

1

考え方 一般形の位置関係の公式に当てはめます。

(1)平行である条件は，

$6\cdot(a+3)-(a+2)\cdot(2a-1)=0$ ←斜めに掛けて引き算=0

$(a-4)(2a+5)=0$ よって，$a=4,\ -\frac{5}{2}$

$a=4$ のとき，$l_1:6x+7y=12$，$l_2:6x+7y=-1$ となり一致しない。

$a=-\frac{5}{2}$ のとき，l_1 と l_2 はともに $x-y=2$ を表す。

以上より，条件を満たすものは，$\boldsymbol{a=4}$ …答

(2)垂直である条件は，

$6\cdot(a+2)+(2a-1)\cdot(a+3)=0$ ←縦に掛けて足し算=0

$(a+1)(2a+9)=0$ よって，$\boldsymbol{a=-1,\ -\frac{9}{2}}$ …答

2

考え方 3 直線が三角形をつくらない場合の直線の位置関係を考えます。

3 直線が三角形をつくらないのは，次の(i)，(ii)の場合である。

(i) 3 直線が 1 点で交わるとき

$x-2y=-2$ と $3x+2y=12$ の交点は $\left(\frac{5}{2},\ \frac{9}{4}\right)$ であるから，直線 $kx-y=k-1$ もこの点を通る。よって，$x=\frac{5}{2}$，$y=\frac{9}{4}$ を代入すると，

$\frac{5}{2}k-\frac{9}{4}=k-1$ より，$k=\frac{5}{6}$

(ii) いずれか 2 直線が平行のとき

$x-2y=-2$ と $kx-y=k-1$ が平行である条件は，

$1\cdot(-1)-k\cdot(-2)=0$ より，$k=\frac{1}{2}$ ←斜めに掛けて引き算=0

$3x+2y=12$ と $kx-y=k-1$ が平行である条件は，

$3\cdot(-1)-k\cdot 2=0$ より，$k=-\dfrac{3}{2}$ ←斜めに掛けて引き算=0

以上より，$\boldsymbol{k=\dfrac{5}{6},\ \dfrac{1}{2},\ -\dfrac{3}{2}}$ …答

演習問題 26 p.62

1

考え方 切片形を利用します。

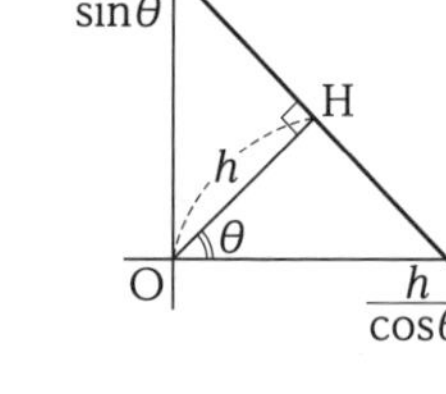

右の図の△OAH において，$\cos\theta=\dfrac{h}{\mathrm{OA}} \Longleftrightarrow \mathrm{OA}=\dfrac{h}{\cos\theta}$

△OBH において，

$\cos\left(\dfrac{\pi}{2}-\theta\right)=\dfrac{h}{\mathrm{OB}}$

$\Longleftrightarrow \sin\theta=\dfrac{h}{\mathrm{OB}}$ ← $\cos\left(\dfrac{\pi}{2}-\theta\right)=\sin\theta$

$\Longleftrightarrow \mathrm{OB}=\dfrac{h}{\sin\theta}$

以上より，$\mathrm{A}\left(\dfrac{h}{\cos\theta},\ 0\right)$，$\mathrm{B}\left(0,\ \dfrac{h}{\sin\theta}\right)$ であるから，

直線 l の方程式は，

$$\frac{x}{\frac{h}{\cos\theta}}+\frac{y}{\frac{h}{\sin\theta}}=1$$ ←切片形の公式

$\boldsymbol{x\cos\theta+y\sin\theta=h}$ …答

別解 O から直線 l に下ろした垂線の傾きは $\tan\theta$ である。よって，直線 l はその直線に垂直であるから，直線 l の傾きは，

$$-\frac{1}{\tan\theta}=-\frac{\cos\theta}{\sin\theta}$$

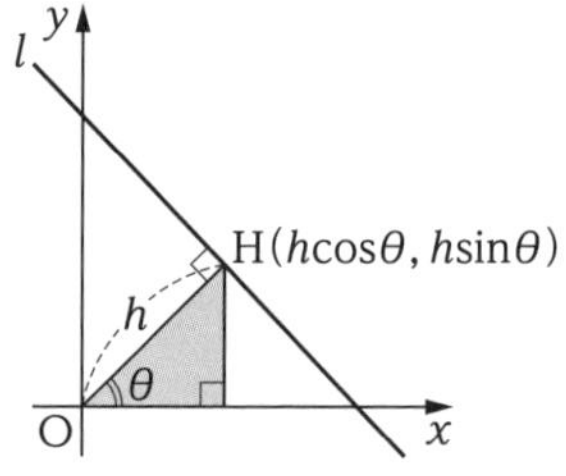

また，右の図の色のついた直角三角形より，点 H の座標は，$(h\cos\theta,\ h\sin\theta)$ であるから，直線 l の方程式は，

$y-h\sin\theta=-\dfrac{\cos\theta}{\sin\theta}(x-h\cos\theta)$ ←通る点が $(h\cos\theta,\ h\sin\theta)$

$x\cos\theta+y\sin\theta=h(\sin^2\theta+\cos^2\theta)$

$\boldsymbol{x\cos\theta+y\sin\theta=h}$ …答

参考 この形の方程式を「ヘッセの標準形」といいます。

2

考え方 平行・垂直な直線の公式を利用します。

(1)平行な直線の公式より，

$3\{x-(-2)\}+(-2)(y-2)=0$

$\boldsymbol{3x-2y+10=0}$ …答

(2)垂直な直線の公式より，

$5(x-3)-2(y-4)=0$

$\mathbf{5x-2y-7=0}$ …答

演習問題 27 p.64

考え方 2 直線 $l_1:2x+6y-3=0$ と $l_2:ax-4y+b=0$ の位置関係を考えます。

(1)解をもたないのは 2 直線 l_1，l_2が平行で一致しないときである。

まず，平行である条件は，

$2\cdot(-4)-a\cdot 6=0$　よって，$a=-\dfrac{4}{3}$ ←斜めに掛けて引き算=0

このとき，

$$\begin{cases} l_1: 2x+6y-3=0 \\ l_2: -\dfrac{4}{3}x-4y+b=0 \end{cases} \iff \begin{cases} l_1: 2x+6y-3=0 \\ l_2: 2x+6y-\dfrac{3}{2}b=0 \end{cases} \quad \cdots\cdots ①$$

この 2 直線が一致しないから，$-\dfrac{3}{2}b\neq -3$　よって，$b\neq 2$

以上より，$\boldsymbol{a=-\dfrac{4}{3}}$，$\boldsymbol{b\neq 2}$ …答

参考 ①のように変形しなくても，一致する条件より，

$$\frac{-\frac{4}{3}}{2}=\frac{-4}{6}=\frac{b}{-3} \iff b=2$$

であるから，$b\neq 2$ と求められます。

(2)無数の解をもつのは，2 直線 l_1，l_2が一致するときであるから，

(1)の結果より，$\boldsymbol{a=-\dfrac{4}{3}}$，$\boldsymbol{b=2}$ …答

(3)ただ 1 組の解をもつのは，2 直線 l_1，l_2が平行でないときであるから，

(1)の結果より，$\boldsymbol{a\neq -\dfrac{4}{3}}$ …答

演習問題 28 p.65

考え方 「2 直線を表す」とは 2 つの 1 次式に因数分解できる，という意味です。

(1) 2 次の項において $x^2-xy-6y^2=(x+2y)(x-3y)$ であるから，

$x^2-xy-6y^2+2x+ky-3$

$=(x+\boxed{\ 2\ }y+p)(x-\boxed{\ 3\ }y+q)$ …答

(2) $x^2-xy-6y^2+2x+ky-3=(x+2y+p)(x-3y+q)$

が x，y についての恒等式であるから，右辺を展開すると，

(右辺)$=x^2-xy-6y^2+(p+q)x+(-3p+2q)y+pq$

左辺と各項の係数を比較して，

$$\begin{cases} p+q=2 \ \cdots\cdots ① \\ -3p+2q=k \ \cdots\cdots ② \\ pq=-3 \ \cdots\cdots ③ \end{cases}$$

①，③より $(p,\ q)=(3,\ -1),\ (-1,\ 3)$

$(p,\ q)=(3,\ -1)$ のとき，

②より，**$k=-11$** …答

$(x+2y+3)(x-3y-1)=0$

であるから，**2 直線の方程式は，$x+2y+3=0$ または $x-3y-1=0$** …答

$(p,\ q)=(-1,\ 3)$ のとき，

②より，**$k=9$** …答

$(x+2y-1)(x-3y+3)=0$

であるから，**2 直線の方程式は，$x+2y-1=0$ または $x-3y+3=0$** …答

演習問題 29 p.67

1

考え方　直線に関する対称な点を利用します。

(1) $y=x-3$ に関して点 A(3, 2) と対称な点 A′の座標を $(a,\ b)$ とする。

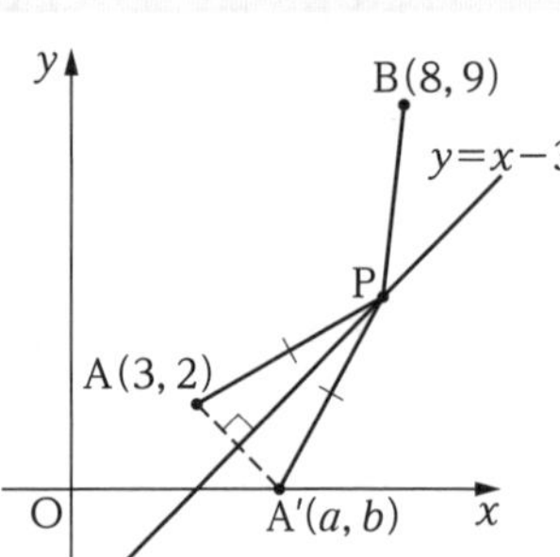

AA′の中点 $\left(\dfrac{a+3}{2},\ \dfrac{b+2}{2}\right)$ が直線 $y=x-3$ 上にあるので，

$$\frac{b+2}{2}=\frac{a+3}{2}-3 \iff b=a-5 \ \cdots\cdots ①$$

AA′と $y=x-3$ は直交するので，傾きの積が -1 である。よって，

$$\frac{b-2}{a-3}\times 1=-1 \iff b=-a+5 \ \cdots\cdots ②$$

①，②より，$a=5$，$b=0$

よって，A′(5, 0) である。

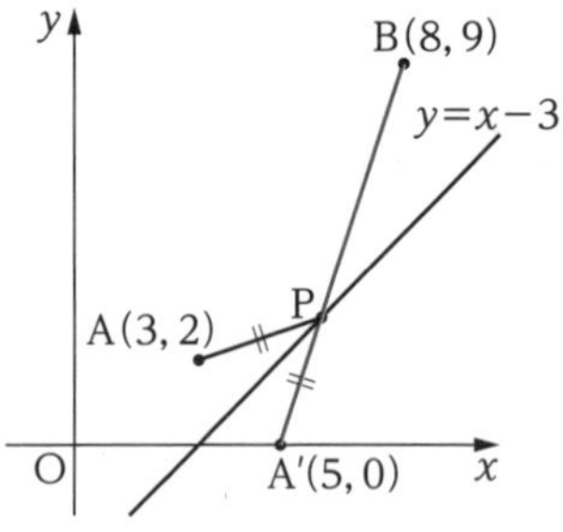

AP+PB=A′P+PB であるから，この長さが最小となるのは，右の図のように 3 点 A′，P，B が一直線上に並ぶときである。つまり AP+PB の最小値は線分 A′B の長さに等しい。

よって，AP+PB の最小値は，

$A'B=\sqrt{(8-5)^2+(9-0)^2}=\mathbf{3\sqrt{10}}$ …答

(2) 直線 A′B の方程式は，

$$y-0=\frac{9-0}{8-5}(x-5) \iff y=3x-15$$

直線 $y=3x-15$ と $y=x-3$ との交点が P であるから，**P(6, 3)** …答

2

考え方　l，m に関する点 A と対称な点を利用します。

直線 l に関して A と対称な点を A′，直線 m に関して A と対称な点を A″とする。

A′ $(a,\ b)$ とするとき，AA′の中点 $\left(\dfrac{a+2}{2},\ \dfrac{b+3}{2}\right)$ が直線 l 上にあるので，

$\dfrac{b+3}{2}=3\cdot\dfrac{a+2}{2} \Longleftrightarrow b=3a+3$……①

AA′と $y=3x$ は直交するので，傾きの積が -1 である。よって，

$\dfrac{b-3}{a-2}\times 3=-1 \Longleftrightarrow a=-3b+11$……②

①，②より，$a=\dfrac{1}{5}$，$b=\dfrac{18}{5}$　よって A′ $\left(\dfrac{1}{5},\ \dfrac{18}{5}\right)$

同様に，A″ $(c,\ d)$ とすると，AA″の中点 $\left(\dfrac{c+2}{2},\ \dfrac{d+3}{2}\right)$ が直線 m 上にあるので，

$\dfrac{d+3}{2}=\dfrac{1}{2}\cdot\dfrac{c+2}{2} \Longleftrightarrow c=2d+4$……③

AA″と $y=\dfrac{1}{2}x$ は直交するので，傾きの積が -1 である。よって，

$\dfrac{d-3}{c-2}\times\dfrac{1}{2}=-1 \Longleftrightarrow d=-2c+7$……④

③，④より，$c=\dfrac{18}{5}$，$d=-\dfrac{1}{5}$　よって，A″ $\left(\dfrac{18}{5},\ -\dfrac{1}{5}\right)$

△APQ の周の長さは，

AP+PQ+QA=A′P+PQ+QA″

であるから，この長さが最小となるのは，右の図のように 4 点 A′，P，Q，A″が一直線上に並ぶときである。

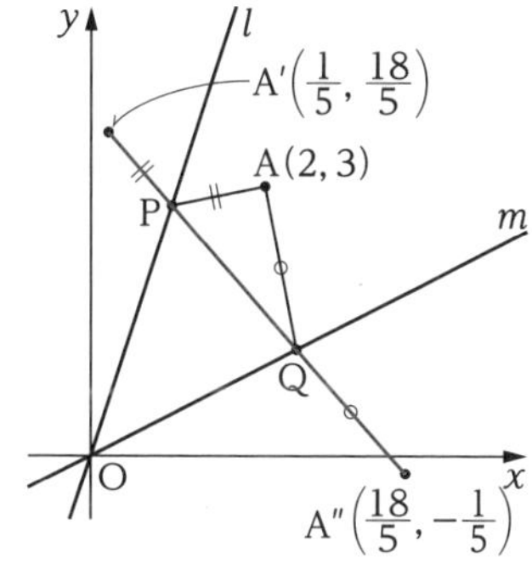

つまり，△APQ の周の長さの最小値は線分 A′A″の長さに等しい。

よって，長さの最小値は，

$\mathrm{A'A''}=\sqrt{\left(\dfrac{1}{5}-\dfrac{18}{5}\right)^2+\left(\dfrac{18}{5}+\dfrac{1}{5}\right)^2}=\sqrt{26}$ …答

演習問題30　p.69

1

考え方　△AMN の面積を 2 通りの方法で表します。

AM を底辺とみるとき，△AMN の面積を S とすると，

$S=\dfrac{1}{2}mn$……①

次に MNを底辺とみるとき，$\mathrm{MN}=\sqrt{m^2+n^2}$ であるから，

$$S=\frac{1}{2}\sqrt{m^2+n^2}\cdot d \quad \cdots\cdots②$$

①，②より，

$$\frac{1}{2}mn=\frac{1}{2}\sqrt{m^2+n^2}\cdot d$$

$$d=\frac{mn}{\sqrt{m^2+n^2}} \quad \cdots\cdots③$$

点 M の x 座標は直線 l の式に $y=y_1$ を代入することにより，$x=-\dfrac{by_1+c}{a}$

よって，$\mathrm{AM}=m=\left|x_1-\left(-\dfrac{by_1+c}{a}\right)\right|=\dfrac{|ax_1+by_1+c|}{|a|}$

同様にして，点 N の y 座標は $y=-\dfrac{ax_1+c}{b}$ であるから，

$$\mathrm{AN}=n=\left|-\frac{ax_1+c}{b}-y_1\right|=\frac{|ax_1+by_1+c|}{|b|}$$

以上を③に代入すると，

$$d=\frac{\dfrac{|ax_1+by_1+c|^2}{|ab|}}{\sqrt{\left(\dfrac{|ax_1+by_1+c|}{|a|}\right)^2+\left(\dfrac{|ax_1+by_1+c|}{|b|}\right)^2}}$$

分母を通分

$$=\frac{\dfrac{|ax_1+by_1+c|^2}{|ab|}}{\sqrt{\dfrac{|ax_1+by_1+c|^2(a^2+b^2)}{a^2b^2}}}$$

分子・分母に $|ab|$ を掛ける

$$=\frac{|ax_1+by_1+c|}{\sqrt{a^2+b^2}}$$

〔証明終わり〕

2

考え方 点 P は放物線 $y=x^2$ 上の点であるから $\mathrm{P}(t,\ t^2)$ などとします。

$\mathrm{P}(t,\ t^2)$ とすると，点 P と直線 l の距離は，

$$\frac{|t-2t^2-2|}{\sqrt{1^2+(-2)^2}}=\frac{|2t^2-t+2|}{\sqrt{5}} \quad \leftarrow |-A|=|A|$$

$$=\frac{\left|2\left(t-\dfrac{1}{4}\right)^2+\dfrac{15}{8}\right|}{\sqrt{5}} \quad \leftarrow 平方完成$$

よって，$t=\dfrac{1}{4}$ のとき最小となるから，最小となる距離は，$\dfrac{\frac{15}{8}}{\sqrt{5}}=\dfrac{3\sqrt{5}}{8}$ …答

このとき，$\mathrm{P}\left(\dfrac{1}{4},\ \dfrac{1}{16}\right)$ …答

演習問題 31 p.71

1

考え方 直線の方程式は $ax+by+c=0$ の形（一般形）に直してから考えます。

2 直線の方程式は $2x+5y-13=0$，$3x-2y+9=0$ である。直線 $3x-2y+9=0$ は点 $(-2,\ -3)$ を通らないので，2 直線の交点を通る直線の方程式は，k を定数として，

$(2x+5y-13)+k(3x-2y+9)=0$……①

これが $(-2,\ -3)$ を通るので代入すると，

$-32+9k=0$　よって $k=\dfrac{32}{9}$

これを①に代入して，

$(2x+5y-13)+\dfrac{32}{9}(3x-2y+9)=0$

$\mathbf{6x-y+9=0}$ …答

2

考え方　まず，2 直線の交点を通る直線の方程式を立てます。

直線 $x+2y-7=0$ は直線 $2x+5y-4=0$ と平行でも垂直でもないので，2 直線 $4x-3y+5=0$，$x+2y-7=0$ の交点を通る直線の方程式は，k を定数として，

$(4x-3y+5)+k(x+2y-7)=0$

$(4+k)x+(2k-3)y+5-7k=0$……①

とおける。

(1)直線①と直線 $2x+5y-4=0$ が平行になる条件は，

$(4+k)\cdot5-2\cdot(2k-3)=0$ ←斜めに掛けて引き算=0

$k=-26$

これを①に代入して，$\mathbf{2x+5y-17=0}$ …答

(2)直線①と直線 $2x+5y-4=0$ が垂直になる条件は，

$(4+k)\cdot2+(2k-3)\cdot5=0$ ←縦に掛けて足し算=0

$k=\dfrac{7}{12}$

これを①に代入して，$\mathbf{5x-2y+1=0}$ …答

第2節 円

演習問題 32 p.73

1

考え方　(1)～(3)中心と半径に着目します。(4)(5)中心と半径を必要としない問題です。

(1)通る点から，中心は第 3 象限にあることがわかる。x 軸と y 軸に接しているので，中心の座標を $(a,\ a)(a<0)$ とおくと，半径は$-a$ である。よって，円の方程式は，

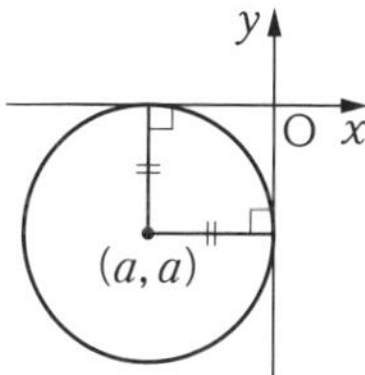

$(x-a)^2+(y-a)^2=(-a)^2$

この円が $(-2,\ -1)$ を通るので代入すると，

$(-2-a)^2+(-1-a)^2=a^2$

$a^2+6a+5=0$

$(a+1)(a+5)=0$ より，$a=-1$，-5

よって，求める円の方程式は，

$\boldsymbol{(x+1)^2+(y+1)^2=1}$，$\boldsymbol{(x+5)^2+(y+5)^2=25}$ …答

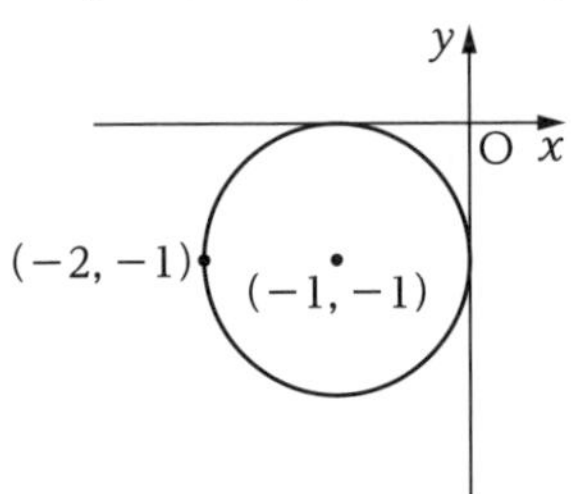

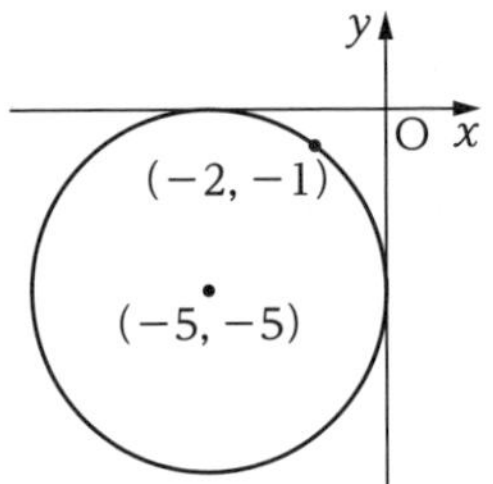

(2) $x+2y+8=0$ より，$y=-\frac{1}{2}x-4$

中心が $y=-\frac{1}{2}x-4$ 上にあるので，中心の座標を $\left(t,\ -\frac{1}{2}t-4\right)$ とおくことができる。また，y 軸に接しているから半径は$|t|$である。よって，求める円の方程式は，

$(x-t)^2+\left\{y-\left(-\frac{1}{2}t-4\right)\right\}^2=|t|^2$　←絶対値に注意

この円が $(-2,\ -5)$ を通るので代入すると，

$(-2-t)^2+\left(-5+\frac{1}{2}t+4\right)^2=t^2$

$t^2+12t+20=0$

$(t+2)(t+10)=0$ より，$t=-2$，-10

よって，求める円の方程式は，

$\boldsymbol{(x+2)^2+(y+3)^2=4}$，$\boldsymbol{(x+10)^2+(y-1)^2=100}$ …答

(3)点 $(3,0)$ で x 軸と接しているので，中心の座標は $(3,t)$ とおくことができる。このとき半径は$|t|$である。←絶対値に注意

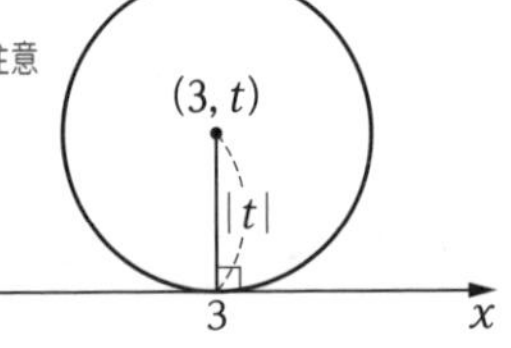

また，直線 $4x-3y+12=0$ と接しているので，中心 $(3,t)$ と直線 $4x-3y+12=0$ の距離が半径 $|t|$ に等しい。

よって，

$\frac{|4\cdot3-3t+12|}{\sqrt{4^2+(-3)^2}}=|t|$

$|24-3t|=5|t|$

$24-3t=\pm5t$　$|A|=|B| \Leftrightarrow A=\pm B$

$t=3$，-12

求める円の方程式は $(x-3)^2+(y-t)^2=|t|^2$ であるから，

$\boldsymbol{(x-3)^2+(y-3)^2=9}$，$\boldsymbol{(x-3)^2+(y+12)^2=144}$ …答

(4)求める円の方程式を $x^2+y^2+ax+by+c=0$ とおく。

A(1，3) を通るので代入すると，

$1+9+a+3b+c=0 \Longleftrightarrow a+3b+c+10=0$ ……①

B(−2，−2) を通るので代入すると，

$4+4-2a-2b+c=0 \iff -2a-2b+c+8=0$ ……②

C(3，−5) を通るので代入すると，

$9+25+3a-5b+c=0 \iff 3a-5b+c+34=0$ ……③

①，②，③より，$a=-4$，$b=2$，$c=-12$

よって，求める円の方程式は，$\boldsymbol{x^2+y^2-4x+2y-12=0}$ …答

(5)求める円の方程式を $x^2+y^2+ax+by+c=0$ とおく。

(1，2) を通るので代入すると，

$1+4+a+2b+c=0 \iff a+2b+c+5=0$ ……①

(3，4) を通るので代入すると，

$9+16+3a+4b+c=0 \iff 3a+4b+c+25=0$ ……②

円の方程式に $y=0$ を代入すると，$x^2+ax+c=0$

この 2 次方程式の 2 つの解が，円と x 軸の共有点の x 座標であるから，2 つの解を $x=\alpha$，β $(\alpha \leqq \beta)$ とすると，解と係数の関係より，

$\alpha+\beta=-a$，$\alpha\beta=c$

共有点の間の距離が 6 に等しいので，$\beta-\alpha=6$

これを $(\beta-\alpha)^2=(\alpha+\beta)^2-4\alpha\beta$ に代入すると，

$6^2=(-a)^2-4c \iff a^2-4c=36$……③

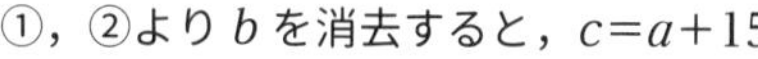

①，②より b を消去すると，$c=a+15$

これを③に代入すると，

$a^2-4(a+15)=36$

$(a+8)(a-12)=0$ より，$a=-8$，12

$a=-8$ のとき，$b=-2$，$c=7$

$a=12$ のとき，$b=-22$，$c=27$

よって，求める円の方程式は，

$\boldsymbol{x^2+y^2-8x-2y+7=0}$，$\boldsymbol{x^2+y^2+12x-22y+27=0}$ …答

2

考え方 平方完成して，半径に着目します。

$$x^2+y^2+tx-(t+3)y+\frac{5}{2}t^2=0$$

$$(x^2+tx)+\{y^2-(t+3)y\}+\frac{5}{2}t^2=0$$

$$\left(x+\frac{t}{2}\right)^2+\left(y-\frac{t+3}{2}\right)^2=\frac{t^2+(t+3)^2-10t^2}{4}$$ ← x，y それぞれについて平方完成

$$=\frac{-8t^2+6t+9}{4}$$

この方程式が円を表すならば，右辺は半径の 2 乗を表しているので正でないといけない。つまり，

$-8t^2+6t+9>0$

$(2t-3)(4t+3)<0$ より，$\boldsymbol{-\frac{3}{4}<t<\frac{3}{2}}$ …答

演習問題 33 p.76

1

考え方 接する場合を確認して，図で考えていきます。

(1)直線 $y=m(x-5)$ は，定点 $(5,\ 0)$ を通る傾きが m の直線である。

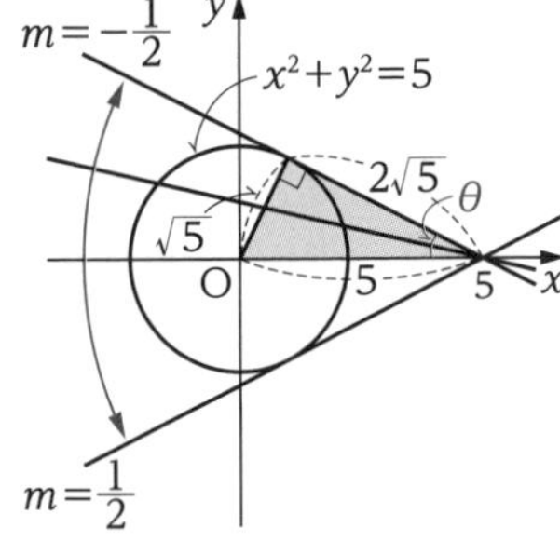

右の図のように，直線が第 1 象限で円に接するときの x 軸となす角を θ とする。色のついた三角形の 3 辺の長さに着目すると，接線の傾きは，

$$m=\tan(\pi-\theta)=-\tan\theta=-\frac{\sqrt{5}}{2\sqrt{5}}=-\frac{1}{2}$$

この接線と x 軸対称であることから，円と第 4 象限で接している接線の傾きは $m=\frac{1}{2}$ である。

図より，異なる 2 点で交わる定数 m の値の範囲は，

$$\boldsymbol{-\frac{1}{2}<m<\frac{1}{2}}$$ …答

別解 $y=m(x-5)$ より，$mx-y-5m=0$

円 $x^2+y^2=5$ と直線 $mx-y-5m=0$ が接するとき，円の中心 $(0,\ 0)$ と直線 $mx-y-5m=0$ の距離が円の半径 $\sqrt{5}$ に等しくなるから，

$$\frac{|0-0-5m|}{\sqrt{m^2+(-1)^2}}=\sqrt{5}$$

$$|5m|=\sqrt{5(m^2+1)}$$

$$25m^2=5(m^2+1)$$

両辺を 2 乗する

$$m=\pm\frac{1}{2}$$

直線 $y=m(x-5)$ は定点 $(5,\ 0)$ を通り傾きが m であるから，図より，異なる 2 点で交わる定数 m の値の範囲は，

$$\boldsymbol{-\frac{1}{2}<m<\frac{1}{2}}$$ …答

(2)直線 $y=m(x+2)$ は，定点 $(-2,\ 0)$ を通る傾きが m の直線である。

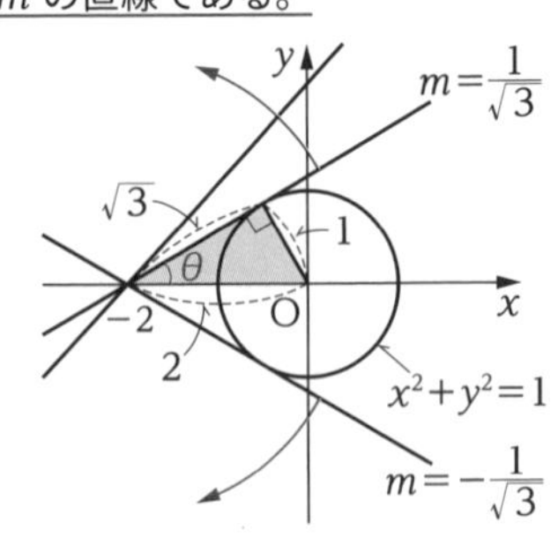

右の図のように，直線が第 2 象限で円に接するときの x 軸となす角を θ とする。色のついた三角形の 3 辺の長さに着目すると，接線の傾きは，

$$m=\tan\theta=\frac{1}{\sqrt{3}}$$

この接線と x 軸対称であることから，円と第 3 象限で接している接線の傾きは $m=-\frac{1}{\sqrt{3}}$ である。

図より，共有点をもたないような定数 m の値の範囲は，

$$\boldsymbol{m>\frac{1}{\sqrt{3}}\ \text{または}\ m<-\frac{1}{\sqrt{3}}}$$ …答

別解 $y=m(x+2)$ より，$mx-y+2m=0$

円 $x^2+y^2=1$ と直線 $mx-y+2m=0$ が接するとき，円の中心 $(0,\ 0)$ と直線 $mx-y+2m=0$ の距離が円の半径 1 に等しくなるから，

$$\frac{|0-0+2m|}{\sqrt{m^2+(-1)^2}}=1$$

$$|2m|=\sqrt{m^2+1}$$

$$4m^2=m^2+1$$

（両辺を 2 乗する）

$$m=\pm\frac{1}{\sqrt{3}}$$

直線 $y=m(x+2)$ は，定点 $(-2,\ 0)$ を通り傾きが m であるから，図より，共有点をもたないような定数 m の値の範囲は，

$$\boldsymbol{m>\frac{1}{\sqrt{3}}}\ \textbf{または}\ \boldsymbol{m<-\frac{1}{\sqrt{3}}}\quad\cdots\text{答}$$

2

考え方 (2)は(1)の結果を応用します。

(1) $Q(2,\ 2)$ とするとき，PQ の長さが最も短くなるのは，右の図のように 3 点 A，P，Q が同一直線上に並ぶときである。

円の中心は $A(5,\ -3)$，半径は 3 であるから，PQ の長さの最小値は，

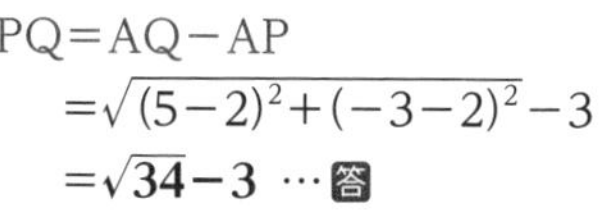

$$PQ=AQ-AP$$

$$=\sqrt{(5-2)^2+(-3-2)^2}-3$$

$$=\boldsymbol{\sqrt{34}-3}\quad\cdots\text{答}$$

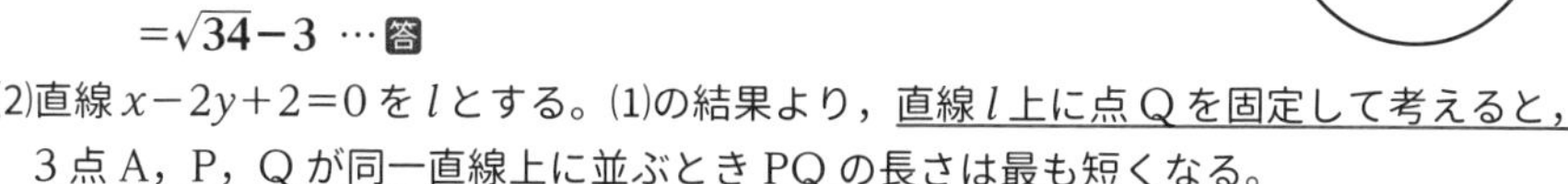

(2) 直線 $x-2y+2=0$ を l とする。(1)の結果より，直線 l 上に点 Q を固定して考えると，3 点 A，P，Q が同一直線上に並ぶとき PQ の長さは最も短くなる。

次に，3 点 A，P，Q が同一直線上に並ぶ場合で，点 Q を直線 l 上で動かすとき，PQ の長さが最も短くなるときを考える。AP は半径 3 で一定であるから，PQ の長さが最も短くなるのは，AQ の長さが最も短いときである。それは，AQ が A から直線 l に下ろした垂線になるときである。

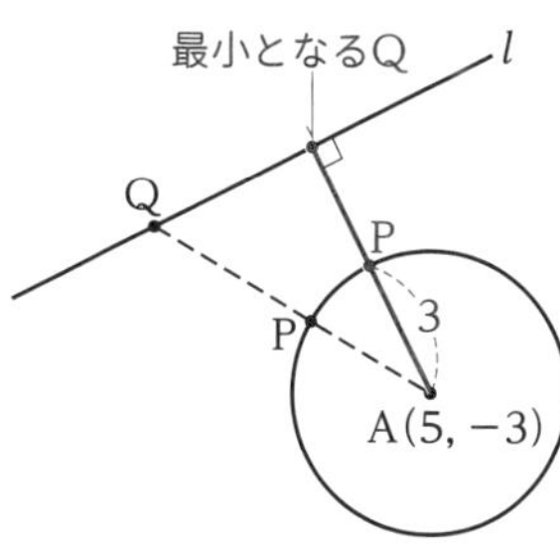

よって，AQ の最小値は点 A と直線 l の距離に等しいから，

$$AQ=\frac{|5-2\cdot(-3)+2|}{\sqrt{1^2+(-2)^2}}$$

$$=\frac{13}{\sqrt{5}}$$

このとき，PQ の長さは最も短くなるので，

$$PQ=AQ-AP$$

$$=\boldsymbol{\frac{13}{\sqrt{5}}-3}\quad\cdots\text{答}$$

Point このように，変化する2つのものが互いに影響せずに動いているときの最小値を求める問題では，まず片方を固定して最小となる状況（この問題ではQを固定して考えるとA，P，Qが同一直線上に並ぶとき）を確認し，次にその状況の下でもう1つのものを動かして最小となる状況（線分AQがlに垂直のとき）を考えるとうまく処理できます。最大値を求める際も同様です。

3

考え方 ABを底辺と考えると，高さが最大のとき面積が最大になります。

$x^2+y^2+2x-y=0$ より，$(x+1)^2+\left(y-\frac{1}{2}\right)^2=\frac{5}{4}$ であるから，円の中心の座標は $C\left(-1,\ \frac{1}{2}\right)$，半径は $\frac{\sqrt{5}}{2}$ である。

$$AB=\sqrt{(1+1)^2+(-1-1)^2}=2\sqrt{2}$$

となり，一定の値をとるのでABを底辺と考えると△PABの面積が最大となるのは高さが最大となるときである。

それは，右の図よりPからABに引いた垂線が中心Cを通るときである。直線ABの方程式は，

$y=-x$ より $x+y=0$

CHの長さは，中心 $C\left(-1,\ \frac{1}{2}\right)$ と直線 $x+y=0$ との距離に等しいから，

$$CH=\frac{\left|-1+\frac{1}{2}\right|}{\sqrt{1^2+1^2}}=\frac{1}{2\sqrt{2}}$$

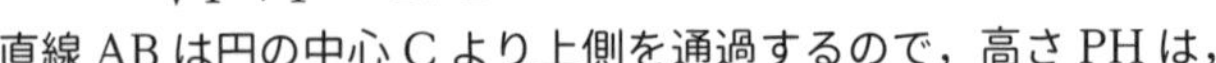

直線ABは円の中心Cより上側を通過するので，高さPHは，

$$PH=PC+CH=\frac{\sqrt{5}}{2}+\frac{1}{2\sqrt{2}}=\frac{2\sqrt{5}+\sqrt{2}}{4}$$

であるから，**△PABの面積の最大値は，**

$$\frac{1}{2}\cdot 2\sqrt{2}\cdot\frac{2\sqrt{5}+\sqrt{2}}{4}=\boldsymbol{\frac{\sqrt{10}+1}{2}}$$ …答

次に，点Pの座標を求める。点Pは点Cを通りABに垂直な直線と円の交点である。ABの傾きが−1であるから，PHの傾きは1である。よって，直線PCの式は，

$y-\frac{1}{2}=x+1$ つまり $y=x+\frac{3}{2}$

この直線 $y=x+\frac{3}{2}$ と円 $x^2+y^2+2x-y=0$ を連立して y を消去すると，

$$x^2+\left(x+\frac{3}{2}\right)^2+2x-\left(x+\frac{3}{2}\right)=0$$

$$8x^2+16x+3=0$$

$$x=\frac{-4\pm\sqrt{10}}{4}$$

図より $x=\frac{-4-\sqrt{10}}{4}$ であるから，**交点Pの座標は，**$\boldsymbol{\left(\frac{-4-\sqrt{10}}{4},\ \frac{2-\sqrt{10}}{4}\right)}$ …答

演習問題 34 p.78

1

考え方 接点の座標を文字で表し，接線の方程式をたてて考えます。

(1) 2 本の接線の接点の座標を $A(x_1,\ y_1)$，$B(x_2,\ y_2)$ とすると，A，B における接線の方程式はそれぞれ

$x_1x+y_1y=25$，$x_2x+y_2y=25$ ←円 $x^2+y^2=r^2$ 上の点 $(a,\ b)$ における接線は $ax+by=r^2$

である。それぞれ $(7,\ -1)$ を通るので代入すると，

$7x_1-y_1=25$，$7x_2-y_2=25$

これは，直線 $7x-y=25$ が点 A と点 B の両方を通ることを表している。

よって，2 本の接線の接点を通る直線の方程式は，

$\boldsymbol{7x-y=25}$ …答

(2) $7x-y=25$ より，$7x-y-25=0$

原点 O と直線 $7x-y-25=0$ の距離が

$$\frac{|0-0-25|}{\sqrt{7^2+(-1)^2}}=\frac{5}{\sqrt{2}}$$

であるから，右の図の△OAH に着目して，

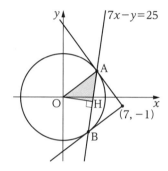

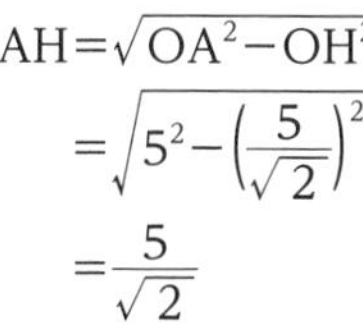

$$AH=\sqrt{OA^2-OH^2}$$
$$=\sqrt{5^2-\left(\frac{5}{\sqrt{2}}\right)^2}$$
$$=\frac{5}{\sqrt{2}}$$

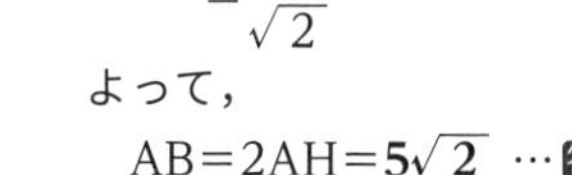

よって，

$AB=2AH=\boldsymbol{5\sqrt{2}}$ …答

2

考え方 それぞれの曲線と接する条件を考えましょう。

(1)求める接線は y 軸に平行ではないので，接線の方程式を $y=ax+b \Longleftrightarrow ax-y+b=0$ とおく。

2 つの円の中心 $(0,\ 0)$，$(5,\ 0)$ と直線 $ax-y+b=0$ の距離が，それぞれ円の半径 2，5 に等しいから，

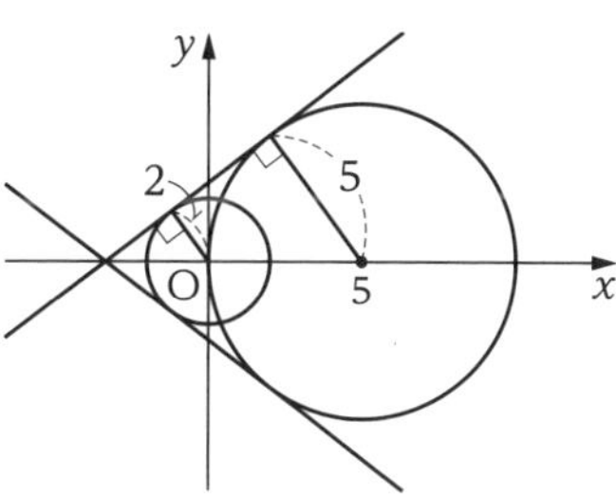

$$\frac{|b|}{\sqrt{a^2+(-1)^2}}=2,\quad \frac{|5a+b|}{\sqrt{a^2+(-1)^2}}=5$$

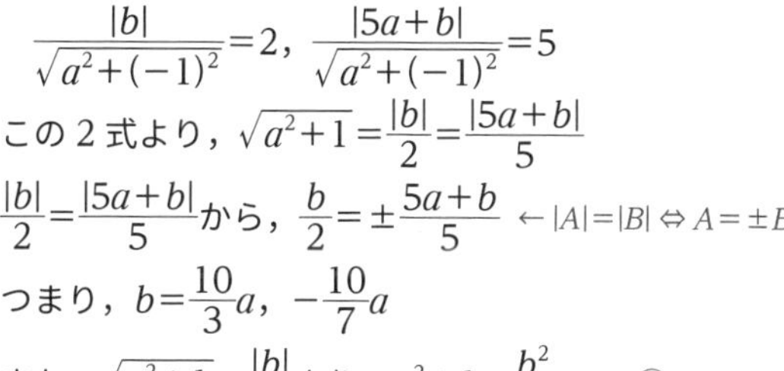

この 2 式より，$\sqrt{a^2+1}=\dfrac{|b|}{2}=\dfrac{|5a+b|}{5}$

$\dfrac{|b|}{2}=\dfrac{|5a+b|}{5}$ から，$\dfrac{b}{2}=\pm\dfrac{5a+b}{5}$ ← $|A|=|B| \Leftrightarrow A=\pm B$

つまり，$b=\dfrac{10}{3}a$，$-\dfrac{10}{7}a$

また，$\sqrt{a^2+1}=\dfrac{|b|}{2}$ より，$a^2+1=\dfrac{b^2}{4}$ ……①

①に $b=\frac{10}{3}a$ を代入すると，

$a^2+1=\frac{1}{4}\cdot\frac{100}{9}a^2$ より，$a^2=\frac{9}{16}$

$a=\pm\frac{3}{4}$ であるから，$(a,\ b)=\left(\pm\frac{3}{4},\ \pm\frac{5}{2}\right)$ 〈複号同順〉

①に $b=-\frac{10}{7}a$ を代入すると，

$a^2+1=\frac{1}{4}\cdot\frac{100}{49}a^2$ より，$a^2=-\frac{49}{24}$ であるから，実数 a は存在しない。

以上より，求める接線の方程式は，$\boldsymbol{y=\frac{3}{4}x+\frac{5}{2}}$，$\boldsymbol{y=-\frac{3}{4}x-\frac{5}{2}}$ …答

別解 本冊 p.74 の**例題 37** の考え方を利用します。

中心間の距離は 5−0=5 であり，2 つの円の半径はそれぞれ 2，5 であるから，

$5-2<5<5+2$ ←2 円が共有点を 2 つもつ条件

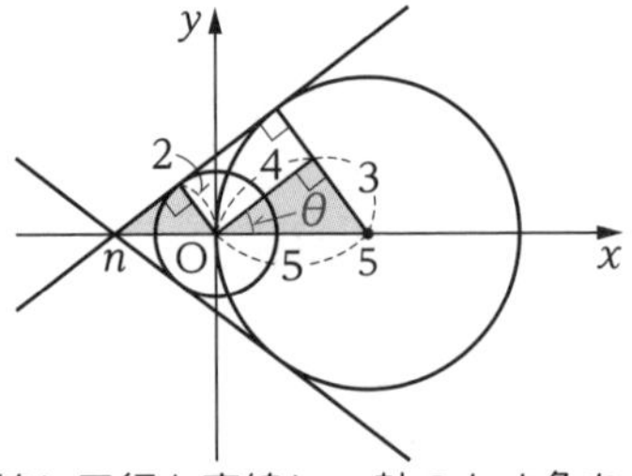

が成り立つので，この 2 つの円は共有点を 2 つもつ。よって，共通内接線(2 つの円が接線に対して反対側にあるときの接線)は存在しない。m，n を定数として，接線の傾きを m，接線と x 軸との共有点の x 座標を n とすると，接線の方程式は $y=m(x-n)$ とおくことができる。直線が 2 つの円の上側で接するとき，右の図のように接線と平行な直線と x 軸のなす角を θ とする。色のついた右側の三角形の辺の長さに着目すると，接線の傾きは，

$m=\tan\theta=\frac{3}{4}$

この接線と x 軸対称であることから，円の下側で接している接線の傾きは，

$m=-\tan\theta=-\frac{3}{4}$

色のついた左側の三角形は右側の三角形と相似で $\frac{2}{3}$ 倍に縮小した三角形であるから，接線と x 軸との共有点の x 座標は，

$n=0-5\times\frac{2}{3}=-\frac{10}{3}$

よって，求める接線の方程式は，

$y=\pm\frac{3}{4}\left(x+\frac{10}{3}\right)$ つまり，$\boldsymbol{y=\pm\frac{3}{4}x\pm\frac{5}{2}}$ **(複号同順)** …答

(2)求める接線は y 軸に平行ではないので，接線の方程式を $y=ax+b \Leftrightarrow ax-y+b=0$ とおく。

円の中心 $(0,\ 0)$ と直線 $ax-y+b=0$ の距離が円の半径 2 に等しいから，

$\frac{|0-0+b|}{\sqrt{a^2+(-1)^2}}=2$ より，両辺を 2 乗して，$b^2=4(a^2+1)$ ……①

また，接線と放物線の方程式を連立して y を消去すると，

$x^2+8=ax+b \Longleftrightarrow x^2-ax+8-b=0$

接しているのでこれが重解をもつ。よって，2 次方程式 $x^2-ax+8-b=0$ の判別式 D は 0 に等しいから，

$D=a^2-4(8-b)=0$ より，$a^2=32-4b$

この式を①に代入して，

$b^2=4(33-4b)$

$(b-6)(b+22)=0$

$b=6$ のとき，①より $a=\pm 2\sqrt{2}$

$b=-22$ のとき，①より $a=\pm 2\sqrt{30}$

以上より，求める接線の方程式は，

$\boldsymbol{y=\pm 2\sqrt{2}x+6,\ y=\pm 2\sqrt{30}x-22}$ …答

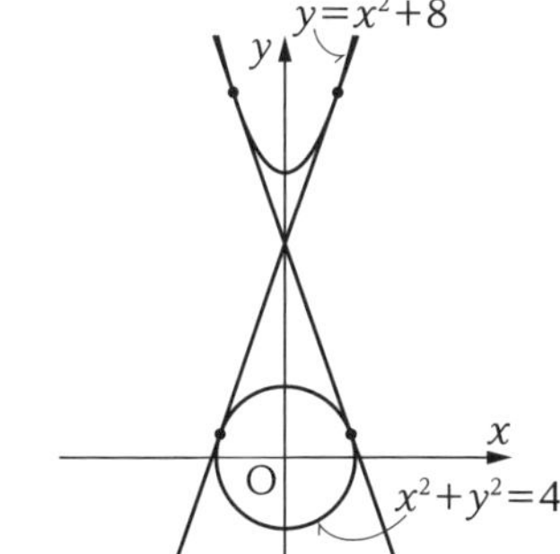

3

考え方 中心，接点，原点を結んだとき，正方形になる点に着目します。

$x^2+y^2-4x-6y+a=0$ より，$(x-2)^2+(y-3)^2=13-a$ であるから，円の中心の座標は $(2,\ 3)$ である。円が x 軸と y 軸の両方に接することはないので，原点を通り互いに直交する 2 接線は y 軸に平行にはならない。

よって，直交する 2 接線の方程式を

$$y=kx,\ y=-\frac{1}{k}x \Longleftrightarrow kx-y=0,\ x+ky=0$$

とおく。

2 接線と中心 $(2,\ 3)$ との距離がいずれも半径 $\sqrt{13-a}$ に等しいので，$AB=AC=\sqrt{13-a}$ より，

$$\frac{|2k-3|}{\sqrt{k^2+(-1)^2}}=\frac{|2+3k|}{\sqrt{1^2+k^2}}=\sqrt{13-a} \quad \cdots\cdots①$$

$$\frac{|2k-3|}{\sqrt{k^2+(-1)^2}}=\frac{|2+3k|}{\sqrt{1^2+k^2}} \text{ より，} |2k-3|=|2+3k|$$

よって，$2k-3=\pm(2+3k)$ より，$k=-5,\ \dfrac{1}{5}$

いずれの場合も，①に代入すると，$\boldsymbol{a=\dfrac{13}{2}}$ …答

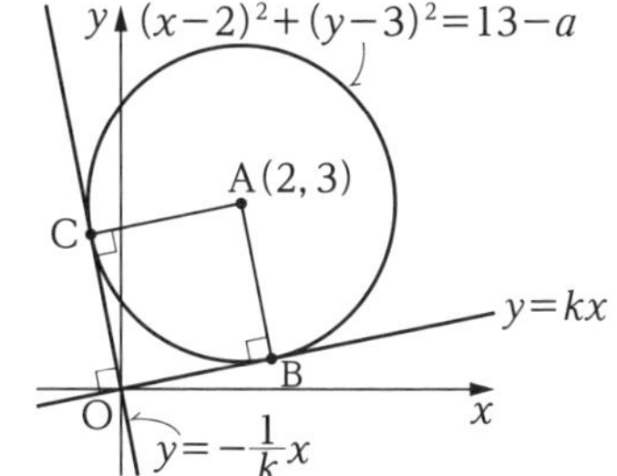

4

考え方 放物線に接する条件と直線に接する条件を同時に満たすものを考えます。

中心が y 軸上であるから，$\beta>1$ として円の中心を $(0,\ \beta)$ とおくと，右の図のように直線 $y=1$ と接しているので，半径は $\beta-1$ となる。

よって，円の方程式は，

$x^2+(y-\beta)^2=(\beta-1)^2$

となる。この円が放物線とも接しているので連立して x を消去すると，

↑ x 消去で連立するのがポイント

$y+(y-\beta)^2=(\beta-1)^2$

$y^2+(1-2\beta)y+2\beta-1=0 \quad \cdots\cdots①$

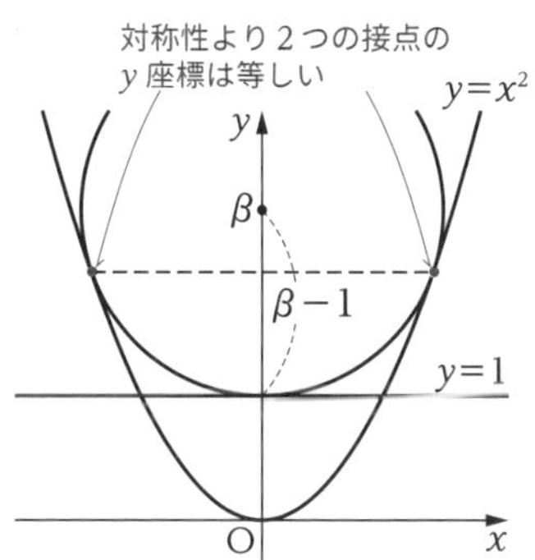

接点の y 座標は1つであるから，y の2次方程式①が重解をもてばよい。つまり，①の判別式 D は0に等しいから，

$D=(1-2\beta)^2-4\cdot 1\cdot(2\beta-1)=0$

$(2\beta-1)(2\beta-5)=0$

$\beta>1$ であるから，$\boldsymbol{\beta=\frac{5}{2}}$ …答

演習問題 35 p.80

1

考え方　2円の交点を通るグラフは，2円が交わっていないといけません。

(1) C_1 は中心 $P_1(0,\ 0)$，半径 $r_1=\sqrt{3}$ の円であり，C_2 は $\left(x-\frac{5}{2}\right)^2+\left(y+\frac{1}{2}\right)^2=\frac{5}{2}$ であるから，中心 $P_2\left(\frac{5}{2},\ -\frac{1}{2}\right)$，半径 $r_2=\frac{\sqrt{10}}{2}$ の円である。

中心間の距離 P_1P_2 を d とすると，

$d=\sqrt{\left(\frac{5}{2}\right)^2+\left(-\frac{1}{2}\right)^2}=\frac{\sqrt{26}}{2}$

$(r_1+r_2)-d=\frac{2\sqrt{3}+\sqrt{10}-\sqrt{26}}{2}$ について，

$(2\sqrt{3}+\sqrt{10})^2-(\sqrt{26})^2=4(\sqrt{30}-1)>0$

であるから，$(2\sqrt{3}+\sqrt{10})^2>(\sqrt{26})^2$　つまり，$2\sqrt{3}+\sqrt{10}>\sqrt{26}$

よって，$(r_1+r_2)-d>0 \Longleftrightarrow d<r_1+r_2$ ……①

次に $d-|r_1-r_2|=\frac{\sqrt{26}-2\sqrt{3}+\sqrt{10}}{2}$ について，

$(\sqrt{26}+\sqrt{10})^2-(2\sqrt{3})^2=24+4\sqrt{65}>0$

であるから，$(\sqrt{26}+\sqrt{10})^2>(2\sqrt{3})^2$　つまり，$\sqrt{26}+\sqrt{10}>2\sqrt{3}$

よって，$d-|r_1-r_2|>0 \Longleftrightarrow d>|r_1-r_2|$ ……②

以上①，②より，$|r_1-r_2|<d<r_1+r_2$ が成り立つので，C_1 と C_2 は異なる2点で交わる。〔証明終わり〕

(2) C_2 は点 $(1,\ 2)$ を通らないので，$k\neq-1$ のとき，求める円の方程式は，

$(x^2+y^2-3)+k(x^2+y^2-5x+y+4)=0$ ……③

とおくことができる。この円が $(1,\ 2)$ を通るので代入すると，

$2+k\cdot 6=0$　よって，$k=-\frac{1}{3}$

これを③に代入すると，

$\boldsymbol{x^2+y^2+\frac{5}{2}x-\frac{1}{2}y-\frac{13}{2}=0}$ …答

2

考え方　2つの円が異なる2点で交わることを確認してから答えましょう。

(1) C_1 は $(x+1)^2+y^2=10$ であるから，中心は $(-1,\ 0)$，半径は $\sqrt{10}$ の円である。

C_2 は $(x-3)^2+(y-2)^2=10$ であるから，中心は $(3,\ 2)$，半径は $\sqrt{10}$ の円である。

C_1 と C_2 の中心間の距離は，$\sqrt{(-1-3)^2+(0-2)^2}=2\sqrt{5}$

C_1 と C_2 の半径はどちらも $\sqrt{10}$ であるから，$\underset{\substack{\| \\ 0}}{\sqrt{10}-\sqrt{10}}<2\sqrt{5}<\underset{\substack{\| \\ 2\sqrt{10}}}{\sqrt{10}+\sqrt{10}}$

よって，C_1 と C_2 は異なる 2 点で交わる。

したがって，

$(x^2+y^2+2x-9)+k(x^2+y^2-6x-4y+3)=0$ ……①

を考える。

2 つの円の共有点を通る直線の方程式は，①で $k=-1$ のときであるから，

$(x^2+y^2+2x-9)-(x^2+y^2-6x-4y+3)=0$

$\boldsymbol{2x+y-3=0}$ …答

(2) C_2 は点 (1，−4) を通らない。2 つの円の共有点を通る円が (1，−4) を通るので，①に代入すると，

$10+30k=0$　よって，$k=-\dfrac{1}{3}$

これを①に代入して，

$(x^2+y^2+2x-9)-\dfrac{1}{3}(x^2+y^2-6x-4y+3)=0$

$\boldsymbol{x^2+y^2+6x+2y-15=0}$ …答

3

考え方　(2) 2 つの円の交点は，2 つの円の交点を通る直線と円の交点に等しくなります。

(1) C_1 は $\left(x+\dfrac{1}{2}\right)^2+(y-1)^2=\dfrac{25}{4}$ であるから，中心は $\left(-\dfrac{1}{2},1\right)$，半径は $\dfrac{5}{2}$ の円である。

C_2 は $\left(x-\dfrac{5}{2}\right)^2+\left(y-\dfrac{5}{2}\right)^2=\dfrac{5}{2}$ であるから，中心は $\left(\dfrac{5}{2},\ \dfrac{5}{2}\right)$，半径は $\dfrac{\sqrt{10}}{2}$ の円である。C_1 と C_2 の中心間の距離は，$\sqrt{\left(-\dfrac{1}{2}-\dfrac{5}{2}\right)^2+\left(1-\dfrac{5}{2}\right)^2}=\dfrac{3\sqrt{5}}{2}$

$\dfrac{5-\sqrt{10}}{2}<\dfrac{3\sqrt{5}}{2}<\dfrac{5+\sqrt{10}}{2}$ であるから，C_1 と C_2 は異なる 2 点で交わる。

$(x^2+y^2+x-2y-5)+k(x^2+y^2-5x-5y+10)=0$ ……①

を考える。

2 つの円の交点を通る直線の方程式は，①で $k=-1$ のときであるから，

$(x^2+y^2+x-2y-5)-(x^2+y^2-5x-5y+10)=0$

$\boldsymbol{2x+y-5=0}$ …答

(2) 2 つの円の交点は，2 つの円の交点を通る直線と円との交点に等しい。つまり，(1) より直線 $2x+y-5=0$ と円 $x^2+y^2+x-2y-5=0$ との交点を考えればよい。連立して，

$x^2+(-2x+5)^2+x-2(-2x+5)-5=0$

$(x-1)(x-2)=0$

よって，$x=1$，2 であるから，C_1 と C_2 の交点の座標は **(1，3)，(2，1)** …答

演習問題 36 p.82

1

考え方 解と係数の関係を利用します。

直線と円の方程式を連立して y を消去すると，

$(x-2)^2+(mx)^2=1$

$(m^2+1)x^2-4x+3=0$ ……①

ここで，交点 P，Q が存在するためには方程式①が異なる 2 つの実数解をもたないといけない。よって，①の判別式 D が正となるので，

$\dfrac{D}{4}=(-2)^2-(m^2+1)\cdot 3>0$　$m^2<\dfrac{1}{3}$ であるから，$0\leqq m^2<\dfrac{1}{3}$ ……②

①の 2 つの解を α，β とすると，解と係数の関係より，

$\alpha+\beta=\dfrac{4}{m^2+1}$

2 つの交点の座標は $\mathrm{P}(\alpha,\ m\alpha)$，$\mathrm{Q}(\beta,\ m\beta)$ であるから，中点 R の座標を $(X,\ Y)$ とすると，

$X=\dfrac{\alpha+\beta}{2}=\dfrac{2}{m^2+1}$，$Y=\dfrac{m\alpha+m\beta}{2}=\dfrac{m(\alpha+\beta)}{2}=\dfrac{2m}{m^2+1}$

$X\neq 0$ より $\dfrac{Y}{X}=m$ であるから，←分母を消去

これを $X=\dfrac{2}{m^2+1}$ に代入すると，

$X=\dfrac{2}{\left(\dfrac{Y}{X}\right)^2+1} \iff (X-1)^2+Y^2=1$

②より，$\dfrac{3}{2}<\dfrac{2}{m^2+1}\leqq 2$

つまり，$\dfrac{3}{2}<X\leqq 2$

以上より，求める軌跡は，

中心 (1，0)，半径 1 の円の $\dfrac{3}{2}<x\leqq 2$ の部分 …答

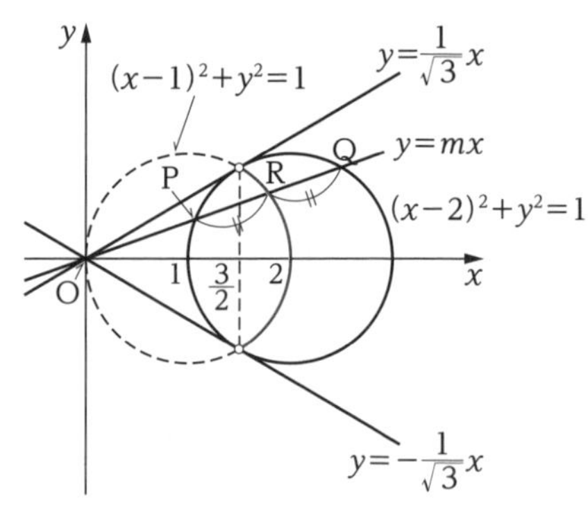

Point この解答では，y の変域を調べませんでしたが，グラフからわかる通り，傾き m が $m^2<\dfrac{1}{3}$ つまり $-\dfrac{1}{\sqrt{3}}<m<\dfrac{1}{\sqrt{3}}$ の範囲を動くので，図のように直線 $y=\dfrac{1}{\sqrt{3}}x$ と $y=-\dfrac{1}{\sqrt{3}}x$ の間の範囲にあることがわかります。

2

考え方 解と係数の関係を利用します。

点 A を通る傾き m の直線は，$y-0=m(x-3) \Leftrightarrow y=mx-3m$

この直線と円の方程式を連立して y を消去すると，

$$x^2+(mx-3m)^2=1$$

$$(m^2+1)x^2-6m^2x+9m^2-1=0 \quad \cdots\cdots ①$$

ここで，交点 P，Q が存在するためには方程式①が異なる 2 つの実数解をもたないといけない。よって，①の判別式 D が正となるので，

$$\frac{D}{4}=(-3m^2)^2-(m^2+1)(9m^2-1)=-8m^2+1>0$$

よって，$0 \leqq m^2 < \frac{1}{8}$ ……②

円と直線の交点の x 座標は①の 2 つの解であるから，2 つの解を α，β とすると，解と係数の関係より，

$$\alpha+\beta=\frac{6m^2}{m^2+1}=6-\frac{6}{m^2+1}$$ ←「分子の次数 < 分母の次数」の形に直しておく

2 つの交点の座標は $\mathrm{P}(\alpha,\ m\alpha-3m)$，$\mathrm{Q}(\beta,\ m\beta-3m)$ であるから，△BPQ の重心 G の座標を $(X,\ Y)$ とすると，

$$X=\frac{\alpha+\beta+3}{3}=3-\frac{2}{m^2+1},$$

$$Y=\frac{(m\alpha-3m)+(m\beta-3m)+3}{3}=\frac{m(\alpha+\beta-6)+3}{3}=1-\frac{2m}{m^2+1}$$

$X-3 \neq 0$ より $\frac{Y-1}{X-3}=m$ であるから，これを $X=3-\frac{2}{m^2+1}$ に代入すると，

$$X=3-\frac{2}{\left(\frac{Y-1}{X-3}\right)^2+1} \iff X-3=\frac{-2(X-3)^2}{(X-3)^2+(Y-1)^2}$$

$$\iff (X-3)^2+(Y-1)^2=-2(X-3) \iff (X-2)^2+(Y-1)^2=1$$

②より，$1 \leqq m^2+1 < \frac{9}{8}$　$-2 \leqq -\frac{2}{m^2+1} < -\frac{16}{9}$　$1 \leqq 3-\frac{2}{m^2+1} < \frac{11}{9}$

つまり，$1 \leqq X < \frac{11}{9}$

以上より，求める軌跡は，**中心 (2，1)，半径 1 の円の $1 \leqq x < \frac{11}{9}$ の部分** …答

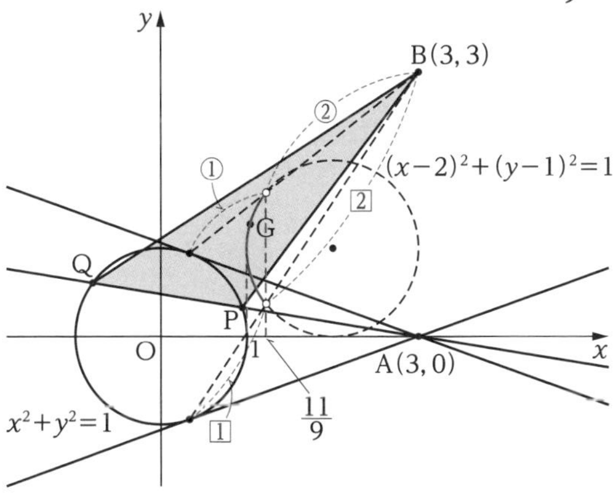

Point 軌跡の端点はAを通る直線が円 $x^2+y^2=1$ と接するときを考えればよいので，前ページの図のような軌跡になることがわかります。図より，y 座標を調べる必要がないことがわかります。

3

考え方 3点O，P，Qは同一直線上であることを利用します。

$Q(X,\ Y)$，$P(a,\ b)$ とすると，←Pも動く

3点O，P，Qは同一直線上であるから，k を正の定数として，

$a=kX,\ b=kY$ ……①

とおける。また，点Pは直線 $x+y=5$ 上の点であるから，$a+b=5$

この式に①を代入して，

$k(X+Y)=5$ ……②

また，$OP\cdot OQ=20$ より，

$\sqrt{a^2+b^2}\cdot\sqrt{X^2+Y^2}=20$

この式に①を代入して，

$\sqrt{k^2X^2+k^2Y^2}\cdot\sqrt{X^2+Y^2}=20$

$k(X^2+Y^2)=20$

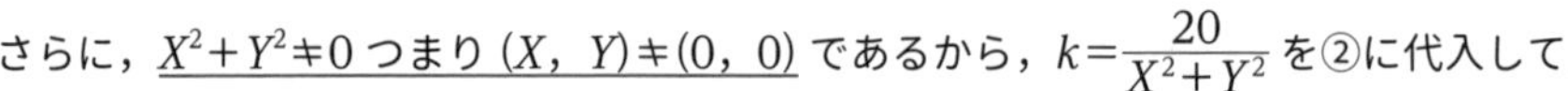

さらに，$X^2+Y^2\neq 0$ つまり $(X,\ Y)\neq(0,\ 0)$ であるから，$k=\dfrac{20}{X^2+Y^2}$ を②に代入して，

$\dfrac{20}{X^2+Y^2}\cdot(X+Y)=5$

$X^2+Y^2-4X-4Y=0$

$(X-2)^2+(Y-2)^2=8$

以上より，求める軌跡は，**中心 $(2,\ 2)$，半径 $2\sqrt{2}$ の円　ただし，点 $(0,\ 0)$ は除く。** …答

4

考え方 角の二等分線は2直線から等距離の点の軌跡になります。

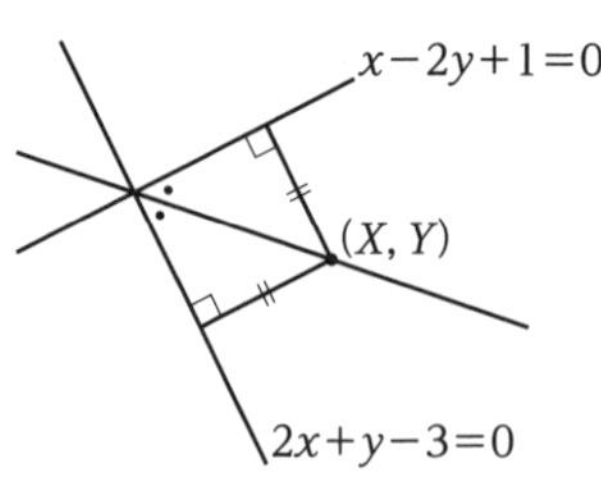

2直線のなす角の二等分線上の点を $(X,\ Y)$ とする。

角の二等分線上の点は2直線から等距離の点であるので，←右の図のように，合同な三角形ができるためです

$\dfrac{|2X+Y-3|}{\sqrt{2^2+1^2}}=\dfrac{|X-2Y+1|}{\sqrt{1^2+(-2)^2}}$

$2X+Y-3=\pm(X-2Y+1)$　　$|A|=|B| \Leftrightarrow A=\pm B$

よって，

$X+3Y-4=0$，または，$3X-Y-2=0$

逆に，この2直線上のすべての点は，2直線 $2x+y-3=0$，$x-2y+1=0$ からの距離が等しい。

以上より，求める直線は，$\boldsymbol{x+3y-4=0,\ 3x-y-2=0}$ …答

演習問題 37 p.84

1

考え方 和と積でつくる軌跡は，実数である条件に注意します。

$x+y=X$，$xy=Y$ とおき，点 (X, Y) の描く軌跡を考える。

$x^2+y^2+x+y=1$

$(x+y)^2-2xy+(x+y)=1$

$X^2-2Y+X=1$ より，$Y=\frac{1}{2}X^2+\frac{1}{2}X-\frac{1}{2}$ ……①

また，$X=x+y$，$Y=xy$ であるから，x，y は t の 2 次方程式 $t^2-Xt+Y=0$ の実数解である。つまり，判別式 D が 0 以上となるので，

$D=(-X)^2-4\cdot1\cdot Y\geqq0$

$\Longleftrightarrow Y\leqq\frac{1}{4}X^2$ ……②

よって，②の領域内の①の軌跡を求めればよい。

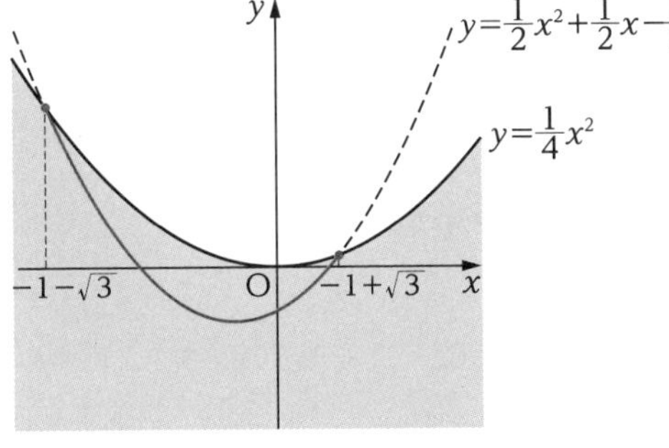

$y=\frac{1}{2}x^2+\frac{1}{2}x-\frac{1}{2}$ と $y=\frac{1}{4}x^2$ の共有点の x 座標は，右の図のように $-1-\sqrt{3}$，$-1+\sqrt{3}$ であるから，求める図形は，

放物線 $y=\frac{1}{2}x^2+\frac{1}{2}x-\frac{1}{2}$ の $-1-\sqrt{3}\leqq x\leqq-1+\sqrt{3}$ の部分 …答 ←図の赤線部分

2

考え方 解と係数の関係を利用します。

(1) まず，2 次方程式 $(1+t)x^2-2tx+(1-t)=0$ が実数解をもつので判別式 D は 0 以上である。よって，

$\frac{D}{4}=(-t)^2-(1+t)(1-t)=2t^2-1\geqq0$

$t>0$ であるから，$t\geqq\frac{1}{\sqrt{2}}$

この範囲において，解と係数の関係より，$\alpha\beta=\frac{1-t}{1+t}=\frac{2}{t+1}-1$

よって，

$t+1\geqq\frac{1}{\sqrt{2}}+1$

$\frac{2}{t+1}\leqq4-2\sqrt{2}$

$\frac{2}{t+1}-1\leqq3-2\sqrt{2}$

また，$t>0$ であるから $\frac{2}{t+1}>0$　よって，$\frac{2}{t+1}-1>-1$

以上より，$\boldsymbol{-1<\alpha\beta\leqq3-2\sqrt{2}}$ …答

第1章 式と証明　第2章 複素数と方程式　第3章 図形と方程式　第4章 三角関数　第5章 指数関数と対数関数　第6章 微分法と積分法

(2) $X=\alpha\beta=\dfrac{1-t}{1+t}$，$Y=\alpha+\beta=\dfrac{2t}{1+t}$ であるから，←解と係数の関係

$Y\neq 0$ より，

$\dfrac{X}{Y}=\dfrac{1-t}{2t}=\dfrac{1}{2t}-\dfrac{1}{2}$ ←分母を消去　つまり，$t=\dfrac{Y}{2X+Y}$

これより，

$$Y=\frac{2t}{1+t}=\frac{\dfrac{2Y}{2X+Y}}{1+\dfrac{Y}{2X+Y}}=\frac{2Y}{2X+2Y}$$ よって，$X+Y=1$

(1)で求めた $X(=\alpha\beta)$ の変域に注意すると，求める図形は，

直線 $x+y=1$ の $-1<x\leqq 3-2\sqrt{2}$ の部分 …答

Point (2)において，X と Y の関係式を求める際に $X+Y=\dfrac{(1-t)+2t}{1+t}=1$ となることに気づけばすぐに軌跡が求められます。

演習問題 38 p.86

1

考え方　交点 $(X,\ Y)$ を直接求めず，2 直線の方程式に代入して考えます。

交点 $\mathrm{P}(X,\ Y)$ とおく。交点 P は 2 直線上にあるので，それぞれの直線の方程式に X，Y を代入すると，

$$\begin{cases} kX-Y+5k=0 & \cdots\cdots① \\ X+kY-5=0 & \cdots\cdots② \end{cases}$$

(i) $Y\neq 0$ のとき，②より $k=\dfrac{5-X}{Y}$ ……③

①より $Y=k(X+5)$ であるから，この式に③を代入すると，

$$Y=\frac{(5-X)(X+5)}{Y}$$

$$X^2+Y^2=25$$

ただし，$Y\neq 0$ より，$(5,\ 0)$，$(-5,\ 0)$ は除く。

(ii) $Y=0$ のとき，①，②は，

$$\begin{cases} k(X+5)=0 \\ X-5=0 \end{cases}$$

であるから，両方の式を満たすのは $X=5$(このとき $k=0$) である。

(i)，(ii) より，交点 P の軌跡は，**中心が原点，半径 5 の円。ただし，点 $(-5,\ 0)$ は除く。** …答

Point $y\neq 0$ のとき $x^2+y^2=25$ ですから，円 $x^2+y^2=25$ のうち，点 $(-5,0)$ と $(5,0)$ は除かれますが，$y=0$ のとき $x=5$ なので，求める軌跡は次の 2 つの図を合わせたものになります。

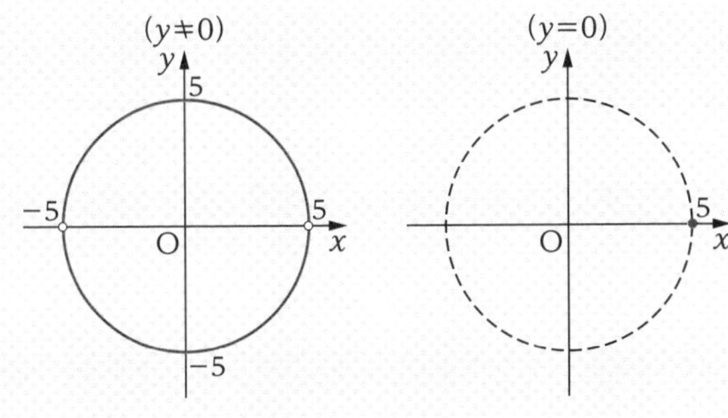

別解 2 直線 $kx-y+5k=0$，$x+ky-5=0$ は

$k\cdot 1+(-1)\cdot k=0$ ←縦に掛けて足し算＝0

であるから，k の値に関わらず常に直交している。また，

$kx-y+5k=0 \Longleftrightarrow (x+5)k-y=0$

であるから，この直線は $(-5,\ 0)$ を必ず通る。←必ず代入できる

$x+ky-5=0 \Longleftrightarrow (x-5)+ky=0$

であるから，この直線は $(5,\ 0)$ を必ず通る。←必ず代入できる

よって，交点 P は 2 点 $(-5,\ 0)$，$(5,\ 0)$ を直径の両端とする円の 2 点 $(-5,\ 0)$，$(5,\ 0)$ を除く円周上に存在する。

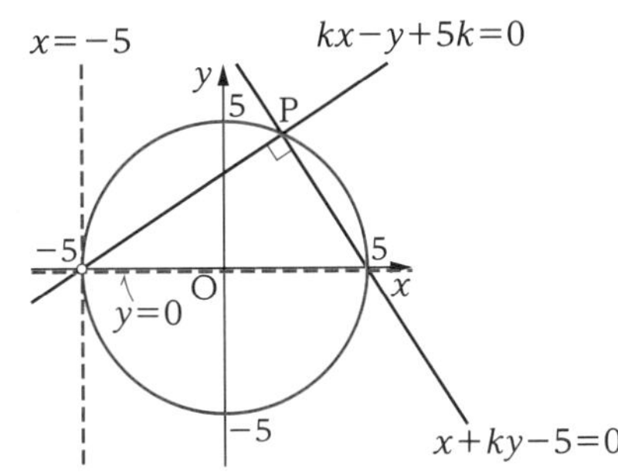

ただし，$kx-y+5k=0$ は必ず y を含む式なので点 $(-5,\ 0)$ を通る直線のうち $x=-5$ を表すことができない。また，$x+ky-5=0$ は必ず x を含む式なので点 $(5,\ 0)$ を通る直線のうち $y=0$ を表すことができない。よって，その交点である $(-5,\ 0)$ は表せない。

また，$k=0$ のとき 2 直線は $y=0$ と $x=5$ となり点 $(5,\ 0)$ で直交している。

以上より，交点 P の軌跡は，

中心が原点，半径 5 の円。ただし，点 $(-5,\ 0)$ は除く。…答

Point 直径に対する円周角が常に 90°で一定であることを利用しています。

参考 定点を通過する 2 直線のつくる角が一定であるとき，その角度が 90°でなくても交点は円周上に存在します。

例えば右の図のような定点 A を通る直線 l と定点 B を通る直線 m が常に角 45°を保ちながら交わるとき，その交点 P は A，B を通る円周上に存在します。

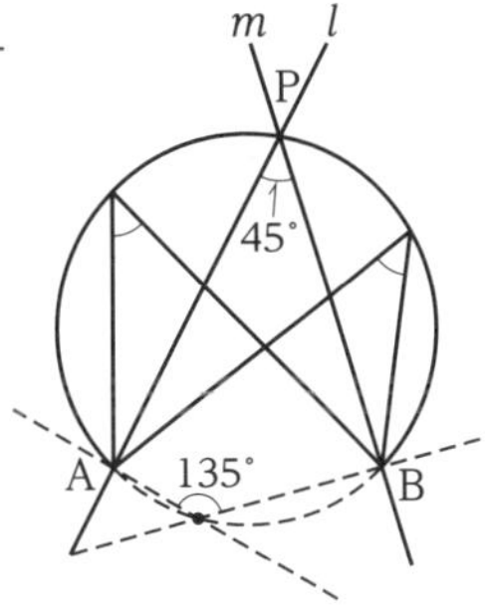

Point 要するに，「円周角の定理の逆」を考えているわけです。

ただし，2 直線のつくる角が鋭角であるから弧 AB のうち長いほうの弧(優弧と呼びます)しか表すことができません。短い弧 AB(劣弧と呼びます)では，内接する四角形の向かい合う角の和が 180°になることから，2 直線のつくる角が 135°であることがわかります。

2

考え方 交点 P は常に垂直に交わるときの交点であることを図形的に解釈します。

$ax+by-2(a+b)=0 \Longleftrightarrow (x-2)a+(y-2)b=0$

であるから，定点 A(2，2) を必ず通る。←代入できる

原点 O から下ろした垂線は O を必ず通り，直線 l に常に直交しているので，その交点 P は 2 点 A(2，2)，O を直径の両端とする円周上に存在する。

また，$a=-b$ のとき直線 l の方程式は $y=x$ となり，原点 O から下ろした垂線と直線 l の交点は O そのものになる。よって，交点 P の軌跡は，**中心 (1,1)，半径 $\sqrt{2}$ の円。ただし，(0，0) は除く。**…答

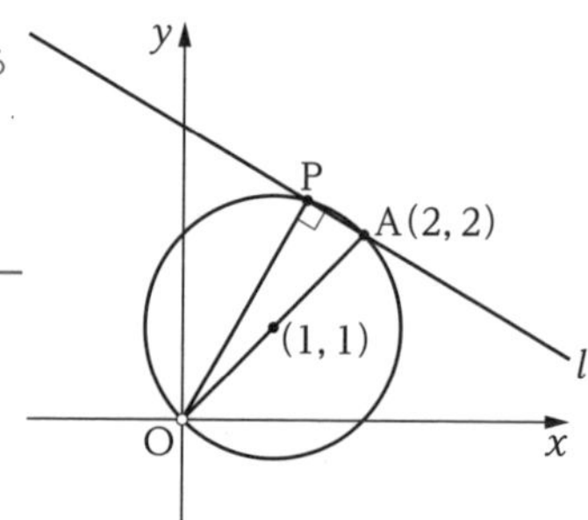

第 4 節 領 域

演習問題 39 p.88

1

考え方 積で表された領域は，境界線を境に交互に塗る点に着目します。

与えられた連立不等式より，

$$\begin{cases}(x-1)^2+(y-1)^2 \leqq 5 & \cdots\cdots ① \\ (x+1)(x-1)(y+1)(y-1) \geqq 0 & \cdots\cdots ②\end{cases}$$

②のように積で表された不等式の表す領域は，境界線を境に斜線を塗る領域(②の表す領域)と塗らない領域が交互に並ぶことになる。②の表す領域の境界線は $x=1$，$x=-1$，$y=1$，$y=-1$ である。また，点 (0，0) は不等式②を満たすので，②の表す領域に含まれる。よって，②の表す領域は右の図の斜線部分である。ただし，境界線は含む。

①の表す領域は中心の座標が (1，1)，半径が $\sqrt{5}$ の円の内部および周上を表している。

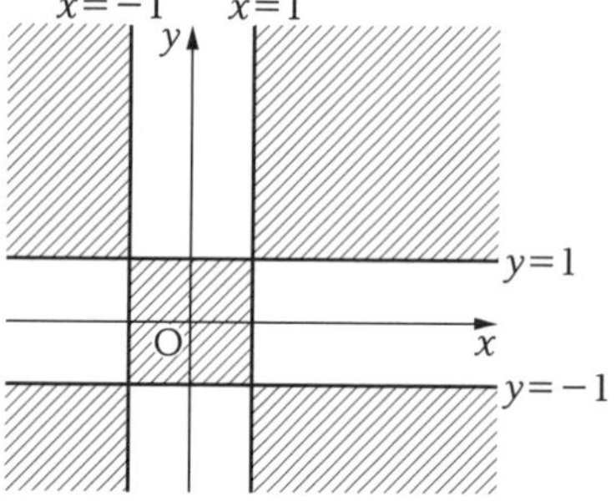

よって，求める領域は①と②の共通部分であるから，右の図の斜線部分である。ただし，境界線は含む。
斜線部分はすべて $y=1$ より下側に集めることができるので，斜線部分の面積は円の面積の半分に等しい。よって，

$\pi\cdot(\sqrt{5})^2\times\dfrac{1}{2}=\boldsymbol{\dfrac{5}{2}\pi}$ …答

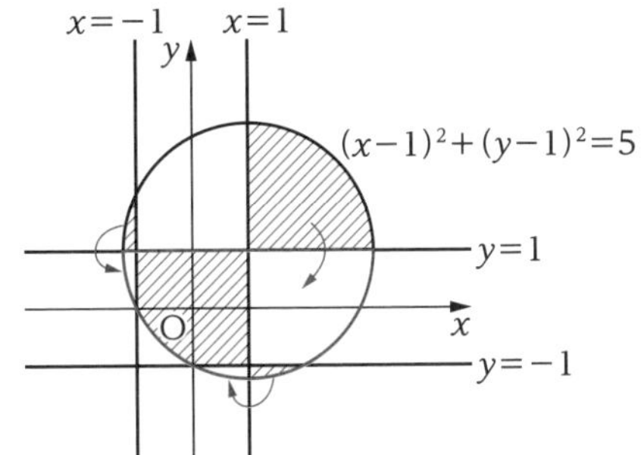

2

考え方　直線の傾きが変化する点に注意します。

与えられた連立不等式より，

$$\begin{cases} y\leqq -\dfrac{3}{2}x+11 \\ y\leqq -\dfrac{1}{4}x+6 \\ x\geqq 0,\ y\geqq 0 \end{cases}$$

であるから，領域 D は右の図の斜線部分になる。ただし，境界線は含む。
このとき，$ax+y=k$……①とおく。
$ax+y=k$ より $y=-ax+k$ であるから，
k は傾きが $-a$ である直線の y 切片を表している。よって，図の領域を通り，傾きが $-a$ である直線のうち，y 切片 k が最大となるものを探せばよい。

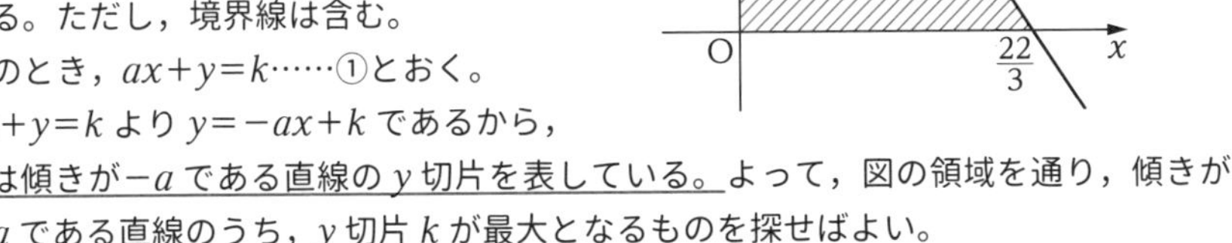

Point　領域の最大・最小問題では，$=k$ とおいた式が領域と接するとき，または，端点を通るときに最大値や最小値をとることに着目して場合分けを考えます。ここでは，傾きの値によって，端点 $(0,\ 6)$ や $(4,\ 5)$ や $\left(\dfrac{22}{3},\ 0\right)$ を通るとき最大値をとることに着目します。

傾き $-a$ を $-\dfrac{3}{2}$，$-\dfrac{1}{4}$ との大小で場合を分ける。
$-a<0$ であることに注意すると，

(i) $-\dfrac{1}{4}\leqq -a<0$ つまり $0<a\leqq\dfrac{1}{4}$ のとき
図より，点 $(0,\ 6)$ を通るとき y 切片は最大になる。①に $x=0$，$y=6$ を代入して，
$k=a\cdot 0+6=6$

(ii) $-\dfrac{3}{2}\leqq -a\leqq -\dfrac{1}{4}$ つまり $\dfrac{1}{4}\leqq a\leqq\dfrac{3}{2}$ のとき
図より，点 $(4,\ 5)$ を通るとき y 切片は最大になる。①に $x=4$，$y=5$ を代入して，
$k=a\cdot 4+5=4a+5$

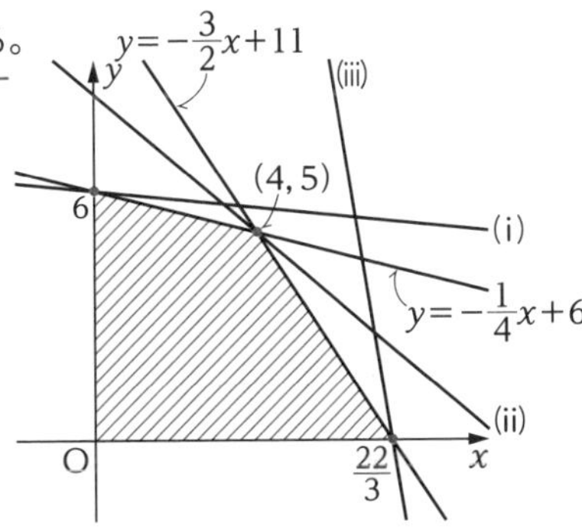

(iii) $-a \leqq -\frac{3}{2}$ つまり $\frac{3}{2} \leqq a$ のとき

図より，点 $\left(\frac{22}{3}, 0\right)$ を通るとき y 切片は最大になる。①に $x=\frac{22}{3}$, $y=0$ を代入して，

$$k=a\cdot\frac{22}{3}+0=\frac{22}{3}a$$

(i)～(iii)より，
$$\begin{cases} 0<a\leqq\frac{1}{4} \text{ のとき，最大値 } 6 \\ \frac{1}{4}\leqq a\leqq\frac{3}{2} \text{ のとき，最大値 } 4a+5 \\ \frac{3}{2}\leqq a \text{ のとき，最大値 } \frac{22}{3}a \end{cases}$$ …**答**

3

考え方 a の値で領域が変化することに注意します。

$a|x|+|y|=a$ のグラフは，x を $-x$ に変えても y の値は変化しないので y 軸対称，y を $-y$ に変えても x の値は変化しないので x 軸対称になる。よって，$x\geqq0$ かつ $y\geqq0$ の部分だけ調べて，x 軸，y 軸に関して対称になるように折り返せば $a|x|+|y|\leqq a$ の領域が求められる。$x\geqq0$，$y\geqq0$ のとき領域を表す不等式は，

$$ax+y\leqq a \text{ つまり } y\leqq -ax+a$$

この不等式の表す領域を x 軸，y 軸に関して対称に折り返して $a|x|+|y|\leqq a$ の領域を求めると，右の図の斜線部分になる。ただし，境界線は含む。

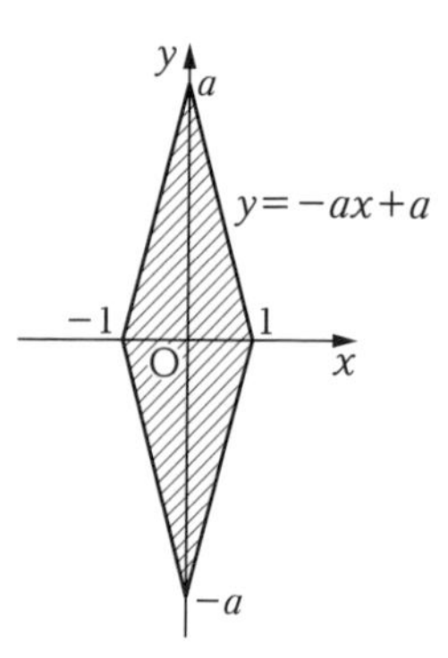

このとき，$y-(x+1)^2=k$……①とおく。$y=(x+1)^2+k$ であるから，k は軸が $x=-1$ である下に凸の放物線の頂点の y 座標を表している。よって，図の領域を通り，軸が $x=-1$ である下に凸の放物線のうち，頂点の y 座標 k が最小となるものを探せばよい。最小となるのは，点 $(0, -a)$ を通るとき，または，点 $(1, 0)$ を通るときである。

Point 放物線が領域と接するのは，図のひし形の領域の上半分の辺と接するときですが，明らかにそのときよりも頂点の y 座標を小さくすることができる場合があるので候補からはずしています。同様に，$(0, a)$，$(-1, 0)$ を通るときもはずしています。

(i) 点 $(0, -a)$ を通り頂点の y 座標が最小となるとき，つまり，右の図のようになるとき

y 切片より，$-a=1+k$ つまり $k=-a-1$ ……②

このとき，$x>0$ における放物線と x 軸との共有点の x 座標 $x=\sqrt{-k}-1$ が 1 以上であればよいから，

$\sqrt{-k}-1\geqq1$ に②の式を代入して，

$$\sqrt{a+1}-1\geqq1$$

$$a+1\geqq2^2 \text{ つまり，} a\geqq3$$

以上より，$a\geqq3$ のとき最小値 $k=-a-1$

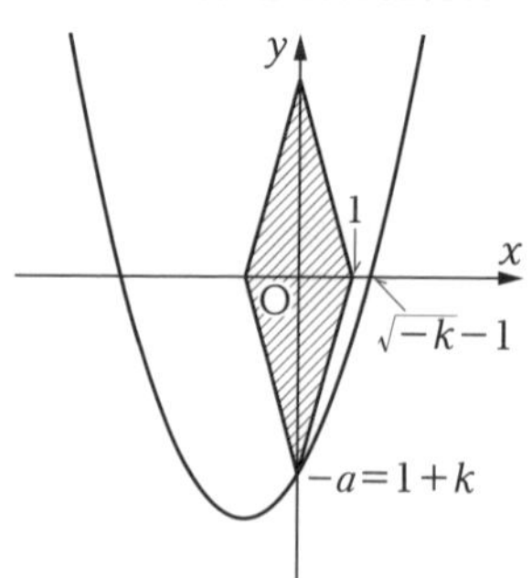

(ii) 点 (1, 0) を通り頂点の y 座標が最小となるとき,
つまり, 右の図のようになるとき
x 切片より,

$1=\sqrt{-k}-1$

つまり,

$k=-4$ ←点 (1, 0) を通るので, ①に $x=1$, $y=0$ を代入して求めてもよい

このとき, y 切片 $1+k=-3$ が $-a$ 以下であればよい。
つまり,

$-3\leqq -a$

$a>0$ であるから,

$0<a\leqq 3$

以上より, $0<a\leqq 3$ のとき最小値 $k=-4$

(i), (ii)より,

$\begin{cases} a\geqq 3 \text{ のとき, 最小値 } -a-1 \\ 0<a\leqq 3 \text{ のとき, 最小値 } -4 \end{cases}$ …答

演習問題 40 p.90

1

考え方 a の存在条件を考えます。

直線の方程式を a について整理すると,

$a^2-(2x)a+y-1=0$

a は実数である。この a についての方程式が実数解をもつには判別式が 0 以上であればよいので,
判別式を D とすると, ← a の存在条件に着目する

$\dfrac{D}{4}\geqq 0$

$(-x)^2-(y-1)\geqq 0$

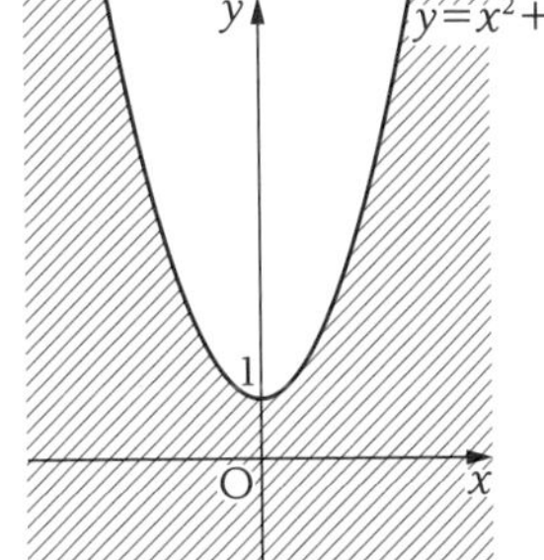

つまり, $y\leqq x^2+1$

求める領域は**右の図の斜線部分になる。ただし, 境界線は含む。**…答

2

考え方 放物線の通過領域も同様に考えます。

放物線 C の方程式を a について整理すると,

$a^2+(2x)a-x^2+y-1=0$

$f(a)=a^2+(2x)a-x^2+y-1$ とする。このとき, 方程式 $f(a)=0$ が $-1\leqq a\leqq 1$ の範囲に実数解をもつ条件は, ← a の存在条件に着目する

(i) 2 解（重解を含む）とも $-1<a<1$ の範囲にあるとき

$$\begin{cases} f(-1)>0 \text{ かつ } f(1)>0 \\ -1<-x<1 \\ \text{判別式} \geqq 0 \end{cases}$$ ←解の配置問題と考える

つまり，$\begin{cases} y>x^2+2x \text{ かつ } y>x^2-2x \\ -1<x<1 \\ y \leqq 2x^2+1 \end{cases}$

領域は右の図の斜線部分。

ただし，境界線は $y=2x^2+1$ 上の $-1<x<1$ の部分のみ含む。

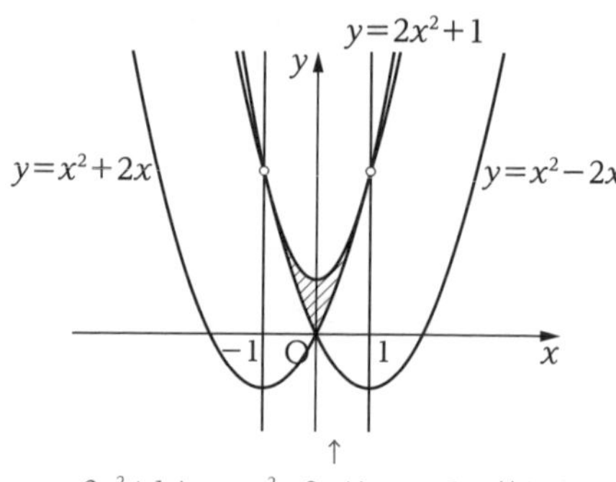

↑
$y=2x^2+1$ と $y=x^2-2x$ は $x=-1$ で接していて，
$y=2x^2+1$ と $y=x^2+2x$ は $x=1$ で接している

(ii) 1 解のみ $-1<a<1$ の範囲にあるとき，または $a=-1$ もしくは $a=1$ を解にもつとき

$f(1)\cdot f(-1) \leqq 0$ ←解の配置問題と考える

$(y-x^2+2x)(y-x^2-2x) \leqq 0$

<u>この不等式は $(x,\ y)=(0,\ 1)$ を含まない。積で表された不等式の領域は境界線を越えるたびに塗る領域と塗らない領域が交互に並ぶので，</u>領域は右の図の斜線部分。ただし，境界線は含む。

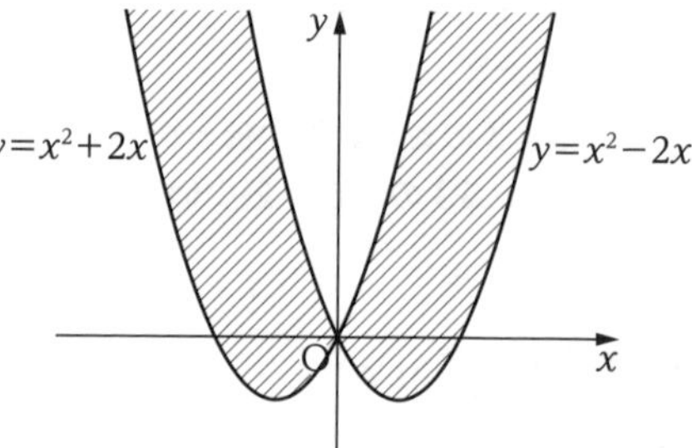

(i)または(ii)であるから，求める領域は

右の図の斜線部分。ただし，境界線は含む。 …答

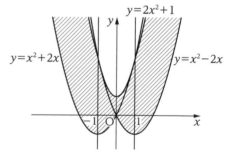

演習問題 41 p.92

1

考え方 定義域をもつ通過領域では順像法のほうが効果的です。

<u>$x=x_1$（x_1は定数）で固定して，k の 2 次関数とみて y のとりうる値の範囲を考えると，</u>

$$y=-k^2-(2x_1)k=-(k+x_1)^2+x_1{}^2$$

$k \geqq 0$ であるから，

軸 $k=-x_1$ の位置で場合を分ける。←定義域をもつ 2 次関数の最大値・最小値の問題と考える

(i) $-x_1<0$ つまり $x_1>0$ のとき

右の図より，$k=0$ で最大値 0，最小値はない。

よって，y のとりうる値の範囲は，

$y \leqq 0$

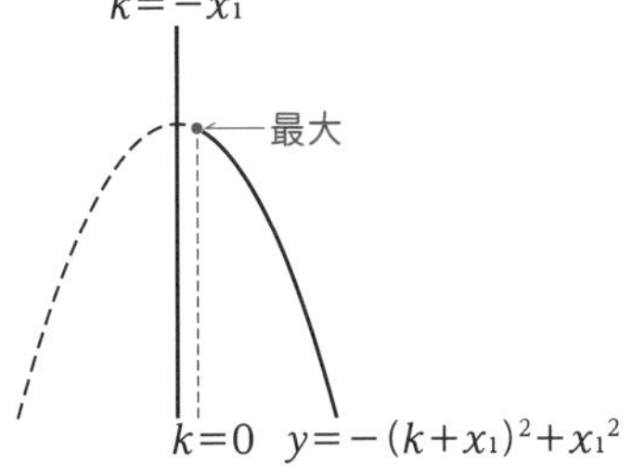

(ii) $-x_1 \geqq 0$ つまり $x_1 \leqq 0$ のとき

右の図より，$k=-x_1$ で最大値 x_1^2，最小値はない。

よって，y のとりうる値の範囲は，

$y \leqq x_1^2$

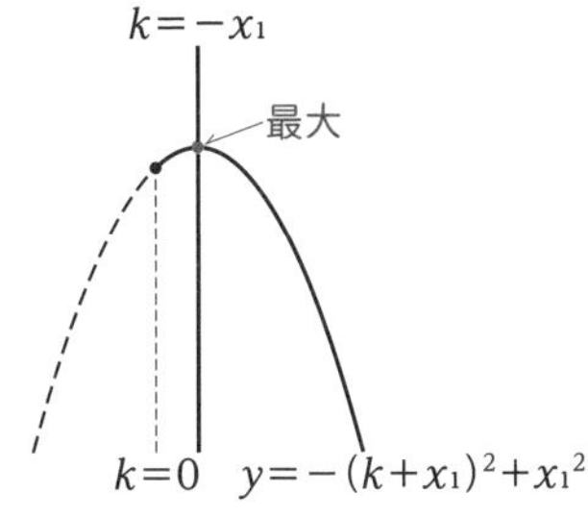

(i)または(ii)であるから，y のとりうる値の範囲は，

$x>0$ のとき $y \leqq 0$，または，$x \leqq 0$ のとき $y \leqq x^2$

求める領域は**右の図の斜線部分。ただし，境界線は含む。** …答

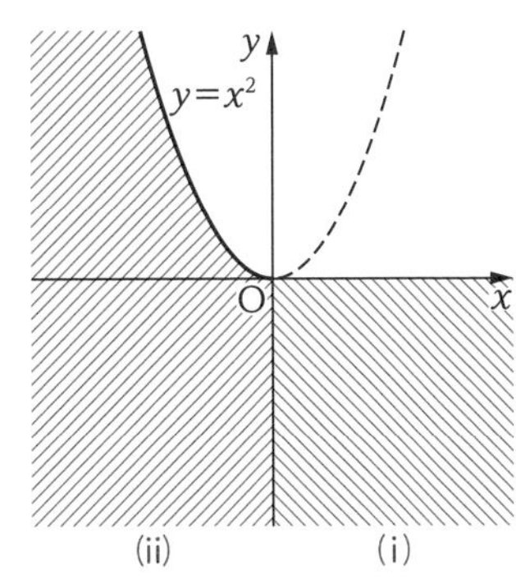

2

考え方 (2)定義域をもつ通過領域では順像法のほうが効果的です。

(1) C の中心は $(0,\ -2)$，半径は 2 である。2 円が異なる 2 点で交わるための条件は，中心間の距離が半径の和より小さく，半径の差の絶対値より大きいことで，

$2-1<\sqrt{(0-a)^2+(-2-0)^2}<2+1$

$1<a^2+4<9$

$a^2-5<0$

よって，$\boldsymbol{-\sqrt{5}<a<\sqrt{5}}$ …答

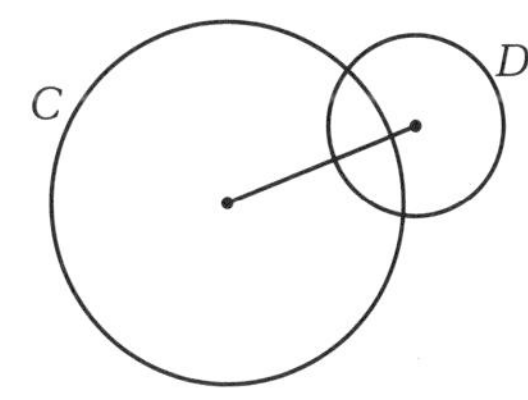

(2)

Point 本冊 p.80 の Advice より，2 つの円 $f(x,\ y)=0$，$g(x,\ y)=0$ の交点を通る直線の方程式は，$f(x,\ y)-g(x,\ y)=0$ で求められます。

D：$(x-a)^2+y^2=1$ であるから，2円の交点を通る直線の方程式は，

$$\{x^2+(y+2)^2-4\}-\{(x-a)^2+y^2-1\}=0$$

$$4y+2ax-a^2+1=0$$

この直線の通過領域を考える。$x=x_1$(x_1は定数）で固定して，a の2次関数とみて y のとりうる値の範囲を考えると，

$$y=\frac{1}{4}a^2-\frac{1}{2}ax_1-\frac{1}{4}$$

この右辺を $f(a)$ とおくと，

$$f(a)=\frac{1}{4}(a-x_1)^2-\frac{x_1{}^2+1}{4}$$

(1)より $-\sqrt{5}<a<\sqrt{5}$ であるから，この範囲内での最大値と最小値を軸の位置で場合を分けて考える。←2次関数の最大値・最小値の問題と考える

(i) $x_1<-\sqrt{5}$ のとき

右の図より，y のとりうる値の範囲は，

$$f(-\sqrt{5})<y<f(\sqrt{5})$$

$$\frac{\sqrt{5}}{2}x_1+1<y<-\frac{\sqrt{5}}{2}x_1+1$$

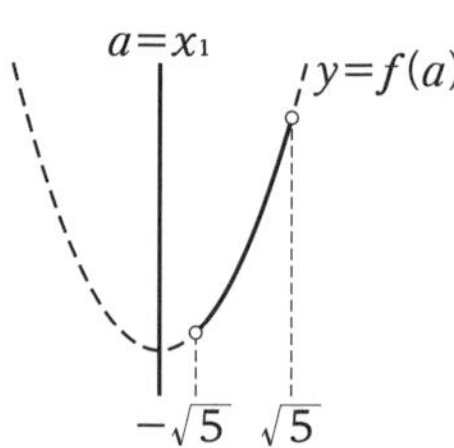

(ii) $-\sqrt{5}\leqq x_1\leqq 0$ のとき ←変域の中点は $a=0$

右の図より，y のとりうる値の範囲は，

$$f(x_1)\leqq y<f(\sqrt{5})$$

$$-\frac{x_1{}^2+1}{4}\leqq y<-\frac{\sqrt{5}}{2}x_1+1$$

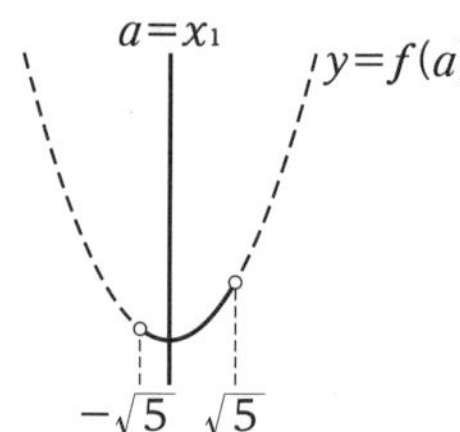

(iii) $0<x_1\leqq\sqrt{5}$ のとき

右の図より，y のとりうる値の範囲は，

$$f(x_1)\leqq y<f(-\sqrt{5})$$

$$-\frac{x_1{}^2+1}{4}\leqq y<\frac{\sqrt{5}}{2}x_1+1$$

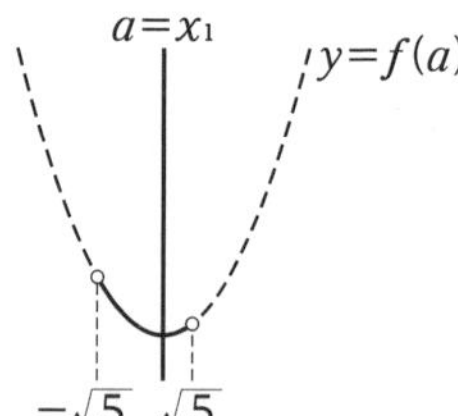

(iv) $\sqrt{5}<x_1$ のとき

右の図より，y のとりうる値の範囲は，

$$f(\sqrt{5})<y<f(-\sqrt{5})$$

$$-\frac{\sqrt{5}}{2}x_1+1<y<\frac{\sqrt{5}}{2}x_1+1$$

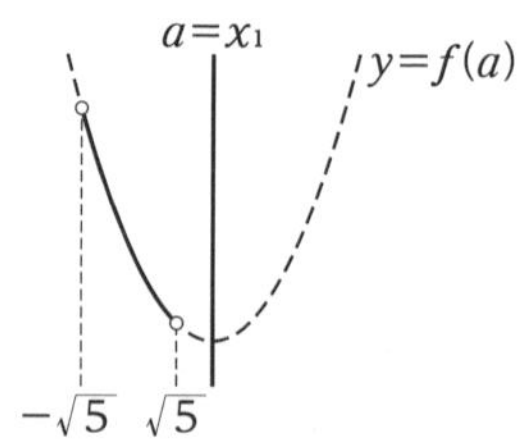

(i)または(ii)または(iii)または(iv)であるから，求める領域は**右の図の斜線部分。ただし，境界線は$-\sqrt{5}<x<\sqrt{5}$ の範囲の放物線 $y=-\dfrac{x^2+1}{4}$ のみ含む。**…答

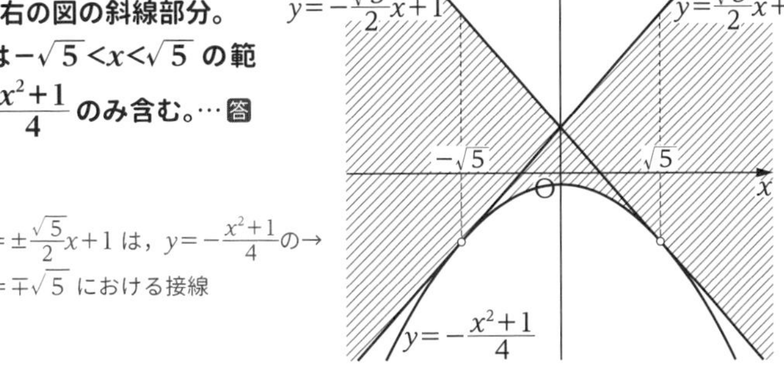

$y=\pm\dfrac{\sqrt{5}}{2}x+1$ は，$y=-\dfrac{x^2+1}{4}$ の→
$x=\mp\sqrt{5}$ における接線

Point 場合分けは細かくなりましたが，解の配置問題を考えるよりも楽に解くことができます。

演習問題 42 p.94

1

考え方 線分の端点で交わる場合を除き，
線分 PQ と 1 点で交わる⇔ P と Q は放物線に関して異なる領域
⇔いずれか一方が正領域で他方が負領域

(1) $y=x^2+ax+b$ より，$x^2+ax-y+b=0$
$f(x,\ y)=x^2+ax-y+b$
とおくと，放物線 $y=x^2+ax+b$ が線分 PQ と共有点を持つ条件は，
$f(1,\ 3)\cdot f(2,\ 3)\leqq 0$ ←境界線をはさむ 2 点で符号が異なる
つまり，$(a+b-2)(2a+b+1)\leqq 0$ …答

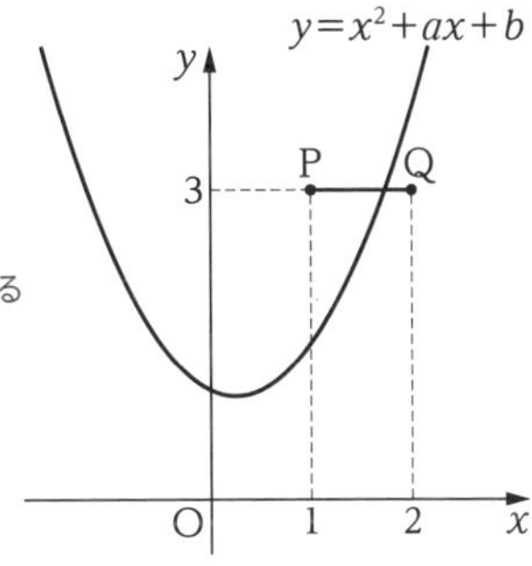

(2) $(a,\ b)=(0,\ 0)$ は(1)の不等式を満たす。このことに注意して交互に斜線を引くと，求める領域は**右の図の斜線部分。ただし，境界線は含む。**…答

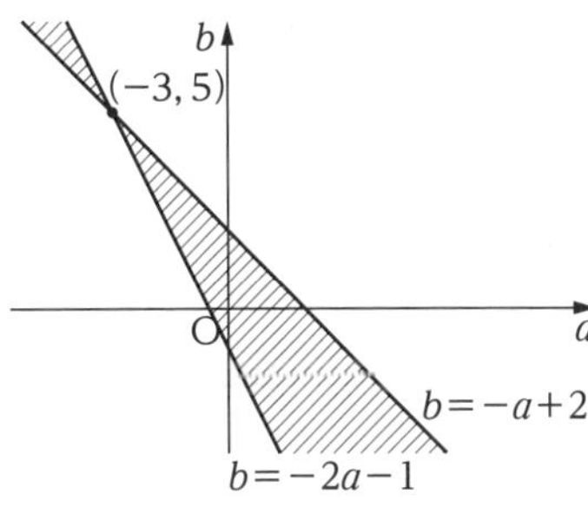

2

考え方 線分の端点で交わる場合を除き，
線分と交わる⇔線分の端点は直線に関して異なる領域
⇔いずれか一方が正領域で他方が負領域

$y=ax+b$ より，$ax-y+b=0$
$f(x,\ y)=ax-y+b$ とおくと，直線 $y=ax+b$ が線分 AB，線分 CD の両方と共有点を持つ条件は，

$f(-1,\ 2)\cdot f(-1,\ 3)\leqq 0$，かつ，
$f(1,\ 0)\cdot f(3,\ 0)\leqq 0$ ←境界線をはさむ 2 点で符号が異なる

よって，

$(-a+b-2)(-a+b-3)\leqq 0$ ……①，かつ，
$(a+b)(3a+b)\leqq 0$ ……②

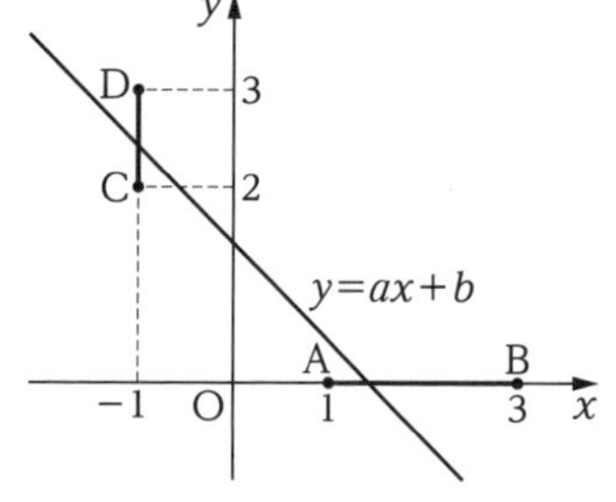

$(a,\ b)=(-1,\ 0)$ は①を満たさず，②も満たさない。このことに注意して交互に斜線を引くと，それぞれ領域は次の図のようになる。ただし，境界線は含む。

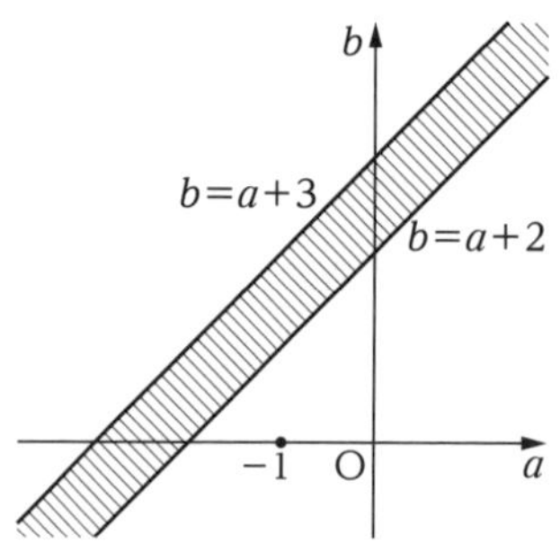

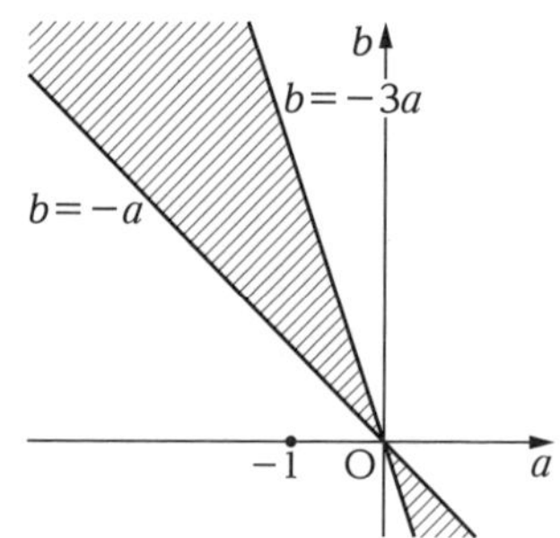

求める $(a,\ b)$ の存在範囲は，この 2 つの領域の共通部分であるから，**右の図の斜線部分。ただし，境界線は含む。**

…答

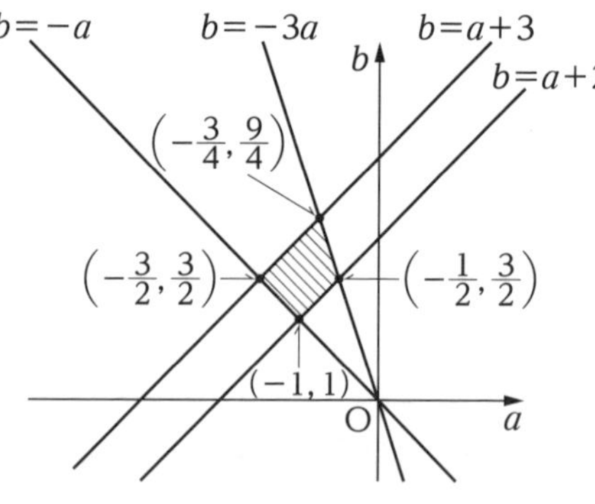

3

考え方 円の場合でも正領域・負領域の考え方が利用できます。

$(x-t)^2+(y-5)^2=25$ より，$x^2-2tx+t^2+y^2-10y=0$
$f(x,\ y)=x^2-2tx+t^2+y^2-10y$ とおく。

(i) A も B も円周上にないとき

A または B のいずれか一方だけを内部に含む条件は，

$f(-1,\ 1)\cdot f(1,\ 1)<0$ ←境界線をはさむ 2 点で符号が異なる

$(t-2)(t+4)(t+2)(t-4)<0$

よって，$-4<t<-2$ または $2<t<4$

(ii) A が円周上にあるとき

$f(-1,\ 1)=0$ であるから，$t=-4,\ 2$

$f(1,\ 1)<0$ となるのは，$t=2$ のときである。

(iii) B が円周上にあるとき

$f(1,\ 1)=0$ であるから，$t=-2,\ 4$

$f(-1,\ 1)<0$ となるのは，$t=-2$ のときである。

以上より，$\boldsymbol{-4<t\leqq-2}$ **または** $\boldsymbol{2\leqq t<4}$ …答

演習問題 43 p.96

1

考え方 実数 x，y の存在する条件を忘れないようにしましょう。

$x^2+y^2<x+y$

$(x+y)^2-2xy<x+y$

$u^2-2v<u$

$v>\frac{1}{2}u^2-\frac{1}{2}u$ ……①

ここで，$u=x+y$，$v=xy$ であるから，解と係数の関係より，x，y は t の 2 次方程式

$t^2-ut+v=0$ ……②

の 2 つの解である。x，y は実数であるから，②の判別式は 0 以上でないといけない。

よって，

$(-u)^2-4\cdot1\cdot v\geqq0$

$v\leqq\frac{1}{4}u^2$ ……③ ←x，y が実数である条件が必要

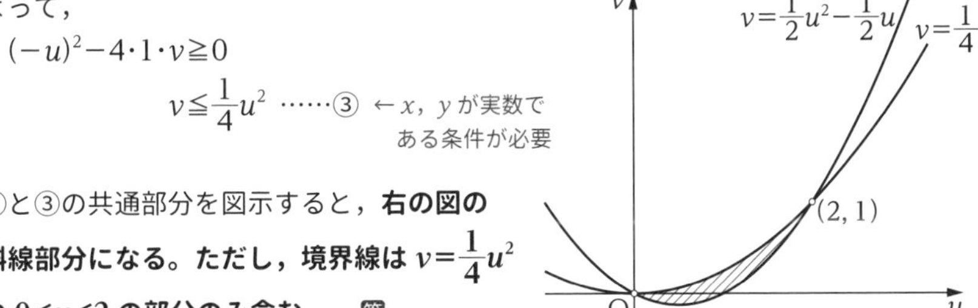

①と③の共通部分を図示すると，**右の図の斜線部分になる。ただし，境界線は** $\boldsymbol{v=\frac{1}{4}u^2}$ **の** $\boldsymbol{0<u<2}$ **の部分のみ含む。**…答

2

考え方 $x+y=\alpha$，$xy=\beta$ などとおき換えて考えます。

$x+y=\alpha$，$xy=\beta$ とおく。このとき，条件の不等式は，

$x^2+xy+y^2\leqq3$

$(x+y)^2-xy\leqq3$

$\alpha^2-\beta\leqq3$

よって，$\beta \geqq \alpha^2-3$ ……①

ここで，$\alpha=x+y$，$\beta=xy$ であるから，解と係数の関係より，x，y は t の 2 次方程式

$t^2-\alpha t+\beta=0$ ……②

の 2 つの解である。x，y は実数であるから，②の判別式は 0 以上でないといけない。

よって，

$(-\alpha)^2-4\cdot1\cdot\beta \geqq 0$

$\beta \leqq \frac{1}{4}\alpha^2$ ……③ ←x，y が実数である条件が必要

以上より，条件の不等式を α，β で表したときの条件は①かつ③であり，それは右の図の斜線部分である。ただし，境界線は含む。

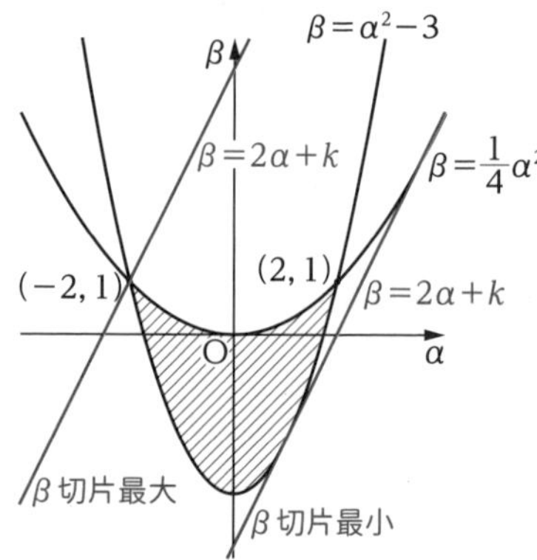

この条件の下で，$xy-2x-2y$ のとりうる値の範囲を考える。$xy-2x-2y=\beta-2\alpha$ であるから $\beta-2\alpha=k$……④とおく。

このとき，$\beta=2\alpha+k$ であるから，k は傾きが 2 の直線の β 切片を表している。よって，図の領域を通り，傾きが 2 である直線のうち，β 切片が最大，または最小となるものを探せばよい。

図より，$(-2,\ 1)$ を通るとき β 切片 k の値は最大になる。④に $\alpha=-2$，$\beta=1$ を代入して，

$k=1-2\cdot(-2)=5$

以上より，**最大値 5** …答

また，放物線 $\beta=\alpha^2-3$ と接するとき β 切片 k の値は最小になる。

$\beta=\alpha^2-3$ と $\beta=2\alpha+k$ を連立して，

$\alpha^2-3=2\alpha+k$

$\alpha^2-2\alpha-3-k=0$

この方程式が重解をもてばよいので，判別式を D とすると，

$\frac{D}{4}=(-1)^2-1\cdot(-3-k)=k+4$

これが 0 に等しいので，$k=-4$

以上より，**最小値 −4** …答

演習問題 44 p.97

1

考え方　不等式の条件がある命題の真偽を調べるには，領域の包含関係を利用することができます。

$x^2+y^2<2$ の表す領域を A，$x+y<2$ の表す領域を B とする。

$x^2+y^2<2$ ならば $x+y<2$ であること ← 同値
を示すには,
領域 A が領域 B に含まれていること $(A \subset B)$
を示せばよい。

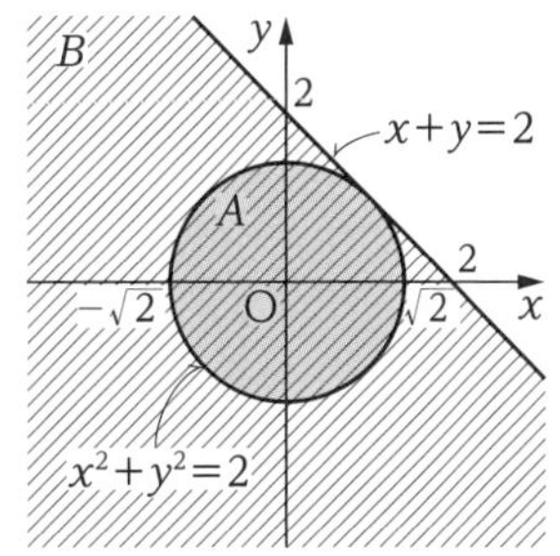

円 $x^2+y^2=2$ の中心 $(0,\ 0)$ から直線 $x+y=2$ つまり $x+y-2=0$ までの距離は,

$$\frac{|0+0-2|}{\sqrt{1^2+1^2}}=\sqrt{2}$$

となり,円の半径に等しいので直線 $x+y=2$ は円 $x^2+y^2=2$ に接する。
よって,A,B を同じ xy 平面上に図示すると,右の図のようになる。
領域 A は領域 B に含まれているので,$x^2+y^2<2$ ならば $x+y<2$ であることが示された。〔証明終わり〕

2

考え方 不等式の必要条件・十分条件について調べるには,領域の包含関係を利用することができます。

$x^2+y^2 \leqq y$ より,$x^2+\left(y-\frac{1}{2}\right)^2 \leqq \frac{1}{4}$

$x^2+y^2 \leqq 1$ の表す領域を A,$x^2+\left(y-\frac{1}{2}\right)^2 \leqq \frac{1}{4}$ の表す領域を B とする。

円 $x^2+y^2=1$ の半径は 1,円 $x^2+\left(y-\frac{1}{2}\right)^2=\frac{1}{4}$ の半径は$\frac{1}{2}$である。中心間の距離は$\frac{1}{2}$であり,これは半径の差に等しい。つまり円 $x^2+y^2=1$ と円 $x^2+\left(y-\frac{1}{2}\right)^2=\frac{1}{4}$は内接している。

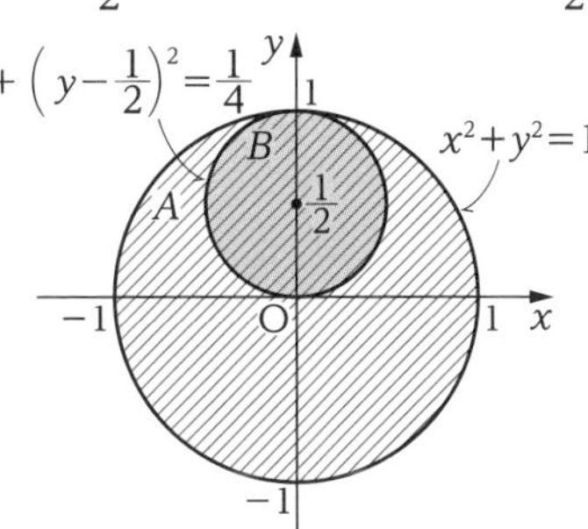

よって,A,B を同じ xy 平面上に図示すると,右の図のようになる。
領域 B は領域 A に含まれている $(B \subset A)$ ← 同値
つまり,
$x^2+y^2 \leqq y$ ならば $x^2+y^2 \leqq 1$
は真である。逆は偽である。
よって,$x^2+y^2 \leqq 1$ は $x^2+y^2 \leqq y$ であるための
必要条件ではあるが十分条件ではない。…答

第1節　三角関数

演習問題 45 p.99

1

考え方　タンジェントの相互関係に着目します。

(1) $\dfrac{1+\sin\theta}{1-\sin\theta}+\dfrac{1-\sin\theta}{1+\sin\theta}=\dfrac{(1+\sin\theta)^2+(1-\sin\theta)^2}{(1-\sin\theta)(1+\sin\theta)}$ ←通分

$=\dfrac{2(1+\sin^2\theta)}{1-\sin^2\theta}$

$=\dfrac{2(1+\sin^2\theta)}{\cos^2\theta}$ 　$\cos^2\theta+\sin^2\theta=1$

$=2\left\{\dfrac{1}{\cos^2\theta}+\left(\dfrac{\sin\theta}{\cos\theta}\right)^2\right\}$

$=2(1+\tan^2\theta+\tan^2\theta)$ 　$\dfrac{1}{\cos^2\theta}=1+\tan^2\theta$，$\dfrac{\sin\theta}{\cos\theta}=\tan\theta$

$=\mathbf{2(1+2t^2)}$ …答

(2) $\tan220°=\tan(180°+40°)=\tan40°$

ここで，

$\cos140°=\cos(180°-40°)=-\cos40°=\alpha$

$\cos40°=-\alpha$

以上より，$\dfrac{1}{\cos^2 40°}=1+\tan^2 40°$ であるから，

$\tan^2 40°=\dfrac{1}{\cos^2 40°}-1=\dfrac{1}{(-\alpha)^2}-1=\dfrac{1-\alpha^2}{\alpha^2}$

さらに，$\tan40°>0$，$\alpha=\cos140°<0$ であるから，

$\tan220°=\tan40°=\sqrt{\dfrac{1-\alpha^2}{\alpha^2}}=\dfrac{\sqrt{1-\alpha^2}}{|\alpha|}=\mathbf{-\dfrac{\sqrt{1-\alpha^2}}{\alpha}}$ …答

2

考え方　$\sin\theta\pm\cos\theta$ を 2 乗すると $\sin\theta\cos\theta$ の値が求められます。

(1) $\sin\theta+\cos\theta=\dfrac{1}{3}$ の両辺を 2 乗すると，

$(\sin\theta+\cos\theta)^2=\left(\dfrac{1}{3}\right)^2$

$\sin^2\theta+\cos^2\theta+2\sin\theta\cos\theta=\dfrac{1}{9}$

$1+2\sin\theta\cos\theta=\dfrac{1}{9}$ より，$\sin\theta\cos\theta=-\dfrac{4}{9}$

また，

$(\sin\theta-\cos\theta)^2=\sin^2\theta+\cos^2\theta-2\sin\theta\cos\theta$

$=1-2\cdot\left(-\dfrac{4}{9}\right)=\dfrac{17}{9}$

であるから，$\sin\theta-\cos\theta=\pm\dfrac{\sqrt{17}}{3}$

よって，

$$\sin^4\theta-\cos^4\theta=(\sin^2\theta+\cos^2\theta)(\sin^2\theta-\cos^2\theta)$$
$$=1\cdot(\sin\theta+\cos\theta)(\sin\theta-\cos\theta)$$
$$=1\cdot\frac{1}{3}\cdot\left(\pm\frac{\sqrt{17}}{3}\right)=\pm\frac{\sqrt{17}}{9}\ \cdots 答$$

$\sin^2\theta+\cos^2\theta=1$

(2) $\sin\theta-\cos\theta=k$ とおいて両辺を 2 乗すると，

$$(\sin\theta-\cos\theta)^2=k^2$$
$$\sin^2\theta+\cos^2\theta-2\sin\theta\cos\theta=k^2$$

よって，$\sin\theta\cos\theta=\dfrac{1-k^2}{2}$

このとき，

$$\sin^3\theta-\cos^3\theta=1$$
$$(\sin\theta-\cos\theta)(\sin^2\theta+\cos^2\theta+\sin\theta\cos\theta)=1$$

$a^3-b^3=(a-b)(a^2+ab+b^2)$

$$k\cdot\left(1+\frac{1-k^2}{2}\right)=1$$

$k^3-3k+2=0$ ← $k=1$ で左辺は 0

$(k-1)(k^2+k-2)=0$ ← $(k-1)$ を因数にもつ

$$(k-1)^2(k+2)=0$$
$$k=1,\ -2$$

ここで，$\sin^3\theta-\cos^3\theta=1$ であるから $\sin^3\theta>\cos^3\theta$ であり，$\sin\theta>\cos\theta$ であるから，$k=\sin\theta-\cos\theta>0$ である。

よって，$k=\sin\theta-\cos\theta=\mathbf{1}$ …答

(3) $y=x^2-2(\sin\theta-\cos\theta)x+\sin^3\theta-\cos^3\theta$

$$=\{x-(\sin\theta-\cos\theta)\}^2-(\sin\theta-\cos\theta)^2+\sin^3\theta-\cos^3\theta$$

よって，$p=\sin\theta-\cos\theta$ であり，両辺を 2 乗すると，

$$p^2=(\sin\theta-\cos\theta)^2$$
$$=\sin^2\theta+\cos^2\theta-2\sin\theta\cos\theta$$
$$=1-2\sin\theta\cos\theta$$

これより，$\sin\theta\cos\theta=\dfrac{1-p^2}{2}$

ここで，

$$\sin^3\theta-\cos^3\theta=(\sin\theta-\cos\theta)(\sin^2\theta+\cos^2\theta+\sin\theta\cos\theta)$$
$$=p\left(1+\frac{1-p^2}{2}\right)$$

以上より，

$$q=-(\sin\theta-\cos\theta)^2+\sin^3\theta-\cos^3\theta$$
$$=-p^2+p\left(1+\frac{1-p^2}{2}\right)$$
$$=-\frac{1}{2}p^3-p^2+\frac{3}{2}p$$

またこのとき，

$p=\sin\theta-\cos\theta=\sqrt{2}\sin\left(\theta-\dfrac{\pi}{4}\right)$ ←三角関数の合成

第1章 式と証明 第2章 複素数と方程式 第3章 図形と方程式 第4章 三角関数 第5章 指数関数と対数関数 第6章 微分法と積分法

であるから，$0 \leqq \theta \leqq \pi$ に注意すると，

$$-\frac{1}{\sqrt{2}} \leqq \sin\left(\theta-\frac{\pi}{4}\right) \leqq 1 \quad \text{よって，} -1 \leqq \sqrt{2}\sin\left(\theta-\frac{\pi}{4}\right) \leqq \sqrt{2}$$

つまり，$-1 \leqq p \leqq \sqrt{2}$ である。

以上より，$\boldsymbol{q=-\frac{1}{2}p^3-p^2+\frac{3}{2}p}$ **$(-1 \leqq p \leqq \sqrt{2})$** …答

3

考え方　三角関数の角の変換を考えます。

(1) $\theta=\frac{\pi}{5}$ より $\underline{5\theta=\pi}$ であるから，

$\cos 3\theta=\cos(5\theta-2\theta)=\cos(\pi-2\theta)=-\cos 2\theta$

$\cos 4\theta=\cos(5\theta-\theta)=\cos(\pi-\theta)=-\cos\theta$

よって，

$$\cos\theta+\cos 2\theta+\cos 3\theta+\cos 4\theta=\cos\theta+\cos 2\theta-\cos 2\theta-\cos\theta$$
$$=\boldsymbol{0}$$ …答

(2) $5\theta=\pi$ であるから，

$\sin 7\theta=\sin(10\theta-3\theta)=\sin(2\pi-3\theta)=-\sin 3\theta$

$\sin 9\theta=\sin(10\theta-\theta)=\sin(2\pi-\theta)=-\sin\theta$

よって，

$\sin\theta+\sin 3\theta+\sin 5\theta+\sin 7\theta+\sin 9\theta$

$=\sin\theta+\sin 3\theta+\sin\pi-\sin 3\theta-\sin\theta=\boldsymbol{0}$ …答

参考　以上の結果は，単位円に図示するとよくわかります。
単位円周上で点 (1，0) から 10 等分した点を考えると，右の図のようにそれぞれの点の x 座標が $\cos\theta$，$\cos 2\theta$，$\cos 3\theta$，$\cos 4\theta$ になります。対称性よりその x 座標の値は，

$\cos 4\theta=-\cos\theta$，$\cos 3\theta=-\cos 2\theta$

とわかるので，

$\cos\theta+\cos 2\theta+\cos 3\theta+\cos 4\theta$

$=\cos\theta+\cos 2\theta-\cos 2\theta-\cos\theta=0$

と求められます。

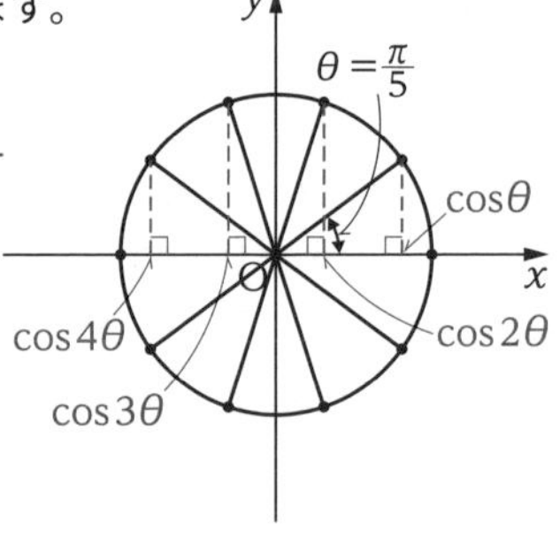

同様にして y 座標も右の図のようになることがわかります。
対称性より $\sin 7\theta=-\sin 3\theta$，$\sin 9\theta=-\sin\theta$ がいえるので，

$\sin\theta+\sin 3\theta+\sin 5\theta+\sin 7\theta+\sin 9\theta$

$=\sin\theta+\sin 3\theta+\sin\pi-\sin 3\theta-\sin\theta=0$

と求められます。

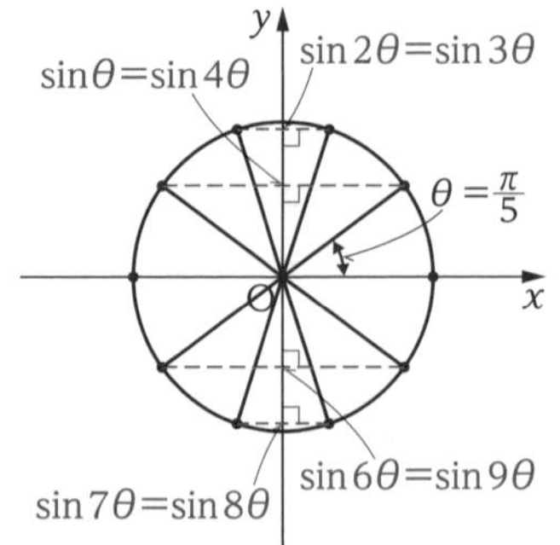

4

考え方 三角関数の角の変換を考えます。

(1)三角形の内角の和より，$A+B+C=\pi$　よって，$B+C=\pi-A$

$\cos\frac{B+C}{2}=\cos\frac{\pi-A}{2}=\cos\left(\frac{\pi}{2}-\frac{A}{2}\right)=\sin\frac{A}{2}$ 〔証明終わり〕

(2)三角形の内角の和より，$A+B+C=\pi$　よって，$B+C=\pi-A$

$$\tan\frac{A}{2}\tan\frac{B+C}{2}=\tan\frac{A}{2}\tan\frac{\pi-A}{2}$$
$$=\tan\frac{A}{2}\tan\left(\frac{\pi}{2}-\frac{A}{2}\right)$$
$$=\tan\frac{A}{2}\cdot\frac{1}{\tan\frac{A}{2}}=1$$

〔証明終わり〕

5

考え方 周期に注意します。

(1)周期は $\frac{13}{3}\pi-\frac{\pi}{3}=4\pi$ であるから，$y=\sin x$ のグラフ (周期 2π) を x 軸方向に 2 倍に拡大している。また，x 軸との共有点より x 軸方向に $\frac{\pi}{3}$ だけ平行移動していることがわかる。さらに最大値と最小値が 3 と -3 であることから y 軸方向に 3 倍に拡大していることがわかる。

以上より，図のグラフは $y=\sin x$ のグラフを y 軸方向に 3 倍に拡大し，x 軸方向に 2 倍に拡大し，さらに x 軸方向に $\frac{\pi}{3}$ だけ平行移動したグラフである。

$y=\sin x$ のグラフを y 軸方向に 3 倍に拡大し，x 軸方向に 2 倍に拡大したグラフは，

$$y=3\sin\frac{x}{2}$$

このグラフを x 軸方向に $\frac{\pi}{3}$ だけ平行移動すると，

$$y=3\sin\frac{x-\frac{\pi}{3}}{2}=\boldsymbol{3\sin\left(\frac{x}{2}-\frac{\pi}{6}\right)}\ \cdots 答$$

Point 注意しないといけないのは，式に表すときの「x 軸方向に 2 倍に拡大」と「x 軸方向に $\frac{\pi}{3}$ だけ平行移動」の順番です。「x 軸方向に $\frac{\pi}{3}$ だけ平行移動」→「x 軸方向に 2 倍に拡大」の順で $y=\sin\left(x-\frac{\pi}{3}\right)\to y=\sin\left(\frac{x}{2}-\frac{\pi}{3}\right)$ などとするのは誤りです。2 倍に拡大したものを $\frac{\pi}{3}$ だけ平行移動したのであって，$\frac{\pi}{3}$ だけ平行移動したものを 2 倍に拡大したわけではないためです。

(2)全体を x 軸方向に -2π だけ平行移動して y 軸に関して対称移動し，そのあと再び x 軸方向に 2π だけ平行移動することを考えればよい。

x 軸方向に -2π だけ平行移動したグラフは，

$$y=3\sin\left(\frac{x-(-2\pi)}{2}-\frac{\pi}{6}\right)=3\sin\left(\frac{x}{2}+\frac{5}{6}\pi\right)$$

このグラフを y 軸に関して対称移動すると，

$$y=3\sin\left(\frac{-x}{2}+\frac{5}{6}\pi\right)=-3\sin\left(\frac{x}{2}-\frac{5}{6}\pi\right)$$ ←x を $-x$ に変える

再び x 軸方向に 2π だけ平行移動すると，

$$y=-3\sin\left(\frac{x-2\pi}{2}-\frac{5}{6}\pi\right)=\mathbf{-3\sin\left(\frac{x}{2}-\frac{11}{6}\pi\right)}$$ …答

演習問題46 p.101

1

考え方　三角関数の合成よりも単位円周上の点として考えると速い問題です。

(1)角 θ の動径と単位円の交点を点 $(x,\ y)$ とすると，

$(x,\ y)=(\cos\theta,\ \sin\theta)$

よって，不等式 $\sin\theta>\cos\theta$ は，

$$\begin{cases} y>x \\ x^2+y^2=1 \end{cases}$$ ←単位円周上の点である条件を忘れないように

右の図より，条件を満たす θ の値の範囲は，

$\mathbf{\frac{\pi}{4}<\theta<\frac{5}{4}\pi}$ …答

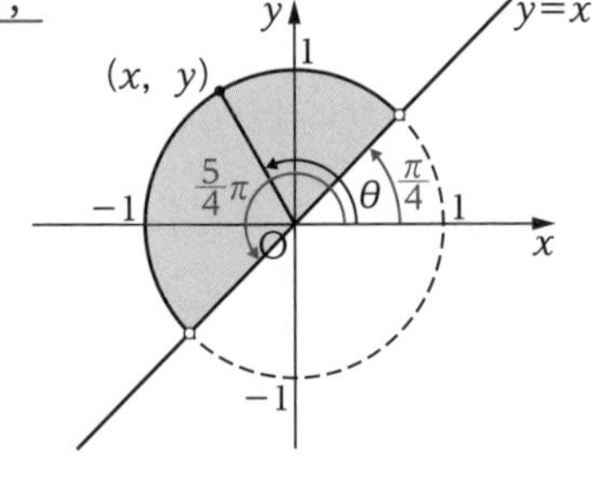

(2)角 θ の動径と単位円の交点を $(x,\ y)$ とすると，

$(x,\ y)=(\cos\theta,\ \sin\theta)$

よって，不等式 $\sqrt{3}\sin\theta+\cos\theta<-1$ は，

$$\begin{cases} \sqrt{3}y+x<-1 \\ x^2+y^2=1 \end{cases}$$ ←単位円周上の点である条件を忘れないように

つまり，

$$\begin{cases} y<-\frac{1}{\sqrt{3}}(x+1) \\ x^2+y^2=1 \end{cases}$$

ここで，$y=-\frac{1}{\sqrt{3}}(x+1)$ は点 $(-1,\ 0)$ を通る傾き $-\frac{1}{\sqrt{3}}$ の直線を表している。

右の図より条件を満たす θ の値の範囲は，

$\mathbf{\pi<\theta<\frac{5}{3}\pi}$ …答

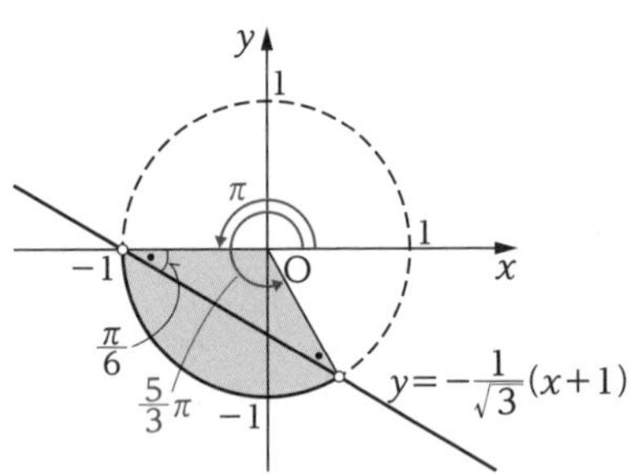

2

考え方　点 $(2,\ 2)$ と単位円周上の点 $(x,\ y)$ を結ぶ直線の傾きが $f(\theta)$ に等しいことに着目します。

角 θ の動径と単位円の交点を $(x,\ y)$ とすると，$(x,\ y)=(\cos\theta,\ \sin\theta)$

このとき，$f(\theta)=\dfrac{2-\sin\theta}{2-\cos\theta}$は単位円周上の点$(\cos\theta,\ \sin\theta)$と定点$(2,\ 2)$を結ぶ直線の傾きに等しい。右の図より，傾きが最大または最小となるのは点$(2,\ 2)$を通る直線と単位円が接するときである。

点$(2,\ 2)$を通る直線の傾きをmとすると，直線の方程式は，

$y-2=m(x-2)$ つまり $mx-y-2m+2=0$

直線$mx-y-2m+2=0$と単位円が接するのは，単位円の中心$(0,\ 0)$と直線の距離が半径1に等しいときであるから，

$$\frac{|0-0-2m+2|}{\sqrt{m^2+(-1)^2}}=1$$

$$(-2m+2)^2=m^2+1$$

$$3m^2-8m+3=0$$

$$m=\frac{4\pm\sqrt{7}}{3}$$

以上より，**最大値** $\boldsymbol{\dfrac{4+\sqrt{7}}{3}}$，**最小値** $\boldsymbol{\dfrac{4-\sqrt{7}}{3}}$ …答

3

考え方　単位円周上の点$(x,\ y)$を考えます。

角θの動径と単位円の交点を$(x,\ y)$とすると，$(x,\ y)=(\cos\theta,\ \sin\theta)$

よって，方程式$k\cos\theta+\sin\theta=1$は，

$$\begin{cases} kx+y=1 \\ x^2+y^2=1 \end{cases}$$ ←単位円周上の点である条件を忘れないように

つまり，

$$\begin{cases} y=-kx+1 \\ x^2+y^2=1 \end{cases}$$

$y=-kx+1$はy切片が1，傾きが$-k$の直線を表している。

$0\leqq\theta\leqq\dfrac{\pi}{6}$であるから，右の図より，直線$y=-kx+1$が点$\left(\dfrac{\sqrt{3}}{2},\ \dfrac{1}{2}\right)$を通るとき，傾き$-k$は最大つまり$k$は最小となる。

$y=-kx+1$に$x=\dfrac{\sqrt{3}}{2}$, $y=\dfrac{1}{2}$を代入して，

$\dfrac{1}{2}=-\dfrac{\sqrt{3}}{2}k+1$　よって，$k=\dfrac{1}{\sqrt{3}}$

また，右の図より，直線$y=-kx+1$が点$(1,\ 0)$を通るとき，傾き$-k$は最小つまりkは最大となる。$y=-kx+1$に$x=1$，$y=0$を代入して，

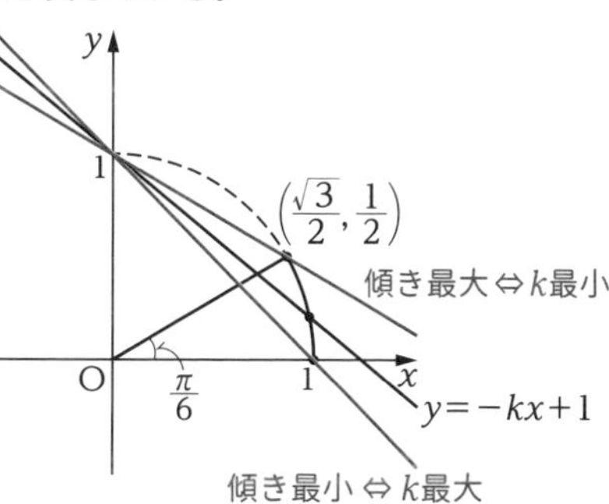

$0=-k+1$　よって，$k=1$

以上の 2 つの傾きの間の値すべてをとることができるので，k の値の範囲は，

$\boldsymbol{\frac{1}{\sqrt{3}} \leqq k \leqq 1}$ …答

演習問題 47　p.103

1

考え方　文字でおき換えてグラフを考えます。

(1) $y=\cos^2 x+3\sin x-5$
$=(1-\sin^2 x)+3\sin x-5$　（$\sin x$ にそろえる）
$=-\sin^2 x+3\sin x-4$

ここで，$\sin x=t$ とおくと，

$y=-t^2+3t-4=-\left(t-\frac{3}{2}\right)^2-\frac{7}{4}$

$-1 \leqq \sin x \leqq 1$ つまり $-1 \leqq t \leqq 1$ であることに注意すると，グラフは　右の図のようになる。

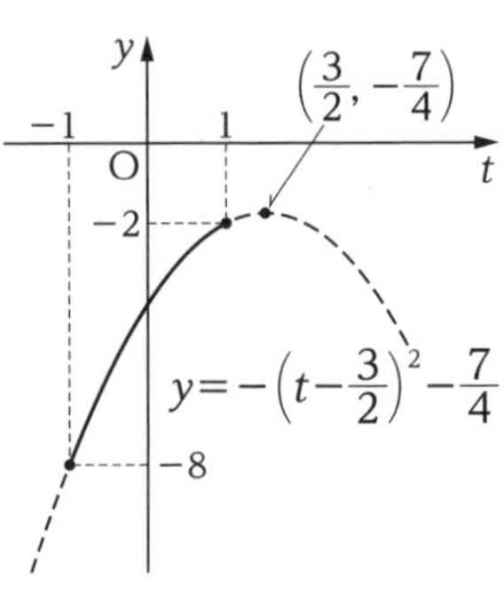

$t=1$ つまり $\sin x=1$ のとき，最大値 -2

$t=-1$ つまり $\sin x=-1$ のとき，最小値 -8

よって，

$\boldsymbol{x=\frac{\pi}{2}+2n\pi}$ **(n は整数)のとき最大値 -2** …答

$\boldsymbol{x=\frac{3}{2}\pi+2n\pi}$ **(n は整数)のとき最小値 -8** …答

Point　x はすべての実数をとるので，角度を答える際には一般角になります。

(2) $y=3\cos^2\theta+3\sin\theta-1$
$=3(1-\sin^2\theta)+3\sin\theta-1$　（$\sin x$ にそろえる）
$=-3\sin^2\theta+3\sin\theta+2$

ここで，$\sin\theta=t$ とおくと，

$y=-3t^2+3t+2=-3\left(t-\frac{1}{2}\right)^2+\frac{11}{4}$

$\frac{\pi}{2} \leqq \theta \leqq \frac{7}{6}\pi$ より $-\frac{1}{2} \leqq \sin\theta \leqq 1$ つまり $-\frac{1}{2} \leqq t \leqq 1$ であることに注意すると，

グラフは右の図のようになる。

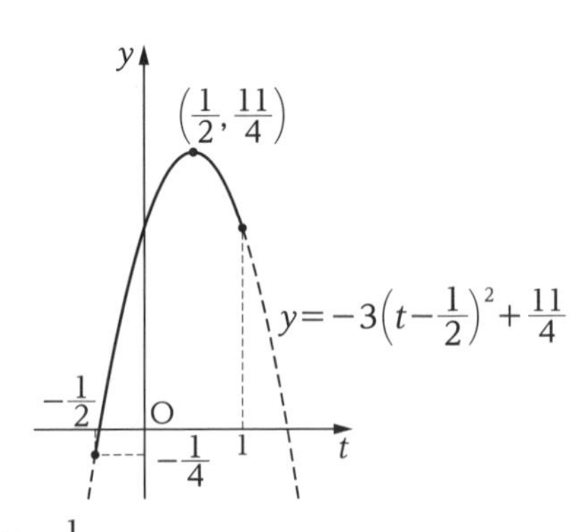

$t=\frac{1}{2}$ つまり $\sin\theta=\frac{1}{2}$ のとき，

最大値 $\frac{11}{4}$

$t=-\frac{1}{2}$ つまり $\sin\theta=-\frac{1}{2}$ のとき，最小値 $-\frac{1}{4}$

よって，

$\theta=\dfrac{5}{6}\pi$ **のとき最大値** $\dfrac{11}{4}$ …答

$\theta=\dfrac{7}{6}\pi$ **のとき最小値** $-\dfrac{1}{4}$ …答

2

考え方　軸の位置で場合を分けます。

$y=a\cos\theta-2\sin^2\theta$
$\quad=a\cos\theta-2(1-\cos^2\theta)$　← $\cos\theta$ にそろえる
$\quad=2\cos^2\theta+a\cos\theta-2$

ここで，$\cos\theta=t$ とおくと，

$y=2t^2+at-2=2\left(t+\dfrac{a}{4}\right)^2-\dfrac{a^2}{8}-2$

この右辺を $f(t)$ とおく。$0\leqq\theta\leqq\pi$ つまり $-1\leqq t\leqq 1$ であることに注意して，
軸 $t=-\dfrac{a}{4}$ の位置で場合を分ける。

(1)最大値を求める。　←変域の中点は $t=0$

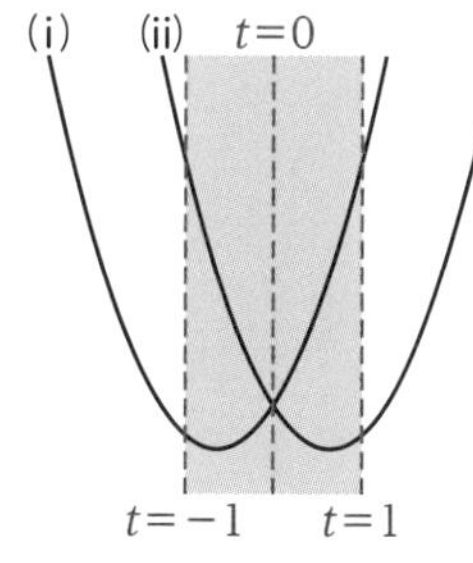

(i) $-\dfrac{a}{4}<0$ つまり $a>0$ のとき，←軸が中点より左
最大値 $f(1)=a$

(ii) $0\leqq-\dfrac{a}{4}$ つまり $a\leqq 0$ のとき，←軸が中点より右
最大値 $f(-1)=-a$

以上より，

$\begin{cases}\boldsymbol{a>0} \textbf{ のとき } \boldsymbol{a}\\ \boldsymbol{a\leqq 0} \textbf{ のとき } \boldsymbol{-a}\end{cases}$ …答

(2)最小値を求める。

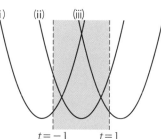

(i)
(ii)
(iii)
t=−1
t=1

(i) $-\dfrac{a}{4}<-1$ つまり $4<a$ のとき，←軸が変域より左
最小値 $f(-1)=-a$

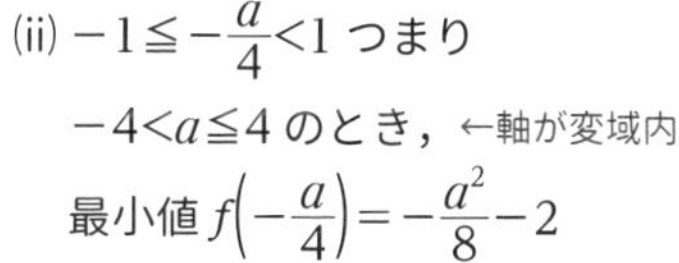

(ii) $-1\leqq-\dfrac{a}{4}<1$ つまり
$-4<a\leqq 4$ のとき，←軸が変域内
最小値 $f\left(-\dfrac{a}{4}\right)=-\dfrac{a^2}{8}-2$

(iii) $1\leqq-\dfrac{a}{4}$ つまり $a\leqq-4$ のとき，←軸が変域より右
最小値 $f(1)=a$

以上より，

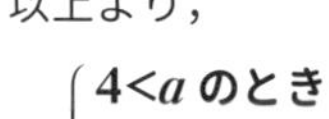

$\begin{cases}\boldsymbol{4<a} \textbf{ のとき } \boldsymbol{-a}\\ \boldsymbol{-4<a\leqq 4} \textbf{ のとき } \boldsymbol{-\dfrac{a^2}{8}-2}\\ \boldsymbol{a\leqq-4} \textbf{ のとき } \boldsymbol{a}\end{cases}$ …答

3

考え方 軸の位置で場合を分けます。

$y=\sin^2 x+a\cos x+b$
$\quad =(1-\cos^2 x)+a\cos x+b$ ← $\cos x$ にそろえる
$\quad =-\cos^2 x+a\cos x+b+1$

ここで，$\cos x=t$ とおくと，

$$y=-t^2+at+b+1=-\left(t-\frac{a}{2}\right)^2+\frac{a^2}{4}+b+1$$

この右辺を $f(t)$ とおく。$-1\leqq t\leqq 1$ であることに注意して，軸 $t=\frac{a}{2}$ の位置で場合を分ける。←最小値は中点 $t=0$ との位置関係，最大値は変域との位置関係で場合を分ける

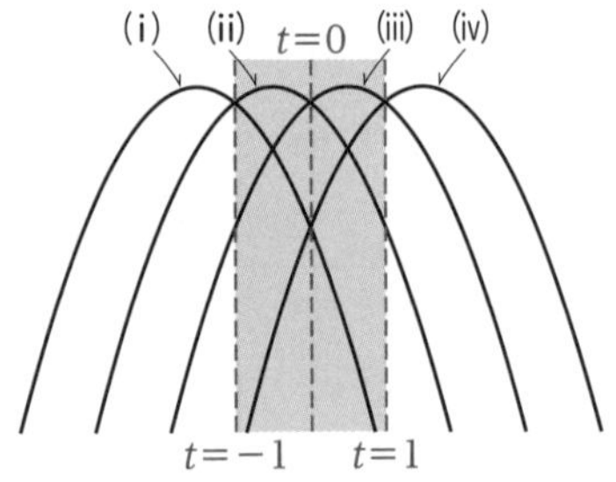

(i) $\frac{a}{2}<-1$ つまり $a<-2$ のとき

最大値 $f(-1)=-a+b$，最小値 $f(1)=a+b$ であるから，

$-a+b=2$，$a+b=-1$

よって，$a=-\frac{3}{2}$，$b=\frac{1}{2}$ だが，

これは $a<-2$ を満たさないので不適。

(ii) $-1\leqq\frac{a}{2}<0$ つまり $-2\leqq a<0$ のとき

最大値 $f\left(\frac{a}{2}\right)=\frac{a^2}{4}+b+1$，最小値 $f(1)=a+b$ であるから，

$\frac{a^2}{4}+b+1=2$，$a+b=-1$

よって，$\frac{a^2}{4}+(-a-1)+1=2$ つまり $a^2-4a-8=0$ を解いて，$a=2\pm2\sqrt{3}$

以上より，$(a,\ b)=(2\pm2\sqrt{3},\ -3\mp2\sqrt{3})$ （複号同順）

$-2\leqq a<0$ を満たすものは，$(a,\ b)=(2-2\sqrt{3},\ -3+2\sqrt{3})$

(iii) $0\leqq\frac{a}{2}<1$ つまり $0\leqq a<2$ のとき

最大値 $f\left(\frac{a}{2}\right)=\frac{a^2}{4}+b+1$，最小値 $f(-1)=-a+b$ であるから，

$\frac{a^2}{4}+b+1=2$，$-a+b=-1$

よって，$\frac{a^2}{4}+(a-1)+1=2$ つまり $a^2+4a-8=0$ を解いて，$a=-2\pm2\sqrt{3}$

以上より，$(a,\ b)=(-2\pm2\sqrt{3},\ -3\pm2\sqrt{3})$ （複号同順）

$0\leqq a<2$ を満たすものは，$(a,\ b)=(-2+2\sqrt{3},\ -3+2\sqrt{3})$

(iv) $1\leqq\frac{a}{2}$ つまり $2\leqq a$ のとき

最大値 $f(1)=a+b$，最小値 $f(-1)=-a+b$ であるから，

$a+b=2$，$-a+b=-1$

よって，$a=\frac{3}{2}$，$b=\frac{1}{2}$ だが，これは $2\leqq a$ を満たさないので不適。

(i)～(iv)より，**$(a,\ b)=(\pm2\mp2\sqrt{3},\ -3+2\sqrt{3})$ （複号同順）**…答

演習問題 48 ▶ p.105

1

考え方　文字定数 a を分離して考えます。

$-\cos^2\theta-\sin\theta-1=a$

$-(1-\sin^2\theta)-\sin\theta-1=a$

$\sin^2\theta-\sin\theta-2=a$

ここで，$\sin\theta=t$ とおくと，$0\leqq\theta\leqq\pi$ より $0\leqq t\leqq1$ の範囲において，

$t^2-t-2=a$

$\left(t-\dfrac{1}{2}\right)^2-\dfrac{9}{4}=a$

よって，$0\leqq t\leqq1$ において，関数 $y=\left(t-\dfrac{1}{2}\right)^2-\dfrac{9}{4}$ のグラフと直線 $y=a$ が共有点をもつ a の値の範囲を求めればよい。

右の図より，共有点をもつ a の値の範囲は，

$\boldsymbol{-\dfrac{9}{4}\leqq a\leqq-2}$ …答

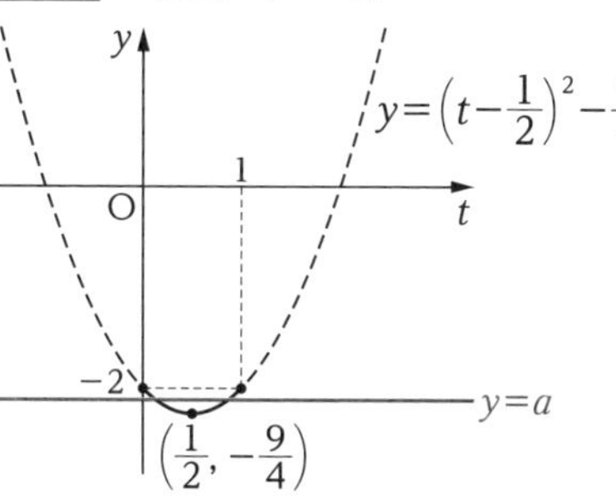

2

考え方　文字定数 a が分離できないので，そのままおき換えて，2 次方程式の解の配置問題として処理します。

$\cos x=t$ とおくと，$\dfrac{\pi}{2}<x<\dfrac{3}{2}\pi$ より $-1\leqq t<0$ の範囲において，$4t^2+at+1=0$

よって，$f(t)=4t^2+at+1$ とおくと，$y=f(t)$ のグラフが $-1\leqq t<0$ の範囲内で t 軸と共有点をもつような a の値の範囲を考える。

$f(t)=4t^2+at+1=4\left(t+\dfrac{a}{8}\right)^2+1-\dfrac{a^2}{16}$ であり，$f(0)=1$ であることに注意すると，次の(i)，(ii)の場合が考えられる。

(i) 右の図のように $-1\leqq t<0$ の範囲に 1 つだけ共有点をもつとき，条件は

$f(-1)\leqq0$ ←端点の y 座標の符号

よって，$a\geqq5$

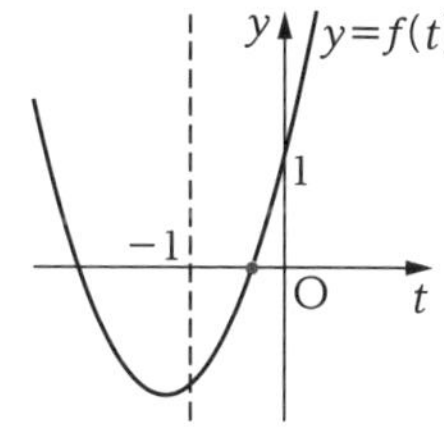

(ii) 右の図のように $-1\leqq t<0$ の範囲に共有点を 2 つもつとき（重解を含む），条件は

$1-\dfrac{a^2}{16}\leqq0$ かつ $-1\leqq-\dfrac{a}{8}<0$ かつ $f(-1)\geqq0$

↑頂点の y 座標の符号　↑軸の位置　↑端点の y 座標の符号

つまり，

$\{a\geqq4$ または $a\leqq-4\}$ かつ $0<a\leqq8$ かつ $a\leqq5$

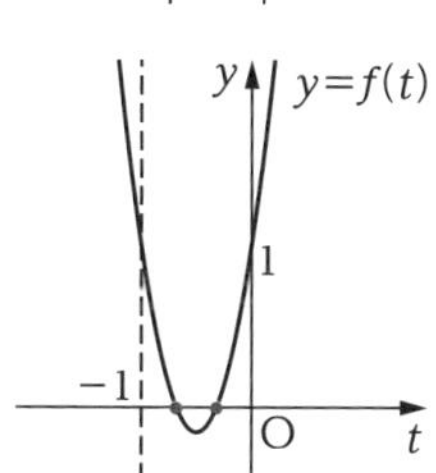

よって，$4 \leqq a \leqq 5$

(i)または(ii)であるから，$\boldsymbol{4 \leqq a}$ …答

別解 実は，文字定数を分離して考えることも可能です。この問題では，a を分離するのではなく，at を分離すると考えます。

$\cos x = t$ とおくと，

$4t^2 + at + 1 = 0$

$at = -4t^2 - 1$

よって，直線 $y = at$ と放物線 $y = -4t^2 - 1$ が $\dfrac{\pi}{2} < x < \dfrac{3}{2}\pi$ より $-1 \leqq t < 0$ の範囲で共有点をもつような a の値の範囲を考える。

$y = at$ と $y = -4t^2 - 1$ を連立して y を消去すると，

$at = -4t^2 - 1$

$4t^2 + at + 1 = 0$

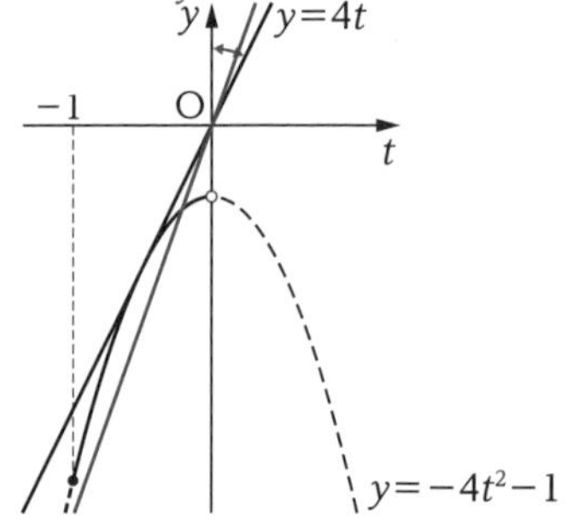

右の図のように，この方程式が重解をもつとき，2つのグラフは接する。よって，判別式を D とすると，

$D = a^2 - 4 \cdot 4 \cdot 1 = 0$

$a = \pm 4$

$-1 \leqq t < 0$ で接するので $a > 0$ であるから，

$a = 4$

図のように，接するときの傾きより大きいとき，$-1 \leqq t < 0$ において常に直線 $y = at$ は放物線 $y = -4t^2 - 1$ と共有点をもつ。

よって，求める a の値の範囲は，

$\boldsymbol{a \geqq 4}$ …答

3

考え方 おき換えて 2 次関数の軸の位置で場合を分けます。

$\sin x = t$ とおくと $-1 \leqq t \leqq 1$ の範囲において，

$at^2 + 6t + 1 \geqq 0$

よって，$f(t) = at^2 + 6t + 1$ とおくと，$y = f(t)$ のグラフが，$-1 \leqq t \leqq 1$ の範囲で常に t 軸上もしくは t 軸より上側にあるような a の値の範囲を考える。よって，$f(t)$ の最小値に着目して，次のように場合を分ける。

(i) $a = 0$ のとき，$f(t) = 6t + 1$ となり，最小値 $f(-1) = -5$ であるから不適。

(ii) $a < 0$ のとき，$f(t) = a\left(t + \dfrac{3}{a}\right)^2 + 1 - \dfrac{9}{a}$

軸 $t = -\dfrac{3}{a} > 0$ であることに注意すると，

↑中点 $t=0$ より右

最小値 $f(-1) = a - 5 \geqq 0$ より $a \geqq 5$

しかし，$a < 0$ であるから不適。

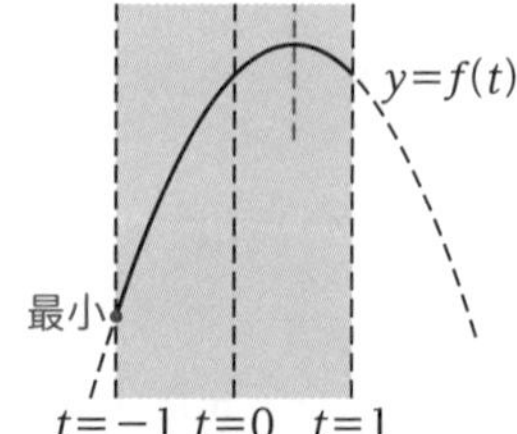

(iii) $a>0$ のとき，(ii)と同様にして軸 $t=-\dfrac{3}{a}<0$ であることに注意して，次のように場合を分ける。

(ア) $-\dfrac{3}{a}<-1$ つまり $0<a<3$ のとき，
↑変域より左

最小値 $f(-1)=a-5\geqq 0$ より $a\geqq 5$

しかし，$0<a<3$ であるから不適。

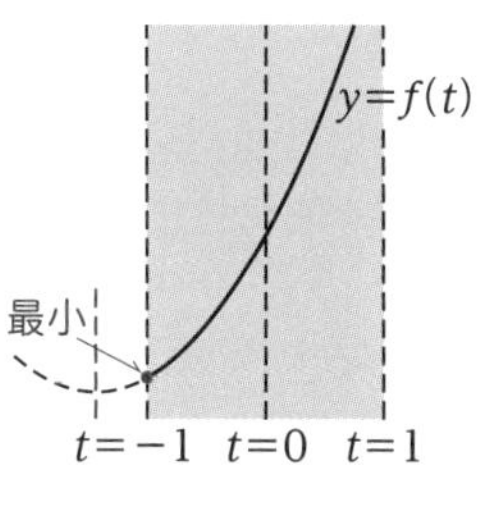

(イ) $-1\leqq -\dfrac{3}{a}<0$ つまり $a\geqq 3$ のとき，
↑変域内

最小値 $f\left(-\dfrac{3}{a}\right)=1-\dfrac{9}{a}\geqq 0$ より，$a\geqq 9$

これは $a\geqq 3$ を満たす。

(i)〜(iii)より，$\boldsymbol{a\geqq 9}$ …答

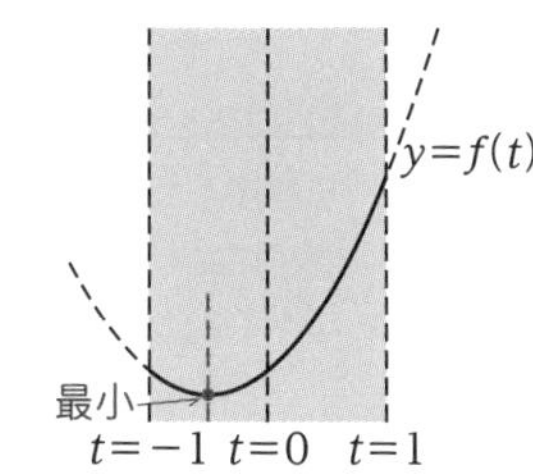

演習問題 49 p.107

1

考え方 文字定数を分離して，文字でおき換えてグラフの共有点を考えます。三角関数のグラフも並べてかくとよいでしょう。

$4\cos^2\theta+4\cos\theta-4a-3=0$

ここで，$\cos\theta=t$……①とおくと $-1\leqq t\leqq 1$ の範囲において，

$t^2+t-\dfrac{3}{4}=a$ ←文字定数は分離しておく

$\left(t+\dfrac{1}{2}\right)^2-1=a$ ……②

$f(t)=\left(t+\dfrac{1}{2}\right)^2-1$ とおくと，$-1\leqq t\leqq 1$ において，関数 $y=f(t)$ のグラフと直線 $y=a$ の共有点を考える。①より，$t=\cos\theta$ のグラフも並べてかくと右の図のようになる。

$y=f(t)$ と $y=a$ のグラフの共有点1つに対して，その共有点の t 座標に対応する異なる角 θ が2つ存在する。ただし，共有点の t 座標が1や-1のときはそれぞれ $\theta=0$ や $\theta=\pi$ の1つだけになることに注意する。以上より，方程式が実数解 θ を3つもつのは，$y=f(t)$ と $y=a$ のグラフが異なる2つの共有点をもち，そのうちの1つが $t=-1$ で交わっているときである。

つまり，$\boldsymbol{a=-\dfrac{3}{4}}$ …答

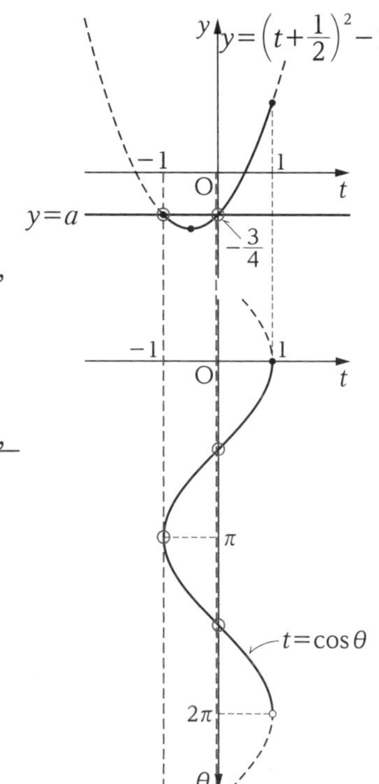

2

考え方 (2) $\sin x+\cos x=t$ とおいてグラフを考えます。三角関数のグラフは合成を行ってから考えます。

(1) $\sin x+\cos x=\sqrt{2}\sin\left(x+\frac{\pi}{4}\right)$ ←三角関数の合成

であるから，$0\leqq x<2\pi$ において $-\sqrt{2}\leqq\sqrt{2}\sin\left(x+\frac{\pi}{4}\right)\leqq\sqrt{2}$

つまり，$\boldsymbol{-\sqrt{2}\leqq\sin x+\cos x\leqq\sqrt{2}}$ …答

(2) $\sin x+\cos x=t$ とおく。このとき，

$t^2=(\sin x+\cos x)^2$

$=\sin^2x+\cos^2x+2\sin x\cos x$

$=1+2\sin x\cos x$

$\sin x\cos x=\frac{t^2-1}{2}$

$\sin x+\cos x$ を 2 乗すると，$\sin x\cos x$ が求められる

以上より，

$\sin x+\cos x+2\sqrt{2}\sin x\cos x=a$

$t+2\sqrt{2}\cdot\frac{t^2-1}{2}=a$

$\sqrt{2}t^2+t-\sqrt{2}=a$

$f(t)=\sqrt{2}t^2+t-\sqrt{2}=\sqrt{2}\left(t+\frac{1}{2\sqrt{2}}\right)^2-\frac{9\sqrt{2}}{8}$

とおく。ここで，(1)の結果より，

$-\sqrt{2}\leqq t\leqq\sqrt{2}$ の範囲において，関数 $y=f(t)$ と $y=a$ のグラフの共有点を考える。

$t=\sin x+\cos x=\sqrt{2}\sin\left(x+\frac{\pi}{4}\right)$ である点に

↑$t=\sin x$ のグラフを x 軸方向に $-\frac{\pi}{4}$ だけ平行移動し，y 軸方向に $\sqrt{2}$ 倍に拡大したグラフ

注意して，$t=\sqrt{2}\sin\left(x+\frac{\pi}{4}\right)$ のグラフも並べてかくと右の図のようになる。

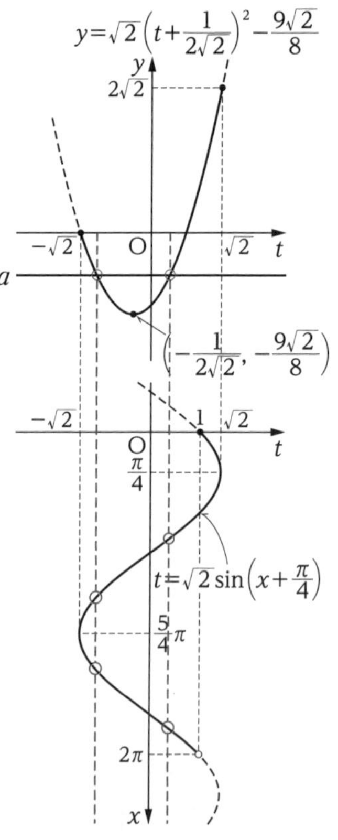

$y=f(t)$ と $y=a$ のグラフの共有点 1 つに対して，その共有点の t 座標に対応する異なる角 x が 2 つ存在する。ただし，共有点の t 座標が $\sqrt{2}$ や $-\sqrt{2}$ のときはそれぞれ $x=\frac{\pi}{4}$ や $x=\frac{5}{4}\pi$ の1つだけになることに注意する。

(例えば $-\frac{9\sqrt{2}}{8}<a<0$ のとき，右の図より，解は 4 個である。)

以上より，

$$\begin{cases} a<-\dfrac{9\sqrt{2}}{8},\ a>2\sqrt{2} \text{ のとき 0 個} \\ a=2\sqrt{2} \text{ のとき 1 個} \\ a=-\dfrac{9\sqrt{2}}{8},\ 0<a<2\sqrt{2} \text{ のとき 2 個} \cdots \text{答} \\ a=0 \text{ のとき 3 個} \\ -\dfrac{9\sqrt{2}}{8}<a<0 \text{ のとき 4 個} \end{cases}$$

参考 交点の個数の変化は動画も参照して下さい。

第2節 加法定理

演習問題 50 p.109

1

考え方 この証明法では，余弦定理が不要になります。

それぞれ単位円周上の点であるから，

$A(1,\ 0)$，$P(\cos\alpha,\ \sin\alpha)$，$Q(\cos(\alpha+\beta),\ \sin(\alpha+\beta))$，

$R(\cos(-\beta),\ \sin(-\beta))=(\cos\beta,\ -\sin\beta)$

$\angle AOQ=\angle ROP=\alpha+\beta$ であるから，弦 AQ と弦 PR の長さは等しい。

よって，2 点間の距離を考えると，

$$\begin{aligned} AQ^2&=\{1-\cos(\alpha+\beta)\}^2+\{0-\sin(\alpha+\beta)\}^2 \\ &=1-2\cos(\alpha+\beta)+\cos^2(\alpha+\beta)+\sin^2(\alpha+\beta) \\ &=2-2\cos(\alpha+\beta)\cdots\cdots① \end{aligned}$$

また，

$$\begin{aligned} PR^2&=(\cos\alpha-\cos\beta)^2+\{\sin\alpha-(-\sin\beta)\}^2 \\ &=(\cos^2\alpha+\sin^2\alpha)+(\cos^2\beta+\sin^2\beta)-2(\cos\alpha\cos\beta-\sin\alpha\sin\beta) \\ &=2-2(\cos\alpha\cos\beta-\sin\alpha\sin\beta)\cdots\cdots② \end{aligned}$$

①と②が等しいので，

$2-2\cos(\alpha+\beta)=2-2(\cos\alpha\cos\beta-\sin\alpha\sin\beta)$

$\cos(\alpha+\beta)=\cos\alpha\cos\beta-\sin\alpha\sin\beta$ 〔証明終わり〕

2

考え方 面積に着目します。

$\triangle ABC=\dfrac{1}{2}bc\sin(\alpha+\beta)$

$\triangle ABH$，$\triangle ACH$ において，

$BH=c\sin\alpha$，$CH=b\sin\beta$，$AH=c\cos\alpha=b\cos\beta$

このとき，

$\triangle ABH=\frac{1}{2}c\cdot AH\cdot\sin\alpha=\frac{1}{2}c\cdot b\cos\beta\cdot\sin\alpha=\frac{1}{2}bc\sin\alpha\cos\beta$

$\triangle ACH=\frac{1}{2}b\cdot AH\cdot\sin\beta=\frac{1}{2}b\cdot c\cos\alpha\cdot\sin\beta=\frac{1}{2}bc\cos\alpha\sin\beta$

以上より，

$\triangle ABC=\triangle ABH+\triangle ACH$

$\frac{1}{2}bc\sin(\alpha+\beta)=\frac{1}{2}bc\sin\alpha\cos\beta+\frac{1}{2}bc\cos\alpha\sin\beta$

よって，

$\sin(\alpha+\beta)=\sin\alpha\cos\beta+\cos\alpha\sin\beta$ 〔証明終わり〕

演習問題 51 p.111

1

考え方 2 式の両辺を 2 乗して和を考えます。三角関数の合成や単位円周上の点を利用する別解もあります。

2 式の両辺をそれぞれ 2 乗して左辺どうし，右辺どうしを足すと，

$(\sin\alpha+\sin\beta)^2+(\cos\alpha+\cos\beta)^2=1^2+1^2$

$(\sin^2\alpha+\cos^2\alpha)+2(\cos\alpha\cos\beta+\sin\alpha\sin\beta)+(\sin^2\beta+\cos^2\beta)=2$

$1+2\cos(\alpha-\beta)+1=2$

$\cos(\alpha-\beta)=0$

$-\pi\leqq\alpha-\beta\leqq\pi$であるから，$\alpha-\beta=\pm\frac{\pi}{2}$ つまり$\beta=\alpha\pm\frac{\pi}{2}$

これを与式に代入すると，←βを消去

$\sin\alpha+\sin\left(\alpha\pm\frac{\pi}{2}\right)=1$ より，

$\sin\alpha\pm\cos\alpha=1$ ……①　　$\sin\left(\alpha\pm\frac{\pi}{2}\right)=\pm\cos\alpha$

$\cos\alpha+\cos\left(\alpha\pm\frac{\pi}{2}\right)=1$ より，

$\cos\alpha\mp\sin\alpha=1$ ……②　　$\cos\left(\alpha\pm\frac{\pi}{2}\right)=\mp\sin\alpha$

（①，②は複号同順）

①，②より $\begin{cases}\sin\alpha+\cos\alpha=1\\\cos\alpha-\sin\alpha=1\end{cases}$，$\begin{cases}\sin\alpha-\cos\alpha=1\\\cos\alpha+\sin\alpha=1\end{cases}$ をそれぞれ解いて，

$(\sin\alpha,\ \cos\alpha)=(0,\ 1),\ (1,\ 0)$

よって，$\alpha=0,\ \frac{\pi}{2}$

これらを与式に代入する。

$\alpha=0$ のとき，$\sin\beta=1$，$\cos\beta=0$ より，$\beta=\frac{\pi}{2}$

$\alpha=\frac{\pi}{2}$ のとき，$\sin\beta=0$，$\cos\beta=1$ より，$\beta=0$

以上より，

$(\alpha,\ \beta)=\left(0,\ \frac{\pi}{2}\right),\ \left(\frac{\pi}{2},\ 0\right)$ …答

別解 与式より，$\sin\beta=1-\sin\alpha$，$\cos\beta=1-\cos\alpha$ であるから，$\sin^2\beta+\cos^2\beta=1$ に代入すると，

$\sin^2\beta+\cos^2\beta=1$

$(1-\sin\alpha)^2+(1-\cos\alpha)^2=1$ ←βを消去

$2-2(\sin\alpha+\cos\alpha)+\sin^2\alpha+\cos^2\alpha=1$

$\sin\alpha+\cos\alpha=1$

$\sqrt{2}\sin\left(\alpha+\frac{\pi}{4}\right)=1$ 三角関数の合成

$\sin\left(\alpha+\frac{\pi}{4}\right)=\frac{1}{\sqrt{2}}$

$0\leqq\alpha\leqq\pi$ であるから，$\alpha=0,\ \frac{\pi}{2}$

これらを与式に代入する。

$\alpha=0$ のとき，$\sin\beta=1$，$\cos\beta=0$ より $\beta=\frac{\pi}{2}$

$\alpha=\frac{\pi}{2}$ のとき，$\sin\beta=0$，$\cos\beta=1$ より $\beta=0$

以上より，

$$(\boldsymbol{\alpha},\ \boldsymbol{\beta})=\left(0,\ \frac{\pi}{2}\right),\ \left(\frac{\pi}{2},\ 0\right)$$ …答

別解 サインとコサインの 1 次式なので，第 1 節で学んだように単位円周上の点として考えると速い。

右の図のように，角 α の動径と単位円の交点を $A(\alpha_1,\ \beta_1)$，角 β の動径と単位円の交点を $B(\alpha_2,\ \beta_2)$ とすると，

$A(\alpha_1,\ \beta_1)=(\cos\alpha,\ \sin\alpha)$，

$B(\alpha_2,\ \beta_2)=(\cos\beta,\ \sin\beta)$

とおける。よって与式は，

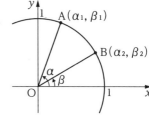

$$\begin{cases}\beta_1+\beta_2=1\\ \alpha_1+\alpha_2=1\end{cases} \text{より，} \begin{cases}\dfrac{\beta_1+\beta_2}{2}=\dfrac{1}{2}\\ \dfrac{\alpha_1+\alpha_2}{2}=\dfrac{1}{2}\end{cases}$$

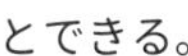
とできる。

$\left(\frac{\alpha_1+\alpha_2}{2},\ \frac{\beta_1+\beta_2}{2}\right)=\left(\frac{1}{2},\ \frac{1}{2}\right)$，つまり，AB の中点が $\left(\frac{1}{2},\ \frac{1}{2}\right)$ となるのは，右の図のように点 A と

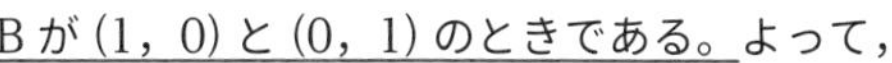
B が $(1,\ 0)$ と $(0,\ 1)$ のときである。よって，

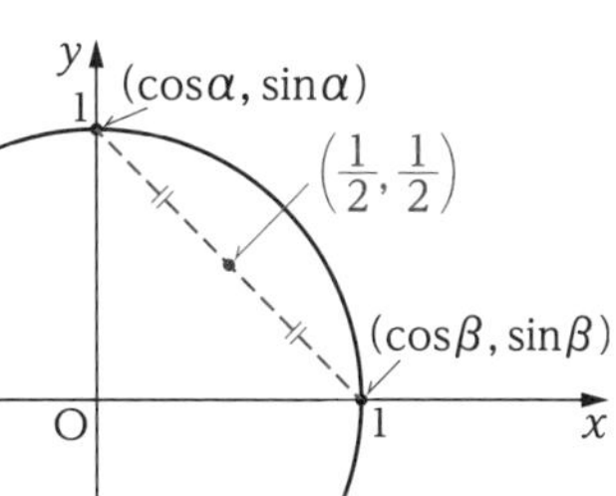

$(\cos\alpha,\ \sin\alpha)=(0,\ 1)$，$(\cos\beta,\ \sin\beta)=(1,\ 0)$

または，

$(\cos\alpha,\ \sin\alpha)=(1,\ 0)$，$(\cos\beta,\ \sin\beta)=(0,\ 1)$

これらを解くと，$(\boldsymbol{\alpha},\ \boldsymbol{\beta})=\left(\frac{\pi}{2},\ 0\right),\ \left(0,\ \frac{\pi}{2}\right)$ …答

2

考え方 (2)は(1)の結果から求めます。

(1) $\tan(\alpha+\beta)=\dfrac{\tan\alpha+\tan\beta}{1-\tan\alpha\tan\beta}$

$=\dfrac{2+4}{1-2\cdot4}$

$=-\dfrac{6}{7}$

この結果より，

$\tan(\alpha+\beta+\gamma)=\dfrac{\tan(\alpha+\beta)+\tan\gamma}{1-\tan(\alpha+\beta)\tan\gamma}$ ←$\alpha+\beta$を１つの角とみて加法定理

$=\dfrac{-\dfrac{6}{7}+13}{1-\left(-\dfrac{6}{7}\right)\cdot13}$

$=\mathbf{1}$ …答

(2) $\dfrac{\pi}{3}<\alpha<\beta<\gamma<\dfrac{\pi}{2}$ であるから，$3\cdot\dfrac{\pi}{3}<\alpha+\beta+\gamma<3\cdot\dfrac{\pi}{2}$

つまり，$\pi<\alpha+\beta+\gamma<\dfrac{3}{2}\pi$ であることに注意すると，$\tan(\alpha+\beta+\gamma)=1$ を満たす角は，$\boldsymbol{\alpha+\beta+\gamma=\dfrac{5}{4}\pi}$ …答

3

考え方 タンジェントの加法定理を利用して，$\tan x\tan y$ を求めます。

タンジェントの加法定理より，

$\tan(x+y)=\dfrac{\tan x+\tan y}{1-\tan x\tan y}$

$\dfrac{1}{2}=\dfrac{1}{1-\tan x\tan y}$

$\tan x\tan y=-1$

(1) $\tan x+\tan y=1$，$\tan x\tan y=-1$ であるから，解と係数の関係より $\tan x$，$\tan y$ の２つを解にもつ２次方程式の１つは，

$t^2-t-1=0$

これを解くと，$t=\dfrac{1\pm\sqrt{5}}{2}$ である。$-\dfrac{\pi}{2}<x<y<\dfrac{\pi}{2}$ であるから，$\tan x<\tan y$ である。

よって，$\boldsymbol{\tan x=\dfrac{1-\sqrt{5}}{2}}$，$\boldsymbol{\tan y=\dfrac{1+\sqrt{5}}{2}}$ …答

(2) $\cos(x-y)=\cos x\cos y+\sin x\sin y$

$=\cos x\cos y\left(1+\dfrac{\sin x}{\cos x}\cdot\dfrac{\sin y}{\cos y}\right)$

$=\cos x\cos y(1+\tan x\cdot\tan y)$

$=\cos x\cos y\{1+(-1)\}$

$=\mathbf{0}$ …答

4

考え方　鋭角では，角が最大のときタンジェントの値も最大になります。

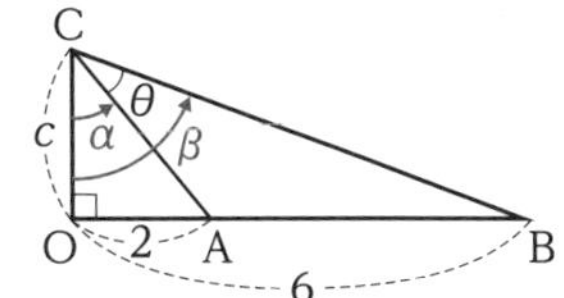

右の図のように，AC，BC と OC のなす角をそれぞれ α，$\beta\left(0<\alpha<\beta<\dfrac{\pi}{2}\right)$ とすると，

$$\tan\alpha=\frac{2}{c},\ \tan\beta=\frac{6}{c}$$

このとき，$\underline{\theta=\beta-\alpha}$ であるから，

$$\tan\theta=\tan(\beta-\alpha)$$
$$=\frac{\tan\beta-\tan\alpha}{1+\tan\beta\tan\alpha}$$
$$=\frac{\dfrac{6}{c}-\dfrac{2}{c}}{1+\dfrac{2}{c}\cdot\dfrac{6}{c}}$$
$$=\frac{4}{c+\dfrac{12}{c}}$$

分子と分母に c を掛けた

ここで，$0<\theta<\dfrac{\pi}{2}$ であるから，<u>$\tan\theta$ の値が最大のとき，θ も最大となる</u>。また，

$\tan\theta=\dfrac{4}{c+\dfrac{12}{c}}$ であるから，<u>分母が最小のとき $\tan\theta$ は最大となる</u>。$c>0$ であるから，

<u>相加平均・相乗平均の不等式</u>より，

$$c+\frac{12}{c}\geqq 2\sqrt{c\cdot\frac{12}{c}}=4\sqrt{3}$$

よって，分母の最小値は $4\sqrt{3}$ であり，等号は $c=\dfrac{12}{c}$ つまり $c=2\sqrt{3}$ のとき成立する。

このとき，$\tan\theta$ の値は最大となるので，

$$\tan\theta=\frac{4}{4\sqrt{3}}=\boldsymbol{\frac{1}{\sqrt{3}}}\ \cdots 答$$

演習問題 52　p.113

考え方　加法定理を利用して求めます。

OA=5 であるから OA と x 軸の正の向きとのなす角を θ とすると，点 A の座標は，

$$(3,\ 4)=(5\cos\theta,\ 5\sin\theta)$$

よって，$5\cos\theta=3$，$5\sin\theta=4$

OB は OA を $\dfrac{2}{3}\pi$ だけ回転させたものであるから，点 B の座標を $(x_1,\ y_1)$ とすると，

$$x_1=\underline{5\cos\left(\theta+\frac{2}{3}\pi\right)=5\left(\cos\theta\cos\frac{2}{3}\pi-\sin\theta\sin\frac{2}{3}\pi\right)}$$

x 座標はコサインの加法定理

$$=3\cdot\left(-\frac{1}{2}\right)-4\cdot\frac{\sqrt{3}}{2}=\frac{-3-4\sqrt{3}}{2}$$

$5\cos\theta=3$，$5\sin\theta=4$

$$y_1=\underline{5\sin\left(\theta+\frac{2}{3}\pi\right)=5\left(\sin\theta\cos\frac{2}{3}\pi+\cos\theta\sin\frac{2}{3}\pi\right)}$$

y 座標はサインの加法定理

$$=4\cdot\left(-\frac{1}{2}\right)+3\cdot\frac{\sqrt{3}}{2}=\frac{-4+3\sqrt{3}}{2}$$

$5\cos\theta=3$，$5\sin\theta=4$

よって，**B$\left(\frac{-3-4\sqrt{3}}{2},\ \frac{-4+3\sqrt{3}}{2}\right)$** …答

OC は OA を $\frac{4}{3}\pi$ だけ回転させたものであるから，点 C の座標を $(x_2,\ y_2)$ とすると，

$$x_2=\underline{5\cos\left(\theta+\frac{4}{3}\pi\right)=5\left(\cos\theta\cos\frac{4}{3}\pi-\sin\theta\sin\frac{4}{3}\pi\right)}$$

x 座標はコサインの加法定理

$$=3\cdot\left(-\frac{1}{2}\right)-4\cdot\left(-\frac{\sqrt{3}}{2}\right)=\frac{-3+4\sqrt{3}}{2}$$

$5\cos\theta=3$，$5\sin\theta=4$

$$y_2=\underline{5\sin\left(\theta+\frac{4}{3}\pi\right)=5\left(\sin\theta\cos\frac{4}{3}\pi+\cos\theta\sin\frac{4}{3}\pi\right)}$$

y 座標はサインの加法定理

$$=4\cdot\left(-\frac{1}{2}\right)+3\cdot\left(-\frac{\sqrt{3}}{2}\right)=\frac{-4-3\sqrt{3}}{2}$$

$5\cos\theta=3$，$5\sin\theta=4$

よって，**C$\left(\frac{-3+4\sqrt{3}}{2},\ \frac{-4-3\sqrt{3}}{2}\right)$** …答

演習問題 53 p.115

1

考え方 2 倍角の公式より角をそろえてグラフを考えます。

$$\begin{aligned}y&=2\cos 2x+4\cos x-2\\&=2(2\cos^2 x-1)+4\cos x-2\\&=4\cos^2 x+4\cos x-4\end{aligned}$$

$\cos x$ にそろえる

ここで，$\underline{\cos x=t}$ とおくと，

$$y=4t^2+4t-4=4\left(t+\frac{1}{2}\right)^2-5$$

$0\leqq x<2\pi$ より $-1\leqq\cos x\leqq 1$ つまり $\underline{-1\leqq t\leqq 1}$ であることに注意すると，グラフは次の図のようになる。

↑おき換えは変域チェック

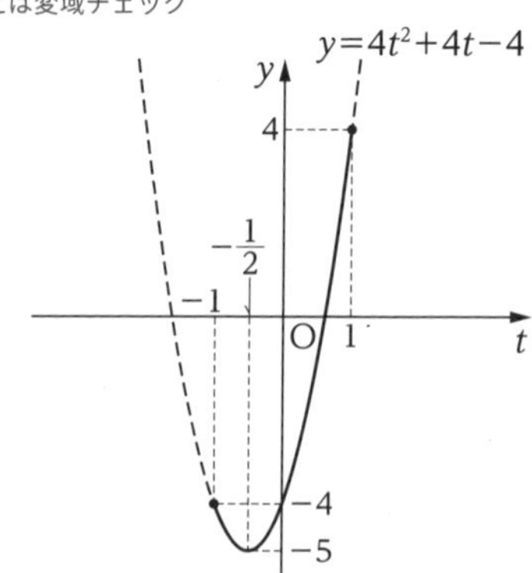

グラフより，$t=1$ で最大値 4

このとき，$t=\cos x=1$ であるから，

$x=0$

また，$t=-\frac{1}{2}$ で最小値 -5

このとき，$t=\cos x=-\frac{1}{2}$ であるから，

$x=\frac{2}{3}\pi$，$\frac{4}{3}\pi$

以上より，**$x=0$ のとき最大値 4，**

$x=\frac{2}{3}\pi$，$\frac{4}{3}\pi$ のとき最小値 -5 …答

2

考え方 グラフの軸の位置で場合を分けます。

$$f(x)=-\frac{1}{2}\cos 2x+2a\cos x+\frac{1}{2}$$
$$=-\frac{1}{2}(2\cos^2 x-1)+2a\cos x+\frac{1}{2}$$
$$=-\cos^2 x+2a\cos x+1$$

（$\cos x$ にそろえる）

ここで，$\cos x=t$ とおくと，

$$f(x)=-t^2+2at+1$$
$$=-(t-a)^2+a^2+1$$

この右辺を $g(t)$ とおく。$0\leqq x<2\pi$ より $-1\leqq t\leqq 1$ であることに注意して，軸 $t=a$ の位置で場合を分ける。

（↑おき換えは変域チェック）

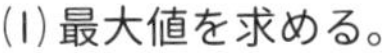

(I) 最大値を求める。

(i) $a<-1$ のとき，
最大値 $g(-1)=-2a$ ←軸が変域より左

(ii) $-1\leqq a\leqq 1$ のとき，
最大値 $g(a)=a^2+1$ ←軸が変域内

(iii) $1<a$ のとき，
最大値 $g(1)=2a$ ←軸が変域より右

以上より，**最大値は**

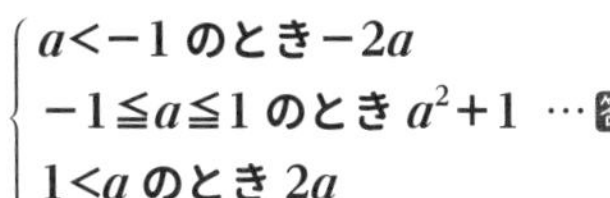

$$\begin{cases} a<-1 \text{ のとき } -2a \\ -1\leqq a\leqq 1 \text{ のとき } a^2+1 \\ 1<a \text{ のとき } 2a \end{cases}$$ …答

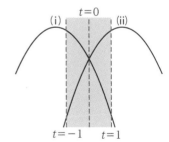

(II) 最小値を求める。

(i) $a<0$ のとき，
最小値 $g(1)=2a$ ←軸が変域の中点より左

(ii) $0\leqq a$ のとき，
最小値 $g(-1)=-2a$ ←軸が変域の中点より右

以上より，**最小値は**

$$\begin{cases} a<0 \text{ のとき } 2a \\ 0\leqq a \text{ のとき } -2a \end{cases}$$ …答

3

考え方 グラフが下に凸か上に凸かに注意します。

$$y=4\sin x-k\cos 2x$$
$$=4\sin x-k(1-2\sin^2 x)$$
$$=2k\sin^2 x+4\sin x-k$$

（$\sin x$ にそろえる）

ここで，$\sin x=t$ とおくと，$0\leqq x\leqq 2\pi$ より $-1\leqq t\leqq 1$ の範囲において，

（↑おき換えは変域チェック）

$$y=2kt^2+4t-k=2k\left(t+\frac{1}{k}\right)^2-k-\frac{2}{k}$$

この右辺を $f(t)$ とおく。k の正負または0に気をつけて，軸の位置で場合を分ける。

(i) $k>0$ のとき，$y=f(t)$ のグラフは下に凸の放物線である。軸 $-\frac{1}{k}<0$ であるから，

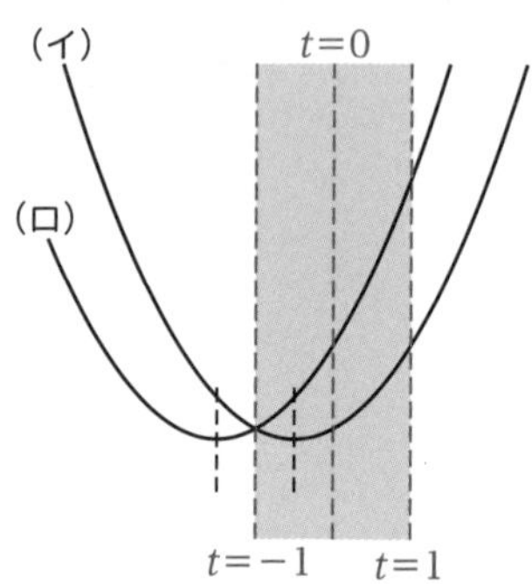

(イ) $-1\leqq-\frac{1}{k}<0$ つまり $1\leqq k$ のとき ←軸が変域内かつ変域の中点より左

$t=1$ で最大値 $f(1)=k+4$，$t=-\frac{1}{k}$ で最小値 $f\left(-\frac{1}{k}\right)=-k-\frac{2}{k}$

(ロ) $-\frac{1}{k}<-1$ つまり $0<k<1$ のとき ←軸が変域より左（つまり変域の中点より左）

$t=1$ で最大値 $f(1)=k+4$，$t=-1$ で最小値 $f(-1)=k-4$

(ii) $k=0$ のとき，$f(t)=4t$ であるから，← $f(t)$ のグラフは直線になる

$t=1$ で最大値 $f(1)=k+4$，$t=-1$ で最小値 $f(-1)=k-4$

(iii) $k<0$ のとき，$y=f(t)$ のグラフは上に凸の放物線である。軸 $-\frac{1}{k}>0$ であるから，

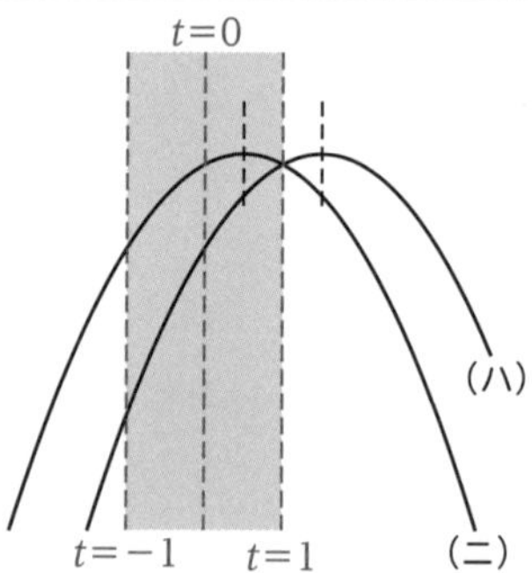

(ハ) $1\leqq-\frac{1}{k}$ つまり $-1\leqq k<0$ のとき ←軸が変域より右（つまり変域の中点より右）

$t=1$ で最大値 $f(1)=k+4$，$t=-1$ で最小値 $f(-1)=k-4$

(ニ) $0<-\frac{1}{k}<1$ つまり $k<-1$ のとき ←軸が変域内かつ変域の中点より右

$t=-\frac{1}{k}$ で最大値 $f\left(-\frac{1}{k}\right)=-k-\frac{2}{k}$，$t=-1$ で最小値 $f(-1)=k-4$

以上より，

最大値は $\begin{cases} k<-1 \text{ のとき } -k-\frac{2}{k} \\ -1\leqq k \text{ のとき } k+4 \end{cases}$ …答

最小値は $\begin{cases} k<1 \text{ のとき } k-4 \\ 1 \leqq k \text{ のとき } -k-\dfrac{2}{k} \end{cases}$ …答

演習問題 54 p.118

考え方 **Check Point** の公式を利用します。

1 (1) $\sin\theta=\dfrac{2t}{1+t^2}$, $\cos\theta=\dfrac{1-t^2}{1+t^2}$ …答

(2)(1)の結果より，$\tan\dfrac{\theta}{2}=t$ とすると，

$$\sin\theta+\cos\theta=\frac{1}{5}$$
$$\frac{2t}{1+t^2}+\frac{1-t^2}{1+t^2}=\frac{1}{5}$$
$$3t^2-5t-2=0$$
$$(t-2)(3t+1)=0$$

よって，$t=\tan\dfrac{\theta}{2}=2,\ -\dfrac{1}{3}$ …答

2 (1) $\sin2x=\dfrac{2t}{1+t^2}$, $\cos2x=\dfrac{1-t^2}{1+t^2}$ …答

(2)(1)の結果より，

$$\frac{2+\sin2x}{1+\cos2x}=\frac{2+\dfrac{2t}{1+t^2}}{1+\dfrac{1-t^2}{1+t^2}}$$
$$=\frac{2(1+t^2)+2t}{(1+t^2)+(1-t^2)}$$
$$=t^2+t+1$$
$$=\left(t+\frac{1}{2}\right)^2+\frac{3}{4}$$

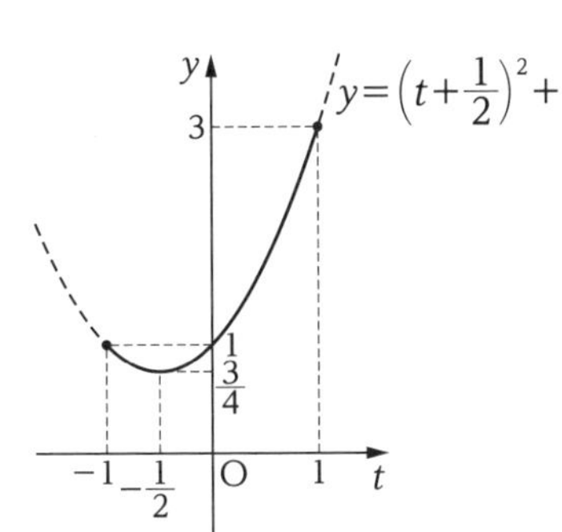

ここで，$y=\left(t+\dfrac{1}{2}\right)^2+\dfrac{3}{4}$ とおくと，右の図のようになる。$-\dfrac{\pi}{4}\leqq x\leqq\dfrac{\pi}{4}$ より $-1\leqq t\leqq1$ であるから，$t=1$ のとき最大値をとり，$t=-\dfrac{1}{2}$ のとき最小値をとる。よって，

$t=1$ のとき最大値 3，$t=-\dfrac{1}{2}$ のとき最小値 $\dfrac{3}{4}$ …答

3 $\tan\dfrac{x}{2}=t$ とすると，

$$\cos^2\frac{x}{2}=\frac{1}{1+\tan^2\dfrac{x}{2}}=\frac{1}{1+t^2}$$ ←相互関係 $\dfrac{1}{\cos^2\theta}=1+\tan^2\theta$

$$\sin x=\frac{2t}{1+t^2}$$

以上の結果を与式に代入すると，

$$(\sqrt{3}+1)\cdot\frac{1}{1+t^2}+\frac{\sqrt{3}-1}{2}\cdot\frac{2t}{1+t^2}-1=0$$

$$\sqrt{3}+1+(\sqrt{3}-1)t-(1+t^2)=0$$
$$t^2+(1-\sqrt{3})t-\sqrt{3}=0$$
$$(t+1)(t-\sqrt{3})=0$$

よって，$t=\tan\dfrac{x}{2}=-1,\ \sqrt{3}$

$-\dfrac{\pi}{2}<\dfrac{x}{2}<\dfrac{\pi}{2}$ であるから，$\dfrac{x}{2}=-\dfrac{\pi}{4},\ \dfrac{\pi}{3}$

これより，$\boldsymbol{x=-\dfrac{\pi}{2},\ \dfrac{2}{3}\pi}$ …答

4 右の図のように，円と傾きが m の直線の共有点のうち，x 座標が -1 とは異なる点を P とする。直線と x 軸の正の向きとのなす角を θ とすると，

$\tan\theta=m$

また，円周角と中心角の関係から線分 OP と x 軸の正の向きとのなす角は 2θ となる。このとき点 P の座標は，

$\mathrm{P}(\cos2\theta,\ \sin2\theta)$

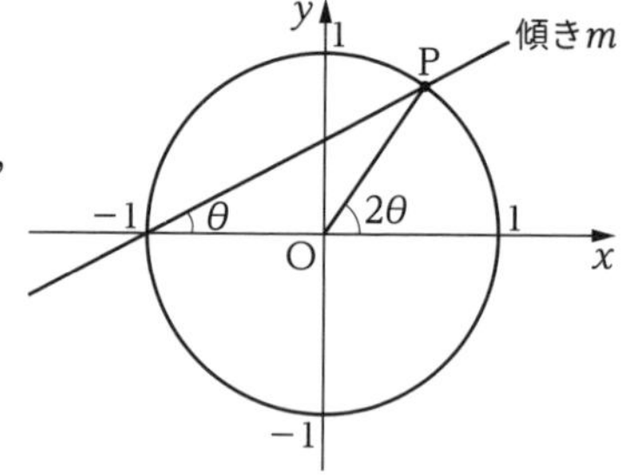

よって，

$$\sin2\theta=\frac{2m}{1+m^2},\quad \cos2\theta=\frac{1-m^2}{1+m^2}$$

であるから，

$$\mathrm{P}(\cos2\theta,\ \sin2\theta)=\boldsymbol{\left(\frac{1-m^2}{1+m^2},\ \frac{2m}{1+m^2}\right)}\ \cdots答$$

演習問題 55 p.119

考え方　3 倍角の公式などを用いて，角度をそろえて考えます。

1

$$\sin3\theta=2\cos2\theta+1$$
$$3\sin\theta-4\sin^3\theta=2(1-2\sin^2\theta)+1$$
（3 倍角の公式・2 倍角の公式で $\sin\theta$ にそろえる）
$$4\sin^2\theta(\sin\theta-1)-3(\sin\theta-1)=0$$
$$(\sin\theta-1)(4\sin^2\theta-3)=0 \quad \leftarrow因数分解$$
$$\sin\theta=1,\ \pm\frac{\sqrt{3}}{2}$$

$0\leqq\theta<2\pi$ より，

$$\boldsymbol{\theta=\frac{\pi}{2},\ \frac{\pi}{3},\ \frac{2}{3}\pi,\ \frac{4}{3}\pi,\ \frac{5}{3}\pi}\ \cdots答$$

2 (1) $\theta=\dfrac{\pi}{5}$ より $5\theta=\pi$ であるから，$3\theta+2\theta=\pi \iff 2\theta=\pi-3\theta$

よって，

$$\cos2\theta=\cos(\pi-3\theta)=-\cos3\theta \quad \leftarrow \cos(\pi-\theta)=-\cos\theta$$

これより，

$$\cos3\theta+\cos2\theta=\cos3\theta+(-\cos3\theta)=0$$

〔証明終わり〕

参考 演習問題 45**3**の解説も参照して下さい。

(2)(1)の結果より，

$$\cos 3\theta + \cos 2\theta = 0$$
$$-3\cos\theta + 4\cos^3\theta + (2\cos^2\theta - 1) = 0$$
3 倍角の公式・2 倍角の公式で $\cos\theta$ にそろえる

$$4\cos^3\theta + 2\cos^2\theta - 3\cos\theta - 1 = 0$$
← $\cos\theta = -1$ で 0 になる

$$(\cos\theta + 1)(4\cos^2\theta - 2\cos\theta - 1) = 0$$
← $(\cos\theta + 1)$ を因数にもつ（因数定理）

これより，$\cos\theta = -1$，$\dfrac{1\pm\sqrt{5}}{4}$

$\theta = \dfrac{\pi}{5}$ のとき $\cos\theta > 0$ であるから，

$$\boldsymbol{\cos\theta = \frac{1+\sqrt{5}}{4}}$$ …答

別解 $3\theta = \dfrac{3}{5}\pi = $ 108°であり，この大きさは正五角形の内角の 1 つの大きさに等しい。

このとき，右の図のように正五角形の対角線の長さを l とすると，1 辺の長さが 1 の正五角形が内接している円に，四角形 ABCD も内接しているのでトレミーの定理(「基本大全 数学 I・A Core 編」で扱っています)より，

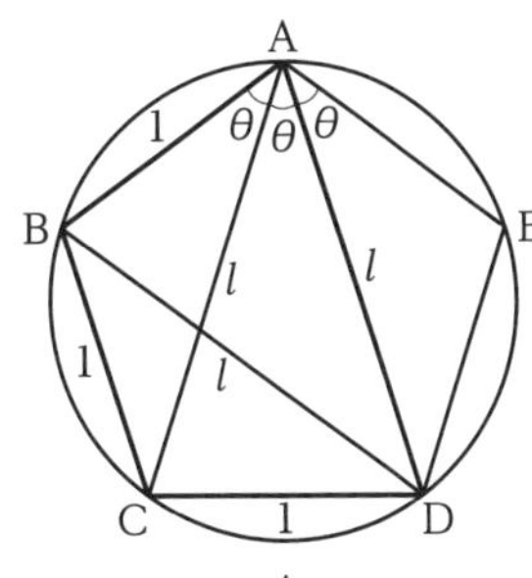

$$AB\cdot CD + BC\cdot DA = AC\cdot BD$$
$$1\cdot 1 + 1\cdot l = l\cdot l$$
$$l^2 - l - 1 = 0$$

$l > 0$ であるから，$l = \dfrac{1+\sqrt{5}}{2}$

次に，右の図のように B から対角線 AC に垂線を引いたときの交点を F とすると，△ABC は AB＝BC の二等辺三角形であるから，F は AC の中点である。△ABF に着目して，

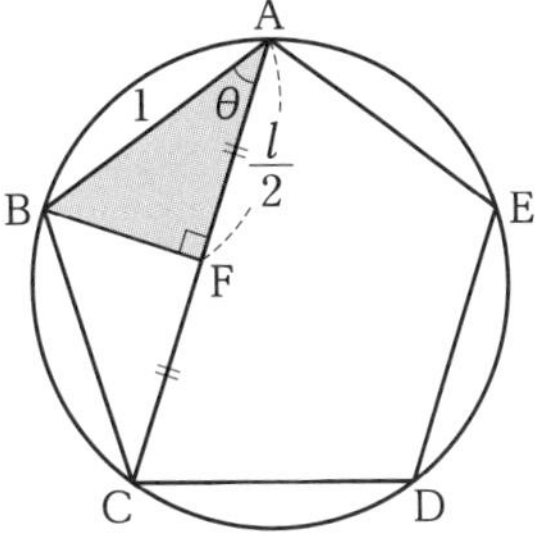

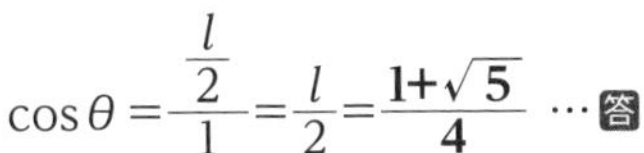

$$\cos\theta = \frac{\frac{l}{2}}{1} = \frac{l}{2} = \boldsymbol{\frac{1+\sqrt{5}}{4}}$$ …答

3

$$\sin 3x - 2\sin 2x + (2-a)\sin x = 0$$
$$(3\sin x - 4\sin^3 x) - 2\cdot 2\sin x\cos x + (2-a)\sin x = 0$$

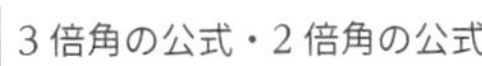
3 倍角の公式・2 倍角の公式

$$\sin x(3 - 4\sin^2 x - 4\cos x + 2 - a) = 0$$
$$\sin x\{3 - 4(1-\cos^2 x) - 4\cos x + 2 - a\} = 0$$
$$\sin x(4\cos^2 x - 4\cos x + 1 - a) = 0$$

$\sin x = 0$ より $x = 0$，π の 2 個の解をもつ。

次に $4\cos^2 x - 4\cos x + 1 - a = 0$……①において，$x = 0$，$\pi$ 以外の解の個数を数える。

$\cos x = t$ とおくと，$-1 < t < 1$ の範囲において，← $x = 0$，π は除くので $t = \pm 1$ は含まない

$$4t^2 - 4t + 1 - a = 0$$
$$4t^2 - 4t + 1 = a$$

よって，$y = 4t^2 - 4t + 1$ と $y = a\,(a > 0)$ のグラフの $-1 < t < 1$ における共有点の個数を

調べる。

右の図のように，$y=4t^2-4t+1$ と $y=a$ のグラフの共有点 1 個につき対応する x が 2 個あるので，方程式①の実数解の個数は，

$$\begin{cases} 0<a<1 \text{ のとき 4 個} \\ 1\leqq a<9 \text{ のとき 2 個} \\ 9\leqq a \text{ のとき 0 個} \end{cases}$$

$x=0$，π の 2 個の解も加えると，問題の方程式の実数解の個数は，

$$\begin{cases} \mathbf{0<a<1} \textbf{ のとき 6 個} \\ \mathbf{1\leqq a<9} \textbf{ のとき 4 個} \\ \mathbf{9\leqq a} \textbf{ のとき 2 個} \end{cases} \cdots 答$$

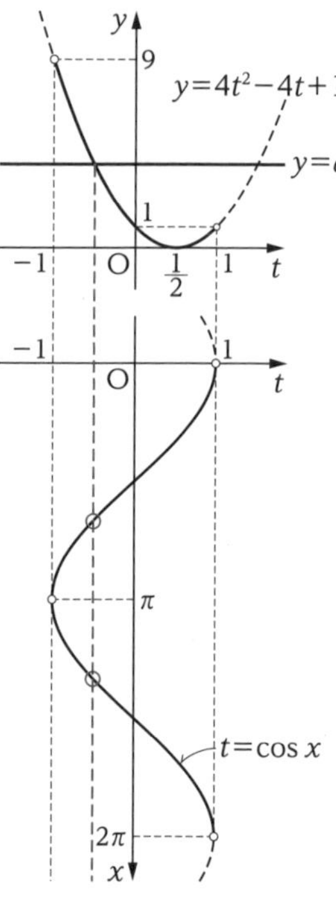

演習問題 56 p.121

1

考え方 加法定理を組み合わせて変換します。(2)は 2 角の和と 2 角の差が有名角になる点に着目します。

(1)コサインの加法定理より，←サインどうしの積

$\cos(6\theta+4\theta)=\cos6\theta\cos4\theta-\sin6\theta\sin4\theta$

$\cos(6\theta-4\theta)=\cos6\theta\cos4\theta+\sin6\theta\sin4\theta$

辺々の差をとることにより，

$\cos10\theta-\cos2\theta=-2\sin6\theta\sin4\theta$

$\boldsymbol{\sin6\theta\sin4\theta=-\frac{1}{2}(\cos10\theta-\cos2\theta)}$ …答

(2)サインの加法定理より ←サインとコサインの積

$\sin(75°+15°)=\sin75°\cos15°+\cos75°\sin15°$

$\sin(75°-15°)=\sin75°\cos15°-\cos75°\sin15°$

辺々の差をとることにより，

$\sin90°-\sin60°=2\cos75°\sin15°$

$1-\frac{\sqrt{3}}{2}=2\cos75°\sin15°$

$\boldsymbol{\cos75°\sin15°=\frac{2-\sqrt{3}}{4}}$ …答

2

考え方 2つずつ組み合わせて変形していきます。

まず，$\sin40^\circ\sin80^\circ$を和の形に直す。コサインの加法定理より，←サインどうしの積

$$\cos(80^\circ+40^\circ)=\cancel{\cos80^\circ\cos40^\circ}-\sin80^\circ\sin40^\circ$$
$$\cos(80^\circ-40^\circ)=\cancel{\cos80^\circ\cos40^\circ}+\sin80^\circ\sin40^\circ$$

辺々の差をとることにより，

$$-2\sin80^\circ\sin40^\circ=\cos120^\circ-\cos40^\circ$$
$$\sin80^\circ\sin40^\circ=-\frac{1}{2}\cdot\left(-\frac{1}{2}\right)+\frac{1}{2}\cos40^\circ$$
$$\sin80^\circ\sin40^\circ=\frac{1}{2}\cos40^\circ+\frac{1}{4}$$

この結果より，与式は

$$\sin20^\circ\sin40^\circ\sin80^\circ=\sin20^\circ\cdot\left(\frac{1}{2}\cos40^\circ+\frac{1}{4}\right)$$
$$=\frac{1}{2}\cos40^\circ\sin20^\circ+\frac{1}{4}\sin20^\circ \quad\cdots\cdots①$$

ここで，サインの加法定理より，←サインとコサインの積

$$\sin(40^\circ+20^\circ)=\cancel{\sin40^\circ\cos20^\circ}+\cos40^\circ\sin20^\circ$$
$$\sin(40^\circ-20^\circ)=\cancel{\sin40^\circ\cos20^\circ}-\cos40^\circ\sin20^\circ$$

辺々の差をとることにより，

$$2\cos40^\circ\sin20^\circ=\sin60^\circ-\sin20^\circ$$
$$\cos40^\circ\sin20^\circ=\frac{\sqrt{3}}{4}-\frac{1}{2}\sin20^\circ$$

これを①に代入すると，

$$\frac{1}{2}\left(\frac{\sqrt{3}}{4}-\frac{1}{2}\sin20^\circ\right)+\frac{1}{4}\sin20^\circ=\boldsymbol{\frac{\sqrt{3}}{8}}$$ …答

3

考え方 和への変換で2角の和が$\frac{\pi}{3}$，差が$2x$になることに着目します。

コサインの加法定理より，←コサインどうしの積

$$\cos\left\{\left(\frac{\pi}{6}+x\right)+\left(\frac{\pi}{6}-x\right)\right\}=\cos\left(\frac{\pi}{6}+x\right)\cos\left(\frac{\pi}{6}-x\right)-\cancel{\sin\left(\frac{\pi}{6}+x\right)\sin\left(\frac{\pi}{6}-x\right)}$$
$$\cos\left\{\left(\frac{\pi}{6}+x\right)-\left(\frac{\pi}{6}-x\right)\right\}=\cos\left(\frac{\pi}{6}+x\right)\cos\left(\frac{\pi}{6}-x\right)+\cancel{\sin\left(\frac{\pi}{6}+x\right)\sin\left(\frac{\pi}{6}-x\right)}$$

辺々を加えることにより，

$$\cos\frac{\pi}{3}+\cos2x=2\cos\left(\frac{\pi}{6}+x\right)\cos\left(\frac{\pi}{6}-x\right)$$
$$\cos\left(\frac{\pi}{6}+x\right)\cos\left(\frac{\pi}{6}-x\right)=\frac{1}{4}+\frac{1}{2}\cos2x$$

これより，

$$y=\frac{1}{4}+\frac{1}{2}\cos2x$$

ここで，$0\leqq x\leqq\pi$より，$0\leqq2x\leqq2\pi$であるから，$-1\leqq\cos2x\leqq1$

第1章 式と証明
第2章 複素数と方程式
第3章 図形と方程式
第4章 三角関数
第5章 指数関数と対数関数
第6章 微分法と積分法

$\cos 2x=1$ のとき，$y=\dfrac{3}{4}$

$\cos 2x=-1$ のとき，$y=-\dfrac{1}{4}$

よって，

最大値$\dfrac{3}{4}$，最小値$-\dfrac{1}{4}$ …答

演習問題 57 p.125

1

考え方 2つの角を$\alpha+\beta$，$\alpha-\beta$とおいて考えます。

(1) $2\theta=\alpha+\beta$，$\theta=\alpha-\beta$とおくと，

$\alpha=\dfrac{3}{2}\theta$，$\beta=\dfrac{\theta}{2}$ ←2角の和の半分，2角の差の半分

このとき，

$$\begin{aligned}\sin\theta-\sin 2\theta&=\sin(\alpha-\beta)-\sin(\alpha+\beta)\\&=-2\cos\alpha\sin\beta\\&=\boldsymbol{-2\cos\frac{3}{2}\theta\sin\frac{\theta}{2}}\ \cdots\text{答}\end{aligned}$$

(2) $4\theta=\alpha+\beta$，$3\theta=\alpha-\beta$とおくと，

$\alpha=\dfrac{7}{2}\theta$，$\beta=\dfrac{\theta}{2}$ ←2角の和の半分，2角の差の半分

このとき，

$$\begin{aligned}\cos 4\theta+\cos 3\theta&=\cos(\alpha+\beta)+\cos(\alpha-\beta)\\&=2\cos\alpha\cos\beta\\&=\boldsymbol{2\cos\frac{7}{2}\theta\cos\frac{\theta}{2}}\ \cdots\text{答}\end{aligned}$$

(3) $105°=\alpha+\beta$，$15°=\alpha-\beta$とおくと，

$\alpha=60°$，$\beta=45°$ ←2角の和の半分，2角の差の半分

このとき，

$$\begin{aligned}\sin 105°+\sin 15°&=\sin(\alpha+\beta)+\sin(\alpha-\beta)\\&=2\sin\alpha\cos\beta\\&=2\sin 60°\cos 45°\\&=2\cdot\frac{\sqrt{3}}{2}\cdot\frac{1}{\sqrt{2}}=\boldsymbol{\frac{\sqrt{6}}{2}}\ \cdots\text{答}\end{aligned}$$

(4) $195°=\alpha+\beta$，$105°=\alpha-\beta$とおくと，

$\alpha=150°$，$\beta=45°$ ←2角の和の半分，2角の差の半分

このとき，

$$\begin{aligned}\cos 195°-\cos 105°&=\cos(\alpha+\beta)-\cos(\alpha-\beta)\\&=-2\sin\alpha\sin\beta\\&=-2\sin 150°\sin 45°\\&=-2\cdot\frac{1}{2}\cdot\frac{1}{\sqrt{2}}=\boldsymbol{-\frac{1}{\sqrt{2}}}\ \cdots\text{答}\end{aligned}$$

2

考え方 2つずつ積の形に直していきます。

まず，$\cos 10°+\cos 110°$を積の形に直す。

$110°=\alpha+\beta$，$10°=\alpha-\beta$とおくと，

$\alpha=60°$，$\beta=50°$ ←2角の和の半分，2角の差の半分

このとき，

$$\begin{aligned}\cos 10°+\cos 110°&=\cos(\alpha-\beta)+\cos(\alpha+\beta)\\&=2\cos\alpha\cos\beta\\&=2\cos 60°\cos 50°\\&=\cos 50°\end{aligned}$$

これを与式に代入すると，

$\cos 10°+\cos 110°+\cos 230°=\cos 50°+\cos 230°$ ……①

次に，$230°=\alpha+\beta$，$50°=\alpha-\beta$とおくと，

$\alpha=140°$，$\beta=90°$ ←2角の和の半分，2角の差の半分

このとき，

$$\begin{aligned}\cos 50°+\cos 230°&=\cos(\alpha-\beta)+\cos(\alpha+\beta)\\&=2\cos\alpha\cos\beta\\&=2\cos 140°\cos 90°\\&=\mathbf{0}\end{aligned}$$ …答

別解 ①において，

$$\begin{aligned}\cos 50°+\cos 230°&=\cos 50°+\cos(50°+180°)\\&=\cos 50°+(-\cos 50°)\\&=\mathbf{0}\end{aligned}$$ …答

（$\cos(\theta+\pi)=-\cos\theta$）

3

考え方 方程式や不等式を解くために積の形をつくります。

(1) $5x=\alpha+\beta$，$3x=\alpha-\beta$とおくと，

$\alpha=4x$，$\beta=x$ ←2角の和の半分，2角の差の半分

このとき，

$$\begin{aligned}\sin 3x+\sin 5x&=\sin(\alpha-\beta)+\sin(\alpha+\beta)\\&=2\sin\alpha\cos\beta\\&=2\sin 4x\cos x\end{aligned}$$

これを与式に代入すると，

$$\cos x-\sin 3x-\sin 5x=0$$
$$\cos x-(\sin 3x+\sin 5x)=0$$
$$\cos x-2\sin 4x\cos x=0$$
$$\cos x(1-2\sin 4x)=0$$

よって，$\cos x=0$ または，$\sin 4x=\dfrac{1}{2}$

$0 \leqq x < \pi$ より $0 \leqq 4x < 4\pi$ であることに注意すると，

$\cos x = 0$ より，$x = \frac{\pi}{2}$

$\sin 4x = \frac{1}{2}$ より，

$4x = \frac{\pi}{6},\ \frac{5}{6}\pi,\ \frac{\pi}{6} + 2\pi,\ \frac{5}{6}\pi + 2\pi$ つまり $x = \frac{\pi}{24},\ \frac{5}{24}\pi,\ \frac{13}{24}\pi,\ \frac{17}{24}\pi$

したがって，

$\boldsymbol{x = \frac{\pi}{24},\ \frac{5}{24}\pi,\ \frac{\pi}{2},\ \frac{13}{24}\pi,\ \frac{17}{24}\pi}$ …答

(2) $3x = \alpha + \beta$，$x = \alpha - \beta$ とおくと，

$\alpha = 2x$，$\beta = x$ ←2 角の和の半分，2 角の差の半分

このとき，

$$\sin x + \sin 3x = \sin(\alpha - \beta) + \sin(\alpha + \beta)$$
$$= 2\sin\alpha\cos\beta$$
$$= 2\sin 2x \cos x$$

これを与式に代入すると，

$\sin x + \sin 3x > \cos x$

$2\sin 2x \cos x > \cos x$

$\cos x(2\sin 2x - 1) > 0$

これより，$\left\{\cos x > 0\right.$ かつ $\left.\sin 2x > \frac{1}{2}\right\}$ または $\left\{\cos x < 0\right.$ かつ $\left.\sin 2x < \frac{1}{2}\right\}$

また，$\sin 2x = \frac{1}{2}$ となるのは $0 \leqq 2x < 2\pi$ であることに注意すると，

$2x = \frac{\pi}{6},\ \frac{5}{6}\pi$

つまり，

$x = \frac{\pi}{12},\ \frac{5}{12}\pi$

(i) $\cos x > 0$ かつ $\sin 2x > \frac{1}{2}$ のとき，

$0 < x < \frac{\pi}{2}$ かつ $\frac{\pi}{12} < x < \frac{5}{12}\pi$

つまり，$\frac{\pi}{12} < x < \frac{5}{12}\pi$

(ii) $\cos x < 0$ かつ $\sin 2x < \frac{1}{2}$ のとき，

$\frac{\pi}{2} < x < \pi$ かつ $\left\{0 < x < \frac{\pi}{12}\right.$ または $\left.\frac{5}{12}\pi < x < \pi\right\}$

つまり，$\frac{\pi}{2} < x < \pi$

(i)，(ii)より，$\boldsymbol{\frac{\pi}{12} < x < \frac{5}{12}\pi,\ \frac{\pi}{2} < x < \pi}$ …答

4

考え方 $\cos(2x + y) < \cos x \cos(x + y)$ の右辺において，角の和が $2x + y$ に等しくなることに着目します。

$\cos(2x+y)<\cos x\cos(x+y)$

$\cos(2x+y)-\cos x\cos(x+y)<0$ ……①

ここで，コサインの加法定理より，←コサインどうしの積

$\cos\{(x+y)+x\}=\cos(x+y)\cos x-\sin(x+y)\sin x$

$\cos\{(x+y)-x\}=\cos(x+y)\cos x+\sin(x+y)\sin x$

辺々を加えることにより，

$\cos\{(x+y)+x\}+\cos\{(x+y)-x\}=2\cos(x+y)\cos x$

$\cos(x+y)\cos x=\frac{1}{2}\{\cos(2x+y)+\cos y\}$

これを①に代入すると，

$\cos(2x+y)-\cos x\cos(x+y)<0$

$\cos(2x+y)-\frac{1}{2}\{\cos(2x+y)+\cos y\}<0$　積から和への変換

$\frac{1}{2}\{\cos(2x+y)-\cos y\}<0$ ……②

ここで，$2x+y=\alpha+\beta$，$y=\alpha-\beta$ とおくと，$\alpha=x+y$，$\beta=x$

このとき，$\cos(2x+y)-\cos y=\cos(\alpha+\beta)-\cos(\alpha-\beta)$

$=-2\sin\alpha\sin\beta$

$=-2\sin(x+y)\sin x$

これを②に代入すると，

$\frac{1}{2}\{\cos(2x+y)-\cos y\}<0$

$\frac{1}{2}\cdot\{-2\sin(x+y)\sin x\}<0$　和から積への変換

$\sin(x+y)\sin x>0$

よって，$\{\sin(x+y)>0$ かつ $\sin x>0\}$ または $\{\sin(x+y)<0$ かつ $\sin x<0\}$ である。

さらに，$0<x<2\pi$，$0<x+y<4\pi$ であるから，

(i) $\sin(x+y)>0$ かつ $\sin x>0$ のとき

$\{0<x+y<\pi$ または $2\pi<x+y<3\pi\}$ かつ $0<x<\pi$

つまり，

$\{-x<y<-x+\pi$ または $-x+2\pi<y<-x+3\pi\}$ かつ $0<x<\pi$

(ii) $\sin(x+y)<0$ かつ $\sin x<0$ のとき

$\{\pi<x+y<2\pi$ または $3\pi<x+y<4\pi\}$ かつ $\pi<x<2\pi$

つまり，

$\{-x+\pi<y<-x+2\pi$ または $-x+3\pi<y<-x+4\pi\}$ かつ $\pi<x<2\pi$

以上(i)または(ii)と，$0<y<2\pi$ にも注意して図示すると，求める領域は右の図の斜線部分になる。ただし，境界線は含まない。

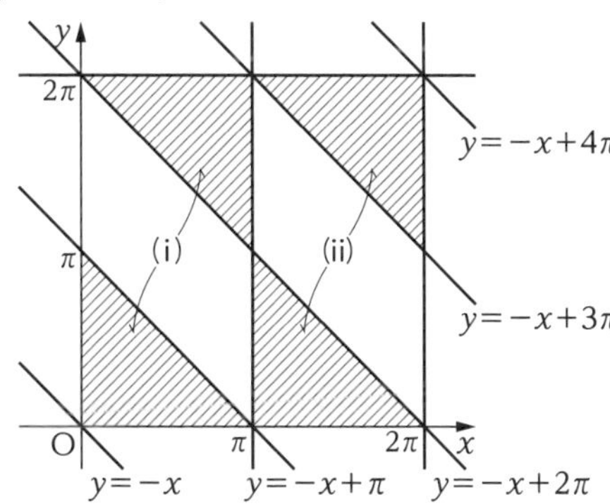

5

考え方 三角形の内角の和がπであることを利用します。

(1)$B=\alpha+\beta$，$C=\alpha-\beta$とおくと，$\alpha=\dfrac{B+C}{2}$，$\beta=\dfrac{B-C}{2}$である。

$$\sin B+\sin C=\sin(\alpha+\beta)+\sin(\alpha-\beta)$$
$$=2\sin\alpha\cos\beta$$
$$=2\sin\frac{B+C}{2}\cos\frac{B-C}{2}\ \cdots\cdots①$$

ここで，三角形の内角の和を考えると，$A+B+C=\pi$ であるから，

$$B+C=\pi-A=\frac{2}{3}\pi$$

$$B-C=B-(\pi-A-B)=2B-\frac{2}{3}\pi\ \cdots\cdots②$$

これらを①に代入すると，

$$\sin B+\sin C=2\sin\frac{\pi}{3}\cos\left(B-\frac{\pi}{3}\right)$$
$$=\sqrt{3}\cos\left(B-\frac{\pi}{3}\right)$$

$B+C=\dfrac{2}{3}\pi$ であるから，

$$0<B<\frac{2}{3}\pi$$

$$-\frac{\pi}{3}<B-\frac{\pi}{3}<\frac{\pi}{3}$$

よって，

$$\frac{1}{2}<\cos\left(B-\frac{\pi}{3}\right)\leqq 1$$
$$\frac{\sqrt{3}}{2}<\sqrt{3}\cos\left(B-\frac{\pi}{3}\right)\leqq\sqrt{3}$$

つまり，$\boldsymbol{\dfrac{\sqrt{3}}{2}<\sin B+\sin C\leqq\sqrt{3}}$ …答

参考 ②で $B-C=(B+C)-2C=\dfrac{2}{3}\pi-2C$ と考えることもできます。

(2)コサインの加法定理より，

$$\cos(B+C)=\cos B\cos C-\sin B\sin C$$
$$\cos(B-C)=\cos B\cos C+\sin B\sin C$$

辺々の差をとることにより，

$$\cos(B+C)-\cos(B-C)=-2\sin B\sin C$$

よって，

$$\sin B\sin C=\frac{1}{2}\{\cos(B-C)-\cos(B+C)\}$$
$$=\frac{1}{2}\left\{\cos\left(2B-\frac{2}{3}\pi\right)-\cos\frac{2}{3}\pi\right\}$$
$$=\frac{1}{2}\left\{\cos\left(2B-\frac{2}{3}\pi\right)+\frac{1}{2}\right\}$$

ここで，$0<B<\frac{2}{3}\pi$ より $-\frac{2}{3}\pi<2B-\frac{2}{3}\pi<\frac{2}{3}\pi$ であるから，

$$-\frac{1}{2}<\cos\left(2B-\frac{2}{3}\pi\right)\leqq 1$$

$$0<\cos\left(2B-\frac{2}{3}x\right)+\frac{1}{2}\leqq\frac{3}{2}$$

$$0<\frac{1}{2}\left\{\cos\left(2B-\frac{2}{3}\pi\right)+\frac{1}{2}\right\}\leqq\frac{3}{4}$$

つまり，$\mathbf{0<\sin B\sin C\leqq\frac{3}{4}}$ …答

6

考え方　三角形の内角の和がπであることを利用します。

(1) $\cos A+\cos B+\cos C$

$$=2\cos\frac{A+B}{2}\cos\frac{A-B}{2}+\cos\left(2\cdot\frac{C}{2}\right)$$

和から積への変換

↓ $A+B+C=\pi$　　↓ 2 倍角の公式

$$=2\cos\frac{\pi-C}{2}\cos\frac{A-B}{2}+\left(1-2\sin^2\frac{C}{2}\right)$$

$$=2\cos\left(\frac{\pi}{2}-\frac{C}{2}\right)\cos\frac{A-B}{2}+\left(1-2\sin^2\frac{C}{2}\right)$$

$\cos\left(\frac{\pi}{2}-\theta\right)=\sin\theta$

$$=2\sin\frac{C}{2}\cos\frac{A-B}{2}+1-2\sin^2\frac{C}{2}$$

$$=2\sin\frac{C}{2}\left(\cos\frac{A-B}{2}-\sin\frac{C}{2}\right)+1$$

$A+B+C=\pi$

$$=2\sin\frac{C}{2}\left(\cos\frac{A-B}{2}-\sin\frac{\pi-(A+B)}{2}\right)+1$$

$$=2\sin\frac{C}{2}\left\{\cos\frac{A-B}{2}-\sin\left(\frac{\pi}{2}-\frac{A+B}{2}\right)\right\}+1$$

$\sin\left(\frac{\pi}{2}-\theta\right)=\cos\theta$

$$=2\sin\frac{C}{2}\left\{\cos\frac{A-B}{2}-\cos\frac{A+B}{2}\right\}+1$$

加法定理

$$=2\sin\frac{C}{2}\cdot2\sin\frac{A}{2}\sin\frac{B}{2}+1$$

$$=4\sin\frac{A}{2}\sin\frac{B}{2}\sin\frac{C}{2}+1$$

〔証明終わり〕

(2) $\sin 2A+\sin 2B+\sin 2C$

$$=2\sin(A+B)\cos(A-B)+\sin 2C$$

和から積への変換

↓ $A+B+C=\pi$　　↓ 2 倍角の公式

$$=2\sin(\pi-C)\cos(A-B)+2\sin C\cos C$$

$\sin(\pi-\theta)=\sin\theta$

$$=2\sin C\cos(A-B)+2\sin C\cos C$$

$$=2\sin C\{\cos(A-B)+\cos C\}$$

$A+B+C=\pi$

$$=2\sin C\{\cos(A-B)+\cos(\pi-(A+B))\}$$

$\cos(\pi-\theta)=-\cos\theta$

$$=2\sin C\{\cos(A-B)-\cos(A+B)\}$$

加法定理

$$=2\sin C\cdot2\sin A\sin B$$

$$=4\sin A\sin B\sin C$$

〔証明終わり〕

(3) $\cos A+\cos B$

$=2\cos\dfrac{A+B}{2}\cos\dfrac{A-B}{2}$　和から積への変換

$=2\cos\dfrac{\pi-C}{2}\cos\dfrac{A-B}{2}$　$A+B+C=\pi$

$=2\cos\left(\dfrac{\pi}{2}-\dfrac{C}{2}\right)\cos\dfrac{A-B}{2}$

$=2\sin\dfrac{C}{2}\cos\dfrac{A-B}{2}$　$\cos\left(\dfrac{\pi}{2}-\theta\right)=\sin\theta$

ここで，$0<C<\pi$ より $0<\dfrac{C}{2}<\dfrac{\pi}{2}$ であるから，$\sin\dfrac{C}{2}>0$

さらに，$-\pi<A-B<\pi$ であるから，$-\dfrac{\pi}{2}<\dfrac{A-B}{2}<\dfrac{\pi}{2}$

つまり，$0<\cos\dfrac{A-B}{2}\leqq 1$

以上より，$2\sin\dfrac{C}{2}\cos\dfrac{A-B}{2}\leqq 2\sin\dfrac{C}{2}$

よって，$\cos A+\cos B\leqq 2\sin\dfrac{C}{2}$　〔証明終わり〕

演習問題 58　p.129

1

考え方　コサインの合成を考えます。

(1) $\sin\theta+p\cos\theta=\sqrt{1^2+p^2}\left(\dfrac{1}{\sqrt{1^2+p^2}}\sin\theta+\dfrac{p}{\sqrt{1^2+p^2}}\cos\theta\right)$

ここで，$\dfrac{1}{\sqrt{1+p^2}}=\sin\alpha$，$\dfrac{p}{\sqrt{1+p^2}}=\cos\alpha$ となる角 α を用意すると，←断り書きを忘れずに

$\sin\theta+p\cos\theta=\sqrt{1+p^2}(\sin\alpha\sin\theta+\cos\alpha\cos\theta)$

$=\sqrt{1+p^2}\cos(\theta-\alpha)$ ←コサインの合成

以上より，

ア$=1+p^2$　イ$=1$　ウ$=p$ …答

また，$p>0$ のとき，α は $\dfrac{1}{\sqrt{1+p^2}}=\sin\alpha>0$，

$\dfrac{p}{\sqrt{1+p^2}}=\cos\alpha>0$ であるから，

$0<\alpha<\dfrac{\pi}{2}$

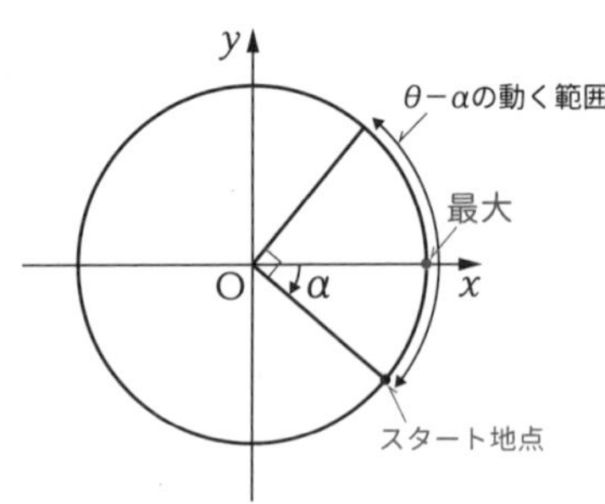

$0\leqq\theta\leqq\dfrac{\pi}{2}$ より，$\theta-\alpha$ のとりうる値の範囲は右の図のように考えることができるので，

最大値は $\theta=\alpha$ のとき

$\sqrt{1+p^2}\cos(\theta-\alpha)=\boldsymbol{\sqrt{1+p^2}}$ …答

(2) $p<0$ のとき，α は $\dfrac{1}{\sqrt{1+p^2}}=\sin\alpha>0$，

$\dfrac{p}{\sqrt{1+p^2}}=\cos\alpha<0$ であるから，$\dfrac{\pi}{2}<\alpha<\pi$

$0\leqq\theta\leqq\dfrac{\pi}{2}$ より $\theta-\alpha$ のとりうる値の範囲は

右の図のように考えることができるので，

最大値は $\theta=\dfrac{\pi}{2}$ のとき $\sin\dfrac{\pi}{2}+p\cos\dfrac{\pi}{2}=\mathbf{1}$ …答

↑合成前の式に代入

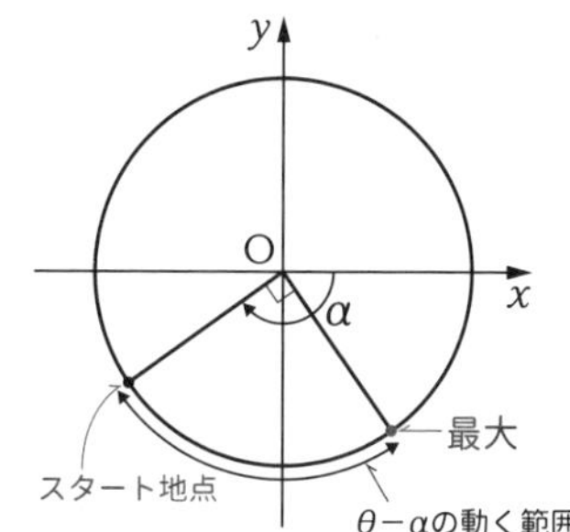

2

考え方 $\sin\theta+\cos\theta=t$ とおいて，両辺を 2 乗すると，$\sin\theta\cos\theta$ を t で表すことができます。

$$f(\theta)=2\sin2\theta-3(\sin\theta+\cos\theta)+3$$
$$=2\cdot2\sin\theta\cos\theta-3(\sin\theta+\cos\theta)+3 \quad \cdots\cdots①$$

2 倍角の公式

ここで，$\sin\theta+\cos\theta=t$ とおいて，両辺を 2 乗すると，

$$t^2=(\sin\theta+\cos\theta)^2$$
$$=\sin^2\theta+\cos^2\theta+2\sin\theta\cos\theta$$
$$=1+2\sin\theta\cos\theta$$

よって，$\sin\theta\cos\theta=\dfrac{t^2-1}{2}$ であるから，①より，

$$f(\theta)=4\cdot\frac{t^2-1}{2}-3t+3$$
$$=2t^2-3t+1$$
$$=2\left(t-\frac{3}{4}\right)^2-\frac{1}{8}$$

また，

$$t=\sin\theta+\cos\theta$$
$$=\sqrt{2}\sin\left(\theta+\frac{\pi}{4}\right)$$ ←三角関数の合成

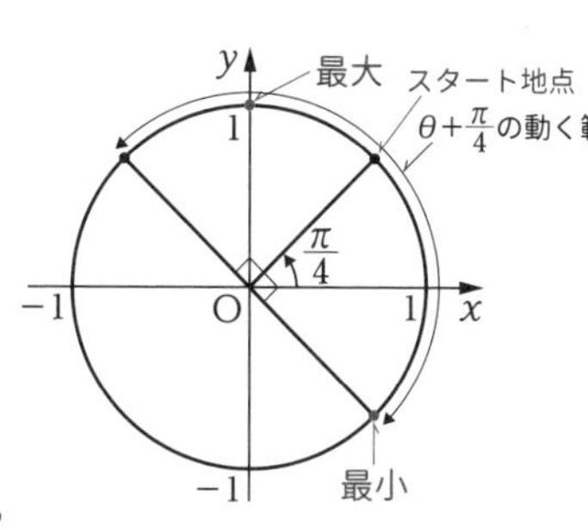

また，$-\dfrac{\pi}{2}\leqq\theta\leqq\dfrac{\pi}{2}$ であるから，右上の図より，

$$-\frac{1}{\sqrt{2}}\leqq\sin\left(\theta+\frac{\pi}{4}\right)\leqq1$$

よって，t の取りうる値の範囲は，

$-1\leqq t\leqq\sqrt{2}$ ←おき換えたら変域チェック

この範囲において，$y=2\left(t-\dfrac{3}{4}\right)^2-\dfrac{1}{8}$ のグラフを考えると，右の図のようになる。

$t=-1$ のとき**最大値 6** …答

$t=\dfrac{3}{4}$ のとき**最小値 $-\dfrac{1}{8}$** …答

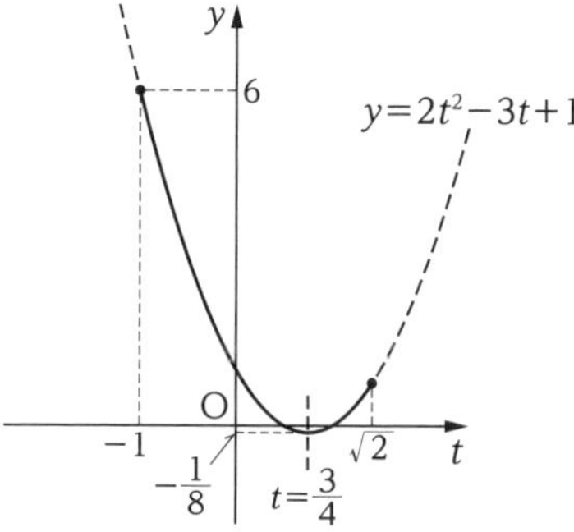

3

考え方 $\sin x-\cos x$ も2乗すると積の形が現れる点に着目します。

$$f(x)=5(\sin x-\cos x)^3-6\sin 2x$$
$$=5(\sin x-\cos x)^3-6\cdot 2\sin x\cos x \quad \cdots\cdots ①$$ ←2倍角の公式

ここで，$\sin x-\cos x=t$ とおいて，両辺を2乗すると，

$$t^2=(\sin x-\cos x)^2$$
$$=\sin^2 x+\cos^2 x-2\sin x\cos x$$
$$=1-2\sin x\cos x$$

よって，$\sin x\cos x=\dfrac{1-t^2}{2}$ であるから，①より，←差も2乗すると積が求められる

$$f(x)=5t^3-12\cdot\frac{1-t^2}{2}=5t^3+6t^2-6$$

また，

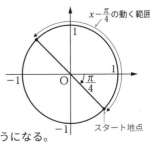

$$t=\sin x-\cos x=\sqrt{2}\sin\left(x-\frac{\pi}{4}\right)$$ ←三角関数の合成

$0\leqq x\leqq\pi$ より $-\dfrac{1}{\sqrt{2}}\leqq\sin\left(x-\dfrac{\pi}{4}\right)\leqq 1$ であるから，

$$-1\leqq t\leqq\sqrt{2} \quad \cdots\cdots ②$$ ←おき換えたら変域チェック

$x-\frac{\pi}{4}$の動く範囲
1
1
-1
O
$\frac{\pi}{4}$
-1
スタート地点

$g(t)=5t^3+6t^2-6$ とすると，

$$g'(t)=15t^2+12t=3t(5t+4)$$

であるから，②の範囲において $g(t)$ の増減表は次のようになる。

t	-1	$\cdots$	$-\frac{4}{5}$	$\cdots$	0	$\cdots$	$\sqrt{2}$
$g'(t)$		$+$	0	$-$	0	$+$	
$g(t)$	-5	↗	$-\frac{118}{25}$	↘	-6	↗	$10\sqrt{2}+6$

これより，**最大値 $10\sqrt{2}+6$，最小値 -6** …答 ←最大値・最小値は極値か端点

4

考え方 軸の位置で場合を分けます。

$$f(\theta)=\sin 2\theta-2a(\sin\theta+\cos\theta)+1$$
$$=2\sin\theta\cos\theta-2a(\sin\theta+\cos\theta)+1 \quad \cdots\cdots ①$$ ←2倍角の公式

ここで，$\sin\theta+\cos\theta=t$ とおいて，両辺を2乗すると，

$$t^2=(\sin\theta+\cos\theta)^2$$
$$=\sin^2\theta+\cos^2\theta+2\sin\theta\cos\theta$$
$$=1+2\sin\theta\cos\theta$$

よって，$\sin\theta\cos\theta=\dfrac{t^2-1}{2}$ であるから，①より，

$$f(\theta)=2\cdot\frac{t^2-1}{2}-2at+1=t^2-2at=(t-a)^2-a^2$$

また，

$t=\sin\theta+\cos\theta=\sqrt{2}\sin\left(\theta+\dfrac{\pi}{4}\right)$ ←三角関数の合成

$0\leqq\theta\leqq\pi$ より $-\dfrac{1}{\sqrt{2}}\leqq\sin\left(\theta+\dfrac{\pi}{4}\right)\leqq 1$ であるから，$-1\leqq t\leqq\sqrt{2}$ ……② ←おき換えたら変域チェック

$g(t)=(t-a)^2-a^2$ とおいて，軸 $t=a$ の位置で場合を分ける。

まず，最小値を求める。

(i) $0<a<\sqrt{2}$ のとき

最小値 $g(a)=-a^2$

(ii) $\sqrt{2}\leqq a$ のとき

最小値 $g(\sqrt{2})=2-2\sqrt{2}a$

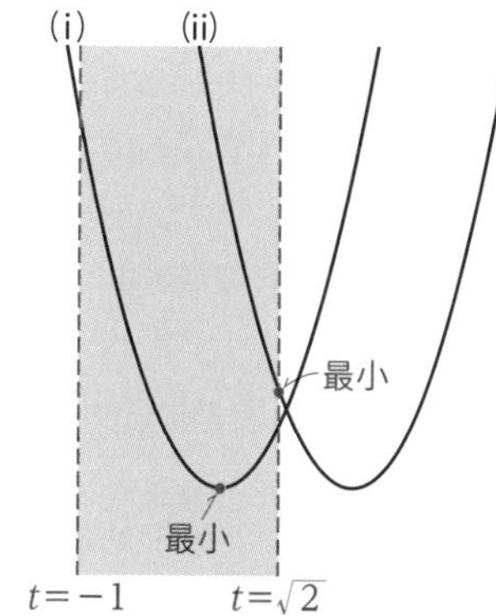

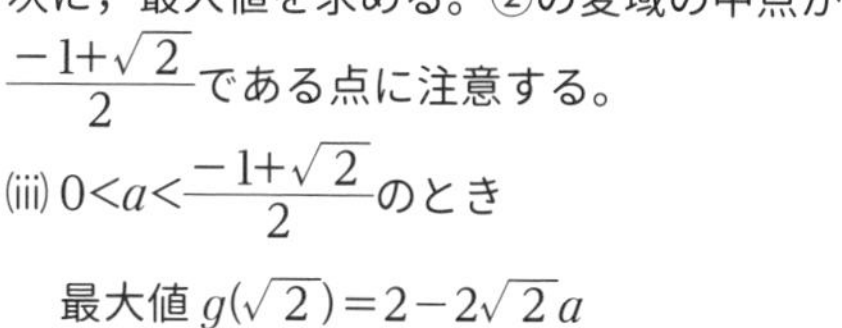

次に，最大値を求める。②の変域の中点が $\dfrac{-1+\sqrt{2}}{2}$ である点に注意する。

(iii) $0<a<\dfrac{-1+\sqrt{2}}{2}$ のとき

最大値 $g(\sqrt{2})=2-2\sqrt{2}a$

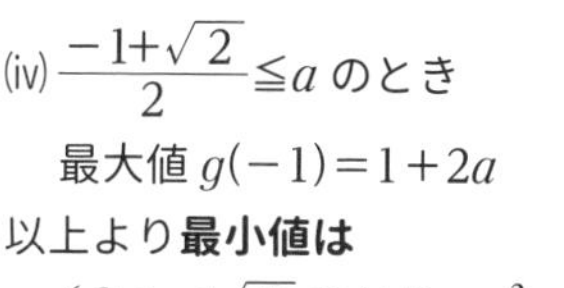

(iv) $\dfrac{-1+\sqrt{2}}{2}\leqq a$ のとき

最大値 $g(-1)=1+2a$

(iii) (iv) $t=\dfrac{-1+\sqrt{2}}{2}$ 最大 最大 $t=-1$ $t=\sqrt{2}$

以上より**最小値は**

$$\begin{cases}\mathbf{0<a<\sqrt{2}} \text{ のとき } \mathbf{-a^2} \\ \mathbf{\sqrt{2}\leqq a} \text{ のとき } \mathbf{2-2\sqrt{2}a}\end{cases}$$ …答

最大値は

$$\begin{cases}\mathbf{0<a<\dfrac{-1+\sqrt{2}}{2}} \text{ のとき } \mathbf{2-2\sqrt{2}a} \\ \mathbf{\dfrac{-1+\sqrt{2}}{2}\leqq a} \text{ のとき } \mathbf{1+2a}\end{cases}$$ …答

5

考え方　$\sin\theta$ と $\sqrt{3}\cos\theta$ の対称式である点に着目します。

$f(\theta)=\sin^2\theta+\sqrt{3}\sin 2\theta+3\cos^2\theta+2\sin\theta+2\sqrt{3}\cos\theta$

↓角を θ にそろえる

$=\underline{\sin^2\theta+\sqrt{3}\cdot 2\sin\theta\cos\theta+(\sqrt{3}\cos\theta)^2+2(\sin\theta+\sqrt{3}\cos\theta)}$ ……①

$\sin\theta$ と $\sqrt{3}\cos\theta$ の対称式

ここで，$\underline{\sin\theta+\sqrt{3}\cos\theta=t \text{ とおいて両辺を 2 乗すると}}$，

$t^2=(\sin\theta+\sqrt{3}\cos\theta)^2$

$=\sin^2\theta+2\sqrt{3}\sin\theta\cos\theta+(\sqrt{3}\cos\theta)^2$

よって，

$f(\theta)=t^2+2t=(t+1)^2-1$

また，

$t=\sin\theta+\sqrt{3}\cos\theta=2\sin\left(\theta+\dfrac{\pi}{3}\right)$ ←三角関数の合成

$0\leqq\theta<2\pi$ より $-1\leqq\sin\left(\theta+\dfrac{\pi}{3}\right)\leqq1$ であるから，

$-2\leqq t\leqq2$ ←おき換えたら変域チェック

この範囲において，$y=(t+1)^2-1$ のグラフを考えると，右の図のようになる。

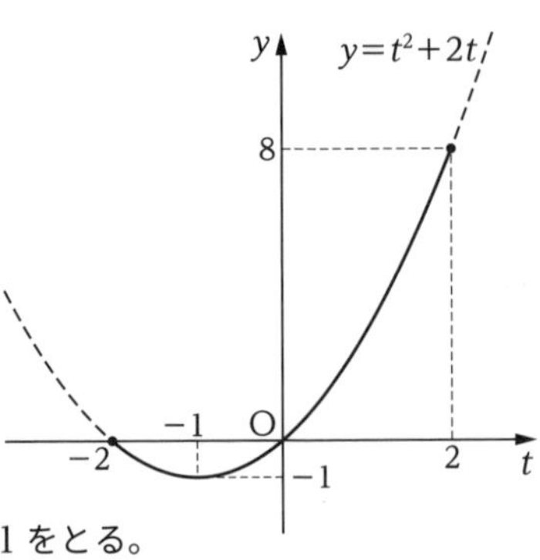

よって，

$t=2$ つまり $2\sin\left(\theta+\dfrac{\pi}{3}\right)=2$

これを解くと，$\theta=\dfrac{\pi}{6}$

このとき最大値 8 をとる。

$t=-1$ つまり $2\sin\left(\theta+\dfrac{\pi}{3}\right)=-1$

これを解くと，$\theta=\dfrac{5}{6}\pi$，$\dfrac{3}{2}\pi$　このとき最小値 -1 をとる。

以上より，

$$\begin{cases}\boldsymbol{\theta=\dfrac{\pi}{6}} \text{ **のとき，最大値 8**} \\ \boldsymbol{\theta=\dfrac{5}{6}\pi,\ \dfrac{3}{2}\pi} \text{ **のとき，最小値−1**}\end{cases}$$ …答

 p.131

1

考え方　半角の公式を利用して，三角関数の合成を行います。

$$\begin{aligned}y&=3\sin^2\theta-2\sqrt{3}\sin\theta\cos\theta+5\cos^2\theta\\&=3\cdot\frac{1-\cos2\theta}{2}-2\sqrt{3}\cdot\frac{\sin2\theta}{2}+5\cdot\frac{1+\cos2\theta}{2}\\&=-(\sqrt{3}\sin2\theta-\cos2\theta)+4\\&=-2\sin\left(2\theta-\frac{\pi}{6}\right)+4\end{aligned}$$

半角の公式　←三角関数の合成

サインの係数が負なので，サインの値が最小のとき最大値，最大のとき最小値をとる。

$0\leqq2\theta\leqq2\pi$ であるから，右の図より，

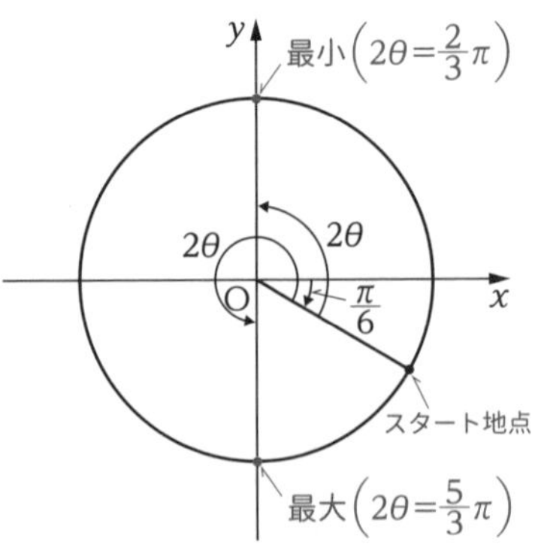

$-2\sin\left(2\theta-\dfrac{\pi}{6}\right)$ が最大となるのは $2\theta=\dfrac{5}{3}\pi$

つまり $\theta=\dfrac{5}{6}\pi$ のときである。$\theta=\dfrac{5}{6}\pi$ のとき

$-2\cdot(-1)+4=6$ ←$\sin\left(2\theta-\frac{\pi}{6}\right)=-1$

また，$-2\sin\left(2\theta-\frac{\pi}{6}\right)$ が最小となるのは $2\theta=\frac{2}{3}\pi$ つまり $\theta=\frac{\pi}{3}$ のときである。

$\theta=\frac{\pi}{3}$ のとき

$-2\cdot1+4=2$ ← $\sin\left(2\theta-\frac{\pi}{6}\right)=1$

よって，

$\theta=\frac{5}{6}\pi$ のとき最大値 6 …答

$\theta=\frac{\pi}{3}$ のとき最小値 2 …答

2

考え方　半角の公式を利用して，三角関数の合成を行います。

$$\begin{aligned}y&=3\sin^2\theta+4\sin\theta\cos\theta+5\cos^2\theta\\&=3\cdot\frac{1-\cos2\theta}{2}+4\cdot\frac{\sin2\theta}{2}+5\cdot\frac{1+\cos2\theta}{2}\\&=2\sin2\theta+\cos2\theta+4\\&=\sqrt{5}\left(\frac{2}{\sqrt{5}}\sin2\theta+\frac{1}{\sqrt{5}}\cos2\theta\right)+4\end{aligned}$$

（半角の公式）

ここで，α を $\cos\alpha=\frac{2}{\sqrt{5}}$，$\sin\alpha=\frac{1}{\sqrt{5}}$ を満たす角とすると，←断り書きを忘れずに

$$\begin{aligned}y&=\sqrt{5}(\cos\alpha\sin2\theta+\sin\alpha\cos2\theta)+4\\&=\sqrt{5}\sin(2\theta+\alpha)+4\end{aligned}$$

←三角関数の合成

ここで，$0\leqq2\theta\leqq2\pi$ より $-1\leqq\sin(2\theta+\alpha)\leqq1$ であるから，

最大値 $\sqrt{5}+4$，最小値 $-\sqrt{5}+4$ …答

3

考え方　不等式も同様の手順で考えます。

$$4\cos^2\theta-2\sin\theta\cos\theta+2\sin^2\theta\leqq3$$

$$4\cdot\frac{1+\cos2\theta}{2}-2\cdot\frac{\sin2\theta}{2}+2\cdot\frac{1-\cos2\theta}{2}\leqq3$$

（半角の公式）

$$\sin2\theta-\cos2\theta\geqq0$$

$$\sqrt{2}\sin\left(2\theta-\frac{\pi}{4}\right)\geqq0$$

←三角関数の合成

よって，$\sin\left(2\theta-\frac{\pi}{4}\right)\geqq0$

$0\leqq2\theta<2\pi$ であるからサインの値が 0 以上となるのは右の図より，

$$\frac{\pi}{4}\leqq2\theta\leqq\frac{5}{4}\pi$$

つまり，

$\frac{\pi}{8}\leqq\theta\leqq\frac{5}{8}\pi$ …答

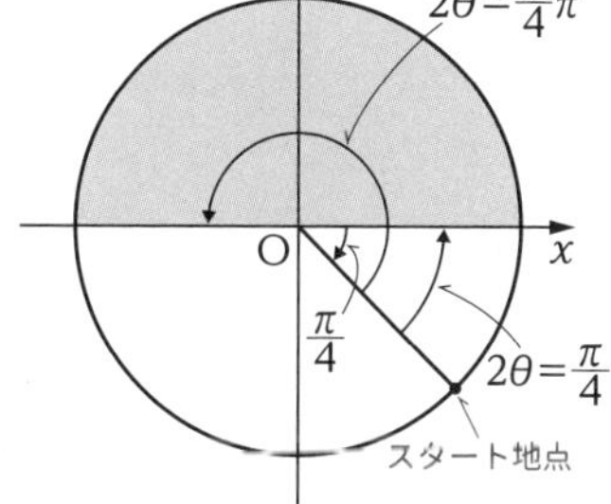

第1節　指数・対数の計算

演習問題 60 p.133

1

考え方　xy と x^3-y^3 の値に着目します。

$x^3-y^3=(\sqrt{5}+2)-(\sqrt{5}-2)=4$

$xy=(\sqrt{5}+2)^{\frac{1}{3}}\cdot(\sqrt{5}-2)^{\frac{1}{3}}=\{(\sqrt{5}+2)(\sqrt{5}-2)\}^{\frac{1}{3}}=1$ ←$a^mb^m=(ab)^m$

であるから，

$x^3-y^3=(x-y)^3+3xy(x-y)$

$4=(x-y)^3+3(x-y)$

ここで，$x-y=t$ とおくと，

$4=t^3+3t$

$t^3+3t-4=0$ ←$t=1$ で 0 になる

$(t-1)(t^2+t+4)=0$ ……①　←$(t-1)$ を因数にもつ

2 次方程式 $t^2+t+4=0$ の判別式を D とすると，

$D=1^2-4\cdot1\cdot4=-15<0$

であるから実数解をもたない。

よって，方程式①の実数解は $t=1$

つまり，$\boldsymbol{x-y=1}$ …答

2

考え方　底が 1 の場合に注意します。

$$\begin{cases} x^y=z & \cdots\cdots① \\ y^z=x & \cdots\cdots② \\ z^x=y & \cdots\cdots③ \end{cases}$$

とする。②に③を代入すると，

$(z^x)^z=x$

$z^{xz}=x$

この式に①を代入すると，

$(x^y)^{xz}=x$

$x^{xyz}=x$ ←底を x にそろえる

よって，$\underline{x=1}$ または $xyz=1$ ←底が 1 の場合に注意

(i) $x=1$ のとき連立方程式は

$$\begin{cases} 1=z \\ y^z=1 \\ z=y \end{cases}$$

となり，$y=1$，$z=1$ となる。

(ii) $xyz=1$ のとき x，y，z のいずれかが 1 に等しいときは(i)の場合と同様に計算して $x=y=z=1$ となる。

x，y，z のいずれも 1 に等しくない場合，必ず 1 つは 1 より小さい値をとり，1 つは 1 より大きい値をとる。

例えば，$0<x<1<z$ とするとき，$0<x<1$，$0<y$ より $x^y<1$ ……④

ところが，①より $x^y=z$ であるから，$x^y=z>1$ となり④に矛盾している。このことはどれを 1 より小さい値にし，どれを 1 より大きい値に変えても同様である。

つまり，x，y，z のいずれも 1 に等しくない場合はあり得ない。

以上より，$\boldsymbol{x=1}$，$\boldsymbol{y=1}$，$\boldsymbol{z=1}$ …答

3

考え方 (2)そろえられるものがなければ，それぞれを n 乗して比較することを考えます。

(1)指数を 10 にそろえる。

$2^{40}=(2^4)^{10}=16^{10}$

$3^{30}=(3^3)^{10}=27^{10}$

$5^{20}=(5^2)^{10}=25^{10}$

3 つの数の大小は底の値の大小に等しいから，

$\boldsymbol{2^{40}}$，$\boldsymbol{5^{20}}$，$\boldsymbol{3^{30}}$ …答

(2) $\sqrt{3}=3^{\frac{1}{2}}$，$\sqrt[3]{5}=5^{\frac{1}{3}}$，$\sqrt[4]{8}=8^{\frac{1}{4}}$

2，3，4 の最小公倍数が 12 であることに着目して，それぞれを 12 乗した数の大小を比較する。

$\left(3^{\frac{1}{2}}\right)^{12}=3^6=729$

$\left(5^{\frac{1}{3}}\right)^{12}=5^4=625$

$\left(8^{\frac{1}{4}}\right)^{12}=8^3=512$

それぞれ底が 1 より大きいので 12 乗した数の大小と，12 乗する前の数の大小関係は一致する。よって，

$\boldsymbol{\sqrt[4]{8}}$，$\boldsymbol{\sqrt[3]{5}}$，$\boldsymbol{\sqrt{3}}$ …答

4

考え方 (1)の場合，1 との大小に着目します。

(1) $\dfrac{A}{B}$ と 1 の大小を比較する。

$$\frac{A}{B}=\frac{a^ab^b}{a^bb^a}=a^{a-b}\cdot b^{b-a}=(a^{-1})^{b-a}\cdot b^{b-a}=\left(\frac{b}{a}\right)^{b-a}$$

条件より，$0<a<b$ であるから，

$\dfrac{b}{a}>1$，$b-a>0$　よって，$\dfrac{A}{B}=\left(\dfrac{b}{a}\right)^{b-a}>1$

以上より，$\boldsymbol{A>B}$ …答

(2) $A-B$ と 0 の大小を比較する。

$A-B=a^ab^b-a^bb^a=(ab)^a(b^{b-a}-a^{b-a})$ ←$a<b$ より $(ab)^a$ を共通因数としてくくる

ここで，$0<a<b$ であるから，$a^{b-a}<b^{b-a}$ つまり $b^{b-a}-a^{b-a}>0$

また，$(ab)^a>0$

よって，$A-B=(ab)^a(b^{b-a}-a^{b-a})>0$

以上より，$\boldsymbol{A>B}$ …答

演習問題 61 p.135

1

考え方 (2)底の値で場合を分けます。

(1)真数は正であるから，$x>0$ ……①

両辺とも正であるから，両辺の常用対数をとると，

$$\log_{10}x^{\log_{10}x}=\log_{10}(100x)^{\frac{1}{3}}$$

$$\log_{10}x\cdot\log_{10}x=\frac{1}{3}\log_{10}(10^2\times x)$$

$$(\log_{10}x)^2=\frac{1}{3}(\log_{10}10^2+\log_{10}x)$$

$$=\frac{1}{3}(2+\log_{10}x)$$

ここで，$\log_{10}x=t$ とおくと，

$$t^2=\frac{1}{3}(2+t)$$

$$3t^2-t-2=0$$

$$(3t+2)(t-1)=0$$

よって，$t=-\frac{2}{3}$，1　つまり，$\log_{10}x=-\frac{2}{3}$，1

したがって，$x=10^{-\frac{2}{3}}$，10^1 であるから，

$\boldsymbol{x=\frac{1}{\sqrt[3]{100}}}$，**10** …答

(2)真数は正であるから，$\frac{x}{a-1}>0$ かつ $\frac{x}{a-1}+2>0$　よって，$\frac{x}{a-1}>0$ ……①

底の変換公式より，右辺は

$$\log_{a^2}\left(\frac{x}{a-1}+2\right)=\frac{\log_a\left(\frac{x}{a-1}+2\right)}{\log_a a^2}=\frac{1}{2}\log_a\left(\frac{x}{a-1}+2\right)$$

よって，不等式は

$\log_a\frac{x}{a-1}<\frac{1}{2}\log_a\left(\frac{x}{a-1}+2\right)$ ←底を a にそろえる

$$2\log_a\frac{x}{a-1}<\log_a\left(\frac{x}{a-1}+2\right)$$

$\log_a\left(\frac{x}{a-1}\right)^2<\log_a\left(\frac{x}{a-1}+2\right)$ ……②

底の値で場合を分ける。

(i) 0<a<1 のとき

$a-1<0$ であるから，①より，$x<0$

この範囲において②は，

$\left(\frac{x}{a-1}\right)^2>\frac{x}{a-1}+2$ ←大小は逆向き

$\frac{x}{a-1}=t$ とおくと，

$t^2>t+2$

$(t+1)(t-2)>0$　よって，$t<-1$，$2<t$

つまり，$\frac{x}{a-1}<-1$，$2<\frac{x}{a-1}$

$a-1<0$ であるから，$x>-(a-1)$，$x<2(a-1)$

このうち，$x<0$ となるものが解であるから，$x<2(a-1)$ ←$-(a-1)>0$

(ii) a>1 のとき

$a-1>0$ であるから，①より，$x>0$

この範囲において②は，

$\left(\frac{x}{a-1}\right)^2<\frac{x}{a-1}+2$

$\frac{x}{a-1}=t$ とおくと，

$t^2<t+2$

$(t+1)(t-2)<0$　よって，$-1<t<2$

つまり，$-1<\frac{x}{a-1}<2$

$a-1>0$ であるから，$-(a-1)<x<2(a-1)$

このうち，$x>0$ となるものが解であるから，$0<x<2(a-1)$ ←$-(a-1)<0$

以上より，$\begin{cases}\mathbf{0<a<1}\ \textbf{のとき},\ \mathbf{x<2(a-1)} \\ \mathbf{a>1}\ \textbf{のとき},\ \mathbf{0<x<2(a-1)}\end{cases}$ …答

(3) 真数は正であるから，$x>0$，$y>0$

また，底>0，底≠1 より，$x>0$，$x\neq1$，$y>0$，$y\neq1$ ……①

この条件の下で，$x^y=y^x$ の両辺の x を底とする対数をとると，

$\log_x x^y=\log_x y^x$

$y\log_x x=x\log_x y$　つまり，$y=x\log_x y$ ……②

定義より $x^y=y^x \Leftrightarrow \log_x y^x=y$ でもよい

また，

$\log_x y+\log_y x=\frac{13}{6}$

$\log_x y+\frac{1}{\log_x y}=\frac{13}{6}$

ここで，$\log_x y=t$ とおくと，

$t+\frac{1}{t}=\frac{13}{6}$

$6t^2-13t+6=0$

$(2t-3)(3t-2)=0$

$t=\log_x y=\dfrac{3}{2},\ \dfrac{2}{3}$　つまり，$y=x^{\frac{3}{2}},\ x^{\frac{2}{3}}$

(i) $y=x^{\frac{3}{2}}$のとき，②に代入すると，

$$x^{\frac{3}{2}}=x\log_x x^{\frac{3}{2}}$$
$$=\frac{3}{2}x$$

両辺を 2 乗すると，

$$x^3=\frac{9}{4}x^2$$
$$x^2\left(x-\frac{9}{4}\right)=0$$

①より，$x>0$ であるから，$x=\dfrac{9}{4}$

このとき，②より $y=x\log_x x^{\frac{3}{2}}=\dfrac{3}{2}x$ であるから，

$$y=\frac{3}{2}\cdot\frac{9}{4}=\frac{27}{8}$$

(ii) $y=x^{\frac{2}{3}}$のとき，②に代入すると，

$$x^{\frac{2}{3}}=x\log_x x^{\frac{2}{3}}$$
$$=\frac{2}{3}x$$

両辺を 3 乗すると，

$$x^2=\frac{8}{27}x^3$$
$$x^2\left(1-\frac{8}{27}x\right)=0$$

①より，$x>0$ であるから，$x=\dfrac{27}{8}$

このとき，②より $y=x\log_x x^{\frac{2}{3}}=\dfrac{2}{3}x$ であるから，

$$y=\frac{2}{3}\cdot\frac{27}{8}=\frac{9}{4}$$

(i)，(ii)より，$(x,\ y)=\left(\dfrac{9}{4},\ \dfrac{27}{8}\right),\ \left(\dfrac{27}{8},\ \dfrac{9}{4}\right)$ …答

2

考え方　常用対数をとって考えます。

$3^x=5^y=a$ において，$a>0$ より各辺の常用対数をとると，

$$\log_{10}3^x=\log_{10}5^y=\log_{10}a$$
$$x\log_{10}3=y\log_{10}5=\log_{10}a$$

よって，$x=\dfrac{\log_{10}a}{\log_{10}3}$，$y=\dfrac{\log_{10}a}{\log_{10}5}$

これを$\frac{1}{x}+\frac{1}{y}=2$に代入すると,

$$\frac{\log_{10}3}{\log_{10}a}+\frac{\log_{10}5}{\log_{10}a}=2$$

$$\log_{10}3+\log_{10}5=2\log_{10}a$$

$\log_{10}15=\log_{10}a^2$ より, $a^2=15$

$a>0$ であるから, $\boldsymbol{a=\sqrt{15}}$ …答

Point $3^x=5^y=a$ の変形において, 対数の定義を用いると,

$x=\log_3 a$, $y=\log_5 a$

となりますが, 底がそろっていないので, あとの計算が煩雑になります。

別解 $3^x=5^y=a$ において, $a>0$ より 3を底とする対数をとると,

$$\log_3 3^x=\log_3 5^y=\log_3 a$$

$$x=y\log_3 5=\log_3 a$$

よって, $x=\log_3 a$, $y=\frac{\log_3 a}{\log_3 5}$

これを$\frac{1}{x}+\frac{1}{y}=2$に代入すると,

$$\frac{1}{\log_3 a}+\frac{\log_3 5}{\log_3 a}=2$$

$$\log_3 3+\log_3 5=2\log_3 a$$

$\log_3 15=\log_3 a^2$ より, $a^2=15$

$a>0$ であるから, $\boldsymbol{a=\sqrt{15}}$ …答

3

考え方 $\frac{a}{b}$ または $\frac{b}{a}$ の値を求めます。

真数は正であるから, $a-b>0$, $a>0$, $b>0$ ……①

$$2\log_{10}(a-b)=\log_{10}a+\log_{10}b$$

$$\log_{10}(a-b)^2=\log_{10}ab$$

よって,

$$(a-b)^2=ab$$

$$a^2-2ab+b^2=ab$$

両辺を $ab>0$ で割ると, $\frac{a}{b}-2+\frac{b}{a}=1$

$\frac{a}{b}=t$ とおくと,

$$t-2+\frac{1}{t}=1$$

$t^2-3t+1=0$　よって, $t=\frac{3\pm\sqrt{5}}{2}$

ここで, ①より $\frac{a}{b}>1$ であるから,

$t=\frac{a}{b}=\frac{3+\sqrt{5}}{2}$　よって, $\boldsymbol{a:b=(3+\sqrt{5}):2}$ …答

4

考え方 (1) a を底とする対数と b を底とする対数をそれぞれとって考えます。(2)対数の定義より，指数の形に直して考えます。

(1)条件より，$a^2<b<a<\frac{b}{a}<1<\frac{a}{b}$ であるから，←$\frac{b}{a}-a=\frac{b-a^2}{a}>0$ より $a<\frac{b}{a}$

a を底とする各辺の対数をとると，

$\log_a a^2>\log_a b>\log_a a>\log_a \frac{b}{a}>\log_a 1>\log_a \frac{a}{b}$ ←大小は逆向き

$2>\log_a b>1>\log_a \frac{b}{a}>0>\log_a \frac{a}{b}$

つまり，$\log_a b>1$，$0>\log_a \frac{a}{b}$ ……①

同様にして，b を底とする各辺の対数をとると，

$\log_b a^2>\log_b b>\log_b a>\log_b \frac{b}{a}>\log_b 1>\log_b \frac{a}{b}$ ←大小は逆向き

$2\log_b a>1>\log_b a>\log_b \frac{b}{a}>0>\log_b \frac{a}{b}$

つまり，$1>\log_b a>\log_b \frac{b}{a}>0$ であり，$2\log_b a>1$ より，$1>\log_b a>\frac{1}{2}$ ……②

また，$\frac{1}{2}-\log_b \frac{b}{a}=\log_b b^{\frac{1}{2}}-\log_b \frac{b}{a}=\log_b \frac{b^{\frac{1}{2}}}{\frac{b}{a}}=\log_b \frac{a}{\sqrt{b}}$

ここで，$a^2<b$ より $\frac{a^2}{b}<1$ であるから，$\frac{a}{\sqrt{b}}<1$

$0<b<1$ であるから，$\log_b \frac{a}{\sqrt{b}}>0$

よって，$0<\log_b \frac{b}{a}<\frac{1}{2}$ ……③

①，②，③より，$\boldsymbol{\log_a \frac{a}{b}}$，$\boldsymbol{\log_b \frac{b}{a}}$，$\boldsymbol{\frac{1}{2}}$，$\boldsymbol{\log_b a}$，$\boldsymbol{\log_a b}$ …答

(2) $\log_2 x=\log_3 y=\log_4 z=\log_5 w=k$ とおく。

対数の定義より，$\log_2 x=k \Leftrightarrow x=2^k$　また，$x>1$ より $k>0$

同様にして，$y=3^k$，$z=4^k$，$w=5^k$

これより，

$x^{\frac{1}{2}}=(2^k)^{\frac{1}{2}}=2^{\frac{k}{2}}$，$y^{\frac{1}{3}}=(3^k)^{\frac{1}{3}}=3^{\frac{k}{3}}$，$z^{\frac{1}{4}}=(4^k)^{\frac{1}{4}}=2^{\frac{k}{2}}$，$w^{\frac{1}{5}}=(5^k)^{\frac{1}{5}}=5^{\frac{k}{5}}$

$2^{\frac{k}{2}}$ と $3^{\frac{k}{3}}$ をそれぞれを 6 乗すると，←そろえられるものがないので，6 乗して比較する

$\left(2^{\frac{k}{2}}\right)^6=2^{3k}=8^k$

$\left(3^{\frac{k}{3}}\right)^6=3^{2k}=9^k$

$k>0$ であるから，$2^{\frac{k}{2}}<3^{\frac{k}{3}}$　つまり，$x^{\frac{1}{2}}<y^{\frac{1}{3}}$

$2^{\frac{k}{2}}$ と $5^{\frac{k}{5}}$ をそれぞれを 10 乗すると，←そろえられるものがないので，10 乗して比較する

$\left(2^{\frac{k}{2}}\right)^{10}=2^{5k}=32^k$

$\left(5^{\frac{k}{5}}\right)^{10}=5^{2k}=25^k$

$k>0$ であるから，$2^{\frac{k}{2}}>5^{\frac{k}{5}}$　つまり，$x^{\frac{1}{2}}>w^{\frac{1}{5}}$

$x^{\frac{1}{2}}=z^{\frac{1}{4}}$であるから，$\boldsymbol{w^{\frac{1}{5}}<x^{\frac{1}{2}}=z^{\frac{1}{4}}<y^{\frac{1}{3}}}$ …答

演習問題 62 p.137

1

考え方　どのように移動したかがわかるように式を変形します。

(1) $y=\log_3(54x-81)=\log_3 27(2x-3)$

$$=\log_3 3^3+\log_3 2\left(x-\frac{3}{2}\right)$$

$$=3+\log_3 2\left(x-\frac{3}{2}\right)$$

つまり，$y-3=\log_3 2\left(x-\frac{3}{2}\right)$ であるから，$y=\log_3 2x$ のグラフを **x 軸方向に $\frac{3}{2}$，y 軸方向に 3 だけ平行移動したグラフ** …答 である。

(2) $y-1=2^{x-3}$ であるから，**$y=2^x$ のグラフを x 軸方向に 3，y 軸方向に 1 だけ平行移動したグラフ** …答 である。
グラフは右の図のようになる。

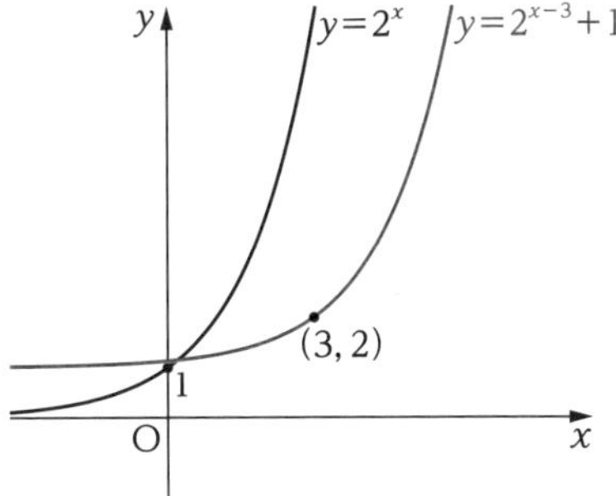

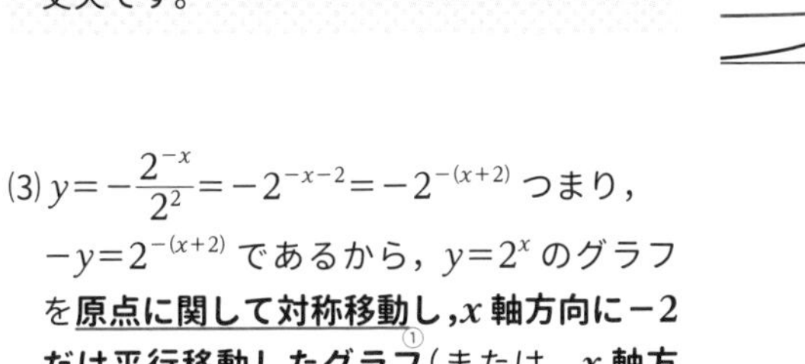

Point　平行移動どうしの順序は逆でも大丈夫です。

(3) $y=-\frac{2^{-x}}{2^2}=-2^{-x-2}=-2^{-(x+2)}$ つまり，
$-y=2^{-(x+2)}$ であるから，$y=2^x$ のグラフを**原点に関して対称移動し**①**，x 軸方向に -2 だけ平行移動したグラフ**（または，**x 軸方向に $+2$ だけ平行移動し，原点に関して対称移動したグラフ**などでもよい。）…答
である。
グラフは右の図のようになる。

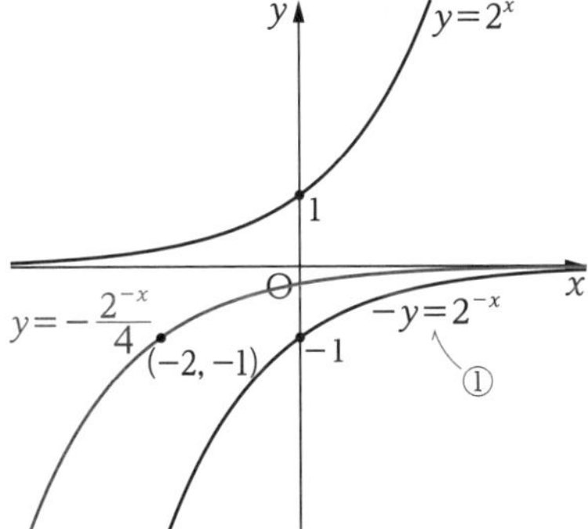

(4) $y=-\log_{\frac{1}{2}}4x=-\left(\log_{\frac{1}{2}}x+\log_{\frac{1}{2}}4\right)$

$$=-\left(\log_{\frac{1}{2}}x+\log_{\frac{1}{2}}\left(\frac{1}{2}\right)^{-2}\right)$$

$$=-\left(\log_{\frac{1}{2}}x-2\right)$$

よって，$y-2=-\log_{\frac{1}{2}}x$ つまり

$-(y-2)=\log_{\frac{1}{2}}x$ であるから，$y=\log_{\frac{1}{2}}x$ のグラフを x 軸に関して対称移動し，y 軸方向に 2 だけ平行移動したグラフ（または，x 軸に関して対称移動し，x 軸方向に $\frac{1}{4}$ 倍に縮小したグラフなどでもよい。）…答 である。

グラフは右の図のようになる。

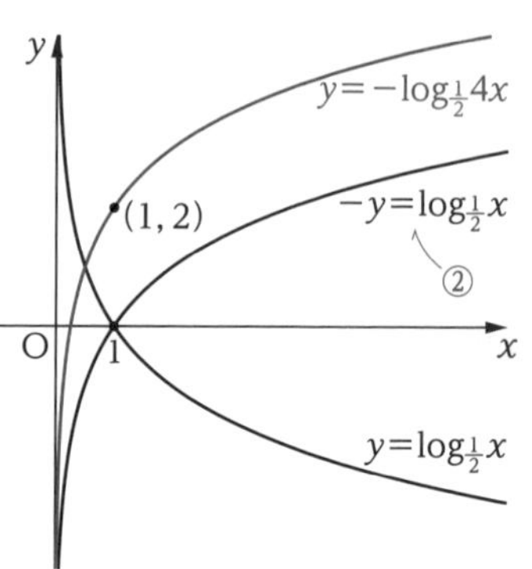

(5) $y=\log_3(9-x)=\log_3\{-(x-9)\}$ であるから，$y=\log_3 x$ のグラフを y 軸に関して対称移動し，x 軸方向に 9 だけ平行移動したグラフ（または，x 軸方向に-9 だけ平行移動し，y 軸に関して対称移動したグラフでもよい。）…答 である。グラフは右の図のようになる。

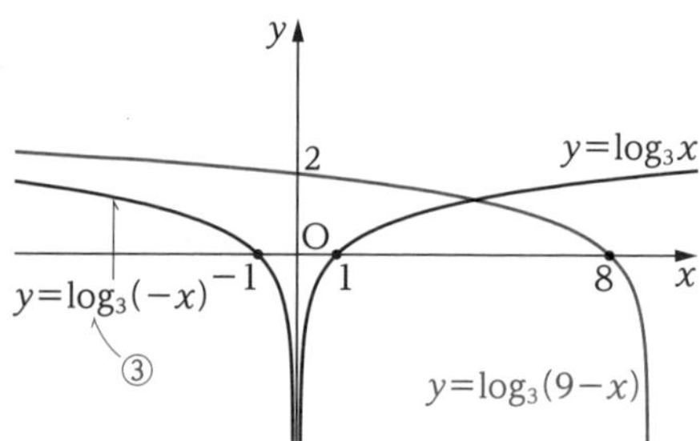

2

考え方 (2)曲線 $y=f(x)$ 上の点と，直線 $y=x$ に関して対称な点の軌跡を考えます。

(1) $y=\log_2\left(\frac{x}{\sqrt{2}}-\sqrt{2}\right)=\log_2\frac{1}{\sqrt{2}}(x-2)=\log_2 2^{-\frac{1}{2}}+\log_2(x-2)=-\frac{1}{2}+\log_2(x-2)$

よって，$y+\frac{1}{2}=\log_2(x-2)$ であるから，$y=\log_2 x$ のグラフを **x 軸方向に 2，y 軸方向に$-\frac{1}{2}$ だけ平行移動したグラフ** …答 である。

(2)曲線 $y=f(x)$ 上の点を $\mathrm{P}(x, y)$ とする。点 P と直線 $y=x$ に関して対称な点を $\mathrm{Q}(X, Y)$ とおき，点 $\mathrm{Q}(X, Y)$ の軌跡を考える。

PQ と直線 $y=x$ は直交するので，傾きの積が-1 である。よって，

$$\frac{y-Y}{x-X}\cdot 1=-1$$

$$y-Y=X-x \quad \cdots\cdots①$$

次に，PQ の中点 $\left(\frac{x+X}{2}, \frac{y+Y}{2}\right)$ が直線 $y=x$ 上にあるから代入すると，

$$\frac{y+Y}{2}=\frac{x+X}{2}$$

$$y+Y=x+X \quad \cdots\cdots②$$

①，②を連立して解くと，$X=y$，$Y=x$

以上より，点 Q の軌跡は $x=Y$，$y=X$ を $y=f(x)$ の式に代入して，

$$X=\log_2\left(\frac{Y}{\sqrt{2}}-\sqrt{2}\right)$$

$$\frac{Y}{\sqrt{2}}-\sqrt{2}=2^X$$

$$Y=\sqrt{2}\cdot 2^X+2=2^{X+\frac{1}{2}}+2$$

逆に，この曲線上のすべての点は，直線 $y=x$ に関して曲線 $y=f(x)$ に対称な点である。

$$\boldsymbol{y=g(x)=2^{x+\frac{1}{2}}+2}\ \cdots 答$$

Point 実際に，$y=f(x)$ と $y=g(x)$ のグラフをかくと，右の図のようになります。このように，直線 $y=x$ に関して対称な 2 つのグラフは，x と y を入れかえた関係になります。このとき，$y=g(x)$ を $y=f(x)$ の「逆関数」といいます。

例えば，$y=a^x$ は $y=\log_a x$ の逆関数です。

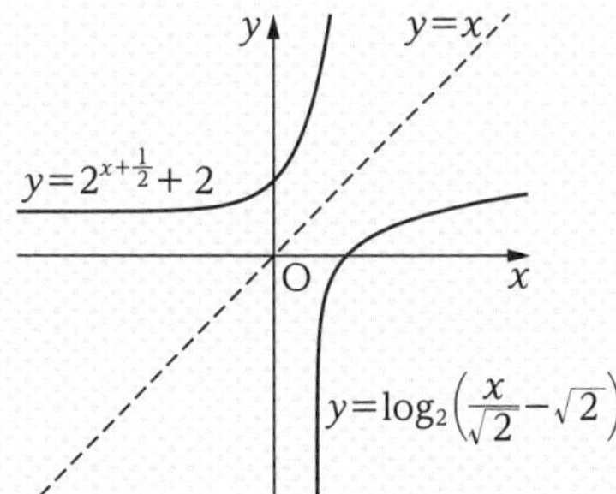

(3)真数の条件より $\frac{x}{\sqrt{2}}-\sqrt{2}>0$ かつ $x+a>0$　つまり，$x>2$ かつ $x>-a$

（$\frac{x}{\sqrt{2}}-\sqrt{2}$ ← $\frac{1}{\sqrt{2}}(x-2)>0$）

$y=f(x)$ と $y=\log_4(x+a)$ を連立すると，

$$\log_2\left(\frac{x}{\sqrt{2}}-\sqrt{2}\right)=\log_4(x+a)$$

$$=\frac{\log_2(x+a)}{\log_2 2^2}$$

$$2\log_2\frac{1}{\sqrt{2}}(x-2)=\log_2(x+a)$$

$$\log_2\left\{\frac{1}{\sqrt{2}}(x-2)\right\}^2=\log_2(x+a)$$

よって，

$$\frac{1}{2}(x-2)^2=x+a$$

右の図のように，<u>$x>2$ かつ $x>-a$ において，曲線 $y=\frac{1}{2}(x-2)^2$ と直線 $y=x+a$ が異なる2つの共有点をもつための a の条件</u>を考えればよい。

曲線 $y=\frac{1}{2}(x-2)^2$ と直線 $y=x+a$ が接するときを考える。2 式を連立して y を消去すると，

$$\frac{1}{2}(x-2)^2=x+a$$

$$x^2-6x+4-2a=0$$

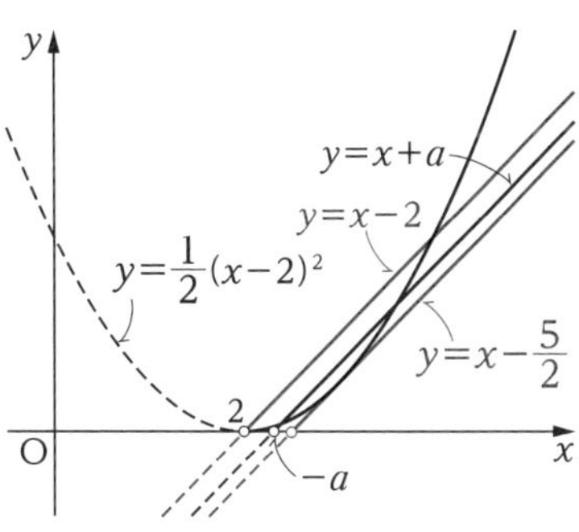

この方程式が重解をもてばよいので，判別式を D とすると，

$$\frac{D}{4}=(-3)^2-1\cdot(4-2a)=0\quad よって，a=-\frac{5}{2}$$

また，直線 $y=x+a$ が (2，0) を通るとき $a=-2$ であるから，$x>2$ かつ $x>-a$ において，異なる共有点を 2 つもつための a の条件は，

$\boldsymbol{-\frac{5}{2}<a<-2}$ …答

別解 真数の条件より，$x>2$ かつ $x>-a$

$y=f(x)$ と $y=\log_4(x+a)$ を連立して y を消去すると，

$$\log_2\left(\frac{x}{\sqrt{2}}-\sqrt{2}\right)=\log_4(x+a)$$
$$=\frac{\log_2(x+a)}{\log_2 2^2}$$
$$2\log_2\frac{1}{\sqrt{2}}(x-2)=\log_2(x+a)$$
$$\log_2\left\{\frac{1}{\sqrt{2}}(x-2)\right\}^2=\log_2(x+a)$$

よって，

$\frac{1}{2}(x-2)^2=x+a$ ……①

$x^2-6x+4-2a=0$ ……②

①より $x+a>0$ つまり $x>-a$ は常に成り立つから，方程式②が $x>2$ において異なる 2 つの実数解をもつ a の範囲を求めればよい。

②の左辺を $h(x)$ とおくと，

$h(x)=x^2-6x+4-2a=(x-3)^2-5-2a$

右の図のように，$y=h(x)$ のグラフが $x>2$ の範囲で x 軸と異なる 2 交点をもてばよい。

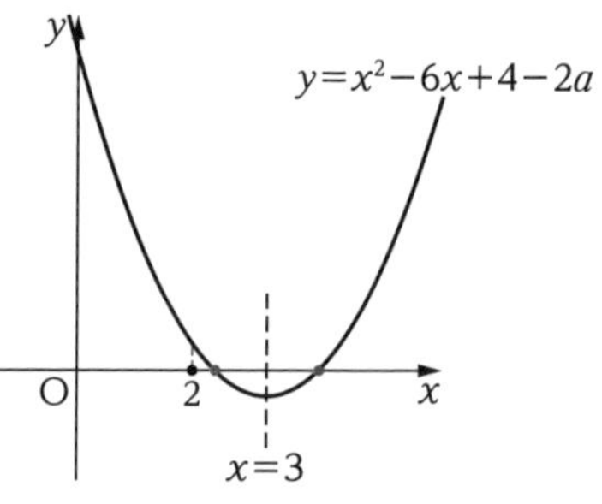

方程式②の判別式を D とすると，

$$\begin{cases}\frac{D}{4}>0\\ h(2)>0\\ \text{軸 } x=3>2\text{（常に成立している）}\end{cases} \iff \begin{cases}9-(4-2a)>0\\ -4-2a>0\end{cases}$$

よって，$\boldsymbol{-\frac{5}{2}<a<-2}$ …答

3

考え方 (2)曲線 $y=f(x)$ と直線 $y=2x-4$ の位置関係を考えます。

(1) $\boldsymbol{f(2)=0}$ …答

$\boldsymbol{f(3)}=\log_{\sqrt{2}}(\sqrt{2})^2\boldsymbol{=2}$ …答

$\boldsymbol{f(5)}=\log_{\sqrt{2}}(\sqrt{2})^4\boldsymbol{=4}$ …答

よって，$y=f(x)$ の**グラフの概形は右の図**の通り。

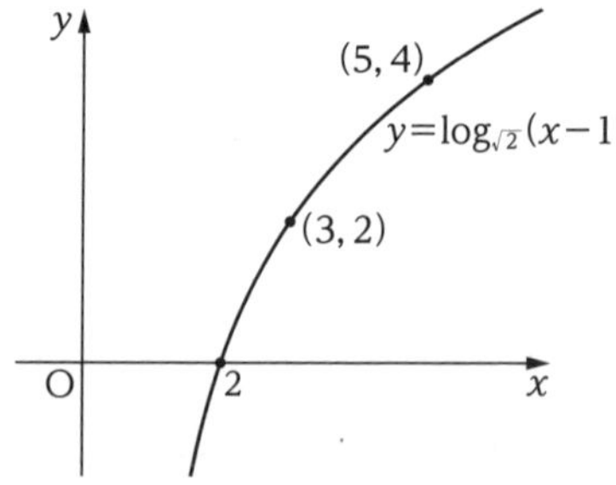

(2)直線 $y=2x-4$ は 2 点 $(2,0)$, $(3,2)$ を通る。
よって，グラフの位置関係は右の図のようになる。

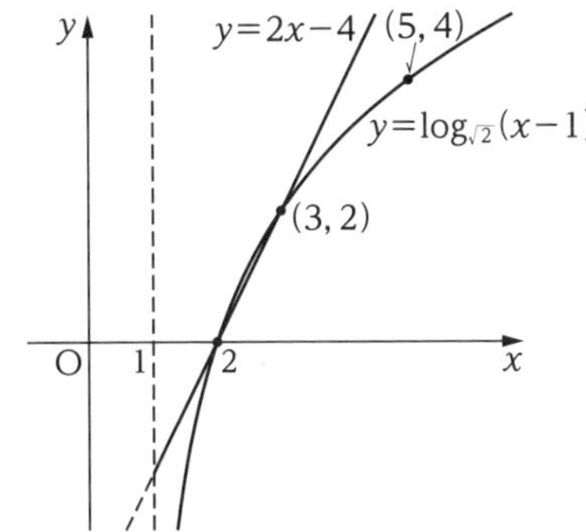

真数が正であることから，

$x-1>0$ つまり $x>1$

よって，不等式 $f(x)<2x-4$ が成り立つ，つまり，直線 $y=2x-4$ が $y=f(x)$ のグラフより上側にある x 座標の範囲は，

$1<x<2$，$3<x$ …答　←真数の条件を忘れやすいので注意

4

考え方　$y=px+q$ と $y=|\log_2 x|$ のグラフの共有点の x 座標に着目します。

$y=px+q$ と $y=|\log_2 x|$ のグラフの共有点に着目する。異なる 3 つの実数解を α，2α，3α とすると，真数の条件より $x>0$ であるから題意を満たすのは右の図のようなときで，それぞれ連立した式より，

$p\alpha+q=-\log_2\alpha$ ……①

$2p\alpha+q=\log_2 2\alpha$ ……②

$3p\alpha+q=\log_2 3\alpha$ ……③

②−①より，$p\alpha=\log_2 2\alpha+\log_2\alpha$

$=\log_2(2\alpha^2)$

③−②より，$p\alpha=\log_2 3\alpha-\log_2 2\alpha$

$=\log_2\dfrac{3}{2}$

以上より，

$\log_2(2\alpha^2)=\log_2\dfrac{3}{2}$

$2\alpha^2=\dfrac{3}{2}$

図より $\alpha>0$ であるから，$\alpha=\dfrac{\sqrt{3}}{2}$

よって，異なる 3 つの実数解は，**$\dfrac{\sqrt{3}}{2}$，$\sqrt{3}$，$\dfrac{3\sqrt{3}}{2}$** …答

p.141

1

考え方　(2) $2^x+2^{-x}=t$ とおきます。

(1) $3^x=t$ とおく。$3^x>0$ であるから，$t>0$　←おき換えたら変域チェック

この範囲において，

$$f(x)=3^{2x-1}-3^{x+1}$$
$$=(3^x)^2\cdot 3^{-1}-3^x\cdot 3$$
$$=\frac{1}{3}t^2-3t$$
$$=\frac{1}{3}\left(t-\frac{9}{2}\right)^2-\frac{27}{4}$$

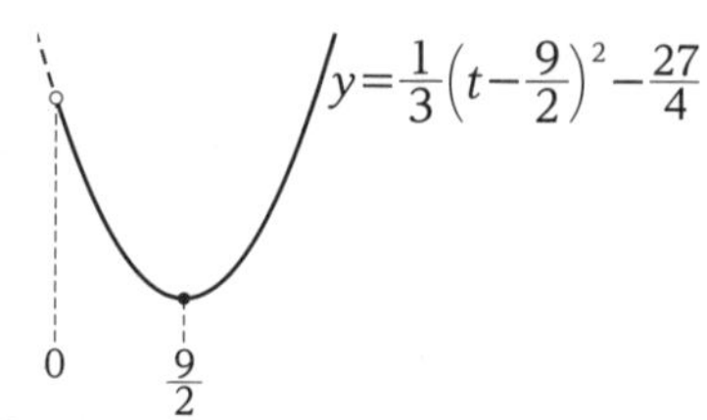

$t>0$ の範囲では，$t=\frac{9}{2}$のとき**最小値$-\frac{27}{4}$** …答 ←頂点で最小

(2) $2^x+2^{-x}=t$ とおく。このとき，$2^x>0$，$2^{-x}>0$ であるから，相加平均と相乗平均の不等式より，← a^x+a^{-x} は相加平均と相乗平均の不等式をイメージ

$$2^x+2^{-x}\geqq 2\sqrt{2^x\cdot 2^{-x}}$$

つまり，$t\geqq 2$ ……①

この範囲において，

$$4^x+4^{-x}=(2^x)^2+(2^{-x})^2$$
$$=(2^x+2^{-x})^2-2\cdot 2^x\cdot 2^{-x}$$
$$=t^2-2$$

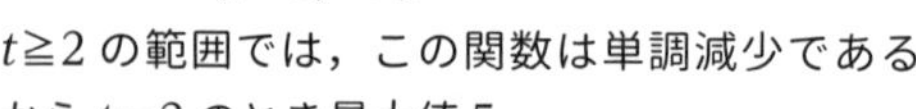

であるから，

$$f(x)=-(t^2-2)+2t+3$$
$$=-t^2+2t+5$$
$$=-(t-1)^2+6$$

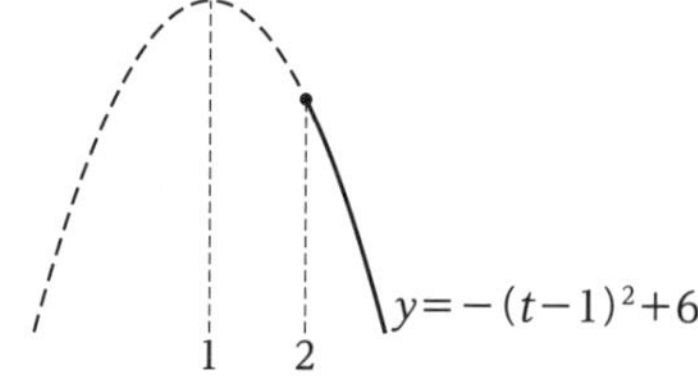

$t\geqq 2$ の範囲では，この関数は単調減少であるから $t=2$ のとき最大値 5

また $t=2$，つまり①で等号が成立するのは $2^x=2^{-x}$のときであるから $2^x+2^{-x}=2$ に代入して，

$$2^x+2^x=2$$
$$2^x=1$$
$$x=0$$

よって，**$x=0$ のとき最大値 5** …答

2

考え方 (2)底が 0 と 1 の間の値であれば，真数が最小であるとき，対数は最大の値をとります。(3)真数が正であることに注意しましょう。(4)真数が最小ならば，底が 10 の対数も最小です。

(1)底を 2 にそろえる。真数は正であるから，$x>0$

$$f(x)=\left\{\frac{\log_2(16x)}{\log_2 2^2}\right\}\{\log_2(4x)\}$$
$$=\frac{\log_2 2^4+\log_2 x}{2}(\log_2 2^2+\log_2 x)$$
$$=\frac{4+\log_2 x}{2}(2+\log_2 x)$$

ここで，$\log_2 x=t$ とおくと，← t はすべての実数値をとる

$f(x)=\frac{4+t}{2}(2+t)=\frac{1}{2}(t^2+6t+8)=\frac{1}{2}(t+3)^2-\frac{1}{2}$

よって，$t=-3$ のとき最小値 $-\frac{1}{2}$

また，$t=\log_2 x=-3$ より，$x=2^{-\frac{1}{3}}=\frac{1}{8}$

よって，$x=\frac{1}{8}$ のとき最小値 $-\frac{1}{2}$ …答

(2)真数は正であるから，$x^2+16>0$ かつ $x>0$　よって，$x>0$

$$f(x)=\log_{\frac{1}{2}}(x^2+16)-\log_{\frac{1}{2}}x$$
$$=\log_{\frac{1}{2}}\frac{x^2+16}{x}$$
$$=\log_{\frac{1}{2}}\left(x+\frac{16}{x}\right)$$

対数の底 $\frac{1}{2}$ が 0 と 1 の間の値なので，真数が最小値をとるとき対数は最大値をとる。

ここで，真数は正であり，$x>0$ であるから，$\frac{16}{x}>0$

よって，相加平均と相乗平均の不等式より，

$$x+\frac{16}{x}\geqq 2\sqrt{x\cdot\frac{16}{x}}$$
$$x+\frac{16}{x}\geqq 8$$

等号が成立するのは $x=\frac{16}{x}$ のときであるから，$x+\frac{16}{x}=8$ に代入して，

$x+x=8$ つまり，$x=4$

よって，真数の最小値は 8 であり，$f(x)$ の最大値は，

$$f(4)=\log_{\frac{1}{2}}8=\log_{\frac{1}{2}}\left(\frac{1}{2}\right)^{-3}=-3$$

以上より，**$x=4$ のとき最大値 -3** …答

(3)真数は正であるから，$x>0$，$y>0$

条件より，$y=10-2x$ であるから，

$$\log_{10}x+\log_{10}y=\log_{10}xy$$
$$=\log_{10}x(10-2x)$$ ←x に統一

また，$y>0$ より $10-2x>0$ であるから，

$0<x<5$

この範囲において，

$$x(10-2x)=-2x^2+10x$$
$$=-2\left(x-\frac{5}{2}\right)^2+\frac{25}{2}$$ ←頂点は区間内

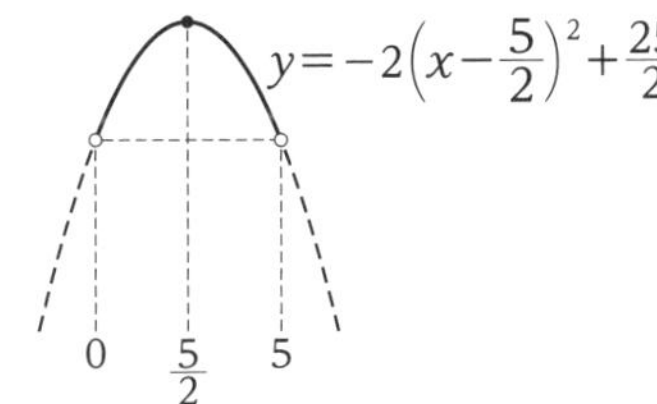

であるから，$x=\frac{5}{2}$ のとき最大値 $\frac{25}{2}$ をとる。底 10 が 1 より大きいのでこのとき対数も最大値をとる。よって，**最大値は，**

$$\log_{10}\frac{25}{2}=\log_{10}\frac{100}{8}=\log_{10}10^2-\log_{10}2^3=\mathbf{2-3\log_{10}2}$$ …答

(4) $\log_{10}xy=\log_{10}x+\log_{10}y$ の最小値を考える。←底>1より対数が最小のとき xy も最小

条件より，

$$\log_{10}x+\log_{10}y=\log_{10}x+(\log_{10}x)^2$$ ← $\log_{10}x$ に統一

ここで，$\log_{10}x=t$ とおくと，← t はすべての実数値をとる

$$t+t^2=\left(t+\frac{1}{2}\right)^2-\frac{1}{4}$$

よって，$t=-\frac{1}{2}$ で最小値 $-\frac{1}{4}$ をとる。このとき，真数も最小であるから，

$$\log_{10}xy=-\frac{1}{4}$$

$$xy=10^{-\frac{1}{4}}$$

よって，**最小値 $10^{-\frac{1}{4}}$** …答

3

考え方　まず，$\log_{10}a$，$\log_{10}b$ の値を求めます。

真数は正であるから，$\frac{x}{a}>0$，$\frac{x}{b}>0$　よって，$a>0$，$b>0$ より $x>0$

$$f(x)=\left(\log_{10}\frac{x}{a}\right)\left(\log_{10}\frac{x}{b}\right)$$
$$=(\log_{10}x-\log_{10}a)(\log_{10}x-\log_{10}b)$$

$\log_{10}x=t$ とおくと，← t はすべての実数値をとる

$$f(x)=(t-\log_{10}a)(t-\log_{10}b)$$
$$=t^2-(\log_{10}a+\log_{10}b)t+(\log_{10}a)(\log_{10}b)$$

ここで，

$$\log_{10}a+\log_{10}b=\log_{10}ab=\log_{10}100=\log_{10}10^2=2 \quad \cdots\cdots①$$

であるから，

$$f(x)=t^2-2t+(\log_{10}a)(\log_{10}b)$$
$$=(t-1)^2-1+(\log_{10}a)(\log_{10}b)$$

$t=1$ のときの最小値が $-\frac{1}{4}$ であるから，

$$-1+(\log_{10}a)(\log_{10}b)=-\frac{1}{4}$$

よって，

$$(\log_{10}a)(\log_{10}b)=\frac{3}{4} \quad \cdots\cdots②$$

①，②より，解と係数の関係の逆から $\log_{10}a$，$\log_{10}b$ は X の2次方程式

$$X^2-2X+\frac{3}{4}=0 \text{ つまり } 4X^2-8X+3=0$$

の2つの解である。

$$4X^2-8X+3=0 \iff (2X-3)(2X-1)=0$$

であるから，

$$(\log_{10}a,\ \log_{10}b)=\left(\frac{1}{2},\ \frac{3}{2}\right) \text{ または } \left(\frac{3}{2},\ \frac{1}{2}\right)$$ ←逆の組み合わせにも注意

よって，

$(a,\ b)=\left(10^{\frac{1}{2}},\ 10^{\frac{3}{2}}\right)$ または $\left(10^{\frac{3}{2}},\ 10^{\frac{1}{2}}\right)$

$\boldsymbol{(a,\ b)=(\sqrt{10},\ 10\sqrt{10})}$ **または** $\boldsymbol{(10\sqrt{10},\ \sqrt{10})}$ …答

↑もちろん $\left(10^{\frac{1}{2}},\ 10^{\frac{3}{2}}\right)$ または $\left(10^{\frac{3}{2}},\ 10^{\frac{1}{2}}\right)$ でもよい

演習問題 64 p.143

1

考え方 文字でおき換えて考えます。

(1) $2^x=t$ とおくと，$t>0$ の範囲において，←おき換えは変域チェック

$4^x=2^{x+1}+a$

$(2^x)^2=2^x\cdot 2+a$

$t^2-2t=a$

この方程式が実数解をもつ，つまり，$y=t^2-2t$ のグラフと直線 $y=a$ が共有点をもつような定数 a の値の範囲を考える。

$y=t^2-2t=(t-1)^2-1$ であるから，

右の図より，$y=a$ が $t>0$ の範囲で共有点をもつときの a の値の範囲は，

$\boldsymbol{a\geqq -1}$ …答

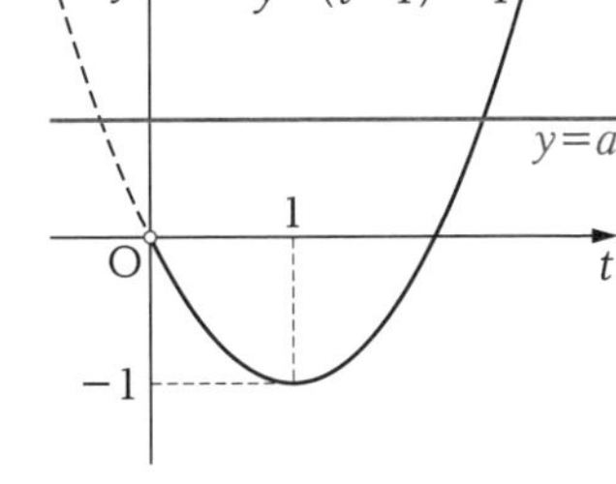

(2) $\log_2 x=t$ とおくと，

$(\log_2 x)^2-(a+1)\log_2 x+a^2-\dfrac{7}{4}=0$

$t^2-(a+1)t+a^2-\dfrac{7}{4}=0$

t はすべての実数値をとることができるので，この 2 次方程式が実数解をもつためには判別式が 0 以上であればよいから，←文字定数の分離は不要

$\{-(a+1)\}^2-4\cdot\left(a^2-\dfrac{7}{4}\right)\geqq 0$

$3a^2-2a-8\leqq 0$

$(3a+4)(a-2)\leqq 0$

よって，$\boldsymbol{-\dfrac{4}{3}\leqq a\leqq 2}$ …答

2

考え方 解をグラフの共有点の座標として考えます。

$2^x=t$ とおくと，$t>0$ の範囲において，

$4^x-(a+1)2^{x+1}+7a-5=0$

$(2^x)^2-(a+1)\cdot 2^x\cdot 2+7a-5=0$

$t^2-2(a+1)t+7a-5=0$

$f(t)=t^2-2(a+1)t+7a-5$ とおき，関数 $y=f(t)$ のグラフと t 軸との共有点の t 座標を考える。

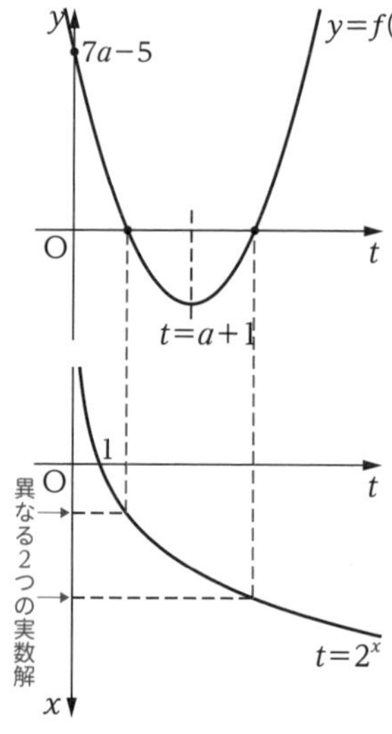

(1) t の値 1 つに対して，x の値が 1 つ対応する。

よって，異なる 2 つの実数解をもつためには，右の図のように $y=f(t)$ のグラフが $t>0$ の範囲で t 軸と異なる 2 つの共有点をもてばよい。

よって，そのための条件は 2 次方程式 $f(t)=0$ の判別式を D とすると，

$$\begin{cases} f(0)=7a-5>0 \\ \dfrac{D}{4}>0 \text{ より，} (a-2)(a-3)>0 \\ \text{軸 } a+1>0 \end{cases}$$

← 2 次方程式の解の配置問題

つまり，

$$\begin{cases} a>\dfrac{5}{7} \\ a<2,\ 3<a \\ a>-1 \end{cases}$$

以上の共通部分を求めると，$\boldsymbol{\dfrac{5}{7}<a<2,\ 3<a}$ …答

別解 解の符号がわかっているのであれば，解と係数の関係も有効です。

方程式 $f(t)=0$ の 2 つの解を $t=\alpha,\ \beta$ とすると，解と係数の関係より

$\alpha+\beta=2(a+1),\ \alpha\beta=7a-5$

$t>0$ の実数解を 2 つもつので，

$$\begin{cases} \dfrac{D}{4}>0 \text{ より，} (a-2)(a-3)>0 \\ \alpha+\beta>0 \text{ より，} 2(a+1)>0 \\ \alpha\beta>0 \text{ より，} 7a-5>0 \end{cases}$$

以上の共通部分を求めると，$\boldsymbol{\dfrac{5}{7}<a<2,\ 3<a}$ …答

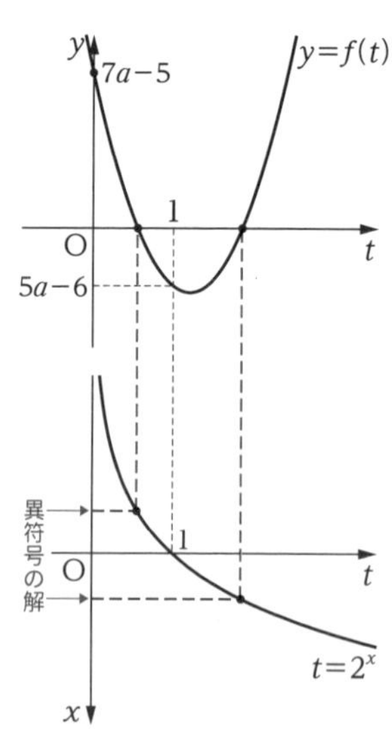

(2) $x>0$ のとき $2^x>1$，$x<0$ のとき $0<2^x<1$ であるから，x が異符号の解をもつとき，t は 1 より大きい解と 0 と 1 の間の解をそれぞれもつ。つまり，右の図のように関数 $y=f(t)$ のグラフが $0<t<1$ の範囲と $1<t$ の範囲で t 軸と共有点をもてばよい。

よって，$f(0)=7a-5>0$，かつ，$f(1)=5a-6<0$ であればよい。← 2 次方程式の解の配置問題

共通部分を求めると，$\boldsymbol{\dfrac{5}{7}<a<\dfrac{6}{5}}$ …答

3

考え方 真数，底の条件に着目します。

真数が正であるから，$x+1>0$，かつ，$2-x>0$
共通部分を求めると，$-1<x<2$ ……①
また，底の条件より，$0<a<1$，$1<a$ ……②
このとき，

$$\log_a(x+1)+\log_a(2-x)=-1$$
$$\log_a(x+1)(2-x)=\log_a a^{-1}$$

つまり，

$$(x+1)(2-x)=a^{-1}$$
$$-x^2+x+2=a^{-1}$$
$$-\left(x-\frac{1}{2}\right)^2+\frac{9}{4}=a^{-1}$$

この方程式を満たす x が存在する，つまり，$y=-\left(x-\frac{1}{2}\right)^2+\frac{9}{4}$ のグラフと直線 $y=a^{-1}$ が共有点をもつような定数 a の条件を考えればよい。①の範囲に注意してグラフをかくと，右の図のようになる。よって，$0<a^{-1}\leqq\frac{9}{4}$

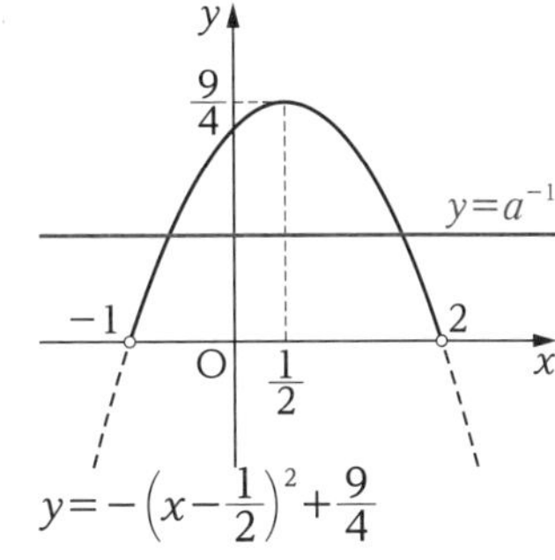

②より $0<a^{-1}$ は常に成り立つので，$a\geqq\frac{4}{9}$

②の範囲との共通部分をとると，$\boldsymbol{\frac{4}{9}\leqq a<1,\ 1<a}$ …答

4

考え方 $2^x+2^{-x}=t$ とおきます。

$2^x+2^{-x}=t$ とおく。$2^x>0$，$2^{-x}>0$ であるから，相加平均と相乗平均の不等式より，

$$2^x+2^{-x}\geqq2\sqrt{2^x\cdot2^{-x}}=2 \quad つまり，t\geqq2$$

この範囲において，

$$4^x+4^{-x}=(2^x)^2+(2^{-x})^2$$
$$=(2^x+2^{-x})^2-2\cdot2^x\cdot2^{-x}$$
$$=t^2-2$$

であるから，

$$4^x+4^{-x}+a(2^x+2^{-x})+6-a=0$$
$$(t^2-2)+at+6-a=0$$
$$t^2+at+4-a=0$$
$$\left(t+\frac{a}{2}\right)^2-\frac{a^2}{4}-a+4=0 \quad ……①$$

ここで，$2^x+2^{-x}=t$ であり，$2^x=X$ とおくと，

$$X+\frac{1}{X}=t$$

$$X^2-tX+1=0$$

この X についての 2 次方程式の判別式は，$t^2-4=(t+2)(t-2)$

よって，$t \geqq 2$ の範囲では，$t>2$ のとき判別式が正であるから t の値 1 つに対して異なる 2 つの実数解 X をもつことがわかる。つまり，t の値 1 つに対して，対応する x の値は 2 つ存在する。

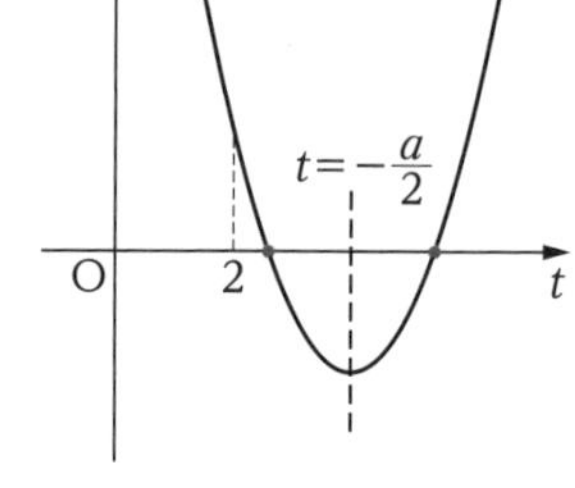

よって，方程式が異なる 4 つの実数解をもつための条件は t の 2 次方程式①が $t>2$ の範囲において異なる 2 つの実数解をもつことである。①の左辺を $f(t)$ とおくと，右の $y=f(t)$ のグラフより，

$$\begin{cases} f(2)=a+8>0 \\ \text{判別式 } a^2-4(4-a)>0 \\ \text{軸} -\frac{a}{2}>2 \end{cases}$$
←2 次方程式の解の配置問題

つまり，
$$\begin{cases} a>-8 \\ a<-2-2\sqrt{5},\ -2+2\sqrt{5}<a \\ a<-4 \end{cases}$$

共通部分を求めると，$\boldsymbol{-8<a<-2-2\sqrt{5}}$ …答

参考 方程式 $2^x+2^{-x}=t$ の解の個数について，解答のように 2 次方程式に変換する方法もありますが，直接 $y=2^x+2^{-x}$ のグラフと直線 $y=t$ の共有点の個数を数える方法も考えられます。

2^x は x が小さくなると 0 に近い値をとり，2^{-x} は x が大きくなると 0 に近い値をとることに着目すると，x が小さくなるとほとんど $y=2^{-x}$ のグラフと一致し，x が大きくなるとほとんど $y=2^x$ のグラフと一致することがわかります。この点を踏まえると，$y=2^x+2^{-x}$ のグラフは右の図のようになります。

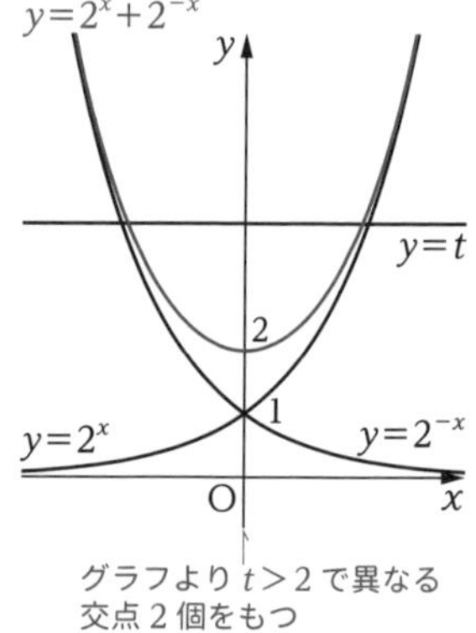

グラフより $t>2$ で異なる交点 2 個をもつ

5

考え方 真数の条件に着目します。

真数は正であるから，$x-1>0$ かつ $5-x>0$ かつ $2x-a>0$ より，

$$1<x<5 \text{ かつ } \frac{a}{2}<x \quad \cdots\cdots①$$

このとき，

$$\log_2(x-1)+\log_2(5-x)=\log_2(2x-a)$$

$$\log_2(x-1)(5-x)=\log_2(2x-a)$$

よって，

$$(x-1)(5-x)=2x-a$$

①の範囲において，この方程式が実数解を 1 つもつ，つまり，$y=(x-1)(5-x)$ のグラフと直線 $y=2x-a$ の共有点が 1 つとなるような a の値の範囲を考える。

それは右の図より，$y=2x-a$ が放物線と接するとき，または $1 \leqq \frac{a}{2} < 5$ の範囲のときである。

放物線と直線の方程式を連立して y を消去すると，

$(x-1)(5-x)=2x-a$

$x^2-4x+5-a=0$

接するときはこの 2 次方程式が重解をもつので判別式が 0 に等しい。よって，判別式を D とすると，

$\frac{D}{4}=(-2)^2-(5-a)=0$　よって，$a=1$

また，$1 \leqq \frac{a}{2} < 5$ より，$2 \leqq a < 10$

以上より，$\boldsymbol{a=1,\ 2 \leqq a < 10}$ …答

演習問題 65 p.145

1

考え方　まず真数の条件と底の条件を確認します。

(1)真数は正であるから，$y>0$ ……①

また，底の条件より $x>0$，$x \neq 1$ ……②

この条件の下で，$\log_x y=t$ とおくと，

$t^2>2+t$

$t^2-t-2>0$

$(t+1)(t-2)>0$

$t<-1,\ 2<t$

よって，

$\log_x y<-1,\ 2<\log_x y$

$\log_x y<\log_x x^{-1},\ \log_x x^2<\log_x y$

ここで(i)，(ii)のように底の値で場合を分ける。

(i) $x>1$ のとき

$y<x^{-1}$……③，$x^2<y$……④ ←同じ向き

(ii) $0<x<1$ のとき

$y>x^{-1}$……⑤，$x^2>y$……⑥ ←逆向き

①，②の条件の下で，(i)，(ii)を図示する。求める領域は右の図の斜線部分になる。ただし，境界線は含まない。

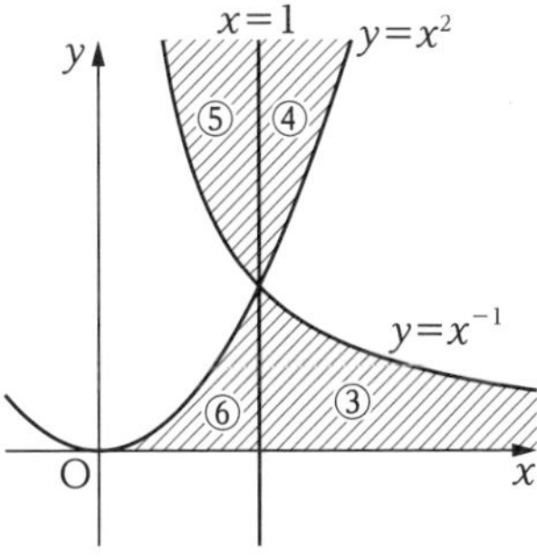

(2) 真数は正であるから，$x>0$，$y>0$ ……①

また，底の条件より，$x\neq1$，$y\neq1$ ……②

この条件の下で，

$$\log_x y+2\log_y x>3$$
$$\log_x y+\frac{2}{\log_x y}>3$$

$\log_y x=\frac{1}{\log_x y}$

ここで，$\log_x y=t$ とおくと，

$$t+\frac{2}{t}>3$$

両辺に $t^2(>0)$ を掛けて，

$$t^3-3t^2+2t>0$$
$$t(t-1)(t-2)>0$$
$$0<t<1,\ 2<t$$

$f(t)=t(t-1)(t-2)$

よって，

$$0<\log_x y<1,\ 2<\log_x y$$
$$\log_x 1<\log_x y<\log_x x,\ \log_x x^2<\log_x y$$

ここで(i)，(ii)のように底の値で場合を分ける。

(i) $x>1$ のとき

$1<y<x$ ……③，$x^2<y$ ……④ ←同じ向き

(ii) $0<x<1$ のとき

$1>y>x$ ……⑤，$x^2>y$ ……⑥ ←逆向き

①，②の条件の下で，(i)，(ii)を図示する。求める領域は右の図の斜線部分になる。ただし，境界線は含まない。

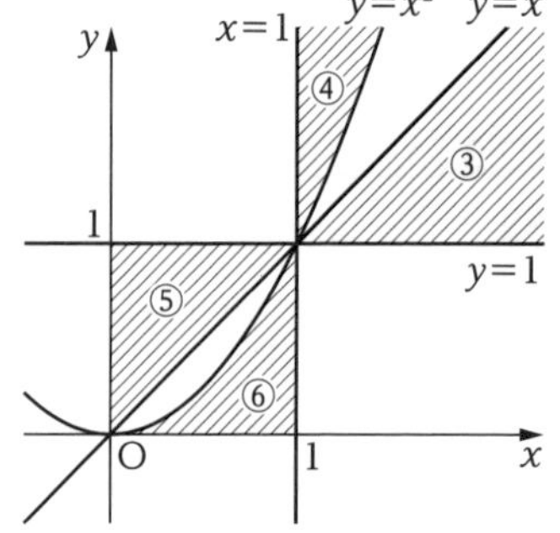

(3) 真数は正であるから，$x>0$，$y>0$ ……①

また，底の条件より $x\neq1$，$y\neq1$ ……②

この条件の下で，

$$\log_x y+6\log_y x<5$$
$$\log_x y+\frac{6}{\log_x y}<5$$

$\log_y x=\frac{1}{\log_x y}$

$\log_x y=t$ とおくと，

$$t+\frac{6}{t}<5$$

両辺に $t^2(>0)$ を掛けて，

$$t^3-5t^2+6t<0$$
$$t(t-2)(t-3)<0$$
$$t<0,\ 2<t<3$$

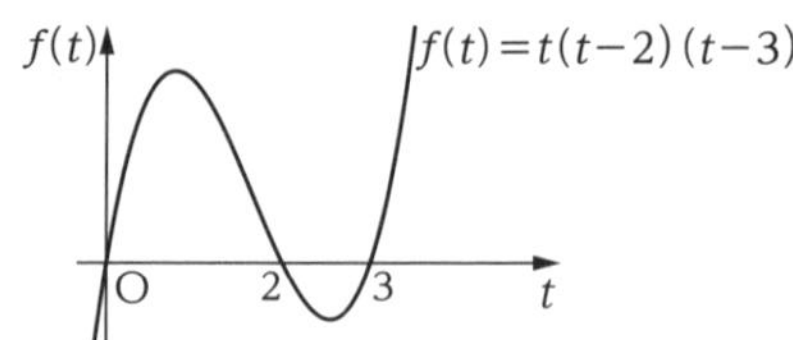

よって，

$$\log_x y<0,\ 2<\log_x y<3$$
$$\log_x y<\log_x 1,\ \log_x x^2<\log_x y<\log_x x^3$$

ここで(i)，(ii)のように底の値で場合を分ける。

(i) $x>1$ のとき

$y<1$ ……③，$x^2<y<x^3$ ……④ ←同じ向き

(ii) $0<x<1$ のとき

$y>1$ ……⑤，$x^2>y>x^3$ ……⑥ ←逆向き

①，②の条件の下で，(i)，(ii)を図示する。求める領域は右の図の斜線部分になる。ただし，境界線は含まない。

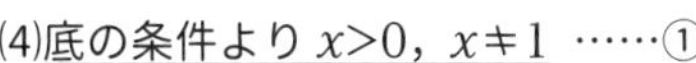

(4)底の条件より $x>0$，$x\neq1$ ……①

真数は正であるから，$y>0$ かつ $\log_x y>0$ ……②

(i)，(ii)のように底の値で場合を分けると，

(i) $x>1$ のとき，②より $\log_x y>\log_x 1$ であるから，$y>1$ ←同じ向き

この条件の下で，

$\log_x(\log_x y)>0$

$\log_x(\log_x y)>\log_x 1$

$\log_x y>1$ ←同じ向き

$\log_x y>\log_x x$

$y>x$ ……③ ←同じ向き

(ii) $0<x<1$ のとき，②より $\log_x y>\log_x 1$ であるから，

$0<y<1$ ←逆向き

この条件の下で，

$\log_x(\log_x y)>0$

$\log_x(\log_x y)>\log_x 1$

$\log_x y<1$ ←逆向き

$\log_x y<\log_x x$

$y>x$ ……④ ←逆向き

①の条件の下で，(i)，(ii)を図示する。求める領域は右の図の斜線部分になる。ただし，境界線は含まない。

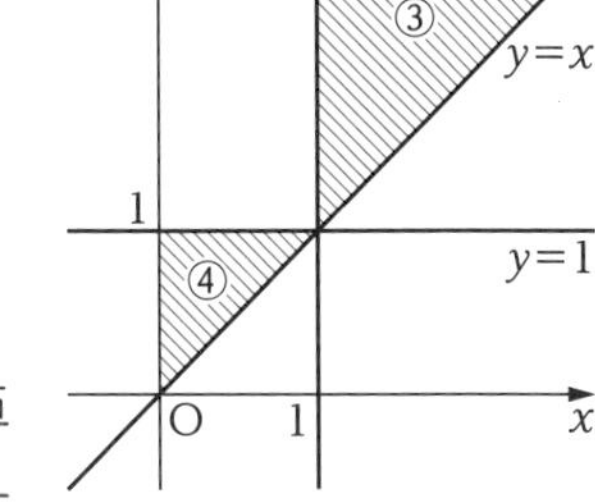

2

考え方　$3x+2y=k$ とおき，k の最大値を考えます。

$1\geqq 2\log_y x$

$\log_y y\geqq \log_y x^2$

ここで，(i)，(ii)のように底の値で場合を分けると，

(i) $y>1$ のとき $y\geqq x^2$ ……① ←同じ向き

(ii) $0<y<1$ のとき $y\leqq x^2$ ……② ←逆向き

$0<x\leqq2$，$0<y\leqq2$，$y\neq1$ に注意して図示すると，右の図の斜線部分になる。ただし，境界線は図の破線部分と x 軸，y 軸は含まない。

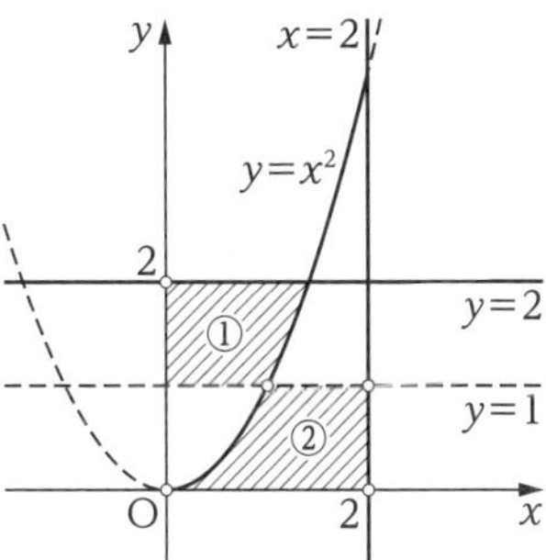

$3x+2y=k$ とおくと，$y=-\dfrac{3}{2}x+\dfrac{k}{2}$ であるから，

この直線が領域(斜線部分)を通り，y 切片が最も大きくなるときを考えればよい。
右の図より，点 $(\sqrt{2},\ 2)$ を通るとき最大となる。
よって $x=\sqrt{2}$，$y=2$ を代入すると，
最大値 $k=3\cdot\sqrt{2}+2\cdot2=\mathbf{3\sqrt{2}+4}$ …答

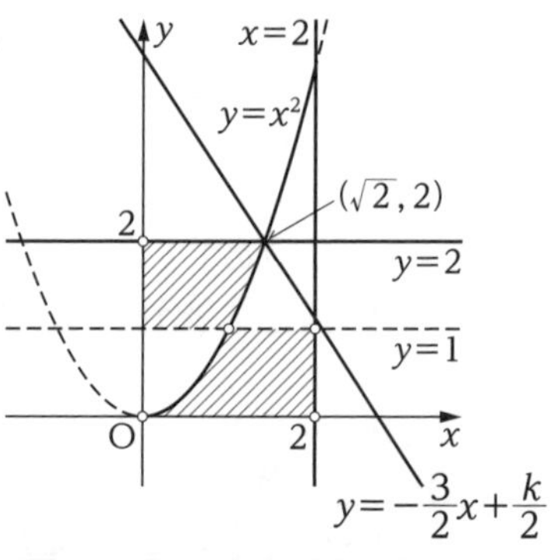

第2節　常用対数

演習問題66　p.147

1

考え方　(1) 9^x となる x について考えます。

(1) $5^{10}=9^x$となる x について考える。
9を底とする両辺の対数をとると，

$$\log_9 5^{10}=\log_9 9^x$$

$$x=10\log_9 5$$

$$=10\cdot\frac{\log_{10}\frac{10}{2}}{\log_{10}3^2}$$

$$=10\cdot\frac{1-\log_{10}2}{2\log_{10}3}$$

$$=10\cdot\frac{1-0.3010}{2\cdot0.4771}=7.32\cdots$$

よって，$9^7<5^{10}<9^8$ であるから，5^{10} を9進法で表すと，**8桁** …答

(2) 47^{100} は168桁の整数であるから，

$$10^{167}\leqq47^{100}<10^{168}$$

各辺の常用対数をとると，

$$\log_{10}10^{167}\leqq\log_{10}47^{100}<\log_{10}10^{168}$$

$$167\leqq100\log_{10}47<168$$

このとき，47^{17} について常用対数をとると，

$$\log_{10}47^{17}=17\log_{10}47$$

であるから，

$$167\times\frac{17}{100}\leqq17\log_{10}47<168\times\frac{17}{100}$$

$$28.39\leqq17\log_{10}47<28.56$$

つまり，$10^{28}<47^{17}<10^{29}$

よって，47^{17} は **29桁** …答

2

考え方 $\left(\frac{9}{2}\right)^n$ や $\left(\frac{2}{5}\right)^n$ を不等式で表して，各辺の常用対数をとります。

(1) $\left(\frac{9}{2}\right)^n$ の整数部分が 10 桁であるから，$10^9 \leqq \left(\frac{9}{2}\right)^n < 10^{10}$

各辺の常用対数をとると，

$$\log_{10}10^9 \leqq \log_{10}\left(\frac{9}{2}\right)^n < \log_{10}10^{10}$$

$$9 \leqq n(\log_{10}3^2 - \log_{10}2) < 10$$

$$9 \leqq 0.6532n < 10$$

$$13.7\cdots \leqq n < 15.3\cdots$$

n は整数であるから，$\boldsymbol{n=14,\ 15}$ …答

(2) $\left(\frac{2}{5}\right)^n$ を小数で表したとき，小数第 3 位に初めて 0 でない数字が現れるので，

$$10^{-3} \leqq \left(\frac{2}{5}\right)^n < 10^{-2}$$

各辺の常用対数をとると，

$$\log_{10}10^{-3} \leqq \log_{10}\left(\frac{2}{5}\right)^n < \log_{10}10^{-2}$$

$$-3 \leqq n\left(\log_{10}2 - \log_{10}\frac{10}{2}\right) < -2$$

$$-3 \leqq n(2\log_{10}2 - 1) < -2$$

$\log_{10}5 = \log_{10}\frac{10}{2} = 1 - \log_{10}2$

$$-3 \leqq -0.398n < -2$$

$$7.5\cdots \geqq n > 5.0\cdots$$

n は整数であるから，$\boldsymbol{n=6,\ 7}$ …答

3

考え方 (2) 4^n に対して，4^n+3 は繰り上がらないので桁数も最高位の数も一致します。

(1)条件より，最高位の数字が 2 であることに着目すると，

$$2\cdot10^{-7} \leqq 3^k < 3\cdot10^{-7}$$

各辺の常用対数をとると，

$$\log_{10}(2\cdot10^{-7}) \leqq \log_{10}3^k < \log_{10}(3\cdot10^{-7})$$

$$\log_{10}2 - 7 \leqq k\log_{10}3 < \log_{10}3 - 7$$

$$0.3010 - 7 \leqq 0.4771k < 0.4771 - 7$$

$$-14.0\cdots \leqq k < -13.6\cdots$$

k は整数であるから，$\boldsymbol{k=-14}$ …答

(2) 4^n の一の位は 4 または 6 であるから，4^n+3 は 4^n と桁数が等しい。

4^n が 9 桁の数であるから，

$$10^8 \leqq 4^n < 10^9$$

各辺の常用対数をとると，

$$\log_{10}10^8 \leqq \log_{10}4^n < \log_{10}10^9$$

$$8 \leqq n\log_{10}4 < 9$$

$8 \leqq 2n\log_{10}2 < 9$
$8 \leqq 0.6020n < 9$
$13.2\cdots \leqq n < 14.9\cdots$

よって，求める自然数 n は $\boldsymbol{n=14}$ …答

また，4^n+3 は 4^n と最高位の数字も等しい。4^{14} について，常用対数をとると，

$\log_{10}4^{14}=28\log_{10}2=8.428$

であり，$\log_{10}2=0.3010$，$\log_{10}3=0.4771$ であるから，

$\log_{10}2 < 0.428 < \log_{10}3$ ←小数部分を連続する真数の常用対数ではさむ
$8+\log_{10}2 < 8.428 < 8+\log_{10}3$
$\log_{10}2\cdot10^8 < \log_{10}4^{14} < \log_{10}3\cdot10^8$

よって，

$2\cdot10^8 < 4^{14} < 3\cdot10^8$ ← $4^{14}=2.\cdots\times10^8$

であるから，**最高位の数字は 2** …答

4

考え方　常用対数をとり，表から値を探します。

まず，8.94^{18} において常用対数をとると，

$$\begin{aligned}\log_{10}8.94^{18}&=18\log_{10}8.94\\&=18\times0.9513\\&=17.1234\end{aligned}$$ 常用対数表を用いた

ここで，小数部分 0.1234 において常用対数表より，

$\log_{10}1.32=0.1206$，$\log_{10}1.33=0.1239$

であるから，

$\log_{10}1.32 < 0.1234 < \log_{10}1.33$ ←真数の小数第 2 位が連続する数になる対数ではさむ
$17+\log_{10}1.32 < 17.1234 < 17+\log_{10}1.33$
$\log_{10}(1.32\times10^{17}) < \log_{10}8.94^{18} < \log_{10}(1.33\times10^{17})$
$1.32\times10^{17} < 8.94^{18} < 1.33\times10^{17}$ ← $8.94^{18}=1.3\cdots\times10^{17}$

よって，上 2 桁は **13** …答

演習問題 67　p.149

1

考え方　(1) $(0.8)^n < 0.1$ を満たす最小の整数 n を求めよ，ということです。(3)複利とは，毎年元金と利息の合計に利息がつくことです。

(1) $(0.8)^n < 0.1$ となる最小の整数 n を求める。

両辺の常用対数をとると，

$\log_{10}(0.8)^n < \log_{10}0.1$
$n\log_{10}\dfrac{8}{10} < \log_{10}\dfrac{1}{10}$

$n(3\log_{10}2-1)<0-1$

$n(3\times0.3010-1)<-1$

$n>\dfrac{1}{0.0970}=10.3\cdots$

よって，最小の整数 n は，$\boldsymbol{n=11}$ …答

(2)ガラス板を 1 枚通過するたびに，光の明るさは通過前の 0.9 倍になるので，n 枚通過したあとの光の明るさは初めの明るさの $(0.9)^n$ 倍である。つまり，最初の明るさの半分以下になるとき，

$(0.9)^n\leqq\dfrac{1}{2}$

この不等式を満たす最小の整数 n を求める。両辺の常用対数をとると，

$\log_{10}(0.9)^n\leqq\log_{10}2^{-1}$

$n\log_{10}\dfrac{3^2}{10}\leqq-\log_{10}2$

$n(2\cdot0.4771-1)\leqq-0.3010$

$n\geqq6.57\cdots$

であるから，最小の整数 n は，$\boldsymbol{n=7}$**(枚)** …答

(3)年利率が 5%であるから，毎年預金額は 1.05 倍になる。よって，元金を a 円としたとき，n 年後の元利合計の金額は $a\times(1.05)^n$ である。

n 年後に元利合計の金額が元金の 2 倍以上となるとき，

$a\times(1.05)^n\geqq2a$

$(1.05)^n\geqq2$

この不等式を満たす最小の整数 n を求める。両辺の常用対数をとると，

$\log_{10}(1.05)^n\geqq\log_{10}2$

$n\log_{10}\dfrac{105}{100}\geqq\log_{10}2$

$n\{\log_{10}(3\cdot5\cdot7)-\log_{10}10^2\}\geqq\log_{10}2$

$n\left\{\log_{10}3+\log_{10}\dfrac{10}{2}+\log_{10}7-2\right\}\geqq\log_{10}2$

$n\{0.4771+(1-0.3010)+0.8451-2\}\geqq0.3010$

$n\geqq14.1\cdots$

よって，$n=15$ であるから，**15 年後** …答

2

考え方 (1)分母から，2^{10} と 2^{13} に着目すればよいことが分かります。(2)常用対数ではありませんが，例題と同様の考え方です。

(1) $\dfrac{3}{10}<\log_{10}2$ より，

$3<10\log_{10}2$

$\log_{10}10^3<\log_{10}2^{10}$

このことを示す。$2^{10}=1024$，$10^3=1000$ であるから，$10^3<2^{10}$

両辺の常用対数をとると，$\log_{10}10^3<\log_{10}2^{10}$

よって，$\frac{3}{10}<\log_{10}2$ が示された。

また，$\log_{10}2<\frac{4}{13}$ より，

$13\log_{10}2<4$

$\log_{10}2^{13}<\log_{10}10^4$

このことを示す。

$2^{13}=8192$，$10^4=10000$ であるから，$2^{13}<10^4$

両辺の常用対数をとると，$13\log_{10}2<4$

よって，$\log_{10}2<\frac{4}{13}$が示された。

以上より，$\frac{3}{10}<\log_{10}2<\frac{4}{13}$ 〔証明終わり〕

(2)$10\log_7 2=\log_7 2^{10}$ の一の位の数字を考えればよい。

$2^{10}=1024$，$7^3=343$，$7^4=2401$

であるから，

$7^3<2^{10}<7^4$

よって，

$\log_7 7^3<\log_7 2^{10}<\log_7 7^4$ ←7 を底とする対数をとる

$3<10\log_7 2<4$

であるから，$10\log_7 2$ の一の位の数字は 3 である。つまり，

$\log_7 2$ の小数第 1 位の数字は **3** …答

第1節　極　限

演習問題 68　p.151

考え方　(3), (4)分子の有理化を考えます。

(1) $x\to 1$ のとき，分子の式 $x^2-x\to 1^2-1=0$ であるから，極限値 $\dfrac{1}{3}$ をもつためには分母において $\lim\limits_{x\to 1}(x^2+ax+b)=0$ である必要がある。

このとき，左辺は

$\lim\limits_{x\to 1}(x^2+ax+b)=1^2+a\cdot 1+b=a+b+1$

これが 0 に等しいので，

$a+b+1=0$　よって，$b=-a-1$……①

このとき，問題の左辺は，

$$\lim_{x\to 1}\frac{x^2-x}{x^2+ax-a-1}=\lim_{x\to 1}\frac{x(x-1)}{(x-1)(x+a+1)}\ \cdots\cdots(*)$$

$$=\lim_{x\to 1}\frac{x}{x+a+1}$$ ←不定形なので約分してから代入

$$=\frac{1}{1+a+1}$$

$$=\frac{1}{a+2}$$

これが $\dfrac{1}{3}$ に等しいので $\dfrac{1}{a+2}=\dfrac{1}{3}$ より $a=1$

このとき，①より $b=-1-1=-2$

以上より，$\boldsymbol{a=1}$，$\boldsymbol{b=-2}$ …答

Point　$(*)$において，分母の因数分解は a を含むので計算が複雑に見えます。しかし，$(*)$は $x\to 1$ で必ず分子も分母も 0 に近づく不定形ですから，分子も分母も $x-1$ を因数にもつことは明らかになっています。そのことを利用して分母を因数分解しています。

(2) $x\to a$ のとき，分母の式 $x^2-(a+2)x+2a\to a^2-(a+2)a+2a=0$ であるから，極限値 7 をもつためには分子において $\lim\limits_{x\to a}(3x^2+5bx-2b^2)=0$ である必要がある。

このとき，左辺は

$\lim\limits_{x\to a}(3x^2+5bx-2b^2)=3a^2+5ab-2b^2$

これが 0 に等しいので，

$3a^2+5ab-2b^2=0$　よって，$(3a-b)(a+2b)=0$ より $b=3a,\ -\dfrac{1}{2}a$ ……①

(i) $b=3a$ のとき問題の左辺は，

$$\lim_{x\to a}\frac{3x^2+15ax-18a^2}{x^2-(a+2)x+2a}=\lim_{x\to a}\frac{3(x-a)(x+6a)}{(x-a)(x-2)}$$ ← $x\to a$ のとき 0 であるから $(x-a)$ を因数にもつ

$$=\lim_{x \to a}\frac{3(x+6a)}{x-2}$$ ←不定形なので約分してから代入

$$=\frac{3(a+6a)}{a-2}$$

$$=\frac{21a}{a-2}$$

これが 7 に等しいので，$\frac{21a}{a-2}=7$ より $a=-1$

このとき，①より $b=-3$

(ii) $b=-\frac{1}{2}a$ のとき，つまり $a=-2b$ のとき問題の左辺は，

$$\lim_{x \to -2b}\frac{3x^2+5bx-2b^2}{x^2-(-2b+2)x-4b}=\lim_{x \to -2b}\frac{(x+2b)(3x-b)}{(x+2b)(x-2)}$$ ← $x \to -2b$ のとき 0 であるから $(x+2b)$ を因数にもつ

$$=\lim_{x \to -2b}\frac{3x-b}{x-2}$$ ←不定形なので約分してから代入

$$=\frac{-7b}{-2b-2}$$

$$=\frac{7b}{2b+2}$$

これが 7 に等しいので，$\frac{7b}{2b+2}=7$ より $b=-2$

このとき，①より $a=4$

以上より，$\boldsymbol{(a,\ b)=(-1,\ -3),\ (4,\ -2)}$ …答

別解 (ii)では，$b=-\frac{1}{2}a$ から $a=-2b$ として b にそろえてから極限を考えましたが，(i)と同様に $b=-\frac{1}{2}a$ として a にそろえてから極限を考えることもできます。その場合は，

$$(\text{左辺})=\lim_{x \to a}\frac{3x^2-\frac{5}{2}ax-\frac{1}{2}a^2}{x^2-(a+2)x+2a}=\lim_{x \to a}\frac{(x-a)\left(3x+\frac{1}{2}a\right)}{(x-a)(x-2)}$$

と因数分解して解きます。

(3) $x \to -1$ のとき，分母の式 $x+1 \to -1+1=0$ であるから，極限値 $-\frac{2}{3}$ をもつためには分子において $\lim_{x \to -1}(a\sqrt{x^2+8}+b)=0$ である必要がある。

このとき，左辺は

$$\lim_{x \to -1}(a\sqrt{x^2+8}+b)=3a+b$$

これが 0 に等しいので，

$3a+b=0$　よって，$b=-3a$ ……①

このとき，問題の左辺は，

$$\lim_{x \to -1}\frac{a\sqrt{x^2+8}-3a}{x+1}=\lim_{x \to -1}\frac{(a\sqrt{x^2+8}-3a)(a\sqrt{x^2+8}+3a)}{(x+1)(a\sqrt{x^2+8}+3a)}$$ ←分子を有理化

$$=\lim_{x \to -1}\frac{a^2(x^2+8)-9a^2}{(x+1)(a\sqrt{x^2+8}+3a)}$$

$$=\lim_{x \to -1}\frac{a^2(x^2-1)}{(x+1)(a\sqrt{x^2+8}+3a)}$$

$$=\lim_{x\to-1}\frac{a^2(x+1)(x-1)}{(x+1)(a\sqrt{x^2+8}+3a)}$$ ← $x\to-1$ のとき 0 であるから $(x+1)$ を因数にもつ

$$=\lim_{x\to-1}\frac{a^2(x-1)}{a\sqrt{x^2+8}+3a}$$ ←不定形なので約分してから代入

$$=\frac{-2a^2}{6a}$$

$$=-\frac{a}{3}$$

これが$-\frac{2}{3}$に等しいので，$-\frac{a}{3}=-\frac{2}{3}$ より $a=2$

このとき，①より $b=-3\cdot2=-6$

以上より，$\boldsymbol{a=2}$，$\boldsymbol{b=-6}$ …答

(4)

Point この問題では，すぐに $x\to0$ としても分子も分母も 0 に近づいてしまい，a の条件を考えることができません。まず先に分子の有理化を考えます。

問題の左辺は，

$$\lim_{x\to0}\frac{\sqrt{2x^2+3x+5}-\sqrt{ax+5}}{x^2}$$

$$=\lim_{x\to0}\frac{(\sqrt{2x^2+3x+5}-\sqrt{ax+5})(\sqrt{2x^2+3x+5}+\sqrt{ax+5})}{x^2(\sqrt{2x^2+3x+5}+\sqrt{ax+5})}$$ ←分子を有理化

$$=\lim_{x\to0}\frac{2x^2+(3-a)x}{x^2(\sqrt{2x^2+3x+5}+\sqrt{ax+5})}$$

$$=\lim_{x\to0}\frac{2x+(3-a)}{x(\sqrt{2x^2+3x+5}+\sqrt{ax+5})}\quad\cdots\cdots①$$

ここで，$x\to0$ のとき，分母の式 $x(\sqrt{2x^2+3x+5}+\sqrt{ax+5})\to0\cdot2\sqrt{5}=0$ であるから，極限値 b をもつためには分子において $\lim_{x\to0}\{2x+(3-a)\}=0$ である必要がある。

このとき，左辺は

$$\lim_{x\to0}\{2x+(3-a)\}=3-a$$

これが 0 に等しいので，$a=3$

このとき，①は，

$$\lim_{x\to0}\frac{2x}{x(\sqrt{2x^2+3x+5}+\sqrt{3x+5})}=\lim_{x\to0}\frac{2}{\sqrt{2x^2+3x+5}+\sqrt{3x+5}}$$ ←不定形なので約分してから代入

$$=\frac{2}{\sqrt{5}+\sqrt{5}}$$

$$=\frac{1}{\sqrt{5}}$$

よって，$b=\frac{1}{\sqrt{5}}$

以上より，$\boldsymbol{a=3}$，$\boldsymbol{b=\frac{1}{\sqrt{5}}}$ …答

演習問題 69 p.154

1

考え方 (1) $h \to 0$ のとき，$-3h \to 0$ も成り立つ。
(2) $h \to 0$ のとき，$5h \to 0$，$-h \to 0$ も成り立つ。

(1) $\displaystyle\lim_{h\to 0}\frac{f(a-3h)-f(a)}{h}=\lim_{h\to 0}\frac{f(a+(-3h))-f(a)}{-3h}\cdot(-3)$

$=f'(a)\cdot(-3)$

$=\boldsymbol{-3f'(a)}$ …答

$\displaystyle\lim_{h\to 0}\frac{f(a+●h)-f(a)}{●h}=f'(a)$

(2) $\displaystyle\lim_{h\to 0}\frac{f(a+5h)-f(a-h)}{3h}$

$\displaystyle=\lim_{h\to 0}\frac{f(a+5h)-f(a)+f(a)-f(a-h)}{3h}$

$\displaystyle=\lim_{h\to 0}\left\{\frac{f(a+5h)-f(a)}{3h}-\frac{f(a-h)-f(a)}{3h}\right\}$

$\displaystyle=\lim_{h\to 0}\left\{\frac{f(a+5h)-f(a)}{5h}\cdot\frac{5}{3}-\frac{f(a+(-h))-f(a)}{-h}\cdot\left(-\frac{1}{3}\right)\right\}$

$\displaystyle=f'(a)\cdot\frac{5}{3}-f'(a)\cdot\left(-\frac{1}{3}\right)$

$=\boldsymbol{2f'(a)}$ …答

$\displaystyle\lim_{h\to 0}\frac{f(a+●h)-f(a)}{●h}=f'(a)$

2

考え方 $\displaystyle f'(0)=\lim_{h\to 0}\frac{f(0+h)-f(0)}{h}=\lim_{h\to 0}\frac{f(h)-f(0)}{h}$ のように0がかくれている点に注意します。

$\displaystyle\lim_{h\to 0}\frac{f(2h)-f(-h)}{6h}$

$\displaystyle=\lim_{h\to 0}\frac{f(0+2h)-f(0+(-h))}{6h}$ ←0がかくれている

$\displaystyle=\lim_{h\to 0}\frac{f(0+2h)-f(0)+f(0)-f(0+(-h))}{6h}$

$\displaystyle=\lim_{h\to 0}\left\{\frac{f(0+2h)-f(0)}{6h}-\frac{f(0+(-h))-f(0)}{6h}\right\}$

$\displaystyle=\lim_{h\to 0}\left\{\frac{f(0+2h)-f(0)}{2h}\cdot\frac{1}{3}-\frac{f(0+(-h))-f(0)}{-h}\cdot\left(-\frac{1}{6}\right)\right\}$

$\displaystyle=f'(0)\cdot\frac{1}{3}-f'(0)\cdot\left(-\frac{1}{6}\right)=\boldsymbol{\frac{1}{2}f'(0)}$ …答

$\displaystyle\lim_{h\to 0}\frac{f(a+●h)-f(a)}{●h}=f'(a)$

3

考え方 $\displaystyle\lim_{b\to a}\frac{f(b)-f(a)}{b-a}=f'(a)$ を利用します。

$\displaystyle\lim_{x\to a}\frac{a^2f(x)-x^2f(a)}{x-a}$

$\displaystyle=\lim_{x\to a}\frac{a^2f(x)-a^2f(a)+a^2f(a)-x^2f(a)}{x-a}$

$\displaystyle=\lim_{x\to a}\left\{\frac{a^2f(x)-a^2f(a)}{x-a}-\frac{x^2f(a)-a^2f(a)}{x-a}\right\}$

$$=\lim_{x\to a}\left\{a^2\cdot\frac{f(x)-f(a)}{x-a}-\frac{(x-a)(x+a)}{x-a}\cdot f(a)\right\}$$

$\lim_{x\to a}\frac{f(x)-f(a)}{x-a}=f'(a)$

$$=\boldsymbol{a^2f'(a)-2af(a)}\ \cdots 答$$

4

考え方 (2) $f'(x)$ を求めて，両辺を積分します。

(1) $x=y=0$ とすると，

$$f(0+0)=f(0)+f(0)+0-1$$

$$\boldsymbol{f(0)=1}\ \cdots 答$$

(2) $y=h$ とすると，

$$f(x+h)=f(x)+f(h)+2xh-1$$

$$\frac{f(x+h)-f(x)}{h}=2x+\frac{f(h)-1}{h}$$

両辺において $h\to 0$ のときの極限をとると，←(1)より，$f(0)=1$ を利用

$$\lim_{h\to 0}\frac{f(x+h)-f(x)}{h}=2x+\lim_{h\to 0}\frac{f(0+h)-f(0)}{h}$$

←左辺は導関数の定義，右辺は微分係数の定義

$$f'(x)=2x+f'(0)$$

←$f'(0)=0$

$$=2x$$

両辺を積分すると，

$$\int f'(x)dx=\int 2xdx$$

$$f(x)=x^2+C\quad (C \text{は積分定数})$$

ここで，(1)より $f(0)=1$ であったから，$x=0$ とすると，

$f(0)=C$　よって，$C=1$ ←具体的な数値で定数項決定

したがって，$\boldsymbol{f(x)=x^2+1}$ … 答

第2節 接線と関数の増減

演習問題 70 p.156

1

考え方 グラフ上にない点を通る接線の求め方を利用します。

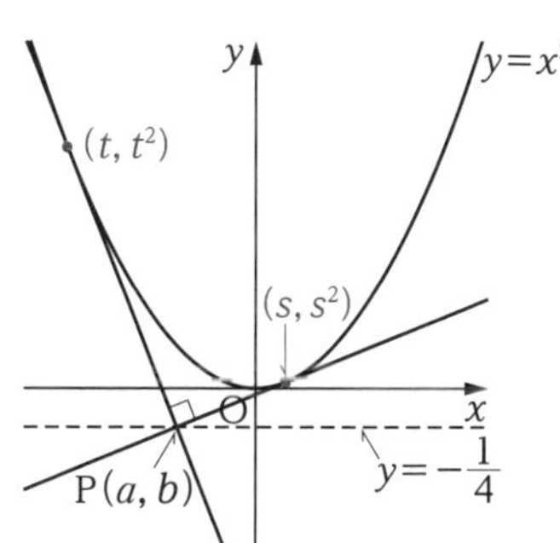

$y=x^2$ において $y'=2x$ であるから，接点の座標を $(t,\ t^2)$ とした接線の方程式は，

$$y-t^2=2t(x-t)$$

$$y=2tx-t^2$$

同様に接点の座標を $(s,\ s^2)$ とした接線の方程式は，

$$y=2sx-s^2$$

直交するときは傾きの積が-1 に等しいので，

$2t \cdot 2s = -1$　よって，$st = -\dfrac{1}{4}$ ……①

この条件のもとで，2 本の接線の交点の座標を考える。2 本の接線の方程式を連立して，

$2tx - t^2 = 2sx - s^2$

$2(t-s)x = t^2 - s^2$

$x = \dfrac{\cancel{(t-s)}(t+s)}{2\cancel{(t-s)}} = \dfrac{t+s}{2}$

これを接線の方程式に代入して y 座標を求めると，

$y = 2t \cdot \dfrac{t+s}{2} - t^2 = st = -\dfrac{1}{4}$ ←①を利用

つまり，$\boldsymbol{b = -\dfrac{1}{4}}$ …答

別解 点 P を通る直線は y 軸に平行ではないから，傾きを m とおける。このとき，その直線の方程式は，

$y - b = m(x - a)$

$y = mx - am + b$ ……①

①と $y = x^2$ を連立すると，

$x^2 = mx - am + b$

$x^2 - mx + am - b = 0$

直線①と放物線 $y = x^2$ は接するので，この 2 次方程式が重解をもてばよい。よって，判別式を D とすると，

$D = (-m)^2 - 4 \cdot 1 \cdot (am - b) = m^2 - 4am + 4b = 0$

この方程式の 2 つの解が接線の傾きである。この 2 つの解を m_1，m_2 とすると，接線の傾きの積は -1 に等しいので，

$m_1 \cdot m_2 = -1$

また，解と係数の関係より，

$m_1 \cdot m_2 = \dfrac{4b}{1} = -1$

よって，$b = \boldsymbol{-\dfrac{1}{4}}$ …答

Point 結果的に，2 本の接線が直交するときの交点は x 座標に関係なく常に $y = -\dfrac{1}{4}$ 上にあることがわかりました。この直線 $y = -\dfrac{1}{4}$ を放物線 $y = x^2$ の「準線」と呼びます。

2

考え方 (2)対称の中心を原点にとると，点対称なグラフは奇関数のグラフになります。

(1) $y' = 3x^2 + 6x = 3(x+1)^2 - 3$

であるから，傾きは $x = -1$ のとき最小値 -3 をとる。つまり，接点は $(-1,\ 2)$ である。よって，接線の方程式は，

$y - 2 = -3(x + 1)$

$\boldsymbol{y = -3x - 1}$ …答

(2)接点の座標が $(-1,\ 2)$ であるから，
曲線 $y=x^3+3x^2$ を x 軸方向へ 1，y 軸方向へ -2 だけ平行移動したグラフが原点対称であることを示せばよい。このとき，

$$y+2=(x-1)^3+3(x-1)^2$$
$$y=x^3-3x$$

$f(x)=x^3-3x$ とすると，

$$f(-x)=(-x)^3-3\cdot(-x)$$
$$=-x^3+3x=-(x^3-3x)$$
$$=-f(x)$$

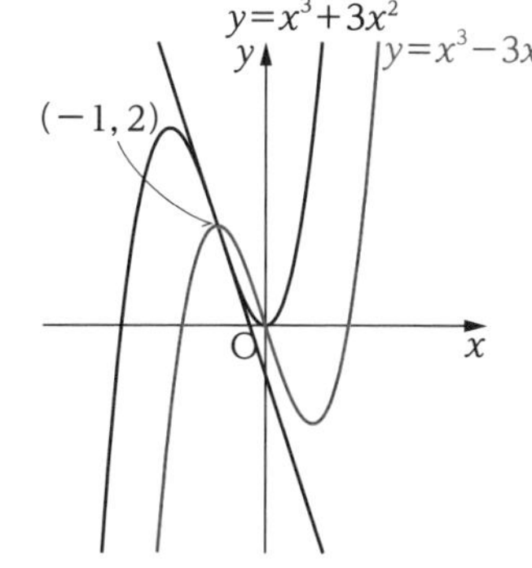

よって，関数 $y=x^3-3x$ は奇関数であり，そのグラフは原点対称である。
したがって，曲線 $y=x^3+3x^2$ は点 $(-1,\ 2)$ に関して点対称である。〔証明終わり〕
参考 点 $(-1,\ 2)$ は曲線 $y=x^3+3x^2$ の「変曲点」と呼ばれる点になります(数学 III で学びます)。

3

考え方 接線の方程式と連立した式は，接点の x 座標を重解にもちます。

(1) $f(0)=0$ であるから，この 3 次関数のグラフは原点を通る。また，$x=\beta$ で x 軸と接していて，x^3 の係数が 1 であることに注意すると，

$$f(x)=x(x-\beta)^2=x^3-2\beta x^2+\beta^2 x$$

とおくことができる。

$$f'(x)=3x^2-4\beta x+\beta^2=(x-\beta)(3x-\beta)$$

であり，$\beta>0$ より $\frac{\beta}{3}<\beta$ であるから $f(x)$ の増減表は右のようになる。

x	$\cdots$	$\frac{\beta}{3}$	$\cdots$	β	$\cdots$
$f'(x)$	$+$	0	$-$	0	$+$
$f(x)$	↗	極大	↘	極小	↗

増減表より，y 座標が極大となる点の x 座標は $x=\alpha=\frac{\beta}{3}$ である。よって，

$$\frac{\beta}{\alpha}=\frac{\beta}{\frac{\beta}{3}}=\mathbf{3}$$ …答

(2) $y=f(x)$ のグラフと直線 $y=f(\alpha)$ の共有点が $x=\alpha,\ \gamma$ である。また，$x=\alpha$ で $f(x)$ は極大値をとるので，$y=f(x)$ のグラフは直線 $y=f(\alpha)$ と $x=\alpha$ で接している。よって，$y=f(x)$ と $y=f(\alpha)$ を連立して y を消去した式は，$x=\gamma$ を解にもち，$x=\alpha$ を重解にもつ。x^3 の係数が 1 であることに注意すると，

$$f(x)-f(\alpha)=(x-\gamma)(x-\alpha)^2$$
$$f(x)=(x-\gamma)(x-\alpha)^2+f(\alpha)$$
$$=x^3-(2\alpha+\gamma)x^2+(\alpha^2+2\alpha\gamma)x-\alpha^2\gamma+f(\alpha)$$
$$f'(x)=3x^2-2(2\alpha+\gamma)x+\alpha^2+2\alpha\gamma$$
$$=\{3x-(\alpha+2\gamma)\}(x-\alpha)$$

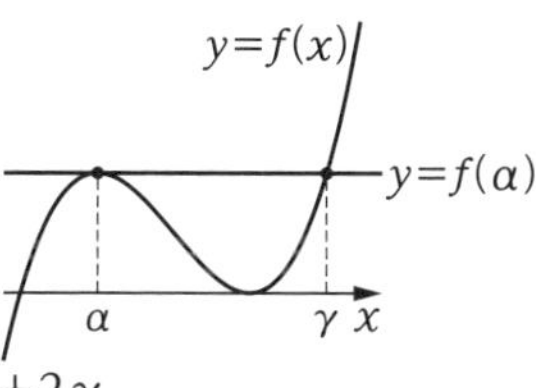

これより，y 座標が極小となる点の x 座標は $x=\beta=\frac{\alpha+2\gamma}{3}$ とわかる。

(1)の結果より$\beta=3\alpha$であるから，

$$3\alpha=\frac{\alpha+2\gamma}{3}$$

$$8\alpha=2\gamma$$

$$\frac{\gamma}{\alpha}=\mathbf{4}\ \cdots 答$$

Point 以上の結果より，3次関数のグラフには次のような対称性があることがわかります。

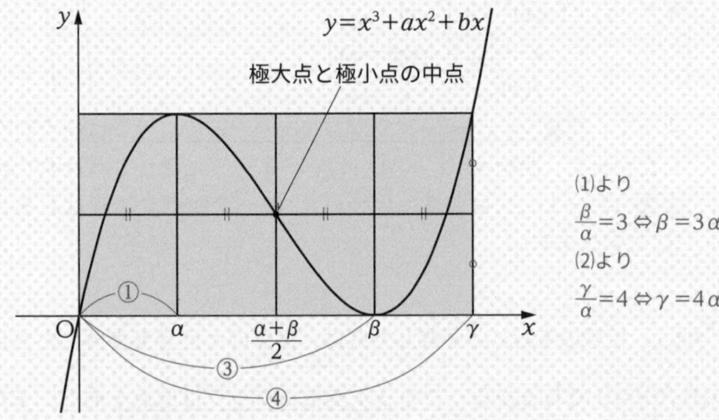

まず，極大点を通る接線と，極小点を通る接線を考える。この各接線と3次関数のグラフとの交点(接点でないほうの交点)を通り，y軸に平行な直線でつくられる四角形(上の図では色のついた長方形)は極大点，極大点と極小点の中点，極小点を通るy軸に平行な直線で左右に4等分されます。また，極大点と極小点の中点を通るx軸に平行な直線で上下に2等分されます。このことは右の図のように接線がx軸に平行でない場合でも成り立ちます。この場合は，3次関数のグラフに接する傾きの等しい2本の接線を考え，その各接線と3次関数のグラフとの交点を通り，y軸に平行な直線でつくられる四角形(右の図では色のついた平行四辺形)が図のように等分されます。

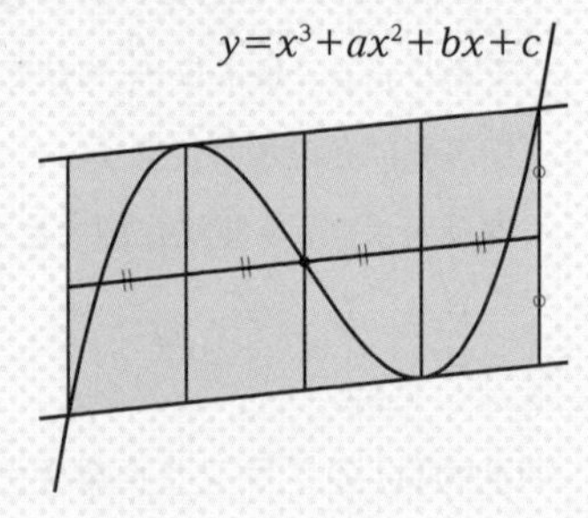

演習問題 71 p.158

1

考え方 [解法 I]と[解法 II]のどちらが有効かを考えます。

[解法 I] で考える。

$y=x^2$上の接点のx座標をαとする。$y=x^2$において$y'=2x$であるから，$x=\alpha$における接線の方程式は，

$y-\alpha^2=2\alpha(x-\alpha)$

$y=2\alpha x-\alpha^2$ ……①

この接線が $y=x^2-4x+8$ とも接していればよい。連立して y を消去すると,

$x^2-4x+8=2\alpha x-\alpha^2$

$x^2-(4+2\alpha)x+8+\alpha^2=0$

この２次方程式が重解をもてばよいので，判別式を D とすると,

$\dfrac{D}{4}=(2+\alpha)^2-1\cdot(8+\alpha^2)=4\alpha-4=0$

よって，$\alpha=1$ ←接点の x 座標

これを，①に代入して，$\boldsymbol{y=2x-1}$ …答

別解 **[解法 II]** で考える。

$y=x^2$，$y=x^2-4x+8$ 上の接点の x 座標をそれぞれ α，β とする。

$y=x^2$ において $y'=2x$ であるから，$x=\alpha$ における接線の方程式は,

$y-\alpha^2=2\alpha(x-\alpha)$

$y=2\alpha x-\alpha^2$ ……①

また，$y=x^2-4x+8$ において $y'=2x-4$ であるから，$x=\beta$ における接線の方程式は,

$y-(\beta^2-4\beta+8)=(2\beta-4)(x-\beta)$

$y=(2\beta-4)x-\beta^2+8$ ……②

共通接線となるのは①と②の方程式が一致するときであるから,

$2\alpha=2\beta-4$，$-\alpha^2=-\beta^2+8$

左の式より $\alpha=\beta-2$ であるから，これを右の式に代入すると,

$-(\beta-2)^2=-\beta^2+8$

$4\beta-12=0$　つまり，$\beta=3$ ←接点の x 座標

これを②に代入して，$\boldsymbol{y=2x-1}$ …答

Point 各解法を比べると，２次関数のグラフの場合は[解法 I]が有効だとわかります。

2

考え方 ３次関数のグラフであるから，[解法 II]で考えます。

[解法 II] で考える。

$y=x^3+3$，$y=x^3-1$ との接点の x 座標をそれぞれ α，β とする。

$y=x^3+3$ において $y'=3x^2$ であるから，$x=\alpha$ における接線の方程式は,

$y-(\alpha^3+3)=3\alpha^2(x-\alpha)$

$y=3\alpha^2x-2\alpha^3+3$ ……①

また，$y=x^3-1$ において $y'=3x^2$ であるから，$x=\beta$ における接線の方程式は,

$y-(\beta^3-1)=3\beta^2(x-\beta)$

$y=3\beta^2x-2\beta^3-1$ ……②

共通接線となるのは①と②の方程式が一致するときであるから,

$3\alpha^2=3\beta^2$，$-2\alpha^3+3=-2\beta^3-1$ ←傾きと y 切片が等しい

左の式より $\alpha=\pm\beta$ であり，2曲線は共有点をもたないから，$\alpha\neq\beta$
よって，$\alpha=-\beta$ である。これを右の式に代入すると，

$$-2\alpha^3+3=2\alpha^3-1$$
$$4\alpha^3=4$$
$$\alpha^3=1$$
$$(\alpha-1)(\alpha^2+\alpha+1)=0$$

α は実数であるから，$\alpha=1$ ←接点の x 座標
これを①に代入して，$\boldsymbol{y=3x+1}$ …答

3

考え方 [解法 II]が考えられますが，曲線と接線の方程式を連立すると重解が2つ現れる，つまり，$(x-\alpha)^2$ と $(x-\beta)^2$ を因数にもつと考えると計算量が減ります。

[解法 II]で考える。
$y=x^4-x^2+x$ 上の接点の x 座標をそれぞれ α，β $(\alpha<\beta)$ とする。
$y'=4x^3-2x+1$ であるから，$x=\alpha$ における接線の方程式は，

$$y-(\alpha^4-\alpha^2+\alpha)=(4\alpha^3-2\alpha+1)(x-\alpha)$$
$$y=(4\alpha^3-2\alpha+1)x-3\alpha^4+\alpha^2 \cdots\cdots①$$

また，$x=\beta$ における接線の方程式は，同様にして，

$$y=(4\beta^3-2\beta+1)x-3\beta^4+\beta^2 \cdots\cdots②$$

①と②の方程式が一致するから，

$$4\alpha^3-2\alpha+1=4\beta^3-2\beta+1,\ -3\alpha^4+\alpha^2=-3\beta^4+\beta^2$$ ←傾きと y 切片が等しい

左の式より，

$$4(\alpha^3-\beta^3)=2(\alpha-\beta)$$
$$4(\alpha-\beta)(\alpha^2+\alpha\beta+\beta^2)=2(\alpha-\beta)$$
$$\alpha^2+\alpha\beta+\beta^2=\frac{1}{2} \cdots\cdots③$$

$\alpha\neq\beta$ より $\alpha-\beta\neq0$

右の式より，

$$-3\alpha^4+\alpha^2=-3\beta^4+\beta^2$$
$$3(\alpha^4-\beta^4)=\alpha^2-\beta^2$$
$$3(\alpha-\beta)(\alpha+\beta)(\alpha^2+\beta^2)=(\alpha-\beta)(\alpha+\beta)$$
$$(\alpha+\beta)\{3(\alpha^2+\beta^2)-1\}=0 \cdots\cdots④$$

$\alpha\neq\beta$ より $\alpha-\beta\neq0$

(i) $\alpha\neq-\beta$ のとき④より $\alpha^2+\beta^2=\frac{1}{3}$ となり，③に代入すると，

$$\frac{1}{3}+\alpha\beta=\frac{1}{2}\quad よって，\alpha\beta=\frac{1}{6}$$

$\alpha\beta=\frac{1}{6}$ より $\beta=\frac{1}{6\alpha}$ を $\alpha^2+\beta^2=\frac{1}{3}$ に代入すると，

$$\alpha^2+\frac{1}{36\alpha^2}=\frac{1}{3}$$
$$(6\alpha^2-1)^2=0\quad よって，\alpha^2=\frac{1}{6}$$

このとき，$\beta^2=\frac{1}{6}$となり，$\alpha=\beta$または$\alpha=-\beta$となるので条件を満たさない。

(ii) $\alpha=-\beta$のとき③に代入すると，

$\beta^2=\frac{1}{2}$　$\alpha<\beta$で$\alpha=-\beta$であるから，$\beta>0$より$\beta=\frac{1}{\sqrt{2}}$

よって，$(\alpha,\ \beta)=\left(-\frac{1}{\sqrt{2}},\ \frac{1}{\sqrt{2}}\right)$

これを接線の方程式①または②に代入すると $y=x-\frac{1}{4}$ であるから，

$\boldsymbol{a=1,\ b=-\frac{1}{4}}$ …答

別解 $y=x^4-x^2+x$ と $y=ax+b$ との接点の x 座標を $x=\alpha,\ \beta\ (\alpha<\beta)$ とする。
$y=x^4-x^2+x$ と $y=ax+b$ を連立して y を消去すると，

$x^4-x^2+x=ax+b$

$x^4-x^2+(1-a)x-b=0$

$\alpha,\ \beta$はこの方程式の重解であるから，

$$\begin{aligned}x^4-x^2+(1-a)x-b&=(x-\alpha)^2(x-\beta)^2\\&=x^4-2(\alpha+\beta)x^3+(\alpha^2+\beta^2+4\alpha\beta)x^2-2(\alpha+\beta)\alpha\beta x+\alpha^2\beta^2\end{aligned}$$

これが x についての恒等式であるから，係数を比較すると，

$$\begin{cases}0=-2(\alpha+\beta)\ \cdots\cdots①\\-1=\alpha^2+\beta^2+4\alpha\beta\ \text{すなわち}\ -1=(\alpha+\beta)^2+2\alpha\beta\ \cdots\cdots②\\1-a=-2(\alpha+\beta)\alpha\beta\ \cdots\cdots③\\-b=\alpha^2\beta^2\ \cdots\cdots④\end{cases}$$

①より$\alpha+\beta=0$であるから，これを②に代入すると，$\alpha\beta=-\frac{1}{2}$

よって，$\alpha<\beta$で$\alpha=-\beta$であるから，$\alpha=-\frac{1}{\sqrt{2}}$，$\beta=\frac{1}{\sqrt{2}}$

③に代入すると，$1-a=0$ より，$\boldsymbol{a=1}$ …答

④に代入すると，$-b=\frac{1}{4}$より，$\boldsymbol{b=-\frac{1}{4}}$ …答

参考 4 次関数のグラフに異なる 2 点で接する接線の方程式を求める解法としては，別解のほうがスムーズに求められますので，覚えておきたい解法です。

演習問題 72 p.160

1

考え方 $f'(x)=0$ の判別式を用いて考えます。

$f'(x)=3x^2+6kx-k$ である。$f(x)$ が極値をもたない条件は $f'(x)$ の符号が変化しないことで，それは $y=f'(x)$ のグラフが下に凸であることに注意すると，常に x 軸より上側，または，x 軸と接していることである。よって，2 次方程式 $f'(x)=0$ の判別式を D とすると，

$\frac{D}{4}=(3k)^2-3\cdot(-k)=3k(3k+1)\leqq 0$　よって，$\boldsymbol{-\frac{1}{3}\leqq k\leqq 0}$ …答

2

考え方　解の配置問題の処理を考えます。

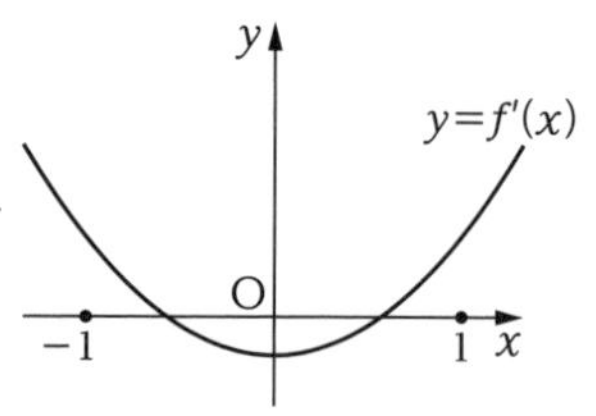

$f'(x)=3x^2+2ax+b$ である。$-1<x<1$ において極大値と極小値をもつには，$-1<x<1$ の範囲で $f'(x)$ の符号が 2 回変化すればよい。つまり，右の図のように，$y=f'(x)$ のグラフが $-1<x<1$ の範囲で x 軸と異なる 2 点で交わる条件を考えればよい。このとき，x 座標の小さいほうの交点の前後では $f'(x)$ の符号が正から負へ，x 座標の大きいほうの交点の前後では $f'(x)$ の符号が負から正へ変化するので，それぞれ極大値と極小値をもつことがわかる。

2 次方程式 $f'(x)=0$ の判別式を D とする。$y=f'(x)$ のグラフの軸の方程式は $x=-\frac{a}{3}$ であるから，その条件は，

$$\begin{cases} \frac{D}{4}>0 & \text{←判別式} \\ f'(-1)>0 \text{ かつ } f'(1)>0 & \text{←端点の } y \text{ 座標} \\ -1<-\frac{a}{3}<1 & \text{←軸の位置} \end{cases}$$

よって，

$$\begin{cases} a^2-3b>0 \text{ より，} b<\frac{1}{3}a^2 \\ 3-2a+b>0 \text{ かつ } 3+2a+b>0 \text{ より，} b>2a-3 \text{ かつ } b>-2a-3 \\ -3<a<3 \end{cases}$$

以上を図示すると，**次の図の斜線部分になる。ただし，境界線は含まない。**

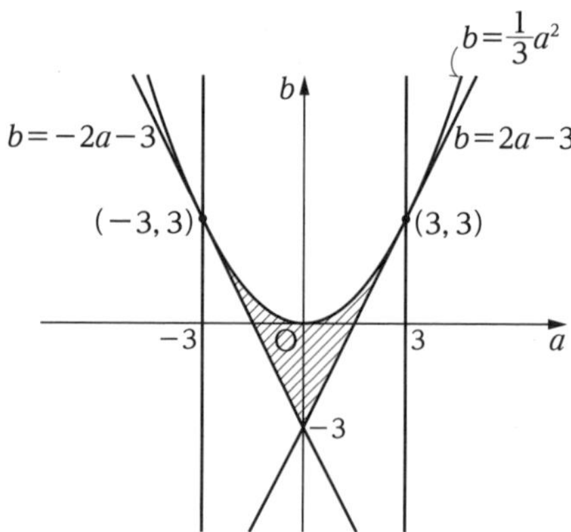

3

考え方　極小値は $f'(x)$ の符号が負から正に変化する点に対応します。

$f'(x)=3x^2-6px+3p$ である。$f(x)$ が $1 \leqq x \leqq 2$ の範囲で極小値をもつので，$1 \leqq x \leqq 2$ の範囲で $f'(x)$ の符号が負から正に変化する条件を考える。そのための条件

を次の(i)〜(iv)の 4 つの場合に分けて考える。

(i) <u>$1 \leqq x \leqq 2$ の範囲に $y=f'(x)$ のグラフと x 軸が異なる 2 つの交点をもつとき</u>

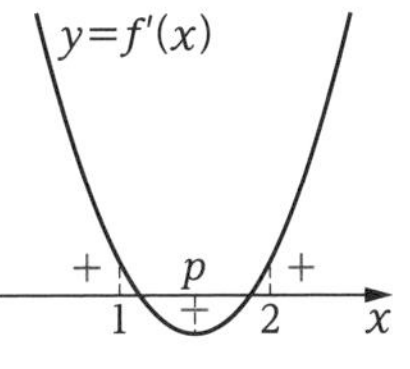

右の図のように，<u>x 軸との交点のうち大きいほうの交点が負から正に変わる点である。</u>

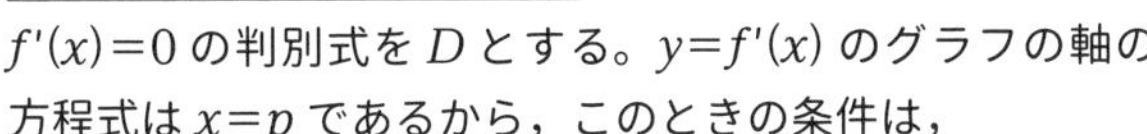

$f'(x)=0$ の判別式を D とする。$y=f'(x)$ のグラフの軸の方程式は $x=p$ であるから，このときの条件は，

$$\begin{cases} \dfrac{D}{4}>0 \\ f'(1) \geqq 0 \text{ かつ } f'(2) \geqq 0 \\ 1 \leqq p \leqq 2 \end{cases}$$

よって，

$$\begin{cases} 9p^2-9p=9p(p-1)>0 \text{ より，} p<0,\ 1<p \\ -3p+3 \geqq 0 \text{ かつ } 12-9p \geqq 0 \text{ より，} p \leqq 1 \\ 1 \leqq p \leqq 2 \end{cases}$$

以上をすべて満たす p は存在しない。

(ii) <u>$1<x<2$ の範囲に $y=f'(x)$ のグラフと x 軸が 1 つの交点をもち，それが x 座標の大きいほうの交点であるとき</u>

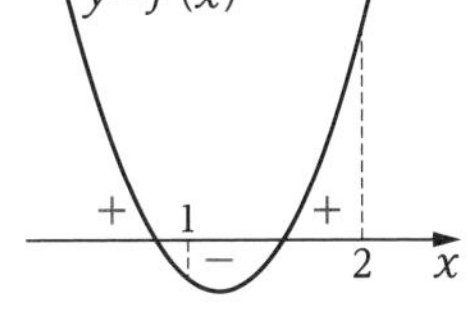

右の図より条件は，

$f'(1)<0$ かつ $f'(2)>0$

よって，

$-3p+3<0$ かつ $12-9p>0$ より，$1<p<\dfrac{4}{3}$

(iii) <u>x 座標の大きいほうの交点が $x=1$ であるとき</u>

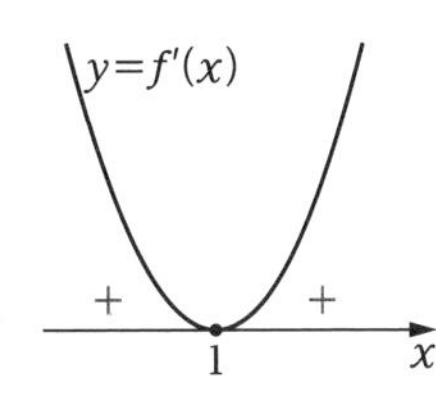

$f'(1)=0$ より，$-3p+3=0$

よって，$p=1$

このとき，$f'(x)=3x^2-6x+3=3(x-1)^2$ となり $x=1$ の前後で $f'(x)$ の符号が負から正に変化しないので不適。

(iv) <u>x 座標の大きいほうの交点が $x=2$ であるとき</u>

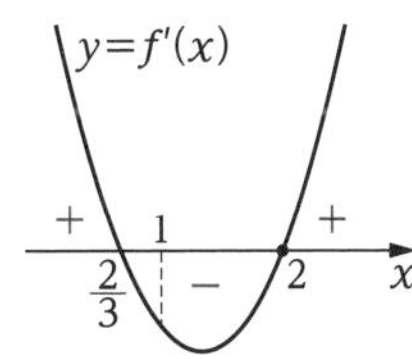

$f'(2)=0$ より，$12-9p=0$

よって，$p=\dfrac{4}{3}$

このとき，$f'(x)=3x^2-8x+4=3(x-2)\left(x-\dfrac{2}{3}\right)$ となり，

$x=2$ の前後で $f'(x)$ の符号が負から正に変化するので適する。

(i)〜(iv)より，$\boldsymbol{1<p \leqq \dfrac{4}{3}}$ …答

4

考え方　判別式を用いて考えます。

$f'(x)=-3x^2+2(a+1)x-2a$ である。<u>関数 $y=f(x)$ が単調に減少するのは $f'(x)$ の値</u>

が常に 0 以下となるときである。よって，

$-3x^2+2(a+1)x-2a \leqq 0$

$3x^2-2(a+1)x+2a \geqq 0$

つまり，$y=3x^2-2(a+1)x+2a$ のグラフが常に x 軸より上側，または，x 軸と接していればよいので，2 次方程式 $3x^2-2(a+1)x+2a=0$ の判別式を D とすると，

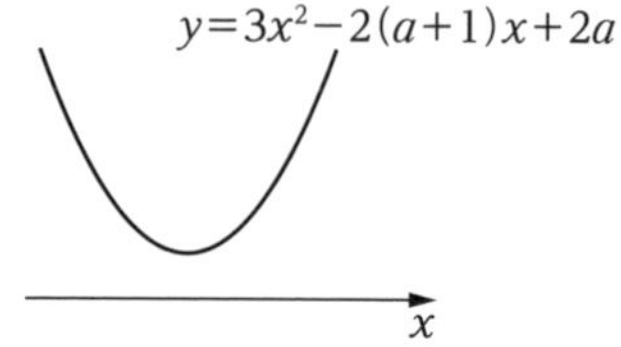

$\frac{D}{4}=(a+1)^2-3\cdot 2a=a^2-4a+1 \leqq 0$

これを解くと，$\mathbf{2-\sqrt{3} \leqq a \leqq 2+\sqrt{3}}$ …答

5

考え方　軸の位置で場合を分けます。

$f(x)=x^3-3ax^2+bx+1$ とおくと $f'(x)=3x^2-6ax+b$ であるから，0≦x≦1 で単調増加となるための条件は 0≦x≦1 で $f'(x)$ が常に 0 以上となることである。つまり，0≦x≦1 における $f'(x)$ の最小値が 0 以上であればよい。

$f'(x)=3(x-a)^2+b-3a^2$ であるから，軸 $x=a$ の位置で場合を分ける。

(i) $a<0$ のとき ←軸が変域より左

最小値は $f'(0)=b$ であるから，$b \geqq 0$

(ii) $0 \leqq a \leqq 1$ のとき ←軸が変域内

最小値は $f'(a)=b-3a^2$ であるから，

$b-3a^2 \geqq 0$ つまり $b \geqq 3a^2$

(iii) $1<a$ のとき ←軸が変域より右

最小値は $f'(1)=3-6a+b$ であるから，

$3-6a+b \geqq 0$ つまり $b \geqq 6a-3$

(i)〜(iii)の条件を満たす点 $(a,\ b)$ の存在範囲を図示すると，**右の図の斜線部分になる。ただし，境界線は含む。**

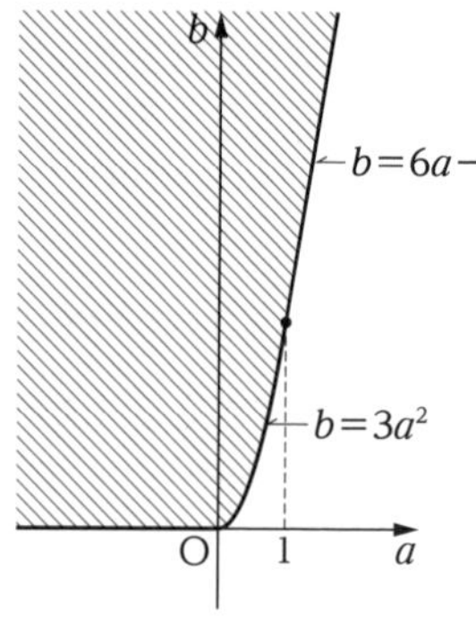

6

考え方　$f'(x)$ は 3 次関数になります。3 次関数の概形(「基本大全 Basic 編」で紹介しています)から考えます。

$$f'(x)=4x^3-12(a-1)x^2+4(a^2-1)x=4x\{x^2-3(a-1)x+(a^2-1)\}$$

よって，$x=0$ は $f'(x)=0$ の解である。極大値をもつためには $f'(x)$ の符号が正から負に変化する点が存在しないといけない。

よって，方程式 $x^2-3(a-1)x+(a^2-1)=0$ ……① の解に着目する。

(i) ①が実数解をもたないとき，つまり，$f'(x)=0$ の解が $x=0$ のみのとき，

$x^2-3(a-1)x+(a^2-1)>0$ であるから，$f'(x)$ の符号は $x=0$ の前後で負から正に変化する。よって $x=0$ で極小値のみをもち，極大値をもたないので不適。

(ii) ①が $x=0$ を解にもつとき，$x=0$ を①に代入して，

$a^2-1=0$ つまり $a=\pm1$

$a=1$ のとき $f'(x)=4x^3$ となり，$x=0$ の前後で符号は負から正に変化する。よって $x=0$ で極小値のみをもち，極大値をもたないので不適。

$a=-1$ のとき $f'(x)=4x^3+24x^2=4x^2(x+6)$ となり，$x=-6$ の前後で符号は負から正に変化し，$x=0$ の前後で符号は変化しない。

よって，$x=-6$ で極小値のみをもち，極大値をもたないので不適。

(iii) ①が $x=0$ 以外の異なる2つの実数解をもつとき，

つまり，$a^2-1\neq0$，かつ，①の判別式が正のときである。このとき，

$a\neq\pm1$，かつ，$9(a-1)^2-4\cdot1\cdot(a^2-1)>0$

$a\neq\pm1$，かつ，$(a-1)(5a-13)>0$

つまり，$a<-1$，$-1<a<1$，$\dfrac{13}{5}<a$

このとき $f'(x)$ が x 軸と異なる3交点 $x=\alpha$，β，γ $(\alpha<\beta<\gamma)$ をもつとすると，$f(x)$ の増減表は次のようになる。

x	$\cdots$	α	$\cdots$	β	$\cdots$	γ	$\cdots$
$f'(x)$	$-$	0	$+$	0	$-$	0	$+$
$f(x)$	↘	極小	↗	極大	↘	極小	↗

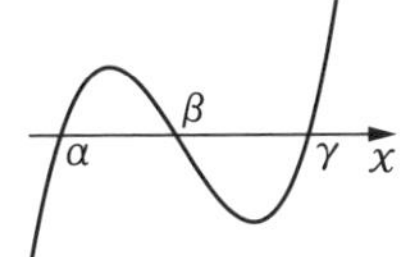

Point このとき，3次関数 $y=f'(x)$ のグラフの概形を利用します。くわしくは「基本大全 Basic 編」(解答編 p.69)を参照してください。

よって，このとき，$x=\beta$ で極大値をもつ。

以上より，$\boldsymbol{a<-1}$，$\boldsymbol{-1<a<1}$，$\boldsymbol{\dfrac{13}{5}<a}$ …答

Point 一般に，4次関数 $y=f(x)=ax^4+\cdots(a>0)$ のグラフの形状は，$f'(x)=0$ の解の個数によって，次の図のように3通りに分類できます。

α，β，γ はそれぞれ $f'(x)=0$ の異なる実数解であるとします。

$f'(x)=0$ の解が3個のとき

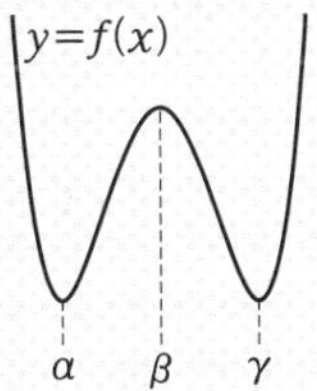

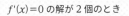

$f'(x)=0$ の解が2個のとき

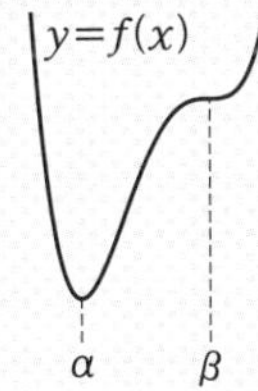

$f'(x)=0$ の解が1個のとき

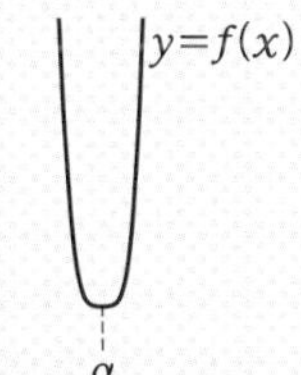

このことからもわかるように，$a>0$ の場合は極大値をもつのは方程式 $f'(x)=0$ が異なる3つの実数解をもつときです。

また，$a<0$ の場合は上下が逆の形になります。

演習問題 73 p.162

1

考え方 逆の確認を忘れないようにしましょう。

$f'(x)=3ax^2+2bx+c$ である。$x=2$ で極小値をとるので $f'(2)=0$ が必要であり，かつ $f(2)=0$ である。よって，

$f'(2)=12a+4b+c=0$ ……①

$f(2)=8a+4b+2c+d=0$ ……②

さらに，点 $(1,\ 3)$ を通るので $y=f(x)$ に $x=1$，$y=3$ を代入すると，

$3=a+b+c+d$ ……③

また，点 $(1,\ 3)$ における接線の方程式は，

$y-3=f'(1)(x-1)$

$y-3=(3a+2b+c)(x-1)$

これが点 $(0,\ 8)$ を通るので，$x=0$，$y=8$ を代入すると，

$5=-3a-2b-c$ ……④

①～④より，$a=1$，$b=-2$，$c=-4$，$d=8$

逆にこのとき，

$f'(x)=3x^2-4x-4=(x-2)(3x+2)$

であるから，$f(x)$ の増減表は右のようになる。

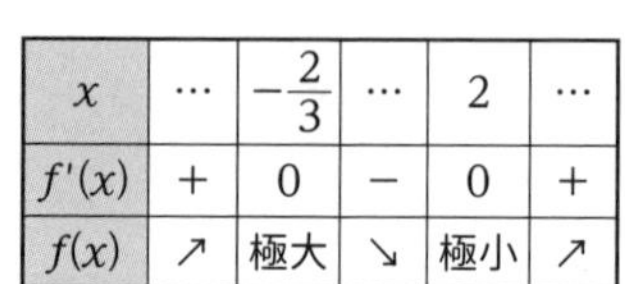

x	…	$-\frac{2}{3}$	…	2	…
$f'(x)$	+	0	−	0	+
$f(x)$	↗	極大	↘	極小	↗

よって，確かに $x=2$ で極小値をとる。よって，

$a=1$，$b=-2$，$c=-4$，$d=8$ …答

別解

考え方 $x=2$ で極小値 0 をとるということは，$y=f(x)$ のグラフは $x=2$ で x 軸と接していることになります。このことに着目して $f(x)$ の式を工夫します。

$x=2$ で極小値 0 をとるので，$y=f(x)$ のグラフは $x=2$ で x 軸と接している。つまり，$f(x)=0$ は $x=2$ を重解にもつことがわかる。よって，

$f(x)=a(x-2)^2(x-p)$ ……①

とおくことができる。また，点 $(1,\ 3)$ を通るので $x=1$，$f(x)=3$ を代入すると，

$3=a(1-p)$

つまり，$ap=a-3$ ……②

また，$f(x)=a(x-2)^2(x-p)=ax^3-a(p+4)x^2+4a(p+1)x-4ap$ であるから，

$f'(x)=3ax^2-2a(p+4)x+4a(p+1)$

点 $(1,\ 3)$ における接線の方程式は，

$y-3=f'(1)(x-1)$

つまり，$y-3=\{3a-2a(p+4)+4a(p+1)\}(x-1)$

これが点 $(0,\ 8)$ を通るので，$x=0$，$y=8$ を代入すると，

$8-3=-3a+2a(p+4)-4a(p+1)$

②より，

$5=-3a+2(a-3)+8a-4(a-3)-4a$

$a=1$

②より $p=-2$ である。

逆にこのとき，$f'(x)=3x^2-4x-4=(x-2)(3x+2)$ であるから，$f(x)$ の増減表は右のようになる。

x	$\cdots$	$-\frac{2}{3}$	$\cdots$	2	$\cdots$
$f'(x)$	$+$	0	$-$	0	$+$
$f(x)$	↗	極大	↘	極小	↗

よって，確かに $x=2$ で極小値をとる。

以上より，①に $a=1$，$p=-2$ を代入すると，

$f(x)=1\cdot(x-2)^2(x+2)=x^3-2x^2-4x+8$

これより，$\boldsymbol{a=1}$，$\boldsymbol{b=-2}$，$\boldsymbol{c=-4}$，$\boldsymbol{d=8}$ …答

2

考え方 $x=-2$ で極小値をもつためには，$f'(x)$ の符号が $x=-2$ の前後で負から正に変化すればよい。

$f'(x)=3ax^2-12x+2b$

である。$x=-2$ で極小値をもつので，$f'(-2)=0$ が必要である。よって，

$12a+24+2b=0$　つまり，$b=-6a-12$ ……①

このとき，

$$\begin{aligned} f'(x)&=3ax^2-12x+2(-6a-12)\\ &=3ax^2-12x-12a-24\\ &=3(x+2)(ax-2a-4) \end{aligned}$$

であるから，$x=-2$ で極小値をもつためには $f'(x)$ の符号が $x=-2$ の前後で負から正に変化すればよい。

放物線 $y=f'(x)$ が下に凸か上に凸かに注意して場合を分ける。

(i) $a>0$ のとき $y=f'(x)$ のグラフが下に凸の放物線であることに着目すると条件は，

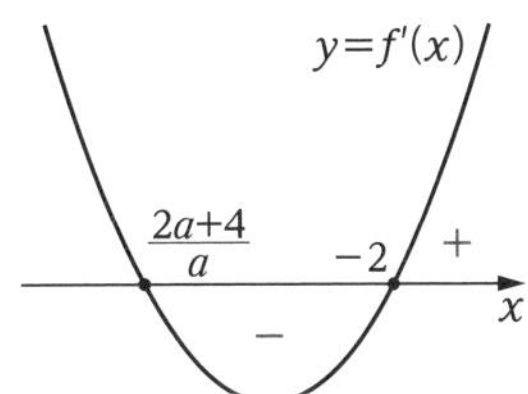

$\frac{2a+4}{a}<-2$

$2a+4<-2a$

$a<-1$

これは，$a>0$ を満たさないので不適。

(ii) $a<0$ のとき $y=f'(x)$ のグラフが上に凸の放物線であることに着目すると条件は，

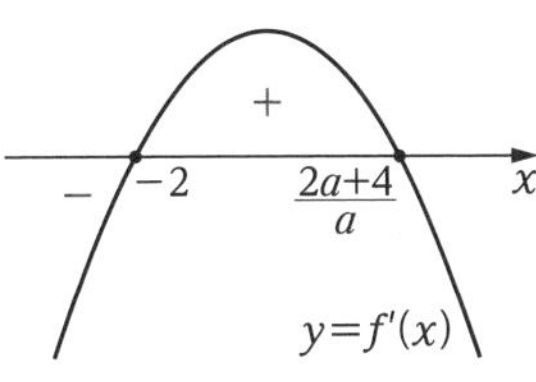

$-2<\frac{2a+4}{a}$

$-2a>2a+4$

$a<-1$ ……②

これは，$a<0$ を満たしている。

(i)，(ii)より，$x=-2$ で極小値をもつ条件は，①かつ②，つまり，

$b=-6a-12$ かつ $a<-1$

この条件を満たす点 $(a,\ b)$ の存在範囲を図示すると，
右の図の実線部分。

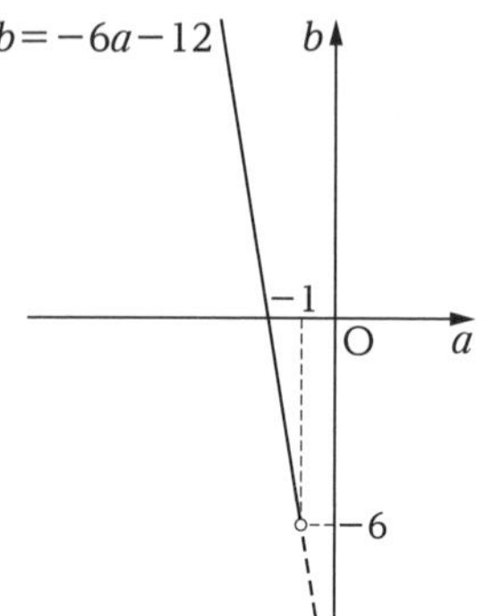

3

考え方 $f(x)=ax^3+bx^2+cx+d\ (a\neq 0)$ とおく。

$f(x)=ax^3+bx^2+cx+d\ (a\neq 0)$ とおく。

$f'(x)=3ax^2+2bx+c$ である。このとき，$x=1$ で極大値 6 をとるので，

$f'(1)=0,\ f(1)=6$ ……①

が必要である。また，$x=2$ で極小値 5 をとるので，

$f'(2)=0,\ f(2)=5$ ……②

が必要である。

①，②より

$3a+2b+c=0,\ a+b+c+d=6,\ 12a+4b+c=0,\ 8a+4b+2c+d=5$

であり，この連立方程式を解くと，

$a=2,\ b=-9,\ c=12,\ d=1$

逆にこのとき，$f'(x)=6x^2-18x+12=6(x-1)(x-2)$ であるから，$f(x)$ の増減表は右のようになる。

x	…	1	…	2	…
$f'(x)$	+	0	−	0	+
$f(x)$	↗	6	↘	5	↗

よって，確かに $x=1$ で極大値，$x=2$ で極小値をとる。よって，求める 3 次関数は，

$f(x)=\mathbf{2x^3-9x^2+12x+1}$ …答

別解 **演習問題 70 3**の解説で述べたような 3 次関数の対称性を利用すると簡単に解くことができます。

ポイントは極値のいずれかを x 軸上にくるように平行移動することです。

3 次関数 $y=f(x)$ のグラフを考える。このグラフを y 軸方向に -5 平行移動すると $x=2$ で極小値 0 をとる，つまりグラフは $x=2$ で x 軸と接する。

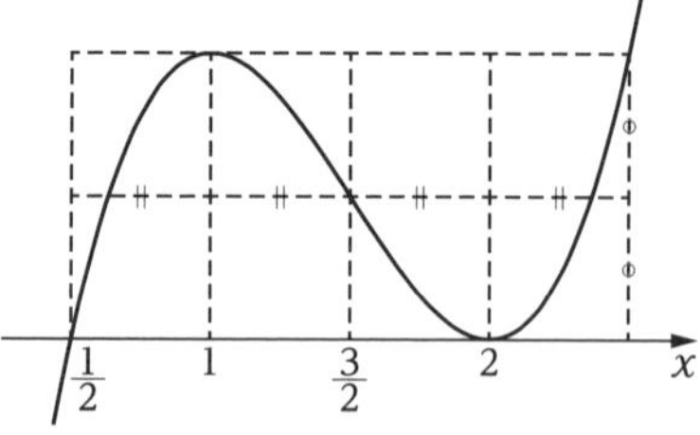

また，グラフの対称性より $x=2$ 以外の x 軸との交点は $x=\frac{1}{2}$ である。よって，

$$y-5=a(x-2)^2\left(x-\frac{1}{2}\right)$$

$y=a(x-2)^2\left(x-\dfrac{1}{2}\right)+5$ ……①

とおける。$x=1$ で極大値 6 をとるので，$x=1$，$y=6$ を代入して，

$6=\dfrac{a}{2}+5$　よって，$a=2$

以上より，求める 3 次関数は，①より，

$f(x)=2(x-2)^2\left(x-\dfrac{1}{2}\right)+5=\mathbf{2x^3-9x^2+12x+1}$ …答

4

考え方　$f'(x)=0$ において解と係数の関係を利用します。

$f'(x)=3x^2+12x+a$ である。$f(x)$ が極大値と極小値をもつ，つまり極値を 2 つもつことは $f'(x)$ の符号が 2 回変化することと同値である。そのためには，$y=f'(x)$ のグラフと x 軸が異なる 2 つの交点をもてばよい。つまり，2 次方程式 $f'(x)=0$ の判別式を D とすると，

$\dfrac{D}{4}=6^2-3\cdot a>0$　よって，$12>a$

この条件のもとで，$f'(x)=0$ の 2 つの解を α，β $(\alpha<\beta)$ とすると，解と係数の関係より，

$\alpha+\beta=-4$，$\alpha\beta=\dfrac{a}{3}$

このとき，$x=\alpha$ で極大値，$x=\beta$ で極小値をとるのでその差は，

$$\begin{aligned}f(\alpha)-f(\beta)&=(\alpha^3+6\alpha^2+a\alpha+b)-(\beta^3+6\beta^2+a\beta+b)\\&=(\alpha^3-\beta^3)+6(\alpha^2-\beta^2)+a(\alpha-\beta)\\&=(\alpha-\beta)^3+3\alpha\beta(\alpha-\beta)+6(\alpha+\beta)(\alpha-\beta)+a(\alpha-\beta)\\&=(\alpha-\beta)\{(\alpha-\beta)^2+3\alpha\beta+6(\alpha+\beta)+a\}\\&=(\alpha-\beta)\{(\alpha+\beta)^2-\alpha\beta+6(\alpha+\beta)+a\}\end{aligned}$$

（$\alpha-\beta$ でくくる）

ここで，

$\alpha-\beta=-\sqrt{(\alpha-\beta)^2}=-\sqrt{(\alpha+\beta)^2-4\alpha\beta}=-\sqrt{16-\dfrac{4}{3}a}$

（↑負の値であることに注意）

であることに注意すると，

$$\begin{aligned}f(\alpha)-f(\beta)&=-\sqrt{16-\frac{4}{3}a}\cdot\left\{(-4)^2-\frac{a}{3}-24+a\right\}\\&=-2\sqrt{4-\frac{a}{3}}\cdot2\left(\frac{a}{3}-4\right)\end{aligned}$$

これが 4 に等しいので，

$$-2\sqrt{4-\frac{a}{3}}\cdot2\left(\frac{a}{3}-4\right)=4$$

$$\sqrt{4-\frac{a}{3}}\cdot\left(4-\frac{a}{3}\right)=1$$

$$\left(\sqrt{4-\frac{a}{3}}\right)^3=1$$

a は実数であるから，$\mathbf{a=9}$ …答　（これは $12>a$ を満たす）

別解 極値の差は，定積分を用いて表すことで，本冊 p.177 で学ぶ $\frac{1}{6}$公式を用いることができます。

$$\begin{aligned}
f(\alpha)-f(\beta)&=\Big[f(x)\Big]_{\beta}^{\alpha} \\
&=\int_{\beta}^{\alpha} f'(x)dx \quad \text{（$f'(x)$ の不定積分が $f(x)$）} \\
&=\int_{\beta}^{\alpha} 3(x-\alpha)(x-\beta)dx \quad \text{（$f'(x)=0$ の 2 つの解は $x=\alpha,\ \beta$）} \\
&=-3\int_{\alpha}^{\beta} (x-\alpha)(x-\beta)dx \quad \text{（区間の下端が小さい値になるように変形）} \\
&=-3\cdot\left\{-\frac{1}{6}(\beta-\alpha)^3\right\} \quad \text{（$\frac{1}{6}$公式）} \\
&=\frac{1}{2}\cdot\left(\sqrt{16-\frac{4}{3}a}\right)^3 \quad \text{（$\beta-\alpha=\sqrt{16-\frac{4}{3}a}$）} \\
&=4\left(\sqrt{4-\frac{a}{3}}\right)^3
\end{aligned}$$

これが 4 に等しいので，

$$4\left(\sqrt{4-\frac{a}{3}}\right)^3=4$$

$$\left(\sqrt{4-\frac{a}{3}}\right)^3=1$$

a は実数であるから，$\boldsymbol{a=9}$ …答

第3節 グラフの応用

演習問題 74 p.164

考え方 いずれも，最大値，最小値が極値または端点に現れる点に注意してグラフを考えます。

1 $f'(x)=3x^2-3a^2=3(x+a)(x-a)$ である。
$0<a<2$ であることに注意すると，$f(x)$ の増減表は右のようになる。

x	0	…	a	…	2
$f'(x)$		$-$	0	$+$	
$f(x)$	0	↘	極小 $-2a^3$	↗	$-6a^2+8$

よって，最小値は極小値 $-2a^3$ に等しい。
最大値は両端の $f(x)$ の値 $f(0)=0$ と $f(2)=-6a^2+8$ の大小に着目する。

(i) $x=2$ で最大値 $-6a^2+8$ をとるのは，$f(2)>f(0)$ より

$-6a^2+8>0$

つまり $0<a<\frac{2\sqrt{3}}{3}$ のときである。

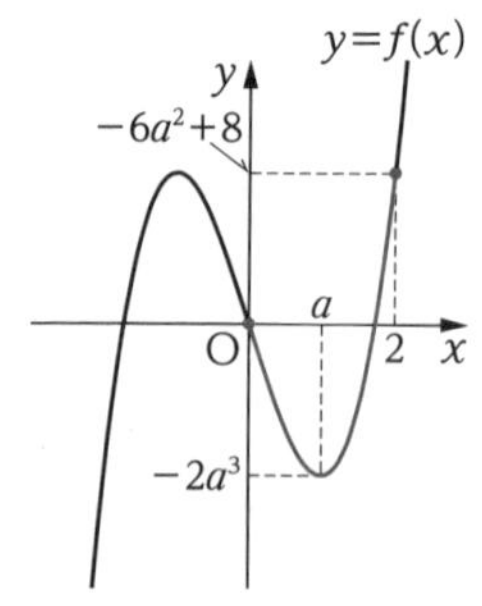

(ii) $x=0$，2 で最大値 0 をとるのは，$f(2)=f(0)$ より

$-6a^2+8=0$

つまり $a=\dfrac{2\sqrt{3}}{3}$ のときである。

このとき最小値 $-2a^3$ は，

$-2\left(\dfrac{2\sqrt{3}}{3}\right)^3$ ←$a=\dfrac{2\sqrt{3}}{3}$を代入するのを忘れないように

$=-\dfrac{16\sqrt{3}}{9}$

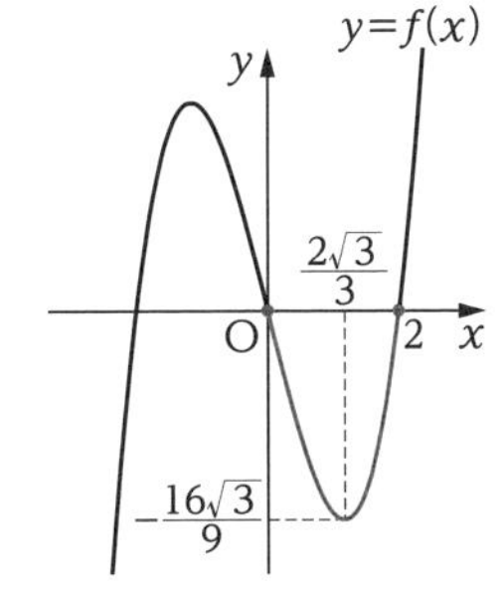

(iii) $x=0$ で最大値 0 をとるのは，$f(2)<f(0)$ より

$-6a^2+8<0$

つまり $\dfrac{2\sqrt{3}}{3}<a<2$ のときである。

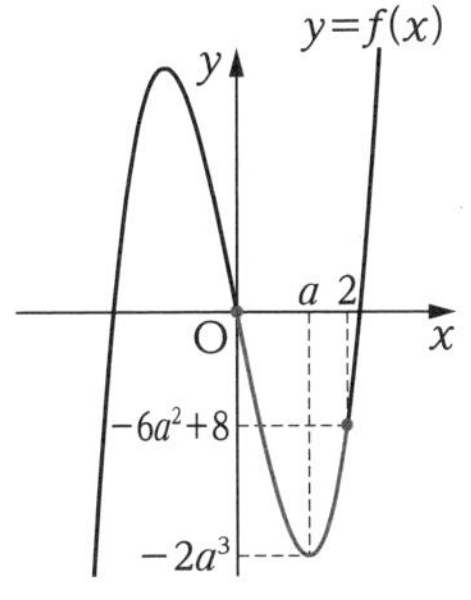

(i)～(iii)より，

$$\begin{cases} 0<a<\dfrac{2\sqrt{3}}{3} \text{ のとき，} x=2 \text{ で最大値} -6a^2+8\text{，} x=a \text{ で最小値} -2a^3 \\ a=\dfrac{2\sqrt{3}}{3} \text{ のとき，} x=0\text{，}2 \text{ で最大値 } 0\text{，} x=\dfrac{2\sqrt{3}}{3} \text{ で最小値} -\dfrac{16\sqrt{3}}{9} \\ \dfrac{2\sqrt{3}}{3}<a<2 \text{ のとき，} x=0 \text{ で最大値 } 0\text{，} x=a \text{ で最小値} -2a^3 \end{cases}$$

…答

2 $f'(x)=3x^2-3=3(x+1)(x-1)$ であるから，$f(x)$ の増減表は右のようになる。

x	…	-1	…	1	…
$f'(x)$	$+$	0	$-$	0	$+$
$f(x)$	↗	極大 1	↘	極小 -3	↗

また，極大値 1 と等しい y 座標となる点の x 座標は $x=2$ であるから，右下の図のようになる。このとき，区間 $-a\leqq x\leqq a$ の両端の値で場合を分ける。さらに，区間内に極大値を含むかどうかで場合を分ける。

(i) $0\leqq a<1$ のとき，

最大値は $f(-a)=-a^3+3a-1$ ←左端

(ii) $1\leqq a\leqq 2$ のとき，最大値は $f(-1)=1$ ←極大

(iii) $2<a$ のとき，

最大値は $f(a)=a^3-3a-1$ ←右端

以上より最大値は

$$\begin{cases} 0\leqq a<1 \text{ のとき，} -a^3+3a-1 \\ 1\leqq a\leqq 2 \text{ のとき，} 1 \\ 2<a \text{ のとき，} a^3-3a-1 \end{cases}$$

…答

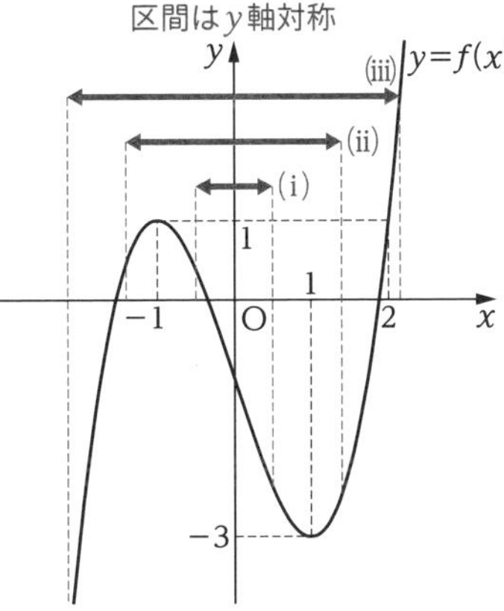

3 まず，$f(x)=x^3-4x^2+4x$ であるから，

$f'(x)=3x^2-8x+4=(3x-2)(x-2)$

よって，$f(x)$ の増減表とグラフは次のようになる。

x	0	$\cdots$	$\frac{2}{3}$	$\cdots$	2	$\cdots$
$f'(x)$	+	+	0	−	0	+
$f(x)$	0	↗	極大$\frac{32}{27}$	↘	極小 0	↗

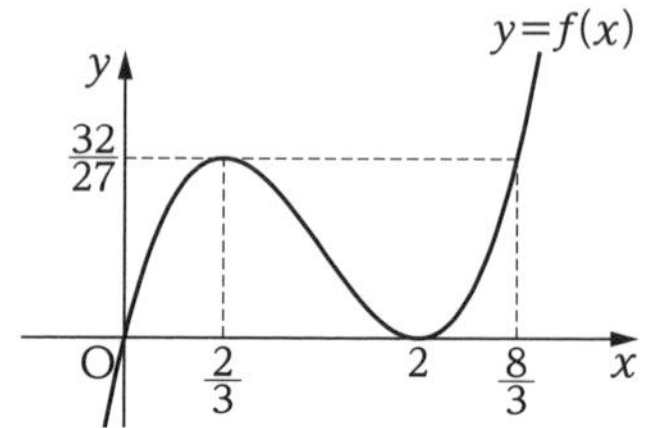

3 次関数の対称性より，$f(x)=\dfrac{32}{27}$ となる x の値は，

$x=\dfrac{2}{3}$，$\dfrac{8}{3}$ である。

このとき，区間の右端 $x=a$ の値で場合を分ける。←最大値の候補は極大値または右端の値，

さらに，区間内に極値を含むか否かで場合を分ける。最小値の候補は極小値または左端の値

(i) $0<a<\dfrac{2}{3}$ のとき ←区間内に極大値を含まない（右端が最大，左端が最小）

$x=a$ で最大値，$x=0$ で最小値をとる。

最大値 $f(a)=a(a-2)^2$，最小値 $f(0)=0$

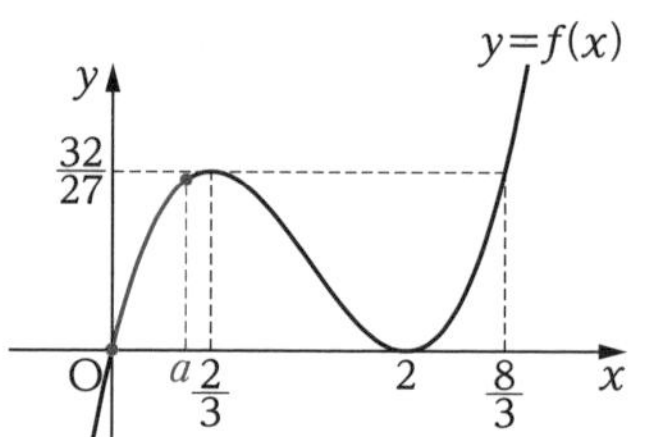

(ii) $\dfrac{2}{3}\leqq a<2$ のとき ←極大値が最大，左端が最小

$x=\dfrac{2}{3}$ で最大値，$x=0$ で最小値をとる。

最大値 $f\left(\dfrac{2}{3}\right)=\dfrac{32}{27}$，最小値 $f(0)=0$

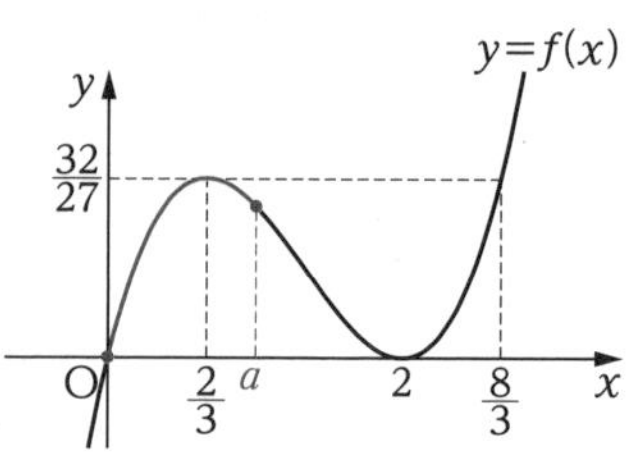

(iii) $2\leqq a<\dfrac{8}{3}$ のとき ←極大値が最大，左端と極小値が最小

$x=\dfrac{2}{3}$ で最大値，$x=0$，2 で最小値をとる。

最大値 $f\left(\dfrac{2}{3}\right)=\dfrac{32}{27}$，最小値 $f(0)=f(2)=0$

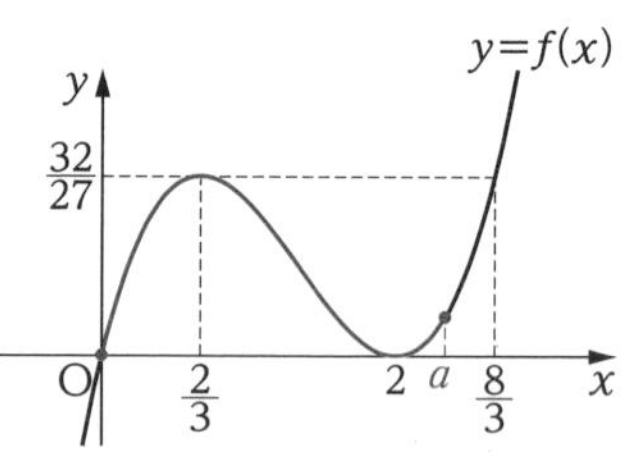

(iv) $a=\dfrac{8}{3}$ のとき ←極大値と右端が最大，左端と極小値が最小

$x=\dfrac{2}{3}$，$\dfrac{8}{3}$ で最大値，$x=0$，2 で最小値をとる。

最大値 $f\left(\dfrac{2}{3}\right)=f\left(\dfrac{8}{3}\right)=\dfrac{32}{27}$

最小値 $f(0)=f(2)=0$

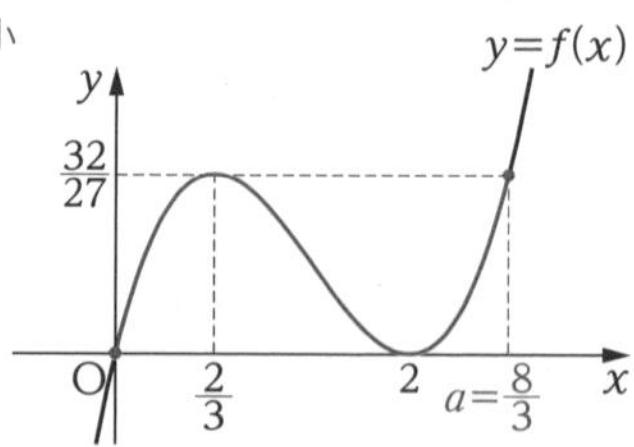

(v) $a>\frac{8}{3}$ のとき ←右端が最大，左端と極小値が最小

$x=a$ で最大値，$x=0$，2 で最小値をとる。

最大値 $f(a)=a(a-2)^2$，最小値 $f(0)=f(2)=0$

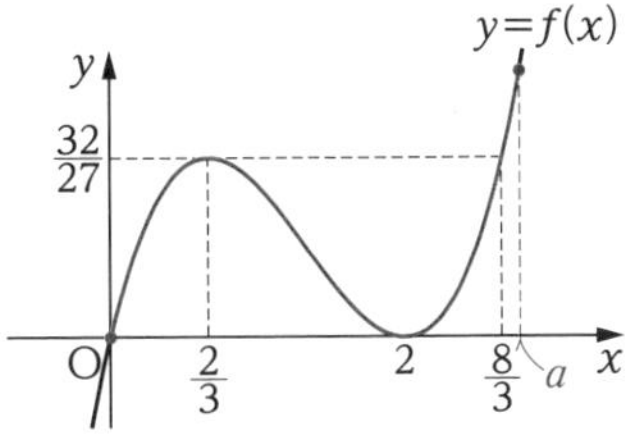

Point このようにして，最大値や最小値の値が等しくても，そのときの x の値が異なるために場合を分けています。

以上より，

$$\begin{cases} 0<a<\frac{2}{3} \text{ のとき，} x=a \text{ で最大値 } a(a-2)^2,\ x=0 \text{ で最小値 } 0 \\ \frac{2}{3}\leqq a<2 \text{ のとき，} x=\frac{2}{3} \text{ で最大値 } \frac{32}{27},\ x=0 \text{ で最小値 } 0 \\ 2\leqq a<\frac{8}{3} \text{ のとき，} x=\frac{2}{3} \text{ で最大値 } \frac{32}{27},\ x=0,\ 2 \text{ で最小値 } 0 \\ a=\frac{8}{3} \text{ のとき，} x=\frac{2}{3},\ \frac{8}{3} \text{ で最大値 } \frac{32}{27},\ x=0,\ 2 \text{ で最小値 } 0 \\ a>\frac{8}{3} \text{ のとき，} x=a \text{ で最大値 } a(a-2)^2,\ x=0,\ 2 \text{ で最小値 } 0 \end{cases}$$

…答

4 $f'(x)=3x^2-3a$ である。

(i) $a\leqq 0$ のとき，

$f'(x)\geqq 0$ であるから $f(x)$ は単調増加である。←忘れやすいので注意

よって，最大値は $f(2)=-6a+9$

(ii) $a>0$ のとき，

$f'(x)=3(x+\sqrt{a})(x-\sqrt{a})$ であるから $f(x)$ の増減表は次のようになる。

x	$\cdots$	$-\sqrt{a}$	$\cdots$	$\sqrt{a}$	$\cdots$
$f'(x)$	$+$	0	$-$	0	$+$
$f(x)$	↗	極大 $2a\sqrt{a}+1$	↘	極小 $-2a\sqrt{a}+1$	↗

また，$f(x)=2a\sqrt{a}+1$ となる x は

$x=-\sqrt{a}$，$2\sqrt{a}$ ←対称性に着目するとよい

極値の位置で場合を分ける。

(a) $-\sqrt{a}\leqq -2$ のとき（このとき，$\sqrt{a}\geqq 2$ も成り立つ），つまり，$a\geqq 4$ のとき ←区間内に極値を含まない（左端が最大）

$x=-2$ で最大値をとる。

最大値 $f(-2)=6a-7$

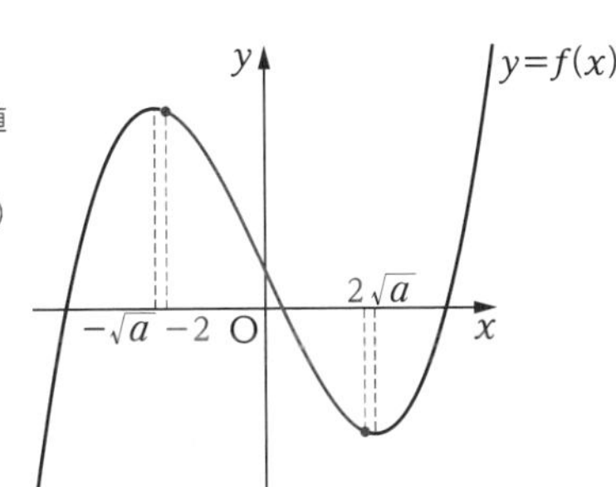

(b) $-2 \leqq -\sqrt{a}$ かつ $2 \leqq 2\sqrt{a}$ のとき
($-2\sqrt{a} \leqq -2 \leqq -\sqrt{a}$ でも同じ),
つまり，$1 \leqq a \leqq 4$ のとき ←極大値が最大
$x=-\sqrt{a}$ で最大値をとる。
最大値 $f(-\sqrt{a})=2a\sqrt{a}+1$

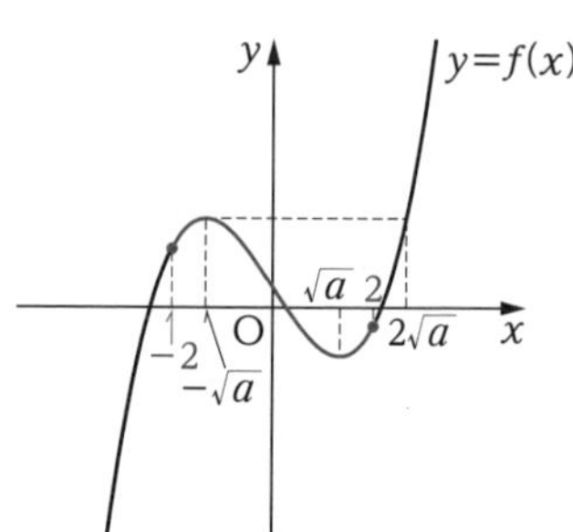

(c) $2\sqrt{a} \leqq 2$ のとき,
つまり，$0<a \leqq 1$ のとき ←右端が最大
$x=2$ で最大値をとる。
最大値 $f(2)=-6a+9$

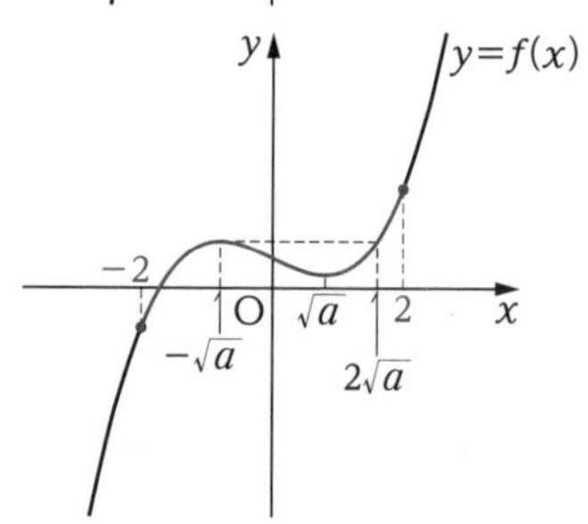

以上より，最大値は,

$$\begin{cases} a \leqq 1 \text{ のとき } -6a+9 \\ 1 \leqq a \leqq 4 \text{ のとき } 2a\sqrt{a}+1 \\ a \geqq 4 \text{ のとき } 6a-7 \end{cases}$$ …答

Point (i)の場合分けに気づかないことが多いです。先に $f'(x)=3(x+\sqrt{a})(x-\sqrt{a})$ まで因数分解を考えると，ルート内が0以上でないといけないという条件から，a の正負について場合分けが必要なことに気づけるでしょう。

Point この問題では，a が変化することでグラフが変化しますが，場合分け(ii)のように極値の位置が変化するだけであれば区間を動かすように考えるほうが図示しやすくなります。例えば，この問題の(ii)では右の図のように考えるとよいでしょう。

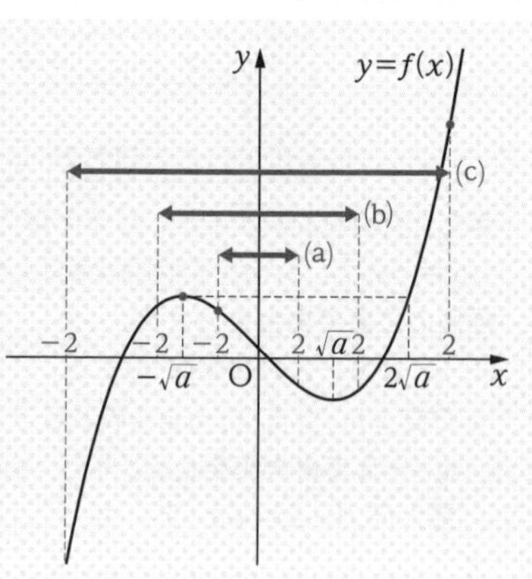

5 最高次の係数で場合を分ける。

(i) $k=0$ のとき，$0 \leqq x \leqq 1$ のすべての x について $f(x)=0$ となるから，←忘れやすいので注意
最大値 0，最小値 0

(ii) $k<0$ のとき，$f'(x)=3kx^2-3k^2=3k(x^2-k)<0$ であるから $f(x)$ は単調減少。
よって，$x=0$ のとき最大値 0，$x=1$ のとき最小値 $k-3k^2$

(iii) $k>0$ のとき $f'(x)=3kx^2-3k^2=3k(x+\sqrt{k})(x-\sqrt{k})$ であるから，$f(x)$ の増減表は次のようになる。

x	$\cdots$	$-\sqrt{k}$	$\cdots$	$\sqrt{k}$	$\cdots$
$f'(x)$	$+$	0	$-$	0	$+$
$f(x)$	↗	極大 $2k^2\sqrt{k}$	↘	極小 $-2k^2\sqrt{k}$	↗

極小の位置で場合を分ける。

(a) $\sqrt{k}\geqq 1$ つまり $k\geqq 1$ のとき
$x=0$ のとき最大値 0，$x=1$ のとき最小値 $k-3k^2$

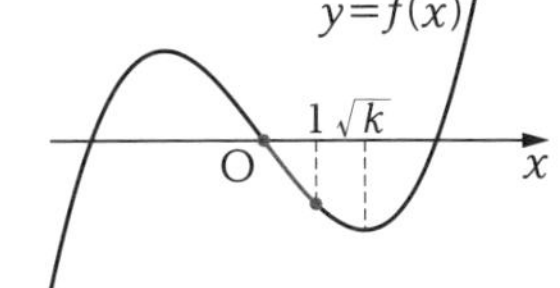

(b) $\sqrt{k}\leqq 1$ つまり $0<k\leqq 1$ のとき
$x=\sqrt{k}$ のとき最小値 $-2k^2\sqrt{k}$
また，$f(0)=0$，$f(1)=k-3k^2$ であるから，
$0<k\leqq\dfrac{1}{3}$ のとき，$k-3k^2\geqq 0$ ← $f(0)\leqq f(1)$
よって，最大値 $f(1)=k-3k^2$
$\dfrac{1}{3}\leqq k\leqq 1$ のとき，$k^2-3k\leqq 0$ ← $f(0)\geqq f(1)$
よって，最大値 $f(0)=0$

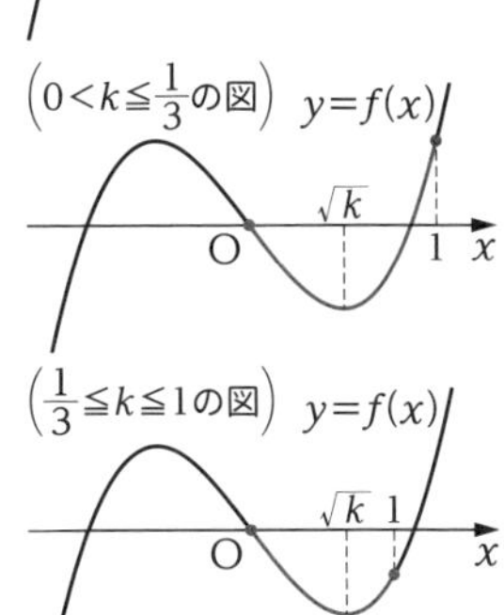

以上より，

$$\begin{cases} k\leqq 0,\ 1\leqq k \text{ のとき，最大値 } 0\text{，最小値 } k-3k^2 \\ 0<k\leqq\dfrac{1}{3} \text{ のとき，最大値 } k-3k^2\text{，最小値 } -2k^2\sqrt{k} \\ \dfrac{1}{3}\leqq k\leqq 1 \text{ のとき，最大値 } 0\text{，最小値 } -2k^2\sqrt{k} \end{cases}$$ …答

6 $f'(x)=6x^2-6ax=6x(x-a)$ であるから，グラフは a と 4 の大小で場合を分ける（極小値が区間内か否かで分けて考える）。

(i) $0<a<4$ のとき，$f(x)$ の増減表は次のようになる。←区間内に極小値を含む

x	-1	$\cdots$	0	$\cdots$	a	$\cdots$	4
$f'(x)$		$+$	0	$-$	0	$+$	
$f(x)$	$-3a-2$	↗	極大 0	↘	極小 $-a^3$	↗	$-48a+128$

最大値の候補は極大値 $f(0)$ または右端の値 $f(4)$ である。$x=4$ で最大値をとるのは $-48a+128>0$ より $0<a<\dfrac{8}{3}$ のときである。また，$x=0$，4 で最大値をとるのは $-48a+128=0$ より $a=\dfrac{8}{3}$ のとき，$x=0$ で最大値をとるのは $-48a+128<0$ より $\dfrac{8}{3}<a<4$ のときである。

次に，最小値の候補は左端の値 $f(-1)$ または極小値 $f(a)$ である。$x=a$ で最小値をとるのは $-3a-2>-a^3 \Longleftrightarrow (a+1)^2(a-2)>0$ より，$2<a<4$ のときである。

$x=-1$，a で最小値をとるのは，$-3a-2=-a^3 \iff (a+1)^2(a-2)=0$ より，$a=2$ のときである。$x=-1$ で最小値をとるのは，
$-3a-2<-a^3 \iff (a+1)^2(a-2)<0$ より，$0<a<2$ のときである。

(ii) $a \geqq 4$ のとき，$f(x)$ の増減表は次のようになる。←区間内に極小値を含まない

x	-1	$\cdots$	0	$\cdots$	4
$f'(x)$		$+$	0	$-$	
$f(x)$	$-3a-2$	↗	極大 0	↘	$-48a+128$

最大値の候補は極大値 $f(0)$ のみである，つまり，$x=0$ で極大値かつ最大値 0 をとる。
次に，最小値の候補は左端の値 $f(-1)$ または右端の値 $f(4)$ である。

$-3a-2>-48a+128$ を解くと，$a>\frac{26}{9}$

$a \geqq 4$ であるから，この範囲では常に成り立つ。つまり，この範囲では $x=4$ で最小値をとる。

(i)，(ii)より，$a=2$，$\frac{8}{3}$，4 の前後で場合を分ける。

$0<a<2$ のとき，$x=4$ で最大値 $-48a+128$，$x=-1$ で最小値 $-3a-2$

$a=2$ のとき，$x=4$ で最大値 32，$x=-1$，2 で最小値 -8 …答

↑$a=2$ を代入するのを忘れないように

$2<a<\frac{8}{3}$ のとき，$x=4$ で最大値 $-48a+128$，$x=a$ で最小値 $-a^3$

$a=\frac{8}{3}$ のとき，$x=0$，4 で最大値 0，$x=\frac{8}{3}$ で最小値 $-\frac{512}{27}$

↑$a=\frac{8}{3}$ を代入するのを忘れないように

$\frac{8}{3}<a<4$ のとき，$x=0$ で最大値 0，$x=a$ で最小値 $-a^3$

$a \geqq 4$ のとき，$x=0$ で最大値 0，$x=4$ で最小値 $-48a+128$

7 $g(x)=x^3-3a^2x$ とすると，$g'(x)=3x^2-3a^2$ であるから，$g(x)$ の増減表は右のようになる。よって，$y=g(x)$，$y=|g(x)|$ のグラフは次の図のようになる。

x	$\cdots$	$-a$	$\cdots$	a	$\cdots$
$g'(x)$	$+$	0	$-$	0	$+$
$g(x)$	↗	極大 $2a^3$	↘	極小 $-2a^3$	↗

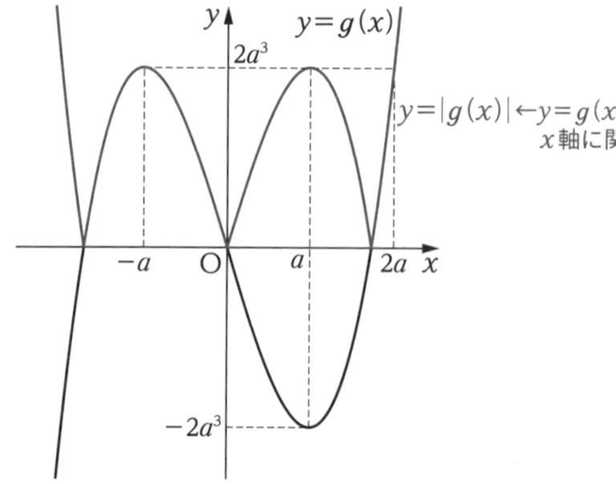

区間の右端 $x=1$ と $x=a$，$2a$ との大小で場合を分ける。

(i) $1 \leqq a$ のとき ←区間内に極値を含まない（右端が最大）

最大値は $f(1)=-g(1)=3a^2-1$

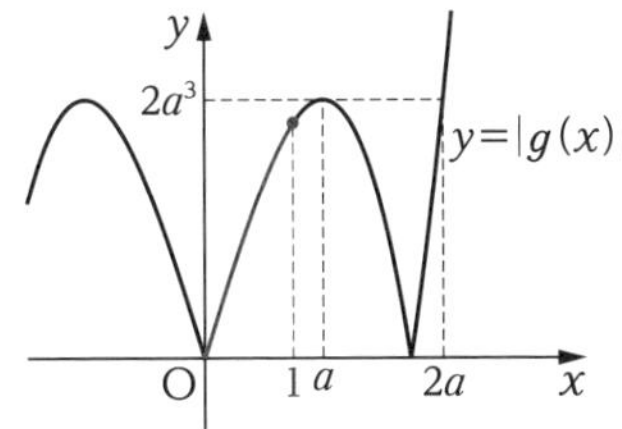

(ii) $a \leqq 1 \leqq 2a$ つまり $\dfrac{1}{2} \leqq a \leqq 1$ のとき ←極大値が最大

最大値は $f(a)=-g(a)=2a^3$

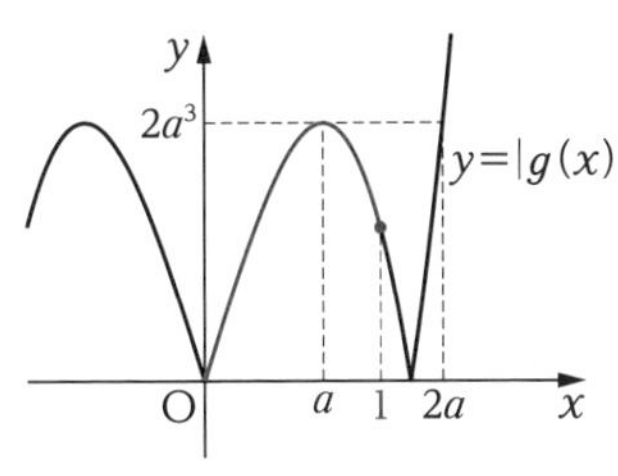

(iii) $2a \leqq 1$ つまり $0<a \leqq \dfrac{1}{2}$ のとき ←右端が最大

最大値は $f(1)=g(1)=1-3a^2$

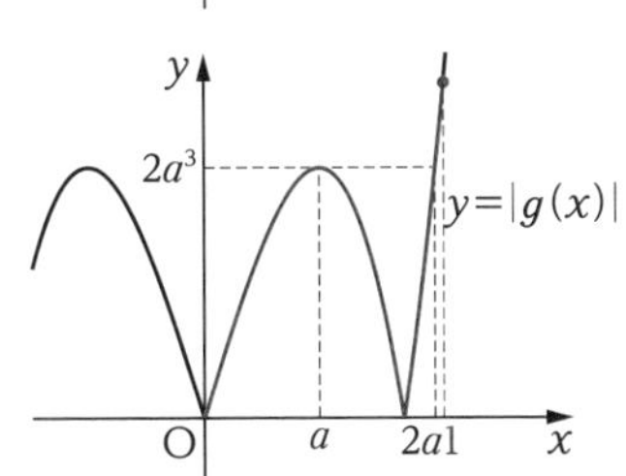

(i)〜(iii)より，最大値は，

$$\begin{cases} 0<a \leqq \dfrac{1}{2} \text{ のとき，} 1-3a^2 \\ \dfrac{1}{2} \leqq a \leqq 1 \text{ のとき，} 2a^3 \\ 1 \leqq a \text{ のとき，} 3a^2-1 \end{cases}$$ …答

演習問題 75 p.166

考え方 大まかな図を描いて，式を立てるようにしましょう。また，変数のとりうる値の範囲にも注意しましょう。

1 底面の半径を x とすると，高さは半径との和が 18 であるから $18-x$ となる。

また，長さは正であるから

$x>0$ かつ $18-x>0$ つまり，$0<x<18$ ←変数のとりうる値の範囲に注意

この条件のもとで体積を $V(x)$ とすると，

$V(x)=\pi x^2 \cdot (18-x)=\pi(18x^2-x^3)$

$V'(x)=\pi(36x-3x^2)=3\pi x(12-x)$ であるから，$V(x)$ の増減表は右のようになる。

x	0	…	12	…	18
$V'(x)$		+	0	−	
$V(x)$		↗	極大 864π	↘	

よって，体積は

半径が 12 のとき最大値 864π をとる。 …答

2 この直方体は，1 辺の長さが x である正方形の面 2 つと，2 辺の長さが x と y である長方形の面 4 つからできている。よって，

$V=x^2y$，$S=2x^2+4xy$

$S=96$ であるから，

$2x^2+4xy=96$

$y=\dfrac{48-x^2}{2x}$ ←y 消去を考える

また，長さは正であるから，$x>0$ かつ $48-x^2>0$

つまり，$0<x<4\sqrt{3}$ ←変数のとりうる値の範囲に注意

この条件のもとで体積 V の式は，$V=x^2\cdot\dfrac{48-x^2}{2x}=24x-\dfrac{1}{2}x^3$ ←x にそろえる

$f(x)=24x-\dfrac{1}{2}x^3$ とおくと，

$f'(x)=24-\dfrac{3}{2}x^2=-\dfrac{3}{2}(x+4)(x-4)$ であるから $f(x)$ の増減表は右のようになる。

x	0	…	4	…	$4\sqrt{3}$
$f'(x)$		+	0	−	
$f(x)$		↗	極大 64	↘	

よって，体積 V は，**$x=4$ のとき最大値 64 をとる。** …答

3 球に内接している直円錐において，右の図のように△ABC を考える。

(1)△OBC に着目すると，底面の円の半径 BC は，

$BC=\sqrt{3^2-h^2}=\sqrt{9-h^2}$

よって，底面の円の面積は

$\pi\cdot(\sqrt{9-h^2})^2=\pi(9-h^2)$

以上より，直円錐の体積 V は，

$V=\dfrac{1}{3}\pi(9-h^2)\cdot(3+h)$

$\quad=\boldsymbol{\dfrac{1}{3}\pi(-h^3-3h^2+9h+27)}$ …答

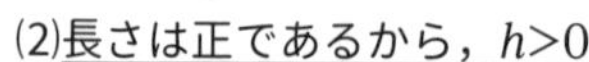

(2)長さは正であるから，$h>0$

また，$\sqrt{9-h^2}>0$ より $9-h^2>0$ であるから $-3<h<3$

$h>0$ と合わせて，$0<h<3$ ←変数のとりうる値の範囲に注意

この条件のもとで，$f(h)=-h^3-3h^2+9h+27$ とすると，

$f'(h)=-3h^2-6h+9=-3(h+3)(h-1)$

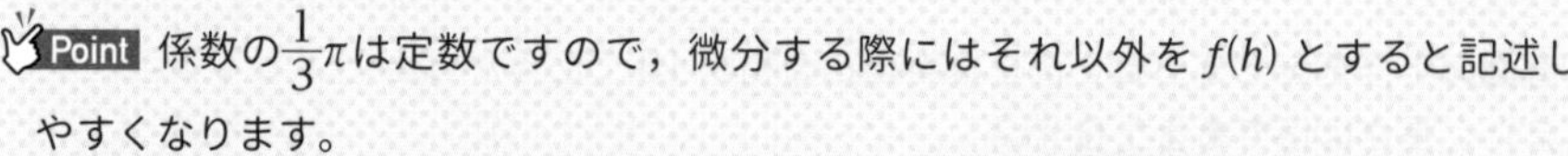

Point 係数の $\dfrac{1}{3}\pi$ は定数ですので，微分する際にはそれ以外を $f(h)$ とすると記述しやすくなります。

$f(h)$ の増減表は右のようになる。

よって，**$h=1$ で** $f(h)$ は最大値 32 をとり，このとき体積も最大となる。

h	0	…	1	…	3
$f'(h)$		+	0	−	
$f(h)$		↗	極大 32	↘	

体積の最大値は，

$V=\dfrac{1}{3}\pi\times32=\boldsymbol{\dfrac{32}{3}\pi}$ …答 ←$\dfrac{1}{3}\pi$ を掛けるのを忘れないように

4 切り取る正方形の 1 辺の長さを $x$cm とする。

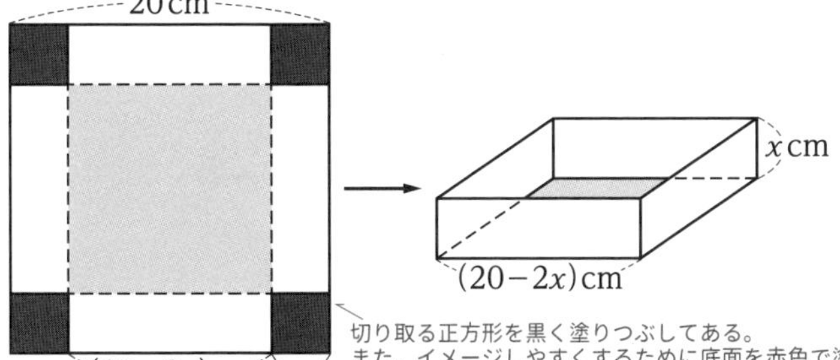

切り取る正方形を黒く塗りつぶしてある。
また，イメージしやすくするために底面を赤色で塗ってある。

組み立てたときの底面は 1 辺が $(20-2x)$cm の正方形で，深さが $x$cm となる。
長さは正であるから，$20-2x>0$ かつ $x>0$　つまり，$0<x<10$ ←変数のとりうる値の範囲に注意
この条件のもとで，この箱の容積を $V(x)$ とすると，

$$V(x)=(20-2x)^2\cdot x=4(x^3-20x^2+100x)$$

ここで，$f(x)=x^3-20x^2+100x$ とすると，←係数の 4 は増減に無関係
$f'(x)=3x^2-40x+100=(x-10)(3x-10)$ であるから，$f(x)$ の増減表は右のようになる。

x	0	…	$\frac{10}{3}$	…	10
$f'(x)$		+	0	−	
$f(x)$		↗	極大	↘	

以上より，$x=\frac{10}{3}$ のとき $f(x)$ は最大となり，
このとき，容積 $V(x)=4f(x)$ も最大となる。 ←4 を掛けるのを忘れないように
よって，$\frac{10}{3}$**cm** …答

演習問題 76 p.169

1

考え方　$2^x=t$ とおきます。

$$\begin{aligned}f(x)&=8^x-4^{x+1}+2^{x+2}-2\\&=8^x-4^x\cdot4+2^x\cdot2^2-2\\&=(2^3)^x-(2^2)^x\cdot4+2^x\cdot4-2\\&=(2^x)^3-(2^x)^2\cdot4+2^x\cdot4-2\end{aligned}$$

$a^{m+n}=a^m\times a^n$
$a^{mn}=(a^m)^n=(a^n)^m$

ここで，$2^x=t$ とおくと，

$$f(x)=t^3-4t^2+4t-2$$

また，$-2\leqq x\leqq1$ であるから，$2^{-2}\leqq2^x\leqq2^1$ ←底が 1 より大きいので同じ向き
つまり，$\frac{1}{4}\leqq t\leqq2$ ←おき換えは変域チェック
この条件のもとで，$g(t)=t^3-4t^2+4t-2$ とおく。$g'(t)=3t^2-8t+4=(3t-2)(t-2)$ であるから，$g(t)$ の増減表は右のようになる。

t	$\frac{1}{4}$	…	$\frac{2}{3}$	…	2
$g'(t)$		+	0	−	0
$g(t)$	$-\frac{79}{64}$	↗	極大 $-\frac{22}{27}$	↘	極小 -2

よって，$t=\frac{2}{3}$ で最大値 $-\frac{22}{27}$，$t=2$ のとき

最小値-2である。

$t=2^x$であるから，

$2^x=\dfrac{2}{3}$を解くと$x=\log_2\dfrac{2}{3}=1-\log_2 3$

$2^x=2$を解くと$x=1$

以上より，**$x=1-\log_2 3$で最大値$-\dfrac{22}{27}$，$x=1$で最小値-2** …答

2

考え方　$2^x+2^{-x}=t$とおきます。

$$y=4\cdot 8^x-24\cdot 4^x+57\cdot 2^x+57\cdot 2^{-x}-24\cdot 4^{-x}+4\cdot 8^{-x}$$
$$=4(8^x+8^{-x})-24(4^x+4^{-x})+57(2^x+2^{-x}) \quad \cdots\cdots①$$

ここで，$2^x+2^{-x}=t$とおくと，

$$8^x+8^{-x}=(2^3)^x+(2^3)^{-x}$$
$$=(2^x)^3+(2^{-x})^3$$
$$=(2^x+2^{-x})^3-3\cdot 2^x\cdot 2^{-x}(2^x+2^{-x})$$
$$=t^3-3t$$

$a^3+b^3=(a+b)^3-3ab(a+b)$

$$4^x+4^{-x}=(2^2)^x+(2^2)^{-x}$$
$$=(2^x)^2+(2^{-x})^2$$
$$=(2^x+2^{-x})^2-2\cdot 2^x\cdot 2^{-x}$$
$$=t^2-2$$

$a^2+b^2=(a+b)^2-2ab$

であるから，①の式は，

$$y=4(t^3-3t)-24(t^2-2)+57t=4t^3-24t^2+45t+48$$

とできる。この式の右辺を$f(t)$とおくと，

$$f'(t)=12t^2-48t+45$$
$$=3(2t-3)(2t-5)$$

また，$2^x>0$，$2^{-x}>0$であるから，相加平均と相乗平均の不等式より，

$$2^x+2^{-x}\geqq 2\sqrt{2^x\cdot 2^{-x}}$$

$t\geqq 2$　←おき換えは変域チェック

よって，$f(t)$の増減表は右のようになる。

t	2	…	$\frac{5}{2}$	…
$f'(t)$		$-$	0	$+$
$f(t)$		↘	極小 73	↗

よって，$t=\dfrac{5}{2}$のとき最小値73をとる。

このとき，

$$2^x+2^{-x}=\frac{5}{2}$$
$$2(2^x)^2+2=5\cdot 2^x$$

両辺に$2\cdot 2^x$を掛けた

$2(2^x)^2-5\cdot 2^x+2=0$　←$2s^2-5s+2=0$をイメージ

$(2^x-2)(2\cdot 2^x-1)=0$　←たすき掛けで因数分解

$2^x=2,\ \dfrac{1}{2}$　よって，$x=1,\ -1$

以上より，**$x=1$，-1で最小値73** …答

3

考え方 真数の大小と対数の大小が一致する点に着目します。

<u>真数が正</u>であるから，$2-x>0$ かつ $x+1>0$

共通部分をとると，$-1<x<2$

この条件のもとで，<u>底を 2 にそろえる</u>。

$$\log_{\sqrt{2}}(x+1)=\frac{\log_2(x+1)}{\log_2\sqrt{2}}=\frac{\log_2(x+1)}{\frac{1}{2}}$$
$$=2\log_2(x+1)$$

よって，

$$y=\log_2(2-x)+2\log_2(x+1)$$
$$=\log_2(2-x)+\log_2(x+1)^2$$
$$=\log_2(2-x)(x+1)^2$$

対数の係数は真数の指数にできる

ここで，$f(x)=(2-x)(x+1)^2=-x^3+3x+2$ とおくと，対数の底が 1 より大きいので，<u>$f(x)$ が最大のとき y も最大となる</u>。

$f'(x)=-3x^2+3=-3(x+1)(x-1)$ であるから，$f(x)$ の増減表は右のようになる。

x	-1	$\cdots$	1	$\cdots$	2
$f'(x)$		$+$	0	$-$	
$f(x)$		↗	極大 4	↘	

よって，$x=1$ で $f(x)$ は最大値 4 をとる。このとき y も最大となる。

$x=1$ で最大値 $y=\log_2 4=2$ …答

4

考え方 $\log_5 x=t$ とおきます。

<u>$\log_5 x=t$ とおく</u>と，$1\leqq x\leqq 125$ であるから，

$\log_5 1\leqq\log_5 x\leqq\log_5 5^3$ ←底 >1 であるから，向きはそのまま

つまり，$0\leqq t\leqq 3$ ←おき換えは変域チェック

この条件のもとで，

$$y=(\log_5 x)^3-\log_5 x^3$$
$$=(\log_5 x)^3-3\log_5 x$$
$$=t^3-3t$$

$f(t)=t^3-3t$ とおくと，

$f'(t)=3t^2-3=3(t+1)(t-1)$ であるから，

$f(t)$ の増減表は右のようになる。

t	0	$\cdots$	1	$\cdots$	3
$f'(t)$		$-$	0	$+$	
$f(t)$	0	↘	極小 -2	↗	18

よって，$t=1$ で最小値 -2 をとる。

またこのとき，$\log_5 x=1$ であるから，$x=5$

さらに，$t=3$ で最大値 18 をとる。

またこのとき，$\log_5 x=3$ であるから，$x-125$

$x=5$ で最小値 -2，$x=125$ で最大値 18 …答

5

考え方 $\sin x=t$ とおきます。

$\sin x=t$ とおくと，$0\leqq x\leqq 2\pi$ であるから，

$-1\leqq\sin x\leqq 1$ つまり $-1\leqq t\leqq 1$ ←おき換えは変域チェック

この条件のもとで，

$f(x)=-4\sin x(1-\sin^2 x)+9(1-\sin^2 x)-8\sin x-1$ ← $\sin^2 x+\cos^2 x=1$ より $\cos^2 x=1-\sin^2 x$

$=-4t(1-t^2)+9(1-t^2)-8t-1$

$=4t^3-9t^2-12t+8$

右辺を $g(t)$ とおくと

$g'(t)=12t^2-18t-12=6(2t+1)(t-2)$

であるから，$g(t)$ の増減表は右のようになる。

t	-1	…	$-\frac{1}{2}$	…	1
$g'(t)$		$+$	0	$-$	
$g(t)$	7	↗	極大 $\frac{45}{4}$	↘	-9

$t=-\frac{1}{2}$ のとき最大値 $\frac{45}{4}$ をとる。このとき，

$t=\sin x=-\frac{1}{2}$ より $x=\frac{7}{6}\pi,\ \frac{11}{6}\pi$

$t=1$ のとき最小値 -9 をとる。このとき，$t=\sin x=1$ より $x=\frac{\pi}{2}$ である。

$x=\frac{7}{6}\pi$，$\frac{11}{6}\pi$ で最大値 $\frac{45}{4}$，$x=\frac{\pi}{2}$ で最小値 -9 …答

6

考え方 $\sin x-\cos x=t$ とおきます。

$\sin x-\cos x=t$ とおくと，$t=\sqrt{2}\sin\left(x-\frac{\pi}{4}\right)$ ←三角関数の合成

$-\frac{\pi}{4}\leqq x-\frac{\pi}{4}\leqq\frac{3}{4}\pi$ であるから，$-1\leqq\sqrt{2}\sin\left(x-\frac{\pi}{4}\right)\leqq\sqrt{2}$

つまり，$-1\leqq t\leqq\sqrt{2}$ ←おき換えは変域チェック

この条件のもとで，

$t^2=(\sin x-\cos x)^2$

$=\sin^2 x+\cos^2 x-2\sin x\cos x$

$=1-2\sin x\cos x$

よって，$\sin x\cos x=\frac{1-t^2}{2}$ ← $\sin x\pm\cos x$ を 2 乗すると，$\sin x\cos x$ の値が求められる

これより，$\sin 2x=2\sin x\cos x=2\cdot\frac{1-t^2}{2}=1-t^2$

以上より，$f(x)=5t^3-6(1-t^2)=5t^3+6t^2-6$

右辺を $g(t)$ とおくと，$g'(t)=15t^2+12t=3t(5t+4)$ であるから，$g(t)$ の増減表は次のようになる。

t	-1	…	$-\frac{4}{5}$	…	0	…	$\sqrt{2}$
$g'(t)$		$+$	0	$-$	0	$+$	
$g(t)$	-5	↗	極大 $-\frac{118}{25}$	↘	極小 -6	↗	$10\sqrt{2}+6$

よって，$t=\sqrt{2}$ のとき最大値 $10\sqrt{2}+6$ をとる。このとき，$t=\sqrt{2}\sin\left(x-\frac{\pi}{4}\right)=\sqrt{2}$ より $x=\frac{3}{4}\pi$

また，$t=0$ のとき最小値 -6 をとる。このとき，$t=\sqrt{2}\sin\left(x-\frac{\pi}{4}\right)=0$ より，$x=\frac{\pi}{4}$

したがって，**$x=\frac{3}{4}\pi$ で最大値 $10\sqrt{2}+6$，$x=\frac{\pi}{4}$ で最小値 -6** …答

演習問題 77 p.170

考え方 極大値・極小値の符号に着目します。

1 $f(x)=x^3-3ax^2+4a$ とおく。方程式 $f(x)=0$ の異なる実数解の個数は関数 $y=f(x)$ のグラフと x 軸との共有点の個数に等しい。←文字定数 a が分離できないタイプ

$f'(x)=3x^2-6ax=3x(x-2a)$ であるから，$f(x)$ の増減表は次のようになる。

x	…	0	…	$2a$	…
$f'(x)$	+	0	−	0	+
$f(x)$	↗	極大 $4a$	↘	極小 $-4a^3+4a$	↗

極大値 $4a>0$ であるから，極小値の符号で場合を分ける。

(i)
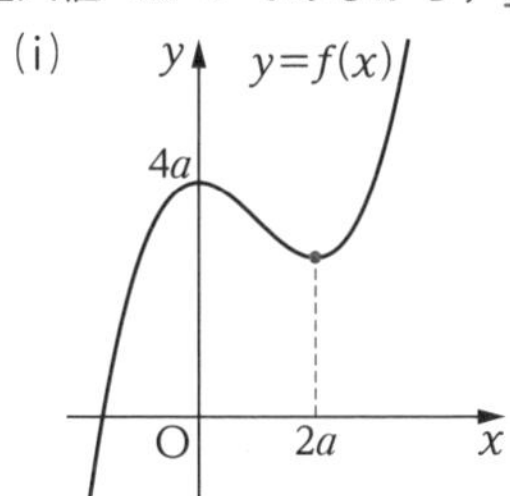

(ii)
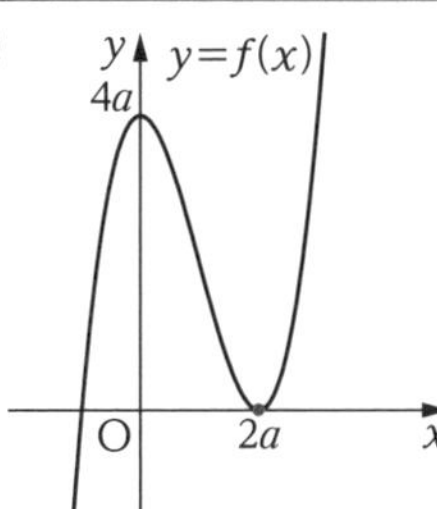

(iii)
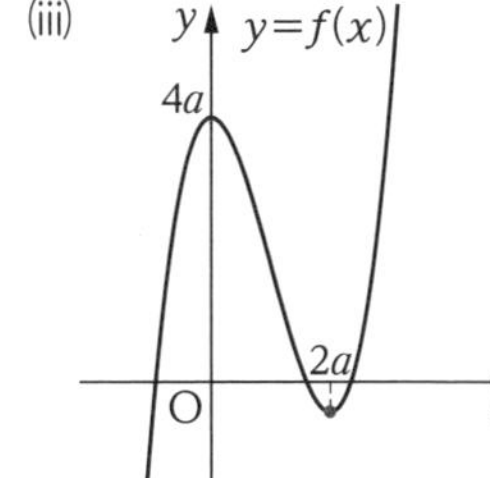

(i) $-4a^3+4a>0$ のとき，$-4a(a^2-1)>0$

よって，$a^2-1<0$ より $0<a<1$ のとき x 軸との共有点は 1 個。

(ii) $-4a^3+4a=0$ のとき，$-4a(a^2-1)=0$

よって，$a=1$ のとき x 軸との共有点は 2 個。

(iii) $-4a^3+4a<0$ のとき，$-4a(a^2-1)<0$

よって，$a^2-1>0$ より $1<a$ のとき x 軸との共有点は 3 個。

以上より，方程式 $f(x)=0$ の異なる実数解の個数は，

$0<a<1$ のとき 1 個
$a=1$ のとき 2 個 …答
$a>1$ のとき 3 個

2 $f(x)=x^3-\frac{3}{2}(a+2)x^2+6ax-2a$ とおくと，方程式 $f(x)=0$ が異なる 3 つの正の解をもつ条件は，関数 $y=f(x)$ のグラフと x 軸が $x>0$ の範囲で異なる 3 つの共有点をもつときの条件に等しい。←文字定数 a が分離できないタイプ

$f'(x)=3x^2-3(a+2)x+6a=3(x-a)(x-2)$ である。

$a=2$ のとき，$f'(x)=3(x-2)^2\geqq 0$ となり $f(x)$ は単調増加となる。←忘れやすいので注意

このとき x 軸との共有点は 1 つとなるので不適。

よって，$a\neq 2$ のもとで $f(x)$ の増減表は次のいずれかのようになる。

x	…	2	…	a	…
$f'(x)$	$+$	0	$-$	0	$+$
$f(x)$	↗	極大	↘	極小	↗

または

x	…	a	…	2	…
$f'(x)$	$+$	0	$-$	0	$+$
$f(x)$	↗	極大	↘	極小	↗

いずれの場合も，$x>0$ の範囲で x 軸と異なる 3 つの共有点をもつとき，グラフは右の図のようになる。

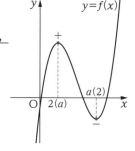

つまり，$x>0$ の範囲に極値が 2 つとも存在し，極大値が正，極小値が負となり，かつ $f(0)<0$ となることである。極大値が正，極小値が負のとき，極値の積は負となるので 2 と a の大小に関係なく，$a>0$ ……①のもとで，

$$f(2)\cdot f(a)<0$$

$$4(a-1)\cdot\left\{-\frac{1}{2}a(a^2-6a+4)\right\}<0$$

$$(a-1)(a^2-6a+4)>0$$

3 次関数 $y=(a-1)(a^2-6a+4)$ のグラフを考えると，

y 座標が正となる a 座標の範囲は，

$3-\sqrt{5}<a<1$，$3+\sqrt{5}<a$……②

また，$f(0)=-2a$ より，

$-2a<0$ つまり $a>0$……③

であるから，①，②，③の共通部分をとると，

$3-\sqrt{5}<a<1$，$3+\sqrt{5}<a$ …答

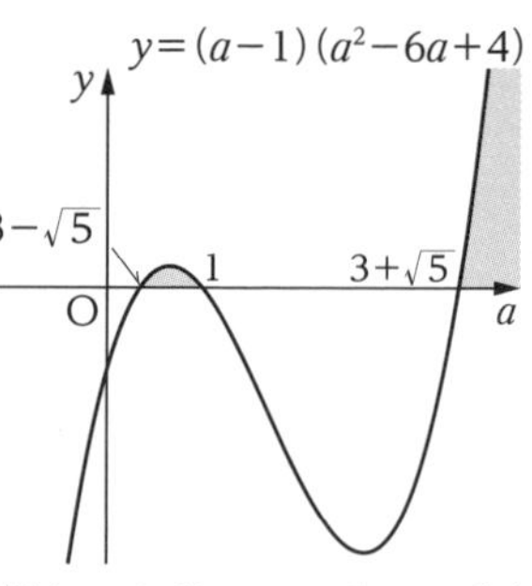

3 $f(x)=x^3+3ax^2+3ax+a^3$ とおくと，方程式 $f(x)=0$ の実数解の個数は，関数 $y=f(x)$ のグラフと x 軸との共有点の個数に等しい。

$f'(x)=3(x^2+2ax+a)$ であるから，

$x^2+2ax+a=0$ の判別式を D とすると，$\dfrac{D}{4}=a^2-a=a(a-1)$

(i) $\dfrac{D}{4}\leqq 0$ つまり $0\leqq a\leqq 1$ のとき

$f'(x)\geqq 0$ であるから，$f(x)$ は単調増加となる。つまり，x 軸との共有点は 1 個。

(ii) $\dfrac{D}{4}>0$ つまり $a<0$，$1<a$ のとき

$f'(x)=0$ は異なる 2 つの実数解をもつ。その解を $x=\alpha$，$\beta\ (\alpha<\beta)$ とすると，

$x=\alpha$，β で極値をとる。また，解と係数の関係より $\alpha+\beta=-2a$，$\alpha\beta=a$ である。

また，$f(x)$ を $x^2+2ax+a$ で割ると，商が $x+a$，余りが $2a(1-a)x+a^2(a-1)$ であるから，

$$f(x)=(x^2+2ax+a)(x+a)+2a(1-a)x+a^2(a-1)$$

これを利用すると，

$$f(\alpha)=2a(1-a)\alpha+a^2(a-1)=a(1-a)(2\alpha-a)$$
$$f(\beta)=2a(1-a)\beta+a^2(a-1)=a(1-a)(2\beta-a)$$
代入して 0 となる式で割った余りに代入

である。このとき，<u>$y=f(x)$ のグラフと x 軸との共有点の個数は極値の積に着目する</u>。

極値の積は

$$\begin{aligned} f(\alpha)\cdot f(\beta) &= a(1-a)(2\alpha-a)\cdot a(1-a)(2\beta-a) \\ &= a^2(1-a)^2\{4\alpha\beta-2(\alpha+\beta)a+a^2\} \\ &= a^2(1-a)^2\{4a-2\cdot(-2a)a+a^2\} \\ &= a^3(1-a)^2(5a+4) \end{aligned}$$
$\alpha+\beta=-2a$，$\alpha\beta=a$

$a^2(1-a)^2>0$ であるから，<u>$a(5a+4)$ の符号を考えて場合を分ける</u>。

(a) $a<-\dfrac{4}{5}$，$0<a$ のとき $a(5a+4)>0$，

つまり，$f(\alpha)\cdot f(\beta)>0$

このとき，$y=f(x)$ のグラフは右のいずれかのようになる。

いずれの場合も，x 軸との共有点の個数は 1 個。

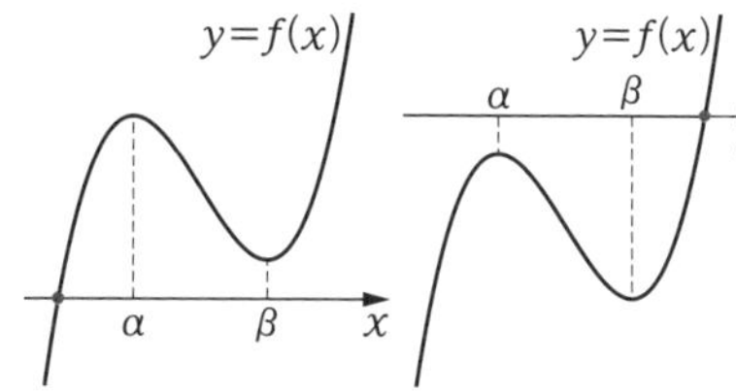

(b) $a=-\dfrac{4}{5}$ のとき $a(5a+4)=0$，

つまり，$f(\alpha)\cdot f(\beta)=0$

このとき，$y=f(x)$ のグラフは右のいずれかのようになる。

いずれの場合も，x 軸との共有点の個数は 2 個。

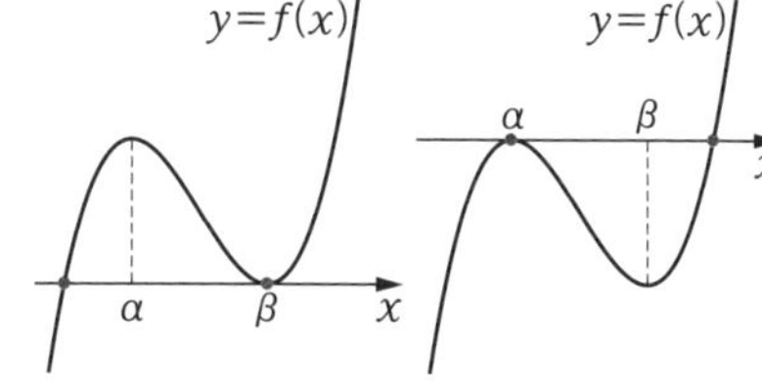

(c) $-\dfrac{4}{5}<a<0$ のとき $a(5a+4)<0$，

つまり，$f(\alpha)\cdot f(\beta)<0$

このとき，$y=f(x)$ のグラフは右の図のようになる。

x 軸との共有点の個数は 3 個。

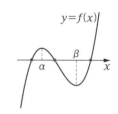

以上より，方程式 $f(x)=0$ の異なる実数解の個数は，

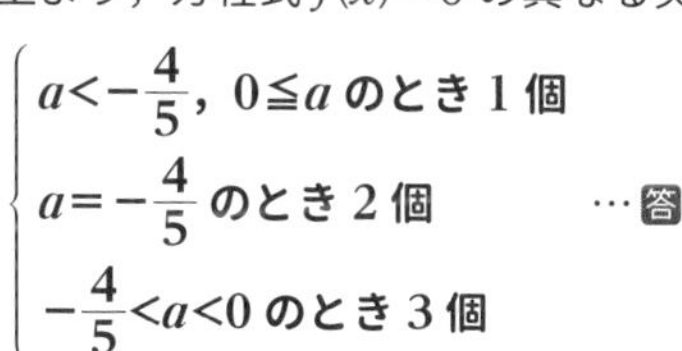
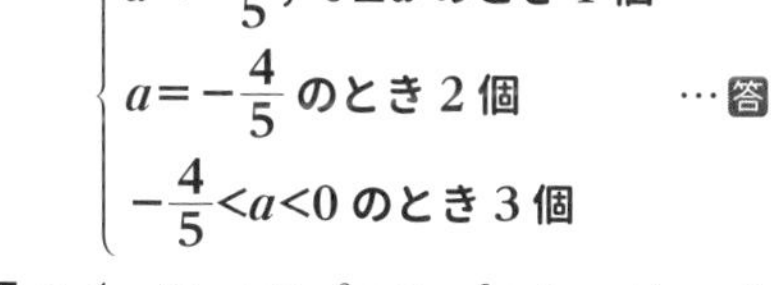

$$\begin{cases} a<-\dfrac{4}{5},\ 0\leqq a \text{ のとき 1 個} \\ a=-\dfrac{4}{5} \text{ のとき 2 個} \\ -\dfrac{4}{5}<a<0 \text{ のとき 3 個} \end{cases}$$
…**答**

4 $2x^4-(3a+2)x^3+3ax^2+(a-b)x-(a-b)=(x-1)(2x^3-3ax^2+a-b)$

であるから，$x=1$ はこの方程式の解である。

よって，異なる 4 つの実数解をもつ条件は，<u>方程式 $2x^3-3ax^2+a-b=0$ が $x=1$ 以外の異なる 3 つの実数解をもつ条件を考えればよい</u>。

$f(x)=2x^3-3ax^2+a-b$ とおいて，<u>$y=f(x)$ のグラフが x 軸と $x=1$ 以外の異なる 3 つの交点をもつ条件を考えればよい</u>。

$a=0$ のとき，$f'(x)=6x^2 \geqq 0$ となり，$f(x)$ は単調増加であるから，x 軸と異なる 3 つの交点をもたない。$a \neq 0$ のとき，$f'(x)=6x^2-6ax=6x(x-a)$ であるから，$f(x)$ の増減表は次のいずれかのようになる。

x	$\cdots$	0	$\cdots$	a	$\cdots$
$f'(x)$	$+$	0	$-$	0	$+$
$f(x)$	↗	極大 $a-b$	↘	極小 $-a^3+a-b$	↗

または

x	$\cdots$	a	$\cdots$	0	$\cdots$
$f'(x)$	$+$	0	$-$	0	$+$
$f(x)$	↗	極大 $-a^3+a-b$	↘	極小 $a-b$	↗

よって，いずれの場合も極大が正，極小が負であればよい。つまり，極値の積が負であればよいので，

$$f(0) \cdot f(a)<0$$

$$(a-b)(-a^3+a-b)<0$$

この領域の境界線は「$a-b=0$ つまり $b=a$」と「$-a^3+a-b=0$ つまり $b=-a^3+a$」である。

ここで，$b=-a^3+a$ のグラフは a で微分すると $b'=-3a^2+1$ であるから，b の増減表は右のようになる。

a	$\cdots$	$-\frac{1}{\sqrt{3}}$	$\cdots$	$\frac{1}{\sqrt{3}}$	$\cdots$
b'	$-$	0	$+$	0	$-$
b	↘	極小 $-\frac{2}{3\sqrt{3}}$	↗	極大 $\frac{2}{3\sqrt{3}}$	↘

$(a,\ b)=(0,\ 1)$ はこの不等式を満たさない。このことに注意して領域を交互に塗ればよい。

また，方程式 $f(x)=0$ は $x=1$ を解にもたないので $x=1$ が解のとき代入すると $-2a-b+2=0$ つまり $b=-2a+2$ 上の点は除く。

また，$b=-a^3+a$ と $b=a$ を連立して共有点の a の座標を求めると，

$-a^3+a=a$　$a^3=0$ より $a=0$

Point この解は「3 重解（3 つの解がすべて等しい場合）」といいます。3 重解も接点の a 座標を表しています。

さらに，$b=-a^3+a$ と $b=-2a+2$ を連立すると，

$-a^3+a=-2a+2$

$a^3-3a+2=0$ ←$a=1$ で左辺は 0 になる

$(a-1)(a^2+a-2)=0$ ←$(a-1)$ を因数にもつ

$(a-1)^2(a+2)=0$

よって，$a=1$ つまり $(1,\ 0)$ で接し，$a=-2$ つまり $(-2,\ 6)$ で交わる。

以上より，条件を満たす $(a,\ b)$ の存在する範囲は，

右の図の斜線部分。ただし，境界線と直線 $b=-2a+2$ は除く。

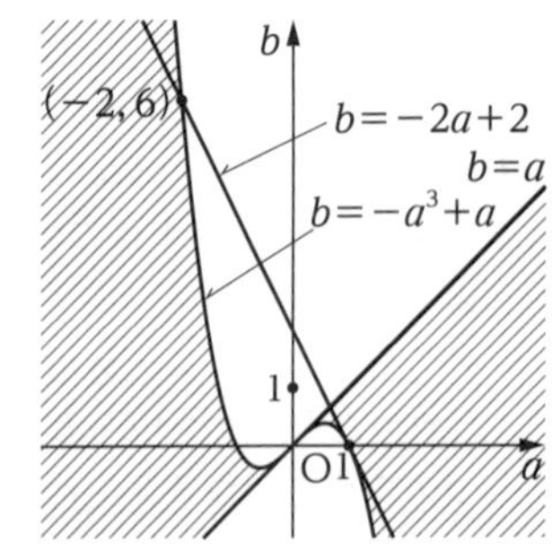

演習問題 78 p.172

考え方 「接線の本数＝接点の個数」と考えます。**3**は接点の x 座標のうち 1 つは求められる点に注意します。

1 $f(x)=x^3+kx-2$ とすると，$f'(x)=3x^2+k$

接点の座標を $(t,\ t^3+kt-2)$ とすると接線の方程式は，

$$y-(t^3+kt-2)=f'(t)(x-t)$$
$$y-(t^3+kt-2)=(3t^2+k)(x-t)$$

この直線が点 $P(-2,\ 0)$ を通るので，$x=-2$，$y=0$ を代入すると，

$$0-(t^3+kt-2)=(3t^2+k)(-2-t)$$
$$-t^3-3t^2-1=k \quad \cdots\cdots①$$

ここで，点 P から 3 本の接線が引けるとき，接点が 3 つ存在する。つまり，接点の x 座標 t が 3 つ存在するときであり，それは方程式①が異なる 3 つの実数解をもつときである。

方程式①が異なる 3 つの実数解をもつ条件は，関数 $y=g(t)=-t^3-3t^2-1$ のグラフと直線 $y=k$ が異なる 3 つの共有点をもつときである。

$g'(t)=-3t^2-6t=-3t(t+2)$ であるから，$g(t)$ の増減表は右のようになる。

t	$\cdots$	-2	$\cdots$	0	$\cdots$
$g'(t)$	$-$	0	$+$	0	$-$
$g(t)$	↘	極小 -5	↗	極大 -1	↘

よって，グラフは右の図のようになり，$y=k$ と異なる 3 点で交わる条件は，

$-5<k<-1$ … 答

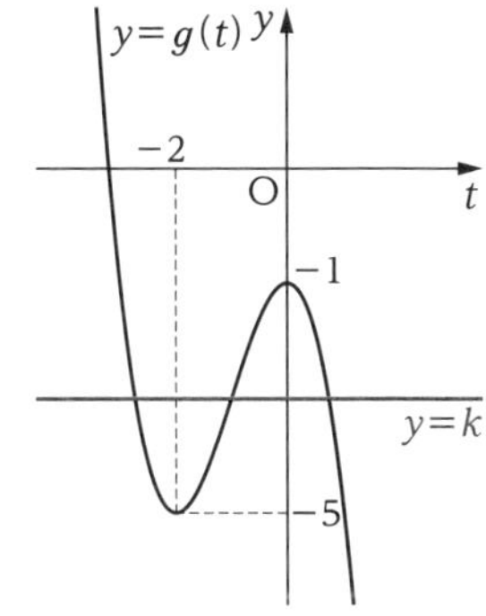

2 $f(x)=x^3+ax^2+bx$ とすると，$f'(x)=3x^2+2ax+b$

接点の座標を $(t,\ t^3+at^2+bt)$ とすると接線の方程式は，

$$y-(t^3+at^2+bt)=f'(t)(x-t)$$
$$y-(t^3+at^2+bt)=(3t^2+2at+b)(x-t)$$

この直線が点 $P(1,\ 0)$ を通るので，$x=1$，$y=0$ を代入すると，

$$0-(t^3+at^2+bt)=(3t^2+2at+b)(1-t)$$
$$2t^3+(a-3)t^2-2at-b=0 \quad \cdots\cdots①$$ ←文字定数が分離できないタイプ

ここで，点 P から 3 本の接線が引けるとき，接点が 3 つ存在する。つまり，接点の x 座標 t が 3 つ存在するときであり，それは方程式①が異なる 3 つの実数解をもつときである。

方程式①が異なる3つの実数解をもつ条件は，関数 $y=g(t)=2t^3+(a-3)t^2-2at-b$ のグラフと t 軸が異なる3つの共有点をもつことである。

$g'(t)=6t^2+2(a-3)t-2a=2(3t+a)(t-1)$

$a=-3$ のとき，$g'(t)=6(t-1)^2\geqq 0$

$g(t)$ は単調増加であるから，t 軸と異なる3つの交点をもたない。

$a\neq -3$ のとき，$g(t)$ の増減表は次のいずれかのようになる。

t	$\cdots$	$-\dfrac{a}{3}$	$\cdots$	1	$\cdots$
$g'(t)$	$+$	0	$-$	0	$+$
$g(t)$	↗	極大 $\dfrac{a^3}{27}+\dfrac{a^2}{3}-b$	↘	極小 $-a-b-1$	↗

または

t	$\cdots$	1	$\cdots$	$-\dfrac{a}{3}$	$\cdots$
$g'(t)$	$+$	0	$-$	0	$+$
$g(t)$	↗	極大 $-a-b-1$	↘	極小 $\dfrac{a^3}{27}+\dfrac{a^2}{3}-b$	↗

よって，いずれの場合も極大が正，極小が負であればよい。つまり，極値の積が負であればよいので，

$$g\left(-\frac{a}{3}\right)\cdot g(1)<0$$

$$\left(\frac{a^3}{27}+\frac{a^2}{3}-b\right)(-a-b-1)<0$$

この領域の境界線は「$\dfrac{a^3}{27}+\dfrac{a^2}{3}-b=0$ つまり $b=\dfrac{a^3}{27}+\dfrac{a^2}{3}$」と「$-a-b-1=0$ つまり $b=-a-1$」である。

ここで，$b=\dfrac{a^3}{27}+\dfrac{a^2}{3}$ のグラフは a で微分すると $b'=\dfrac{a^2}{9}+\dfrac{2}{3}a=\dfrac{a}{9}(a+6)$ であるから，b の増減表は右のようになる。

a	$\cdots$	-6	$\cdots$	0	$\cdots$
b'	$+$	0	$-$	0	$+$
b	↗	極大 4	↘	極小 0	↗

$(a,\ b)=(1,\ 0)$ はこの不等式を満たす。

このことに注意して領域を交互に塗ればよい。

また，$b=\dfrac{a^3}{27}+\dfrac{a^2}{3}$ と $b=-a-1$ を連立して共有点の座標を求めると，

$\dfrac{a^3}{27}+\dfrac{a^2}{3}=-a-1$

$a^3+9a^2+27a+27=0$

$(a+3)^3=0$ より，$a=-3$（3重解）

よって条件を満たす $(a,\ b)$ の存在する範囲は，

右の図のようになる。ただし，境界線は含まない。

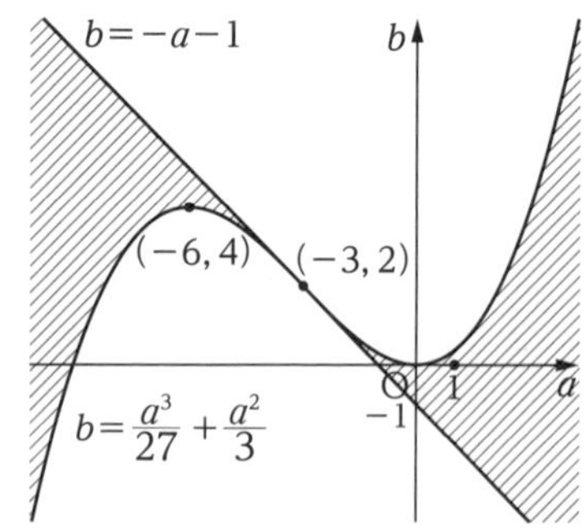

3 $f(x)=x^3-3x^2+2$ とすると，$f'(x)=3x^2-6x$

接点の座標を $(t,\ t^3-3t^2+2)$ とすると接線の方程式は，

$y-(t^3-3t^2+2)=f'(t)(x-t)$

$y-(t^3-3t^2+2)=(3t^2-6t)(x-t)$

この直線が点 $(a,\ 2)$ を通るので，$x=a$，$y=2$ を代入すると，

$2-(t^3-3t^2+2)=(3t^2-6t)(a-t)$

$2t^3-3(a+1)t^2+6at=0$

$t\{2t^2-3(a+1)t+6a\}=0$ ……① ←文字定数が分離できないタイプ

①より，$t=0$ は解の 1 つである。よって，点 $(a,\ 2)$ から 1 本の接線が引けるとき，接点が 1 つ存在する。つまり，接点の x 座標 t が 1 つだけ存在するときであり，それは方程式①がただ 1 つの実数解をもつときである。

それは，方程式 $2t^2-3(a+1)t+6a=0$ が実数解をもたないか，0 を重解にもつときである。方程式 $2t^2-3(a+1)t+6a=0$ が実数解をもたないのは，判別式が 0 より小さいときで，

$9(a+1)^2-4\cdot2\cdot6a<0$

$3a^2-10a+3<0$ 　両辺を 3 で割った

$(a-3)(3a-1)<0$ 　　よって，$\dfrac{1}{3}<a<3$

また，$2t^2-3(a+1)t+6a=0$ が $t=0$ を解にもつとき $t=0$ を代入すると $a=0$ であるが，これを方程式に戻すと，

$2t^2-3t=0$ つまり $t(2t-3)=0$ ←$t=0,\ \dfrac{3}{2}$となってしまう

となり，$t=0$ を重解にもたないので不適。

以上より，**接線が 1 本引けるような a の値の範囲は，$\dfrac{1}{3}<a<3$** …答

また，接線が 2 本引けるのは方程式①が異なる実数解を 2 つもつときである。

それは次の(i)，(ii)の 2 通りが考えられる。

(i) 3 つの実数解のうち 0 を重解にもち，もう 1 つ実数解をもつとき

方程式 $2t^2-3(a+1)t+6a=0$ が 0 とそれ以外の解をもてばよい。$t=0$ を解にもつので $t=0$ を代入すると $a=0$

これを方程式に戻すと，

$2t^2-3t=0$ つまり $t(2t-3)=0$

となり，$t=0,\ \dfrac{3}{2}$の 2 つを解にもつ。よって，方程式①は $t=0,\ \dfrac{3}{2}$の 2 つを解にもつので適する。

(ii) 0 を解にもち，0 以外の解を重解にもつとき

方程式 $2t^2-3(a+1)t+6a=0$ が重解をもつことが必要である。よって，判別式を D とすると，$D=0$ であるから，

$9(a+1)^2-4\cdot2\cdot6a=0$

$3a^2-10a+3=0$ 　両辺を 3 で割った

$(a-3)(3a-1)=0$

よって，$a=\dfrac{1}{3},\ 3$

$a=\dfrac{1}{3}$ のとき方程式は，$2t^2-4t+2=0$ つまり $(t-1)^2=0$ となり，$t=1$ を重解にもつ。

$a=3$ のとき方程式は，$2t^2-12t+18=0$ つまり $(t-3)^2=0$ となり，$t=3$ を重解にもつ。

よって，いずれも 0 以外の重解をもつので適する。

以上より，**接線が 2 本引けるような a の値は，$a=0$，$\dfrac{1}{3}$，3** …答

4 $f(x)=-ax^3+bx+c$ とおくと，$f'(x)=-3ax^2+b$

接点の座標を $(s,\ -as^3+bs+c)$ とすると接線の方程式は，

$$y-(-as^3+bs+c)=f'(s)(x-s)$$
$$y-(-as^3+bs+c)=(-3as^2+b)(x-s)$$

これが $(0,\ t)$ を通るので，$x=0$，$y=t$ を代入すると，

$$t-(-as^3+bs+c)=(-3as^2+b)(0-s)$$
$$s^3=\frac{t-c}{2a}$$
$$s=\sqrt[3]{\frac{t-c}{2a}}$$

よって，接点の x 座標 s が 1 つだけ存在することが示された。すなわち，曲線 $y=-ax^3+bx+c$ の接線で $(0,\ t)$ を通るものがただ 1 本存在する。　〔証明終わり〕

↑接線の本数＝接点の個数

演習問題 79 p.173

考え方 いずれも $f(x)>0$ または $f(x)\geqq 0$ の形にして，関数 $y=f(x)$ のグラフの最小値に着目します。

1 $x^4-2>4x^3-a \Leftrightarrow -x^4+4x^3+2<a$ であるから，←文字定数は分離

$f(x)=-x^4+4x^3+2$ とおいて，直線 $y=a$ のグラフが常に $y=f(x)$ のグラフより上側にあるような定数 a の値の範囲を求めればよい。

$f'(x)=-4x^3+12x^2=-4x^2(x-3)$ であるから，$f(x)$ の増減表は右のようになる。

x	$\cdots$	0	$\cdots$	3	$\cdots$
$f'(x)$	＋	0	＋	0	－
$f(x)$	↗	2	↗	極大 29	↘

↑$x=0$ は極値ではない

右の図より，$y=a$ が $y=f(x)$ のグラフより上側にあるのは，

$a>29$ …答

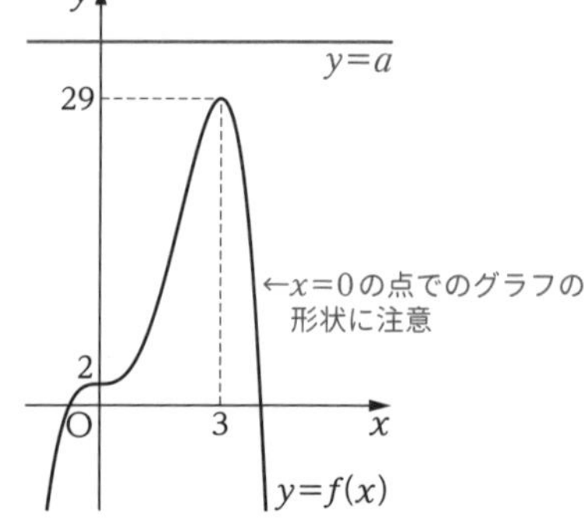

2 $x^3+2>3x \Longleftrightarrow x^3-3x+2>0$

であるから，$f(x)=x^3-3x+2$ とおいて，$y=f(x)$ のグラフが $x \geqq 0$ の範囲で x 軸より上側にあるかどうかを考えればよい。

$f'(x)=3x^2-3=3(x+1)(x-1)$ であるから，$f(x)$ の増減表は右のようになる。

x	0	…	1	…
$f'(x)$		$-$	0	$+$
$f(x)$	2	↘	極小 0	↗

右の図より，**$x=1$ のとき $y=0$ となるので，$x \geqq 0$ の範囲で $y>0$ とならない。よって，$x \geqq 0$ のとき，不等式 $x^3+2>3x$ が常に成り立つとはいえない。**…答

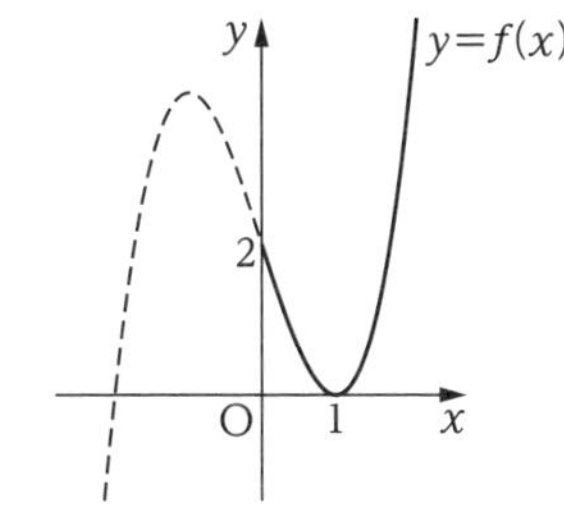

参考 「$x \geqq 0$ のとき，不等式 $x^3+2 \geqq 3x$」は常に成り立つ。

3 $f(x)=x^3-ax+1$ とおいて，←文字定数が分離できないタイプ

$y=f(x)$ のグラフが $x \geqq 0$ の範囲で常に x 軸を含む上側にあることを示せばよい。

$f'(x)=3x^2-a$ であるから a の値で場合を分ける。

(i) $a \leqq 0$ のとき

$f'(x) \geqq 0$ であるから $f(x)$ は単調増加。←忘れやすいので注意

よって，$x=0$ で最小値 $f(0)=1$ であるから，

$x \geqq 0$ の範囲で常に $f(x) \geqq 0$ が成り立つ。

(ii) $a>0$ のとき

$f'(x)=3\left(x+\sqrt{\dfrac{a}{3}}\right)\left(x-\sqrt{\dfrac{a}{3}}\right)$ であるから，

$f(x)$ の増減表は右のようになる。

x	0	…	$\sqrt{\dfrac{a}{3}}$	…
$f'(x)$		$-$	0	$+$
$f(x)$		↘	極小 $1-\dfrac{2}{3}a\sqrt{\dfrac{a}{3}}$	↗

最小値が 0 以上であればよいから，

$$1-\frac{2}{3}a\sqrt{\frac{a}{3}} \geqq 0$$

$$1-\frac{2}{3\sqrt{3}}a^{\frac{3}{2}} \geqq 0$$

$$a^{\frac{3}{2}} \leqq \frac{3^{\frac{3}{2}}}{2}$$

両辺を 2 乗する

$$a^3 \leqq \frac{3^3}{4}$$

両辺の 3 乗根をとる

$$a \leqq \frac{3}{\sqrt[3]{4}}$$

$a>0$ であったから，$0<a \leqq \dfrac{3}{\sqrt[3]{4}}$

(i)または(ii)より，$\boldsymbol{a \leqq \dfrac{3}{\sqrt[3]{4}}}$ …答

4 $x^3-3x^2 \geqq k(3x^2-12x-4)$ より，

$x^3-3x^2-k(3x^2-12x-4) \geqq 0$ ←文字定数が分離できないタイプ

$x \geqq 0$ のとき，この不等式が成り立つ k の値の範囲を考える。

$f(x)=x^3-3x^2-k(3x^2-12x-4)$ とおいて，$y=f(x)$ のグラフが $x \geqq 0$ の範囲で常に x 軸を含む上側にある k の条件を考えればよい。←(存在するならば)最小値≧0 を示せばよい

$f'(x)=3x^2-6(1+k)x+12k=3(x-2)(x-2k)$ であるから，$2k$ と 2 の大小で場合を分ける。

(i) $2k<2$ つまり $k<1$ のとき，$f(x)$ の増減表は右のようになる。

x	0	…	$2k$	…	2	…
$f'(x)$	+	+	0	−	0	+
$f(x)$	$4k$	↗	極大	↘	極小	↗

最小値の候補は $f(0)$ と $f(2)$ であるから，求める条件は $f(0) \geqq 0$ かつ $f(2) \geqq 0$

よって，

$f(0)=4k \geqq 0$ より，$k \geqq 0$

$f(2)=-4+16k \geqq 0$ より，$k \geqq \dfrac{1}{4}$

$k<1$ であることに注意すると，$\dfrac{1}{4} \leqq k<1$

(ii) $2k=2$ つまり $k=1$ のとき，←忘れやすいので注意

$f'(x)=3(x-2)^2 \geqq 0$ となるので $f(x)$ は単調増加。

よって，最小値は $f(0)=4$ であるから $x \geqq 0$ の範囲で常に x 軸を含む上側にある。

(iii) $2<2k$ つまり $1<k$ のとき，$f(x)$ の増減表は右のようになる。

x	0	…	2	…	$2k$	…
$f'(x)$	+	+	0	−	0	+
$f(x)$	$4k$	↗	極大	↘	極小	↗

最小値の候補は $f(0)$ と $f(2k)$ であるから，求める条件は $f(0) \geqq 0$ かつ $f(2k) \geqq 0$

よって，

$f(0)=4k \geqq 0$ より，$k \geqq 0$

$f(2k)=-4k(k^2-3k-1) \geqq 0$ より，$k^2-3k-1 \leqq 0$ であるから，

$\dfrac{3-\sqrt{13}}{2} \leqq k \leqq \dfrac{3+\sqrt{13}}{2}$

$1<k$ であることに注意すると，$1<k \leqq \dfrac{3+\sqrt{13}}{2}$

以上，(i)または(ii)または(iii)より，$\boldsymbol{\dfrac{1}{4} \leqq k \leqq \dfrac{3+\sqrt{13}}{2}}$ …答

第4節 積分計算の応用

演習問題 80 p.176

1

考え方 x の係数が 1 の 1 次式をひとかたまりとみて微分を考えます。

(1) $f'(x)=3(x+7)^{3-1}$

$\quad =\boldsymbol{3(x+7)^2}$ …答

(2) $f(x)=\left\{-3\left(x-\frac{1}{3}\right)\right\}^5=(-3)^5\left(x-\frac{1}{3}\right)^5=-243\left(x-\frac{1}{3}\right)^5$ であるから，

$$f'(x)=-243\cdot5\left(x-\frac{1}{3}\right)^{5-1}=\boldsymbol{-1215\left(x-\frac{1}{3}\right)^4}\ \cdots\text{答}$$

(3) $f(x)=(x-2)(x-3)=\{(x-3)+1\}(x-3)=(x-3)^2+(x-3)$ であるから，

$$f'(x)=2(x-3)^{2-1}+1=2(x-3)+1=\boldsymbol{2x-5}\ \cdots\text{答}$$

(4) $f(x)=(x+1)^2(x+3)=(x+1)^2\{(x+1)+2\}=(x+1)^3+2(x+1)^2$

であるから，

$$\begin{aligned}f'(x)&=3(x+1)^{3-1}+2\cdot2(x+1)^{2-1}\\&=3(x^2+2x+1)+4(x+1)\\&=\boldsymbol{3x^2+10x+7}\ \cdots\text{答}\end{aligned}$$

Point (3)は展開した式 $f(x)=x^2-5x+6$ を微分してもよいですが，(4)は簡単に展開できませんね。このような式変形は後で積分の公式を証明する際に必要となります。

2

考え方 x の係数が 1 の 1 次式をひとかたまりとみて積分を考えます。

積分定数を C とする。

(1) $$\begin{aligned}\int(x+2)^4dx&=\frac{1}{4+1}(x+2)^{4+1}+C\\&=\boldsymbol{\frac{1}{5}(x+2)^5+C}\ \cdots\text{答}\end{aligned}$$

(2) $(3x+2)^3=\left\{3\left(x+\frac{2}{3}\right)\right\}^3=3^3\left(x+\frac{2}{3}\right)^3=27\left(x+\frac{2}{3}\right)^3$ であるから，

$$\begin{aligned}\int(3x+2)^3dx&=\int27\left(x+\frac{2}{3}\right)^3dx\\&=27\cdot\frac{1}{3+1}\left(x+\frac{2}{3}\right)^{3+1}+C\\&=\boldsymbol{\frac{27}{4}\left(x+\frac{2}{3}\right)^4+C}\ \cdots\text{答}\end{aligned}$$

(3) $(x-2)(x-4)=\{(x-4)+2\}(x-4)=(x-4)^2+2(x-4)$ であるから，

$$\begin{aligned}\int(x-2)(x-4)dx&=\int\{(x-4)^2+2(x-4)\}dx\\&=\frac{1}{2+1}(x-4)^{2+1}+2\cdot\frac{1}{1+1}(x-4)^{1+1}+C\\&=\boldsymbol{\frac{1}{3}(x-4)^3+(x-4)^2+C}\ \cdots\text{答}\end{aligned}$$

別解 $(x-2)(x-4)=(x-2)\{(x-2)-2\}=(x-2)^2-2(x-2)$ であるから，

$$\begin{aligned}\int(x-2)(x-4)dx&=\int\{(x-2)^2-2(x-2)\}dx\\&=\frac{1}{2+1}(x-2)^{2+1}-2\cdot\frac{1}{1+1}(x-2)^{1+1}+C\\&=\boldsymbol{\frac{1}{3}(x-2)^3-(x-2)^2+C}\ \cdots\text{答}\end{aligned}$$

演習問題 81 p.178

考え方 積分区間とかっこ内の引いている数に着目します。

1 (1) $\displaystyle\int_{-1}^{2}(x+1)(x-2)dx=-\frac{1}{6}\{2-(-1)\}^3$ ← $\frac{1}{6}$公式

$=\boldsymbol{-\dfrac{9}{2}}$ …答

(2)方程式 $x^2-4x+2=0$ の解が $x=2\pm\sqrt{2}$ であるから，

$x^2-4x+2=\{x-(2-\sqrt{2})\}\{x-(2+\sqrt{2})\}$ とできる。よって，

$$\int_{2-\sqrt{2}}^{2+\sqrt{2}}(x^2-4x+2)dx=\int_{2-\sqrt{2}}^{2+\sqrt{2}}\{x-(2-\sqrt{2})\}\{x-(2+\sqrt{2})\}dx$$

$=-\dfrac{1}{6}\{(2+\sqrt{2})-(2-\sqrt{2})\}^3$ ← $\frac{1}{6}$公式

$=\boldsymbol{-\dfrac{8\sqrt{2}}{3}}$ …答

2 (1)解と係数の関係より，

$\boldsymbol{\alpha+\beta}=-\dfrac{-2}{2}=\boldsymbol{1}$ …答，$\boldsymbol{\alpha\beta}=\dfrac{-3}{2}=\boldsymbol{-\dfrac{3}{2}}$ …答

(2)方程式の 2 つの解が α，β であるから，

$2x^2-2x-3=2(x-\alpha)(x-\beta)$ ← x^2 の係数の 2 に注意

と因数分解できるので，

$$\int_{\alpha}^{\beta}(2x^2-2x-3)dx=2\int_{\alpha}^{\beta}(x-\alpha)(x-\beta)dx$$

$=2\left\{-\dfrac{1}{6}(\beta-\alpha)^3\right\}$ ← $\frac{1}{6}$公式

$=-\dfrac{1}{3}(\beta-\alpha)^3$

ここで，$\beta>\alpha$ より $\beta-\alpha>0$ であるから，

$\beta-\alpha=\sqrt{(\beta-\alpha)^2}$

$=\sqrt{(\alpha+\beta)^2-4\alpha\beta}$

$=\sqrt{1^2-4\cdot\left(-\dfrac{3}{2}\right)}$

$=\sqrt{7}$

よって，

$-\dfrac{1}{3}(\beta-\alpha)^3=-\dfrac{1}{3}(\sqrt{7})^3=\boldsymbol{-\dfrac{7\sqrt{7}}{3}}$ …答

3 $\displaystyle\int_{\alpha}^{\beta}(x-\alpha)^2(x-\beta)dx$

$\displaystyle=\int_{\alpha}^{\beta}(x-\alpha)^2\{(x-\alpha)-(\beta-\alpha)\}dx$ ← $x-\alpha$ をつくる

$\displaystyle=\int_{\alpha}^{\beta}\{(x-\alpha)^3-(\beta-\alpha)(x-\alpha)^2\}dx$

$=\left[\dfrac{1}{4}(x-\alpha)^4-\dfrac{\beta-\alpha}{3}(x-\alpha)^3\right]_{\alpha}^{\beta}$ ← $x-\alpha$ をひとかたまりとみて積分

$=\dfrac{1}{4}(\beta-\alpha)^4-\dfrac{1}{3}(\beta-\alpha)^4=-\dfrac{(\beta-\alpha)^4}{12}$

〔証明終わり〕

1

考え方 (1)左辺と右辺の次数を考えます。

(1) $f(x)$ は定数ではない。$f(x)$ が x の n(n は自然数)次式であるとする。

$\{f(x)\}^2$ は $2n$ 次式であるから，左辺 $\int_a^x \{f(t)\}^2 dt$ は x の $(2n+1)$ 次式。

↑次数が 1 つ上がる

また，右辺 $x^2 f(x)+3$ は x の $(n+2)$ 次式。

この 2 つの式の次数が等しいので，

$2n+1=n+2$ より，$n=1$

よって，次数は **1** …答

(2)(1)より，$f(x)$ は x の 1 次式であるから，定数 p，q を用いて $f(x)=px+q\,(p\neq 0)$ とおける。これを用いると，

$$
\begin{aligned}
(\text{左辺})&=\int_a^x (pt+q)^2 dt\\
&=\int_a^x (p^2t^2+2pqt+q^2)dt\\
&=\left[\frac{p^2}{3}t^3+pqt^2+q^2t\right]_a^x\\
&=\frac{p^2}{3}x^3+pqx^2+q^2x-\frac{p^2}{3}a^3-pqa^2-q^2a
\end{aligned}
$$

$$
\begin{aligned}
(\text{右辺})&=x^2(px+q)+3\\
&=px^3+qx^2+3
\end{aligned}
$$

(左辺)＝(右辺)が x についての恒等式であるから，係数を比較すると，

$$
\begin{cases}
\dfrac{p^2}{3}=p\\
pq=q\\
q^2=0\\
-\dfrac{p^2}{3}a^3-pqa^2-q^2a=3
\end{cases}
$$

これを解くと，$p=3$，$q=0$，$a=-1$

よって，$\boldsymbol{f(x)=3x}$，$\boldsymbol{a=-1}$ …答

2

考え方 最高次の次数が，係数に影響する場合があります。

(1) $f(x)$ は定数ではない。$f(x)$ を x の n(n は自然数)次式とおき，$f(x)=ax^n+\cdots\,(a\neq 0)$ とする。このとき

$$
\begin{aligned}
(\text{左辺})&=12\int_0^x (at^n+\cdots)dt+2(ax^n+\cdots)+1\\
&=12\left[\frac{a}{n+1}t^{n+1}+\cdots\right]_0^x+2ax^n+\cdots+1
\end{aligned}
$$

よって，最高次の項は $\dfrac{12a}{n+1}x^{n+1}$ であるから，係数は $\dfrac{12a}{n+1}$

(右辺)$=x^2f'(x)$

$=x^2(anx^{n-1}+\cdots)$

よって，最高次の項は anx^{n+1} であるから，係数は an

(左辺)＝(右辺)が x についての恒等式であるから，係数を比較すると，

$\dfrac{12a}{n+1}=an$

よって，$a\neq 0$ より，

$12=n(n+1)$ つまり $(n+4)(n-3)=0$

n は自然数であるから，$n=3$　よって，次数は **3** …答

Point この問題は，「$f(x)$ を x の n 次式」としただけでは次数を決定できません。

(2)(1)の結果より $f(x)=px^3+qx^2+rx+s\ (p\neq 0)$ とおける。このとき，

(左辺)$=12\int_0^x(pt^3+qt^2+rt+s)dt+2(px^3+qx^2+rx+s)+1$

$=12\left(\dfrac{p}{4}x^4+\dfrac{q}{3}x^3+\dfrac{r}{2}x^2+sx\right)+2px^3+2qx^2+2rx+2s+1$

$=3px^4+(2p+4q)x^3+(2q+6r)x^2+(2r+12s)x+2s+1$

(右辺)$=x^2(3px^2+2qx+r)$

$=3px^4+2qx^3+rx^2$

(左辺)＝(右辺)が x についての恒等式であるから，係数を比較すると，

$$\begin{cases}2p+4q=2q\\2q+6r=r\\2r+12s=0\\2s+1=0\end{cases}$$

以上を解くと，$p=\dfrac{15}{2}$，$q=-\dfrac{15}{2}$，$r=3$，$s=-\dfrac{1}{2}$

よって，$\boldsymbol{f(x)=\dfrac{15}{2}x^3-\dfrac{15}{2}x^2+3x-\dfrac{1}{2}}$ …答

3

考え方 $g(x)=px+q$ などとおき，p，q の値に関わらず成り立つ，と考えます。

$f(x)=ax^2+bx+c\,(a\neq 0)$ とおくと，$f(1)=1$ より $a+b+c=1$ ……①

$g(x)=px+q\,(p\neq 0)$ とおく。

どのような 1 次関数 $g(x)$ に対しても $\int_0^1 f(x)g(x)dx=0$ が成り立つということは，どのような係数 p，q に対しても $\int_0^1 f(x)g(x)dx=0$ が成り立つということである。

つまり，$\int_0^1 f(x)g(x)dx=0$ は p，q についての恒等式といえる。

$\int_0^1 f(x)g(x)dx=0$

$\int_0^1 f(x)(px+q)dx=0$

$p\int_0^1 xf(x)dx+q\int_0^1 f(x)dx=0$ ←p，q について整理

$$p\int_0^1 (ax^3+bx^2+cx)dx+q\int_0^1 (ax^2+bx+c)dx=0$$
$$p\left[\frac{a}{4}x^4+\frac{b}{3}x^3+\frac{c}{2}x^2\right]_0^1+q\left[\frac{a}{3}x^3+\frac{b}{2}x^2+cx\right]_0^1=0$$
$$p\left(\frac{a}{4}+\frac{b}{3}+\frac{c}{2}\right)+q\left(\frac{a}{3}+\frac{b}{2}+c\right)=0$$

これが p，q についての恒等式であるから，係数を比較すると，

$$\frac{a}{4}+\frac{b}{3}+\frac{c}{2}=0 \text{ かつ } \frac{a}{3}+\frac{b}{2}+c=0 \quad \cdots\cdots②$$

①，②より，$a=6$，$b=-6$，$c=1$

よって，$\boldsymbol{f(x)=6x^2-6x+1}$ …答

4

考え方　$x=3$ における微分係数の定義をイメージします。

$\int f(x)dx=F(x)+C$ (C は積分定数) とおくと，

$$\lim_{x\to3}\frac{1}{x-3}\int_3^x \{f(t)-f(1)\}dt$$
$$=\lim_{x\to3}\frac{1}{x-3}\Big[F(t)-f(1)\cdot t\Big]_3^x \quad \leftarrow f(1) \text{ は定数}$$
$$=\lim_{x\to3}\frac{F(x)-F(3)-f(1)(x-3)}{x-3}$$
$$=\lim_{x\to3}\left\{\frac{F(x)-F(3)}{x-3}-f(1)\right\} \quad \lim_{x\to a}\frac{F(x)-F(a)}{x-a}=F'(a)$$
$$=F'(3)-f(1) \quad F'(x)=f(x)$$
$$=f(3)-f(1)$$
$$=17-1=\boldsymbol{16} \quad \cdots \text{答}$$

参考　一般に，$\lim_{x\to●}\frac{1}{x-●}\int_●^x f(t)dt$ の形は微分係数の定義をイメージします。

5

考え方　関数方程式の手順をもとに考えます。

(1) $x=0$ とすると，

$f(a)=f(0)+f(a)+0-1$

$\boldsymbol{f(0)=1}$ …答

(2) $f(x+a)=f(x)+f(a)+4ax-1$

$f(x+a)-f(x)=f(a)+4ax-1$

よって，

$$\lim_{a\to0}\frac{f(x+a)-f(x)}{a}=\lim_{a\to0}\left\{\frac{f(a)-1}{a}+4x\right\} \quad \leftarrow a \text{ で割り，極限をとった}$$
$$\lim_{a\to0}\frac{f(x+a)-f(x)}{a}=\lim_{a\to0}\left\{\frac{f(0+a)-f(0)}{a}+4x\right\} \quad \text{導関数の定義，微分係数の定義}$$
$$f'(x)=f'(0)+4x$$
$$=3+4x$$

$$f(x)=\int f'(x)dx$$
$$=\int(3+4x)dx$$
$$=3x+2x^2+C\ (C \text{ は積分定数})$$

ここで，(1)より $f(0)=1$ であったから，$C=1$

以上より，$\boldsymbol{f(x)=2x^2+3x+1}$ …答

演習問題83 p.185

考え方 **3**，**4**では変数 x を定積分の外に出します。

1 $\int_{-1}^{1} g(t)dt=A$，$\int_0^1 f(t)dt=B$ とおくと，

$f(x)=ax^2-2+A$，$g(x)=|x^2-2|+B$

ここで，

$$B=\int_0^1 f(t)dt$$
$$=\int_0^1 (at^2-2+A)dt$$

$f(x)=ax^2-2+A$

$$=\left[\frac{a}{3}t^3-2t+At\right]_0^1$$
$$=\frac{a}{3}-2+A \quad \cdots\cdots ①$$

また，$-1 \leqq x \leqq 1$ のとき $x^2-2<0$ であるから，←積分区間に着目

$$A=\int_{-1}^{1} g(t)dt$$
$$=\int_{-1}^{1} \{-(t^2-2)+B\}dt$$

$g(x)=-(x^2-2)+B$

偶関数の定積分

$$=2\int_0^1 (-t^2+2+B)dt$$
$$=2\left[-\frac{1}{3}t^3+2t+Bt\right]_0^1$$
$$=\frac{10}{3}+2B \quad \cdots\cdots ②$$

①，②より，

$$A=-\frac{2}{3}a+\frac{2}{3},\ B=-\frac{1}{3}a-\frac{4}{3}$$

以上より，

$$f(x)=ax^2-2-\frac{2}{3}a+\frac{2}{3}=\boldsymbol{ax^2-\frac{2}{3}a-\frac{4}{3}},\ \boldsymbol{g(x)=|x^2-2|-\frac{1}{3}a-\frac{4}{3}} \ \cdots \text{答}$$

2 $\int_0^1 \{f(t)+g'(t)\}dt=A$ ……①とおくと，←定積分の結果は定数

$g(x)=3x^2-6x+A$ ……②

$g'(x)=6x-6$ ……③

また，$f(x)=\int_0^x g(t)dt+2$ の両辺を x で微分すると，

$f'(x)=g(x)$
$\quad =3x^2-6x+A$ ←②

よって，

$f(x)=\int f'(x)dx$
$\quad =x^3-3x^2+Ax+C$（C は積分定数）……④

また，$f(x)=\int_0^x g(t)dt+2$ において $x=0$ とすると，

$f(0)=2$

$C=2$ ←左辺は④を利用

よって，

$f(x)=x^3-3x^2+Ax+2$ ……⑤

③，⑤を①に代入すると，

$A=\int_0^1 \{(t^3-3t^2+At+2)+(6t-6)\}dt$
$\quad =\int_0^1 \{t^3-3t^2+(A+6)t-4\}dt$
$\quad =\left[\frac{1}{4}t^4-t^3+\frac{A+6}{2}t^2-4t\right]_0^1$
$\quad =-\frac{7}{4}+\frac{A}{2}$

よって，$A=-\frac{7}{4}+\frac{A}{2}$ であるから，$A=-\frac{7}{2}$

②，⑤に代入して，$\boldsymbol{f(x)=x^3-3x^2-\frac{7}{2}x+2}$，$\boldsymbol{g(x)=3x^2-6x-\frac{7}{2}}$…答

3 $f(x)=x^2+x\int_0^1 f(t)dt+\int_0^1 tf(t)dt$ ←x は外に出す

$\int_0^1 f(t)dt=A$，$\int_0^1 tf(t)dt=B$ とおくと，

$f(x)=x^2+Ax+B$ ……①

ここで，

$A=\int_0^1 f(t)dt$
$\quad =\int_0^1 (t^2+At+B)dt$ ←①
$\quad =\left[\frac{1}{3}t^3+\frac{A}{2}t^2+Bt\right]_0^1$
$\quad =\frac{1}{3}+\frac{A}{2}+B$ ……②

また，

$B=\int_0^1 tf(t)dt$
$\quad =\int_0^1 (t^3+At^2+Bt)dt$ ←①
$\quad =\left[\frac{1}{4}t^4+\frac{A}{3}t^3+\frac{B}{2}t^2\right]_0^1$
$\quad =\frac{1}{4}+\frac{A}{3}+\frac{B}{2}$ ……③

②，③より，$A=-5$，$B=-\frac{17}{6}$

①より，$\boldsymbol{f(x)=x^2-5x-\frac{17}{6}}$ …答

4 $g(x)=x^2+x\int_0^1 f(t)dt-\int_0^1 tf(t)dt$ ← x は外に出す

である。$\int_0^1 g(t)dt=A$，$\int_0^1 f(t)dt=B$，$\int_0^1 tf(t)dt=C$ とおくと，

$f(x)=x+A$，$g(x)=x^2+Bx-C$

このとき，

$A=\int_0^1 g(t)dt=\int_0^1 (t^2+Bt-C)dt$ ← $g(x)=x^2+Bx-C$

$=\left[\frac{1}{3}t^3+\frac{B}{2}t^2-Ct\right]_0^1=\frac{1}{3}+\frac{B}{2}-C$ ……①

$B=\int_0^1 f(t)dt=\int_0^1 (t+A)dt$ ← $f(x)=x+A$

$=\left[\frac{1}{2}t^2+At\right]_0^1=\frac{1}{2}+A$ ……②

$C=\int_0^1 tf(t)dt=\int_0^1 (t^2+At)dt$ ← $f(x)=x+A$

$=\left[\frac{1}{3}t^3+\frac{A}{2}t^2\right]_0^1=\frac{1}{3}+\frac{A}{2}$ ……③

以上①，②，③を連立して解くと，$A=\frac{1}{4}$，$B=\frac{3}{4}$，$C=\frac{11}{24}$

以上より，$\boldsymbol{f(x)=x+\frac{1}{4}}$，$\boldsymbol{g(x)=x^2+\frac{3}{4}x-\frac{11}{24}}$ …答

第5節 定積分と面積の応用

演習問題84 p.187

考え方 2つの長方形を利用して，導関数の定義にもちこみます。

x 座標が a から x までの区間において，曲線 $y=x^2$ と x 軸で囲まれた部分の面積を $S(x)$ とすると，x を $x+h$ $(h>0)$ まで変化させたときの $S(x)$ の増加量は，

$S(x+h)-S(x)$

x から $x+h$ までで $y=x^2$ の最も高い部分である $y=(x+h)^2$ を高さとする長方形ABEFの面積と，最も低い部分である $y=x^2$ を高さとする長方形ABCDの面積に着目すると，

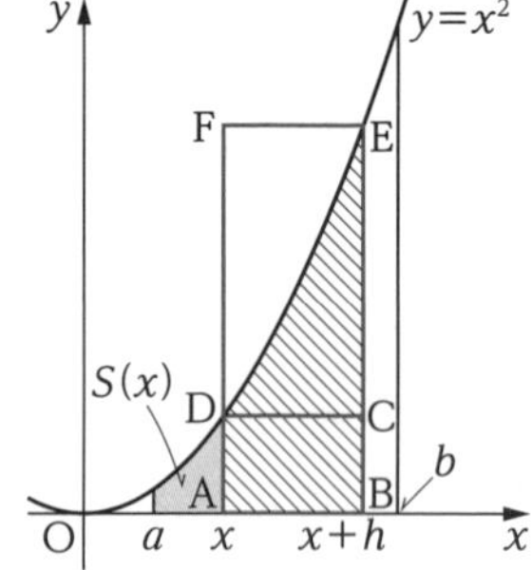

長方形ABCDの面積 $<S(x+h)-S(x)<$ 長方形ABEFの面積

$h\times x^2<S(x+h)-S(x)<h\times(x+h)^2$

$x^2<\frac{S(x+h)-S(x)}{h}<(x+h)^2$ ← 両辺を h で割る

がいえる。ここで，$h\to 0$ のときの極限をとると，

$$\lim_{h\to 0}x^2<\lim_{h\to 0}\frac{S(x+h)-S(x)}{h}<\lim_{h\to 0}(x+h)^2$$

ここで，左辺と右辺の極限値はともに x^2 で等しいので，中央の極限値も

$$\lim_{h\to 0}\frac{S(x+h)-S(x)}{h}=x^2$$

といえる。左辺は導関数の定義なので，$S'(x)=x^2$

$h<0$ のときも同様にこの結果が示される。この両辺を x で積分するとき，$f(x)$ の不定積分を $F(x)$，積分定数を C とすると，

$$\int S'(x)dx=\int x^2dx$$

$$S(x)=\frac{1}{3}x^3+C \quad \cdots\cdots ①$$ ←左辺の積分定数も右辺にまとめて C としている

ここで，$x=a$ のとき，面積 $S(x)$ は 0 であるから，$S(a)=0$

①より $\frac{1}{3}a^3+C=0$ であるから，$C=-\frac{1}{3}a^3$

これを①に代入すると，$S(x)=\frac{1}{3}x^3-\frac{1}{3}a^3$

求めるのは $x=a$ から $x=b$ までの面積 $S(b)$ であるから，

$$S(b)=\frac{1}{3}b^3-\frac{1}{3}a^3=\frac{b^3-a^3}{3}$$

〔証明終わり〕

演習問題 85 p.190

1

考え方 (3)絶対値が一部分のみの場合は，場合分けして計算するしかありません。

(1) $y=|x^2-1|$ のグラフは，$y=x^2-1$ のグラフの x 軸より下側の部分を x 軸に関して対称に折り返したグラフである。

グラフより，求める積分は色のついた部分の面積に等しい。

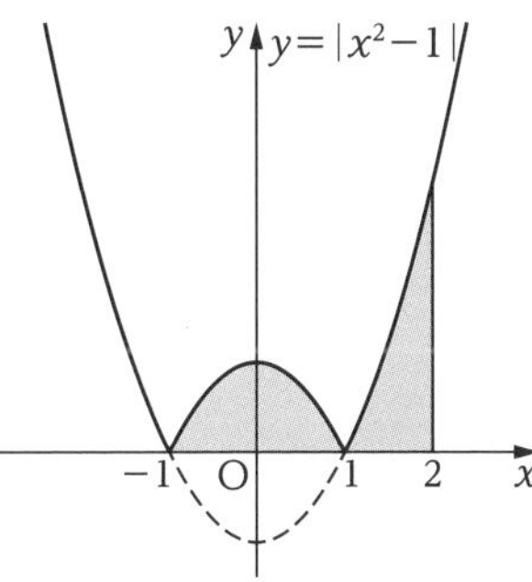

$$\int_{-1}^{2}|x^2-1|dx$$

$$=\int_{-1}^{1}\{-(x^2-1)\}dx+\int_{1}^{2}(x^2-1)dx$$

↑折り返したグラフであるからマイナスをつける

$$=-\int_{-1}^{1}(x+1)(x-1)dx+\int_{1}^{2}(x^2-1)dx$$

↓ $\frac{1}{6}$ 公式

$$=-\left\{-\frac{1}{6}\{1-(-1)\}^3\right\}+\left[\frac{1}{3}x^3-x\right]_1^2$$

$$=\frac{4}{3}+\frac{4}{3}=\frac{8}{3}$$ …答

(2) $y=|x^2-2x|$ のグラフは，$y=x^2-2x$ のグラフの x 軸より下側の部分を x 軸に関して対称に折り返したグラフである。
グラフより，求める積分は色のついた部分の面積に等しい。

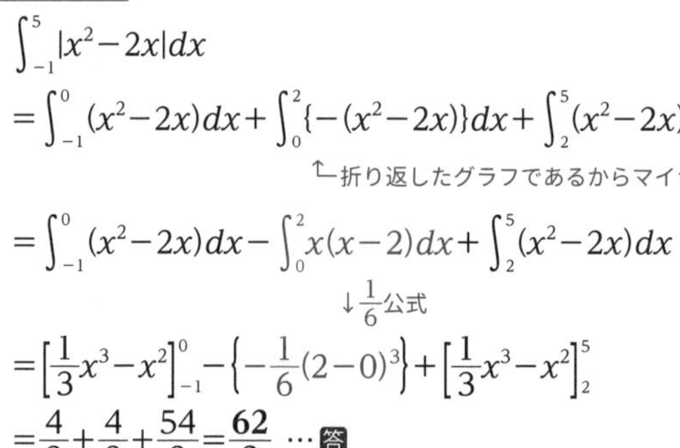

$$\int_{-1}^{5}|x^2-2x|dx$$
$$=\int_{-1}^{0}(x^2-2x)dx+\int_{0}^{2}\{-(x^2-2x)\}dx+\int_{2}^{5}(x^2-2x)dx$$

↑折り返したグラフであるからマイナスをつける

$$=\int_{-1}^{0}(x^2-2x)dx-\int_{0}^{2}x(x-2)dx+\int_{2}^{5}(x^2-2x)dx$$

↓$\frac{1}{6}$公式

$$=\left[\frac{1}{3}x^3-x^2\right]_{-1}^{0}-\left\{-\frac{1}{6}(2-0)^3\right\}+\left[\frac{1}{3}x^3-x^2\right]_{2}^{5}$$
$$=\frac{4}{3}+\frac{4}{3}+\frac{54}{3}=\mathbf{\frac{62}{3}}$$ …答

(3) $|x+1|(x-1)=\begin{cases}(x+1)(x-1) & (-1\leqq x\leqq 2)\\ -(x+1)(x-1) & (-2\leqq x<-1)\end{cases}$ ←絶対値が一部分にあるときは場合分けを行ってはずす

よって，

$$\int_{-2}^{2}|x+1|(x-1)dx=\int_{-2}^{-1}\{-(x+1)(x-1)\}dx+\int_{-1}^{2}(x+1)(x-1)dx$$
$$=-\left[\frac{1}{3}x^3-x\right]_{-2}^{-1}+\left[\frac{1}{3}x^3-x\right]_{-1}^{2}$$
$$=-\frac{4}{3}-0=\mathbf{-\frac{4}{3}}$$ …答

2

考え方 (1)区間内にどのグラフが含まれるかで場合を分けます。

(1) $y=|t^2-x^2|$ のグラフは，$y=t^2-x^2$ のグラフの t 軸より下側の部分を t 軸に関して対称に折り返したグラフである。
よって，$y=t^2-x^2$ のグラフと t 軸の交点の t 座標である x の位置で場合を分ける。

(i) $0\leqq x<1$ のとき

グラフより，求める積分は色のついた部分の面積に等しい。

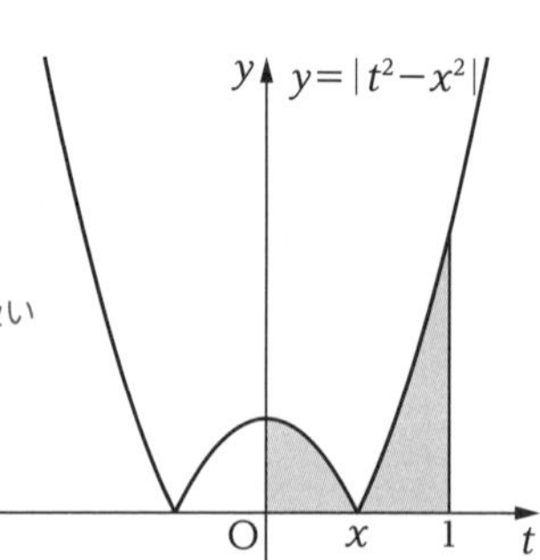

$$f(x)=\int_{0}^{x}\{-(t^2-x^2)\}dt+\int_{x}^{1}(t^2-x^2)dt$$
$$=\left[-\frac{1}{3}t^3+x^2t\right]_{0}^{x}+\left[\frac{1}{3}t^3-x^2t\right]_{x}^{1}$$ ←x は定数扱い
$$=\frac{2}{3}x^3+\left(\frac{1}{3}-x^2+\frac{2}{3}x^3\right)$$
$$=\frac{4}{3}x^3-x^2+\frac{1}{3}$$

(ii) $1 \leqq x \leqq 2$ のとき

グラフより，求める積分は色のついた部分の面積に等しい。

$$f(x)=\int_0^1\{-(t^2-x^2)\}dt$$
$$=\left[-\frac{1}{3}t^3+x^2t\right]_0^1$$
$$=x^2-\frac{1}{3}$$

以上より，

$$\begin{cases} 0 \leqq x < 1 \text{ のとき，} f(x)=\dfrac{4}{3}x^3-x^2+\dfrac{1}{3} \\ 1 \leqq x \leqq 2 \text{ のとき，} f(x)=x^2-\dfrac{1}{3} \end{cases}$$ …**答**

(2)

(1)の結果より，

$$\begin{cases} f(x)=\dfrac{4}{3}x^3-x^2+\dfrac{1}{3} \text{ のとき，} f'(x)=4x^2-2x=2x(2x-1) \\ f(x)=x^2-\dfrac{1}{3} \text{ のとき，} f'(x)=2x>0 \end{cases}$$

であるから，$f(x)$ の増減表は右のようになる。

x	0	…	$\frac{1}{2}$	…	1	…	2
$f'(x)$		−	0	+		+	
$f(x)$	$\frac{1}{3}$	↘	$\frac{1}{4}$	↗	$\frac{2}{3}$	↗	$\frac{11}{3}$

よって，

$x=\dfrac{1}{2}$ **で最小値** $\dfrac{1}{4}$，$x=2$ **で最大値** $\dfrac{11}{3}$ …**答**

3

考え方　区間内にどのグラフが含まれるかで場合を分けます。

$x^2-(a+1)x+a=(x-1)(x-a)$ であるから，a の値で場合を分ける。

(i) $a \leqq 0$ のとき，求める積分は次の図の色のついた部分の面積に等しい。

$$f(a)=\int_0^1[-\{x^2-(a+1)x+a\}]dx+\int_1^2\{x^2-(a+1)x+a\}dx$$
$$=1-a$$

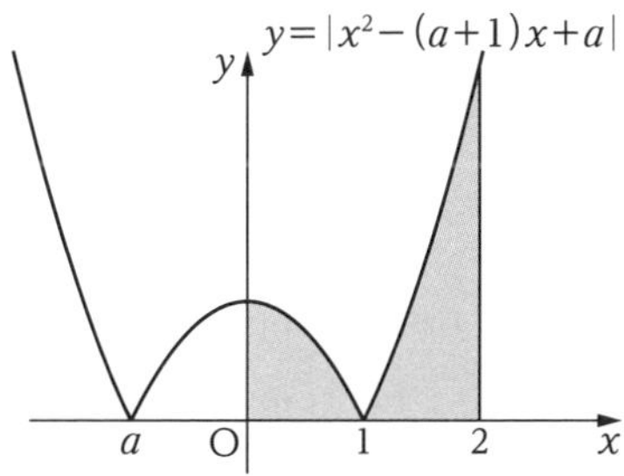

(ii) $0<a \leqq 1$ のとき，求める積分は次の図の色のついた部分の面積に等しい。

$$f(a)=\int_0^a\{x^2-(a+1)x+a\}dx+\int_a^1[-\{x^2-(a+1)x+a\}]dx+\int_1^2\{x^2-(a+1)x+a\}dx$$
$$=-\frac{1}{3}a^3+a^2-a+1$$

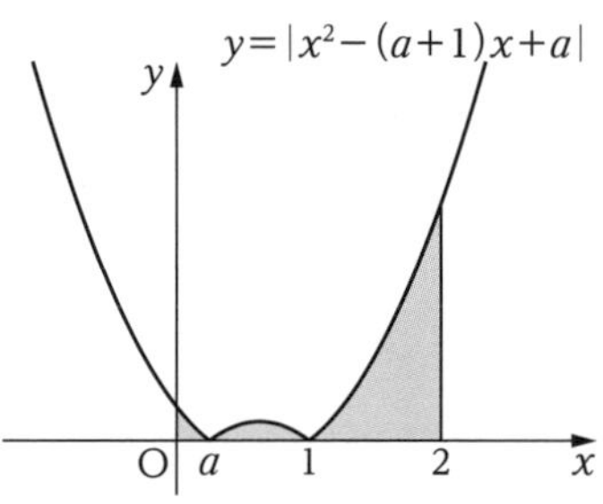

(iii) $1<a\leqq 2$ のとき，求める積分は次の図の色のついた部分の面積に等しい。

$$f(a)=\int_0^1\{x^2-(a+1)x+a\}dx+\int_1^a[-\{x^2-(a+1)x+a\}]dx+\int_a^2\{x^2-(a+1)x+a\}dx$$
$$=\frac{1}{3}a^3-a^2+a+\frac{1}{3}$$

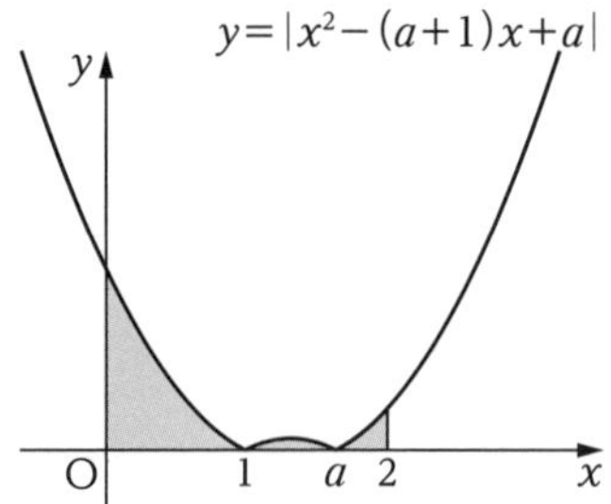

(iv) $2<a$ のとき，求める積分は次の図の色のついた部分の面積に等しい。

$$f(a)=\int_0^1\{x^2-(a+1)x+a\}dx+\int_1^2[-\{x^2-(a+1)x+a\}]dx$$
$$=a-1$$

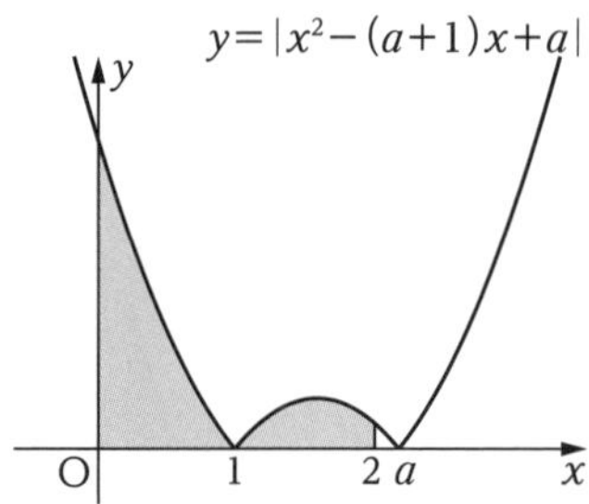

以上より，
$$\begin{cases} a\leqq 0 \text{ のとき，} f(a)=1-a \\ 0<a\leqq 1 \text{ のとき，} f(a)=-\frac{1}{3}a^3+a^2-a+1 \\ 1<a\leqq 2 \text{ のとき，} f(a)=\frac{1}{3}a^3-a^2+a+\frac{1}{3} \\ 2<a \text{ のとき，} f(a)=a-1 \end{cases}$$ …答

演習問題 86 p.198

1

考え方 それぞれのグラフと x 軸との間の面積を組み合わせて考えます。

(1) $f(x)=-\frac{1}{2}x^2+x+\frac{3}{2}$ とおくと，$f'(x)=-x+1$ であるから，l の方程式は，

$y-\frac{3}{2}=f'(2)(x-2)$

$\boldsymbol{y=-x+\frac{7}{2}}$ …答

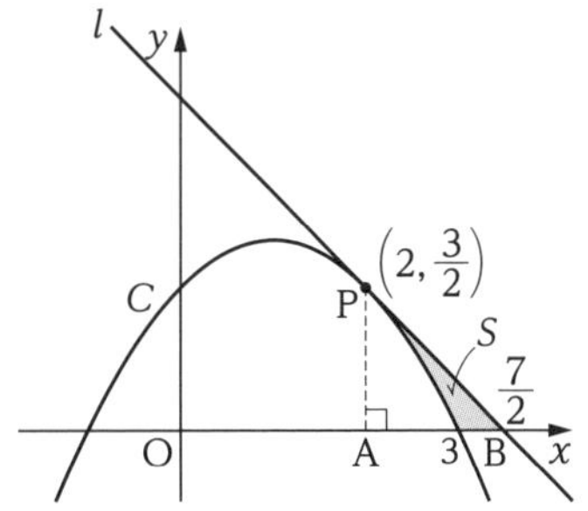

(2)求める部分は，右の図の色のついた部分。

よって，求める面積を S とすると，

$S=\underline{\frac{1}{2}\cdot\left(\frac{7}{2}-2\right)\cdot\frac{3}{2}}-\int_2^3\left(-\frac{1}{2}x^2+x+\frac{3}{2}\right)dx$

↑△PAB の面積

$=\frac{9}{8}-\left[-\frac{1}{6}x^3+\frac{1}{2}x^2+\frac{3}{2}x\right]_2^3$

$=\boldsymbol{\frac{7}{24}}$ …答

Point このように，2 つのグラフの間の面積を考えるのではなく，それぞれのグラフと x 軸との間の面積を組み合わせて考えると，三角形の面積の公式が利用できるので，計算量を減らすことができました。一般に，「直線は積分しない」と覚えておくとよいでしょう。

別解 放物線と接線の間の面積と三角形をうまく組み合わせて解くこともできます。

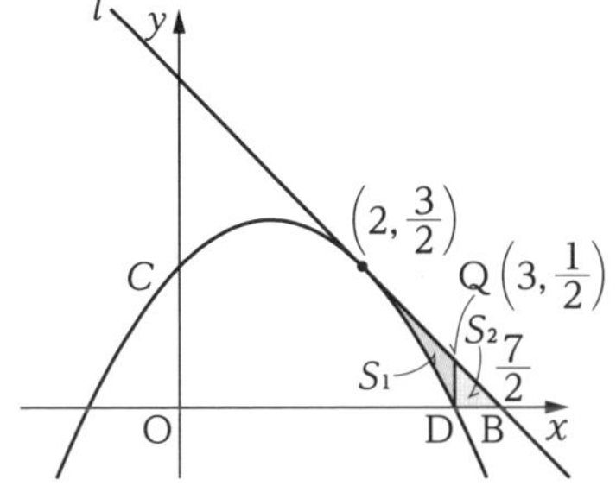

上の図のように点 $Q\left(3,\ \frac{1}{2}\right)$ をとり，面積を S_1，S_2 とすると，

$S=S_1+S_2$

$=\int_2^3\left\{\left(-x+\frac{7}{2}\right)-\left(-\frac{1}{2}x^2+x+\frac{3}{2}\right)\right\}dx+\underline{\frac{1}{2}\cdot\left(\frac{7}{2}-3\right)\cdot\frac{1}{2}}$

↑△QDB の面積

$=\frac{1}{2}\int_2^3(x-2)^2dx+\frac{1}{8}$ ←$x=2$ で接しているので $(x-2)^2$ を因数にもつ

$=\frac{1}{2}\left[\frac{1}{3}(x-2)^3\right]_2^3+\frac{1}{8}=\frac{1}{6}+\frac{1}{8}=\boldsymbol{\frac{7}{24}}$ …答

2

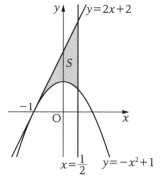

考え方　2 つのグラフの上下関係に着目します。

$f(x)=-x^2+1$ とおくと，$f'(x)=-2x$ であるから，点 $(-1,\ 0)$ における接線の方程式は，

$y-0=f'(-1)\{x-(-1)\}$

$y=2x+2$

よって，求める部分は右の図の色のついた部分である。求める面積を S とすると，

$$S=\int_{-1}^{\frac{1}{2}}\{(2x+2)-(-x^2+1)\}dx$$

$$=\int_{-1}^{\frac{1}{2}}(x+1)^2dx$$ ← $x=-1$ で接しているので $(x+1)^2$ を因数にもつ

↓ $(x+1)$ をひとかたまりとみて積分

$$=\left[\frac{1}{3}(x+1)^3\right]_{-1}^{\frac{1}{2}}=\mathbf{\frac{9}{8}}$$ …答

参考　本冊 p.193 で学んだ**Check Point**の式を用いると，

$S=\dfrac{|-1|}{3}\left\{\dfrac{1}{2}-(-1)\right\}^3=\mathbf{\dfrac{9}{8}}$ …答　と求められます。

3

考え方　2 本の接線の交点の x 座標で面積を左右に分けて考えます。

(1) $f(x)=x^2-4x+3$ とおくと，$f'(x)=2x-4$ であるから，A$(0,\ 3)$ における接線 l の方程式は，

$y-3=f'(0)(x-0)$　つまり，$\mathbf{y=-4x+3}$ …答

B$(4,\ 3)$ における接線 m の方程式は，

$y-3=f'(4)(x-4)$　つまり，$\mathbf{y=4x-13}$ …答

(2) この 2 つの接線の交点の座標は，$(2,\ -5)$

よって，求める部分は右の図の色のついた部分である。求める面積を S とすると，

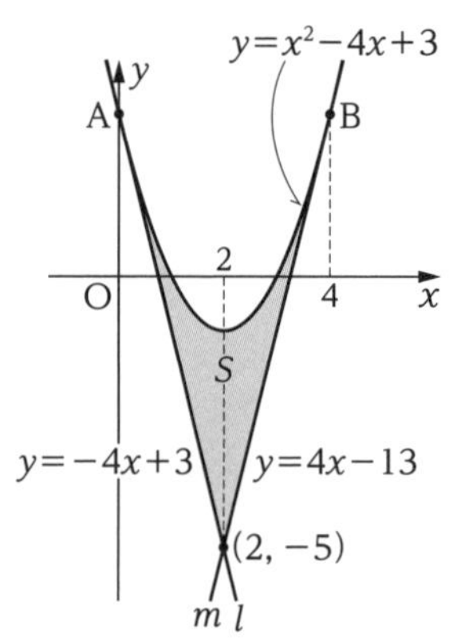

$$S=\int_0^2\{(x^2-4x+3)-(-4x+3)\}dx+\int_2^4\{(x^2-4x+3)-(4x-13)\}dx$$

$$=\int_0^2 x^2dx+\int_2^4(x-4)^2dx$$ ← $x=0$，$x=4$ で接しているので x^2，$(x-4)^2$ を因数にもつ

$$=\left[\frac{x^3}{3}\right]_0^2+\left[\frac{1}{3}(x-4)^3\right]_2^4$$

$$=\frac{8}{3}+\frac{8}{3}=\mathbf{\frac{16}{3}}$$ …答

参考　本冊 p.194 で学んだ**Check Point**の式を用いると，

$S=\dfrac{|1|}{12}(4-0)^3=\mathbf{\dfrac{16}{3}}$ …答　と求められます。

4

考え方　相加平均と相乗平均の不等式を利用します。

(1) $f(x)=\frac{1}{2}x^2$ とおくと，$f'(x)=x$ であるから，$\mathrm{P}\left(p,\ \frac{1}{2}p^2\right)$ における接線の方程式は，

$y-\frac{1}{2}p^2=p(x-p)$　つまり，$y=px-\frac{1}{2}p^2$ ……①

同様にして，Q の x 座標を q とすると，$\mathrm{Q}\left(q,\ \frac{1}{2}q^2\right)$ における接線の方程式は，

$y=qx-\frac{1}{2}q^2$

この 2 本が直交するので，傾きの積が -1 に等しい。

$pq=-1$　よって，$q=-\frac{1}{p}$

これより，Q における接線の方程式は，$y=-\frac{1}{p}x-\frac{1}{2p^2}$ ……②

①，②を連立して交点の x 座標を求めると，

$$px-\frac{1}{2}p^2=-\frac{1}{p}x-\frac{1}{2p^2}$$

$$\left(p+\frac{1}{p}\right)x=\frac{1}{2}\left(p+\frac{1}{p}\right)\left(p-\frac{1}{p}\right)$$

$p+\frac{1}{p}\neq 0$ であるから，$x=\frac{1}{2}\left(p-\frac{1}{p}\right)$

また，y 座標は接線の方程式に代入して，$y=\frac{1}{2}p\left(p-\frac{1}{p}\right)-\frac{1}{2}p^2=-\frac{1}{2}$

以上より，$\left(\boldsymbol{\frac{1}{2}\left(p-\frac{1}{p}\right),\ -\frac{1}{2}}\right)$ …答 ←x 座標は 2 接点の中点

(2)求める部分は次の図の色のついた部分である。

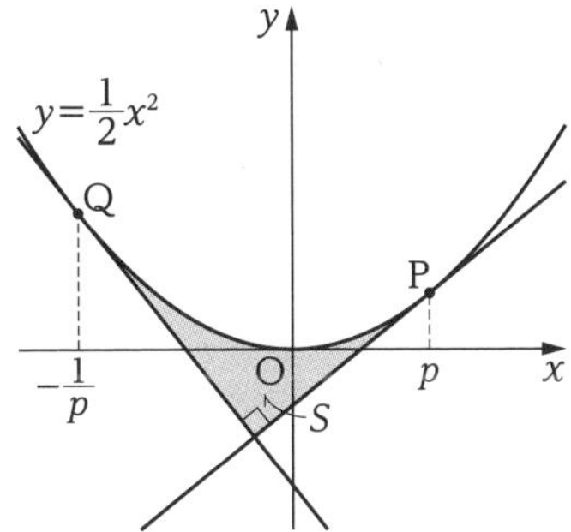

求める面積を S とすると，

$$S=\int_{-\frac{1}{p}}^{\frac{1}{2}\left(p-\frac{1}{p}\right)}\left\{\left(\frac{1}{2}x^2\right)-\left(-\frac{1}{p}x-\frac{1}{2p^2}\right)\right\}dx+\int_{\frac{1}{2}\left(p-\frac{1}{p}\right)}^{p}\left\{\left(\frac{1}{2}x^2\right)-\left(px-\frac{1}{2}p^2\right)\right\}dx$$

$$=\frac{1}{2}\int_{-\frac{1}{p}}^{\frac{1}{2}\left(p-\frac{1}{p}\right)}\left(x+\frac{1}{p}\right)^2dx+\frac{1}{2}\int_{\frac{1}{2}\left(p-\frac{1}{p}\right)}^{p}(x-p)^2dx$$

←$x=-\frac{1}{p}$，$x=p$ で接しているから $\left(x+\frac{1}{p}\right)^2$，$(x-p)^2$ を因数にもつ

$$=\frac{1}{2}\left[\frac{1}{3}\left(x+\frac{1}{p}\right)^3\right]_{-\frac{1}{p}}^{\frac{1}{2}\left(p-\frac{1}{p}\right)}+\frac{1}{2}\left[\frac{1}{3}(x-p)^3\right]_{\frac{1}{2}\left(p-\frac{1}{p}\right)}^{p}$$

$=\frac{1}{48}\left(p+\frac{1}{p}\right)^3+\frac{1}{48}\left(p+\frac{1}{p}\right)^3$

$=\boldsymbol{\frac{1}{24}\left(p+\frac{1}{p}\right)^3}$ …答

参考 本冊 p.194 で学んだ**Check Point**の式を用いると，

$S=\frac{\left|\frac{1}{2}\right|}{12}\left\{p-\left(-\frac{1}{p}\right)\right\}^3=\boldsymbol{\frac{1}{24}\left(p+\frac{1}{p}\right)^3}$ …答　と求められます。

(3) $p>0$ であるから，$p+\frac{1}{p}$ が最小のとき，S も最小となる。相加平均と相乗平均の不等式より，

$p+\frac{1}{p}\geqq 2\sqrt{p\cdot\frac{1}{p}}=2$

等号は $p=\frac{1}{p}$ つまり $p=1$ のとき成り立つので，(2)の答に代入して**面積 S の最小値**を求めると，

$\frac{1}{24}\cdot 2^3=\boldsymbol{\frac{1}{3}}$ …答

また，このときの**点 P の座標は，$\left(1,\ \frac{1}{2}\right)$** …答

5

考え方 (2)面積を表す式の中に変数を含まないことを示します。

(1) C_1：$y=x^2$ において，$y'=2x$ であるから，接点の座標を $(t,\ t^2)$ とおくと，接線の方程式は，

$y-t^2=2t(x-t)$　つまり，$y=2tx-t^2$ ……①

この接線が C_2 上の点 $(s,\ s^2+p)$ を通るとき，

$s^2+p=2ts-t^2$ ← $(s,\ s^2+p)$ を①に代入

$t^2-(2s)t+s^2+p=0$ ……② ← t の 2 次方程式，つまり解は接点の x 座標 t を表す

この方程式の判別式を D とすると，

$\frac{D}{4}=(-s)^2-s^2-p=-p$

$p<0$ であるから，$\frac{D}{4}>0$

よって，この方程式は異なる 2 つの実数解 t をもつ。つまり，接点が 2 つ存在する。以上より，C_2 上の任意の点から C_1 に，常に 2 本の接線が引けることが示された。

〔証明終わり〕

(2) 2 次方程式②の 2 つの解を α，$\beta\ (\alpha<\beta)$ とする。

接線の方程式は①より

$y=2\alpha x-\alpha^2$，$y=2\beta x-\beta^2$

2 本の接線の方程式を連立して交点の座標を求めると，$\left(\frac{\alpha+\beta}{2},\ \alpha\beta\right)$ ← x 座標は 2 接点の中点

2 本の接線と C_1 で囲まれた部分の面積を S とすると，

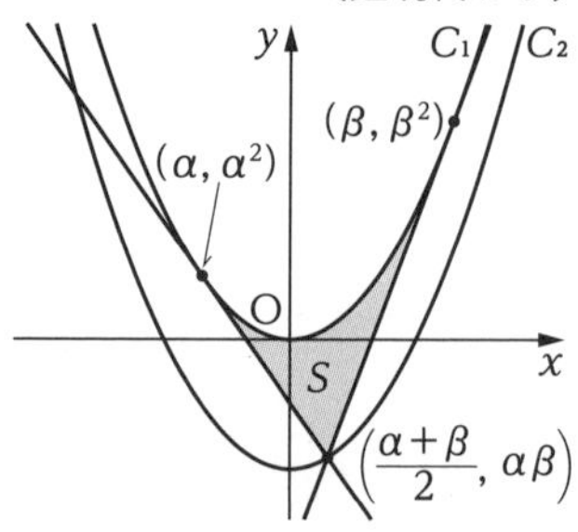

$$S=\int_{\alpha}^{\frac{\alpha+\beta}{2}}\{x^2-(2\alpha x-\alpha^2)\}dx+\int_{\frac{\alpha+\beta}{2}}^{\beta}\{x^2-(2\beta x-\beta^2)\}dx$$

$$=\int_{\alpha}^{\frac{\alpha+\beta}{2}}(x-\alpha)^2dx+\int_{\frac{\alpha+\beta}{2}}^{\beta}(x-\beta)^2dx$$ ←$x=\alpha$，β で接しているから $(x-\alpha)^2$，$(x-\beta)^2$ を因数にもつ

$$=\left[\frac{1}{3}(x-\alpha)^3\right]_{\alpha}^{\frac{\alpha+\beta}{2}}+\left[\frac{1}{3}(x-\beta)^3\right]_{\frac{\alpha+\beta}{2}}^{\beta}$$

$$=\frac{1}{3}\left(\frac{\alpha+\beta}{2}-\alpha\right)^3-\frac{1}{3}\left(\frac{\alpha+\beta}{2}-\beta\right)^3$$

$$=\frac{(\beta-\alpha)^3}{24}+\frac{(\beta-\alpha)^3}{24}=\frac{(\beta-\alpha)^3}{12}$$

また α，β は方程式②の解でもあるから，解と係数の関係より，

$\alpha+\beta=2s$，$\alpha\beta=s^2+p$

これより，$(\beta-\alpha)^2=(\alpha+\beta)^2-4\alpha\beta=(2s)^2-4(s^2+p)=-4p$

つまり，$\beta-\alpha=2\sqrt{-p}$ であるから，

$$S=\frac{(\beta-\alpha)^3}{12}=-\frac{2p}{3}\sqrt{-p}$$

となり，s の値によらず一定であることが示された。　〔証明終わり〕

6

考え方 (1)それぞれの放物線における接線の方程式をたてて，それらを一致させる方針で考えます。

(1) l と C_1 の接点の x 座標を s，l と C_2 の接点の x 座標を t とすると，接線の方程式はそれぞれ $y=2sx-s^2$，$y=(2t-4)x-t^2$ である。共通接線であるから，この 2 つが一致するので，

$2s=2t-4$，$s^2=t^2$ ←傾き，y 切片が等しい

これらを解くと，$s=-1$，$t=1$ ←接点の x 座標

よって，共通接線の方程式は，

$\boldsymbol{y=-2x-1}$ …答

(2)(1)の結果より，l と C_1 の接点の座標が $(-1, 1)$，l と C_2 の接点の座標が $(1, -3)$ である。また，C_1 と C_2 の方程式を連立して交点の x 座標を求めると，

$x^2=x^2-4x$ より，$x=0$ ←x 座標は 2 接点の中点

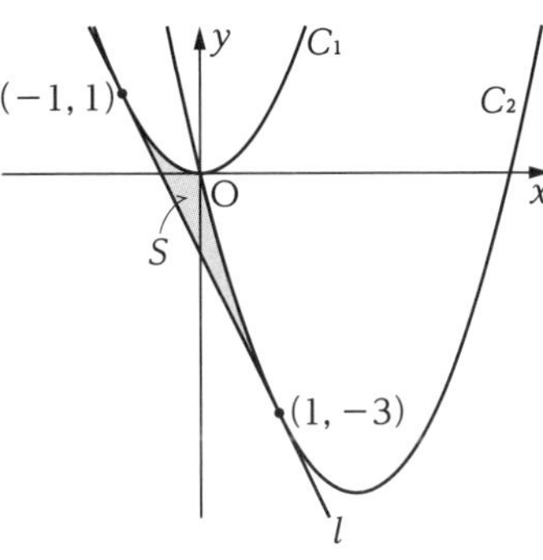

求める部分は右の図の色のついた部分である。

求める面積を S とすると，

$$S=\int_{-1}^{0}\{x^2-(-2x-1)\}dx+\int_{0}^{1}\{(x^2-4x)-(-2x-1)\}dx$$

$$=\int_{-1}^{0}(x+1)^2dx+\int_{0}^{1}(x-1)^2dx$$ ←$x=-1$，1 で接しているので，$(x+1)^2$，$(x-1)^2$ を因数にもつ

$$=\left[\frac{1}{3}(x+1)^3\right]_{-1}^{0}+\left[\frac{1}{3}(x-1)^3\right]_{0}^{1}$$

$$=\frac{1}{3}+\frac{1}{3}=\frac{2}{3}$$ …答

参考 本冊 p.196 で学んだ**Check Point**の式を用いると，

$$S=\frac{|1|}{12}\{1-(-1)\}^3=\frac{\mathbf{2}}{\mathbf{3}}\ \cdots 答$$

と求められます。

7

考え方 点 (0, 0) における C_1 の接線の傾きと点 (2, 2) における C_2 の接線の傾きは，直線 $y=x$ の傾きと等しくなります。

(1) $f(x)=2x^2+ax$，$g(x)=\frac{1}{2}x^2+bx+c$，$h(x)=x$ とおく。

このとき，$f'(x)=4x+a$，$g'(x)=x+b$ である。

$y=f(x)$ と $y=h(x)$ が $x=0$ で接しているので，

$f(0)=h(0)$，$f'(0)=1$ ←直線 $y=x$ の傾き

これを解くと $a=1$

また，$y=g(x)$ と $y=h(x)$ が $x=2$ で接しているので，

$g(2)=h(2)$，$g'(2)=1$ ←直線 $y=x$ の傾き

つまり

$2+2b+c=2$，$2+b=1$

これを解くと，$b=-1$，$c=2$

以上より，$\boldsymbol{a=1}$，$\boldsymbol{b=-1}$，$\boldsymbol{c=2}$ …答

(2)(1)より，

$f(x)=2x^2+x$，$g(x)=\frac{1}{2}x^2-x+2$

であるから，$y=f(x)$ と $y=g(x)$ を連立して交点の x 座標を求めると，

$2x^2+x=\frac{1}{2}x^2-x+2$

$3x^2+4x-4=0$

$(3x-2)(x+2)=0$

よって，$x=\frac{2}{3}$，-2

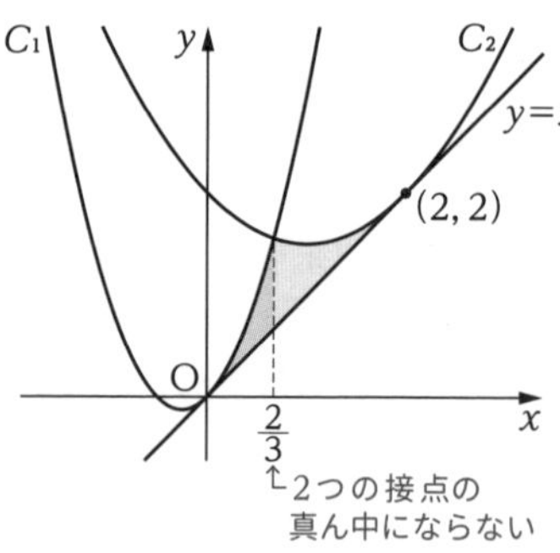

よって，求める部分は右の図の色のついた部分。求める面積を S とすると，

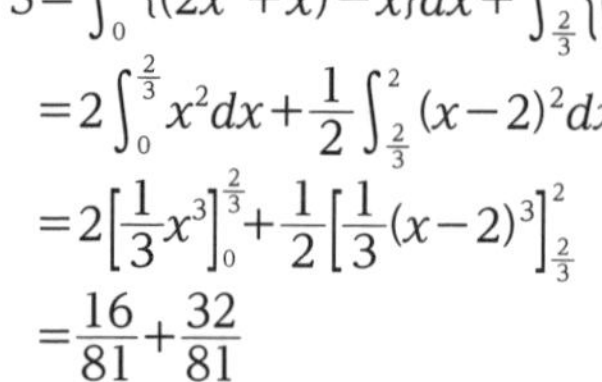

$$S=\int_0^{\frac{2}{3}}\{(2x^2+x)-x\}dx+\int_{\frac{2}{3}}^2\left\{\left(\frac{1}{2}x^2-x+2\right)-x\right\}dx$$

$$=2\int_0^{\frac{2}{3}}x^2dx+\frac{1}{2}\int_{\frac{2}{3}}^2(x-2)^2dx$$ ←$x=0$，2 で接しているから x^2，$(x-2)^2$ を因数にもつ

$$=2\left[\frac{1}{3}x^3\right]_0^{\frac{2}{3}}+\frac{1}{2}\left[\frac{1}{3}(x-2)^3\right]_{\frac{2}{3}}^2$$

$$=\frac{16}{81}+\frac{32}{81}$$

$$=\frac{\mathbf{16}}{\mathbf{27}}\ \cdots 答$$

参考 本冊 p.193 で学んだ**Check Point**の式を用いると，

$$S=\frac{|2|}{3}\left(\frac{2}{3}-0\right)^3+\frac{\left|\frac{1}{2}\right|}{3}\left(2-\frac{2}{3}\right)^3=\frac{16}{81}+\frac{32}{81}=\mathbf{\frac{16}{27}}\quad\cdots\text{答}$$

と求められます。

演習問題 87 p.201

考え方 (3)(4)直線を利用して，計算量を減らすことができます。

(1) $y=2x^2-5$ と $y=x-3$ との交点の x 座標は，

$2x^2-5=x-3$

$2x^2-x-2=0$ より，$x=\dfrac{1\pm\sqrt{17}}{4}$

よって，$\alpha=\dfrac{1-\sqrt{17}}{4}$，$\beta=\dfrac{1+\sqrt{17}}{4}$ とおくと，

囲まれた部分は右の図の色のついた部分。求める面積を S とすると，

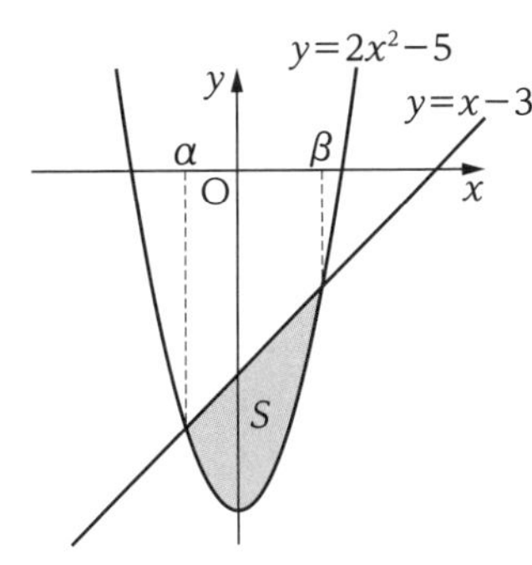

$$\begin{aligned}S&=\int_\alpha^\beta\{(x-3)-(2x^2-5)\}dx\\&=-2\int_\alpha^\beta(x-\alpha)(x-\beta)dx\\&=-2\left\{-\frac{1}{6}(\beta-\alpha)^3\right\}\\&=\frac{1}{3}\left(\frac{\sqrt{17}}{2}\right)^3\\&=\mathbf{\frac{17\sqrt{17}}{24}}\quad\cdots\text{答}\end{aligned}$$

（x^2 の係数に注意）（$\frac{1}{6}$公式）

Point $\dfrac{1}{6}$公式を利用することで，積分計算をせずに面積を求めることができます。

参考 本冊 p.200 で学んだ**Check Point**の式を用いると，

$$S=\frac{|2|}{6}(\beta-\alpha)^3=\frac{1}{3}\left(\frac{\sqrt{17}}{2}\right)^3=\mathbf{\frac{17\sqrt{17}}{24}}\quad\cdots\text{答}$$

と求められます。

(2) $y=x^2-3x+2$ と x 軸との交点の x 座標は，$y=(x-1)(x-2)$ より $x=1$，2。よって，囲まれた部分は右の図の色のついた部分。求める面積を S とすると，

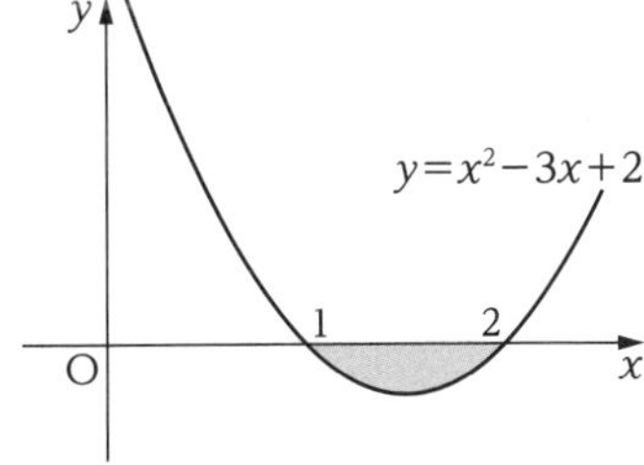

$$\begin{aligned}S&=\int_1^2\{-(x^2-3x+2)\}dx\\&=-\int_1^2(x-1)(x-2)dx\\&=-\left\{-\frac{1}{6}(2-1)^3\right\}\\&=\mathbf{\frac{1}{6}}\quad\cdots\text{答}\end{aligned}$$

（$\frac{1}{6}$公式）

第1章 式と証明 第2章 複素数と方程式 第3章 図形と方程式 第4章 三角関数 第5章 指数関数と対数関数 第6章 微分法と積分法

参考 本冊 p.200 で学んだ**Check Point**の式を用いると，

$$S=\frac{|-1|}{6}(2-1)^3=\mathbf{\frac{1}{6}}\ \cdots 答$$

と求められます。

(3)方程式 $x^2-2x+3=0$ の判別式を D とすると

$\frac{D}{4}=(-1)^2-1\cdot3=-2<0$ であるから，

放物線 $y=x^2-2x+3$ は x 軸と共有点をもたない。よって，囲まれた部分は右の図の色のついた部分。

ここで，A(0, 3)，B(3, 6)，C(3, 0) とおき，2 点 A，B を通る直線を $y=f(x)$ とおく。

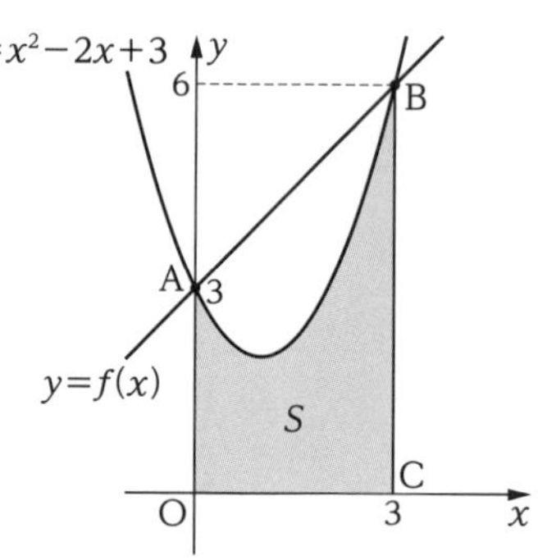

求める面積は台形 OABC から放物線 $y=x^2-2x+3$ と直線 $y=f(x)$ で囲まれた部分の面積を引いたものである。求める面積を S とすると，

$$S=\frac{1}{2}\cdot(3+6)\cdot3-\int_0^3\{f(x)-(x^2-2x+3)\}dx$$ ←直線は積分しない

$$=\frac{27}{2}+\int_0^3 x(x-3)dx$$ ←$x=0$，3 で交わるので $x(x-3)$ を因数にもつ，x^2 の係数に注意

$$=\frac{27}{2}-\frac{1}{6}(3-0)^3$$ ←$\frac{1}{6}$公式

$$=\mathbf{9}\ \cdots 答$$

別解 直接面積を求めると次のようになります。

$$S=\int_0^3(x^2-2x+3)dx$$

$$=\left[\frac{1}{3}x^3-x^2+3x\right]_0^3$$

$$=\left(\frac{1}{3}\cdot3^3-3^2+3\cdot3\right)-0$$

$$=\mathbf{9}\ \cdots 答$$

Point 別解のように$\frac{1}{6}$公式を利用しないと積分計算が必要になります。

(4) 2 つの放物線の交点の x 座標は，

$x^2+x+1=2x^2-3x+1$

$x(x-4)=0$ より，$x=0$，4

よって，囲まれた部分は右の図の色のついた部分。ここで，2 つの放物線の交点を通る直線を $y=f(x)$ とおくと，求める面積は，$y=2x^2-3x+1$ と $y=f(x)$ で囲まれた部分の面積から，$y=x^2+x+1$ と $y=f(x)$ で囲まれた部分の面積を引いたものである。求める面積を S とすると，

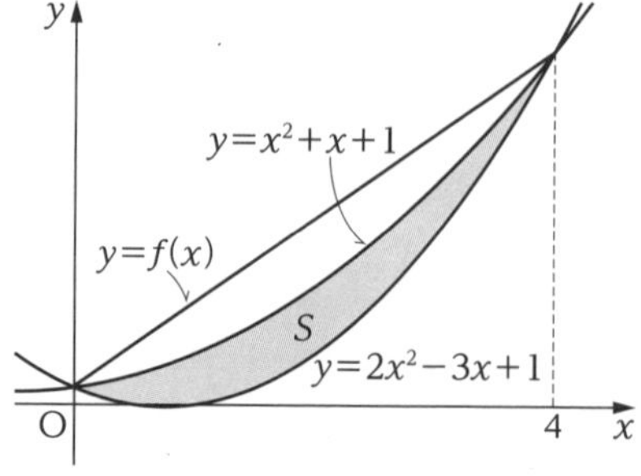

$$S=\int_0^4\{f(x)-(2x^2-3x+1)\}dx-\int_0^4\{f(x)-(x^2+x+1)\}dx$$

$$=-2\int_0^4 x(x-4)\,dx+\int_0^4 x(x-4)\,dx$$ ← $x=0$，4 で交わるので $x(x-4)$ を因数にもつ，x^2 の係数に注意

$$=-2\left\{-\frac{1}{6}(4-0)^3\right\}-\frac{1}{6}(4-0)^3$$ ← $\frac{1}{6}$公式

$$=\frac{64}{3}-\frac{32}{3}=\mathbf{\frac{32}{3}}$$ …答

(5) 2 つのグラフの交点の x 座標は，

$x^2=mx$

$x(x-m)=0$ より，$x=0$，m

囲まれた部分は右の図の色のついた部分であるから面積は，

$$\int_0^m(mx-x^2)dx=-\int_0^m x(x-m)\,dx$$

$$=-\left\{-\frac{1}{6}(m-0)^3\right\}$$ ← $\frac{1}{6}$公式，x^2 の係数に注意

$$=\frac{m^3}{6}$$

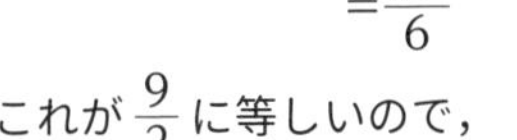

これが $\frac{9}{2}$ に等しいので，

$\frac{m^3}{6}=\frac{9}{2}$　よって，$\boldsymbol{m=3}$ …答

演習問題 88 p.208

1

考え方　$\frac{1}{6}$公式が使えるように計算する面積を工夫します。

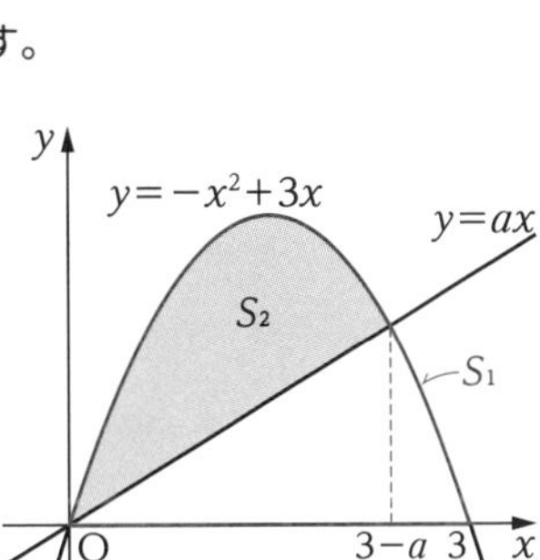

放物線 $y=-x^2+3x$ と x 軸で囲まれた部分の面積を S_1，放物線 $y=-x^2+3x$ と直線 $y=ax$ で囲まれた部分の面積を S_2 とする。$y=-x^2+3x$ と $y=ax$ の交点の x 座標は，

$-x^2+3x=ax$

$x(x+a-3)=0$ より，$x=0$，$3-a$

条件より，$S_1=2S_2$ であるから，

$$\int_0^3(-x^2+3x)dx=2\int_0^{3-a}\{(-x^2+3x)-ax\}dx$$

$$-\int_0^3 x(x-3)\,dx=-2\int_0^{3-a}x\{x-(3-a)\}dx$$

$$-\left\{-\frac{1}{6}(3-0)^3\right\}=-2\left\{-\frac{1}{6}(3-a-0)^3\right\}$$ ← $\frac{1}{6}$公式

$$3^3=2(3-a)^3$$

$$\frac{3}{\sqrt[3]{2}}=3-a$$

よって，$\boldsymbol{a=3-\frac{3}{\sqrt[3]{2}}}$ …答（$0<a<3$ を満たす）

2

考え方 相加平均と相乗平均の不等式の利用を考えます。

C において，$y'=2x$ であるから P における接線の傾きは $2p$ である。よって，直交する直線 l の方程式は，

$$y-p^2=-\frac{1}{2p}(x-p) \quad \text{よって，} y=-\frac{1}{2p}x+p^2+\frac{1}{2}$$

l と C の交点の x 座標は，

$$x^2=-\frac{1}{2p}x+p^2+\frac{1}{2}$$

$$(x-p)\left(x+p+\frac{1}{2p}\right)=0 \quad \text{よって，} x=p,\ -p-\frac{1}{2p}$$

求める面積を S とすると，

$$S=\int_{-p-\frac{1}{2p}}^{p}\left\{\left(-\frac{1}{2p}x+p^2+\frac{1}{2}\right)-x^2\right\}dx$$

$$=-\int_{-p-\frac{1}{2p}}^{p}\left(x+p+\frac{1}{2p}\right)(x-p)\,dx$$

$$=-\left[-\frac{1}{6}\left\{p-\left(-p-\frac{1}{2p}\right)\right\}^3\right]$$

$\frac{1}{6}$公式

$$=\frac{1}{6}\left(2p+\frac{1}{2p}\right)^3$$

$p>0$ であるから，相加平均と相乗平均の不等式より，

$$2p+\frac{1}{2p}\geqq 2\sqrt{2p\cdot\frac{1}{2p}}=2$$

等号は $2p=\frac{1}{2p}$ のとき成り立つ。$2p+\frac{1}{2p}=2$ の式に代入することより，

$$2p+2p=2 \quad \text{つまり，} p=\frac{1}{2}$$

このとき，$S=\frac{1}{6}\cdot 2^3=\frac{4}{3}$

以上より，**面積の最小値は $\frac{4}{3}$，このとき P$\left(\frac{1}{2},\ \frac{1}{4}\right)$** …答

3

考え方 解と係数の関係の利用を考えます。

点 $(0,\ 2)$ を通る直線の傾きを m とすると，直線の方程式は，$y=mx+2$

放物線と直線の交点の x 座標は，

$$x^2-2x+1=mx+2$$

$$x^2-(m+2)x-1=0$$

この 2 つの解を α，$\beta\,(\alpha<\beta)$ とする。

また，解と係数の関係より，

$$\alpha+\beta=m+2,\ \alpha\beta=-1$$

このとき，囲まれる部分は右の図の色のついた部分。面積を S とすると，

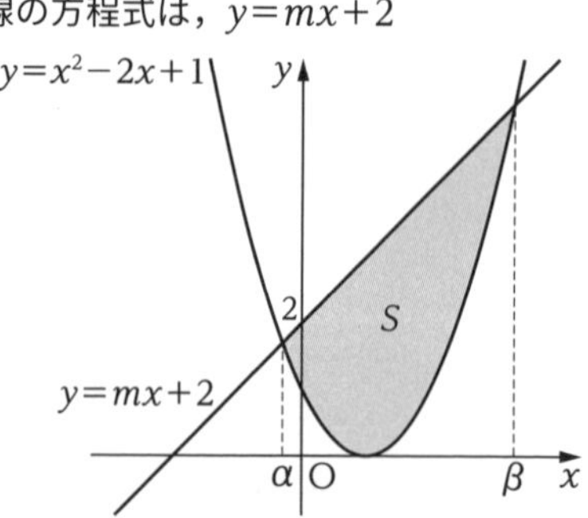

$$S=\int_{\alpha}^{\beta}\{(mx+2)-(x^2-2x+1)\}dx$$
$$=-\int_{\alpha}^{\beta}\{x^2-(m+2)x-1\}dx$$
$$=-\int_{\alpha}^{\beta}(x-\alpha)(x-\beta)dx$$
$$=-\left\{-\frac{1}{6}(\beta-\alpha)^3\right\}=\frac{1}{6}(\beta-\alpha)^3$$
（$\frac{1}{6}$公式）

ここで，

$(\beta-\alpha)^2=(\alpha+\beta)^2-4\alpha\beta=(m+2)^2-4\cdot(-1)=m^2+4m+8$

$\beta-\alpha>0$ であるから，$\beta-\alpha=\sqrt{m^2+4m+8}$

これより，$S=\frac{1}{6}\left(\sqrt{m^2+4m+8}\right)^3=\frac{1}{6}\left\{\sqrt{(m+2)^2+4}\right\}^3$

ルート内が最小となるのは $m=-2$ のときで，このとき，面積 S も最小となる。

以上より，**面積の最小値は $S=\frac{4}{3}$，直線の方程式は $y=-2x+2$** …答

4 $y=-x^2$ において，$y'=-2x$ であるから，放物線 $y=-x^2$ 上の点 $(t,\ -t^2)$ における接線の方程式は，

$y-(-t^2)=-2t(x-t)$ より，$y=-2tx+t^2$

この接線と放物線 $y=-x^2+4$ の交点の x 座標は，

$-x^2+4=-2tx+t^2$

$x^2-2tx+t^2-4=0$

$\{x-(t+2)\}\{x-(t-2)\}=0$

$x=t+2,\ t-2$

よって，囲まれた図形の面積を S とすると，

$$S=\int_{t-2}^{t+2}\{(-x^2+4)-(-2tx+t^2)\}dx$$
$$=-\int_{t-2}^{t+2}\{x-(t-2)\}\{x-(t+2)\}dx$$
$$=-\left(-\frac{1}{6}\{(t+2)-(t-2)\}^3\right)=\frac{32}{3}$$
（$\frac{1}{6}$公式）

よって，面積は接点の位置に関わらず，常に $\frac{32}{3}$ で一定である。　〔証明終わり〕

5

考え方　中点を $(X,\ Y)$ とおき X，Y のみの式をつくります。

点 P，Q の x 座標をそれぞれ $x=\alpha,\ \beta\ (\alpha>\beta)$ とする。直線 PQ の方程式を $y=f(x)$，放物線 $y=x^2$ と直線 $y=f(x)$ で囲まれる部分の面積を S とすると，

$$S=\int_{\alpha}^{\beta}\{f(x)-x^2\}dx$$
$$=-\int_{\alpha}^{\beta}(x-\alpha)(x-\beta)dx$$
$$=-\left\{-\frac{1}{6}(\beta-\alpha)^3\right\}=\frac{1}{6}(\beta-\alpha)^3$$
（$\frac{1}{6}$公式）

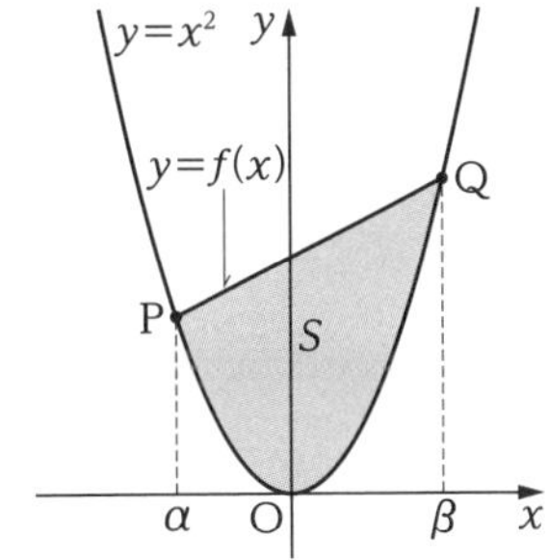

これが $\frac{4}{3}$ に等しいので，$\frac{1}{6}(\beta-\alpha)^3=\frac{4}{3}$ より $(\beta-\alpha)^3=8$

よって，$\beta-\alpha=2$ ……①

ここで，PQ の中点 M の座標を $(X,\ Y)$ とすると，

$$\begin{cases} X=\dfrac{\alpha+\beta}{2} & \cdots\cdots② \\ Y=\dfrac{\alpha^2+\beta^2}{2} & \cdots\cdots③ \end{cases}$$

②より，$2X=\alpha+\beta$

③より，$2Y=\alpha^2+\beta^2=(\alpha+\beta)^2-2\alpha\beta$

つまり，$\alpha\beta=2X^2-Y$ であるから，①より，

$(\beta-\alpha)^2=2^2$

$(\alpha+\beta)^2-4\alpha\beta=4$

$(2X)^2-4(2X^2-Y)=4$

整理すると，$Y=X^2+1$

逆に，この曲線上のすべての点は条件を満たす。

以上より，中点 M の軌跡は**放物線 $y=x^2+1$** …答

6

考え方　**例題 118** と同様に円と直線で囲まれた部分の面積は扇形と三角形の組み合わせを考えます。

(1)円 K の中心の y 座標を a とすると，円 K の方程式は $x^2+(y-a)^2=1$ とおける。

放物線 C と円 K の方程式を連立して，x を消去すると，←x 消去がポイント

$y+(y-a)^2=1$

$y^2+(1-2a)y+a^2-1=0$ ……①

$y>0$ で異なる 2 点で接しているとき，接点の y 座標は 1 つであるから，方程式①が正の重解をもつ。

軸について，$\frac{2a-1}{2}>0$

また，判別式を D とすると，

$D=(1-2a)^2-4\cdot1\cdot(a^2-1)=5-4a=0$

よって，$a=\frac{5}{4}$ であるから，

円 K の中心の座標は $\left(\mathbf{0},\ \frac{\mathbf{5}}{\mathbf{4}}\right)$ …答

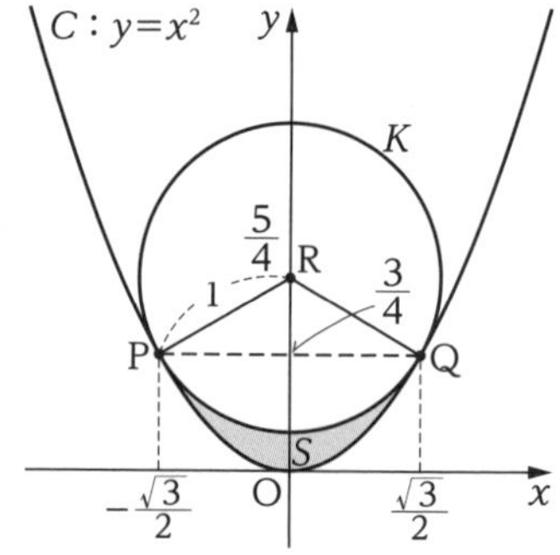

(2)方程式①の重解は，$y=\frac{2a-1}{2}=\frac{3}{4}$ ←接点の y 座標

これを $y=x^2$ に代入して接点の x 座標を求めると，

$x=\pm\frac{\sqrt{3}}{2}$

円 K と放物線 C の接点を P，Q とすると，放物線 C と円 K で囲まれた図形の面積は，直線 PQ と放物線 C で囲まれた図形の面積から直線 PQ と円 K で囲まれた図形の面積を引けばよい。直線

PQ と円 K で囲まれた図形は，扇形と三角形の組み合わせを考える。円 K の中心を R とする。

求める面積を S とすると，

$$S=\int_{-\frac{\sqrt{3}}{2}}^{\frac{\sqrt{3}}{2}}\left(\frac{3}{4}-x^2\right)dx-\left(\underbrace{\frac{1}{2}\cdot 1^2\cdot\frac{2}{3}\pi}_{\text{扇形 RPQ の面積}}-\underbrace{\frac{1}{2}\cdot 1^2\cdot\sin\frac{2}{3}\pi}_{\triangle\text{RPQ の面積}}\right)$$

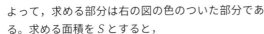

$$=-\int_{-\frac{\sqrt{3}}{2}}^{\frac{\sqrt{3}}{2}}\left(x+\frac{\sqrt{3}}{2}\right)\left(x-\frac{\sqrt{3}}{2}\right)dx-\left(\frac{\pi}{3}-\frac{\sqrt{3}}{4}\right)$$

$\frac{1}{6}$ 公式

$$=-\left\{-\frac{1}{6}\left(\frac{\sqrt{3}}{2}+\frac{\sqrt{3}}{2}\right)^3\right\}-\left(\frac{\pi}{3}-\frac{\sqrt{3}}{4}\right)$$

$$=\mathbf{\frac{3\sqrt{3}}{4}-\frac{\pi}{3}}\ \cdots\text{答}$$

演習問題 89 p.215

1 (1) $f(x)=x^3-3x+2$ とおくと $f'(x)=3x^2-3$ であるから，点 $(2,\ 4)$ における接線の方程式は，

$$y-4=f'(2)(x-2)$$

よって，$y=9x-14$

もとの曲線との交点の x 座標は，

$$x^3-3x+2=9x-14$$

$$x^3-12x+16=0$$

$$(x-2)^2(x+4)=0$$

（$x=2$ で接しているので $(x-2)^2$ を因数にもつ）

$$x=2\text{（接点）},\ -4$$

よって，求める部分は右の図の色のついた部分である。求める面積を S とすると，

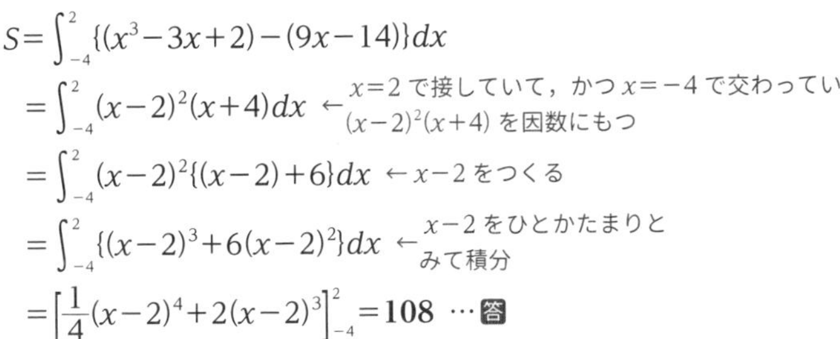

$$S=\int_{-4}^{2}\{(x^3-3x+2)-(9x-14)\}dx$$

$$=\int_{-4}^{2}(x-2)^2(x+4)dx$$

← $x=2$ で接していて，かつ $x=-4$ で交わっているので $(x-2)^2(x+4)$ を因数にもつ

$$=\int_{-4}^{2}(x-2)^2\{(x-2)+6\}dx$$

← $x-2$ をつくる

$$=\int_{-4}^{2}\{(x-2)^3+6(x-2)^2\}dx$$

← $x-2$ をひとかたまりとみて積分

$$=\left[\frac{1}{4}(x-2)^4+2(x-2)^3\right]_{-4}^{2}=\mathbf{108}\ \cdots\text{答}$$

参考　本冊 p.211 で学んだ**Check Point**の式を用いると，

$$S=\frac{|1|}{12}\{2-(-4)\}^4=\mathbf{108}\ \cdots\text{答}$$

と求められます。

(2) $f(x)=-x^3+2x-3$ とおくと $f'(x)=-3x^2+2$ であるから，点 $(1,\ -2)$ における接線の方程式は，

$$y-(-2)=f'(1)(x-1)$$

よって，$y=-x-1$

もとの曲線との交点の x 座標は，

$$-x^3+2x-3=-x-1$$

$$x^3-3x+2=0$$

$$(x-1)^2(x+2)=0$$

（$x=1$ で接しているので $(x-1)^2$ を因数にもつ）

$$x=1\text{（接点）},\ -2$$

よって，求める部分は右の図の色のついた部分である。求める面積を S とすると，

$$S=\int_{-2}^{1}\{(-x-1)-(-x^3+2x-3)\}dx$$

$$=\int_{-2}^{1}(x-1)^2(x+2)dx$$

← $x=1$ で接していて，かつ $x=-2$ で交わっているので $(x-1)^2(x+2)$ を因数にもつ

$$=\int_{-2}^{1}(x-1)^2\{(x-1)+3\}dx$$

← $x-1$ をつくる

$$=\int_{-2}^{1}\{(x-1)^3+3(x-1)^2\}dx$$

← $x-1$ をひとかたまりとみて積分

$$=\left[\frac{1}{4}(x-1)^4+(x-1)^3\right]_{-2}^{1}=\mathbf{\frac{27}{4}}$$ …答

参考　本冊 p.211 で学んだ**Check Point**の式を用いると，

$$S=\frac{|-1|}{12}\{1-(-2)\}^4=\mathbf{\frac{27}{4}}$$ …答

と求められます。

2

考え方　接線の場合と同じように計算を進めます。

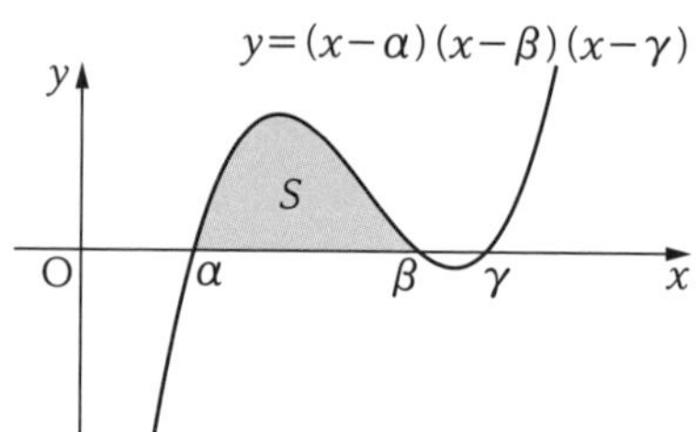

図より，

$$S=\int_{\alpha}^{\beta}(x-\alpha)(x-\beta)(x-\gamma)dx$$

$$=\int_{\alpha}^{\beta}(x-\alpha)(x-\beta)\{(x-\beta)-(\gamma-\beta)\}dx$$

↑ $x-\beta$ をつくる

$$=\int_{\alpha}^{\beta}(x-\alpha)(x-\beta)^2dx-(\gamma-\beta)\int_{\alpha}^{\beta}(x-\alpha)(x-\beta)dx$$

$$=\int_{\alpha}^{\beta}\{(x-\beta)-(\alpha-\beta)\}(x-\beta)^2dx-(\gamma-\beta)\cdot\left\{-\frac{1}{6}(\beta-\alpha)^3\right\}$$

↑ $x-\beta$ をつくる　　↑ $\frac{1}{6}$ 公式

$$=\int_{\alpha}^{\beta}\{(x-\beta)^3-(\alpha-\beta)(x-\beta)^2\}dx+\frac{1}{6}(\gamma-\beta)(\beta-\alpha)^3$$

$$=\left[\frac{(x-\beta)^4}{4}-(\alpha-\beta)\cdot\frac{(x-\beta)^3}{3}\right]_{\alpha}^{\beta}+\frac{1}{6}(\gamma-\beta)(\beta-\alpha)^3$$

↑ $x-\beta$ をひとかたまりとみて積分

$$=\frac{(\beta-\alpha)^4}{12}+\frac{1}{6}(\gamma-\beta)(\beta-\alpha)^3$$

$$=\frac{1}{12}(\beta-\alpha)^3(2\gamma-\alpha-\beta)$$

$\frac{1}{12}(\beta-\alpha)^3$でくくる

〔証明終わり〕

3

考え方　3 次関数の囲む面積ですが，積分する式は 2 次式になる点に注意します。

(1) C_1 を x 軸方向に a だけ平行移動した C_2 の式は，

$$y=(x-a)^3-(x-a)$$

C_1 と C_2 の方程式を連立して，

$$x^3-x=(x-a)^3-(x-a)$$

$$3ax^2-3a^2x+a^3-a=0$$

$a\neq 0$ であるから，$3x^2-3ax+a^2-1=0$ ……①

C_1 と C_2 が共有点を 2 個もつのは，2 次方程式①が異なる 2 つの実数解をもつときである。よって，2 次方程式①の判別式を D とすると，$D>0$ のときであるから，

$$D=(-3a)^2-4\cdot 3\cdot(a^2-1)=-3a^2+12>0$$

よって，$a^2-4<0$

$a>0$ であるから，C_1 と C_2 が共有点を 2 個もつための a の条件は，$\boldsymbol{0<a<2}$ …答

(2) 2 次方程式①の 2 つの解を α，$\beta\,(\alpha<\beta)$ とすると，囲まれた部分は次の図の色のついた部分。求める面積を S とすると，

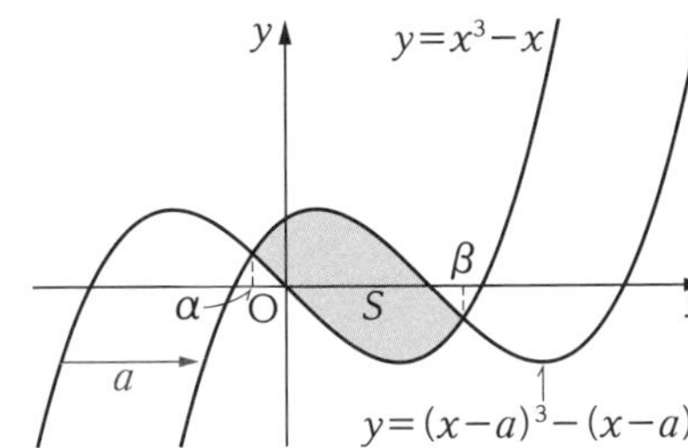

$$S=\int_\alpha^\beta[\{(x-a)^3-(x-a)\}-(x^3-x)]\,dx$$

$$=\int_\alpha^\beta(-3ax^2+3a^2x-a^3+a)\,dx$$

$$=-3a\int_\alpha^\beta(x-\alpha)(x-\beta)\,dx$$

$x=\alpha$, β で交わるので，$(x-\alpha)(x-\beta)$ を因数にもつ，x^2 の係数に注意

$$=-3a\left\{-\frac{1}{6}(\beta-\alpha)^3\right\}$$ ← $\frac{1}{6}$公式

$$=\frac{a}{2}(\beta-\alpha)^3$$

また，方程式①の 2 つの解が α，β であるから解と係数の関係より，

$$\alpha+\beta=a,\ \alpha\beta=\frac{a^2-1}{3}$$

よって，

$$(\beta-\alpha)^2=(\alpha+\beta)^2-4\alpha\beta=a^2-4\cdot\frac{a^2-1}{3}=\frac{4-a^2}{3}$$

$\beta-\alpha=\sqrt{\dfrac{4-a^2}{3}}$ であるから，

$S=\dfrac{a}{2}\left(\sqrt{\dfrac{4-a^2}{3}}\right)^3=\boldsymbol{\dfrac{\sqrt{3}a}{18}(\sqrt{4-a^2})^3}$ …答

4

考え方　4 次関数と 2 点で接する接線の方程式は，本冊 p.212 の**例題 120** を参照してください。

(1)求める直線の方程式を $y=ax+b$，接点の x 座標を $x=\alpha$，$\beta\,(\alpha<\beta)$ とする。

$y=f(x)$ と $y=ax+b$ を連立して，

$x^4-8x^3+10x^2=ax+b$

$x^4-8x^3+10x^2-ax-b=0$ ……①

この方程式の重解が $x=\alpha$，β であるから，

$x^4-8x^3+10x^2-ax-b=(x-\alpha)^2(x-\beta)^2$

と変形できる。右辺を展開すると，

$x^4-8x^3+10x^2-ax-b$

$=x^4-2(\alpha+\beta)x^3+\{(\alpha+\beta)^2+2\alpha\beta\}x^2-2\alpha\beta(\alpha+\beta)x+(\alpha\beta)^2$

x についての恒等式になるので，係数を比較すると，

$$\begin{cases}-8=-2(\alpha+\beta)\\10=(\alpha+\beta)^2+2\alpha\beta\\-a=-2\alpha\beta(\alpha+\beta)\\-b=(\alpha\beta)^2\end{cases}$$

上 2 つの式より，$\alpha+\beta=4$，$\alpha\beta=-3$

この値を下 2 つの式に代入すると，$a=-24$，$b=-9$

よって，求める直線の方程式は，$\boldsymbol{y=-24x-9}$ …答

(2)

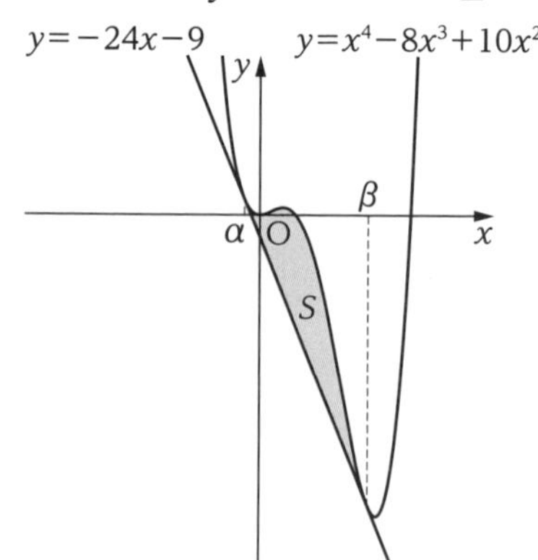

求めるのは図の色のついた部分の面積である。この面積を S とすると，

$S=\displaystyle\int_\alpha^\beta\{f(x)-(-24x-9)\}dx$

$=\displaystyle\int_\alpha^\beta(x-\alpha)^2(x-\beta)^2dx$

$x=\alpha$，β で接しているので，$(x-\alpha)^2(x-\beta)^2$ を因数にもつ

$$=\int_\alpha^\beta (x-\alpha)^2\{(x-\alpha)-(\beta-\alpha)\}^2dx$$ ←$x-\alpha$をつくる

$$=\int_\alpha^\beta (x-\alpha)^2\{(x-\alpha)^2-2(\beta-\alpha)(x-\alpha)+(\beta-\alpha)^2\}dx$$

$$=\int_\alpha^\beta \{(x-\alpha)^4-2(\beta-\alpha)(x-\alpha)^3+(\beta-\alpha)^2(x-\alpha)^2\}dx$$

$$=\left[\frac{1}{5}(x-\alpha)^5-\frac{\beta-\alpha}{2}(x-\alpha)^4+\frac{(\beta-\alpha)^2}{3}(x-\alpha)^3\right]_\alpha^\beta$$ ←$x-\alpha$をひとかたまりとみて積分

$$=\frac{1}{30}(\beta-\alpha)^5$$

ここで，

$(\beta-\alpha)^2=(\alpha+\beta)^2-4\alpha\beta=4^2-4\cdot(-3)=28$

つまり，$\beta-\alpha=2\sqrt{7}$

これより，

$S=\dfrac{1}{30}\cdot(2\sqrt{7})^5=\boldsymbol{\dfrac{784\sqrt{7}}{15}}$ …答

演習問題 90 p.221

1

考え方　例題と同様に$\dfrac{1}{6}$公式が使える形に着目します。

Aの面積をS_1，Bの面積をS_2とする。

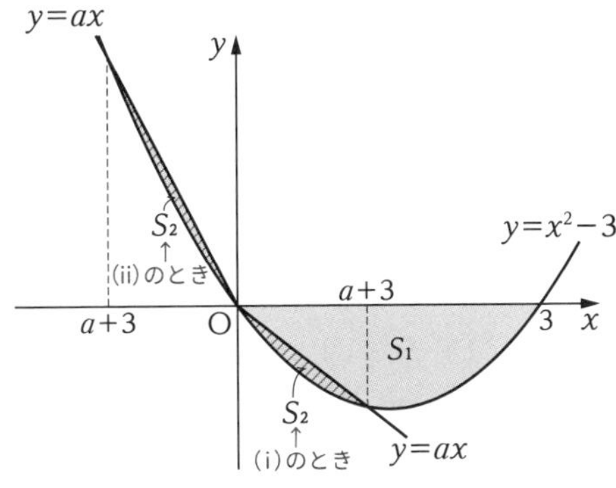

$$S_1=\int_0^3\{-(x^2-3x)\}dx$$

$$=-\int_0^3 x(x-3)dx$$

$$=-\left\{-\frac{1}{6}(3-0)^3\right\}$$ ← $\frac{1}{6}$公式

$$=\frac{9}{2}$$

放物線と直線の交点のx座標は，

$x^2-3x=ax$

$x(x-3-a)=0$ より，$x=0$，$a+3$

(i) $a+3>0$ つまり $a>-3$ のとき

$$S_2=\int_0^{a+3}\{ax-(x^2-3x)\}dx$$

$$=-\int_0^{a+3}x(x-a-3)dx$$

$$=-\left\{-\frac{1}{6}(a+3-0)^3\right\}$$ ← $\frac{1}{6}$公式

$$=\frac{1}{6}(a+3)^3$$

$S_1:S_2=27:1$ であるから，

$S_1=27S_2$

$$\frac{9}{2}=27\cdot\frac{1}{6}(a+3)^3$$

$(a+3)^3=1$

$a=-2$　これは $a>-3$ を満たしている。

(ii) $a+3<0$ つまり $a<-3$ のとき

$$S_2=\int_{a+3}^{0}\{ax-(x^2-3x)\}dx$$
$$=-\int_{a+3}^{0}x(x-a-3)dx$$
$$=-\left\{-\frac{1}{6}(0-a-3)^3\right\}$$
$$=-\frac{1}{6}(a+3)^3$$

（$\frac{1}{6}$公式）

$S_1:S_2=27:1$ であるから，

$$S_1=27S_2$$
$$\frac{9}{2}=27\cdot\left\{-\frac{1}{6}(a+3)^3\right\}$$
$$(a+3)^3=-1$$

$a=-4$　これは $a<-3$ を満たしている。

以上より，$\boldsymbol{a=-2,\ -4}$ …答

2

考え方　例題と同様に$\frac{1}{6}$公式が使える形に着目します。

放物線 C と x 軸の交点の x 座標は，

$$-x^2+2x+1=0$$

よって，$x=1\pm\sqrt{2}$

放物線 C と直線 PQ の方程式を連立すると，

$$-x^2+2x+1=mx$$
$$x^2+(m-2)x-1=0 \quad \cdots\cdots①$$

この 2 次方程式の 2 つの解，つまり放物線 C と直線 PQ の交点の x 座標を $x=\alpha,\ \beta$ $(\alpha<\beta)$ とする。

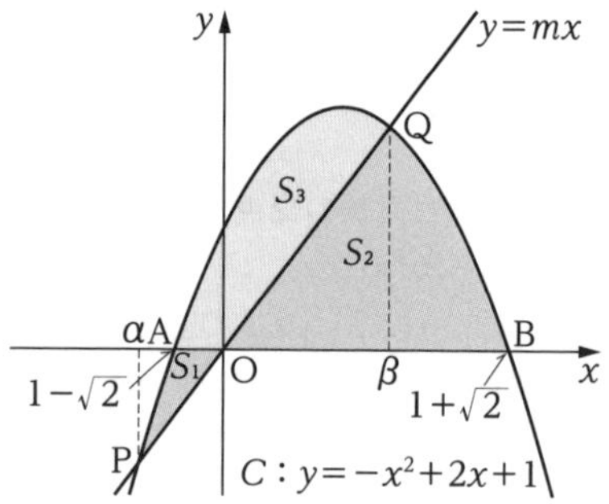

右の図のように，各部分の面積を S_1，S_2，S_3 とすると，$S_1=S_2$ であるから，両辺に S_3 を加えると，

$$S_1+S_3=S_2+S_3$$
$$\int_{\alpha}^{\beta}\{(-x^2+2x+1)-mx\}dx=\int_{1-\sqrt{2}}^{1+\sqrt{2}}(-x^2+2x+1)dx$$
$$-\int_{\alpha}^{\beta}(x-\alpha)(x-\beta)dx=-\int_{1-\sqrt{2}}^{1+\sqrt{2}}\{x-(1-\sqrt{2})\}\{x-(1+\sqrt{2})\}dx$$
$$\frac{1}{6}(\beta-\alpha)^3=\frac{1}{6}\{(1+\sqrt{2})-(1-\sqrt{2})\}^3$$

（両辺とも$\frac{1}{6}$公式）

$$(\beta-\alpha)^3=\{(1+\sqrt{2})-(1-\sqrt{2})\}^3$$
$$=(2\sqrt{2})^3$$

ここで，$\beta-\alpha$ は実数であるから，

$\beta-\alpha=2\sqrt{2}$

また，α，β は2次方程式①の解であるから，解と係数の関係より，

$\alpha+\beta=2-m$，$\alpha\beta=-1$

以上より，

$$(\beta-\alpha)^2=(\alpha+\beta)^2-4\alpha\beta$$
$$=(2-m)^2-4\cdot(-1)$$
$$=m^2-4m+8$$

$\alpha<\beta$ であるから，

$\beta-\alpha=\sqrt{m^2-4m+8}$

$2\sqrt{2}=\sqrt{m^2-4m+8}$

$m(m-4)=0$

よって，$m\neq0$ より，$\boldsymbol{m=4}$ …答

3

考え方　定積分の性質 $\int_a^b f(x)dx+\int_b^c f(x)dx=\int_a^c f(x)dx$ を利用します。

(1)曲線 C と直線 l の方程式を連立すると，

$x(x-1)(x-3)=ax$

$x\{x^2-4x+(3-a)\}=0$

異なる3点で交わるための条件は2次方程式 $x^2-4x+(3-a)=0$……①が $x=0$ 以外の異なる2つの実数解をもつときである。方程式①の判別式を D とすると，そのための条件は，

$D>0$，かつ，$x=0$ を解に持たない

$\frac{D}{4}=(-2)^2-1\cdot(3-a)>0$ より，$a>-1$

また，方程式 $x^2-4x+(3-a)=0$ に $x=0$ を代入すると，

$a=3$

よって，$x=0$ を解にもたない条件は $a\neq3$

以上より，$\boldsymbol{-1<a<3,\ 3<a}$ …答

(2)

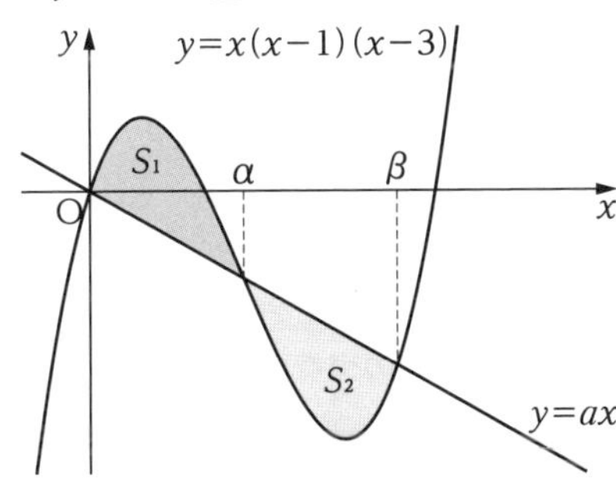

図のように囲まれる2つの面積を S_1，S_2，曲線 C と直線 l の交点の x 座標を $x=\alpha$，$\beta\,(0<\alpha<\beta)$ とする。

$S_1=S_2$

$S_1-S_2=0$

$\int_0^{\alpha}\{x(x-1)(x-3)-ax\}dx-\int_{\alpha}^{\beta}\{ax-x(x-1)(x-3)\}dx=0$

$\int_0^{\alpha}\{x(x-1)(x-3)-ax\}dx+\int_{\alpha}^{\beta}\{x(x-1)(x-3)-ax\}dx=0$

（この3行は省略できる）

$\int_0^{\beta}\{x(x-1)(x-3)-ax\}dx=0$ ←1つにまとめる

$\int_0^{\beta}\{x^3-4x^2+(3-a)x\}dx=0$

$\left[\frac{1}{4}x^4-\frac{4}{3}x^3+\frac{3-a}{2}x^2\right]_0^{\beta}=0$

$3\beta^4-16\beta^3+6(3-a)\beta^2=0$

$\beta\neq 0$ であるから，

$3\beta^2-16\beta+6(3-a)=0$……②

また，β は⑴の方程式①の解でもあるから，①に $x=\beta$ を代入すると，

$\beta^2-4\beta+(3-a)=0$……③

②，③より，$-3\beta^2+8\beta=0$

よって，$\beta\neq 0$ であるから $\beta=\frac{8}{3}$

これを③に代入すると，$\boldsymbol{a=-\frac{5}{9}}$ …答

4

考え方　求める面積が y 軸対称であることに着目します。

⑴ x 軸との接点の x 座標を α，β とすると，

$x^4-2x^2+a=(x-\alpha)^2(x-\beta)^2$

とおける。右辺を展開すると

$x^4-2x^2+a=x^4-2(\alpha+\beta)x^3+\{(\alpha+\beta)^2+2\alpha\beta\}x^2-2\alpha\beta(\alpha+\beta)x+(\alpha\beta)^2$

これが x についての恒等式であるから，係数を比較すると，

$$\begin{cases}\alpha+\beta=0\\(\alpha+\beta)^2+2\alpha\beta=-2\\\alpha\beta(\alpha+\beta)=0\\(\alpha\beta)^2=a\end{cases}$$

これより $\alpha\beta=-1$ であり，$\boldsymbol{a=1}$ …答

⑵⑴の結果より，曲線の方程式は $y=x^4-2x^2+1$

これは偶関数であり，y 軸に関して対称なグラフである。よって，このグラフと $y=b$ で囲まれた部分の面積は $x\geqq 0$ の範囲で考えればよい。

曲線 $y=x^4-2x^2+1$ と直線 $y=b$ の交点の x 座標は，

$x^4-2x^2+1=b$

$(x^2-1)^2=b$

$x^2-1=\pm\sqrt{b}$

よって，$x^2=1\pm\sqrt{b}$ $(0<b<1)$ より，$x=\sqrt{1\pm\sqrt{b}}$ $(x\geqq 0)$

グラフは右の図のようになる。
このとき，図のように2つの面積を S_1，S_2 とすると，$S_1=S_2$ となるような b を求めればよい。
$\sqrt{1-\sqrt{b}}=p$，$\sqrt{1+\sqrt{b}}=q$ とすると，

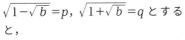

$$S_1=S_2$$

$$S_1-S_2=0$$

$$\int_0^p\{(x^4-2x^2+1)-b\}dx-\int_p^q\{b-(x^4-2x^2+1)\}dx=0$$

$$\int_0^p\{(x^4-2x^2+1)-b\}dx+\int_p^q\{(x^4-2x^2+1)-b\}dx=0$$

この3行は省略できる

$$\int_0^q\{(x^4-2x^2+1)-b\}dx=0$$ ←1つにまとめる

$$\left[\frac{1}{5}x^5-\frac{2}{3}x^3+(1-b)x\right]_0^q=0$$

$$3q^5-10q^3+15(1-b)q=0$$

$q\neq0$ であるから，

$$3q^4-10q^2+15(1-b)=0$$

$$3(1+\sqrt{b})^2-10(1+\sqrt{b})+15(1-b)=0$$

$$3(1+\sqrt{b})-10+15(1-\sqrt{b})=0$$

$1+\sqrt{b}$ で割った

$\sqrt{b}=\dfrac{2}{3}$ つまり，$\boldsymbol{b=\dfrac{4}{9}}$ …答

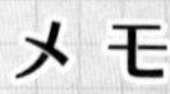

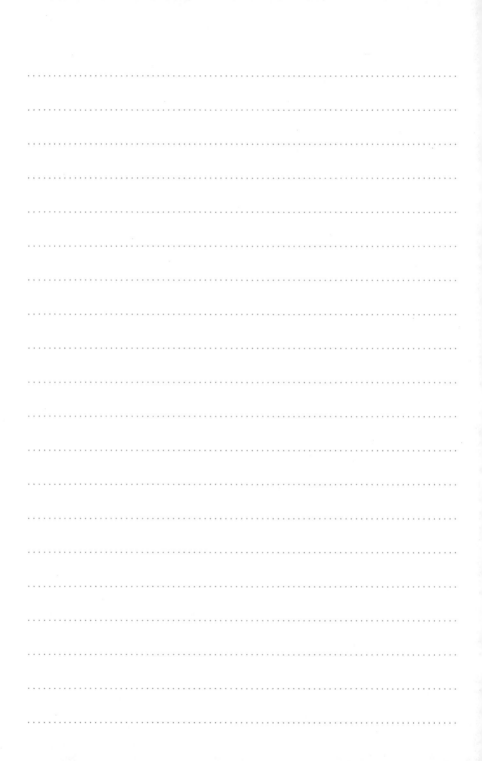